水産の21世紀
海から拓く食料自給

田中　克
川合真一郎
谷口順彦
坂田泰造
編

京都大学
学術出版会

口絵 1 身近な海の水中美の競演と生死のドラマ（御宿昭彦氏撮影）
伊豆の海に繰り広げられる魚たちの神秘的な美とその裏の生死の瞬間を撮り続けて（コラム 19 参照）．a：マダイ幼魚，b：半透明なアンコウ類幼魚，c：腔腸動物の仲間のヤギ類に群がるマツバスズメダイ，d：婚姻色のイトヒキベラ，e：シロオビハナダイ，f：アナハゼに捕食されたソラスズメダイ，g：シロガヤに捕らえられたクロタチカマス科幼魚．

口絵 2　エチゼンクラゲの触手に寄りつくマアジ（2007 年 11 月，舞鶴市冠島にて．コラム 15 参照）．

エチゼンクラゲは傘の径が 1.5m にも及ぶ世界最大級のクラゲ．21 世紀に入って東シナ海において頻繁に大繁殖し，それらは成長しながら対馬暖流により日本海各地に流れ着き，沿岸の定置網に大量に入網して漁業に大きな被害を及ぼしている．その生態の解明とともに，"異常発生"の原因究明，漁業被害対策の考案，有効利用法の開発などが検討されている．ただ，そのクラゲも魚の目から観ると印象が変わる．

口絵 3　エチゼンクラゲを集団で襲って捕食するウマヅラハギ（2009 年 9 月，舞鶴市冠島にて．コラム 15 参照）

口絵 4　地表へ這い出てきたばかりのアカウミガメ孵化幼体

甲長はわずか 4cm で泳ぎも拙いが，地磁気を感知して進むべき方向を修正する能力が備わっている．日本の砂浜を後にして，太平洋を横断し，遥かカリフォルニア半島沖まで渡る．甲長 70cm にまで成長して再び日本周辺に姿をあらわすようになるまでに，20〜30 年を要する（コラム 14 参照）．

口絵5 稚魚や磯根生物を育む藻場は「海の森」にたとえられる（伊豆半島大瀬崎湾内にて．天谷次郎氏撮影）．

口絵6 瀬戸内海の多様な藻場（第3章第4節参照）
a：海産顕花植物のアマモ類によるアマモ場．波穏やかな砂泥域に形成される（山口県周防大島にて群落の調査中），b：岩礁域の藻場を代表する，ホンダワラ類によるガラモ場．丈が高く，鬱蒼と茂る（山口県平郡島），c：アワビなどの餌料供給源として重要なアラメ場．波浪の比較的強い場所に多い（写真はカジメ．和歌山県日高町），d：寒天の原料となるテングサ類によるテングサ場（写真はマクサ．徳島県出羽島），e：食用海藻ワカメによるワカメ場（兵庫県坊勢島），f：内湾域に多いアオサ・アオノリ場（写真はアオノリ．山口県平郡島）．

口絵7　調査捕鯨の様子
南極海で捕獲されたクロミンククジラの形態測定風景（上）と，北西太平洋のミンククジラの胃の中から出てきた大量のサンマ（左）．ともに㈶日本鯨類研究所提供．クジラはオキアミだけでなく漁業対象種も大量に捕食していることがわかる（第1章第3節参照）．

口絵8　ノルウェーのサケ養殖場
フィヨルドに設置された大規模なサケ養殖筏である．世界10大サケ養殖企業では，一企業当たり年間2.5〜30万t，金額にして19〜240億円の生産を上げている（第2章第1節参照）．

口絵9 生け簀の中で群泳するクロマグロ（㈱水産総合研究センター提供，コラム3参照）

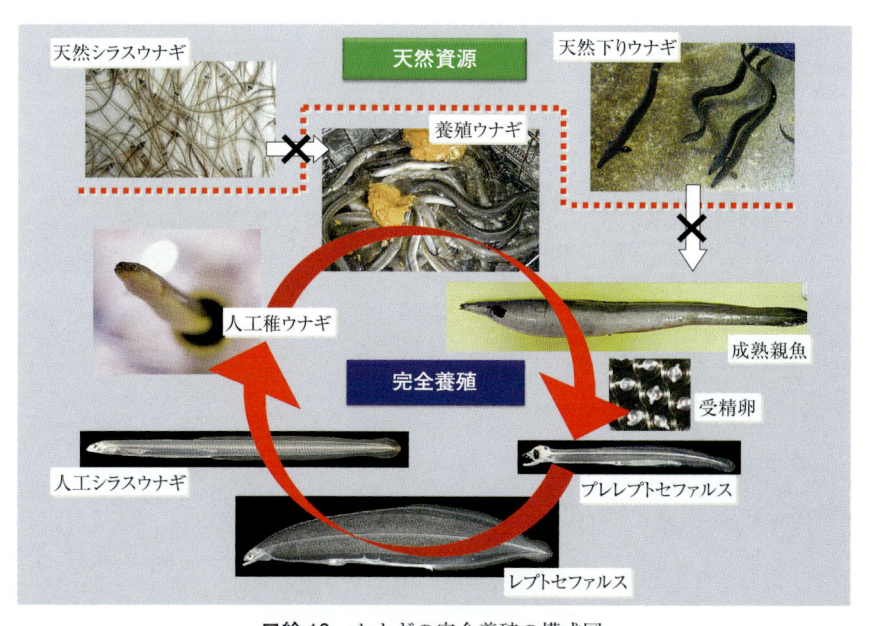

口絵10 ウナギの完全養殖の模式図
完全養殖による人工シラスウナギの大量生産が可能になれば，養殖用種苗としての天然シラスウナギ，催熟用親魚としての天然下りウナギが不要となり，天然資源に影響を与えない（第2章第3節参照）．

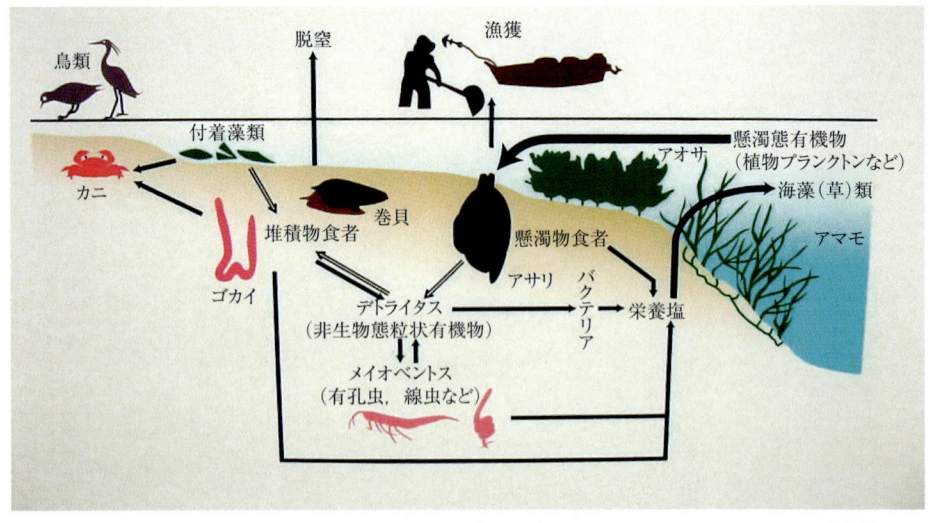

口絵 11　干潟域生態系の模式図
二枚貝類に代表される懸濁物食者による懸濁態有機物の除去をはじめとする様々な物質循環過程は干潟域の水質浄化機能として近年注目されている（第4章第2節参照）．

口絵 12　海の豊かさを示す干潟一面に広がったカキ礁（鹿島市七浦沖，中尾勘悟氏撮影）
諫早湾閉め切り後はナルトビエイの捕食も重なり，カキが育たない状態が続いている．

口絵13 有明海を代表する伝統漁法"竹波瀬"漁（太良町糸岐地先，中尾勘悟氏撮影）
多数の孟宗竹をV字状に並べ，干満に応じた流れに乗って移動する魚類やエビ・カニ類をその底に導き獲る．環境に負荷をかけない有明海ならではの漁法．この海にはかつて百を超える竹波瀬が賑わったが，今ではやがて消え去るのではないかと心配される"絶滅危惧"漁法である．ここには森の竹を大量に海の生業に利用する森里海連環が見られる．

口絵14 有明海準特産貝類のアゲマキを，泥につかって掘る漁師（諫早湾，雲仙市吾妻町牛口地先，中尾勘悟氏撮影）
アゲマキは泥干潟の豊かさを示す海の幸として，漁師の生計を支え，郷土料理に無くてはならない存在であった．しかし，有明海異変と呼ばれる環境劣化の中で急速に減少し，今ではその味を楽しむことができない．

口絵15 石油流失事故による海洋汚染
1997年1月2日，約2万klの重油を積んだロシア船籍のタンカー「ナホトカ号」が島根県沖で破断事故を起こした．多くの海岸でボランティア活動による重油回収作業が精力的に行われたが，日本海沿岸の環境や生態に多大の影響を及ぼした（京都府丹後半島にて鹿児島大・藤枝　繁氏撮影，コラム11参照）．

口絵 16 大漁旗たなびく「森は海の恋人植樹祭」(NPO法人森は海の恋人提供)
毎年6月第1日曜日に全国から1000人前後の人が集まり,いろいろな広葉樹を植える(第7章第3節参照).

口絵 17 長崎県本明川河口泥干潟での交流会(特別寄稿2参照).
1997年4月に諫早湾が閉め切られ,これらの貴重な泥干潟は干拓によって姿を消してしまった.

口絵 18 ヒラメの放流((独)水産総合研究センター提供)

口絵 19　世界最大のハマースレー鉄鋼山（西オーストラリア）露天掘り

口絵 20　西オーストラリアのシャーク湾口
鉄の台地の周りに植物プランクトンや海草（アマモ）が濃密に繁茂している．この湾には約1万頭のジュゴンを支える広大なアマモ場が広がる（第7章第3節参照）．

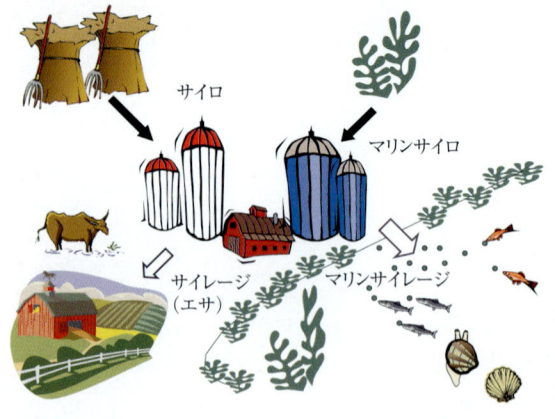

口絵 21 マリンサイレージを利用した新しい漁業形態の提案

畜産分野においては，草を乳酸発酵させてサイレージ（家畜用飼料）として利用しているが，水産分野には，まだこのような技術はない．アオサなどの低未利用海藻を乳酸発酵させて水産動物用の飼料（マリンサイレージ）として有効利用することが期待されている（第6章第2節参照）．

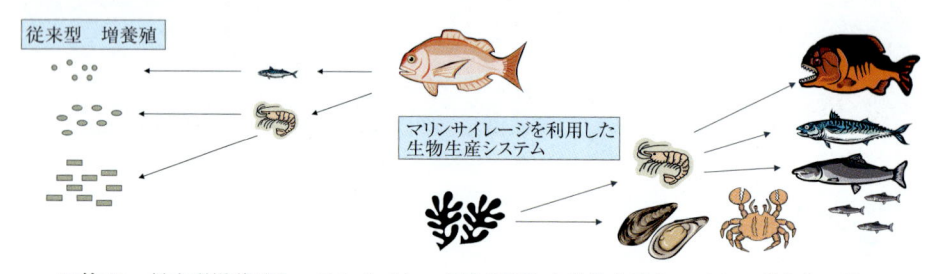

口絵 22 従来型増養殖とマリンサイレージを利用した生物生産システムの考え方の違い

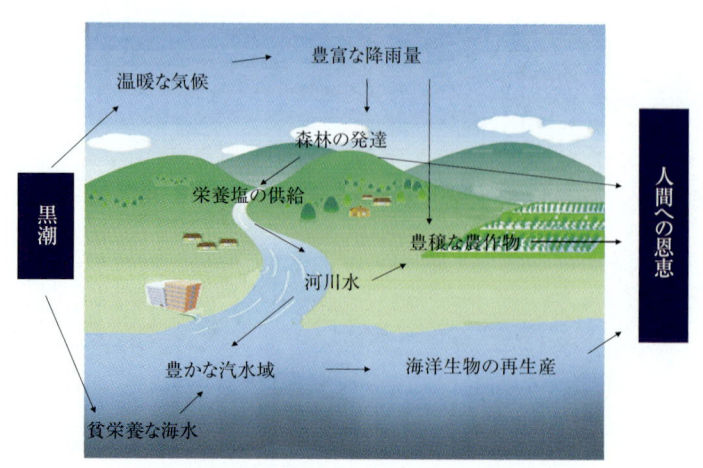

口絵 23 黒潮が流域にもたらす「黒潮の恵み」

黒潮がもたらす温暖な気候と豊かな降水量が，森・川・里・海に様々な恵みをもたらしている（第7章第1節参照）．

マダイのMsDNA領域の塩基配列

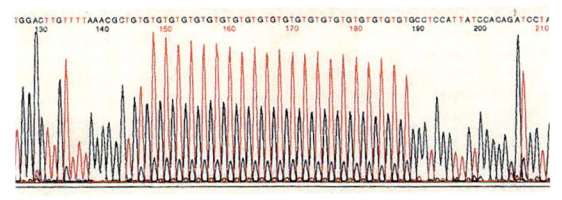

アユのMsDNAの繰り返し配列多型

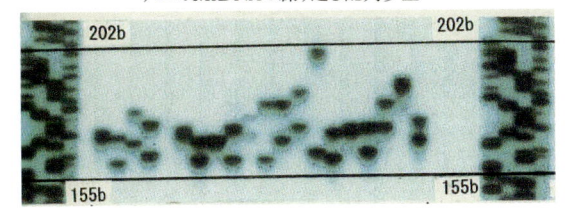

口絵24　マイクロサテライトDNA領域の遺伝的多型
上：ゲノム上にはこの波形データにみられるように2個から数個の塩基配列が繰り返す非遺伝子領域があり、このような部分はマイクロサテライトDNA領域と呼ばれている。下：集団中にはこのような塩基単位のリピート数の異なるマーカーアリルが多種類保存されており、各個体はこれらのアリルのうち2個ずつホモ型またはヘテロ型の状態で保有する（139頁参照）。

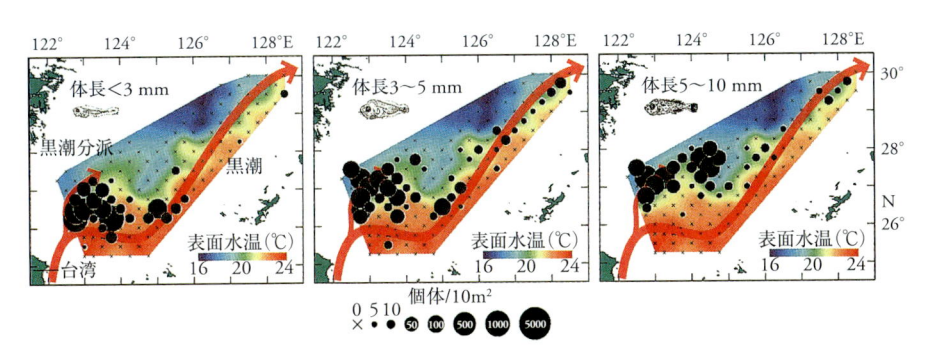

口絵25　2002年2〜3月の東シナ海南部におけるマアジ仔魚の体長別の水平分布（佐々ほか、2008を改変）（222頁参照）

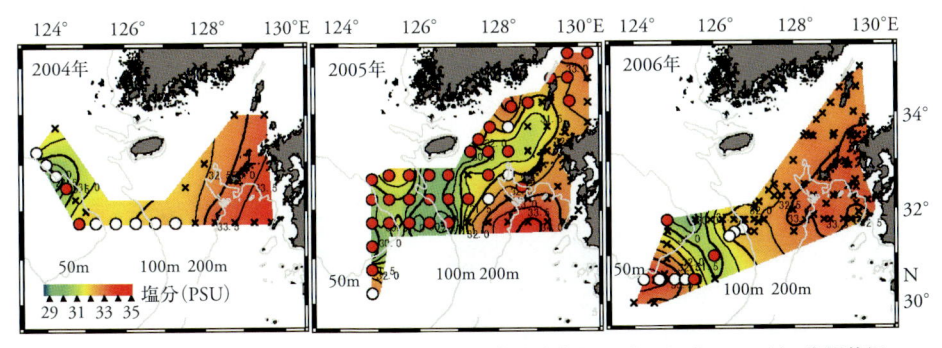

口絵26　2004〜2006年7月の10m深における塩分分布およびエチゼンクラゲの出現状況
〇：出現有（目視），●：出現有（ネット採集），×：出現無（西内ほか，2007を改変）（225頁参照）

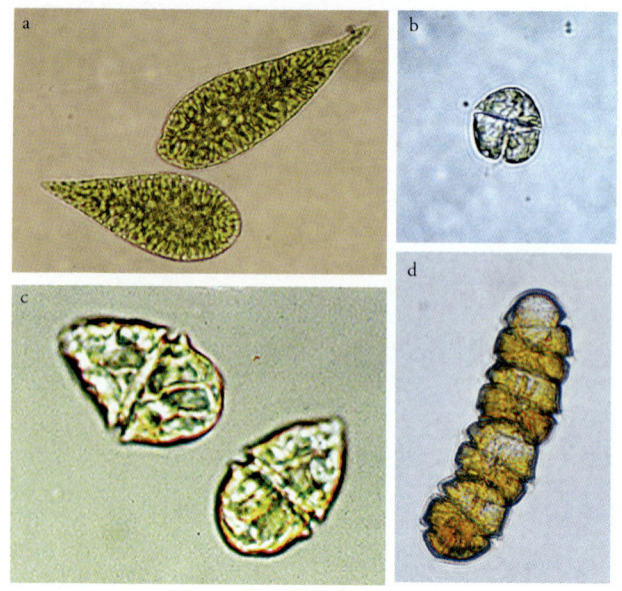

口絵27 代表的な有害藻類ブルームの原因種
a：*Chattonella antiqua*，b：*Karenia mikimotoi*，c：*Heterocapsa circularisquama*，d：*Cochlodinium polykrikoides*（269頁参照）．

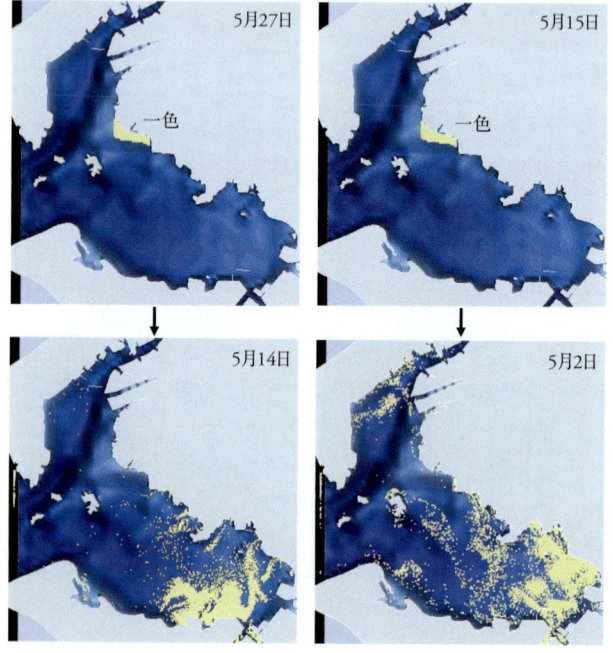

口絵28 三河湾一色干潟域に漂着するアサリ浮遊幼生の産卵場に関する数値模擬実験

アサリの産卵時期である5月の流動場を再現した後，その流動場をベースに三河湾最大のアサリ生息域である一色干潟域の海底に置いたアサリ浮遊幼生を模擬した漂流粒子が2週間の浮遊期間を時間的に遡ることにより，どの海域から供給されたのかを推測した（310頁参照）．

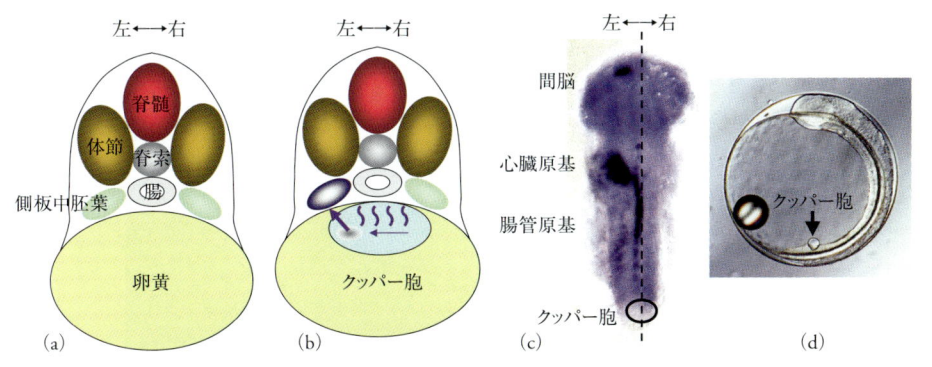

口絵 29 クッパー胞による Nodal 経路の胚左側への入力

a〜b：初期体節期胚の横断面．最初，組織・遺伝子発現とも左右対称であるが (a)，クッパー胞が形成されると非対称性が発生する (b)．c：Nodal 経路の発現．in situ ハイブリダイゼーション法による染色．間脳，心臓原基，腸管原基の左側に発現が見られる．d：発生途中のヒラメ胚とクッパー胞（382 頁参照）．

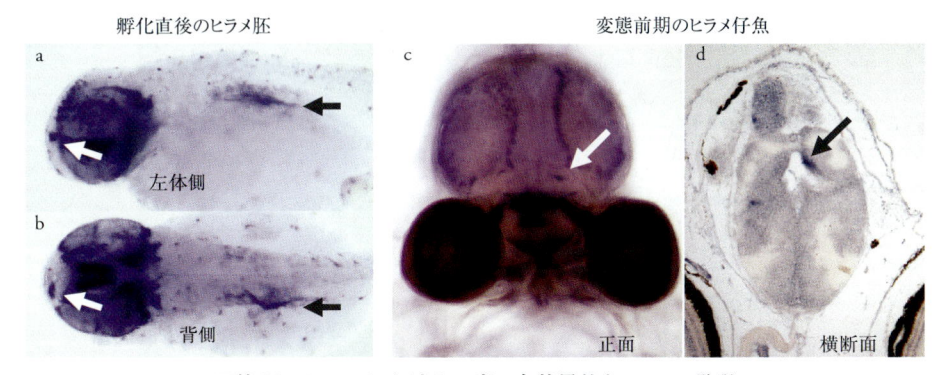

口絵 30 ヒラメにおける 2 度の左特異的な *pitx2* の発現

a〜b：孵化胚では，間脳および腸管の左側で発現する（矢印）．この時期を過ぎると発現は停止する．c〜d：変態前期に左手綱核で *pitx2* の再発現が起こる（矢印）（384 頁参照）．

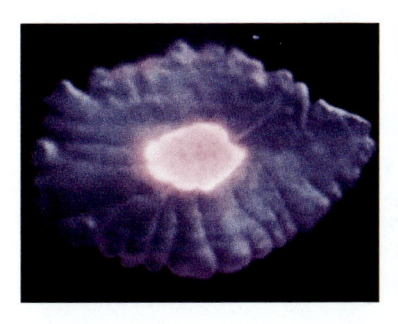

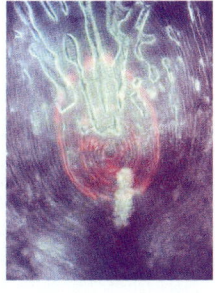

口絵 31 ヒラメの耳石（長径約 1cm）の中心部で赤く輝く ALC 標識（左）とヒラメの鱗で見た ALC 標識（右：2 回処理した 2 重標識）

蛍光試薬 ALC により，タグ標識が装着できない小型種苗の追跡調査が可能となった（コラム 7 参照）．

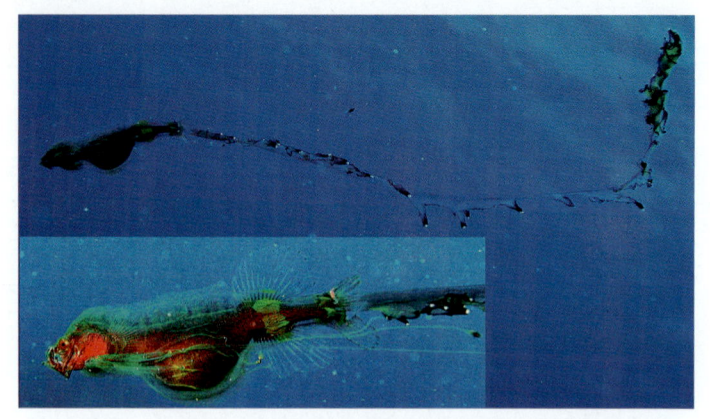

「リボンイワシ科」魚類（メキシコ沖合で Donald Hughes 氏撮影）

「ソコクジラウオ科」魚類（メキシコ湾から採集された個体，体長 5.8 cm, G. David Johnson 氏撮影）

「クジラウオ科」魚類（東部北太平洋で採集された個体，体長 9.8 cm, Bruce Robison 氏撮影）

口絵 32 これらの深海魚は別の三つの科の魚類とされていたが，分子系統学的研究の結果，実は同じグループのそれぞれ幼魚（上）・雄（中）・雌（下）であることが明らかになった（400 頁参照）．

口絵 33（右頁） ウナギ目魚類（全 19 科を含む 56 種・亜種）の mt ゲノム配列データに基づく分子系統樹と，現生種の生育場所情報から祖先のそれを最尤推定した結果（Inoue et al., 2010 を改変．魚のイラストは川口眞理氏による）（402 頁参照）．
淡水域で成長したあと遠く離れた外洋へ産卵に向かうというウナギ属 18 種（3 亜種を含む．最近になって新しく図に未記載の 1 種が加わり，合計 19 種になった）に見られる大規模回遊は，外洋の中・深層（海底から離れた水深 200〜3000 m）に生息した祖先種から進化してきたことが読み取れる．系統樹中の数字は枝の分岐の信頼度（100% を最大とするブートストラップ値）を示す．現生種の生育場所情報は枝の末端の丸の色で示されており，祖先のそれの推定結果は枝の分岐点の丸（円グラフ）に示されている．

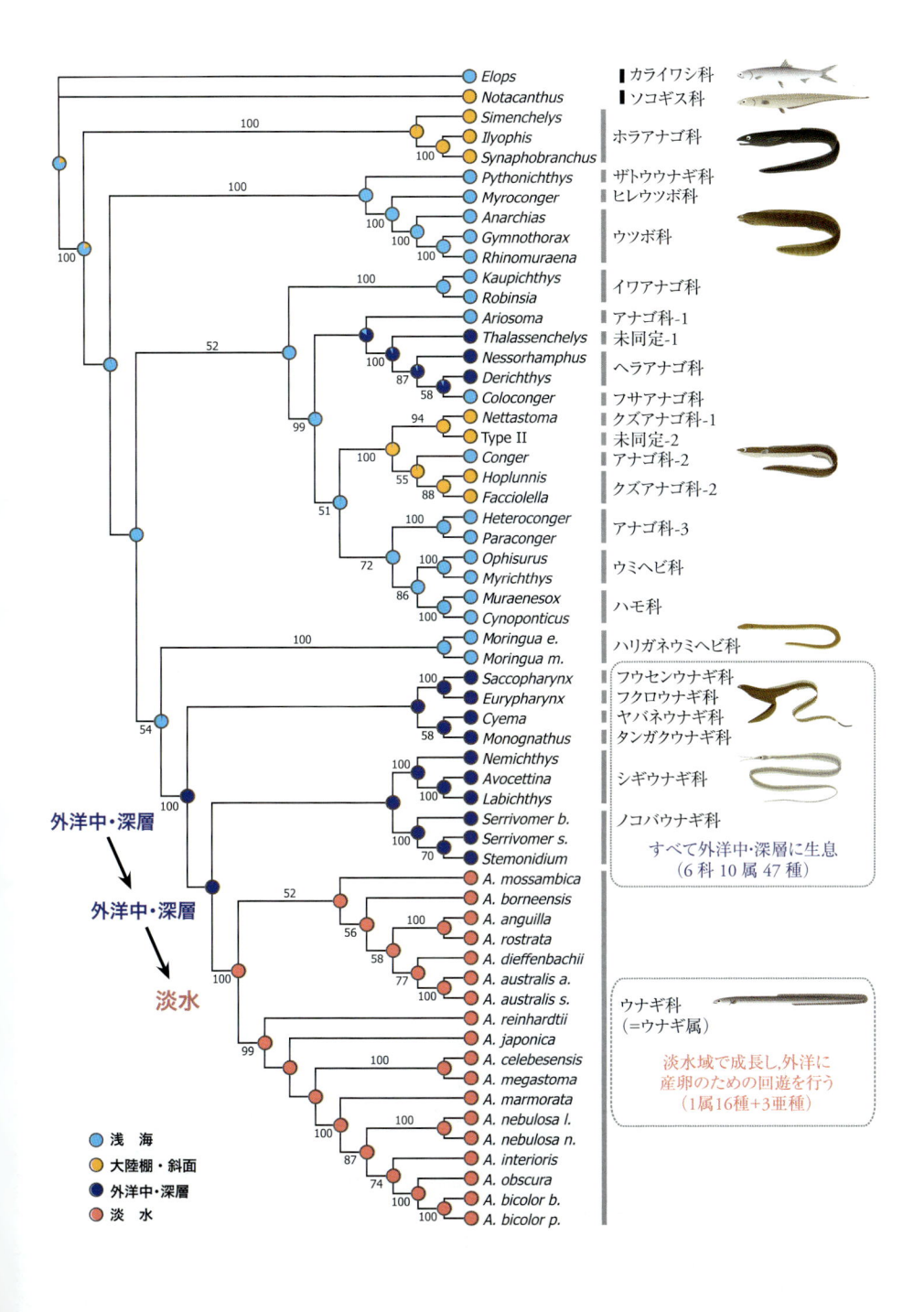

系統樹上の分類	科名
Elops	カライワシ科
Notacanthus	ソコギス科
Simenchelys / Ilyophis / Synaphobranchus	ホラアナゴ科
Pythonichthys	ザトウウナギ科
Myroconger	ヒレウツボ科
Anarchias / Gymnothorax / Rhinomuraena	ウツボ科
Kaupichthys / Robinsia	イワアナゴ科
Ariosoma	アナゴ科-1
Thalassenchelys	未同定-1
Nessorhamphus / Derichthys	ヘラアナゴ科
Coloconger	フサアナゴ科
Nettastoma	クズアナゴ科-1
Type II	未同定-2
Conger	アナゴ科-2
Hoplunnis / Facciolella	クズアナゴ科-2
Heteroconger / Paraconger	アナゴ科-3
Ophisurus / Myrichthys	ウミヘビ科
Muraenesox / Cynoponticus	ハモ科
Moringua e. / Moringua m.	ハリガネウミヘビ科
Saccopharynx	フウセンウナギ科
Eurypharynx	フクロウナギ科
Cyema	ヤバネウナギ科
Monognathus	タンガクウナギ科
Nemichthys / Avocettina / Labichthys	シギウナギ科
Serrivomer b. / Serrivomer s. / Stemonidium	ノコバウナギ科

すべて外洋中・深層に生息
(6科 10属 47種)

外洋中・深層 → 外洋中・深層 → 淡水

ウナギ科
(=ウナギ属)

淡水域で成長し,外洋に産卵のための回遊を行う
(1属16種+3亜種)

- A. mossambica
- A. borneensis
- A. anguilla
- A. rostrata
- A. dieffenbachii
- A. australis a.
- A. australis s.
- A. reinhardtii
- A. japonica
- A. celebesensis
- A. megastoma
- A. marmorata
- A. nebulosa l.
- A. nebulosa n.
- A. interioris
- A. obscura
- A. bicolor b.
- A. bicolor p.

凡例:
- 浅海
- 大陸棚・斜面
- 外洋中・深層
- 淡水

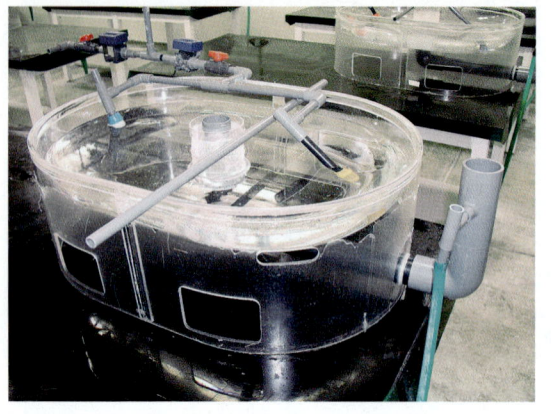

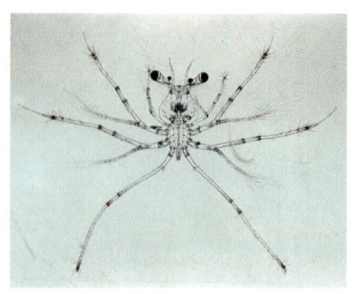

口絵 34　イセエビの浮遊幼生フィロソーマ飼育の様子（左，三重県水産研究所にて）と，孵化したフィロソーマ（右，体長 1.5mm）（コラム 9 参照）

口絵 35　名古屋港水族館で飼育されている南極海の魚ダルマノト（*Notothenia coriiceps*）とその卵
水温が1年を通じて-2〜2℃で安定している南極海に住む生物は温度変化に弱いため，同館では独自に開発した設備で飼育，繁殖にも成功した（コラム 17 参照）．

口絵 36　キューバ固有の古代魚ガーパイクが生息していたサパタ湿地
現在は外来移入種のヒレナマズが爆発的に繁殖している（コラム 10 参照）．

はじめに

　2010年6月6日，前日の雨が嘘のように朝から晴れ渡った岩手県一ノ関市室根村矢越山中腹，大漁旗がさわやかな初夏の風になびく．千人を超える人々が全国から集まった．第22回森は海の恋人植樹祭の開催である．初期の苦難の時期を乗り越え，今では汽水域に生きる漁師の植林活動に触発された林業関係者，農業関係者，行政担当者らの協力の下，この運動の発展を願う多くの市民の皆さんの熱気に溢れる．ここには，これからの日本と世界が進むべき，自然に依拠した持続的な生き方の原点とエネルギーがある．山から沿岸漁業復活の息吹が感じられるのである．

　21世紀に入ってすでに10年近くが経過しました．今も進行する人口増という深刻な問題を抱える地球は，環境・エネルギー・資源・食料など21世紀の早期に解決を求められる多くの困難な問題に直面しています．これらはいずれもそれぞれの国の行く末のみならず，人類の存続にも深く関わる問題と言えます．

　資源に恵まれず，人口の割には利用できる土地面積の限られたわが国は，これらの問題のうち，何を優先的に解決に取り組むのか極めて難しい選択を迫られています．隣国中国やさらに大国インドがすさまじい勢いで経済的発展を遂げる中で，世界の資源・食料・エネルギーなどの争奪戦は大きく様変わりしようとしています．世界の経済大国として振舞ってきた日本は，これまでの歩みを大きく転換するべき時期に来ていると思われます．

　上記の様々な地球的課題の中で，わが国が最も軽視してきたものは食料問題ではないでしょうか．世界の先進国がいずれも自国での食料生産を国家戦略の基本に位置づけ，様々な施策を講じてきたのに対して，わが国はこれまで世界最大の農業大国である米国の食料世界戦略の下で，食料自給を半ば放棄してきました．お金に任せて世界中からあらゆる食料を買い占めるという安易な道を根本的に見つめ直す時に来ているのでないかと感じるのは，私たちだけでしょうか．今や，お金で食料を自由に買い集めること自身がこれまでのようには通用しない"買い負け"の現実に直面し始めています．日々の暮らしの中で家計をやりくりし，家族の健康に気を使い食卓を調える皆さんは，食料の大半を外国に依存する危うさを肌で感じておられるのではないでしょうか．

　隣国の韓国や中国をはじめ多くの国が自国の食料を確保するために，海外に

農地を求める"ランドラッシュ"に見られますように，厳しさを増す一方の世界の食料需給情勢の中で，わが国が自給率40％（カロリーベース）を下回る現状から抜け出せる道はあるのでしょうか．食料ではありませんが，同じく生物資源である木材の自給率はさらに低く，わずか20％（重量ベース）という現状です．日本は世界的にも類い稀な豊かな森と多様な海に恵まれた"森と海の国"です．それにもかかわらずこの現実はどうしたのでしょうか．豊かな森と海こそ日本の財産であり，これらに基盤を置いたより持続的・循環的な国策に転換することにより，自ら生きる国に生まれ変わることも夢ではないと思われます．こと海に関しては，亜寒帯から亜熱帯まで実に多様性に富んだ海に恵まれ，その海岸線長は中国や米国より長く，世界第6位を占めています．かつて水産物自給率は110％を超えていました．これらのことは農産物や畜産物に比べて，水産物の自給はわが国が国家戦略としてその気になれば，大きく目標に近づけることが可能なことを示唆しています．

　水産物は，養殖生産物を除けば，基本的には自然の生物生産という地球の歴史の中で生みだされた最も精巧で安心な生産方式によりもたらされるものであり，この点で農産物や畜産物とは本質的に異なります．科学的知見にしっかり根ざした管理方式に基づいて漁獲すれば，"獲りながら増やす"ことが可能な存在なのです（松宮，2000）．つまり今すぐにでも増産への転換を実現し，漁業に関わる皆さんの収入増に転換できる可能性を含んだ第一次産業と言えます．水産物の増産にはその行く手を妨げてきた，言い換えれば沿岸漁業生産を低下させてきた破壊された沿岸環境を修復するという課題が密接にリンクしており，水産業の再生はわが国の海洋環境問題を解決する道とも軌を一にすると言えます．

　食料問題はしばしば国の安全保障問題そのものであると言われます．世界の食料需給関係が根本から塗り替えられようとしている今日，このことのもつ意味はますます重大になりつつあると言えます．わが国と同じ稲作漁撈文明（安田，2009）を基盤とする東アジア諸国との連携や協働を基本にした，今後のわが国の安全保障の根本にかかわる問題だと言えます．"海の国"日本は，まずこの国の将来に深く関わる食料自給問題の解決に向けて，沿岸漁業の再生を核に据えた水産業の復活に着手することを，本書は「海から拓く食料自給」として提起しています．沿岸漁業の復活を起爆剤にして，わが国の食料自給を前に大きく進めようとの提案です．同時に，顔の見える漁師さんから届く，母なる海で育まれた安全な魚介藻類を今一度食卓の主役にすることを提案したいと考え，本書を発行することにしました．

魚介藻類の栄養学的な優越性は実証済みです．沿岸漁業とその基盤となる沿岸環境の再生は，この"渇き"きった，閉塞感に満ちた日本に"潤い"を与えるきっかけにもなるものと期待されます．朝餉のシジミやアサリの味噌汁，海苔やアジの干物，これらの復活は人々が家族での潮干狩りや魚釣りなどを通じて，海と海の生き物たちに触れ合う機会を増やすことにもつながり，自然のかけがえのない大切さを思い起こすきっかけになるはずです．21世紀を"水産の時代"にしたいものです．ここに，この本のタイトルを「水産の21世紀」にした理由があります．ここには，昨年来国際的に大きな関心を呼びましたクロマグロ資源，ウナギの養殖，調査捕鯨など今後の水産の進むべきホットな話題についてのわが国の先進的な取り組みも詳しく解説されています．水産の現場やその周辺で活躍されている皆さん，これから水産の道を目指そうとされている皆さん，魚好きな皆さん，食に関心のある皆さんなど，一人でも多くの方々の目に触れることを願って止みません．

　本書は，40数年前に京都大学農学部水産学科において，水産業が世界第一位の生産量を上げていた時代に，水産学を学んだ4名がそれぞれの職場での役割を終え，それまでの経験と蓄積を生かして，この困難な現実を変える上で何らかの役に立てればとの思いのもとに提案し，多くの執筆者の皆さんのご協力を得て実現する運びとなりました．時代の先駆けになって欲しいとの執筆者の願いをお汲みとりいただければ嬉しい限りです．

　なお，本書では，内容をより深くご理解いただけるように，本文中に出てくる重要な用語に関しては，巻末にまとめてその解説を付けています．読者の皆様には，用語解説も併せてご覧いただき，本書の内容への御理解を深めていただければ幸いです．

2010年6月6日

田中　　克

川合真一郎

谷口　順彦

坂田　泰造

目　次

　口　絵
　はじめに ……………………… 田中　克・川合真一郎・谷口順彦・坂田泰造　　i

序　章 ………………………………………………………………… 田中　克　　1
　　　　　1　わが国の食料自給に果たす水産業の役割　1 ／ 2　沿岸漁業再生
　　　　　の今日的意義　3 ／ 3　沿岸漁業再生を藻場の再生から考える　5 ／
　　　　　4　沿岸漁業再生は地球的諸課題の同時的解決に貢献する　7 ／ 5
　　　　　海から拓く食料自給　10

第 1 章　　漁業危機の克服から再生へ向けて
　序 ………………………………………………………………… 谷口順彦　　13
　第 1 節　日本と世界の漁業の現状と再生への道 ………………… 中前　明　　14
　　　　　1　わが国水産業の変遷　14 ／ 2　水産業の抱える問題と施策の方
　　　　　向　15 ／ 3　今後の水産業の再生に向けて　18 ／ 4　むすび　28
　第 2 節　混迷するまぐろ類資源管理からの脱却に向けて
　　　　　 ………………………………………………………… 魚住雄二　　30
　　　　　1　まぐろ漁業の変遷と管理の現状　31 ／ 2　クロマグロ資源とそ
　　　　　の管理の現状　39 ／ 3　最後に　49
　第 3 節　貴重なタンパク源としての鯨との共存
　　　　　 ……………………………………………… 諸貫秀樹・森下丈二　　51
　　　　　1　鯨類の利用と捕鯨の現状　51 ／ 2　鯨類利用の歴史　55 ／ 3　鯨
　　　　　類資源の状況　59 ／ 4　漁業との競合　61 ／ 5　商業捕鯨モラトリ
　　　　　アムの歴史および IWC の機能不全状態　62 ／ 6　IWC の正常化
　　　　　プロセスとその将来展望　67 ／ 7　食料自給とクジラ　74
　コラム 1　ノルウェーの水産事情諸々 …………………………… 上坂裕子　　77
　コラム 2　韓国水産業の現状と将来性 …………………………… 郭　又哲　　79
　コラム 3　クロマグロ人工種苗の大量生産技術開発：
　　　　　　クロマグロ資源を守るために ……………………… 田中庸介　　81

コラム4　イカ類資源の開発と可能性……………………………………宮原一隆　83

第2章　食料問題の解決に貢献する増養殖漁業

序…………………………………………………………………………谷口順彦　85

第1節　増養殖漁業の現状と展開……………………………………青海忠久　87

 1　世界の食料供給　*87* ／ 2　日本の食料供給　*88* ／ 3　養殖業の現状　*91* ／ 4　今後の水産養殖業を規定する要因　*93* ／ 5　未来を見据えた水産養殖の展望　*97*

第2節　栽培漁業の新たな展開………………………………………興石裕一　99

 1　栽培漁業とは　*100* ／ 2　高まる栽培漁業への期待　*103* ／ 3　現状と課題　*104* ／ 4　事例に見る種苗放流の成果と問題点　*107* ／ 5　栽培漁業の新たな展開　*111*

第3節　人工種苗生産が天然ウナギの絶滅を救う…………………田中秀樹　116

 1　ウナギの生活史　*116* ／ 2　ウナギ資源減少の要因と絶滅の危機　*121* ／ 3　人工孵化研究の歴史　*123* ／ 4　催熟・採卵・仔魚飼育技術の現状　*124* ／ 5　人工種苗生産は天然ウナギの絶滅を救えるのか？　*127*

第4節　遺伝的多様性保全に配慮した水産育種のあり方………谷口順彦　128

 1　生物多様性条約と野生の保全　*128* ／ 2　水族遺伝・育種の世界の動向に学ぶ　*133* ／ 3　栽培漁業において配慮すべき遺伝的多様性保全の問題　*135* ／ 4　種苗放流において必要な遺伝学的基本情報　*137* ／ 5　野生集団の遺伝的多様性評価事例　*142* ／ 6　集団構造から遺伝的管理単位の解明　*144*

第5節　内湾における環境調和型増養殖への提案…………………谷口道子　147

 1　内湾の環境と高い基礎生産力　*148* ／ 2　内湾における漁場浄化の試み　*149* ／ 3　一石二鳥の生物浄化　*150* ／ 4　水産漁獲物による窒素回収　*158* ／ 5　美しく魅力ある内湾，次世代へ豊かな環境と漁場を　*160*

コラム5　希少種ホシガレイの栽培漁業と展望……………………和田敏裕　162

コラム6　餌があればいいじゃん：東京湾で逞しく育つ放流ヒラメ
……………………………………………………………………………中村良成　164

コラム7　東京湾の放流ヒラメが教えてくれたこと………………中村良成　167

特別寄稿1　水産行政から見た栽培漁業の評価と今後の課題
　……………………………………………………………………成子隆英　*169*

栽培漁業の歴史　*169* ／栽培漁業の効果　*172* ／栽培漁業の問題点や課題　*175* ／栽培漁業の将来　*178*

第3章　漁業生産の基礎となる低次生産と海洋環境

序　………………………………………………………………………坂田泰造　*181*

第1節　沿岸漁業再生のカギを握る基礎生産……………………吉川　毅　*183*

1　はじめに　*183* ／2　海洋環境の特徴　*183* ／3　海洋環境におけるプランクトンの役割　*188* ／4　地球規模での基礎生産　*191* ／5　沿岸海域での基礎生産　*195* ／6　おわりに　*199*

第2節　仔稚魚を育む"海の米粒"カイアシ類 ……………………上田拓史　*199*

1　仔稚魚の主食はカイアシ類　*199* ／2　Hjortの"critical period"仮説とカイアシ類　*202* ／3　仔魚の減耗とカイアシ類の減耗　*203* ／4　カイアシ類の体サイズ　*207* ／5　カイアシ類の対捕食者戦略　*210*

第3節　対馬暖流と生物の輸送・分布 ……………………………加藤　修　*214*

1　はじめに　*214* ／2　対馬暖流の成り立ちおよび流路　*215* ／3　生物の輸送・分布に果たす対馬暖流の役割　*221* ／4　おわりに　*227*

第4節　海の中の森の再生 ……………………………吉田吾郎・八谷光介　*228*

1　瀬戸内海における藻場の消失と再生　*230* ／2　磯焼け研究の現状と課題：九州西岸域を中心に　*249*

コラム8　春を告げる魚〜サワラ（鰆）…………………………小路　淳　*260*

コラム9　県のさかな「イセエビ」の研究に奮闘…………………松田浩一　*262*

第4章　海や湖を取り巻く環境問題の深刻化と再生への道

序　………………………………………………………………………坂田泰造　*265*

第1節　有害藻類ブルームの発生メカニズムと解決への道
　………………………………………………………山口峰生・長崎慶三　*267*

1　有害藻類ブルームの現状と発生メカニズム　*267* ／2　HAB対策の現状と課題　*284* ／3　まとめ　*295*

第2節　干潟の水質浄化機能とその再生……………………………鈴木輝明　*296*

1　干潟域の浄化機能とは　296　/　2　水質浄化機能の評価手法と測定例　297　/　3　底生生態系の構造変化に伴う水質浄化機能の変化　302　/　4　赤潮発生時の干潟域の浄化機能　305　/　5　水質浄化機能の大きさ比較　306　/　6　干潟域の喪失は内湾をどう変えたか？　307　/　7　内湾環境修復の方針と課題　311　/　8　今後の課題　316

第3節　外来魚問題と内水面漁業 ……………………………………… 細谷和海　316

　　　1　はじめに　316　/　2　淡水魚を取り巻く環境　317　/　3　外来魚とは　318　/　4　外来魚が与える影響　320　/　5　ブラックバスによる影響　323　/　6　生物多様性保全と内水面漁業　327　/　7　内水面漁場から親水空間へ　328

第4節　現代の公害問題：京都府舞鶴湾の一部地域における鉛汚染
　　　　　……………………………………………… 山本義和・江口さやか　328

　　　1　まえがき　328　/　2　調査の概要　331　/　3　まとめ　346

コラム10　キューバに移入された外来魚ナマズ ……………………… 山岡耕作　349
コラム11　水産におけるネガティブインパクト（1）地球環境問題
　　　　　……………………………………………………………………… 坂田泰造　351
コラム12　水産におけるネガティブインパクト（2）水産増養殖と魚病
　　　　　……………………………………………………………………… 坂田泰造　354

第5章　海の生き物たちの知られざる秘密を探る

序 ………………………………………………………………………… 川合真一郎　357

第1節　新しい魅力的な科学への挑戦：バイオロギング研究が拓く
　　　新たな水棲生物の世界 ……………………………………… 宮崎信之　359

　　　1　はじめに　359　/　2　研究の背景　360　/　3　機器の開発　360　/　4　研究のトピックス　363　/　5　今後の課題　373　/　6　おわりに　373

第2節　ヒラメ・カレイ類誕生の謎に迫る ………………………………… 鈴木　徹　374

　　　1　はじめに　374　/　2　ヒラメ・カレイ類の誕生　375　/　3　左右非対称性の個体発生　379　/　4　左右非対称性を作り出すNodal経路　381　/　5　Nodal経路による眼位のコントロール　384

第3節　魚類の多様性を探る：分子系統学からの挑戦 ………… 西田　睦　388

　　　1　はじめに　388　/　2　進化的探究の基礎＝系統枠　389　/　3　系統関係はどのようにして知ることができるか　391　/　4　魚類多様性の進化的由来を探る　393　/　5　今後の研究の展望　408　/　6　ま

とめにかえて　409
コラム 13　クロマグロの渡洋回遊 …………………………………… 北川貴士　411
コラム 14　海に入ったカメ …………………………………………… 松沢慶将　413
コラム 15　魚の目から観たクラゲ …………………………………… 益田玲爾　415

第 6 章　日本の食文化の復活と食の安全性の保障

序 …………………………………………………………………… 川合真一郎　417

第 1 節　水産発酵食品にみる先人の知恵とその継承 ………… 藤井建夫　419
　　　1　貯蔵から生まれた水産発酵食品　420／2　発酵と腐敗は同じ現象　421／3　くさや　422／4　塩辛　426／5　魚醤油　430／6　ふなずし　433／7　魚の糠漬け　436／8　失われつつある伝統食品　438

第 2 節　日本発　海藻発酵産業の創出 ………………………… 内田基晴　442
　　　1　海の新しい発酵分野を拓く　442／2　海には未開拓の発酵パワーが眠っている　443／3　海で発酵が盛んにならなかった理由　445／4　初めの一歩，世界初の海藻の発酵技術　446／5　海藻の細胞化に着目してエサとして利用する試み　449／6　海藻発酵素材を食品として利用する試み　453／7　海藻を発酵させる技術を拓く　454

第 3 節　水産物の自給を阻害する社会経済的諸要因 ………… 鷲尾圭司　456
　　　1　はじめに　456／2　筆者の経験と視点　456／3　水産物の自給率低下について　458／4　流通面から見た自給の阻害要因　459／5　安定供給が生む廃棄食材　460／6　食生活面での意識変化　461／7　安全と安心の違い　462／8　「地産地消」の落とし穴　463／9　町中の魚屋さんが減った　467／10　まとめ　468

第 4 節　水産エコラベル：その役割と影響 …………………… 田村典江　469
　　　1　水産エコラベルとは何か　469／2　水産エコラベルの誕生から拡大　471／3　養殖漁業における展開　480／4　今後の日本の水産学・水産業と水産エコラベル　482

コラム 16　イカナゴが地球温暖化を警告する？ …………………… 日下部敬之　487
コラム 17　水族館で南極の生き物を飼う ………………………… 松田　乾　489

第 7 章　再生のカギを握る新たな統合学問の展開

序 …………………………………………………………………………… 田中　克　491

第1節　黒潮流域圏総合科学の展開 …………………………… 深見公雄　493
　　1　はじめに　493／2　黒潮流域圏総合科学とは何か　493／3　黒潮圏海洋科学研究科の立ち上げと黒潮流域圏総合科学の実施体制　495／4　黒潮流域圏総合科学の具体的研究内容　496／5　"黒潮の恵み"を科学する」ことの意義　501／6　学際的研究の必要性　503／7　最後に　504

第2節　沿岸漁業再生と森里海連環学 ……………………………… 田中　克　505
　　1　はじめに　505／2　わが国の食料自給の今日的意味　506／3　海から拓く食料自給への道　507／4　琵琶湖に見る漁業の衰退と再生への道　508／5　有明海に見る漁業の衰退と再生への道　512／6　森里海連環の再生に基づく沿岸漁業の振興　516／7　沿岸漁業再生への道　518／8　食料問題と環境問題の同時的解決　521／9　21世紀型の統合学問：森里海連環学の展開　522／10　おわりに　524

第3節　カキ養殖漁師が切望する森から海までの一体科学
　　　　 ………………………………………………………… 畠山重篤　525
　　1　はじめに　525／2　長良川河口堰建設反対運動の教訓　526／3　縦割行政と縦割学問　527／4　山に翻った大漁旗　529／5　鉄の科学が水産を救う　530

コラム18　うざねはかせ ………………………………………… 畠山重篤　533
コラム19　伊豆の海に潜り続けて ……………………………… 御宿昭彦　535

特別寄稿2　有明海の再生に挑む ……………………………… 浜辺誠司　537
　　100分の1のアサリ　537／汽水域は魚のゆりかご　539／水の会結成　541／活動森編　542／活動海編　545／人が動けば環境は変わる　547

終　章 …………………………………………………………… 川合真一郎　549

あとがき ………………………………………………………………… 遠藤金次　553

参照文献・参照ウェブサイト　555・580

用語解説　583

索　引　605

編者紹介・執筆者紹介　617

序　章

　2010年は，後世（人類が長く健全に存続していたらの話であるが）の人々があの"世界同時経済不況"を経験することによって，"金融工学"という超近代科学による市場原理主義の限界に目覚め，グローバリゼーションによる地域の崩壊を見つめ直し，額に汗して働き，地域から自然と人々の心の再生へとパラダイムをシフトした画期的な年であったと評価される（歴史の教科書に明記される）年になってほしいと編者らは切に願っている．本書を編集し刊行を意図した基本的な背景である．

　地球上の人口はすでにそのキャパシティの限界を大幅に超えたと推定される70億人に近づいている．とりわけ巨大な人口を抱え，今なお拡大傾向にある中国やインドに加え，手つかずの自然の開発が急速に進むブラジルやロシア（これらをまとめてブリックス4国と呼ばれている）の動向を考慮すると，世界の食料需給関係は大きく変化することが予測される．わが国は世界最大の農業大国アメリカの食料戦略の下に自国の農業（広義）生産を放棄し，お金に任せて世界中から食料を大量に輸入し続けてきた．その結果，わが国の食料自給率は，カロリーベースで40％を下回るレベルを低迷し続けている．この値は世界の先進諸国の中で際立って低い値なのである．今，食料，量のみでなくとりわけ安全な良質の，食料確保への国民の期待は大きく高まりつつある．しかし，大変残念なことに，この問題の重要性にもかかわらず，世界同時経済不況の影に隠れて今は水面下にあるが，近い将来を見据えて，食料自給への道は，早急に取り組むべき最重要な国家的課題の一つと位置づけられる．

1 ▶ わが国の食料自給に果たす水産業の役割

　食料生産に直接関わる農林水産業の中で，その主要な役割を担う農業と畜産業は，農薬・肥料・飼料などを大量に使い，環境への負荷という代価を支払いつつ食を得ることを宿命としている．林業の食に対する貢献に関して，シイタケ栽培，山菜，さらには東南アジアなどで試みられているアグロフォレストリー（自然の林の中に果樹や野菜などを植え，林業と農業を両立させる）などは自

然への負荷を最小限にした取り組みであるが，量的にはわずかであり，これらは動物資源の供給に貢献するものとは言えない．一方，水産業，とりわけ養殖業を除く従来からの漁船漁業は農業や畜産業とは異なり，太陽光と二酸化炭素と栄養塩を基に自然の生物生産過程として生じる基礎生産を出発点に，食物連鎖を通じて生まれる高次生産物を漁獲して食料とする点において，全く異質な性格を有する．

　このような海藻類，ナマコ類，貝類，エビ・カニ類，イカ・タコ類，ウニ類，魚類などはすべて自然の循環の中で，現代人ホモ・サピエンスが地球上に誕生した20万年（最も長く見積もった場合）前より，一貫して貴重な食料源（海藻を除き，主要な動物性タンパク源）として利用されてきた．とりわけ，人類が森（主に熱帯雨林）での移動生活を離れ，農耕生活を柱とした定住生活を始めた今から1万年前より，アジアでは稲作と漁撈が不可分に結びついた暮らしが続けられてきたのである（安田喜憲，2009）．四面を限りなく多様で豊かな海に囲まれたわが国では，海の生物資源は人々の暮らしになくてはならないものとなってきた．豊かな森で涵養され，栄養塩や微量元素は間断なく川によって海にもたらされて，河口・浅海域を豊かな海の幸の宝庫としてきたのである．今からほんの150～200年前には東京湾奥には干潟域が広がり，庶民の憩いの場となり，潮干狩りによりたくさんのアサリやハマグリなどが取れ，夕餉や朝餉として食卓を賑わしていた．"親にらむ平目を踏まん潮干哉な"（其角）に詠われているように，東京湾奥はヒラメの稚魚たちの成育場としてもきわめて重要な役割を果たしていたのである．

　ほんの30年前までは，漁師にとっては獲っても獲っても獲り尽くせない"豊穣の海"として有明海は多くの漁業者を養い，多くの魚介藻類を国民に提供するかけがえのない"宝の海"であった．図序-1に示すような岸辺に半円形に高さ2mばかりの石積みの囲いを作ると，満潮時に上げ潮とともに垣根の上より囲いの中に入ってきた魚類や甲殻類は摂餌活動に夢中になり，潮が引き始め，沖に移動しようとしたときにはすでに石垣の間から水は流出して，囲いの中に取り残されてしまう．このような"牧歌的な"漁業で生計が成り立っていたのである．この有明海の伝統漁法を代表する"石干見"（スクイ）は最盛期には諫早湾周辺に100～200も存在した．このように自然に負荷をかけないでも十分な漁獲物が得られるほど有明海は類い稀な豊かな海であった．それが，1960年代から70年代の高度経済成長や列島改造のあおりを受け，有明海漁業の生産量は他海域と同様に低落し始め，1980年前後には13万t台を誇った漁獲量は，わずか20年間に2万t以下にまで低下してしまったのである．さらに，

図序-1 有明海伝統漁法"石干見"(中尾勘悟氏撮影)

1997年に圧倒的多数の漁業者や国民の反対を押し切って断行された諫早湾閉め切りは，主な漁業であったタイラギ漁を壊滅させ，すでに25名を超える漁業関係者を自殺に追いやっているのである．ここでは，わが国沿岸環境の再生と沿岸漁業復活の試金石と位置づけられる有明海を例に挙げたが，全国各地に同様の状況が蔓延していると言える．

2 ▶ 沿岸漁業再生の今日的意義

わが国の動物性タンパク質摂取の60%は，かつては魚介類で占められていたが，その後食生活の欧米化の影響を受け，今では40%にまで低落している．それでも今なお世界一の魚食の国であることに変わりがない．すでに魚食は栄養学的にきわめて優れており，日本人の長寿の秘密の主要な根拠であることが明らかにされている．その端的な例を沖縄県民の寿命の都道府県別ランクの変化に見ることができる．沖縄県民の魚介藻類摂取量は，かつては全国1位であり，男女ともに長寿都道府県第1位の座を守っていた．しかし，戦後わが国に駐留する米軍基地の圧倒的多数を押しつけられた沖縄県では，マクドナルドに代表される米国風ファーストフードへと食習慣が大きく変化するに伴い，とり

わけその影響をより強く受けた男性の平均寿命は一気に第1位から滑り落ち，今では全国的には中位にまで落ち込んでしまったのである．
　魚類の種苗生産過程において仔稚魚の初期餌料に用いられるシオミズツボワムシやブラインシュリンプ（アルテミア）幼生に多価不飽和脂肪酸DHA（ドコサヘキサエン酸）やEPA（エイコサペンタエン酸），中でもDHAが不足すると仔稚魚の生残や成長が著しく低下し，健全な発育が阻害されることが明らかになって久しい．近年では，その欠乏は仔稚魚の行動や学習能力の個体発生にも重大な支障をきたすことが明らかにされている（益田，2006）．日本小児学会では子どもの健全な発達・発育・成長に魚食が必須であるとの考えから，母親の魚類摂取量と母乳を通じての子どもの正常な諸機能や体の発達との関係，さらには幼児期の魚類摂取量と大人になってからの成人病，ガン，うつ病などにかかる割合が調べられ，魚食の優れた効果が実証されつつある．そして，健全な心身の発達には，一家団欒の楽しい食生活が大変重要であることが指摘されている（児玉浩子氏，私信）．近年，朝食を抜いたり，夕食までも一人で，しかも簡易なファーストフードを食べる傾向が強まり，日本人の健全な心身の発達に黄色信号がともっているのである．日本の伝統的な稲作漁撈文明に根ざした，温かいご飯，海の幸である海苔やアジ・イワシの干物の塩焼き，アサリやシジミのみそ汁による朝食の復活は，栄養学的にも精神医学的にも理にかなったものである．朝食から崩れていった"ご飯とみそ汁食文化"の復活はきわめて重要な今日的課題である．それは単に食の問題にとどまらず，日本人が失いつつある心の豊かさや礼節を取り戻す上でも，そして健康の増進はかさむばかりの医療費の低減という国家的課題の解決にもつながるのである．
　こうした一昔前まで当たり前であった日本人の食文化を取り戻すためには，地域に根ざした沿岸漁業の復活が大きな前提になる．かつて編者の一人は長崎県平戸島志々伎湾においてマダイ稚魚の生態調査を行った経験がある．当時（1970年代）はまだまだ沿岸漁業も盛んであり，マダイ・ヒラメ・イサキその他の魚がたくさん漁獲されていた．しかし，それらの大半は地元で消費されることなく，活魚輸送車や保冷車で博多や関西などの大都会へ運ばれていた．地元の皆さんは平戸市から来る軽トラックの移動魚屋さんから夕餉の魚介類を買うことを知り，何か釈然としない気持ちにさせられたことが思い出される．今まさに求められているのは地元で獲れた新鮮な魚介類を地元の人たちが大いに活用できる地産地消の仕組みを作り上げることである．地域の人々がおいしく，安全で，心身にとって大変有効な新鮮な魚介藻類を食べたいという要求が，沿岸漁業従事者の漁業再生への熱意を高め，逆に自分たちの努力の結晶

（漁獲物）が地元の人たちに喜んでもらえるという，相互の利益が共有できる仕組みを作ることが今最も求められていると思われる．コンクリートで固めた立派過ぎる漁港に巨額を投じるより，このような地産地消による人と人の本来の交流を再生する事業にこそお金をかけるべきである．そこには新たな雇用も生み出されるはずである．わが国の沿岸漁業再生は，このように多面的な今日的意義を抱えたきわめて重要な課題と言える．

3 ▶ 沿岸漁業再生を藻場の再生から考える

　前節で述べたように，沿岸漁業の再生はグローバリゼーションに身をゆだねその激しい流れに翻弄されてきたわが国の行き方を見直し，ローカルに拠点を移して新たな地域からの再建をしていく核になりうる存在である．しかし，現実は漁に出ても高騰するばかりの重油代にもならない漁獲量の減少，再生産にとって不可欠な沿岸浅海成育場の消失や荒廃，安く買い叩かれて減るばかりの収入に加え，漁業者の高齢化と漁業後継者の不足（自分の子どもたちに漁業を継がせることができないところまで追い込まれてしまった）など難問が山積している（第1章第1節参照）．

　編者らにも，今こうすればすぐにこれらの問題が解決できる名案がある訳ではない．根本的に国が第一次産業を国家の基幹産業に位置づけ，可能な限り食料の自給を高める総合施策を取ることを提言したい．これまでは，同じ第一次産業でありながら，そしてそれに対応するのは農林水産省でありながら，農業・畜産業・林業・水産業は全く個々ばらばらに進められてきたことの過ちを謙虚に反省するところから，総合第一次産業の促進を提案したい．例えば，漁師による森づくり運動（口絵16参照）の先陣を切った宮城県気仙沼では漁師と林業家の共同が生まれ，豊かな森の再生（取りも直さず持続的林業の復活）が豊かな海の幸を育む（沿岸漁業の再生）というつながりが実証されている（畠山，2006）．かつては海藻類や海草類が農作物の肥料に利用されていたし，江戸時代には北海道で大量に漁獲されたニシンの魚粕を北前船で大量に関西に運び，関西圏の農業生産が飛躍的に伸び，北海道の経済と関西の経済が共に潤うという経験も我々は積み重ねてきたのである（若菜　博氏，私信）．ここには漁業と農業の共存の可能性がある．これらは一例であり，農業・畜産業・林業・水産業の間には相互に補完し，より基盤のしっかりした総合第一次産業を築く可能性は無数に存在する．

　このことを沿岸漁業の再生に焦点を絞って眺めてみよう．沿岸漁業の衰退に

は多様な要因が挙げられるが，まず古来"稚魚のゆりかご"と呼ばれてきた藻場の衰退とその再生から考えてみよう．藻場には2種類ある．規模的にも，分布する水深帯的にも，より重要度が高いのはコンブ・ワカメ・ヒジキ・テングサなど有用（食用）種を含む海藻類より構成される海藻藻場であり，これらは付着基質として必要な岩場や転石帯に発達する．これらのうち，温帯域に最も広く分布するホンダワラ類（いわゆる"ガラモ場"を形成する）は根が岩から切れると浮き袋によって海面に浮上し，それが集められると"流れ藻"となり，稚魚たちの成育場ともなる．これらは"海の森"と呼ばれ，ウニ類，アワビ・サザエ類，イセエビ類，エビ・カニ類，イカ・タコ類などの有用生物を含む多くの無脊椎動物や多種多様な魚類の生息場としてかけがえのない役割を果たしている（第3章第3節参照）．

　一方，海草類と総称されるアマモ類（ウナギのように細長い形の葉であるため，英語では，eel grassと呼ばれる）も亜寒帯域から熱帯域まで広く分布し，海の草原と呼ぶにふさわしい存在である．アマモ類が繁茂する場所は同じく藻場と呼ばれるが，海藻類とは全く異なり，陸上の顕花植物が海に進出したものであり，砂泥底に根を張って繁茂し，花を咲かせる．アマモが生い茂る藻場は稚魚や小魚，小型の無脊椎動物にとってなくてはならない生息場として，重要な役割を果たしている（小路，2009）．これらの稚魚や小型無脊椎動物はアマモそのものを食べるのではなく，その葉の上には一面に付着藻類が繁茂し，それを餌にヨコエビ類やワレカラ類に代表される葉上動物が繁殖し，稚魚や小型無脊椎動物を養うことになる．アマモの葉自身は木の落ち葉と同様に枯死脱落すると多様な微生物類によって分解され，いわゆるデトリタスとして周辺域の底生無脊椎動物類の不可欠の餌料になる．世界的には海棲哺乳類として絶滅が危惧されているジュゴンの主食としても重要な存在である．

　このような沿岸域生態系の不可欠の構成要素であるアマモ類は内湾の奥部や入江に繁茂するために，浅海域の埋め立てにより，また人工構造物の設置による流動や水質・底質の変化によって消失あるいは衰退し，瀬戸内海ではこの半世紀の間に4分の1前後に減少している．一方，より外海部に存在する海藻藻場にも20世紀の終わり頃から深刻な問題が生じている．すなわち，従来，濃密にコンブ，アラメ・カジメ類，ホンダワラ類が繁茂していた場所から海藻類がすっかり姿を消し，基質となっていた岩肌がむき出しになり，「海の砂漠」と化してしまう，いわゆる"磯焼け"現象が広域的に広がりつつある（図3-35b参照）．それは直接的ならびに間接的に沿岸漁業に深刻な打撃を与えている（第3章第3節参照）．主要な漁業対象であったコンブの消失，ならびにそこに生息

していたウニ，アワビ，エビ・カニ類，タコ類などの消失という事態を引き起こす．同時に多くの小魚や無脊椎動物の成育場や産卵場の消失によってそれらの生物の再生産に大きなダメージを与えることになる．

これまで，この磯焼けの主な原因はウニ類に代表される藻食性無脊椎動物やアイゴ・ニザダイ類など藻食性魚類による捕食による（何らかの要因によって捕食―被食の安定的均衡から捕食圧がより強まる方向へのアンバランス化）と考えられ，ウニ類の除去など多くの努力が重ねられてきたが，本質的な解決には至らなかった．

ここに登場したのが"鉄"仮説である．従来，海洋の基礎生産（一次生産）の主役である植物プランクトンの生産には常に存在する太陽光と二酸化炭素に窒素やリンなどの栄養塩類が供給されればその繁殖は促進されるとされてきた．しかし第3章第1節や第7章第2節にも述べられているように，栄養塩類が豊富に存在するにもかかわらず植物プランクトンがきわめて低いレベルでしか成育しないHNLC（高栄養塩低クロロフィル）海域が存在する．その謎は1988年にジョン・マーチンらによって解明されることになる（Martin et al., 1988）．すなわち，植物プランクトンの生産には栄養塩を植物体内に取り込むためにキレート状の鉄（二価の鉄：溶存鉄）が不可欠なのである．溶存鉄が海藻の繁殖に必要なことは，すでに1980年代初めに実験的に確かめられており（Motomura and Sakai, 1981），21世紀の始めより鉄の添加による海藻藻場の再生に関する室内実験が繰り返された後，2004年10月下旬に北海道増毛町の磯焼け現場の波打ち際に，麻の袋に入れた鉄鋼スラグと腐植物質の混合物6tが埋設された．その結果，それまであらゆる手段を講じても再生しなかった磯焼けの砂漠にコンブの森が再生したのである（山本ほか，2006：第7章第2節参照）．すでに5年を経過した今日もコンブの森は面積を広げながら繁茂し続けている（新日鉄（株），篠上雄彦氏，私信）．そして長らく姿を消していたニシンが産卵のためにコンブの森に来遊し，その漁獲量も増え始めているという．ここに編者らはわが国の沿岸漁業再生の糸口を見出すのである．同様のことは，稚魚の不可欠の成育場となるヨシ群落の再生やかつての水田と湖のつながりを再生させることにより，ニゴロブナ資源の回復の兆しを生み出した琵琶湖岸での滋賀県の取り組みにもみられる（藤原ほか，1997）．第4章第2節の干潟再生もしかりである．

4 ▶ 沿岸漁業再生は地球的諸課題の同時的解決に貢献する

きわめて困難な状況の打開には，具体的な技術的方策とともに，このように

すれば困難を打開して大きく未来が開けるという展望や"夢"を提示することがきわめて重要である．夢をなくしてしまった今の日本を元気にする"夢"を沿岸漁業再生という課題を例に語ってみよう．

　先のコンブは北の海を代表する有用海藻類であるが，実は西（南）日本の長崎県や瀬戸内海においてもコンブの養殖が行われている．コンブが発芽し，成長するのは冬季から初夏の低水温期であり，冬場にコンブは急速に成長するため，沖縄県や，黒潮が直接影響を及ぼす地域以外であれば全国どこででも養殖が可能である．今，世界的に健康志向から，とりわけ欧米の大都市では，魚食が大流行している．海藻類についての食習慣もそのきわめて優良な栄養価値から近い将来"海藻サラダ"などが魚食との組合せで消費（需要）が拡大する可能性は高いと考えられる．人々は経済的に豊かになれば，次に望むものは健康と長寿である．女性の長寿世界1位を誇る沖縄の人々は大量の魚と海藻類に支えられている事実を広め，海藻類の普及に努めることに国は積極的にお金を使うべきである．2000万人とも3000万人とも言われる超大金持ちの人々が暮らす隣国中国は一大市場になるであろう．

　こうした（ここでは一例として言及している）コンブの大量生産は，その真偽は別として，今，最大の地球的環境問題とされている二酸化炭素の吸収にも大きく貢献することになる．例えば，日本列島周辺全域に1kmの幅でベルト状にコンブの森を造成すれば，わが国が排出する二酸化炭素の大半を吸収（そのすべてが海に溶けるとして）されると試算されるほどである（畠山，2008）．そして，これらの大量にしかも短期間に生産される海藻類はバイオエタノールや次世代型エネルギーとして注目される水素の生成原料に使う技術開発を進めれば，2008年に起きた石油の急速な価格高騰を背景に，食料としてきわめて重要なトウモロコシが"より利益が多い"との市場原理のもとにバイオエタノール原料に流れ，アフリカなど食料不足に悩む最貧国の飢餓による死亡に拍車をかけるといった悲劇を起こさずに済むのである．同時に地球の財産と言える貴重な熱帯雨林を破壊してトウモロコシ園やパームヤシのプランテーションを造成拡大することにも歯止めをかけることができるのである．このように，沿岸漁業の再生を海中林の造成より始めただけでも，それは食料問題，環境問題（地球温暖化），エネルギー問題など地球的課題の抜本的な解決に貢献できるのである．すでに述べたように，海藻藻場の再生は，沿岸生態系の再生の重要な課題であり，地球温暖化という世界的"キャンペーン"の中で隠れてしまったが，重要な環境問題の解決に貢献することになる．

　上記三つの地球的課題以外で，重要課題である資源問題に沿岸漁業の再生は

どのような関わりを持つのであろうか．資源問題と言えば，わが国には乏しい種々の金属類の鉱脈をイメージしがちであるが，世界的にみれば生命の源と言える"水"がきわめて重要かつ深刻な資源問題である．世界の紛争地帯である中東やアフリカの多くの国は深刻な水不足に直面し，それは食料（農業）生産に直結して厳しい食料不足という共通の問題に辿り着く．上記の海藻類の繁茂や海の食物連鎖の出発点になる植物プランクトンの生産には溶存鉄が不可欠であり（松永，1993），その供給源は森林や川岸に発達する湿地帯である（白岩，2010）．わが国の河川にもかつては多くの湿地帯や氾濫源があり，溶存鉄の供給源として機能していたであろうが，現在ではほとんど消失しており，溶存鉄の供給源はもっぱら森林ということになる．わが国は特異的に67％というきわめて高い森林面積率を維持する世界の先進国（その多くはいずれも10～20％）の中で稀有な国である．しかし，その実に40％はスギやヒノキの人工林で占められ，これまた市場原理主義経済のままに無策の林業政策の下でわが国の林業は衰退の一途を辿り，実に80％もの木材を輸入に依存するという"異常事態"が継続している．その結果，スギやヒノキは手入れをされないままに密植状態が続き，樹冠（樹木と樹木の間の上層の空間）は完全に閉塞され，下地には光が全く差し込まず，下草や小潅木は皆無である．したがって，そこには一切生き物の気配がしない，限りなく生物多様性がゼロに近い"森"となっている．こうした森に降った雨は保水されることなく表土とともに一気に流下し，洪水の遠因となり，河川水を濁水で覆い，水生生物にとって不可欠な餌資源となる付着藻類の繁殖を阻害し，河川生態系にダメージを与えることになる．そればかりか，大雨の度に表土を削られた結果，集中豪雨時には，根元から一気に土砂崩落を起こすことにもつながる．

　森の重要性を直感した漁師による森づくりは，このようなきわめて不自然な森を，腐葉土を形成する多くの広葉樹の混じった自然な森に戻すことを目的としている．様々な工夫を凝らして林業を営んでいる森では，適正間伐により多くの広葉樹が混在し，豊かな下草が繁茂した森の生物多様性は，手つかずの天然林より高くなることが知られている（例えば，三重県速水林業の山林）．沿岸漁業の育成と森の健全化のために京都府では昭和40年代より木製人工魚礁が沿岸域に設置されている．かつて日本周辺の沿岸には"魚付き林"が至るところに存在し，薪炭林として持続的に活用されてきた．このように林業と漁業は本来密接な関係を保っていたが，今では森の荒廃（人工林化）が沿岸漁業の荒廃につながるという負の連鎖に陥っている．このことに絶望的になるのではなく，発想を大きく変えて，両者を同時的に解決する道を探れば良いのである．

この点でヒントになる知見がオーストリアにある．オーストリアの田舎では木質バイオマスの有効利用が図られ，村落単位で木材をエネルギー源にした地域冷暖房システムが普及している（天野礼子氏，私信）．わが国でも，近年，製材所で出されるすべての木の屑，間伐材，さらには従来は廃棄されていた枝葉などを活用した木質発電が普及し始めている．最近，愛媛県宇和島市では"電気漁船"の開発が進んでおり，夜間の余剰の電気を利用すれば従来の重油代に比べて燃料費は8分の1程度にまで抑えられるという（岸本吉成氏，私信）．また，先述のように，海藻類からバイオエタノールが量産されれば，漁船の燃料はバイオオイルによってまかなわれる道が開ける．こうしたクリーンエネルギーによる漁船が漁獲した魚介類には付加価値がつく効果も十分に期待される．これらの諸条件を総合すると"漁林連携"が浮かび上がる．国や地方自治体がモデル的漁村と農村（林業主体の）を選定し，漁村に木質発電所やバイオエタノール製造所を造り，すべて電気やバイオオイル漁船に変え，農村と漁村には木質による冷暖房システムを導入する．農村でのビニールハウス栽培に木質ボイラーを導入して環境低負荷型栽培を行う．こうした取り組みにより，漁業と林業が共に再生し，農村の食卓には獲れたての産地直送の海の幸が，漁村の食卓にはこれまた環境低負荷型農産物が並ぶことになる．そして，林業の復活はより健全で緑のダム機能を持った森の復活につながり，栄養塩類や微量元素を豊富に含んだ水を海に供給して沿岸漁業の再生基盤を整えることになる．こうして沿岸漁業の再生を起点にした森と林業再生は，より効率的ならびに効果的水循環をもたらし，地球的課題の一つである水資源問題の解決方向を世界に示すことになる．

　そして何よりも重要なことは，そこに住む人々が自分たちの生業が地球的課題の解決にも貢献しているという自覚と誇りを持つことができるのである．自然と乖離することによって失ってしまった自信を日本人が取り戻し，元気な日本に生まれ変わることができる．こうした状況が生まれれば，少子化問題も自然に解消できるであろう．漁師が自信と誇りを取り戻し，漁業で生計を立てられる確信を持ったとき，自分の子どもにも漁業を継がせる夢も実現することになる．漁師が漁業で生きて行ける確信を持つとき，彼らは沿岸生態系の"守り手"としてきわめて重要な役割を果たすことになる．

5 ▶ 海から拓く食料自給

　本書のメインタイトルは「21世紀の水産」ではなく，「水産の21世紀」とし

た．一見同じように思えるタイトルであるが，本質的に大きく異なる．前者は多様な課題を抱える21世紀において，その一部をなす水産はどうあるべきかを考えるネーミングであるのに対し，後者は"水産が主役になる（なりうる）21世紀"という意味が込められている．前節の提言はその現れである．これまで人類はあまりにも海を軽視し（もちろん海底に眠る様々な鉱物資源・海底油田・天然ガスその他には熱い視線が送られ，海洋開発が進められていることは周知の事実であるが），陸域に暮らす人々の生活や産業活動の最終廃棄物は今なお"水に流せば"事が済む状態から脱却しているとは思われない．未だに大量の，有害な人工化合物を含む様々な有害物質が海に廃棄され続けている（第4章第4節参照）．それらは食物連鎖による生物濃縮を通じて人間に有害な影響を与えることさえ続いている．海もまた有限であり，その人類の扱い方によっては因果応報となって有機塩素化合物・重金属類・内分泌攪乱物質にみられるごとく人類の存続にも警鐘を鳴らし兼ねない影響が危惧される（川合・山本，2004）．

　私たち人類の先祖を辿って行くと魚類にまで行き着く．すべての生命のふるさとは海であることに今一度思いを馳せる必要がある．地球上で一人傍若無人に振舞ってきた人類が，今後すべての生き物との共存を考える場合，単に陸上動植物だけでなく，地球上の面積で70％を占め，世界最高峰のエベレストを逆さにしても届かないほどの深海底を持つ海とそこに生息する生き物のことを忘れてはならない．海への深い思いをめぐらすことによって，初めて持続的な21世紀の展望が開けると言える．そして，海の恵を直接受ける基幹産業は水産業であり，その重要性を再認識する今日的意義はきわめて大きい．わが国がこれまでのようにお金に任せて膨大な量の農林水産物を海外から輸入するのではなく，その自給率を高めることは，深刻な雇用不足に陥っている今日の日本の新たな雇用の拡大にとってもきわめて重要と考えられる．多くの山岳地帯を抱え，平地に恵まれず，その割には過大な人口を抱えるわが国が，米以外の農産物について100％の自給率を確保することは難しい．長く休耕にした農地を復活させるためには土作りに多大の労力と時間を要する．

　一方，自然のサイクルの中で生み出される水産物は，宮城県気仙沼に流入する大川流域のように，人々と行政の環境意識の変革によって，流域と海の環境浄化が実現し，それに加えてしっかりした資源管理方策を取ることによって最も効率的な採算の取れる漁業を実現することが可能なのである．昭和30年代に自給率113％（重量ベース）を誇った実績を持つ水産業である．何よりも内湾・内海・外海，藻場・干潟・砂浜域・サンゴ礁・マングローブ域などきわめて多様で変化に富んだ環境に恵まれ，世界有数の暖流である「黒潮」と北海道

東岸から南下する寒流「親潮」がぶつかり合う海域は世界屈指の好漁場である．それほど大きくはないわが国の複雑な海岸線と多数の島の存在は，海岸線長では中国や米国より長く，世界第6位を誇る．あらゆるアイデアの下に可能な努力を重ねれば，水産物自給率を限りなく100％に近づけることは夢ではないと思われる．そして，それは他の第一次産業にも希望を与え，相互に補完し合う"総合第一次産業"（第7章第2節）創生への突破口を開くことになる．本書の副題を「海から拓く食料自給」とした理由がここにある．

　世界の漁業を取り巻く環境は，わが国が抱える問題と同様にきわめて深刻な事態に至っている．大型まき網漁船やトロール漁船など，ハイテクを駆使した近代漁法によるきわめて効率的な漁獲が進み，乱獲傾向に歯止めがかかっていない．一方，資源管理策は遅れ，また漁業資源の利用は一国の問題ではなく，国際的規制を定める必要性がますます高まってきている．本書では，まずわが国の食料自給の流れを生み出す先陣を切るのは，沿岸漁業であるとの考えにより，クロマグロ（第1章第2節）やクジラ（第1章第3節）を除き，主として沿岸漁業の現状やその再生に関わる問題を中心に扱っている．それは，自国の沿岸漁業の再生や資源管理ができないのに国際的問題の指摘やその規制に説得力ある提案を行うことはできないとの考えに基づく．

編者を代表して　田中　　克

第 1 章

漁業危機の克服から再生へ向けて

　世界の漁業生産は漁獲技術の著しい発達に反比例するかのように停滞から減少に向かっている．わが国の漁業生産の減少はきわめて著しく，かつては年間1300万 t 近くと世界第 1 位を誇っていたが，今では 500 万 t 台にまで落ち込んでいる．このような漁業危機を克服するためには，乱獲と環境劣化，特に沿岸環境の劣化に関わる難問を解決する必要があり，有用水産生物の持続可能な利用の在り方を模索することが重要課題となる．本章では，世界的に話題になっているクロマグロやクジラとの共存の道を例に今後の在り方を展望する．

　第 1 節では，長年水産庁において日本の漁業政策の立案に関わってきた中前明氏が，日本と世界の漁業の現状と再生の在り方について展望する．第 2 節では，水産総合研究センター遠洋水産研究所においてまぐろ類の研究に長く携わってきた魚住雄二氏が，乱獲が危惧されるクロマグロ資源の現状と回復策について提案する．第 3 節では，水産庁において資源管理行政に関わってきた諸貫秀樹氏と森下丈二氏が，調査捕鯨と商業捕鯨に関わるクジラの資源管理について紹介，捕鯨容認国と反捕鯨国および過激な反捕鯨団体との狭間に揺れる日本の立場についても解説し，今後の在り方を展望する．

第1節　日本と世界の漁業の現状と再生への道

1 ▶ わが国水産業の変遷

　手元に古びた『漁業白書』がある．47年前の昭和38（1963）年当時の漁業動向分析である．少し引用してみたい．

　　　我が国の経済は，過去5年間において，産業構造の高度化に伴って高度の成長をとげた．この5年間の鉱工業生産指数と国内実質国民所得の伸びは，それぞれ年率にして14％と11％に達している．この間，漁業の総生産量は逐年増加し，37年には686万トンに達し，これは，32年の27％増しである．経済の発展に伴って，水産物に対する国内需要は拡大し，また，諸外国の我が国水産物に対する需要も活発であったので，生産者価格も順調に推移した．しかし，国民の所得水準の向上と生活様式の変化に基づく消費形態の変化は，水産物に対して，生鮮より加工へ，低次加工より高次加工へ，また，生鮮の中でも大衆魚から高級魚へという需給変化をもたらし，一部の多獲性魚については，生鮮需要の停滞という事態を生じている．

　まるで，新興の途上国のように溌剌とした国勢が感じられ，その中で，生産の増大と近代化を順調に進める水産業の姿がうかがわれる．今日の経済状況の閉塞感や厳しさばかりが強調される水産業の姿からは想像することすら難しい．

　しかし，一方では，以下の記述も見られる．

　　　戦前55万人台を維持していた漁業就業者数は，戦後引き揚げや帰村などで増加し，昭和29年には79万人を数えたが，37年には約67万人と年率1.9％のテンポで減少しており，新規学卒就業が30年には1万6千人であったものが，37年には9千人余と激減している．また，就業者の高齢化が進行しており，50歳以上の男子就業者は，沿岸漁業では，35.1％にもなっている．

　順調な生産の拡大の背後には，今日の漁業の縮小につながる気配がすでにうかがわれる．

　もう一冊手元に白書がある．『水産白書』と名前が変わっているが，平成20（2008）年度版である．そこでは，かつて，わが国が世界一の漁業生産を誇る水産大国であったこと，しかし，外国200カイリ（沿岸から約370km）水域内漁場からの撤退，大きな周期で変動を繰り返すマイワシ資源の急減などの要因で，平成19（2007）年の漁獲量はピーク時の約半分に当たる572万tまで縮小した

ことが記述されている．そして，わが国周辺水域において資源評価を実施している水産資源の半分が低位水準にあり，その背景には海水温など海洋環境の変化，沿岸域の開発による産卵・育成の場となる藻場，干潟の減少，一部の資源で回復を上回る漁獲が行われたなど，様々な要因が影響していることを指摘している．さらに，平成19年には漁業就業者が20万人余となり，男性就業者のうち65歳以上の漁業者が37.4％を占めていること，新規漁業就業者が，年間約1千人となっているとしている．

　わが国の漁業の現状は，二つの白書を比較するまでもなく，きわめて憂慮される状況にあると考えられる．新しく制定された海洋基本法による世界第7位の広大な200カイリ水域の積極的な活用や開発の方向づけとは裏腹に，海洋水産資源の利用の担い手であるわが国漁業の実力は，急速に弱体化している．また，地域社会に深く根差した沿岸漁村の崩壊の事例を聞くたびに心が痛む．

　今後の食料自給率の向上が至上命題になっている現在，海洋水産食料をいかに確保し，食料自給に貢献していくか，解決しなければならない課題は多く，水産業に関係している政治，行政，業界組織，漁業者，大学，研究者，人材育成機関の責任は大きい．そして，水産物の自給率向上のためには，国民に対し，わが国水産物の特性や，水産物の持つ栄養面での利点などについて十分な理解を求めることが必要となっている．

2 ▶ 水産業の抱える問題と施策の方向（政府による方向づけ）

　政府は，平成19（2007）年4月に，水産基本計画の改訂を閣議決定し，今後の水産施策の方向を明らかにしている．この基本計画の策定の基本となる認識は，世界的な水産物をめぐる需給の変化の中，国際的にも競争力のある安定した漁業経営体の育成を進め，国民に安定的な水産食料の供給を図るとともに，水産業の持続的な発展を目指すというものである．

　改訂された基本計画を要約すれば，世界的な水産物需要の拡大が進む一方，多くの水産資源は楽観できる状態ではないこと．国内的には，消費が頭打ちの状態であり，生産者価格が低迷する一方，燃油価格に代表されるコストの増大が続き，多くの経営が赤字に陥っていること．流通の改革が遅れ，生産者価格と消費者価格の差が依然として大きいと分析している．

　また，これらに加えて，国民の食生活において，水産物は，動物性タンパク質供給の4割を占め，「日本型食生活」の実現にとってきわめて重要であること，一方，若い世代を中心とする急速な「魚離れ」が進行し，鮮魚店などの小

売業の売り上げが減りスーパーマーケットによる販売シェアが上昇していること．また，国際化の進展と水産物の世界的需要の高まりの結果，海外市場で他国との購入競争に敗れる「買い負け」が発生していることを指摘している．さらに，わが国周辺水域の半数以上の資源が低位水準であり，世界的にも資源状況が悪化していること，就業者の高齢化が進行していること，漁船についても高船齢化が進行しているとした上で，自然環境の保全や交流の場の提供をはじめとする水産業・漁村の多面的機能への国民の期待が高まっていることを挙げている．

　そして，これらの多くの問題の解消に向け，水産資源の回復と管理の推進，漁船漁業の構造改革，新しい経営安定対策，水産物流通の整備，水産業の基盤整備などの必要性が示され，基準年次である平成16（2004）年に55％であった食用魚介類の自給率を平成29（2017）年度には65％と10％向上させるという目標を掲げている．

　そして，この基本方針に沿って，国においては毎年の予算や制度の手当が着実になされることが重要であるとし，また漁業者，その所属する団体，県，市町村それぞれが自覚を持ち，役割を果たすことを求めている．

　水産業に係る対策には，資源調査，資源管理，漁業生産，漁業経営，加工，流通，消費，生産基盤である漁村や漁港など様々な側面があり，水産基本計画では，それぞれの側面からの施策が示されている．その施策の中で着目すべき諸点は次のようなものである．

- 我が国周辺水域において資源評価がなされている水産資源の半数以上が低位水準であり，また，国連食糧農業機関も指摘するように，世界的にも水産資源の状況が悪化している中で，資源管理の方法の改善を検討する．
- 国際的な資源管理を推進するため，地域漁業管理機関を活用して過剰漁獲の削減，国際的なルールを遵守しない便宜置籍漁船などによる無秩序なIUU（違法，無報告，無規制）漁業の取締りを始めとする取組を強化し，鯨類についても，持続的な利用の実現に向け，国際的な理解の拡大に取り組む．
- 海面・内水面を通じた水産動植物の生育環境の改善と増養殖の推進をするため，漁場保全を目的とした森づくりや沿岸域の藻場・干潟の造成・保全などにより森・川・海を通じた環境保全を推進する．
- 効率的な種苗放流体制の確立などにより，環境・生態系と調和した増殖を推進し，大規模な養殖や波浪の強い海域での養殖に必要な技術の開発によ

り持続的な養殖生産を推進する．また，漁場環境に優しく消費者の信頼に応える養殖業の構築について検討するとともに，漁業権の利用度合いにアンバランスが生じている場合，より広域を対象とした漁場の総合的かつ効率的な利用を図るための具体的な方策について検討する．
- 厳しい状況にある我が国水産業の将来展望の確立のため，明確な漁業生産構造の展望や，漁業経営の展望を提示する．また，国際競争力のある経営体の育成・確保に向けた漁船漁業の改革のためのプロジェクトを立ち上げ，収益性重視の操業・生産体制の導入などによる経営転換を促進する．
- 活力ある漁業就業構造の確立のため，漁業外から新規就業や異業種事業者による新規参入を促進する．
- 産地の販売力強化と流通の効率化・高度化を図ることとし，国産水産物の競争力を強化するため，出荷のロットをまとめ，規格を揃えて水産物の安定供給を図る市場を核とした流通拠点を整備するとともに，前浜と消費者をつなぐ，産地直送を含む多様な流通経路を構築し，流通コストの削減や鮮度保持・品質管理を推進する．また，魚の旬などに関する情報提供の充実とこれを担う人材の育成を促進する．
- 水産物の輸出戦略を積極的に展開するとともに，生産から加工流通に至る各段階における衛生・品質管理を徹底するほか，水産物の栄養特性や安全性に関する消費者への情報提供を充実する．
- 省エネルギーや省人・省力化により漁業経営の合理化に資する技術，増養殖の高度化に資する技術などの新技術の開発・普及を推進する．また，DNA品種識別技術の開発を通じた育成者権の保護を促進する．
- 我が国周辺水域の資源生産力の向上を図り，藻場・干潟の造成・保全などを推進するほか，水産業・漁村の有する多面的機能の発揮のため藻場・干潟の維持管理などの環境・生態系保全活動を促進する方策の確立を図る．
- 水産業に関係する団体の組織基盤の強化を図るため合併の加速化を図るとともに，組合員資格審査の適正化などのための制度改正，経営不振漁協の再建計画の策定・実施などにより抜本的な事業改革を促進する．

以上が，政府によるわが国水産業の現状の分析と今後の方向づけの概略であるが，次節では筆者の経験による私見も含め，いくつかの事項について少し詳しく触れてみたい．

3 ▶ 今後の水産業の再生に向けて（一行政官の経験から）

　筆者は，昭和49（1974）年に京都大学水産学科を卒業し，同年，農林省（当時）の水産庁に技術系行政官として採用され，以来34年にわたって，行政の立場からわが国水産業の抱える諸問題や突発的な事件の処理に関わってきた．その分野は，漁業経済分析，閉鎖性水域の環境改善，遠洋漁業管理，多国間および2国間漁業交渉，沿岸漁場の整備開発事業，地方水産行政，漁業の生態系への影響対策，資源調査，水産加工行政，漁業保険制度，水産研究管理など様々な範囲に及ぶ．また，この間の印象深い事件などの対応として，米ソによる200カイリ設定に伴う北洋漁業の大幅な減船，日本海広域に及ぶナホトカ号の油汚染，植物プランクトンの異常発生による有明海の海苔の不作問題などがあった．そして，最近では，水産研究組織の経営管理に従事するほか，解決が困難な状況にある捕鯨問題にも関わっている．

　その期間は，いわゆる200カイリ前夜がスタート地点であり，その後，遠洋漁業にあっては，各国の200カイリ水域の設定や国際漁業管理機関の資源管理強化などによる減船に次ぐ減船，沖合漁業にあっては，マイワシ資源の歴史的増加と衰退，沿岸漁業にあっては，高度経済成長の"つけ"ともいえる漁場の荒廃と資源の減少，高齢化による漁村の空洞化，過疎化の進行があった．このような状況に対処するため，わが国200カイリ水域の積極的な活用が推進され，いわゆる「つくり育てる漁業」をはじめとする各般にわたる施策の導入にもかかわらず，その成果は，漁業の活性化を導くまでには至っていない．現在，わが国の水産業は，まさしく岐路に立たされている．

　ここに至った要因は，様々な解釈があろうと思うが，狭隘な国土に過密な人口を抱え，二次産業による貿易に依存しながら戦後の飛躍的な発展を遂げたわが国において，都市周辺の沿岸部は，工場立地の適地であり，埋め立てが進められ，また，地方でも食料増産のための農地造成を目的とした干拓が進んだ．そして，藻場や干潟といった水産資源生物にとってもかけがえのない水域を失うこととなった．また，都市や工場からの排水による水域の汚染，富栄養化の進行，河川からの過度の取水による流入水の減少，ダムなどによる土砂流入の減少，林業振興のため全国的に展開された針葉樹林の造成による河川水の質的変化，海域での海砂の採取などマイナスの要因は枚挙にいとまがない．加えて，過大とみられた漁業従事者数も他産業に労働力を提供する形で激減し，現在では高齢化が憂慮され，また，新規参入者数は，健全な産業維持には程遠いレベルにまで低下している．

このような過程において社会的に問題が取り上げられ，また，政治上あるいは行政上の対策が講じられてきたが，多くは，対症療法的であり，また，前述の昭和38(1963)年の『漁業白書』が，すでに指摘するように水産物に対する旺盛な需要や魚価の上昇という状況の下にあって，根本的な構造問題には十分な対応がなされてきたとは言い難いのではなかろうか．

　近年，世界の漁業をめぐる情勢は大きく変化してきた．世界的な水産物需要の高まりは，今後もさらに加速するであろう．筆者が社会人となった当時，およそ生魚を嗜好するのは日本と，せいぜい韓国くらいであったものが，今や世界中の日本食ブームである．さらに，肉食偏重の弊害が指摘され，魚食の健康面での優位性が強調されるとともに，人口の増加に動物性タンパク食料の供給が追いつかない今日，水産業の維持，健全な発展の重要性は，いくら強調してもし過ぎることはない．特に，狭隘な国土と過剰な人口を抱える一方，世界第7位の広大な200カイリ水域を擁するわが国においては然りである．皮肉なことにわが国水産業の存続基盤を揺るがしてきた水産物の輸入にあっても，わが国は，もはや水産物の世界最大の買い手市場として君臨することが不可能となっている．国産の水産物の安定的な供給を支える日本漁業に将来はあるのだろうか．

3-1. 国民のニーズと流通の改善

　日本全国，同じ系列のコンビニエンスストアー，ショッピングモール，薬のチェーン店，百円ショップ，ファミリーレストラン，コーヒーショップなどが展開している．同じ規格の商品と同じ値段は，国民にとって便利ではあるが，かつての多種多様な商品や店舗に囲まれて育ってきた世代にとって，その魅力度は如何なものか疑問が付きまとう．「金太郎飴」のような状況は，もう十分という声も聞こえてきそうである．

　このような，いわゆる定時，定量，定価を前提とした流通に最も馴染みにくいのが日本の「魚」ではないかと思う．世界には，およそ3万種の魚類が分布し，日本周辺水域には3000余種が生息し，そして，国内市場では約300種類が扱われるといわれている．しかし，東京など大都市近郊の一般のスーパーマーケットでは，これがわずか30種となる．売場に足を運ぶまでもなく，並んでいる顔ぶれが想像できるのがスーパーの魚売り場であり，しかも，その多くが輸入品だとしたら，これも魚離れの一因であろう．四季折々，多種の魚類が回遊し，しかも通常は少量ずつ水揚げされ，それぞれに旬があるという日本漁業の特性からかけ離れた流通の見直しこそ，漁業再生の喫緊の課題と考えら

れる．このような日本の水産業の基本的な問題点は，食料自給率の向上といった観点からもきちんと取り上げ，国民の理解を深める必要があると思われる．

　最近，既存の市場を介した水産物の流通とは異なる各種の新しい流通形態が生まれている．インターネットと宅配便というツールを活用した産地直売も普及してきているし，産地の漁協が大手のスーパーマーケットと直接取引するケースも現れている．一般的な水産物の場合，産地価格と消費者価格には3〜4倍の価格差があると言われているが，中間マージンをできるだけ省き，生産者の取り分を大きくし，かつ，消費者価格を下げる試みであり，行政もこの取り組みに支援を開始している．前述のように，様々な魚介類が流通の都合で消費者に届いていない現状を改善するように，また，大手スーパーが強大な価格決定権をもち，流通の硬直化を招いているとの批判をかわす宣伝だけに使われることのないように健全な形で展開することを期待したい．他方，全国津々浦々から水揚げされる魚介類を，全身にはり巡らせた毛細血管のように集荷し，消費者につなげる役割を果たしてきた市場流通が，今後とも主役であることには変わりなく，この市場流通の合理化，コストの低減は至上命題と考えられる．

　かつて，モロッコのカサブランカの漁港のシーフードレストランで食事をした．フランス語のメニューには，4頁にわたりぎっしりと様々な魚の料理が書かれていた．いろいろ検討の上，オーダーしようとしたら，スズキもタイも本日は無いという．結局，提供できるのはイカとイワシのみであった．それでも，イカのフリッター，イワシの塩焼き，そして冷えた白ワインと焼きたてのパンで，一同満足であった．何でも揃う，どこかの国のフィッシャーマンズワーフとはだいぶ違うけれど，日々の海の幸はこれでいいような気がする．今一度，水産物のもつ特性と制約について皆が理解するようにしなければならない．他方，様々な輸入食品の偽装事件を契機に，消費者の食品に関する安全・安心への関心が大いに高まっており，国産品に対し高い評価がなされている．水産物をはじめとして，全国各地で産地ブランド合戦が続くが，「国産」がブランドということでもいいのかも知れない．

3-2．漁業と地域社会

　先進国の例にもれず，わが国の産業構造は過度に第三次産業に偏重している．今日，「ものづくり」を担う第一次産業，第二次産業の空洞化が大きな問題になっている．中でも，一次産業である農林畜産漁業，二次産業のうち水産加工業，伝統工芸産業や町工場を中心とする中小製造業などにあっては，従事者数の減少，高齢化，後継者不足など深刻な状況にある．農林水産業の場合は，

農地や漁場といった生産基盤の立地に制約されることが避けられないが，離島や半島など地理的不利地にあっては，さらに状況は厳しく，国土の保全上からも憂慮すべき状況にあると考えられる．

　沿岸漁業は，全国津々浦々に展開し，深く地域に根ざしている．その活動は，多様な新鮮な魚介類を提供することにより，国民の食生活に大きな貢献を果たしているだけでなく，漁業活動に関連して，造船，鉄工所，機械，加工業，流通運輸業など地域を構成する様々な産業の基盤となっている．また，日々の漁労活動は，わが国の長大な海岸線を外国の不審船などから守る強力な監視の役割を果たしているし，漂着ゴミの清掃や藻場，干潟の管理など金額だけでは表示し得ない多様な役割を果たしていると考えられる．さらに，遊漁や海浜地域でのレジャーや宿泊なども新鮮な魚介類を提供する沿岸漁業や漁港の存在なしには考えられない．また，都市への人口や産業の過度の集中に伴い，内湾などの水質の富栄養化は近年改善されてきているとはいえ，未だに各地で赤潮の発生や，底質の悪化に伴う貧酸素現象が発生しており，国民全体にとっても大きな問題である．陸上からの様々な排水を浄化するためには，下水道の整備など多額のコストを伴うが，漁業生産は，このような陸上からの栄養分を魚介類の採捕という形で水域から除去する機能を持っている．また，カキなどの貝類養殖業では，貝類がプランクトンを濾して摂取し成長することから，水域の浄化に大きな役割を果たしていることが知られており，カキの主要な産地である広島湾の海水は，そこで養殖されているカキによってわずか5日から10日間ですべて濾過されているとの試算もある．さらに，海苔などの海藻類の養殖やアサリなどの干潟に生息する貝類の蓄養殖の果たす役割も大きいものがある．

　このような様々な役割を果たしている沿岸漁業を，今後どのようにして継続させていくかという問題は決して小さな問題ではないはずである．沿岸漁業においては，これまで漁場の豊度に比して過剰な漁業従事者を抱えてきたことや，地方に一般的にみられる閉鎖性や漁業権における排他性などの理由で新規参入者が極端に少ない状況にあり，これが高齢化や過疎化を招いてきた．現在，漁業権のみが残り漁場の空洞化が見られる事例も発生しているが，海や遊漁に関心をもつ国民が多数にのぼる現在，漁業のもつ様々な魅力などを積極的に発信し，新規参入を促すことが必要となっている．

　これまで，わが国においては，縦割的な行政手法が多く，農林水産業の一次産業にあっても，それぞれ別途に対策が講じられてきた．今後，このような問題を考えていく上で，市町村などが中心となり，住民の生計が様々な業種の組合せであっても全体として生活可能なレベルにまで引き上げるような地域ぐる

みの活性化案を提案し，それを国の各行政部門が連携して支えていくことが適切と考えられる．現在，前述のような漁業の多機能性に着目して，様々な形で直接補償に近い形の予算措置が存在するが，それらの活用も含め有機的つながりをもった施策を早急に講じていく必要があろう．

3-3. 水産業における省エネルギー

最近の急激な燃油価格の高騰に伴い漁業経営に大きな負担が生じており，経営改善を支援する省エネルギー技術の開発が強く求められている．2007年から2008年において，燃油価格の急激な高騰により，漁業現場では一斉休漁が実施されるなど，水産物の安定的な供給という点からも，憂慮すべき状況にあり，国によって緊急の支援措置が導入された．しかし，その後の燃油価格の沈静化に伴い，現場の省エネルギーへの熱意は急速にさめようとしている．今後も原油価格の展望にはきわめて不確定な要素があることや，世界的な温暖化の進行に対応するため，政府を挙げて家電や自動車の省エネルギー対策に取り組んでいる現在，最も省エネルギーが遅れているといわれる水産業において，この問題に真正面から取り組む必要があるし，このことが高コスト体質である水産業の経営を改善する重要なアプローチと考えられる．

水産業に関する省エネルギーの取り組みは，これまでイカ釣り漁船などにおいて，使用電力の少ない発光ダイオードの利用や省力化を可能にする付属漁船を廃した単船型まき網漁船の導入など，個々の技術開発については，水産研究機関をはじめ各方面で進められてきたところである．しかし，漁業操業や漁獲物の冷凍，運搬，加工，流通など水産全体をみた効率的なエネルギーの使用という点では十分な取り組みがなされてきたとは言いがたい．例えば，総延長が150kmにも達しようとするマグロ延縄の操業効率という観点からの妥当性や，漁獲物の冷凍温度についても過剰であることが指摘されている．漁業が1kl当たり1万円のA重油（現在は6〜7万円/kl）で操業していたときと同じ感覚で過大な装備をフル稼働していたとしたら，これは使用エネルギーの観点からも，その経費をまかなうため，さらに多くの魚を求め，資源の悪化に拍車をかけるおそれがあるという視点からもきわめて大きな問題であると思われる．したがって，このような疑問点を体系的に把握，分析し漁業操業においてソフト，ハード両面から省エネルギー対策を早急に実施する必要がある．

国では，このような視点も含め，いわゆる漁船漁業の構造改革を推進している．これは，従前の過剰な設備による高コスト操業を改善すべく，省力化，省エネルギーを図り，従前よりも少ない漁獲量でも採算が見合う操業形態を確立

しようとするものである．ケースによっては，船団の船数を減らす一方，船型の大型化を図ることが合理的な場合もある．従前，このような取り組みをしようとすると，常に関係する沿岸漁業や他の業種から漁獲量増加などの懸念が表明され，実現することが難しかったが，地方行政機関，全国および地元業界，流通関係者などを含め，いわば地域ぐるみでモデル的な構想を立て，これに国が新事業の初期のリスクを軽減するために補助を行うという手法を導入し，徐々にではあるが漁船漁業の近代化が進められている．また，これらに加えて漁業をめぐる経済環境が厳しい状況の下で，新造船の購入など新たな投資が難しい現在，日常の漁船の運航において適正スピードの維持，冷凍温度の見直し，船体の清掃による付着物の除去などを徹底するほか，わずかな支出で可能な船体の改良などが提案されており，是非ともこのような取り組みを進めてもらいたいと考える．

3-4. 漁業と国際環境問題

漁業は，今日では実質的な狩猟産業として唯一のものである．水産業が対象とする生物資源は，うまく管理できれば将来にわたって採捕が可能であるという点で，石油などの有限な鉱物資源と決定的な違いがある．また，給餌などを前提に成り立っている畜産業などに比べ，動物性タンパク質を低コストで供給できるという点でも有利である．しかし，これまでの漁業の実態を見るに，その歴史は乱獲の繰り返しであり，現在，多くの水産資源が枯渇ないし，過剰漁獲の状態にあるとされている．今後，漁業のもつ有利な特性を生かしながら持続的に発展させることがきわめて重要である．

また，漁業は，自然の再生機能を利用する環境依存型の産業であり，海洋などの環境を適切に保全することが，漁業の健全な発展のためにも重要である．特に近年では，国際漁業において，延縄漁業における海鳥，海亀などの混獲の問題や，公海海山域など生態系が脆弱である水域での底引き網操業の問題が，国連総会など様々な国際会議の場で取り上げられ，漁業による環境への影響についての議論が活発に行われている．国連総会において，1993年に大規模公海流し網漁業のモラトリアムが決定され，わが国の公海いか流し網やまぐろ大目流し網漁業などの操業が全面禁止に追い込まれた．その決定は，科学的評価も十分に検討されないまま，同漁業に対する感情的ともいえる国際的な非難に起因したものであった．

過激な環境保護団体やこれに強く影響を受けた国々は，動物愛護的な感情を背景として，極端な環境保護を求めるとともに，捕鯨をはじめとして対象も多

様化しつつある．しかしながら，これらの団体や関係国の主張の多くは科学的根拠に乏しく重要な食料である水産物の利用を不当に制限するものである．合理的な科学的根拠に立脚し，持続可能な形で生態系の一部である水産資源の有効利用を図っていくことが重要であり，漁業活動に対する非科学的な非難に基づく国際的措置がとられることのないような対応が必要である（本章第3節参照）．

　わが国は，海洋資源の持続的な利用を漁業政策の基本にとらえ，鯨類資源についても全く同様の考え方に立っている．人類が生存するためには，何がしかの食料に依存せざるを得ず，それが水産資源のように天然資源である場合は，乱獲を戒めつつ，これを有効に利用していくという考え方である．この原則は，広く，国際法たる国連海洋法のほか，地域漁業管理条約で適用されており，また，国際捕鯨条約にあっても同様である．地域漁業管理機関において，その加盟国は，この原則の下に自国の漁獲枠の拡大に余念がない．ところが，こと鯨に関する限り状況は全く異なる．

　周知のとおり，国際捕鯨委員会では，科学的な根拠が不十分なまま，1982年に商業捕鯨のモラトリアムを採択した．近年，鯨類の持続的利用を目指すわが国の立場を理解する国が増加し，持続的利用支持国と反捕鯨国の勢力は，ほぼ拮抗しているが，商業捕鯨の再開には至っていない．かつては自らが乱獲を極めたものの，石油の発見により鯨類資源を利用する必要のなくなった国は，今度は，地球環境保護のシンボルとして捕鯨を全面的に否定し，いかなる科学的合理性があろうと捕獲枠を認めようとしない．その一方で，捕鯨はしないが，天然資源の持続的利用の原則を支持し，捕鯨も例外扱いとしないとの立場をとる国も多くある．これらの国は野生生物を生活の糧としている途上国である場合が多く，環境保護団体の標的になって苦労している場合が多い．

　地球環境は温暖化の嵐にさらされている．人口の増加も留まることを知らない．地球温暖化に拍車をかけている CO_2 排出量の抑制に関し，各国の間で駆け引きが続いている．この先，食料問題も深刻さを加速させるであろう．動物性タンパク質を増産するには，家畜や家禽の増産，漁業の生産向上，水産養殖の増産の途があるが，このうち，漁業生産は，飼料を増産する必要もなく，森林を伐採する必要もない．環境に対する負荷が最も少ないかたちでタンパク質を得ることが可能と考えられる．畜産に比べ大幅に少ない CO_2 排出量で同量のタンパク質を得られるとの試算もある．もちろん，捕鯨も同様の性格をもつ．漁業を過剰に規制し，捕鯨を一切認めないことは，環境に優しいのではなく，環境により大きな影響を与える結果を招くということをもっと訴える必要があ

るように思える(本章第3節参照).

3-5. 養殖業の改革

　以前,ECの漁業責任者と話したときに,話題は天然魚と養殖魚の評価となった.当然のことながら,日本では圧倒的に天然ものが支持を受けており,例えば,東京湾の魚が今でも評価が高いことを紹介すると,予想に反し,怪訝な顔をする.なぜか聞いてみると,向こうではどんな環境にいて,どんな餌を与えてきたかがはっきりする養殖魚が好まれるらしい.確かに,レストランでもサーモン,フラットフィッシュ,オイスター,ムール貝など養殖ものが幅をきかしているし,最近のヒラメ・カレイ類の陸上養殖のスケールは半端ではないという.エコラベル(第6章第4節参照)やHACCPが重要視される今日,そのような感覚も養っておかなければならないと思った次第である.翻って,わが国では,前述の通り,天然ものが主流だが,最近のマグロ養殖などのブームを見ると,その前兆は感じられる.

　世界の漁業生産を概観すると,漁獲漁業がほぼ頭打ちの状況にあるのに比し,養殖業による増産はまだ続いている.とりわけ中国の内水面養殖業の増加には著しいものがあるが,中国,東南アジア,ノルウェー,チリなどにおける海産養殖においても,顕著な増加がみられる(第2章第1節参照).その事情は,国内消費を前提としたものから海外輸出を前提に国家的戦略の下,発展を遂げてきたものもある.生産形態は,企業経営による大規模かつ近代的な施設の導入が普及し,種苗,餌料,食品衛生面,薬品などにおいても採算性を前提に計画的生産が行われている.一方,わが国においては,その成立過程から,一部を除き,家業的,小規模な経営形態が多く,企業戦略的なアプローチが難しい.また,養殖業の各種の設備や生産技術,加工技術などが開発されているが,このような小規模,家業的な経営では,資金面でも導入が困難であり,近代化が進まない状況にある.また,多くの経営が,餌料や漁網メーカーの系列下におかれ,漁業者の意向による経営改善が実現しにくいケースもみられる.

　近年,大手水産企業において,外国への投資に偏重していたものが国民の国産品に対する嗜好もあって,国内漁業への回帰という現象がみられる.一部の地域では,クロマグロやブリ類養殖において,地元の雇用を確保しながら成功している事例もみられる.わが国の養殖業の近代化において,様々な新技術を導入し,省コストの経営を実現していくためには,このような大手水産企業の資本と技術,地元の雇用を活用しつつ,地方行政機関などの関与も組み合わせたモデル的養殖業の展開が効果的ではないかと考えられ,この際,さらに,経

営不振時に企業判断により事業から撤退する場合に生じる地域崩壊につながりかねないリスクを回避するセーフティネットが必要であろう．そして，このような新たな試みの立ち上げ時のリスクを軽減するような国の支援措置も必要と考える．

3-6．漁船漁業の課題

　かつて，日本はマグロ延縄漁業において，ほぼ，世界を独占する形で発展してきた．最盛期には，遠洋に出漁する大型の漁船だけで1000隻を擁し，名実ともに世界のマグロ漁業をリードしてきた．そして，好調な経営の下で，新船の建造ラッシュが続くとともに，使用済みの中古漁船が韓国や台湾に大量に輸出された．その結果，これらの国を，新たにマグロ漁業に参入させ，世界唯一の刺身市場であるわが国の国内マーケットにおいて，自らの競争相手を作ることとなった．雇用労賃などで漁業経営上優位に立つこれらの国からは，より安価なマグロが大量に搬入され，魚価の低迷を招き，収入を埋めるためより多くの漁獲物を求め，これが資源の悪化を招くという，いわば負のスパイラルを招くに至った．その後，政策的に減船が繰り返され，これによって供給量の調整を行い，経営的に採算のとれる魚価の実現を狙った．しかしながら，日本籍漁船勢力の相対的な地位の低下が進む一方，大幅な魚価の上昇は実現できなかった．このような状況において，わが国業界は，魚価維持のため，後発の国に対して，わが国への輸出の自制を求めるなど，現状維持に腐心し，企業戦略として漁法の転換や海外基地操業など経営を根本から見直すという行動にはならなかった．今後，わが国マグロ漁業の主漁場は，日本周辺水域を含む西部太平洋を中心とした比較的近距離の海域に移行すると考えられるが，同水域も米国，台湾，中国など各国の漁船間での競争が厳しさを増している．採算面で有利といわれる小型船への移行や南太平洋島嶼国が関心を有する外国漁船の基地化による自国の経済発展とどのように付き合っていくかなどを含め，国としても戦略的な取り組みが求められる．

　30年も前，海外漁場のまき網漁業を導入する政策に携わった．世界の流れに沿った大型まき網への進出と既存の他漁法との調整であった．当時は，カツオ類の漁獲は，専ら活餌を使用する一本釣り漁法が大勢を占めており，遠洋水域まで大型船を使用して漁獲を行い，漁獲物は，主として鰹節原料として使用されていた．このような状況の下，海外において普及していた効率的漁法であるまき網漁船の導入が検討された．当時，世界のカツオ市場は日本が生鮮刺身と鰹節向け，米国を中心に缶詰向けとなっており，このような既存のマーケッ

トの混乱を避けるため，国内では，供給量をできるだけ増やさず，価格の維持を図ることが最大の課題となった．そのため，大型のカツオ一本釣り漁船の減船と引き換えに海外まき網漁船の操業を許可するという方式が採用された．つまり，国内という狭い市場の維持と，既存の漁業経営の調整に主眼が置かれた．このような考え方は，わが国の漁業調整において広く採用されており，その後，30年たっても大きくは変わっていない．海外に目を向けると，タイに缶詰向けカツオの巨大なマーケットが発展し，いずれの水域も各国の新規大型まき網の進出が著しい．国内の事情はあるにせよ，新たに進出を希望する者に対して過重な負担を強いることによって，この新しい市場への参入に大きく出遅れたことは事実であり，将来，同じ轍を踏むことは避けなければならない．

　現在，太平洋北西部のサンマ資源をめぐる議論が活発である．サンマは，資源的に高いレベルにあり，開発の余地が大きいと言われている．主要魚種の資源状況が厳しいとされる中，生物学的に持続可能と考えられる量を大幅に下回る漁獲割当量が設定されている少ない事例である．わが国が主として生鮮用に中小型の棒受け網漁船で漁獲するほか，ロシア，台湾，韓国なども公海域で大型船を用いて漁獲している．冷凍魚として海外での需要が増えつつあること，養殖用の餌料の多くを海外に依存しており，その価格が高騰している中で，この資源をさらに活用すべきとの指摘もある．しかしながら，カツオをめぐる一本釣りとまき網の調整時と同じように，既存の生鮮魚のマーケットに混乱を招くという懸念が，この未利用の公海資源の開発の動きを牽制している．サンマをめぐる国内調整の問題は早急に解決を要する案件といえよう．

　わが国の漁船漁業は，特に沿岸漁業において，季節ごとに変化する魚種を効率的に漁獲するため，複数の漁法を組み合わせながら経営を維持してきた．同様に，沖合漁業にあっても，例えば，サケマス流し網漁業，イカ釣り漁業，マグロ延縄漁業，サンマ棒受け網漁業などにおいて季節ごとに漁法を組み合わせることにより，できるだけ周年にわたって操業できるような工夫がなされてきた．しかしながら，サケマス漁業などが米ソの200カイリ水域の設定によって大幅な縮減を余儀なくされたことにより，イカ釣り漁業やサンマ棒受け網漁業など，季節漁業1種類のみでの漁業経営を行うこととなった．このことは，投下資本の回収という観点から見れば，はなはだ不合理な状況を招くに至っている．せいぜい半年の操業で，周年操業を前提とした漁船を保有せざるを得ないといった事態を如何に改善できるかが試されているように思われる．漁船隻数が大幅に減少し，資源の十分な活用，ひいては水産物の自給率の向上に赤信号がともる今日，複数の資源を効率的に漁獲し，可能な限り投下資本の稼働率

を向上させるような操業形態の確立が期待される.

3-7. 研究体制の強化と成果の普及

　現在，水産業に関係する研究は，大学，水産庁の旧水産研究所の流れをくむ独立行政法人水産総合研究センター，各都道府県の水産試験場などが担っており，資源，漁労，増養殖，加工，経済など各方面からの調査研究が実施されている．そして，その成果が各現場に普及されてわが国の水産業の発展を支えてきた．しかしながら，最近の一連の行政改革の進行による財政，人員の縮減は厳しいものがあり，多様な現場からのニーズに十分応えることが困難になっている．また，大学などの研究教育機関にあっては，イメージアップを図るため，いわゆる水産離れが生じており，かつての農学部水産学科というような研究対象を明確な名称に持つものが減少している．そして，学部横断的な編成が進んでいると思われる．このことは他分野との連携を強化し，効率を上げる面もあるが，水産業と直結した学問分野が消えていくのは，資源から漁獲，利用加工まで一貫したかたちでの水産資源の合理的な利用という観点からみると，必ずしも適切とはいえないと思う．わが国において海洋基本法が制定され，そのなかで水産資源の持続的な利用の重要性が指摘されている今日，これを支える役割を持つ各研究機関の現状には危惧の念を持たざるを得ないし，組織の有機的な連携を含む体制の強化が必要である．

　一方，最近の水産研究において，その成果を現場に普及しようとする場合，産業規模が縮小傾向にあるため，各種関連装置や薬品など具体的に技術成果を現場に提供するメーカーが，市場規模から判断して採算面でメリットを見出せず製品化を見送るケースが見られる．したがって，研究を進める場合，アジア諸国など規模の大きいマーケットも視野に入れた研究を進めることも必要と考えられる．メーカーとしても製品化のインセンティブが働き，そして，その結果，わが国漁業界もこれを享受することができると思われる．もちろん，このような場合，研究開発に当たって，特許など知的所有権を確保し，わが国として国際的に優位に立つ必要があることは言うまでもない．

4 ▶ むすび

　この 20～30 年，世界の漁業の勢力分布は大きく変わった．停滞する国，伸びる国，再興に成功した国．かつての水産大国たる日本が世界第一の漁業国から大きく転落し，ロシア，韓国も苦しい戦いを強いられている中，200 カイリ

水域の設定で，米国は漁業の国内生産化に成功したし，輸出産業として飛躍したノルウェー，チリ，新興漁業国として，内水面養殖業から大発展を遂げた中国，これに類する発展を目指す東南アジア諸国など，まさしく隔世の感がある．それぞれ，一様には語れないが参考にすべき点は多々あろう．反省すべきは謙虚に反省し，取り入れるべきは取り入れる姿勢が求められる．そして，わが国のような特殊な歴史的背景をもち，成熟した制度の下で改革を求める場合は，制度的な議論を優先させ時間を費やすよりも，試験的あるいはモデル的な取り組みとして成功例を積み上げていき，その成果に基づき制度的な手当を行うような方法が適切と考える．これは，これまで述べてきたように，漁船漁業の改革においても，養殖業の改革においても然りである．

　わが国においては，狭隘な国土と稠密な人口という大きなハンディを背負いながら，沿岸漁業にあっては，村落の形成，離島や半島といった地理的不利地における社会の維持に重要な役割を果たしてきた．また，沖合遠洋漁業にあっては，近代日本の経済発展に貢献するかたちで，当初は外貨獲得を目指し，戦後の高度経済成長下では国民の水産物に対する旺盛な需要に応えるかたちで進化してきた．このようなわが国漁業は，長い歴史と漁場における利害関係，それを担保する複雑な制度など，他国に見られない特殊な事情にある．また，組合組織，市場流通関係，さらに周辺産業である造船，機関，加工など漁業に関連する多くの分野を抱えている．漁業そのものの存続が危惧されるまでになっている現在，省エネルギーや漁船漁業，養殖業の近代化は喫緊の課題であり，もし，これらに効果的な策が打てない場合，漁業のみならずこれら関係業界，ひいては地域社会そのものの崩壊を招きかねないと考えられる．しかしながら，改革を進める場合には，往々にして既存の関係者にとっては自らの利益を犠牲にするケースが多い．組合組織にあっては人員の整理につながるであろうし，省エネルギーが進めば燃油の供給に関係する者が，養殖業において餌料の効率化を図れば，餌の供給に関連する者の利益が減少する．漁業の改革に当たっては，ぜひともこれらの関係者にも，当座の利益確保だけでなく，中長期における漁業との共存に対して理解を求めたいし，現在各地で地域をあげた形で進みつつある漁船漁業の構造改革や，今後開始が期待される養殖業の構造改革において，抵抗勢力になるのではなく，メインプレーヤーの一員として参加してほしい．また，消費者である国民一般に対し，自給率を高めることの意義や，新鮮で多様な水産物をいつでも得られることの重要性とその背景に様々な問題が存在することをもっと認識させるよう，また，漁業に対し深い理解を得られるよう，さらに努力する必要があろう．

地球は，人類という無制限ともいえる増殖を続ける存在を抱えることとなった．70億人にも達しようとする人類のバイオマスは，3億t前後にもなるが，これが日々の食料を必要とし，水，燃料を必要としている．その影響は，他の生物にとどまらず，大気，河川湖沼，海域に及び，温暖化という地球規模での気候変動まで引き起こすに至っている．人類が，環境に与える影響を可能な限り少なくし，持続的に存在し続けるためには，より持続可能な方法で資源を利用するしか方法はなかろう．これまで述べてきたように，水産業は，これを可能とする数少ない生物資源の利用形態である．しかしながら，従前，過激な環境保護団体などにあっては，不可避的な混獲など水産業のもつ負の影響のみを一方的に取り上げることが多く，これらのことが水産業のイメージダウンにつながることが多かった．同じく動物性タンパク質を提供する畜産業が，膨大な量の餌を必要とし，そのための森林伐採を伴い，また，深刻になりつつある水資源を多量に必要としていることなどを考えると，水産資源はうまく持続的に活用することにより，遥かに少ない環境負荷で同等のタンパク質を提供しうる．さらに，畜産業が餌料を含め輸入に大きく依存したかたちで成り立っているのに対して，水産業にあっては，わが国周辺の広大な水域を活用することにより自給率を大きく向上させることが可能であると考えられる．加えて，特に先進諸国で問題となっている肉類の多量摂取による弊害を軽減しうる健康食品として，ますます重要度を増すこととなろう．

　これからの漁業再生の途には，特効薬は少ないかもしれないが，前述のような水産業の持つ重要性に応えるためにも，これまでの豊富な経験を生かし，また，産官学がリードする形で大胆なチャレンジに挑んでほしい．多様性に富んだ日本水産業を産業的にも，地域の振興という観点からも，また，数少ない自前の資源の活用や魚好きの国民の期待に応えるという点からも持続的に維持発展させることは，わが国にとって主要な課題であるはずである．

第2節　混迷するまぐろ類資源管理からの脱却に向けて

　1960年代には，日本によるまぐろ・かつお類の水揚げ量は世界のまぐろ・かつお類の生産量の約60％を占めていた．しかし，その後，世界のまぐろ漁業は急速な発達を示し，現在でもわが国は依然世界一の漁獲量を誇ってはいるものの，そのシェアは，すでに10％レベルにまで落ち込んでいる．さらに，

日本の刺身まぐろの需要は，現在，その60％以上が輸入によってまかなわれている．これらは，近年の日本のまぐろ漁業の衰退のみを意味するものではなく，海外のまぐろ漁業の急速な発達の結果でもある．

世界のまぐろ漁業は，戦後急速に発達し，今や，1950年代の漁獲水準の10倍にも達している．そして，世界のまぐろ類の需要は，未だ衰えることなく，欧米を中心とした健康志向などによる水産物全般の需要増大の中で，着実に増え続けている．しかし，まぐろ類資源は，すでにこの需要を満足させるだけの生産力を持たず，資源状態は年々悪化の道をたどっている．今後もまぐろ類の資源を持続的に利用するためには，何が必要なのか，今までのまぐろ漁業とその資源管理の道を振り返りながら，その打開策を模索してみよう．

1 ▶ まぐろ漁業の変遷と管理の現状

1-1．世界のまぐろ類漁獲量の変遷

まず，世界のまぐろ漁業の変遷と現状をみてみよう．まぐろ類を対象とした漁業は，沿岸域の曳き縄や定置網なども含めるときわめて多様な漁法で構成されている．しかし，世界的なレベルで見ると，まき網，竿釣り，そして，はえ縄で，全体のほぼ70％を占める．特に前2者の漁法は，まぐろ類のみならず，カツオも重要な対象魚種であり，カツオ抜きでは，まぐろ漁業を正確に把握することはできない．そのため，ここでは，カツオも含めた漁獲量の推移を見てみる．

図1-1に世界のまぐろ・かつお類の漁獲量の変遷を魚種別に示した．1950年には40万tであった総漁獲量は，2005年に437万tまで増大した．この55年間で10倍を超える規模に拡大したのである．年平均で7万tの増大を続けていたことになる．しかし，この増大傾向も2005年を境に減少に転じている．

この400万t強の漁獲の内訳をみると，約半分の200万t強がカツオで占められている．カツオだけで見ると，1950年に16万tであったものが2006年には253万tにまで増大している．なんと15倍である．この増大の勢いは，2007年には若干の減少となったが，カツオについて言えば，後述するようにまだ増大する可能性を十分に残している．

カツオに次いで多いのがキハダで，2003年では140万tを超える漁獲をあげ，カツオを除くまぐろ類の漁獲約200万tのうちの60～70％を占めている．キハダの漁獲は2003年をピークに減少に転じた．メバチは，45万t前後で，2000年代に入り横ばいとなり，近年は減少傾向にある．ビンナガは，20万t

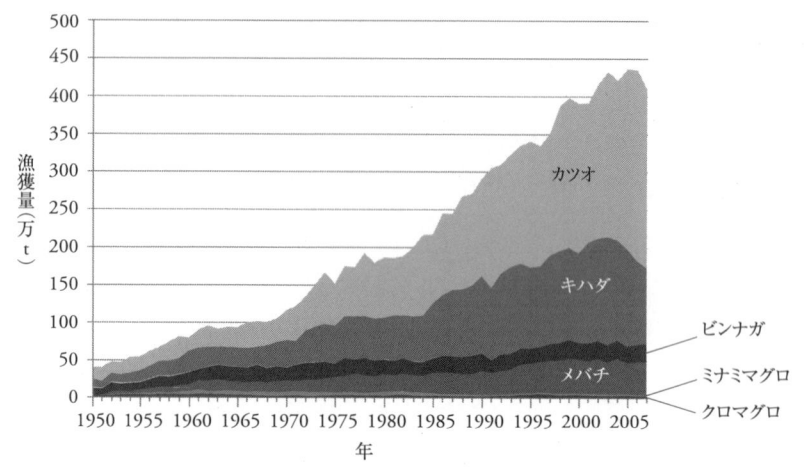

図1-1 世界のまぐろ類およびカツオの漁獲量の歴史的変遷（FAO, 2009, ウェブサイトより）

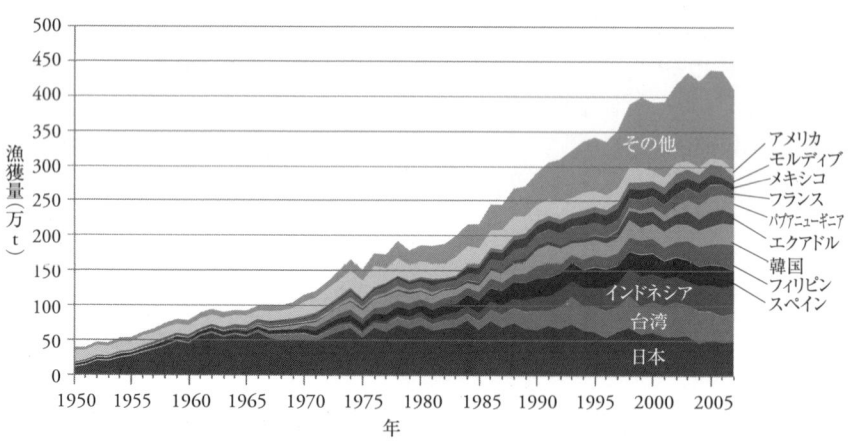

図1-2 世界のまぐろ類およびカツオの国別漁獲量の歴史的変遷（FAO, 2009, ウェブサイトより）

前後で，比較的安定している．そして，まぐろ類の代表格として有名なクロマグロおよびミナミマグロは，まぐろ・かつお類全体の漁獲の中で見るとわずかな漁獲しかないことが分かる．両種合わせて，1960年代に10万tを超える漁獲があったが，その後減少し，近年では5万t強のレベルにとどまっている．これは，まぐろ・かつお類の総漁獲量の1％強でしかない．

図1-2に国別の漁獲量を示した．わが国のまぐろ・かつお類の漁獲は，

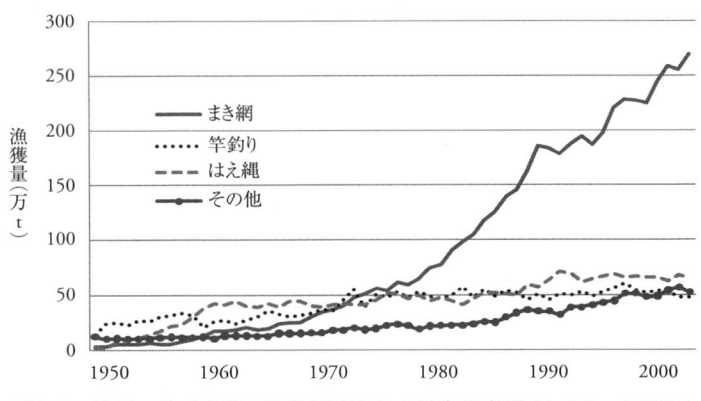

図1-3 世界のまぐろ類の漁法別漁獲量の歴史的変遷（水産庁・水産総合研究センター，2009，ウェブサイトより）

1980年代後半に78万tにまで達したが，その後，減少し，近年では50万tを割り込むところまで衰退している．ちなみに，この50万tのうち30万tがカツオで，まぐろ類は20万tしかない．

世界のまぐろ類の漁獲増に日本が貢献したのは，図からも明らかなように1960〜70年代までであり，それ以降は，日本以外の国，台湾，インドネシアなどの進出が顕著となる．特に近年，図に挙げた「その他」に含まれる主要国以外の国の漁獲増が目立つ．これは，多くの発展途上国がまぐろ漁業を発達させていることを示すものである．

図1-3に漁法別の漁獲量の推移を示した．この図でも明らかなように，1980年以降の増大は，そのほとんどがまき網漁業の増大によるものである．はえ縄や竿釣りでは1970年代以降きわめてわずかな増大しかない．また，その他の漁業が着実に増大しているのは，やはり発展途上国の様々な沿岸漁業が発達していることを示している．

まぐろ類全体の漁獲増大に大きく寄与しているのはカツオ，キハダ，メバチである．そして，これらの分布の中心および主漁場は熱帯域にある．大西洋，インド洋，そして，東部太平洋の熱帯域の主漁場のほとんどは，公海上に存在するが，一方，太平洋西部では，主漁場のほとんどが多くの島嶼国の200カイリ経済水域内（EEZ）にある．沿岸国200カイリ内の資源の利用は，当然，沿岸国の管理下に置かれ，沿岸国の貴重な財産となる．後述するように2004年に中西部太平洋まぐろ委員会（WCPFC）による国際管理体制が確立した．その環境下で，すべての島嶼国は，このまぐろ類という貴重な財産によって国を

発展させるため，協力して国際管理下の資源の EEZ への囲い込みを強力に推進している．そして，この政策は，日本を含めた遠洋漁業国の操業を圧迫し，その結果，合弁事業化や現地化などの対応を強いられてきている．これは，1970 年代後半に世界の 200 カイリ体制が確立した際，わが国遠洋底引き網漁業が遠洋域の大陸棚上のほぼすべての主漁場を沿岸国に囲い込まれた際の状況にきわめて類似している．上述した世界的なまぐろ漁業の発達は，外国における低コストで生産されるまぐろ類の供給量を増大させ，日本まぐろ漁業の国際競争力を弱めてきた．日本のまぐろ漁業は，この構造的な問題に加え，漁場の喪失という問題も抱えている．

1-2. まぐろ類の需要動向

世界の人口増大，また，近年の欧米での健康志向や狂牛病，鳥インフルエンザの影響なども受け，水産物全般への需要が高まってきている．この傾向は，当然まぐろ類の需要にも及んでいる．

現在のまぐろ類の需要は，大きく刺身市場と缶詰市場に分けられる．刺身市場は，日本の市場が中心で，現在約 50 万 t（カツオを加えると 60 万 t）である．しかし，近年海外での刺身需要の伸びが米国などを中心に顕著で，近い将来 10 万 t を突破する勢いである．このように海外でも刺身の需要は確実に増大していくものと考えられる．

一方，缶詰市場についても，依然その需要増大は続いている．過去 50 年で 10 倍以上に達した漁獲の増大は，この缶詰需要が背景にあったし，現在も，まぐろ・かつお類の 8 割以上が缶詰として消費されていることから，この需要増大により，今後も漁獲増大へのインセンティブはさらに強まると考えられる．

1-3. まぐろ類の蓄養

現在，クロマグロおよびミナミマグロの蓄養が日本も含め，地中海，メキシコ，豪州などで盛んに行われている．これらの蓄養は，種苗を天然資源に依存しているため，蓄養の増加が，幼魚の漁獲を増大させ，その結果として天然資源へ影響を与えることになる．太平洋のクロマグロについては人工的に種苗を生産する技術がすでに開発されており，いわゆる「完全養殖」は技術的に可能な段階にある（口絵 9，コラム 3 参照）．そして，一部には完全養殖の生産物も販売されているが，コスト面の問題から未だ普及段階には至っていない．そのため，現在販売されているほとんどは天然種苗を蓄養したものである．

農林規格（JAS）法では，給餌した水産物はすべて「養殖」と表記をするよう

表 1-1　2009 年における蓄養クロマグロ，ミナミマグロの生産量概略

魚種名	海域	国		生産量 (t)
クロマグロ	地中海	EU	スペイン	1,600
			マルタ	4,000
			キプロス	100
			イタリア	650
			ギリシャ	600
			EU 計	6,950
		トルコ		1,750
		クロアチア		2,300
		チュニジア		1,300
		地中海計		12,300
	太平洋	メキシコ		1,400
		日本		7,200
クロマグロ合計				20,900
ミナミマグロ		オーストラリア		8,000
合計				28,900

2009 年 8 月 31 日付水産経済新聞「夏季特集：カツオ・マグロ」より引用

義務付けられている．そのため，天然魚を蓄養し太らせただけのものでも「養殖もの」として表示される．ここでは，あえて天然資源に依存したことを示すために「蓄養」という用語を用いることにする．

　この蓄養まぐろは，1990 年代後半頃から地中海，オーストラリアなどで開始され，1990 年代終わり頃からはメキシコで太平洋クロマグロの蓄養も開始された．蓄養する魚体の大きさや期間は，地域によって大きく異なるが，もともと痩せていたものを蓄養して太らせ，商品価値を高めて日本市場で販売するというものである．この蓄養を英語では，fattening と呼んでいる．表 1-1 に示したように 2009 年現在での各地域での生産量は全体で 2 万 9000t に達する勢いで，ミナミマグロ，クロマグロの日本での需要の半分以上をこの蓄養ものが占めている．

　日本でもクロマグロの蓄養が急速に発達してきている．日本の蓄養の特色は，曳き縄によって漁獲された幼魚 (0 歳) を生け込み，3 年前後の蓄養期間を経て出荷する．これは，地中海で主として 200kg を優に超える産卵親魚を捕獲し，短期間の蓄養で太らせて出荷する形態に比べ蓄養期間がかなり長い．また，

最近では，日本海の一部水域で，まき網によって漁獲された比較的大型の個体を短期間蓄養して出荷する形態も現れるようになった．さらに，上述したように，現在はごく一部であるが，「完全養殖」も行われるようになってきている．蓄養ものは2007年で4000t程度が出荷され，2009年には約7200tが生産されたと推定されている．近い将来，1万tを超える規模まで増大するであろう．

　蓄養という行為そのものが直接，資源管理上の問題を起こすものではない．しかし，蓄養がクロマグロやミナミマグロの漁獲増大への強いインセンティブになり，漁獲量を増大させることは事実である．また，漁獲した魚が直接蓄養生け簀の中に入れられるため，漁獲量の確定が難しくなり，それゆえ，漁獲量管理が困難になることが資源管理上の最大の問題点となっている．後述するように，地中海では，この蓄養の活発化に伴い，各国による蓄養原魚量（＝漁獲量）の把握が困難になり，管理を潜り抜けた未報告量が膨大なものとなった．この問題は，ミナミマグロでも指摘されており，数年前から日本政府などは，様々な証拠をもとに豪州への割当量を上回るミナミマグロが豪州のまき網漁業によって漁獲され，蓄養に回されていることを指摘してきている．一方，豪州政府は，このことについてそのような事実はないと否定している．

1-4. まぐろ類の資源状況

　まぐろ類の大まかな資源状態を表1-2に示した．まぐろ類の資源評価は，後述するまぐろ類に関する国際漁業管理委員会で行われている．ここではその結果を乱獲，過剰漁獲，満限，増大可能の四つのレベルで示した．各レベルの具体的な意味は表に示した．管理基準が決定されていない，もしくは推定されていない場合もあるが，管理状況などからこれら四つのレベルのいずれかに振り分けている．ここで明白なのは，カツオを除くほぼすべてのまぐろ類が，すでに漁獲を増大できる状態にはないということである．カツオのみ漁獲増大が可能とされているが，増大可能量は年々減少してきている．資源状態は高級な刺身まぐろになるほど悪くなっている．

　前述したように，まぐろ類への需要は今後も増大すると予想される．しかし，まぐろ類の資源は，漁獲増大に応える余裕はない．このような状況の中で，どのようにまぐろ類資源を持続的に利用し，さらに，日本へまぐろ類を供給し続けることができるのかという課題は決して容易に解決できるものではない．

1-5. まぐろ類の国際資源管理体制

　まぐろ類資源は，公海や多くの国々の200カイリ経済水域にまたがって分

表1-2 まぐろ類およびカツオの資源状態の概要

魚種／大洋	大西洋		太平洋		インド洋
クロマグロ	東（地中海）	西	満限		分布なし
	乱獲	乱獲			
ミナミマグロ	乱獲				
メバチ	満限		東	中西部	満限
			乱獲	過剰漁獲	
キハダ	満限		東	中西部	満限
			満限	満限	
ビンナガ	北	南	北	南	満限
	乱獲	満限	満限	増加可能	
カツオ	増加可能		増加可能		増加可能

乱　　獲：資源水準がMSY（最大持続生産量）レベルを下回っている．
過剰漁獲：資源水準はMSYレベルを上回っているが，漁獲係数がMSYレベルを超えており，資源水準をMSYレベル以下に低下させる可能性がある．
満　　限：資源水準及び漁獲係数ともMSYレベル周辺にある．もしくは，資源水準はややMSYレベルを下回っているものの漁獲係数もMSYレベルより小さく，近いうちに回復が期待される．
増加可能：資源水準はMSYレベルを上回り，漁獲係数もMSYレベルを下回っているため，漁獲量を増大させることが可能．

布するため，この資源管理は国際的な枠組みで行う必要がある．国際的管理の枠組みは，第二次世界大戦後，急速に発達するまぐろ漁業の管理のため整備され始めた．いち早く設立されたのは，全米熱帯まぐろ委員会（IATTC）で，東部太平洋熱帯域でのまき網漁業の管理のために1950年に設立された．その後，大西洋まぐろ類保存国際委員会（ICCAT）が1969年に，ミナミマグロ保存委員会（CCSBT）が1993年に，インド洋まぐろ委員会（IOTC）が1996年に，そして，最後に，条約成立まで10年間の長い国際議論を経て，わが国周辺海域を管理水域に含める中西部太平洋まぐろ委員会（WCPFC）が2004年に設立された．ここに，すべての大洋のまぐろ漁業が，国際管理機関の下に置かれることとなった．

東部太平洋に世界で初めて国際管理機関が設立された後，50年を経て世界で最大のまぐろ漁場を抱える西部太平洋にも国際管理体制が確立した．様々な国々の事情を背景に設立された国際管理委員会でのまぐろ類の管理は決して一筋縄で行くものではない．特に，過去の漁獲実績を確保し，さらに増大させた

い先進国と，これから漁業を発展させたい開発途上国の間には，前述したようにすでに増大不可能な許容漁獲量（TAC）の配分で大きな衝突が生じている．

　これらの国際管理機関では，基本的に，管理機関の下に加盟国の研究者によって構成された科学委員会が，各資源の資源状態を科学的に評価し，管理措置を勧告する．多くの場合，科学委員会では，TACなどの様々な管理措置についての科学的な視点からの勧告を行う．この勧告を受け，各国の政府代表で構成される本委員会で，各国の様々な状況を配慮して，管理措置を決定するというプロセスとなる．

　科学委員会では，当然，客観的で科学的な結論が導かれ，その結論に基づいた管理勧告案が出されることが期待されるし，参加する研究者の多くはそのための努力を重ねている．しかし，現実には，結論や勧告案には「様々な意思」が少なからず影響を与えていることは否定できない．本委員会になると，そこには各国の利害対立が鮮明に表れるのは当然である．現在，各管理機関で共通して鮮明となっている対立は，既得権益である歴史的な漁獲量を維持したい漁業先進国とこれからまぐろ漁業によって国を発展させたいと願う発展途上国の対立である．このような対立の下では，限りあるTACの配分は一筋縄では合意に達しない．

1-6. まぐろ類管理の現状

　まぐろ類資源についてはすでにほぼすべての系群が，少なくとも持続的利用の上限に達しており，何らかの規制が必要な状況となっていることを示した．そのような中で，管理の厳しさは系群によって異なるが，カツオを除くすべての系群に何らかの規制が入っている．しかし，その中には，IATTCのメバチ・キハダのように規制強化を試みた結果，加盟国間での思惑が錯綜し，合意形成に至らず，現在無規制状態にある水域もある．また，インド洋では，操業隻数の規制を先進国から導入し，近年発展途上国にも多くの議論を経てその規制適用が果たせた．しかし，科学委員会が勧告しているより厳しいTACによる管理には合意形成がなされていない．このように，科学委員会が管理措置の必要性を提案しているにもかかわらず，それに匹敵する規制措置が実施されていない場合が多い．これは，もちろん，科学委員会の勧告は，科学的な側面のみで検討された結果で，その理想を現実化するには，さらに社会・経済的な様々な要素に配慮する必要があるためでもある．しかし，多くの場合，各国の利害対立が合意形成を阻んでいる場合が多い．短期的な管理措置導入の遅延が，さらに厳しい管理措置の導入に帰結することは明白であり，導入の遅れのために最

後の最後にきわめて厳しい管理措置の導入が行われた多くの不幸な過去を我々は知っている．

　また，規制を導入したからといって安心できるものでもない．後述する大西洋クロマグロのように，規制が守られない場合が多くある．一般に IUU (Illegal, Unreported, and Unregulated, 違法・無報告・無規制) 漁業と総称されるような，規制逃れが頻発し，それに伴い，さらに様々な法的な規制を導入するという所謂「いたちごっこ」が続けられている．その典型的な例が，規制が入ると，その規制から逃れるために非加盟国へ船籍を移す便宜置籍の横行である．これを防ぐために，加盟国などが認めた船のリストを公表し，それ以外からの漁獲物の購入を規制する「ポジティブリスト制度」が導入された．また，クロマグロやメバチなどでは，その貿易を監視するため，輸出するには，漁船や加工場を管理する国が，船名，漁獲水域，製品形態などを確認することが必要となる「統計証明制度」が導入された．また，規制のない他の水域の漁獲物として偽って輸出するいわゆる「マグロロンダリング」を防ぐため，水際で漁獲物の漁獲水域をチェックする DNA 検査を実施する制度を日本は導入した．さらに，統計証明制度よりもさらに一歩踏み込んだものとして，漁獲から市場までのすべての流通実態を一つの文書に記録し，流通の透明性を確保する「漁獲証明制度」の導入が進み，さらには，ミナミマグロのように 1 尾 1 尾にタグを付けて管理する制度，また，漁船へ監視員を乗り込ませるいわゆるオブザーバー制度のカバー率をより高く，より厳しくする方向での議論が進んでいる．このように規制を遵守させるために様々な方策が導入されている．どこまで制度を充実させれば，規制逃れを防げるのだろうか．一方で，これらの措置により管理コストはどんどん増大する．そのコストをだれが負うのかという悩ましい問題も浮上する．

2 ▶ クロマグロ資源とその管理の現状

　まぐろ類資源全般にわたるきわめて大まかな現状について概説してきた．ここからは，具体的な資源，日本人が最も興味を持っているクロマグロを例に資源管理の問題点と今後について考えてみたい．

　クロマグロは，太平洋と地中海を含む大西洋に分布している．太平洋のクロマグロ（*Thunnus orientalis*）と大西洋のクロマグロ（*Thunnus thynnus*）は，現在では，その学名が示すように別種として取り扱う場合が多い．太平洋のクロマグロは，太平洋全域で 1 系群と考えられているが，大西洋のクロマグロは，メキシコ

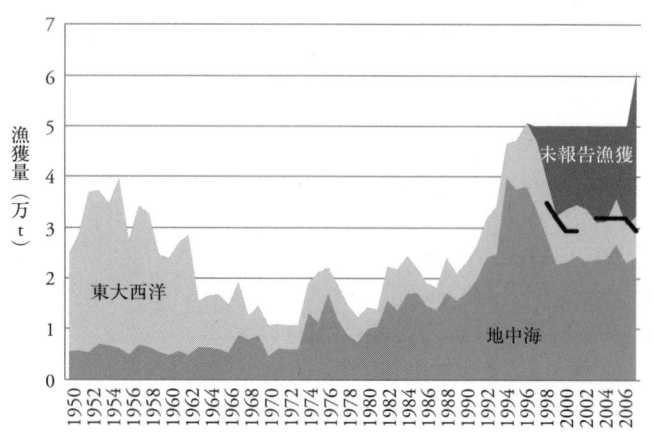

図 1-4 東大西洋および地中海におけるクロマグロ漁獲量（ICCAT, 2008，ウェブサイトより）．実線は実際の TAC を示す．

湾に産卵場を持つ西系群と地中海に産卵場を持つ東系群があると考えられている．大西洋のクロマグロは両系群とも現在乱獲状態であり，様々な厳しい漁獲規制が行われている．今回は，近年蓄養に関連した問題によって資源管理に大きな問題が生じている地中海クロマグロ（東系群）について紹介する．そして，現在，幸いにも乱獲状態には至っていない太平洋のクロマグロの現状と今後について検討する．

2-1. 地中海クロマグロの資源状態

地中海クロマグロの漁獲量の変遷を図 1-4 に示す．地中海でのクロマグロの漁獲の歴史は古く，紀元前から行われているようであり，1600 年代頃からの定置網の漁獲資料も残されている．図には，第二次大戦後の漁獲を示した．1970 年代初期までは，主として地中海ではなく，その外側の東大西洋での漁獲が中心であったが，その漁場は急速に消滅した．その後，主漁場は地中海の中に移り，特にまき網を中心とした漁業が発達し，1996 年には，その漁獲は，5 万 t に達した．

1998 年以降，漁獲規制が実施され，許容漁獲量（TAC）に基づく管理が開始された．TAC は 2003 年の 3 万 2000t から，徐々に削減され，2008 年の TAC は 2 万 8500t とされた．また，各国より報告された漁獲量は，図にも示したように TAC とほぼ同様の水準であった．しかし，実際の漁獲と報告された漁獲にはかなりのかい離があるものと推定された．ICCAT によると，1990 年代

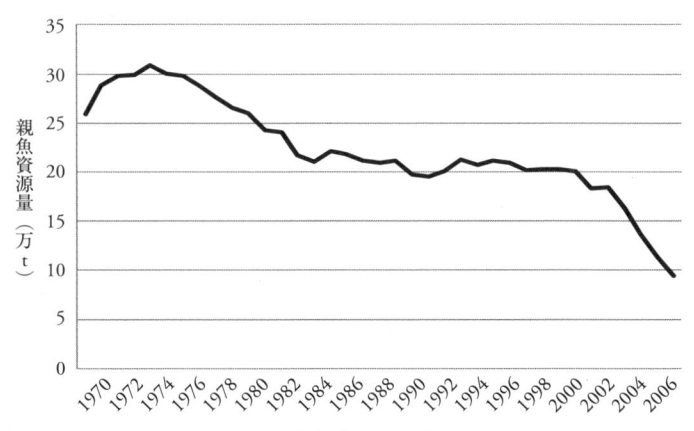

図1-5 地中海クロマグロの親魚資源量の変遷（ICCAT, 2008, ウェブサイトより）

中頃から2005年頃までは報告よりも2万t多い5万tと推定され，さらに，2007年の実際の漁獲は，報告のほぼ2倍の6万1000tと推定されている．

このような漁獲の理不尽な増大の影響を受け，地中海クロマグロの親魚資源量は，図1-5に示すように2000年以降急速に低下してしまっている．これと同時に漁獲規制により抑制されるはずであった漁獲圧力（漁獲係数，特に8歳以上の親魚に対するもの）は，当然の結果として2000年以降2倍以上に跳ね上がってしまった（図1-6）．この状態は，ICCATの管理目標である最大持続生産量（MSY）基準に対して，資源量は，MSY時の20%以下，漁獲係数は3倍という過度の乱獲状態と言える．

この乱獲状態から回復させるためには，最低でもTAC（＝実際の漁獲）を1万5000t以下に抑える必要があることをICCATの科学委員会は2008年に勧告した．ちなみに，資源がMSY水準に回復した暁には，持続的に5万tの漁獲を得ることができることも示されている．

2-2. 地中海クロマグロの管理の現状とその問題点

地中海クロマグロの資源は，2000年前後より急速に悪化した．これは，1990年代後半から本格的に開始された蓄養への原魚供給のための漁獲増によるものである．すでにICCATでは，前述したように1998年にTACを設定し，規制を開始していたが，その規制が守られていなかった．蓄養原魚は，主としてまき網により沖合で漁獲され，沿岸の蓄養場に輸送用の網に入れられて運搬

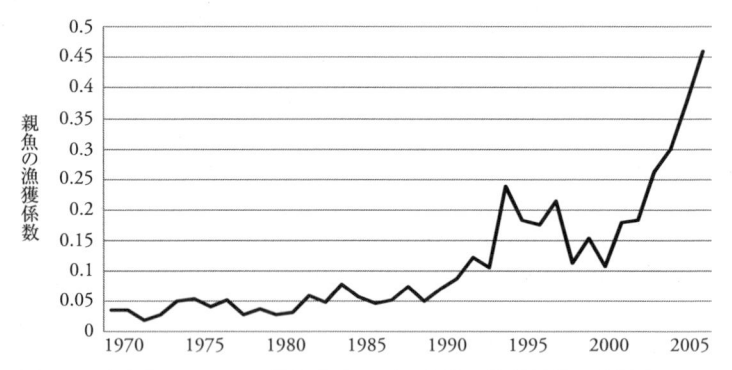

図1-6 地中海クロマグロ親魚（8歳以上）に対する漁獲係数の変遷（ICCAT, 2008, ウェブサイトより）

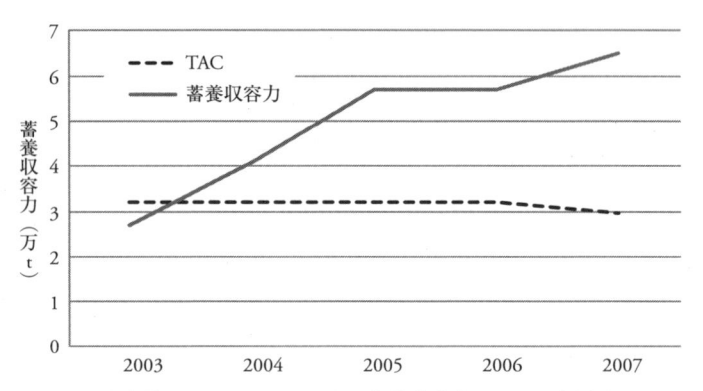

図1-7 地中海におけるクロマグロ蓄養能力とTACの変遷（ICCAT, 2008, ウェブサイトより）

される．その際に，まき網漁船から蓄養業者へ国をまたいで売り渡されたりもする．また，沿岸での生け込みの際も，輸送用の網から蓄養生け簀へ直接入れるために，そこでの漁獲量の把握が困難となる．このような洋上での転売や生け込む際の量的把握の困難さから，原魚漁獲の量的把握が曖昧になる．このような曖昧さにつけ込んだ過少報告が行われるようになった．また，図1-7でも明らかなように，蓄養生け簀の収容能力が2004年にはすでにTACを上回り，2007年にはTACの2倍以上の収容能力を持つような過剰投資が生じていた．この過剰投資がTAC以上の原魚供給への強いインセンティブを醸成した．このような社会的環境が規制実施をきわめて困難にした要因と考えられる．

現在，ICCATでは，蓄養原魚の漁獲，蓄養場への移送，生け込み，取り上

げ，輸出，の各段階で記録し政府が確認，証明する漁獲証明制度の実施を決め，TACの削減や禁漁期，体長制限などの様々な規制強化と併せて，より実効性のある管理への努力を進めている．EUも厳しい規制措置を実施し始めた．しかし，管理への信頼はすでに失われており，新たな制度が実施されても，その信用回復には時間がかかるであろう．

　このようなICCATによる管理の失敗に対して，CITES（ワシントン条約）の第15回締約国会議において大西洋クロマグロを付属書Ⅰへ掲載し，国際商取引を全面禁止する提案がモナコより提出された．結果的に，この提案は2010年3月のCITES締約国会議では圧倒的多数で否決された．しかし，この提案は，ICCATにおける規制強化への後押しとなったことは間違いない．ICCATはCITES締約国会議に先立って開催された会合で，TACの40％削減や漁船数の削減などを含むきわめて厳しい規制を決定した．CITES提案は，このように有効な管理がない現状へのインパクトはきわめて大きかったと言える．しかし，CITESによる管理は，国際商取引の禁止のみであり，今回の場合は，EU諸国のEEZ水域での漁獲やEU圏内の取引を規制することはできない．さらに，産卵場の保護や体長制限など様々な規制措置を組み合わせた管理や毎年の資源評価をもとにしたTACの調整など漁業への負担も少なくするようなきめ細かな管理はできないのである．

　驚いたことに，乱獲の主原因であったEUはこのモナコ提案に条件付きで賛成した．幸いにもCITES付属書掲載はなくなったが，このEUの決断を受けて，今後EUがICCATの下でどのような姿勢で管理に取り組むのであろうか．日本政府は，漁獲証明制度を用いて，不明な点のあるクロマグロの輸入差し止めを2010年当初より開始した．CITES騒動前後に行われたこれらの管理の改善が，一日も早い資源回復につながることを期待したい．

2-3．太平洋クロマグロの資源状態

　太平洋のクロマグロは，その産卵場を台湾周辺から日本周辺にのみ持つことから上述したように1系群と考えられている．しかし，その一部は幼魚のうちに，カリフォルニアからメキシコ沖にまで回遊し（コラム13参照），成熟に伴い日本周辺に回帰し成熟・産卵する．どの程度の割合が太平洋を横断するのか不明であるが，メキシコ沖へ回遊した際には，後述するようにメキシコのまき網漁業でも漁獲される．また，わずかな部分ではあるが，南太平洋にも回遊し，ニュージーランド沖などでも漁獲されている．

　太平洋のクロマグロの漁獲の歴史は長く，定量的に漁獲量を把握できる

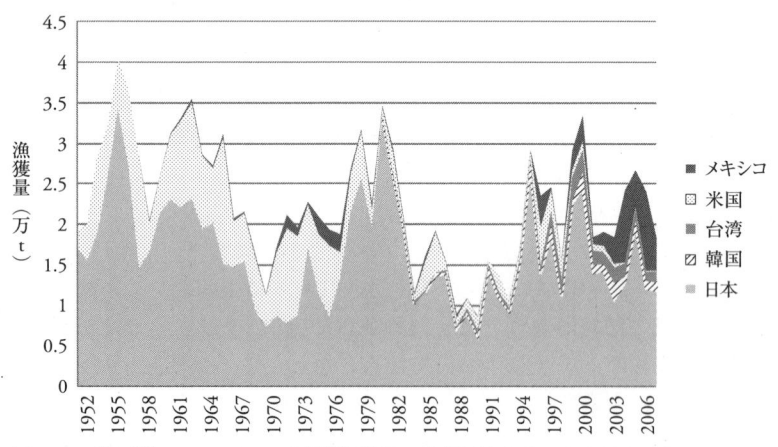

図 1-8 太平洋クロマグロの国別漁獲量の変遷（水産庁・水産総合研究センター，2009，ウェブサイトより）

1900年代以降でも，すでにその初期には1万tを超す漁獲があったものと推定されている．1950年以降の漁獲を図1-8に示す．1万tから4万tの間を大きく変動している．もちろん，日本がその漁獲の8割程度を占めている．近年メキシコの漁獲が増大している．これは，メキシコ沿岸で蓄養が急速に発達した結果であり，そのほぼすべてが日本へ輸出されている．しかし，他のまぐろ類に見られるような1950年以降の顕著な漁獲の増大傾向は見られない．

日本周辺での漁獲は，主としてまき網によって行われている．特に1980年半ば以降，日本海西部での成魚を対象としたもの，そして，90年代に入ると未成魚を対象としたまき網漁業が同水域で発達した．また，古くから沿岸域で当歳魚を対象とした曳き縄漁業があり，近年では，本漁業は蓄養原魚供給のためにも行われるようになった．

本種の漁獲の特徴は，主漁場が，他のまぐろ類と異なり比較的沿岸に形成され，様々な沿岸の漁業で漁獲されることにある．特に，沿岸に分布する若齢魚の漁獲が卓越し，図1-9に示すような当歳魚（0歳魚）・1歳魚を中心として漁獲されている．漁獲量全体の中では，はえ縄や大間などで行われている大型魚の漁獲はマイナーなものと言える．

その資源状態を見てみよう．図1-10に親魚資源量と加入量の推移を示した．加入量が大きく変動し，その結果が親魚の変動を引き起こしていることがうかがえる．一方，図1-11に示した漁獲係数を見てみると，各年齢とも漁獲係数は全般にかなり高いことが分かる．ただし，0歳魚の近年を除いて，1952年

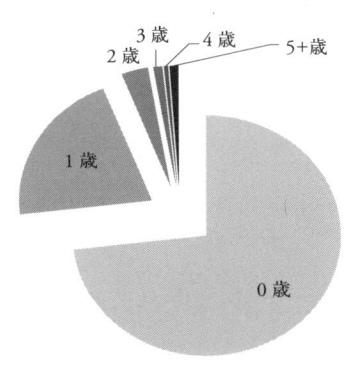

図1-9 太平洋クロマグロの年齢別漁獲量（2000〜2006年平均）（水産庁・水産総合研究センター，2009，ウェブサイトより改変）

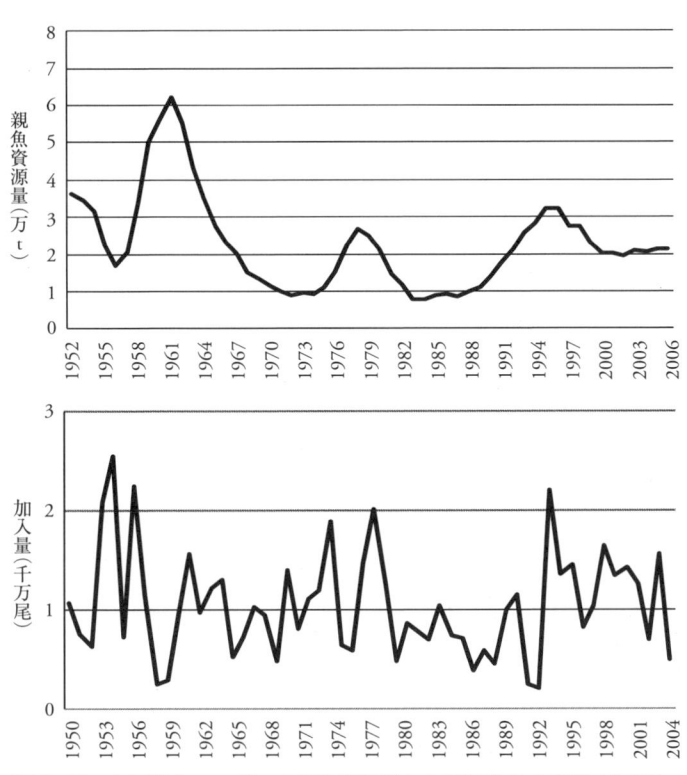

図1-10 太平洋クロマグロの親魚資源量および加入量の変遷（水産庁・水産総合研究センター，2009，ウェブサイトより）

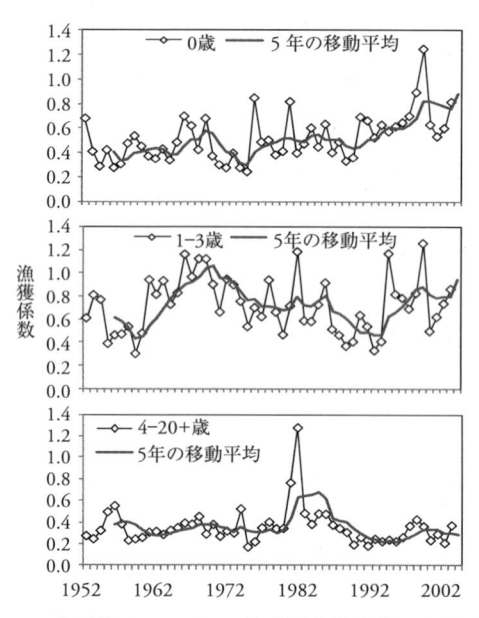

図 1-11　太平洋クロマグロの年齢別漁獲係数の変遷（水産庁・水産総合研究センター，2009，ウェブサイトより）

以降，変動はあるものの地中海クロマグロの漁獲係数とは全く異なり，長期間そのレベルは変化していない．資源評価の結果は，平均的な加入が続く限りにおいてであるが，近年の漁獲規模でも，平均的な親魚水準を維持できるものと考えられている．なお，憂慮しなければならないのは，近年の 0 歳魚の漁獲係数に不明瞭ではあるが増大傾向が示されている点であろう．

これらの結果を受けて，WCPFC は，2009 年に未成魚の漁獲を減少させることを考慮しつつ漁獲努力量を現状凍結することを趣旨とする管理措置を採択した．また，日本政府は，この決定や CITES における大西洋クロマグロ騒動などを受け，2010 年 5 月に太平洋クロマグロの管理強化を打ち出した．この強化策には，未成魚漁獲の削減などによる産卵親魚の保護を目的とした漁業管理策や蓄養業の登録制や実績報告の義務化などが盛り込まれている．これらの管理強化策が実効のある形で実施され，クロマグロの持続的利用に貢献することを大いに期待する．決して大西洋の二の舞いになってはならない．

2-4. 地中海を教訓とした太平洋クロマグロの管理とその可能性

　幸いにも，日本周辺のクロマグロは，大西洋のクロマグロやミナミマグロに見られるような乱獲状態には至っていない．平均的な加入水準の下では，現状の漁獲水準を維持しても，この50年間の平均的な親魚量の水準は維持できると考えられている．資源を維持するための緊急の問題はないといえる．しかし，決して安心してはいられない．加入量変動は大きく，漁獲係数もかなり高い状態が続いている．すでに，漁獲係数を高めること，すなわち漁獲規模を大きくすることはできない状態にある．

　前述したように，まぐろ類の資源全体が，今後も増大する需要をこれ以上支えることはできない状況にある．太平洋のクロマグロも全く同じ状況にある．一方で，まぐろ類の需要は他の水産物と同様にどんどん増大し，刺身市場対缶詰市場，日本対世界での取り合い合戦が激しくなるのは明白である．まぐろ類全体で，そして，世界レベルで，蓄養も含めまぐろ類の漁獲増大へのインセンティブは強まる一方なのである．その中で，わが国の沿岸で漁獲できるクロマグロの存在はきわめて重要であり，漁獲増大へのインセンティブは決して小さいとはいえない．

　そのため，これ以上の漁獲規模は増加できないことに十分留意した管理が必要である．強い需要が背景にあるため，隻数などを規制していても，効率化のための設備投資などによって有効な努力量の増大が懸念される．そのため，既存の漁獲規模や操業形態などの変化をしっかりと把握し，加入量が低い場合でも，漁獲量を維持するための努力量を増大させない措置が重要となる．

　一方，蓄養マグロは安価なマグロ供給源としてもきわめて重要な位置づけを持っている．高級クロマグロといえども蓄養になると廉価になる．冬場の大間のクロマグロは1kg当たり1万5000円もする．一方で，蓄養ものは安いものだと2000〜3000円程度である．すでに高級マグロの刺身供給量の過半数がこれら蓄養もので占められ，それによって，高級マグロが廉価な回転寿司やスーパーマーケットなどでも普通にみられるようになった．このような需要変化に伴い，前述したように，日本でのクロマグロ蓄養は近年急速に発達し，2007年には4000tの出荷量が，2009年には7000t，そしてきわめて近い将来には1万tを超えて増産されるとも予想されている．

　前述したように，現在の日本の蓄養は，曳き縄による天然幼魚を生け込むことが中心となっている．曳き縄で漁獲された20〜30cmの生け込み用の幼魚は，1尾2000〜3000円という高値で蓄養原魚として取引されている．韓国でも蓄養を開始する意欲が強い．蓄養業者にも原魚供給側の漁業者にも大きなインセ

ンティブが存在するのは事実といえる．このように蓄養原魚が天然資源に依存している限り，蓄養の増大は，漁獲規模の増大につながる危険性がきわめて高い．地中海の二の舞は絶対に避けなければならない．

　この問題を回避するための方策として一つには，蓄養原魚を人工種苗に置き換えることが挙げられる．現在，大学，企業，水産総合研究センター（コラム3参照）など多くの組織が人工種苗の実用化に向けて多くの努力を払っている．企業化も進められている．このことが普及すれば，蓄養は完全養殖にとってかわられ，天然クロマグロ資源への影響はなくなるわけである．

　なお，これでクロマグロの資源問題は解決されるかもしれないが，養殖については他の問題も多く存在することを十分認識する必要がある．一つには餌の問題である．現在，サバなどの多くの可食タンパク質が餌として使われている．ちなみに1kgのマグロ肉生産に約15～16kgのサバ肉が消費されるとも言われている．もちろん，近年，技術改良によりこの効率は年々向上しているし，植物タンパク質を飼料化する試みも行われている．しかし，これは，安価なタンパク質で高価なタンパク質を生産することを意味し，食料の不平等配分を助長することにもなる．未利用な，さらに不可食なタンパク質の飼料化などが重要と考えられる．

　しかし，蓄養による漁獲増大への解決策をこの可能性一つにかけてもよいとはいえない．前述したように，天然資源の管理システムをしっかりと確立する必要がある．太平洋クロマグロで言えば，その要は，漁獲のほとんどを占める幼魚を対象とした漁獲の管理であろう．現在の漁獲係数が上限であることを考えれば，この現在の幼魚漁獲の枠の中から，蓄養原魚を供給する限りにおいて，蓄養の規模増大が天然資源へ与える影響は増大しないことになる．現在の蓄養規模レベルだと，現状の漁獲規模の中での配分は可能と考えられる．今後の蓄養の発展の中でも，この配分のシステムを担保する必要がある．

　また，地中海で生じた問題の原因の一つに蓄養原魚供給量の不透明化が挙げられる．これはしっかりと防ぐ必要がある．天然種苗生産者（漁業者），そして，蓄養業者からの正確な情報収集は，きわめて重要であり，責任ある蓄養業の発展の基礎とも言える．種苗価格が前述したように高価なものである以上，かなり正確に種苗供給量は，漁業者，蓄養業者ともに把握しているのは間違いない．このモニタリングは，技術的に大きな問題があるようには思えない．

　さらに，重要な点は，地中海では，蓄養場の増大やまき網の効率化などへ過剰な投資が行われ，その結果，これらの過剰な設備への原魚供給のため，漁獲規制が破たんし，過度の乱獲を引き起こした（図1-7）．わが国周辺の蓄養規模

については，蓄養原魚が天然種苗でまかなわれる段階では，許容される漁獲量を蓄養生け込みと蓄養以外での消費との間でしっかりとバランスさせることが重要であり，前述したように加入量が年々大きく変動する中で，このバランスを維持させるため，しっかりとした制度の設定が必要である．また，それに見合った適正な規模に蓄養規模を抑える必要もある．

現在，クロマグロ蓄養は，他の養殖に比べ利益が多いこともあり，また，地域産業振興ともリンクし，様々な地域で，急速に発展しつつある．人工種苗生産の発展度合いや天然幼魚の供給限度をしっかりとにらんだ管理が必要であろう．野放図な発展は，過剰投資につながり，過剰となった後の管理は，きわめて困難で，その結果，管理は後手後手に回る過去の悪例と同様の道をたどることになる．

クロマグロは，前述したように，その加入量が，図 1-10 に示したように大きく自然変動する．そのため，クロマグロ漁業は昔からこの大きな自然変動にさらされている．今注意しなければならないことは，加入が悪い年に獲り過ぎないことである．しかし，漁模様が悪いと，さらに努力量を投入し，昨年と同じ漁獲レベルを確保しようとするのが常である．さらに，蓄養生け込みは，計画生産がきわめて重要である．加入量変動に合わせて柔軟に変化させるのは困難であろう．しかし，加入の悪いときに，その加入を適正水準以上に漁獲してしまうと，親魚資源の減少を加速し，乱獲状態へ直ちに突入することは明白である．そして，その結果，現存する生産施設の規模にかかわらず，厳しい漁獲規制の導入の道をたどることになる．

このように加入群が漁獲の主対象となっているため，漁期前の加入量予測が重要となる．現在，産卵場から幼魚漁場まで，広域で多様な調査研究が精力的に行われているが，他の魚種同様，実用的な予測技術開発には至っていない．このような状況では，現状の漁獲規模を少なくとも維持し，漁獲係数を不漁時にいかに増大させないかという工夫が必要となる．

3 ▶ 最後に

クロマグロ，特に，日本周辺のクロマグロについて後半焦点を当てて述べた．太平洋のクロマグロは，その主産卵場も日本の 200 カイリ内にあり，主分布域，そして，その漁獲もほぼ日本で占められている．日本での資源管理の成功の可否が，クロマグロ資源全体の管理の成功につながる．地中海クロマグロの管理の失敗の轍を決して踏んではならない．幸いにも，長い開発の歴史が

あるにもかかわらず，資源は，長期的な平均水準にあり，乱獲状態には至っていない．しかし，開発の度合いは上限に達している．少なくともこれ以上に漁獲圧を上げてはならない．このような現状の中で，地域産業振興としてもクロマグロ養殖は注目され，急速に拡大しつつある．天然種苗供給の限界をしっかりと見定めて，人工種苗生産技術の普及に合わせた慎重な拡大が望まれる．少なくとも，持続的な天然クロマグロの利用は，その蓄養も含め日本の自国漁業の振興，地域の活性化，食料自給へ大いに貢献することは間違いない．それゆえに，目先の利益に惑わされない，中長期的な展望のもとでの利用が強く望まれる．

　日本におけるまぐろ類の消費は，世界のまぐろ類生産の4分の1を占めている．特に大西洋クロマグロ，ミナミマグロ，そしてメバチなど刺身マグロの消費の中心は，現在でも圧倒的に日本である．これらのまぐろ類については，日本の意思が，世界のまぐろ資源管理へ大きな影響を与えるはずである．日本は，1996年に「まぐろ資源の保存及び管理の強化に関する特別措置法（まぐろ法）」を制定し，国際資源管理への強い意志を世界に示した．現在も，まぐろ類の国際管理委員会の場で，日本政府は，適正管理について積極的な努力を行っているが，上述したように，国際環境は一国の意志のみで容易には変わらない．

　また，上述したように国際管理機関による規制の導入も守らなければ何の意味もない．現実には，様々な方法で規制逃れが横行し，その防止のためにさらに多くの補足的な規制や追加制度の導入が続けられている．まさに警察国家の様相を呈しつつある．そのための管理コストはどんどん跳ね上がる．このコストはだれが負担するのか．

　この過剰漁獲のもとを断つため，過剰な漁獲努力量の削減に向けた試みもFAOを中心に古くから行われてきた．日本は，1998年，そして，2008年にも大規模なまぐろはえ縄漁船の減船を実施した．しかし，すべての国が同調しているわけではなく，隻数を増大させる国も多い．2009年にスペインで開催されたすべてのまぐろ漁業管理機関が一堂に会した会議の場でもこの過剰努力量問題が最重要課題として取り上げられている．一旦生み出された過剰な漁船や施設を無力化するのはきわめて困難であり，このことは前述した地中海クロマグロの蓄養の例でも明白である．今後も，まぐろ類の需要が増大することは間違いなく，獲れば売れる環境がある限り，無謀な競争が続き，膨大な管理コストが必要となるのだろうか．

　今まで，資源管理は，その生産現場の管理のみで行われてきた．しかし，獲れば売れる環境の中での漁獲規制の遵守はきわめて難しい．その困難さは上述

したことでも明らかである．規制遵守のためのコスト増大は，まぐろ漁業に特別なものではなく，沿岸の様々な漁業も含め共通した問題である．効率的に資源を管理するためには，規制を守れば儲かるような条件の確立が必要ではなかろうか．しかし，このような条件を作り出すことは生易しいものではない．やはり生産現場のみでなく，流通から消費者までの協力が必要である．違法な魚は売れない，適正な管理下の魚のみが評価を受けるといった環境が必要である．今，世界的にエコラベル運動が発展しつつある（第6章第4節参照）．日本でも独自のエコラベルがスタートした．このような運動もその一環として評価できる．

　家庭での水産物の消費の仕方が資源管理や環境問題に直結するという意識を末端消費者が持つことも重要である．そのためには，消費者が，資源管理の重要性とそのコストおよびそれによる利益を理解することが必要となってくる．このことを実現させるには子どもの頃からの教育が重要であろう（第7章第3節参照）．

　そして，より多くの漁獲物の情報を末端にまでわかりやすく伝達させ，そのことによって消費者が商品をそれらの情報をもとに選択できる，トレーサビリティーの確立も必要となる．そのことによって，規制を守れば儲かるといったような規制順守への漁業者のインセンティブを向上させる環境を醸成できれば，管理コストの削減にもつながる．漁業者の資源管理へのネガティブな思いも解消されるであろう．

　そして，このような環境の醸成は，消費者が何を望むかに大きく影響を受ける．安全な食品を消費者が求めれば，生産者はそれに応じるように，消費者が持続的資源利用を望むような啓蒙が必要であり，それが，消費者の利益にもつながることを理解させることが必要であろう．消費者参加型の資源管理には，教育体制をはじめとした幅広い改革が求められる．

第3節　貴重なタンパク源としての鯨との共存

1 ▶ 鯨類の利用と捕鯨の現状

　今年（2010年）も，過激な反捕鯨団体シー・シェパード（Sea Shepherd Conservation Society）が南極海鯨類捕獲調査（調査捕鯨）に従事する調査船団を襲

撃し，その執拗な妨害と荒唐無稽な主張が国内外のマスメディアを大いに賑わせた．シー・シェパードによる調査捕鯨妨害は今年で6年連続となったが，年々過激さを増してきたこともあり，国民の捕鯨問題に対する関心も一気に高まったように思われる．つい4,5年前までは「クジラを捕ってはいけないのではないか」とか「クジラはもう食べられないのではないか」というような質問に出逢うことも少なくなかったが，今や調査捕鯨も一定の市民権を獲得し，また，鯨肉や鯨料理にお目にかかる機会も増してきているように感じられる（それも思わぬ場所で）．とはいえ，国際捕鯨委員会（IWC）による商業捕鯨モラトリアム（暫定停止）の受け入れにより，1988年に商業捕鯨を中断して以来20年余が経過した現在，わが国における捕鯨と鯨類の利用状況を正しく理解する者が年々減少し，今や希少となっている現実は否めない．しかも，一部の地域を除くと，鯨料理が一般家庭の食卓にのぼる機会はまだまだ僅少で，調査捕鯨の拡充により供給量が増えたとはいえ，鯨肉は特別な食材の域を脱していない．しかしながら，20世紀後半より世界人口が著しい増加を続け，食料安全保障への関心が日に日に高まり，新たな食料資源の開発が待望される中で「低利用資源」である鯨類の持続的利用に対する関心は，当然のことながら，確実に高まっている．

　ここで現在の鯨類の利用状況をおさらいしてみたい．21世紀の今日でも，細々ではあるものの，わが国の各地で鯨類が合法的に捕獲，利用され続けている．大型鯨類（すべてのヒゲクジラおよびマッコウクジラなどの一部の大型ハクジラ）については，商業的捕獲はIWC商業捕鯨モラトリアムにより中断したままであるが，南極海および北西太平洋で実施されている調査捕鯨による副産物が市場に流通している．反捕鯨団体による妨害さえなければ，年間約5500t前後の鯨製品が調査捕鯨の副産物として供給されることとなっている．さらに，近年，鯨資源の回復を反映して，各地で定置網への鯨類の迷入・混獲が増加しているが，これらの混獲個体についても，2001年7月の農林水産省令の改正により，DNA登録などの一定の手続きを経ることで食用利用が可能となった（2008年には136件の登録あり．なお，2004年10月以降は海岸などに漂着・座礁した個体の利用も可能となったが，食品衛生上の観点からか2009年5月までに食用利用申請は1件もない）．

　一方，IWC非対象種の小型鯨類[1]については，IWC商業捕鯨モラトリアム

---

1) 小型鯨類とは，管理上，IWC対象種であるヒゲクジラおよび大型のハクジラとそれ以外の鯨とを区別するために，便宜上，導入された概念である．そのため，小型鯨類の中には，ツチクジラ（11m）のように小型のヒゲクジラ（ミンククジラ，9m）よりも大きい場合もある．

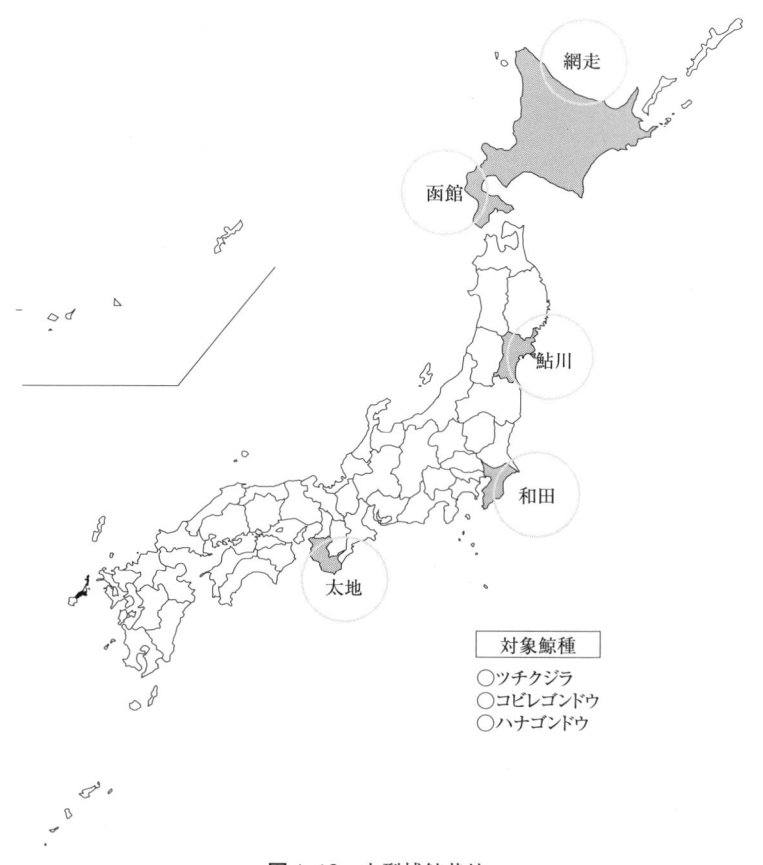

図 1-12　小型捕鯨基地

にかかわらず，農林水産大臣の許可による小型捕鯨業および知事許可によるいるか漁業により捕獲・利用されている．小型捕鯨業については，国内1道3県に捕鯨基地があり（図1-12），北海道（網走と函館），宮城県鮎川（石巻市），千葉県和田（南房総市）および和歌山県太地の地先でツチクジラとゴンドウクジラ類を対象として，小型捕鯨船による日帰り操業が行われ，年間500t程度の鯨肉が供給されている．しかしながら，本来，小型捕鯨業は沿岸に分布するミンククジラを主対象に営まれてきたものであり（ミンク捕鯨），伝統的な漁業活動の再開あるいは地域文化の伝承といった観点からもミンク捕鯨の早期再開が望まれている．

　いるか漁業については，現在，北海道から沖縄まで全国1道7県で営まれ

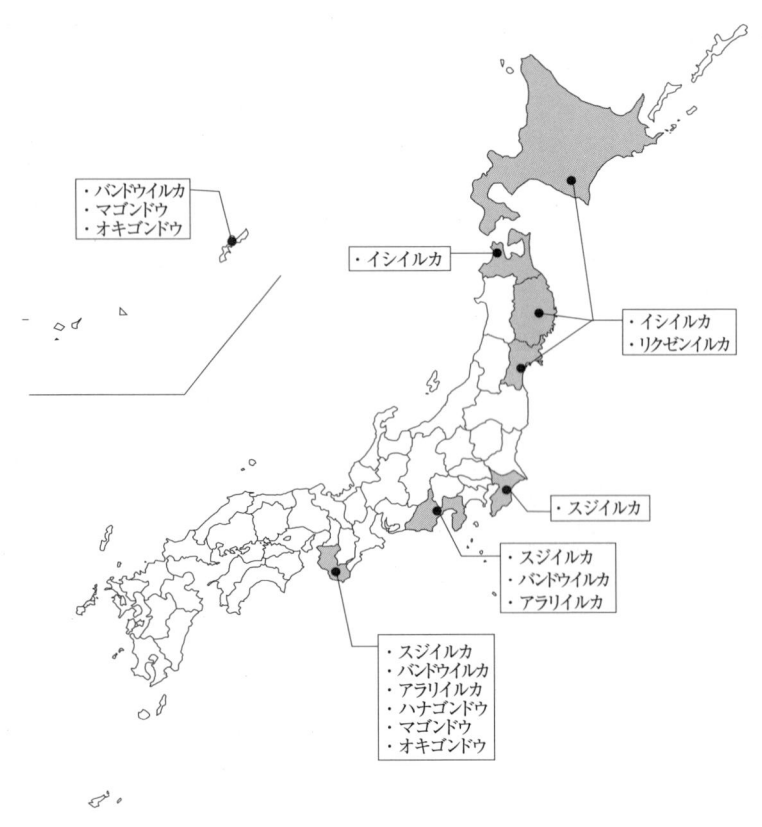

・バンドウイルカ
・マゴンドウ
・オキゴンドウ

・イシイルカ

・イシイルカ
・リクゼンイルカ

・スジイルカ

・スジイルカ
・バンドウイルカ
・アラリイルカ

・スジイルカ
・バンドウイルカ
・アラリイルカ
・ハナゴンドウ
・マゴンドウ
・オキゴンドウ

図1-13 いるか漁業実施道県

ており（図1-13），銛でいるかを突き捕る「突<ruby>棒<rt>つきんぼう</rt></ruby>漁業」と入り江などにいるかを追い込む「追込み漁業」がある．余談になるが，前述の過激反捕鯨団体シー・シェパードは2003年に和歌山県太地の追込み漁業を妨害して逮捕・国外退去騒動を引き起こしている．いるか漁業は年間約1000t程度の鯨肉を供給しており，製品が全国に流通されることはごく稀ではあるものの，地元や伝統的に鯨食文化が根付いた地域で消費されるなど，一部地域の強い鯨肉需要を支えている．また，すでに国内ではブームが過ぎたように思われるものの，お隣の中国，韓国あるいは中東などでは建設ラッシュが続いている水族館で飼育される個体の多くは，太地の追込み漁業により供給されている．

2 ▶ 鯨類利用の歴史

　四方を海で囲まれた日本では太古より「海の幸」海産生物資源が利用されてきており，当然のことながら，日本人と鯨類とのつきあいも非常に古い．貝塚からイルカの骨が発見されたことから，約9000年前にはすでに小型の鯨類が利用されていたという説もあるが，縄文時代の前・中期（約5500年前）の遺跡の中には，イルカなどの骨が多数発見されるものもあり（真脇遺跡，三内丸山遺跡），この頃には座礁や漂着した鯨のみならず，湾内に迷い込んだ「迷い鯨」などを銛で突くような「捕鯨」が開始された可能性が示唆される．

　鯨を積極的に追い求める組織的な「捕鯨」は16世紀後半（1570年頃）に考案され（突き捕り式捕鯨）[1]，これに従事する捕鯨専業集団である「鯨組」が組織された．各地に鯨組による組織捕鯨が発達するにつれ，鯨が庶民の食料として浸透することとなった．なお，この時代の捕鯨対象は遊泳速度が遅く，しかも捕殺後に沈下することのないセミクジラが主であった．

　この頃，西欧では鯨油を目的とする捕鯨が盛んになり，また，捕鯨技術の革新もあり，19世紀になると，自国沿岸沖合域の鯨資源の減少により，米国が近代捕鯨船をはるばる日本沿岸沖合域（いわゆるジャパングラウンド）に派遣しマッコウクジラ，ザトウクジラ，そして，鯨組の主対象であったセミクジラを盛んに捕獲した．その結果，わが国沿岸域のセミクジラはほぼ絶滅のレベルまで激減し，各地の鯨組は深刻な不漁に直面し，明治時代に入り，わが国の捕鯨業は急激に衰退した．

　明治時代後半になると，当時，日本海で操業していたロシアの近代捕鯨[2]に刺激され，わが国もノルウェーから近代捕鯨を導入し，1899年より本格的に操業を開始し，捕鯨復興を果たした．その後，わが国の捕鯨は急速に拡大し，1934年には南極海に進出することとなった．この頃，第二次世界大戦により南極海捕鯨が中断するまでの間，沿岸捕鯨，南極海捕鯨などによる鯨肉供給量は年間約5万t程度であった（3万tから6万tを推移）．ところで，捕鯨再開に反対する意見の中には「我が国に鯨食文化はなく，そもそも我が国で鯨を食べ始めたのは第二次世界大戦後のことであり，鯨食文化を主張するのはナンセン

---

1) 突き捕り式捕鯨とは，文字通り，銛でクジラを突き刺して捕獲する方法で，その後，まずクジラに網を絡ませて動けなくした後に銛で突き殺す「網捕り式捕鯨」に発展する（17世紀後半）．
2) 捕鯨砲を搭載した動力船により鯨を追尾し，銛綱のついた銛を鯨に命中させた後，銛綱を手繰り寄せて鯨体を船上に収容する捕鯨方法．遊泳速度が速く，絶命後に沈下するナガスクジラ類の効率的な捕獲が可能となった．

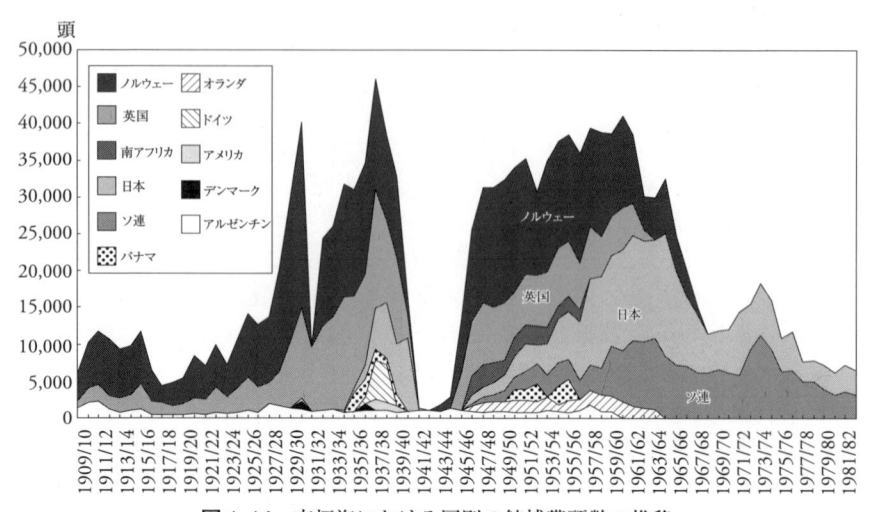

図 1-14 南極海における国別の鯨捕獲頭数の推移
国際捕鯨統計に基づき大隅清治博士（財団法人日本鯨類研究所顧問）が作成．

スである」というものがある．しかしながら，戦前には現在の 5 倍から 10 倍程度の鯨肉が供給されていたことになり，しかも，当時の人口（約 7000 万人）が現在（約 1 億 3000 万）の半分強程度であったことを考えると，1 人当たり消費量はさらに倍加し，現在の 10 倍以上となることは明らかである．したがって，「戦前には鯨肉は食されていなかった」との主張は全く当たっていない．なお，戦前の肉類消費量に関する統計が十分ではないものの，1 日当たりの肉類摂取量が約 6g と推定されている（日本食肉消費総合センター，2008）．この推定に従えば，すべての肉類摂取量の約 3 分の 1 を鯨類（1 日当たり約 2g = 5 万 t ÷ 7000 万人 ÷ 365 日）が占めていたことが推測される．

　第二次世界大戦の勃発により，すべての捕鯨母船が海軍に徴用されたこともあり，一部の沿岸捕鯨を除き，ほとんどの捕鯨操業が一時中断することとなった．1945 年 8 月に日本は敗戦を迎えたが，わが国の深刻な食料難を打開する方策として，連合国総司令部（GHQ）は同年 9 月には沿岸捕鯨の再開を，翌 1946 年には小笠原における母船式捕鯨を，そして，南極海捕鯨の再開を許可した．この後，わが国の捕鯨は右肩上がりで急速に復興，拡大することとなるが，この間，世界の捕鯨も南極海を中心に急速に復興し，1950 年代には戦前レベルにまで復興した（図 1-14）．この急速な復興による鯨油価格の暴落を防ぐことを目的に，いわば鯨油カルテル協定として設立されることになったのが

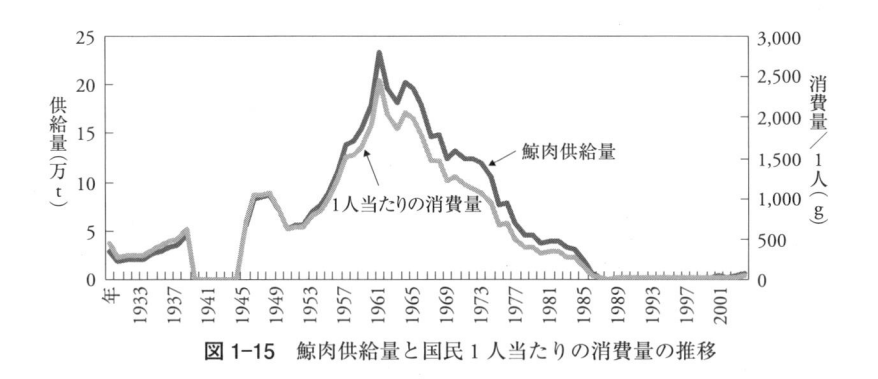

図 1-15　鯨肉供給量と国民1人当たりの消費量の推移

国際捕鯨取締条約（ICRW：International Convention for the Regulation of Whaling）であり，その実施機関が国際捕鯨委員会（IWC：International Whaling Commission）である（ICRWおよびIWCの概要は後述）．

　わが国の捕鯨業は，現在，IWCによる商業捕鯨モラトリアム措置を受け入れて一時中断の状況にあるが，操業許可としては母船式捕鯨業，大型捕鯨業および小型捕鯨業の3種類がある．母船式捕鯨業は，鯨肉などの鯨製品の加工施設を備えた大型の母船を中心に，捕鯨船，探鯨船，冷凍船，仲積船，運搬船など十数隻による船団を構成し，南極海などの遠隔地で長期にわたって操業を行う．大型捕鯨業は，鯨の捕獲，製品加工，運搬のすべてを1隻でまかなう大型捕鯨船を用いてわが国の沿岸沖合域で操業を行う．小型捕鯨業は48t未満の小型捕鯨船を用いて主に日帰りで鯨を捕獲するもので，解体，加工などは陸上の捕鯨基地で行う．

　わが国における鯨肉などの鯨製品の供給のピークは1960年代の前半で，1962年の国内供給量は約22万6000tであるが（図1-15），これらの多くが南極海を中心に操業する母船式捕鯨業によるものであった．しかしながら，網走，鮎川，和田，太地などの捕鯨基地を中心に操業された小型捕鯨業も，供給量という観点からは遥かに及ばないものの，これらの地域における経済基盤として重要な位置づけを占め，また，わが国における鯨食文化を支えていた．

　1960年代も後半にさしかかると，IWCによるシロナガスクジラなどの大型の鯨の資源悪化が顕著となり，さしものIWCも鯨油カルテルとしてのみ機能するわけにはいかず，資源保護の観点から，資源が悪化した種を順次捕獲禁止とするようになった．そのため，わが国の鯨製品供給量も1970年代初頭には10万t台に，1970年代後半には5万tを切るまでに減少した（図1-15）．ちなみに，1950年代，60年代の鯨資源の急速かつ大幅な悪化の背景には鯨油カル

テルたる当時の IWC を象徴する悪名高い（？）資源管理制度であるシロナガス単位制度（BWU：Blue Whale Unit）があった．これは，南極海における鯨資源を種ごとに管理するのではなく，最大かつ鯨油産出量の最も多いシロナガスクジラを 1 単位として，その他の鯨種の捕獲単位を定めた上で（例えばナガスクジラは 2 頭，ザトウクジラは 2.5 頭，イワシクジラは 6 頭で 1 単位），総 BWU 量を定め，その満限に達したところで捕獲を終了するというものであった．しかも，BWU の各国配分は定められておらず，早い者勝ちによる競い合いで BWU の消化が進められたため（いわゆるオリンピック方式），主に鯨油生産を目的に捕鯨を行っていた西欧諸国は鯨油生産量の多い（しかも BWU 単位が高い）種から捕獲を行った．そのため，シロナガスクジラおよびザトウクジラは 1960 年代には早々と捕獲禁止となった（それぞれ 1964 年および 1963 年）．

1972 年は，商業捕鯨禁止の動きが強まった歴史的「事件」として名高い「国連人間環境会議」がストックホルムで開催された年であるが，この年，国連人間環境会議による「捕鯨 10 年停止決議」を受けて，さしもの鯨油カルテル IWC も「種毎の資源管理を導入すべし」との科学委員会の勧告を受け入れて BWU を廃止し，種別の捕獲枠を設定して，新たな管理を開始した．しかしながら，各地で進む鯨資源の悪化は止まらず，南極海では，1976 年にナガスクジラが，1978 年にはイワシクジラが捕獲禁止となった．このため，当然のことながら，鯨油が主たる目的であった西欧諸国は次々に捕鯨から撤退していった（日本鯨類研究所，2005）（図 1-14）．

なお，1972 年には，種別捕獲枠の設定に加えて，最大持続生産量（MSY）に基づく新たな資源管理制度（新管理方式 NMP：New Management Procedure）が初めて提唱された年でもあった．NMP は 1975 年より導入されたが，当時は初期資源量や自然死亡率に関する知見がきわめて少なく，また，西欧諸国の撤退に合わせて反捕鯨の動きが年々強まることとなり，NMP は本格的な機能を発揮する前に，捕鯨そのものが中断に追い込まれることになってしまった．

ただし，ここで注目する必要があるのは，当時，鯨油生産が目的の西欧諸国が一切捕獲を行わなかったミンククジラについては，資源的にも全く問題はなく，わが国の鯨肉供給量がナガスクジラやイワシクジラの捕獲禁止により大幅に減少する中で，1986 年の商業捕鯨モラトリアム導入まで，安定的に 3 万 t 前後の鯨肉を供給し続けたということである．

3 ▶ 鯨類資源の状況

　1982年にIWC商業捕鯨モラトリアムが採択され，1986年より（わが国では1988年より）IWCが対象とする大型鯨類（ヒゲクジラ全種とマッコウクジラなどの大型のハクジラ）捕獲が中断された．その後，資源状況のいかんにかかわらず，いずれの種についても捕鯨は再開されずに20年以上が経過した．したがって，現在，すべての鯨種が資源量を大幅に増加させていると考えるのが「自然」であろう．

　南極海のミンククジラについては，IWC商業捕鯨モラトリアムが導入された当時でも資源的に問題ないとされており，1991年には76万頭以上と推定された．この資源量については現在見直し作業中ではあるが，数十万頭レベルであることについて異論は一切聞かれない．南極海のザトウクジラについては，近年，急速に資源が回復しており，捕鯨に反対する科学者でさえ年間増加率が10％以上と驚異的な値となっていることを認めている．そのため，少なくともわが国が調査捕鯨を行っている海域では，ザトウクジラのバイオマスがミンククジラのそれを超えたとさえいわれている．また，この海域におけるナガスクジラもザトウクジラ同様に年間増加率10％以上で回復しているとされており，この海域ではミンククジラ，ザトウクジラおよびナガスクジラの間で餌生物および生息域をめぐる競合が生じている可能性が示唆されている[1]．

　また，北半球のミンククジラについては，南極海同様に太平洋，大西洋の両海域で資源的に問題ないレベルとされている．わが国が調査捕鯨の対象としている北太平洋西部海域のニタリクジラおよびイワシクジラについても資源回復が顕著であり，特にイワシクジラについては初期資源以上に資源が増加している可能性も示唆されている．

　北半球において，最も興味深い資源状況を示している種としてコククジラが挙げられる．同種は，現在，北太平洋のみに生息し，太平洋を挟んで東西に二つの系群が存在するとされている．わが国沿岸を含む北西太平洋系群についてはIWC商業捕鯨モラトリアムの導入にもかかわらず，生息環境の悪化などの原因により資源状況が悪化している．現在の資源量はせいぜい100頭から200頭程度とされており，わが国でも水産資源保護法により特に厳しく捕獲が禁止

---

1) 南極海における第1期調査捕鯨（1987/88～2004/05）の結果，調査開始当初から一貫して増加し続けていたミンククジラの皮脂厚が調査終期には減少に転じつつあることが確認され，ミンククジラをめぐる栄養状況および餌環境の悪化が示唆されるとともに，急激に増加しているザトウクジラおよびナガスクジラとの競合関係も示唆された．

されている．その一方で，メキシコからアラスカにかけて分布する北東太平洋系群については，資源状況の悪化から，米国政府は1969年に設定した「絶滅に瀕した種の保存法（Endangered Species Act）」の下でコククジラの捕獲を禁じたものの，1994年には絶滅のおそれが無くなったとして同法の適用からコククジラをはずした．しかしながら，海産哺乳類保護法（Marine Mammal Protection Act）の下で捕獲禁止措置は継続したため，同系群が過剰に増加し過ぎた結果，資源量に対する相対的な餌生物量の極度の減少が生じ，餓死する個体も出始めた．1999年には約350頭もの死亡・座礁個体が報告された．コククジラの北東太平洋系群に生じたこの餓死「事件」は科学的根拠に基づかない，過度な保護による不適切な鯨類資源管理による弊害の「好例（？）」と言えよう．

　鯨類資源の保護，管理の難しさを語る上で最も考えさせられる事例の一つがシロナガスクジラの資源回復の「驚異的」な遅れである．シロナガスクジラは世界最大のほ乳類であり，鯨油生産のための最重要種として近代捕鯨では真っ先にターゲットとされた種であった．その結果，例えば，南極海で近代捕鯨が開始（1904年）されて以来，わずか60年で資源が枯渇し，捕獲が禁止されてしまった．しかも，シロナガスクジラの悲劇はそこにとどまらない．南極海における捕獲禁止から45年が経過した現在でも「全く」と言って良いほど資源が回復していないのである．南極海におけるシロナガスクジラの初期資源量は約20万頭と言われているが，IWC商業捕鯨モラトリアム導入時点では1000頭を切る程度まで減少し，捕獲禁止から45年もたった現在でも2000頭程度までにしか回復していない．

　シロナガスクジラの回復が極端に遅れている原因として，資源が極端に減少したことによる再生産機会（ペアリング機会）の逸失などが挙げられてはいるものの，やはり，ミンククジラ（近年では，その他の鯨種も）との競合が最大の要因であろう．南極海で捕鯨が始まったおよそ100年前のミンククジラの資源量（初期資源量）は約8万頭と推定されている．しかし，1991年の資源量は約10倍の76万頭以上と推定された．このミンククジラの大幅な資源量の増加はシロナガスクジラの極端な減少に関係があるとされている．南極海ではミンククジラとシロナガスクジラはほぼ同じ海域に分布し，餌はともにナンキョクオキアミである．そのため，シロナガスクジラの減少によりミンククジラの生息空間および摂餌環境が大幅に向上したことは間違いない．しかも，わが国の調査捕鯨（口絵7）から，毎年ミンククジラの成熟雌の9割以上が妊娠していることが確認され，ミンククジラはほぼ毎年出産することが判明している．その一方で，シロナガスクジラの妊娠，出産は2年ないしは3年に1回とされており，

ミンククジラに比べると繁殖力は圧倒的に低い（しかも，ペアリングの機会は年を追うごとに低下していった）．このようにして，シロナガスクジラの減少によりミンククジラの繁殖状況が好転し，急激に資源量を増加させていったことは間違いない．近年，ザトウクジラやナガスクジラが年間増殖率10％以上で急増し，ミンククジラの繁殖機会をも侵害するまでになっている可能性があることも示唆されており，シロナガスクジラ資源の回復がさらに厳しい状況にさらされるようになっている可能性も示唆される．

4 ▶ 漁業との競合

　前項で，ミンククジラをめぐる他鯨種との競合関係が示唆される点に触れたが，鯨類と人間との競合関係も近年無視できない状況となっている．一般的に，海産ほ乳類は，そのエネルギー代謝量から，1日に体重の4％程度の餌を摂取していると考えられているが，鯨類は体も大きく（小型のヒゲクジラのミンククジラでも8t程度になり，最大のシロナガスクジラでは150tにも達する），たかが4％といっても，1日当たりの餌消費量は膨大なものとなる．そのため，鯨類が漁業対象種を餌としている場合には，漁業への影響は相当なものになると考えるのが普通である．日本鯨類研究所が，鯨類のエネルギー代謝量（摂餌率）および資源推定量を用いて鯨類による総摂餌量を推定したところ，鯨類は人類による世界の年間総漁獲量（約8000万t）の3倍から6倍に上る（2億8000万t～5億t，その後2億5000万t～4億4000万tに修正）海洋生物を餌として利用していると推定された（日本鯨類研究所，1999）．

　これに対し，捕鯨に反対する研究者からは「鯨類の餌となる海洋生物にはオキアミなどの人類がほとんど利用しない種が多く含まれており，漁業との競合の可能性はそれほど高くない」などの反論がある．しかしながら，例えば，わが国が実施している北西太平洋における調査捕鯨で捕獲されたミンククジラがオキアミ以外にもサンマ，カタクチイワシ，スケソウダラ，スルメイカなどの漁業にとって重要な対象種を大量に捕食していることが確認されている（口絵7）．大西洋でも，ノルウェーやアイスランドによる調査でミンククジラがタラやカラフトシシャモ（Capelin）を多量に捕食していることが確認されている．また，わが国では，サンマ棒受け網漁業において，揚網時に網中に集められたサンマをミンククジラが一飲みにしていく「直接的」な漁業との競合も報告されている．さらに，オーストラリアの沖合で矮小型のシロナガスクジラがアジなどを大量に捕食していることを確認したドキュメンタリーもあり，鯨類によ

る漁業資源の捕食は北半球のみならず，南半球でも発生しており，世界で鯨類と漁業が競合関係にあることは疑いのない事実であろう．

また，商業捕鯨により鯨類の乱獲が始まる前には現在の何倍もの数の鯨類が存在していたが，鯨類と漁業が競合することはなかったことから，鯨類が漁業と競合しているとする説はナンセンスであるという意見もある．しかしながら，南極海のミンククジラとシロナガスクジラとの間の資源交代のような現象を見れば，鯨種間のバイオマスの変動，移転の存在も考えられるし，鯨類以外の生物とのバイオマスの移転も考えられる．さらに，19世紀以前の世界人口および世界の漁業規模を考えれば，当時，鯨類と漁業との間で厳しい競合が問題視されていなかったとしても納得できよう．

いずれにしても，世界の人口が急激に増加し，食料安全保障が厳しく議論される中，鯨類を含む生態系全体のバランスのとれた賢い利用が不可欠となってくることは間違いない．事実，国連食糧農業機関（FAO）では本件が重要視され，調査研究の強化の必要性がコンセンサスにより勧告されている（FAO, 2001）．

5 ▶ 商業捕鯨モラトリアムの歴史およびIWCの機能不全状態

捕鯨をめぐる捕鯨支持勢力と反捕鯨勢力の激しい国際的対立という構図の基調を設定したのは，1970年代に活発化した非政府団体（NGO）による反捕鯨運動の高まりと，その結果としての1982年の第34回国際捕鯨委員会（IWC）年次会合における商業捕鯨モラトリアムの採択とするのが一般的理解である．商業捕鯨モラトリアムは，国際捕鯨取締条約（ICRW）の付属文書であり，クジラ資源の保存と利用に関する具体的な規制を規定する「附表」の修正により採択された．附表第10項（e）は，以下のように規定している．

> 10(e)　この10の規定にかかわらず，あらゆる資源についての商業目的のための鯨の捕獲頭数は，1986年の鯨体処理場による捕鯨の解禁期および1985年から1986年までの母船による捕鯨の解禁期において並びにそれ以降の解禁期において零とする．この(e)の規定は，最良の科学的助言に基づいて検討されるものとし，委員会は，遅くとも1990年までに，同規定の鯨資源に与える影響につき包括的評価を行うとともに(e)の規定の修正及び他の捕獲頭数の設定につき検討する．

この規定に関しては，いくつかの点を指摘しなければならない．

まず，商業捕鯨の停止が「あらゆる資源」について適用されていることであ

る．1982年当時も，現在も，鯨種によっては過去の乱獲の結果，資源が枯渇状態にあるものがあるが，他方では，ミンククジラのように十分に商業的捕獲が可能な鯨種もある．それにもかかわらず，全鯨種の捕獲が停止されたことで，反捕鯨勢力は，クジラが特別な生物として認定され，捕鯨は国際社会が受け入れられない活動と性格づけられたと理解し，主張した．

しかしながら，附表第10項(e)の後半部分はこの解釈が誤っていることを示している．

商業捕鯨モラトリアム採択に至るIWCでの議論では，捕鯨の管理のための科学的情報は不確実であり，したがって，暫定的にすべての捕鯨をいったん停止し，科学的情報の充実を図るべきとの議論が行われた．これを受けた形で，商業捕鯨モラトリアムの暫定停止期間中に「最良の科学的助言に基づいて」商業捕鯨モラトリアムの規定を検討すること，「遅くとも1990年までに，同規定の鯨資源に与える影響につき包括的評価を行う」ことが規定され，その検討と評価に基づいて，商業捕鯨モラトリアムの「規定の修正及び他の捕獲頭数の設定につき検討する．」ことが規定されている．この後半部分は，クジラは特別であるとの価値観に基づく捕鯨の全面否定ではない．むしろ，捕獲活動を暫定的に停止してその間に科学的情報の充実を図り，その後より適切な保存管理措置のもとで捕獲活動を再開するという，資源管理方策としては十分納得しうる前提である．

この附表第10項(e)に規定された捕鯨禁止の概念と科学的評価に基づく再開との矛盾が，長年にわたる捕鯨をめぐる厳しい対立の底流にある．この矛盾が，商業捕鯨モラトリアム採択以来30年近くを経ても，「反捕鯨」というコンセプトがグローバルに受け入れられるに至らず，激しい対立が続いている理由の一つであると言える．

IWCは商業捕鯨モラトリアムを維持し捕鯨を「禁止」しながら，他方では，捕鯨の再開を可能とするため，過去の乱獲を防止し，科学的不確実性も勘案した改定管理方式(RMP)と呼ばれる捕獲枠計算方式を1994年に採択した．また，いかなる商業捕鯨にも反対するとの立場をとる反捕鯨国も参加して，商業捕鯨の管理方式である改定管理制度(RMS)について14年間にわたり議論を行った．IWCにおける厳しい対立の根底には，この自己矛盾が存在するのである．

他方で，捕鯨に反対する論理も歴史の流れの中で様々な形に分化してきている(Morishita, 2006)．

まずは，クジラは絶滅に瀕しており捕獲すべきではないという主張である．本当に捕鯨がクジラを絶滅させるようであれば，捕鯨は反対されて当然であろ

う．しかし，この主張には少なくとも二つの問題点がある．第一点は，多くの種が存在する「クジラ」をあたかも単一の種であるように議論することである．鯨類と分類される種は80種類以上存在し，北西太平洋のコククジラや北大西洋のセミクジラのように実際に絶滅が危惧される種もあるが，ミンククジラなどのように資源量が豊富なクジラの種もある．したがって，「クジラが絶滅に瀕している」という言い方はカラスもトキも一緒にして「トリが絶滅に瀕している」と主張することと同じで，合理的な捕鯨反対の理由にはなっていない．あまりにも有名となった「Save The Whales!」というスローガンは鯨種を区別しない．定冠詞のThe がつくクジラとはいったいどのクジラなのか？

ところが，反捕鯨国の多くの一般市民は，そもそもクジラに多数の種があることを理解していなかったり，すべての種類のクジラが絶滅に瀕していると思い込んでいたりする場合が多い．IWCはクジラの資源量に関する問い合わせに答えるために，その科学委員会が合意し，IWCとして自信をもって示せるデータをホームページに公表している（IWC，ウェブサイトa）．これによれば，南半球のザトウクジラなどは，過去の乱獲から完全には回復していないものの，前述の通り，年間10％を超える増加を示しており，ミンククジラについては数十万頭レベルの資源が存在し，絶滅危惧種には程遠い．

第二点目は，捕鯨が再開されれば乱獲に陥るという前提で議論が行われていることである．これは捕鯨者性悪説であり，如何に規制を行おうと狡猾な捕鯨者は必ず乱獲を行うという主張である．捕鯨が再開されても，無規制無制限な捕鯨が認められるわけではない．科学的に見て資源を枯渇させないレベルの捕獲枠が設定され，その捕獲枠が順守されるように監視取締措置が導入されることになる．現在では，外国人オブザーバーの乗船受け入れ，人工衛星を用いた捕鯨船のリアルタイムでの追跡を可能とするシステム（VMS）の導入，DNA分析による個別のクジラの判別などが可能で，仮に捕鯨者が規制逃れを図っても，それを摘発できるシステムがそろっている．日本政府の主張も，資源状態が悪いクジラの種は保護しながら，豊富な種については持続的に利用していくことが認められるべきというもので，無規制にどんな種類のクジラでも捕獲することを求めているわけではない．

また，クジラの知能は高く，親子関係がみられるなど感情をもつ動物であり，歌も歌い（コミュニケーション能力を有し），人間と同様に温かい血が流れている，そのクジラを殺すことは道徳的にも倫理的にも認められないという主張がある．牛や豚もクジラと同等の知能があると言われている．欧米では狩猟の対象である鹿の親子は，見ていても本当に微笑ましく親子の愛情にあふれて

いると感じる．多くの小鳥が美しい鳴き声を持っている．ネズミやヒツジやヤギにも人間と同様の温かい血が流れている．生き物は一切殺さない，食べないという完全な菜食主義者が捕鯨に反対する主張を行うのであれば，少なくともその主張は一貫しているかもしれない．しかし，仔牛肉のステーキを楽しみながら，クジラだけは特別な動物であり，したがって捕鯨はするなという主張は，上記に照らせば論理的ではない．まして，その非論理的で自分勝手な好き嫌いを，クジラを持続的に利用したい人に無理やり押し付けることは受け入れがたい．これは，インド人が世界中に向かって，牛は特別な動物なので，牛肉は食べるなと押し付けようとすることと変わらない．すべての動物は人間と同等の権利を持つという動物権運動は歴史もあり，理論的背景もあるが，クジラだけを特別扱いをすることは，本来の動物権の哲学とも矛盾する（ナッシュ，1999；浜野，2009）．

　捕鯨自体が違法であり，悪であることから許すべきではないという主張もある．ここで，IWCの下での捕鯨に関する法的枠組みを確認する必要がある．IWCにおいては，捕鯨について三つのカテゴリーが存在する．一つ目は先住民生存捕鯨で，アメリカのイヌイット（エスキモー）やロシア極東の先住民による捕鯨が，商業捕鯨モラトリアムの対象外として認められている．二つ目が商業捕鯨で，これは1982年に採択された商業捕鯨モラトリアムで停止されているが，明確にしておかなければならないことは，前述したように，商業捕鯨モラトリアム導入の理由は，鯨類資源に関する科学的情報に不確実性があるため，捕鯨を一時的に停止して包括的に資源評価を行うことである．捕鯨が倫理的道徳的に悪であるという理由からでもなく，また，商業捕鯨停止は永久的な禁止ではなく一時的なものが想定されていることに注目すべきである．ところが，商業捕鯨モラトリアム導入以来30年近くを経て，捕鯨はそもそも悪いものだというイメージが，特に反捕鯨国の一般市民やマスコミの中で定着してしまったと言える．三つ目のカテゴリーが調査捕鯨（鯨類捕獲調査）である．IWC設立の根拠となっている国際捕鯨取締条約第8条は，以下のように規定している．

1．この条約の規定にかかわらず，締約政府は，同政府が適当と認める数の制限及び他の条件に従って自国民のいずれかが科学的研究のために鯨を捕獲し，殺し，及び処理することを認可する特別許可書をこれに与えることができる．また，この条の規定による鯨の捕獲，殺害及び処理は，この条約の適用から除外する．（略）
2．前記の特別許可書に基づいて捕獲した鯨は，実行可能な限り加工し，また，取得金は，許可を与えた政府の発給した指令書に従って処分しなければならない．

第1項は，「この条約の（他の）規定にかかわらず」，すなわち商業捕鯨モラトリアムを含む IWC の規制にかかわらず，IWC の加盟国は科学的研究のためにクジラを捕獲する特別許可を出すことができると規定する．また，第2項の意図は，捕獲したクジラは調査，サンプル採集の後で無駄にせず，実行可能な限り加工し，販売し，その売上代金は，加盟国の政府の指示に従って使わなければならないというものである．調査捕鯨を行うことも，調査が終わったクジラを販売することも，全く合法であり，特に第2項の有効利用規定はむしろ条約上の義務となっている．反捕鯨勢力は，調査捕鯨の実施や調査後の鯨体の販売は条約の抜け穴を使って行われていると批判するが，条約にこれほど明確に規定されたことを「抜け穴」と呼ぶことはできない．

　調査捕鯨の科学的貢献は皆無であり，論文も出版されていないことから，疑似商業捕鯨である．したがって調査捕鯨は条約の乱用であって国際捕鯨取締条約第8条で認められた活動ではないという主張もある．実際には，査読つきの科学雑誌（英文，和文）に投稿した捕獲調査関連の論文数は 91 編にものぼり，また，IWC 科学委員会に提出した論文数は 180 編以上となっている（いずれも 2006 年末時点）（日本鯨類研究所，ウェブサイト）．なお，残念なことに，米，英，独の科学雑誌のいくつかは，致死的な調査により得られたデータの分析結果であるという非科学的理由で，調査成果に基づく論文の掲載を拒否している．そのような不利な状況の中で，これだけの科学論文が調査捕鯨の成果として書かれているのである．

　さらに，IWC 科学委員会（SC）の報告書でも，調査捕鯨で大量の科学データが集められてきている事実や，クジラの管理に役立つ成果が上がっていることが明記されている．

IWC 科学委員会レポート（1997 年），ドキュメント 49/4（抜粋）
- 日本の南氷洋捕獲調査（JARPA）により入手した情報により，南氷洋の4区および5区のミンククジラに関する長期にわたる資源変動に関する多くの質問に答える段階に至った．
- JARPA は一定の生物学的パラメータの解明に関しすでに多大な貢献を行った．
- SC は，JARPA はまだ折り返し地点に達しただけだが，系群構造の解明に実質的な改善をおこなったことを認識する．

北西太平洋鯨類捕獲調査（JARPN）をレビューするための作業部会（東京，2000 年2月7～10 日）報告書（抜粋）
- JARPN から得られた情報は北西太平洋ミンククジラの RMP 試行試験の改善に利用され続けている．したがって鯨類資源管理と緊密な関連を持っている．

反捕鯨国の科学者は，IWC科学委員会において，調査捕鯨は認めないという立場をとりながら，調査捕鯨から得られたデータは全部差し出すべきと主張する．この矛盾した主張こそが，調査捕鯨の本当の科学的価値を示している．
　以上，主な捕鯨反対の議論を書いてきたが，もしここまでの説明が納得できるものであるとすれば，次に浮かんでくる疑問は，「そうであれば，どうしてまだ捕鯨に反対するのか？」ということであろう．
　一般市民が，クジラは絶滅に瀕していて，捕鯨は悪だと思い込んでいる国では，捕鯨を認めるような発言をすることは大きなリスクを伴う．政治家，政府関係者，科学者などが，どのような形であれ捕鯨を支持すると取れる発言をすれば，マスコミや反捕鯨団体などに総攻撃を受ける．事実，2003年には，豪州で著名な環境保護を支持する科学者であるT・フラナリー博士が，「ミンククジラなどは豊富で，持続的に利用できる」と言ったとたんに，豪州のマスコミから，非常識で無責任な発言であるとして総攻撃を受けた．まるで魔女狩りである．こういう国では捕鯨に反対することが正義であり，そこには疑問の余地さえないようである．さらに，反捕鯨団体は反捕鯨キャンペーンで一般市民から多額の寄付金を集めることができる．年間数百億円を稼ぎ出す団体もある．こういう団体にとっては，反捕鯨運動がなくなることは，大事なビジネスを失うことを意味する．このような土壌がある限り，反捕鯨運動はなくならない（森下，2002）．

6 ▶ IWCの正常化プロセスとその将来展望

　国際捕鯨委員会が持続的利用支持国と反捕鯨国に分かれ，激しく対立していることはマスコミなどでも頻繁に取り上げられ，反捕鯨国の日本大使館に対する反捕鯨団体のデモ，南氷洋での調査捕鯨に対する反捕鯨団体の海賊まがいの攻撃は年中行事的にさえなっている（図1-16）．インターネット上では日本レストランで鯨肉を注文した日本人とみられる客が，銛に貫かれるといったひどいビデオさえ流された．逆に豪州の反捕鯨政策を人種差別と糾弾するビデオには短期間に数百万回を超えるアクセスがあり，豪州のラッド首相がコメントをするなど過熱した事態も生じた．IWC年次会合では，国際会議とは思えない中傷が飛び交い，持続的利用支持国代表と反捕鯨国代表はお互いに挨拶さえせず，レセプションさえ持続的利用支持国と反捕鯨国が別々に開くという異常事態が続いた．反捕鯨国のマスコミは，この対立をさらにあおり，反捕鯨団体が撮影した調査捕鯨でクジラが捕獲される映像をセンセーショナルに流し，さら

図 1-16 調査船第 3 勇新丸に体当たりする反捕鯨団体シー・シェパードの船 (㈶日本鯨類研究所提供)

なる刺激的報道を求めてエスカレートを繰り返した．IWC 年次会合で，反捕鯨国を代表する豪州の環境大臣が数十人のマスコミをひきつれて会場を闊歩する様は，捕鯨問題の本質を象徴するものと言える．

　この騒ぎの中で犠牲となっているのは，資源保存管理機関としての IWC の本来の役割である．IWC は毎年反捕鯨決議などを採択してきたが，これらの決議は過半数の加盟国の賛成で採択することができ，法的拘束力を持たない．近年の投票結果は拮抗しており，後述するように，2006 年には持続的な捕鯨を支持する宣言 (決議の扱い) が一票差で採択され，公式には IWC は捕鯨支持の立場を表明した．つまり，尽きるところ，決議は半分を少し超える加盟国の意見表明でしかない．

　他方，実際に鯨類の保存管理を法的拘束力を持って行うためには，条約の不可分の一体である附表を修正，採択しなければならない．これには 4 分の 3 の得票が要求されるが，持続的利用支持国，反捕鯨国ともに 4 分の 3 を制しておらず，かつ相手の提案を阻止するには十分な 4 分の 1 以上の勢力を維持している．結果的に，反捕鯨国からの捕鯨をさらに制限しようとする提案も，持続的利用支持国側からの捕鯨を認めるための提案 (例えば，日本の沿岸小型捕鯨

地域に対するミンククジラ捕獲枠の発給提案など）も，IWC では否決されることとなる．他方では，世界中で様々な捕鯨活動が歴然として行われている．すなわち，ノルウェー，アイスランドの商業捕鯨，日本の調査捕鯨，米国やロシア，グリーンランドなどの先住民生存捕鯨，IWC 非加盟国であるインドネシアなどにおける捕鯨などであるが，このうち IWC の管理が及んでいるものは先住民生存捕鯨のみであり，捕獲頭数の上では，90％以上の捕鯨が IWC の管理を受けないで，正確に言えば，受けたくとも受けることができずに行われ続けている．管理を受けたくとも受けることができない理由は，反捕鯨国がそもそも捕鯨を禁止することしか受け入れず，捕鯨の存在を前提として認める管理の導入には反対してきたからである．捕鯨をめぐる対立の結果，鯨類の保存と管理の双方が犠牲にされるという，本末転倒かつ皮肉な事態が生じたのである．

国際捕鯨委員会（IWC）は，「鯨族の適当な保存を図って，捕鯨産業の秩序ある発展（条約前文）」を実現することを目的に締結された国際捕鯨取締条約（ICRW）に加盟する国々によって組織された，鯨類資源保存管理のための国際機関である．しかしながら，鯨類の持続的利用支持国と反捕鯨国の意見が両極化し，共有できる地盤がないために，IWC は機能不全状態に陥った．常識ある関係者はこの状況を憂い，例えば，IWC 事務局長を 27 年にわたり務めて退職した，鯨類学者でもあるレイ・ギャンベル博士（英国）は，現に捕鯨活動が行われており，近い将来もこれが全くなくなることは考えられないので，IWC は捕鯨を認めて管理するということを決断すべきとしてきている．

IWC の機能不全状態を何とかしなければならないとの機運は，持続的利用支持国側，反捕鯨国側の双方に潜在的に有ったが，2006 年から 2007 年にかけての一連の出来事が，具体的な動きの引き金となったと言えよう．

6-1. セントキッツ・ネーヴィス宣言

2006 年にカリブ海の島国であるセントクリストファー・ネーヴィス（セントキッツ）で開催された第 58 回 IWC 年次会合は IWC の歴史を変える会合となった．

1982 年の商業捕鯨モラトリアム採択以来，反捕鯨国側は常に IWC において多数派を占めてきていたが，わが国をはじめとする持続的利用支持国側の地道な働きかけにより，持続的利用支持国の数は徐々に増加し，2000 年代前半には両勢力が拮抗するまでに至っていた（図 1-17）．

そして，ついに 2006 年の IWC セントキッツ会合において，持続的利用支持国側が過半数を制し，機能不全に陥っている IWC の正常化を IWC として

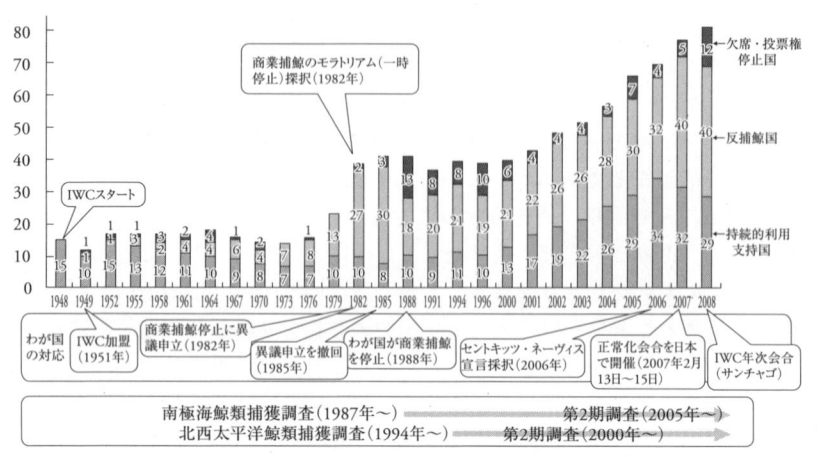

図 1-17　IWC 加盟国数の推移

約束する旨を盛り込んだ「セントキッツ・ネーヴィス宣言」を決議の形で提案し，これが，賛成 33 票，反対 32 票，棄権 1 票の賛成多数により可決された．この宣言は持続的利用支持国の IWC における問題意識を総括するものであることから，以下に主要な条項を引用する（鯨ポータル・サイト，ウェブサイト a）．

セントキッツ・ネーヴィス宣言（抜粋）

　カリブ地域を含む世界の多くの地域において，鯨類の利用が沿岸地域社会の維持，持続的な生活，食料安全保障及び貧困削減に貢献していること，また，感情的理由により，鯨類の利用を，世界標準として受け入れられている科学的根拠に基づく管理及びルール作りの対象外とすることが，漁業資源及びその他の持続的に利用可能な資源の利用を危うくする悪しき前例となることを強調し，(中略)

　さらに，一時的な措置として定められたことが明らかなモラトリアムが，もはや不要であること，委員会が 1994 年にヒゲクジラ類の豊富な資源に対して捕獲枠を計算するための頑健でリスクのない方式（RMP：改訂管理方式）を採択していること，そして，IWC 自身の科学委員会が，多くの鯨類資源が豊富であり，持続的な捕鯨が可能であるということに合意していることに留意し，(中略)

　過去の乱獲の歴史への回帰ではない，管理された持続的な捕鯨を認める保護管理方式の採用によってのみ IWC が崩壊の危機から救われること，及び，その試みに失敗し続けることが鯨類の保護にも管理にも貢献しないことを理解し，

　ここに，(中略)

　　・我々は，国際捕鯨取締条約とその他の関連条約の規定に基づき，IWC の機能を正常化すること，文化的多様性と沿岸住民の伝統及び資源の持続的利用の基

本原則を尊重すること，及び，海洋資源の管理方法として世界標準となっている科学的根拠に基づく政策及びルール作りを目指すことへの約束について宣言する．

セントキッツ・ネーヴィス宣言の採択は，反捕鯨国側に大きな衝撃を与えることとなった．一方で，同時に，例年提案される調査捕鯨中止決議が提出されなかったこと，反捕鯨団体による過激な調査妨害の禁止決議（日米豪 NZ 蘭共同提案）がコンセンサスで採択されたことなど，持続的利用支持国と反捕鯨国の間に対話の兆しが現れ，一方的な非難や意見の衝突などは見られなくなった．これは，反捕鯨国側が，もはや数の力で IWC を制することができなくなったとの認識を持ったことを反映しているとも理解できる．

6-2. 2007 年 IWC アンカレッジ会合

前年のセントキッツ・ネーヴィス宣言の採択は，持続的利用支持国と反捕鯨国の対話を生む一方で，反捕鯨国側による巻き返しも強化された．すなわち，セントキッツ・ネーヴィスでの第 58 回年次会合以降，7 ヵ国が新たに IWC に加盟したが，うち 2 ヵ国は持続的利用支持国であったものの，5 ヵ国が反捕鯨国であり，反捕鯨国側が再び過半数を制することとなった．

他方，持続的利用支持国は，前年のセントキッツ・ネーヴィス宣言の採択を受けて，IWC の本来の設立目的である資源管理機関としての機能を回復させ，科学的根拠に基づく持続可能な捕鯨を再開することを目的として，アンカレッジ会合に先立つ 2007 年 2 月には東京で「IWC 正常化会合」を開催した．

日本は，IWC 正常化会合での提言を踏まえ，「対立回避」，「対話の促進」の方針でアンカレッジ会合に臨み，また，会合初日の冒頭には，ホガース議長（米国）から，コンセンサスの得られる見込みのない提案などの自粛を要請する発言も行われ，会合当初は対話を重視する雰囲気が見られた．

しかし，会議が進行するにつれて，数の力を回復した反捕鯨国から，科学を無視するかのような発言が相次ぎ，最終的にはコンセンサスの得られる見込みのない決議を投票にかけ数の力で可決させるなど，従来の対立を基本とする IWC の姿が復活する状況となった．

アンカレッジ会合は，商業捕鯨モラトリアムのもとでも認められている米国などの先住民生存捕鯨の捕獲枠の 5 年に一度の更新時期にあたっていた．更新には 4 分の 3 の得票が必要なため，過半数は再び失ったものの，4 分の 1 以上の票数を維持している持続的利用支持国としては，米国の先住民生存捕鯨への

支持を交渉の梃子として使い，日本が長年にわたり要求している沿岸小型捕鯨への捕獲枠の確保を図るべきとの議論が行われた．しかしながら，最終的に，持続的利用支持国側は，そのような対立的交渉アプローチはIWC正常化の理念に矛盾することや，科学委員会により捕獲枠を支持されている米国の先住民生存捕鯨を否定することは科学的根拠に基づく鯨類資源管理を基本方針とする持続的利用支持国の主張とも矛盾することから，沿岸小型捕鯨捕獲枠とのリンクは行わずに先住民捕獲枠を支持することを決断した．

結局，米国，ロシア，セントビンセント，グリーンランド（デンマーク）に対し設定されている先住民生存捕鯨の捕獲枠は無事更新され，加えて捕獲枠の拡大を求めていたグリーンランドについても，投票には付されたものの拡大が認められた．

わが国の沿岸小型捕鯨に対する，資源が豊富なミンククジラの捕獲枠の要求については，アンカレッジ会合において従来にない思い切った提案を行った．すなわち，要求する捕獲頭数をこちらから指定するのではなく，交渉にゆだね，極端な場合には1頭の捕獲枠であっても，シンボリックな意味を重視しこれを受け入れることを想定した．これに加えて，従来から提案に含めている，捕獲枠の順守のための監視取締措置（外国人監視員の受け入れ，人工衛星を用いた捕鯨船のリアルタイムでの追跡とモニター，DNA分析による捕獲した鯨の一頭一頭の「戸籍」を通じた密漁防止など），沿岸小型捕鯨の実施の透明性を確保するためのIWC加盟国に開かれた監視委員会の設置，先住民生存捕鯨と同様の，鯨肉の「地域消費」など，考えうるすべての要素を盛り込んだ提案を提示した．

それにもかかわらず，反捕鯨国側からは支持が得られなかった．その理由のうち最大のものは，沿岸小型捕鯨には商業性があり，したがって商業捕鯨モラトリアムがある限りは認められないというものであったが，奇しくもアンカレッジ会合が開催されたホテルの土産物店では，先住民生存捕鯨で捕獲されたホッキョククジラのひげ板などを使った工芸品が，数千ドルで販売されていたのである．これらの工芸品には商業性はなく，日本の沿岸小型捕鯨地域（和歌山県太地町など）で住民に鯨肉を販売することは商業性があるので受け入れられないというわけである．IWCでは，このような信じがたいダブル・スタンダードがまかり通る．

それまでのIWCにおける議論から，このような結果は驚くにあたらないものではあったが，持続的利用支持国がここまでの妥協を行っても依然として捕鯨が否定されることが明確となったことが，アンカレッジ会合を特別なものとした．会合の最終日，日本代表団は，IWC正常化の可能性が見込まれないこ

と，および，いかなる妥協を行おうとも IWC が捕鯨を認めることはないことが明らかとなったことから，日本として IWC への対応を根本的に見直す可能性が出てきたことを明言した．さらに，見直しの内容として，国内関係者から強い要請のある① IWC からの脱退，② IWC に代わる新たな国際機関の設立，③沿岸小型捕鯨の自主的な再開などを例示した（鯨ポータル・サイト，ウェブサイト b）．

6-3.「IWC の将来」プロジェクト

このアンカレッジ会合の結果は，反捕鯨国関係者の間でさえ大きな波紋と懸念を生んだ．特に，科学者でもあり，マグロ漁業管理など漁業問題で積極的な役割を果たしてきていた米国のホガース議長は，IWC 崩壊の可能性が現実となってきたことを懸念し，「IWC の将来」プロジェクトを提唱し，副議長国でもある日本に協力を要請した．本件プロジェクトの先行きは決して楽観できるものとは思われなかったが，その理念が持続的利用国が提唱した「IWC 正常化」構想と軌を一にするものであったことなどから，日本はホガース議長に協力することを決定した．

「IWC の将来」プロジェクトは，まず困難な外交交渉に経験を有する IWC 外部の専門家に状況の分析を依頼することから始まった．多数の候補から選択が行われ，結局ペルー出身のデ・ソト大使を含む 3 人の専門家がこのプロジェクトに加わることとなった．

また，このプロジェクトは二段階のプロセスを採用することとなった．具体的には，第一段階として，IWC での議論のルールや手続きを改正し，少なくとも制度上はまともな議論が行われる仕組みを提供することを目指し，第二段階として，IWC 加盟各国が関心を有する各種の問題（沿岸小型捕鯨捕獲枠，調査捕鯨，サンクチュアリーの設置など 33 項目が挙げられている）を組み合わせ，パッケージとして解決することで IWC の崩壊を防ぐというものである．2008 年の第 60 回年次会合（サンチャゴ）において，外部専門家のデ・ソト氏を議長とする IWC の将来に関する小作業グループの設置および検討項目の選定が行われ，同小作業グループにおいて，2009 年年次会合で加盟国が合意できるパッケージ案を作成することを目的として検討が開始された．

これを受けて，小作業グループは一連の会合を開催し，デ・ソト議長は，2009 年 2 月，同グループの議論を受け，5 年間の暫定期間であることを前提に，各国の関心事項（沿岸小型捕鯨，調査捕鯨など）について議長見解として報告書とパッケージ案をまとめ，IWC 事務局が公表した．本報告書は，各国が

合意に至ったものではないが，わが国がこれまでに主張してきた沿岸小型捕鯨の実施が認められている一方で，調査捕鯨についてはフェーズアウト（段階的廃止）を含む厳しい案も含まれており，議論の先行きは必ずしも楽観視できるものではなかった（IWC，ウェブサイト b）．

また，反捕鯨勢力側においても，いかなる形であれ捕鯨を認める要素を含むパッケージは受け入れるべきではない，このパッケージを利用してすべての捕鯨を禁止に追い込むべきとの主張があり，本稿脱稿の時点において，「IWC の将来」プロジェクトの行方は全く予断を許さない状況にある．

「IWC の将来」プロジェクトが，決裂も含めていかなる形に展開するにせよ，上記の様々な背景，特に捕鯨をめぐる対立を通じて何らかの利益を得ている政治家，NGO，マスコミなどが反捕鯨国側に存在する限り，捕鯨問題が全面的に解決するという事態は考え難い．おそらく捕鯨問題は，形を変え，様相を変えながら続いていく．その観点からすれば，捕鯨問題への対応は，短期的な損得や場当たり的な対応ではなく，問題の本質を正しく理解した上で腰を落ち着けた長期的な視点からの取り組みが必要である．

7 ▶ 食料自給とクジラ

反捕鯨勢力は，捕鯨はすでに過去の遺物であり，21 世紀には存在する余地はないとの主張を行う．また，現実的に見て，鯨肉の供給により短期に日本の食料自給率を大幅に改善することは難しい．それでは，本当に捕鯨に未来はないのであろうか．

食料安全保障の確保の概念には様々な要素が含まれる．これらは相互に関連し，重複もするがあえて挙げれば，まず，量的に十分な食料供給を確保すること．これが安定して供給されること．その供給が，環境への負荷，資源管理の面から持続的であること．その供給が外的要因により左右されるのではなく，自国のコントロールのもとにあること．質的に良質の栄養素を含み，消費者の健康を維持し，安全であること．食材としての多様性に富むことなどである．

近年の日本の食料供給事情は，これらのすべてにおいて逆行している．

カロリーベースで 60％余りの食料を外国から輸入し，その結果として生産国の気候の状況，政治的安定度合，輸送手段の安定度合により供給量が大きく左右される．畜肉の生産には，飼料生産，飼育などの大きなエネルギーを必要とし，さらにこれを海外から輸入するには，輸送のためのエネルギーが加わる．海外の土地や漁場から食料を得ることは，その場所の自然環境変動，政治環境

の変化など，日本がコントロールできない要因に身をゆだねることを意味する．また，食料は明らかに政治的に利用されうるコモディティー，手段であり，核兵器より有効な武器であるとの意見さえある．核兵器は易々とは使えないが，巨大な食料供給能力を有する国家は，輸入国に対し有言無言の影響力を行使でき，食料供給の削減や停止には核兵器使用に伴うような説明責任はない．食料を少数の国からの輸入に頼る国にとっては，輸出国との良好な関係維持が生存のために不可欠となる．餌をくれる人の手は噛めない．

日本は世界有数の多様な食材を自国内で供給する潜在力を持ち，事実かつてはそれを実現していた．しかし，食材のモノカルチャー化が進行した．一年を通じ，日本のどこでも同じようなものが食べられる．いいかえれば，一年を通じ日本中で，同じようなものしか食べていない．これは世界的にも同様で，人類は1万2000年前に農業を始めて以来，約7000種の植物を栽培し，採集してきたが，今日ではわずか15種類の植物と8種類の動物が人類の食料の90%を供給している．このように限られた食料カゴに食料供給を頼る危険性は述べるまでもなく，無謀でさえある（ディウフFAO事務局長，2006）．

上記の観点に照らして捕鯨と鯨肉を考えてみる．

鯨肉は環境負荷という観点から見る場合，きわめて優等生である．仮に肉の生産に伴う環境への負荷を二酸化炭素排出量で近似することができると考えれば，鯨肉1kg当たりの生産に伴う二酸化炭素排出量は北太平洋での捕獲の場合は約2.5kg，南極海での捕獲でさえ約3kgにとどまるが，牛肉1kg当たりの二酸化炭素排出量は，36.4kgと計算されており，鯨肉の10倍以上になる（水産総合研究センター試算．2009年4月24日付産経新聞より）．大量のエネルギーを使って生産した飼料作物を食べさせ，成長させた家畜に比べ，自然の中で成長したクジラを捕獲する方が，環境負荷が少ないのは当然と言えば当然である．

外的要因に左右されることなく，安定した食料供給を確保するためには，自ら食料生産のための手段や資源（土地，漁船，生産のノウハウなど）を保有することが重要である．日本が長い歴史の中で培ってきた，捕鯨を含む食料生産の手段や技術を維持し，将来に伝えていくことは，食料安全保障の基本であろう．その意味で日本漁業の衰退には強い懸念を感じざるを得ない．いざ，自力で食料供給を確保しなければならない事態が招来する場合，農業も大事であるが，農産品が消費できるまで育つには少なくとも数ヵ月を要する．備蓄が十分でなければたちまち食料が不足する．その点漁業は，手段とノウハウが温存されていれば，緊急事態発生のその時から食料を生産できるのである．食料自給率の急速な回復は決して容易ではないが，生産手段という食料「自給力」の維持と

確保は緊急の課題である．

　食材のモノカルチャー化は，需要の集中や過剰生産による資源枯渇への圧力を生む．例えば，需要がマグロに偏れば，マグロの乱獲につながる（第1章第2節）．モノカルチャー化は食料生産の脆弱化も意味する．人類の食料の大部分を占める8種類の動物のうち，たとえ一種類の供給が阻害されても重大な事態である．BSEや鳥インフルエンザの例を挙げるまでもない．これがより多くの動物から食料が供給される仕組みに移行すれば，それだけ緊急事態に対する抵抗力，すなわち食料自給力が強化される．捕鯨問題に象徴されるように，特定の価値観や，歪曲された情報により，食料として利用可能な資源の利用が次々に禁止されていくような状況は避けなければならない．

　これまで見てきたように，捕鯨問題は様々な要素を含み，かつ象徴する総合的な問題である．資源を枯渇させることなく，持続的に捕鯨を行うことを目指すことは，食料供給における自立と自決を確保し，食の多様性を維持することで環境変動などによる食料供給が脆弱化することを防止し，健康を維持促進し，地域経済や社会の存立を図るといった多面的な課題と共通する．捕鯨は決して孤立した問題ではなく，むしろきわめて多様な分野へのつながりが存在する．科学的な情報に基づく資源管理，食料生産における環境負荷の削減，食料自給の確保など，捕鯨問題が象徴する課題の解決は，むしろきわめて21世紀的であり，捕鯨は過去の遺物であり21世紀にその存在する余地はないとの議論は，捕鯨問題の本質を理解しない，あるいは意図的に無視したものである．捕鯨問題をめぐる議論は，往々にして捕鯨は文化であるか否か，商業捕鯨は禁止されるべきか否か，クジラはいかなる場合でも保護すべきか否か，捕鯨は残酷か否か，といった捕鯨問題の一側面に集中するきらいがある．しかし，捕鯨問題の真の解決を目指すためには，そこに連なる広範な問題の全体像を把握し，捕鯨問題を過去の問題ではなく将来の問題として議論していくことが必要であり，これが捕鯨問題の持つシンボル性の真の意味であろう．

コラム1　ノルウェーの水産事情諸々

　私は現在ノルウェーに住んでいるのだが，まず手短に，私とノルウェーとの出会いをお話ししたい．海外へ出てみたいという思いが昔からあった私がノルウェーに興味を持ったきっかけは，ポップグループのA-haがノルウェー出身だったこと，その後，ノルウェーにはフィヨルドや白夜があること，社会福祉が整っていること，女性の社会進出率が高いことなどを知り，あこがれが強くなった．ノルウェーは漁業国なので，水産学科に進めばノルウェーに行くことができるかもしれないと考えた大学受験で，運よく水産学科に入ることができた．そして，恩師の田中　克先生のおかげで修士課程の間に一年間留学することができ，その間に知り合ったノルウェー人の彼と結婚し，現在は2児の子どもの子育てをしつつ，週3日の研究職を続けている．働く女性が働きやすい環境がノルウェーには整っていることを肌で感じているわけだが，その理由をいくつかあげると，①育児休暇を有給で取れること，②父親も育児休暇を取ることが義務付けられていること，③保育園や幼稚園などに入りやすいこと，そしてなんといっても④残業はほとんどなく，定時に家に帰れることがあげられる．父親でも夕方4時，5時に家に帰ることができるので，共働きしやすいのではないだろうか．ノルウェー人はみな，家庭で過ごす時間をとても大切にしているように思う．

　さて，ノルウェーは日本同様に国土の大半が海に面しており，昔ながらに漁業国である．現代では，石油，天然ガス関連が主要輸出産業だが，水産業は持続可能な産業として重要な位置を占めている．今までの伝統的なタラ，ニシン，サバなどの漁業に加え，サーモンを主とする養殖魚の輸出量も増加の一途である．近年は，チリのサーモン養殖が疾病により大きな打撃を受けており，そのために，世界的な不況にもかかわらずノルウェーサーモンの需要はさらに増しているそうだ．2007年には養殖魚の水揚げ高が天然魚を上回るようになった（図1）．

　その一方，サーモンに続く養殖対象魚として，オヒョウ，ターボットなどが挙がってきたが，ここ数年はタラにかなりの注目が集まっていた．ところが，ようやく養殖も軌道に乗りかけたかと思われた矢先にリーマン・ショックに始まる世界的な不況に見舞われ，ノルウェーでも投資家の足がすっかり遠のいてしまった．しかも，北大西洋におけるタラ資源が激減していると言われていたにもかかわらず，近年は突如漁獲量が増えたとか．不況の影響で

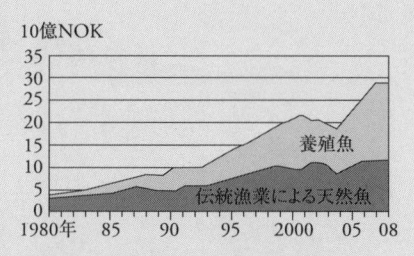

図1　天然魚および養殖魚の水揚げ高
1 NOK = 15.92円　2010年1月現在．
Statistics Norway，ウェブサイトより．

ヨーロッパの買い手も減ったそうで，北ノルウェーでは干しダラの在庫もあふれているらしい．これで余計にタラ養殖の魅力が失われてしまったわけである．仔魚期の大量斃死の問題は解決されつつあるのだが，ほかにも疾病，ケージからの逃亡，品種改良など，解決すべき問題はまだたくさん残っている．しかし，ノルウェー政府からの研究費援助も，今年度はタラ養殖関連については必要最低限しかない．養殖業がこれほどトレンドに左右されるとは思ってもみなかった．逆に今年のトレンドは，サーモン養殖で緊急に対策が必要な寄生虫に関する研究と，寄生虫を食べるというベラ科の魚に関する研究である．ノルウェーのサーモン業界がチリと同様の道をたどらないためにも，早急な解決策が求められている．

　さて，一市民としてのノルウェーの食卓についてもお話ししてみたい．ノルウェーは漁業国なので，一般の人も魚をよく買って食べるかというと必ずしもそうではないようだ．ニシンの酢漬けやサバのトマト煮の缶詰など，日持ちのするものはどこの家庭にもあるが，私が初めてノルウェーに来た10年前には，鮮魚を買うには魚市場か，限られたスーパーの鮮魚コーナーに行かなくてはならなかった．魚はまるごと氷の上に並べてあり，自分の必要な分をお店の人に言って切ってもらうというふうだった．普通のスーパーには，冷凍の切り身があるくらいだったのである．しかも，ノルウェーの鮮魚という基準は，販売時に氷上にあれば8日間だったらしい．日本だったらもっと短いと思うが……．近年では一般のスーパーにも切り身の生魚が並ぶようになった．今では，漁獲地，漁獲日，賞味期限がラベルに示されるようになり，消費者にもわかりやすくなっている．とはいえ，スーパーで手に入る鮮魚の種類は，かなり限られている．サーモンか，タラ類か，大手でもそれプラス数種しかない．私の夫にしてもそうだが，魚は金を出して買うものではなく，自分で釣って食べるものと思う人が，ノルウェーにはまだかなりいるのかもしれない（図2）．

（ベルゲン大学生物学部　上坂裕子）

図2　この夏に家族で出かけた釣りでの収獲．左：ポラック，右：サバ

> **コラム 2**　韓国水産業の現状と将来性

　韓国の漁業，養殖業生産量は全世界の生産量の約1.5%で15位（2005年基準）を占める．23番目の輸出国，10番目の輸入国であり，近年輸入量は増加傾向にある．また2006年度の漁業生産額は5兆286億ウォン（約3900億円），その付加価値は1兆9612億ウォン（約1500億円）であり，これは国内総生産（GDP）の0.26％を占めている．このように，国内経済に占める割合は高くないが，水産業は地方経済を支える大事な柱であり，地方の人々の所得増大にも寄与している．しかし，1990年代に入って国連海洋法条約の発効，多角的貿易交渉に関するウルグアイラウンド UR/WTO による水産物の市場開放など国際環境の変化と近海沿岸漁場における生産性の悪化などが重なり，生産量の大幅な減少に直面している．現在，漁業生産の現場だけではなく水産業の全般において一時的な萎縮と停滞過程にあると考える．このような現実の中でも，水産業は未来の食料産業としてその位置は高く，国民の所得増加に伴って well-being 食品として水産物の需要が増えて来ているだけに，韓国の水産業は漁民の認識転換と国の政策的な支援があれば，可能性ある未来産業として生まれ変われると考えられる．そのためのいくつかの問題点と改善点を挙げておきたい．

①水産政策における支援の不足

　表1に示すように産業としての競争力は農業に比べて高いにもかかわらず，政策に関する配慮は少ない．UR/WTO, FTA（自由貿易協定）だけではなく IMF（国際通貨基金）経済危機による構造調整などにおいて農業部門に比べ，水産業に対する関連政府政策支援金はあまりにも少なく，農業に比べ10%水準にしか至っていない状況である．韓国の食料自給率が22％（重量ベース）に留まっていることを考慮すると，これは水産業が食料およびエネルギー産業として国に大きく寄与できる可能性を表しており，政府の政策配慮と支援が切実な課題である．

②水産資源回復に向けた政府政策およびその支援

　国連海洋法条約の発効に伴い遠洋漁業による生産量の増大はもはや期待できない状況であり，国内水産物の需要は養殖を含め，近海沿岸漁業により補うか輸

表1　韓国の農業と水産業の比較（韓国農林水産食品部，2009）

	農業（A）	水産業（B）	比較（A/B）
2009年の予算	12兆2000億ウォン	1兆5000億ウォン	約 8 倍
人口数	310万8000名	20万2000名	約 16 倍
家口数	121万	7万	約 17 倍
総生産額	35兆8000億ウォン	5兆7000億ウォン	約 6.5 倍
輸出額	28億4000万$	14億5000万$	約 2 倍

入水産物に依存するかのどちらかである．水産物の総生産量は，2006年には養殖生産量が41.5%で海面漁業生産量の36.6%を超えた（図1）．海面漁業生産量の減少原因は，漁具や観測装備の発達に伴う乱獲，ならびに環境汚染などにより，水産業で主要な魚種が資源水準の低下，あるいは枯渇状態にあることである．再生資源である水

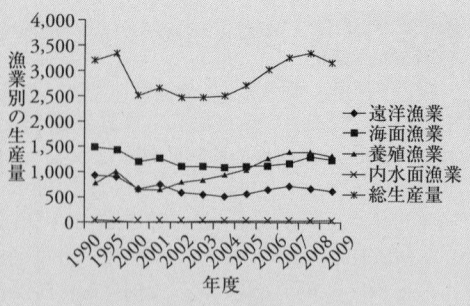

図1　韓国の漁業別の生産量変化（単位：1000t）

産資源を持続的に利用するためには，近海沿岸漁業資源の持続的な管理および維持が必須条件である．このためには自律的に管理漁業を行うための漁民の意識転換，2005年より始まった国の水産資源回復計画の持続的な推進，そして沿岸の水産資源造成のための種苗放流事業の拡大などが必要である．その中で種苗放流事業が成功するためには安定した種苗生産が先決課題である．1990年代初めには全国に450ヵ所の種苗生産場が存在したが，今は約270ヵ所に大幅に減少している．種苗の生産も海域別に専門化され，西海岸と済州島はヒラメ，東海岸ではヌマガレイ，そして南海岸ではクロダイとイシダイなどを含む12種類の種苗生産を専門的に行っている．

③水産専門家の養成を進める国の総合対策

1980年代半ばには，生産量は世界10位圏内に入るほど急成長した．このことは何よりも水産系の大学をはじめとして，専門学校および高校出身の若い水産関係者が懸命に努力した結果であろう．しかし，最近は先端産業の発展と国民所得の増大，そして都市への若者の集中化による文化トレンドの変化など難間に直面している．その結果，職業選択に対する基準も変わって優秀な若い層が興味を持たなくなり，水産業従事者の年齢層が上がっている．このような変化を克服するためには，多様な政府政策の導入と学界の努力が不可欠と思われる．

結論

韓国人の1人当たりの水産物消費量は，2000年度の36.8kgから2004年には48.7kgと次第に増加しつつある．また，最近は水産物が持つ健康食品性への関心がより一層高まっている．これまで水産分野で蓄積されて来た技術力とノウハウを基に，政府の政策的支援と業界および学界の努力が加われば，これからの韓国の水産業の展望はとても明るいと思われる．

（慶尚大学校海洋生命科学科　郭　又哲）

コラム3　クロマグロ人工種苗の大量生産技術開発：クロマグロ資源を守るために

　クロマグロは日本人に最も好まれている魚の一つである．近年では，魚食ブームを背景に世界的にもまぐろ類の需要が急増しており，世界各海域で資源量の減少が指摘されている．さらに，需要の増加に対応して日本をはじめ，世界各国で養殖や蓄養も盛んに行われるようになってきた．これらの蓄養・養殖業には天然のクロマグロ幼魚が用いられており，天然クロマグロ資源への影響も懸念される．今後，天然マグロ資源に依存しない養殖業を発展させ，クロマグロを安定的に消費者に供給するためには，人工種苗の大量生産技術開発が不可欠となる．ここでは，独立行政法人水産総合研究センター奄美栽培漁業センターが取り組んでいる人工種苗の大量生産技術について紹介する．

　種苗生産はまず大量の受精卵の確保から始まる．クロマグロは最大で全長3m，体重500kgにもなる巨大な魚である（図1）．安定的に受精卵を得るためにはある程度の個体数を維持する必要があるが，そのための餌（サバ）の量は1日当たり1tにものぼる．当センターでは，3歳の親魚から受精卵を得ることに成功し，長期にわたって（5～9月）安定的に大量の受精卵を得ることができた．親魚の産卵については自然条件に左右される部分も残されてはいるが，大量種苗生産のための足がかりを築くことができた．

図1　クロマグロ養成親魚

図2 孵化後10日のクロマグロ仔魚（全長約7mm）

図3 魚肉ミンチを摂餌するクロマグロ人工種苗

　クロマグロの種苗生産における大きな問題の一つとして，日齢10までの生残率が非常に低いことが挙げられる．これは夜間にクロマグロ仔魚が遊泳しなくなり，水槽の底面に沈降してしまうことが原因と考えられている．そこで，エアレーションの通気量や照度を調節することにより，大幅に生残率を向上させることに成功した．これまで，日齢10における生残率が10%前後であったのに対し，40～50%まで向上した．

　クロマグロ種苗生産における餌料は，成長に応じて，シオミズツボワムシやアルテミア幼生（クロマグロ仔魚全長3～10mmの段階）→魚類孵化仔魚（7～30mm）→魚肉ミンチ（20～50mm）の順で給餌する（図2）．日齢35前後で50～60mmの稚魚に成長する．この中で特に重要な餌料となるのが魚類孵化仔魚である（当センターではハマフエフキを用いている）．餌料として魚類孵化仔魚を与えるためには，その親魚も十分に養成しなくてはならない．現状では，魚類孵化仔魚を安定的にかつ大量に供給できるかどうかが大量種苗生産の成否を決定するカギとなっている．さらに，魚肉ミンチを給餌するサイズになるとクロマグロ稚魚の食欲はとどまることを知らない．絶えずミンチを給餌し続ける必要があり，夜明けから日没まで食べ具合を観察しながらひたすらミンチを給餌し続けるのである（図3）．

　このようにクロマグロの種苗生産では，生物餌料への依存度が他の魚種と比べてきわめて高くなっている．今後さらに安定的・効率的に人工種苗を大量生産するためには人工配合飼料の開発が欠かせない．現在，配合飼料の開発を含めて様々な技術開発研究を展開しており，天然マグロ資源に依存しない養殖業の実現もそう遠くはないだろう．

（独立行政法人水産総合研究センター奄美栽培漁業センター　田中庸介）

コラム 4　イカ類資源の開発と可能性

　漁獲圧が高いとされる日本の沿岸域でも，ほんの数十年前に新たなイカ類資源が見出され，急速に地域の基幹漁業となった水産資源開発の成功例がある．

　ホタルイカ（*Watasenia scintillans*）は，日本周辺の陸棚上から斜面域に分布する小型種（外套長〜7cm）で，高次生産を支えるマイクロネクトンとしても重要な生物である．富山湾での小型定置網による漁獲は古くから有名であったが，他海域では産業として成立するほどの水揚げがなかった．1980年代になって，山陰（兵庫県）の底びき網漁業者が日本海西部海域で「小さなイカ」の漁獲を始めた．まもなく，このイカは市場価値のある「ホタルイカ」と確認され，混獲物や泥の入網を回避するための漁具改良（海底直上での曳網を可能にする漁網）や，鮮度保持を重視した操業方法の改善（漁獲当日・翌日の水揚げなど）が進められた．底びき網によるホタルイカの漁獲は急速に近隣府県にも拡がり，加工技術の向上や産地間競争による需要の拡大もあって，今では日本海西部，特に兵庫県と福井県の底びき網漁業にとっては，ズワイガニやカレイ類に次ぐ重要対象種となっている．広域的な漁業資源調査研究によると，日本海全体の推定資源量は数十万tレベルで，現在の日本海全体の漁獲量（多い年でも7000t程度）を十分に上回るとされている（林，1995；林，2000）．

　また，ソデイカ（*Thysanoteuthis rhombus*）を対象とした漁業の歴史もホタルイカと同様に浅く，分布の縁辺部から始まったその資源開発過程は特異的で興味深い．このイカは1年で体重20kg以上に成長する大型種で（Miyahara et al., 2006），食用イカとしてはアメリカオオアカイカ（*Dosidicus gigas*）と並んで最大級である．全世界の熱帯・亜熱帯外洋海域や暖流の影響を受ける温帯域に分布する暖海種で，北太平洋では日本海の対馬暖流域が分布の北限にあたる．本種が新たな漁業資源として一躍脚光を浴びるようになったのは，1960年代に山陰地方（兵庫県但馬地域）で「樽流し立縄漁業」が開発されてからのことである．地域の漁業者や水産技術者たちが，漁具（浮きや錘の仕様，餌の種類，疑似餌の色など）や操業方法などの改良に数多くの試行錯誤を重ね，ついに「樽流し立縄漁業」を完成させた（図1）（宮原・武田，2005）．

　この「樽流し立縄漁法」は，当時，漁業者活動の全国大会などでその開発過程や漁獲効率の高さが広く公表されたこともあり，まもなく日本海の各府県沿岸に広く伝わった．さらに，1989年以降には，ソデイカの主分布域にあたる沖縄・鹿児島周辺海域や小笠原海域でもこの漁獲技術が導入された．外洋域での視認性を考慮した工夫（旗流し漁法）や適正漁具水深の探索（日本海では主漁獲水深が75〜100m前後であるのに対し，南西諸島海域では500〜750m；Bower and Miyahara, 2005）が奏功し，これらの海域でも未利用資源であったソデイカが本

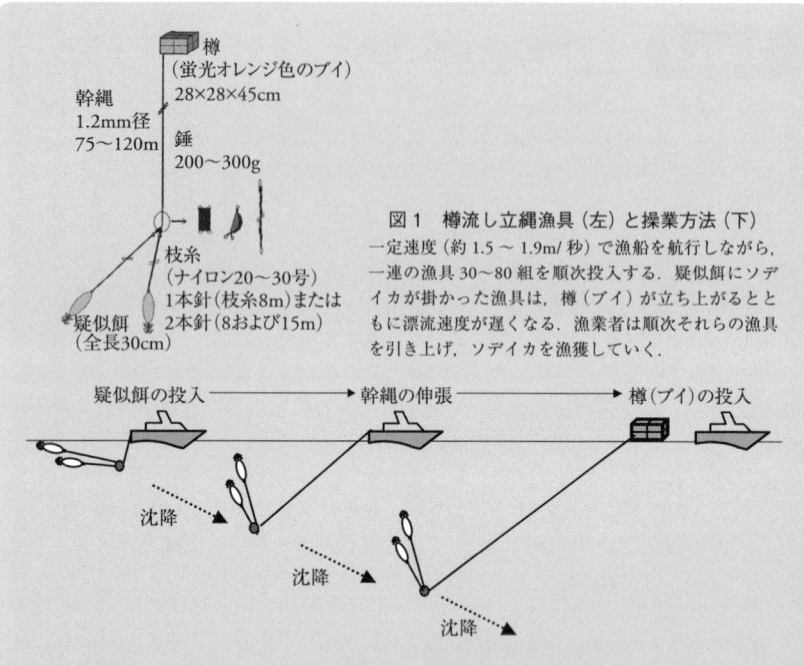

図1 樽流し立縄漁具（左）と操業方法（下）

樽（蛍光オレンジ色のブイ）28×28×45cm
幹縄 1.2mm径 75〜120m
錘 200〜300g
枝糸（ナイロン20〜30号）1本針（枝糸8m）または2本針（8および15m）
疑似餌（全長30cm）

一定速度（約1.5〜1.9m/秒）で漁船を航行しながら，一連の漁具30〜80組を順次投入する．疑似餌にソデイカが掛かった漁具は，樽（ブイ）が立ち上がるとともに漂流速度が遅くなる．漁業者は順次それらの漁具を引き上げ，ソデイカを漁獲していく．

疑似餌の投入 → 幹縄の伸張 → 樽（ブイ）の投入

沈降

格的に漁獲されるようになった．現在では沖縄県が全国1位の漁獲量を産し，同県の基幹漁業ともなっている．漁獲量は，全国総計で多い年には6000t弱に及ぶ．

海外に目を向けると，横ばいか減少傾向にある多くの海産魚類資源の動向とは対照的に，世界のイカ類の漁獲量は増加し続けている（Rodhouse, 2005）．1950年代以降，主に日本漁船が，南西大西洋，アラビア海，北太平洋，南太平洋（ニュージーランド周辺海域），東部太平洋などで次々と新たなイカ類資源を発見してきた．他海域でも，海産哺乳類や海鳥類などの高次捕食者の現存量から推定される「膨大な潜在的イカ類資源」の可能性が指摘されている（窪寺，1995）．また，イカ類のほとんどは，寿命が短く（多くの種で1年以内），成長が早く，単年で世代交代する「生物学的日和見主義者」であり，海洋環境の変化に敏感に応答し短期間での極端な資源変動が生じやすい．例えば，スルメイカでは，寒冷から温暖へのレジーム・シフトが資源の増大に密接に関連していることが明らかになりつつあるし（桜井ほか，2007），上述の日本海のソデイカ来遊豊度や分布も水温環境などと強く相関している（Miyahara et al., 2005; 2007）．海洋環境の変化が新たなイカ類資源の開発や需要の開拓に結びつくことも十分に想定され，イカ類の水産資源としての重要性は今後もますます高まっていくと考えられる．

（兵庫県立農林水産技術総合センター水産技術センター　宮原一隆）

第2章

食料問題の解決に貢献する増養殖漁業

　世界の漁業生産量が減少する中で，トータルとしての日本の魚介類生産は増加傾向を堅持している．これは，増養殖漁業とりわけ養殖生産量の増加による．これまでの養殖漁業は採算性の面から高級魚の生産によって成り立っていたが，東南アジアでは必ずしも高級魚とはいえない雑食性のナマズ類が養殖対象となって生産が増加しており，養殖漁業を捕獲漁業に換わる地位に押し上げるようになった．また，わが国が同じく世界に先駆けて開発した栽培漁業は環境修復とのセットによる展開や浅海重視の里海造りの中での展開など，新たな発展の可能性が認められている．

　第1節では，長年，魚類増養殖研究を進めてきた福井県立大学の青海忠久氏が，世界の食料供給の視点から増養殖漁業の現状と今後の展開に関する知見を述べる．さらには食料供給産業として内在する問題について触れ，解決の方策について紹介する．第2節では，水産庁および水産研究所において長年，栽培漁業の在り方とその推進に関わってきた興石裕一氏が，栽培漁業の現状と今後の展開について紹介する．第3節では，本章のハイライトの一つとして，水産総合研究センター養殖研究所においてウナギの種苗生産に関する研究を進めてきた田中秀樹氏が世界に先駆けて成功したウナギの人工種苗生産技術の開発とさらなる展開について紹介する．第4節と第5節では，水産増養殖における

生物・環境リスクを取り上げ，リスク評価と管理面から，提案を行う．第4節は，魚介類の遺伝・育種学的研究を進めてきた谷口順彦が，養殖種苗や放流事業で生産される人工種苗が野生集団にもたらす遺伝的リスクと遺伝資源の持続的利用法について提起する．第5節では高知県水産試験場で養殖漁業の環境汚染と環境改善策について研究を続けてきた谷口道子氏が，内湾における環境調和型増養殖に関する研究成果を紹介することになる．

第1節　増養殖漁業の現状と展開

1 ▶ 世界の食料供給

1-1. 主要4大穀物（小麦，大豆，トウモロコシ，米）の生産の伸び悩み

　世界の食料供給状況を見ると，主要な4大穀物（小麦，大豆，トウモロコシ，米）は1990年代から生産が伸び悩んでいる（図2-1）．この原因として，地球規模の気候変動や農業生産体制の変化，耕地の荒廃や塩害，砂漠化などによって耕地面積と単位収量がそれほど増加してないことが挙げられる．一方，世界的な食生活の変化により，畜肉の消費が増加し，穀物がそのまま消費されるより畜産飼料として消費される傾向が強まっている．同時に，近年注目されている石油の将来的な枯渇やCO_2問題への対応から，作付け目的が食料からバイオエタノールを目的としたエネルギー源生産に変わったり，作付けされる種類が変わったりしている．

1-2. 畜肉の供給の鈍化

　今後，穀物生産の全体が供給不足に陥り，穀物相場が高騰することが懸念されている．2008年のリーマンショック以来の世界同時金融不況の影響を受けて，ごく最近の傾向は若干変化しているようであるが，長期的にはこの傾向はずっと継続するであろう．今後途上国の食生活レベルが先進国的に変化していけば畜肉の消費は増加し，畜肉の需給バランスはさらに逼迫して，飼料用穀物価格は確実に高騰するであろう．したがって，大量の飼料用穀物を必要とするアメリカ型牧畜業も深刻な打撃を受けるものと予想される．

　世界的には，動物タンパク源の大部分を畜肉に頼った食生活が続くことは否めない．しかし，牛肉におけるBSE問題，鶏肉や豚肉における新型インフルエンザ問題など，人類の生命と食の安全性をおびやかす疾病問題が発生しているところから，消費が鈍化してきている．特に鳥インフルエンザの発生以降，欧州における鶏肉の消費が減少し，水産物に置き換わってきつつある．併せて，畜産物や動物性脂肪の過度の消費による太りすぎ，高血圧や糖尿病などの生活習慣病の深刻化によって畜産物の消費が抑制され，アメリカをはじめとする先進国を中心に畜肉から水産物への消費の変化に拍車がかかっている．欧米における日本食や回転寿司ブームはその好例であろう．

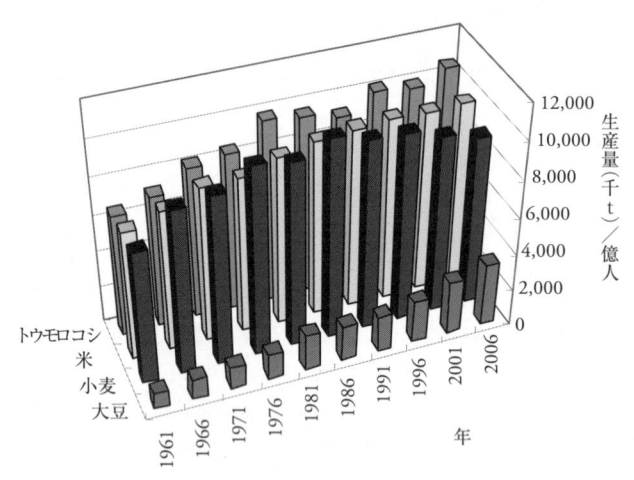

図 2-1 人口 1 億人当たりの世界の主要穀物生産量の推移
1980 年代初頭までは品種改良や農薬,肥料の大量投入により「緑の革命」と呼ばれる収量増加が実現した.しかし,その後は大豆を除いて人口 1 億人当たりの主要穀物の収量は伸び悩んでいる.

2 ▶ 日本の食料供給

2-1. 農畜産物の供給

　戦後の食料生産政策により日本の農産物の生産構造は大きく変化した.現在,米と野菜以外の自給率は著しく低下しており,カロリーベースで食料の約 60％強を輸入しなければならない状態が続いている.戦後,わが国に導入された飼料穀物を多用するアメリカ型畜産業は,国際的な穀物価格の動向に大きく左右されており,2008 年に起こった乳製品の供給不足や畜肉価格の高騰は記憶に新しい.昨今のエネルギー問題や穀物価格の高騰,ならびに食の安全・安心などの側面を考えると,畜産を含む食料生産政策を根本的に切り替える必要性が高まりつつある.しかし,規模が小さく集約的な日本の農業生産体制は,国際価格に対抗できるコストで生産することが不可能である(少なくとも量的には)ことから,食料に対する従来の考え方や農業の生産構造そのものを大きく変えていくことが必要である.

　その兆しとして,大手食品産業が農協と組んで農業生産に参加したり,スーパーや居酒屋チェーンなどがバックヤードなどから排出される食品残渣を肥料にして,農協と共に販売加工する野菜の生産などに乗り出している例が挙げら

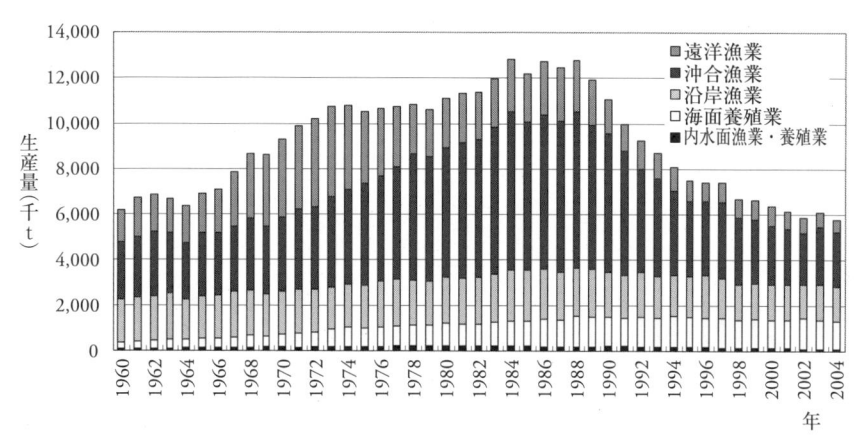

図 2-2　日本の漁業生産量の推移

日本の漁業生産は，全体としては 1984 年にピークを迎えた．これは，沖合漁業によるマイワシの漁獲量を反映してのことであるが，マイワシの漁獲量は 1990 年代に入って激減した．遠洋漁業の漁獲量は 1970 年代前半にピークを迎えた．しかし，1977 年に領海法が改正され，200 カイリの排他的経済水域が設定されたことにより，外国でのそれまでの自由な操業ができなくなり衰退が始まった．沿岸漁業の漁獲量と養殖業の生産量は上記のような大きな変化はないが，1980 年代後半をピークとして漸減傾向が続いている．

れる．

さらに，農畜産業を担う後継者の不足も深刻な問題である．戦後のわが国は，原料を輸入し，加工製品を輸出する輸出型工業中心の経済政策を進めてきた．このことが教育政策にも大きな影響を与え，その結果として農林水産業従事者の減少を招き，一次産業軽視の風土が醸成され，国の食料生産を支える農林水産業の位置づけが低いものとなってしまった．

2-2. 水産物の供給

戦後日本国民の食生活は，水産物，特に捕鯨業や遠洋漁業による海洋資源生物の動物タンパク質の供給に大きく依存してきた．しかし，国際的な捕鯨禁止運動の高まりによる商捕鯨業の停止（第 1 章第 3 節参照），200 カイリ問題による遠洋漁業の衰退などにより，世界一を誇った漁業生産量はこの 30 年で半減した（図 2-2）．

一方，遠洋漁業や沖合漁業ほどではないにしても，沿岸や近海の漁業も漁場の荒廃や乱獲，資源管理策の遅れ，後継者不足などにより同じように衰退してきている．アメリカ合衆国のように IQ 枠（輸入割当枠）で輸入制限されて関税

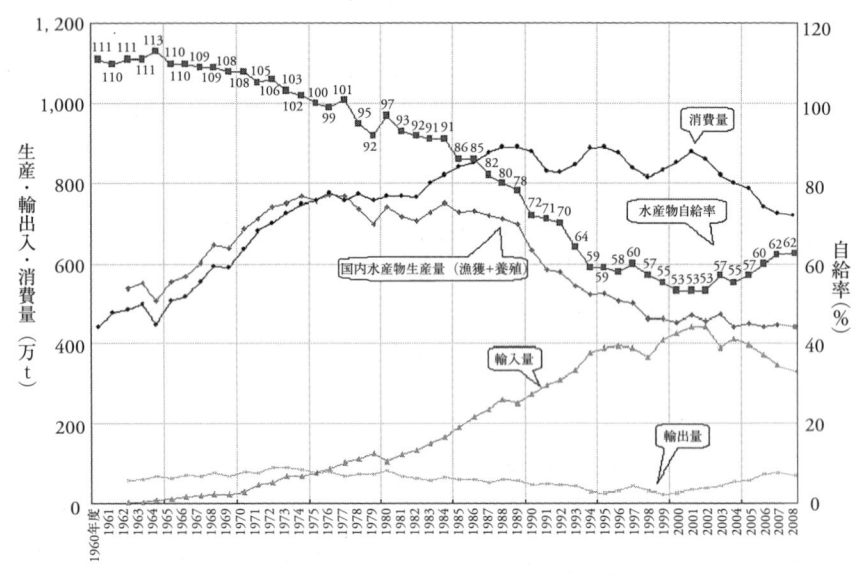

図 2-3　水産物自給率（食用魚介類，重量ベース）の変化

水産物自給率は飼肥料を除いた食用水産物について重量ベースで計算した値である．自給率（％）＝100×飼肥料を除く国内水産物生産量（漁獲＋養殖）／飼肥料を除く国内水産物消費量．飼肥料用を除いた水産物の生産量は1970年から1980年代の高水準期を過ぎると2000年まで急減した．それに対して，消費量は1990年までほぼ一貫して右肩上がりの増加を示した後，増減しながらも減少傾向にある．一方，水産物輸入量は1970年頃から増加し，2002年にピークを迎えた後に減少している．このために水産物の自給率は，1960年から一貫して減少し，2002年に最低値を記録した後上昇に転じている．しかし，2002年以後の自給率の上昇は水産物の消費量がその年以後一貫して減少しているためである（農林水産省のウェブサイト「食料自給率の部屋」のデータを改変）．

障壁により国内生産を保護するように手厚く守られている魚種は，日本ではイワシ，アジ，サバ，イカ，太平洋ニシン，その他のニシン，スケソウダラなどと少なく，水産物全体としてその自給率を50％近くまで落としつつあり，変わって水産物が大量に輸入される時代になっている（図2-3）．

　養殖業も関税による保護政策のないまま放置され，様々な魚種で大きな打撃を受けている．例えば，一時東北地方でギンザケ養殖が盛んであったが，安価なノルウェー産の大西洋サケやチリ産のギンザケの輸入によって衰退してしまったこと，大規模経営によって生産された韓国済州島産の輸入ヒラメによってわが国のヒラメ養殖は競争力を失ってしまったこと，安価な中国産のトラフグによって同様にトラフグ養殖が圧倒されてしまったことなどが挙げられる．

現在は，急速な経済発展を遂げている中国や韓国においても物価や人件費の上昇などによって輸出価格は高騰し，さらに中国産食品の安全性が問われる時代となり，状況は変化の兆しを見せている．それでも，規模が小さく労働集約的で後継者不足に悩む現在の日本の養殖業は，これらの国々とコストで競争をすることは難しい．日本の農水産物は国際的な価格に左右され，特に関税の保護の手薄な，漁業者，養殖業者は販売価格の面で大きな影響を受けている．このことに加え，昨今の船舶用燃油の高騰などの経費急増により，漁家の経営がいっそう困難になりつつある．
　後継者問題に関していえば，現在の漁業従事者の平均年齢は65歳を過ぎており，後継者を養成する高校や大学も，水産業の低迷と少子化に伴い明日の水産業を担う若者を育てる機能をほとんど失っている．
　一方，消費の末端価格を握る流通業は戦後飛躍的に発展したが，常に輸入農産物と国産物との価格の比較にさらされているために，流通業界だけで国産品を優遇することもできない現状にある．

3 ▶ 養殖業の現状

　FAO の統計によれば，年間1億t程度で横ばいを続ける漁業生産量とは異なり，年々増加する養殖生産量は2007年には6500万tとなった．中でも中国の養殖生産量は4000万tを超え，世界全体の63％を占めている．中国の生産量は殻付きの貝類や生の海藻類をそのまま重量として加えているというような問題を含んでいるが，世界の水産養殖業の生産量は中国を中心に拡大の一途をたどっていることは間違いない．その理由としては，養殖業は畜産業と比べて投資金額が少なく，小規模でも参入できるチャンスが大きいことが挙げられる．
　養殖対象種は，魚類では中国が生産するハクレン，コクレン，ソウギョなどを筆頭にテラピア類，ナマズ類などの淡水魚が中心を占め，他にサケ類，サバヒーなどの汽水魚，次いで海産魚となる．甲殻類では，ブラックタイガーやバナメイなどのエビ類が，中国や東南アジアを中心に汽水養殖されている．貝類ではカキやホタテガイ類が主体であり，海藻類ではワカメやコンブなどが中心で，中国をはじめ東アジア各国で大量に生産されている（図2-4）．
　アジア諸国の養殖生産量は世界の約70％を占めるが，経営規模は小規模で，労働集約的な養殖業が主体となっている．一方，ノルウェーやチリでは，大規模で機械化された大資本が養殖業の中心となってサケを養殖している（口絵

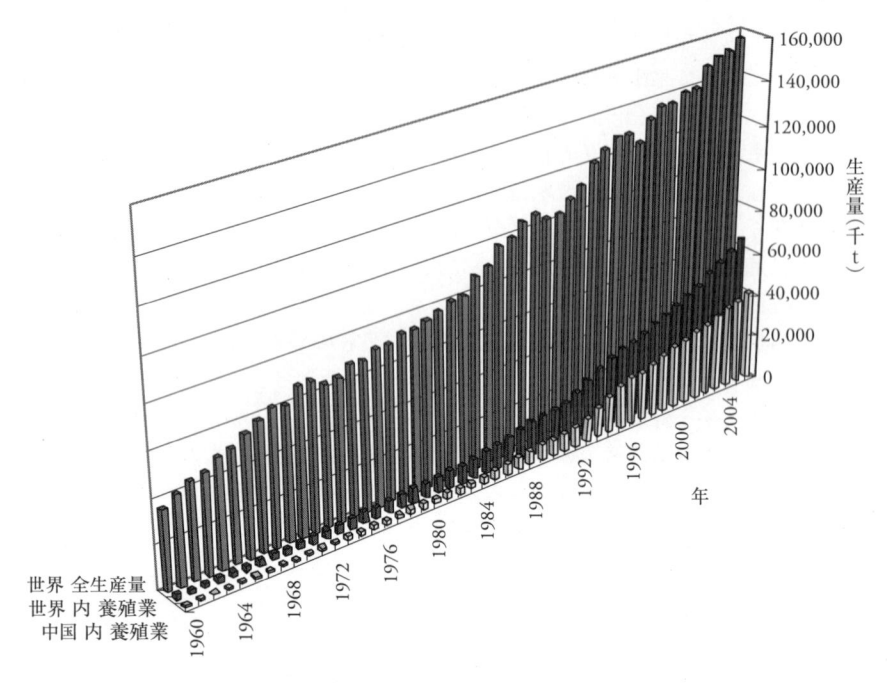

図 2-4 世界の漁業生産の推移

世界の漁業生産量は，1960年から一貫して増加している．しかしその増加は1990年頃から養殖業の増加によっており，漁船漁業は頭打ちとなっている．さらに，その養殖業の47%から68%を中国の養殖業が生産していることになる．

8)．新しい動きとしては，中国やブラジルなどの新興国でテラピア類を，ベトナムなどでは，パンガシアスという北米の育種されたナマズをカーギルという世界最大の北米穀物会社の飼料を使って大規模に養殖し，欧州HACCPなどの世界品質基準をクリアーできる非常に衛生的な加工がされている．従業員寮も大きくて美しく，ビジネス管理部門は英語で展開されるなど，大規模で合理的な西欧型の養殖システムを導入して養殖している．先進国では，日本，アメリカ，ノルウェーなどの生産量が多い．

日本の水産養殖事業は，近年，海外からの輸入水産物の増加によって価格が押し下げられ，併せて養魚飼料の主原料となる魚粉や魚油の値上げなどが重なり，それらがコストを圧迫して生産量は低迷している．加えて，厳しい生産現場の仕事には漁船漁業と同じく若年層の加入が少なく産業としての活気に乏しい現状にある．

しかし，牛肉のBSEや鳥インフルエンザ問題，中国産のウナギの安全問題など食の安全性をめぐる問題や，高齢化社会における健康問題などによって畜産物から健康的な水産物への消費嗜好の変化の兆しも認められている．

4 ▶ 今後の水産養殖業を規定する要因

4-1. 養魚用飼料の主原料である魚粉・魚油の供給不足

前述のように，世界の水産養殖の生産量は年率10％を超える勢いで増加している．その生産を支える養魚飼料の主原料は魚粉と魚油であり，それらはペルーおよびチリ産のイワシ類に頼っている．今後，世界の水産物の消費が進むにつれ，魚粉や魚油に加工するよりも冷凍魚や水産加工品として消費される可能性が高く，併せてこのままでは天然魚の漁獲量が年々減少することが懸念されており，それにより養魚飼料原料が枯渇することが危惧される．植物タンパク質を多用する淡水魚養殖においてはそれほどではないにしても，海産魚類養殖やエビ養殖でこの問題は深刻である．この問題を解決するには，植物性蛋白，植物性油脂，畜産物の副産物や水産・食料残渣などを利用した代替蛋白や代替飼料原料の開発技術を真剣に進める必要がある．

4-2. 完全養殖の進歩

現在では，天然の種苗を利用してマグロ類，ブリ，カンパチ，ヒラマサ，ウナギなどが養殖されている．しかし，今後の養殖業の持続的な発展のカギを握る大きな要因は安定的な人工種苗の供給であり，養殖用には効率の高い養殖用品種の作出が求められる．したがって，これらの魚種においては完全養殖化と育種技術を早急に進歩させることが求められている．

すでに，エビ養殖においてはブラックタイガーやバナメイなどでSPF種苗（特定病原性菌の感染がない種苗）が開発されており，天然の親エビにたよらない種苗生産技術が開発されつつある．

一方，ウナギ養殖においては，養殖種苗としてのシラスウナギ資源の激減という事態に直面しており，種苗生産技術の開発が世界的に取り組まれている．わが国では世界に先駆けて人為的に成熟産卵させ，ついで試験的に親ウナギまで飼育して，今春ついにその親ウナギが産卵し，完全養殖に成功した（本章第3節参照）．とは言え，今のところ生残率はきわめて低く，量産規模に拡大するにはまだまだ多くの技術的革新が求められる．

4-3. 環境汚染問題への対応

養殖場を長期に継続して使用すると，水質や底質が累積的に汚染することにより，毎年深刻な被害がでている．言い換えると，無酸素層や赤潮・青潮の発生，ウイルス症や寄生虫症の発生などの様々な問題が国内外を問わず起きているのである．例えば，九州海域では，無酸素層の発生により大量のブリが斃死したことがあるし，南米チリの大西洋サケ養殖では 2006 年に大量発生したハダムシ（カリグス），2007 年に発病した ISA（ウイルス症の一種）により深刻な被害をうけ生産量が半減し，大手のサケ養殖会社も倒産に追い込まれた．また，アジアではエビやウナギ養殖において，無秩序な開発と病害を抑えるために薬剤を多用したことが，排水による自家汚染や，魚体に抗生物質が残留するなどの問題を引き起こした．このために，東南アジア各地には病害で廃墟となったエビ養殖場がマングローブ林域に散見される．

これらの環境への負荷を低減するためには，自然の環境浄化能力を正確に把握しその範囲内での養殖を行うことが必要である．ノルウェーでは政府機関がサケ養殖場のバイオマス制御と計画的な海域利用を指導して効果を上げているが，こうした例などは大いに参考になる．

エビやナマズ類などや後述する"池塘養殖"においても，排水中の排泄物や残餌が周辺環境に堆積してマングローブ林に悪影響を及ぼしたり，河川の汚染などの原因となっている場合がある．これらの問題を解決するために，排水の有機物を沈殿池で処理し，廃水の窒素をリザーブタンク（廃水処理池）で藻類に吸収させるような方法を試している養殖場もあるが，コストを優先するところでは，多くは垂れ流しの状態である．

以上のように算入コストが比較的低い水産養殖業においても，量的な拡大を図りながら持続的生産を実現するためには，海産，淡水産養殖業ともに環境汚染問題にしっかりとした対策を立てる必要がある．

4-4. 自然災害への対応

2004 年の台風 23 号（トカゲ）および 2005 年の台風 14 号は，わが国の水産養殖業に大きな被害を与えた．地球規模の気候変動による可能性が高いと言われる巨大台風や爆弾低気圧の頻発化による洪水，土砂崩れ，高波，高潮などの被害は近年深刻化しつつある．海上生け簀にも大きな被害が発生しており，生け簀破壊や養殖魚の逃亡などにより負債を多く抱える養殖業者が続出している．

浮沈式生け簀は，これらの被害を避けるために有効で，年々普及してきている．台風や冬の強い季節風の時期には，生け簀を沈下させておけばよい．ただ

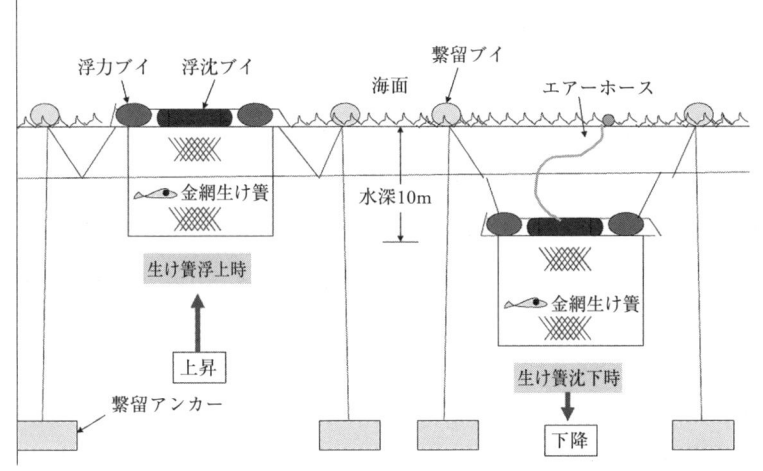

図 2-5 浮沈式生け簀の構造図

浮沈式にすることで施設の経費はかさむが，これまで不可能であった汚染の少ない沖合に養殖漁場を求めることができる．

し，給餌時や水揚げ時には生け簀を浮上させることが必要であり，浮上生け簀に比べてメンテナンス費用が高くつく（図 2-5）．そこで，生け簀の浮沈や沈下式生け簀への給餌のための機械化技術開発も進み始めている．

マグロ養殖では，種苗に用いるヨコワ（マグロの幼魚）の供給がこれまでの釣りだけでなく，まき網による漁獲によって増大し，国内養殖生産量が年々急増している．しかしながら，波穏やかで海水が清浄な漁場は，すでにブリやマダイ養殖などに占められており，沖合でも養殖可能なマグロ用大型浮沈式生け簀の需要が増大している．

このように，環境汚染問題にも適切に対応しながら，今後生産量を増加させるためには，沖合の大規模養殖システムの開発が急務と言える．

4-5．魚病対策

養殖事業において魚病はきわめて深刻な問題の一つである．魚病は，ウイルス症，細菌症，寄生虫症の三つからなる．ウイルス症や細菌症は，ブリ類の養殖において深刻な問題であり，ポジティブリストで許可された抗生物質や化学物質を必要最小限使用しながら，ノカルジア症，連鎖球菌症，黄疸症などの病気に対応している．しかし，まだ有効なワクチンは開発されておらず，動物薬メーカーによる開発が急がれる．寄生虫症では，カンパチなどのハダムシ，ト

ラフグなどのエラムシ，養殖場の水質悪化で起こりやすい白点虫症などに有効な動物薬は少なく，淡水浴や薬浴などの非常に手間のかかる方法で対応しており，経口投与ができる安全な駆除剤の開発が待ち望まれている．

4-6. 育種技術開発

先に完全養殖技術の確立の部分でも少し触れたが，今後の重要な課題の一つとして育種技術開発が必須である（本章第4節参照）．サケやテラピアなどの世界の重要養殖対象魚種では，育種技術開発が進んでいる．日本でもマダイやトラフグにおいて，成長が優れ，色や模様，体形などの優れた品種の確立が進んでいる．

成長を早めて養殖魚のコストを下げるにとどまらず，色や形，さらに耐病性などの形質の改良を含む遺伝子レベルでの育種技術の開発が，今後の養殖業の発展を担う重要な技術となる．この点では，東京海洋大学が開発中の代理親魚技術は，大変な費用がかかる親魚養成や育種技術開発に大きな貢献をもたらすことが期待される．

4-7. 陸上循環養殖

陸上循環養殖は，ブタの畜産業が盛んであったデンマークやオランダなどの国で開発されてきた技術である．河川流程が長く，国土の大きいヨーロッパでは，河川水の汚染を防止するために養豚場の排水処理技術が発達してきた．その技術が水産養殖業にも応用され，コイ，ウナギ，トラウトなどの淡水魚の陸上循環養殖が盛んに行われてきた．近年，その技術がさらに発展し，ヨーロッパではターボットなど，アメリカではテラピア，トラウト，カレイ類などの養殖に利用され始めている（図2-6）．

この技術は，飼育水を浄化し，循環して，閉鎖した環境下で飼育するために，以下のような多くの利点がある．①補給水がわずかで済むために，場所の制約から開放される．②加温や冷却のための経費が削減できる．③排水が少ないために，環境への負荷がきわめて小さい．④飼育水の導入に起因する魚病の発生を抑え安全な養殖魚を生産できる．⑤種苗，飼料，飼育環境を制御した完全な履歴管理が可能な養殖システムを構築できる，などである．これらに加えて，近年テラピアにハーブ栽培などを組み合わせた複合養殖（アクアポニックス）といわれるような新しい生産形態が出現している．

以上のようなメリットから，今後は野菜工場（植物工場）のように魚工場として魚類の養殖が展開されることが期待される．

図 2-6 北欧のカレイの一種ハリバットの閉鎖循環式陸上養殖施設

5 ▶ 未来を見据えた水産養殖の展望

5-1.「森は海の恋人」運動とカキ養殖

　森を豊かにして川を通じて海への栄養塩類や微量元素の供給を豊かにすることができれば，自ずと生産性の高い海が再生され，その恵みでおいしいカキ，ホタテガイ，海藻類などが育つ．こうした考えの上に「森は海の恋人」をキャッチフレーズにした運動が 20 年以上にわたって展開されている（第 7 章第 3 節参照）．河川の上流に植林することにより，海を豊かにしようとする試みである．この考え方は，海の環境が海だけで成り立っているのではないことを強く認識し，その源まで含めた総合的な視点を導入して，多くの人々を巻き込んだ社会的実践運動に結びつけたところに先進性がある．ここで育つのは無給餌のカキやホタテガイであるから，環境への負荷はそれほど大きくない．むしろ，海の恵みを人間が食べることで，食物のサイクルを完結させることができる．このような考え方を海洋の給餌養殖にも適応できれば，養殖業もより持続可能性の高い産業になることが期待される．

5-2. 日本のタンパク供給源，水産物とその中での増養殖漁業の位置づけ

21世紀は水資源の争奪の世紀であり，世界では熾烈な水の争奪戦が展開されている．したがって，同じ量のタンパク資源を確保するのであれば，フードマイレージが短く，淡水の使用量が少ないことなど，畜産物の生産より有利な条件を生かした国内養殖にも大きな可能性があると言える．さらに，国内養殖生産物を学校給食や産業給食へ活用して，輸入水産物に頼らない政策的な保護策を実施すれば，国内養殖業振興にとっては有効な活路の一つとなろう．農業によって持続的に耕地を使用することが陸上環境の保全や改善につながるという考えは，海洋にも当てはまるであろう．安全・安心な水産物を生産するために養殖業を通じて日々海の現状に向き合うことこそ，沿岸環境を健全な状態に保つ道につながるのではないだろうか．その意味でも海の守り手としての若い気概のある漁師の育成がきわめて重要である．

5-3. 中国5000年の歴史に学ぶ複合養殖

これまで述べてきたような工夫を加えても，給餌養殖はタンパク資源の浪費に過ぎないという批判が残るであろう．この批判に対する一つの答えとして，中国で数千年以上という長い歴史を持ち，近年急速な量的拡大を実現している淡水魚の池塘養殖を挙げることができる．これは天然や人工の池において，複数の魚類を収容し，養豚などの排泄物による施肥を基本として，池の周辺には草食性のソウギョの餌となる草を植え，池の底に溜まった泥は畑の肥料として利用するという農水複合様式である．一つの池の中での食物連鎖をたくみに利用して複数種の魚類を養殖する知恵で，環境保全に役立てることも可能である．中国では，このように栄養段階の低い複数の魚類を組み合わせて養殖することにより，全体のコストを下げ巨大な量のタンパク資源の生産を実現している．これまでの魚を餌にして魚を育てるという発想とは違う，植物や，捨てるものまでも循環させて魚を育てるという発想には，確かにこれからの日本や世界が抱える多くの問題を解決する有力なヒントがあるように思われる．しかしこのような技術によって，厳重な品質管理を行いながら計画的な大量生産を達成するためには，多くの困難が伴うことも事実である．適切な対象魚種があるのか，そのような適地があるのか，日本の食習慣に適合するのかなど，問題が山積しているのも事実である．

5-4. 終わりに

今後の養殖業は，これまで述べたような技術開発を基盤としてますます発展

していく可能性が期待される．数十年後には，このままの乱獲が続くと世界の漁業資源は軒並み崩壊するという研究報告も発表されている．そのような中で，2010年には世界の漁業生産量の半分を養殖生産物が占めると予想されているが，海藻や貝類なども含めた数値である．牧畜業に向かない日本の国土では，米と魚を主体とした食生活をベースに発展の基盤を確保していくしか方策がないように考えられる．日本が縄文時代以来守り続けてきた稲作漁撈文明の今日的意義を今一度見直すことがきわめて重要であろう（第7章第2節参照）．以上のような観点からも，養殖業を日本の食料政策を支える重要な産業として位置づけ，発展させる必要がある．

第2節　栽培漁業の新たな展開

　世界人口は急激な増加を続け，2050年には90億人を越えると推定されている（総務省統計局，ウェブサイト）．一方，日本の人口は2005年に1899年以来初めて減少した．少子高齢化が経済に与える影響が重大な問題となり，1人の女性が一生に産む子どもの数の指標値＝合計特殊出生率が2006年以降増加に転じたニュースは，明るい話題として扱われている．なお，増加に転じたとはいえ2008年の合計特殊出生率は1.37で，産まれる子どもの比率はわずかに男が多いことや出産可能年齢以下で死亡する女性もいることから，この値が約2.1を超えないと人口は減少することになる．

　人間とは違ってほとんどの魚介類は卵を産むので，合計特殊出生率は「合計特殊産卵率」と言い換える必要があるが，100〜10,000,000程度の種類が多い．多くの魚介類が多産で非常に高い「合計特殊産卵率」を示すにもかかわらず海が魚介類で一杯になってしまわないのは，主に生活史初期（卵稚仔期）の生残率がきわめて低いこと＝初期減耗が大きいこと（山下，2005；田中ほか，2009）によっている．栽培漁業は，卵稚仔期を人為的に保護＝飼育管理することで生残率を飛躍的に高め，人工的に育てた種苗を放流して（口絵18，図2-7）資源の増大につなげることを基本的な考え方としている．

　日本で本格的な栽培漁業への取り組みが始められてからほぼ半世紀が過ぎた．この間に「栽培漁業」は広辞苑にも掲載される一般的な用語として認識されるようになった．一方，技術開発が進められる過程で様々な問題点も表出してきた．このため，近年栽培漁業の考え方や技術に再検討が加えられている．

図 2-7　マツカワの放流風景
船上の水槽から海中に下ろされたホースの先にたくさんの稚魚が見える（独立行政法人水産総合研究センター提供）．

1 ▶ 栽培漁業とは

1-1．栽培＋漁業

「栽培漁業」の用語が使われ始めたのは 1962 年以降であり，当初は「栽培」と「漁業」という言葉のイメージがかみ合わずに水産関係者の中でもなかなかなじめなかったとされる（浅野，1977）．今日では一般的な用語となっているが，沿岸漁業の振興を目的として「とる漁業」から「つくり育てる漁業」へと漁業生産の方式を転換するための施策を象徴する言葉として出発した背景を持ち，明確な定義を行うことなく，重宝な用語として用いられていることが多い．つまり，狭くは種苗放流と放流魚の漁獲回収のみを指したり，広くは漁獲規制や漁場造成などを含んで持続的な生産を目指す総合的な漁業体系を指したりする用語となっている．

資源の増殖を積極的に図る方策は多岐にわたるが，大島（1983）は目的別に，①資源の再生産量あるいは補給量の増加，②幼稚期の保護・育成，③すみ場・付着面の拡充，および④環境の保全・改善の 4 項目に大別している．栽培漁業はこれらのうち，直接的に再生産量を増加させる方法（種苗放流）を軸とした資源の増殖方策と言える．また，近年の「責任ある漁業」や「生物多様性保全」に関する世界的な情勢の変化を受けて，従来，栽培漁業の中心的な課題であった放流による資源の増殖に加え，生産の持続性や生態系の保全に対する役割も強く求められるようになっている．沿岸漁場整備開発法（1974 年）に基づき農林水産大臣が定める「水産動物の種苗の生産及び放流並びに水産動物の育成に関する基本方針」は 4～6 年ごとに公表されているが，第 5 次の基本方針（2005 年）では，栽培漁業を「水産動物の減耗が最も激しい卵から幼稚仔の時期を人

間の管理下において種苗を生産し，これを天然の水域へ放流した上で適切な管理を行い，対象とする水産動物の資源の持続的な利用を図ろうとする施策」と定義し，この施策の目的として，「対象種以外の水産動物をも包括した資源管理の展開を促進し，水産資源の安定化と増大に資すること」を掲げている．

英語での栽培漁業の表記には，一般に「stock enhancement」が用いられる．2006年に開催された第3回国際栽培漁業シンポジウム（International Symposium on Stock Enhancement and Sea Ranching）では栽培漁業をめぐる広範な話題が議論された．シンポジウムでは目的が異なる種苗放流を表す用語に混乱があるとされ，後にいくつかの用語の定義が提案されている（Bell et al., 2008）．提案されている定義は次の通りである．① **restocking**：極端に減少した資源（親魚のバイオマス）の回復を目的とした種苗放流（乱獲で枯渇した地域群の再生や絶滅が危惧される資源の保全などを目的とした種苗放流を含む）．② **stock enhancement**：天然での加入量を補うことを目的とした種苗放流．③ **sea ranching**：成長した放流魚の回収を目的とした種苗放流．資源量の増大を目的とせず放流魚の回収により生産量の増大を目指す．前2者が再生産期待型の栽培漁業，後者が一代再捕型の栽培漁業にほぼ相当する．なお，用語の定義や放流の目的に対する姿勢が国内外で異なる背景には，文化的な要素とともに水産資源を長い利用の歴史から無主物としている日本と，これを共有財産あるいは国家財産とする欧米諸国との所有権に関する法的規定が異なっていることが挙げられる．

1-2. 栽培漁業の技術

栽培漁業の行程は，①種苗生産，②中間育成，③放流，④資源ならびに環境管理，⑤漁獲回収，⑥放流効果判定に分けられ，各行程について，種苗生産技術，放流技術，放流効果判定技術などが開発されてきた．以下にこれらの技術を簡単に紹介する．詳しくは表2-1に掲げた水産学シリーズ（恒星社厚生閣：日本水産学会のシンポジウムで取り上げられたテーマを編集した書籍）などを参照されたい．

栽培技術の中でも種苗の大量生産にかかわる技術（親魚養成，餌料，仔稚魚飼育，飼育機材など）は，栽培漁業の基幹的技術となっている．人工種苗の生産には，当初天然魚から搾出した卵を用いるのが一般的であったが，現在ではマダイ，ヒラメなど大量生産される多くの魚種で，良質卵を大量かつ安定的に供給可能な養成親魚が自然産卵した受精卵が用いられている．日本は世界に先駆けて1960年前後にクロダイやマダイで仔稚魚の飼育を成功させたが，安定した大量の種苗生産が可能になったのは初期餌料として養鰻池に生息していたシ

表 2-1 水産学シリーズのうち栽培漁業に関連した本

号	発行年	題　名	関連する行程 (本文参照)
6	1974	魚類の成熟と産卵—その基礎と応用	①
8	1975	稚魚の摂餌と発育	①
12	1976	種苗の放流効果—アワビ・クルマエビ・マダイ	③〜⑥
23	1978	増殖技術の基礎と理論—その発展の糸口として	①〜⑥
44	1983	シオミズツボワムシ—生物学と大量培養	①
59	1986	マダイの資源培養技術	①〜⑥
71	1988	エビ・カニ類の種苗生産	①〜⑥
93	1993	放流魚の健苗性と育成技術	①〜⑥
111	1997	トラフグの漁業と資源管理	①〜⑥
112	1997	ヒラメの生物学と資源培養	①〜⑥
148	2006	ブリの資源培養と養殖業の展望	①〜⑥

恒星社厚生閣刊：日本水産学会のシンポジウムを編集

オミズツボワムシが導入されて以降である．孵化した仔魚の餌料には1960年代初頭まで二枚貝の幼生や甲殻類ノープリウスなどが用いられていた．伊藤（1960）が海水での大量培養の可能性を示したシオミズツボワムシが，培養技術の開発と並行して用いられるようになって以降，その初期餌料としての優秀性とともに，計画的な餌料供給が可能になったことで種苗生産規模の拡大や魚種拡大が急速に進んだ（日野，2003）．また，シオミズツボワムシをはじめとする生物餌料（北島，1985）に不足する栄養の強化技術（渡辺，1983），生物餌料の代替を目指す人工飼料（金澤，1985）の製造技術などが開発され，さらに大量生産を前提とした疾病対策や飼育施設・機材の工夫や改良が積み重ねられた結果，近年では約80種の魚介類で事業規模（生残率の安定した種苗として1000個体を超える規模）の人工種苗生産が可能になっている．

　日本における水産動物の種苗生産技術は，水産の分野における世界最先端の「ものづくり」に例えることが可能な技術である．勤勉で忍耐強く器用な国民性が，これまでは困難とされてきたクロマグロ（コラム3参照）やウナギ（本章第3節参照）の種苗生産についても，多くの試行錯誤を経て可能にした．また，種苗生産技術は歴史的に見ても日本の伝統文化に根ざした「ものづくり」を明確に体現する技術といえる．一方で，試行錯誤的に職人芸として技術を確立してきた時代を経て生産担当者も代替わりした現在，経験の少ない担当者が効率的に生産を行え，かつコストダウンを図ることのできる技術のシステム化が求められていることも事実である．

人工種苗の効率的な資源添加を目指した放流技術では，水槽内で生産され，あるいは中間育成により環境順化能力の向上が図られた種苗を放流し，漁獲加入まで多くの種苗を生き残らせることを中心的な課題として開発が進められた．放流種苗の減耗は放流初期に多いため，この初期減耗を抑える放流方法が焦点となってきた．技術開発の要素は，いつ（放流時期），どこに（放流場所），どんな（サイズや健全性）種苗を，どれくらい（放流規模），どうやって（放流方法）放流するかに区分され，対象種の生物学的特性や放流海域の環境特性に応じた技術がこれも試行錯誤を繰り返しつつ開発されてきた．その結果，主な対象種では長年の技術開発をベースとした一定の技術体系が確立されている．

　なお，種苗放流の効果は，放流魚の漁獲量（資源量）や漁獲金額で評価される．放流効果調査の初期段階では外部標識（体外に付けられた標識票）を付した放流魚の漁獲報告をもとにした回収率が効果判定に用いられたが，この方法では漁獲を報告しない場合や標識が脱落した場合などの補正が必要で，現在はより信頼性の高い市場調査（水揚げ市場での漁獲物の抽出調査）結果をもとに放流効果の推定が行われている（北田，2001）．市場調査では天然魚と放流魚の識別が必要であり，識別のための標識技術についても様々な方法が工夫されて来た．標識は外部標識と内部標識に分けられるが，脱落することなく，放流後の行動や生残率に影響せず，かつ発見が容易といった万能標識は未開発である．小型サイズで放流される人工種苗の場合大型の外部標識は装着できないため，人工種苗に特異的な形態的特徴（例えばヒラメ・カレイ類の天然魚では通常白い無眼側の部分的着色）や体の一部切除（魚類の鰭やエビ類の尾肢など）を標識とする場合も多い．内部標識としては，耳石（魚類の内耳に含まれる炭酸カルシウムの硬組織）に形成される輪紋に温度や蛍光物質を用いて識別可能なパターンを付ける耳石標識（浦和，2001）（口絵31，コラム7参照）やDNA標識（藤井，2001）が用いられている．

2 ▶ 高まる栽培漁業への期待

　世界的な人口増加や先進国の健康志向，開発途上国の消費水準の向上といった消費動向の変化を受けて水産物の需要が急増する一方，漁業生産量は1990年代に入って以降，9000万t前後で頭打ちの状況にある（FAO，2009）．現在，世界の海洋水産資源の52%が満限利用の状態にあり，19%が過剰利用，8%が枯渇，1%が枯渇から回復しつつあり，20%が適度または低・未利用の状態とされており（水産庁，2009），漁業生産量の増加が期待できないことはほぼ一致

した見方となっている．水産物に対する需要に応えるため，減少した資源を回復させ，持続的に生産をあげる方策を世界中の漁業関係者が模索している状態と言える．漁業生産の増大には漁獲努力量を減らす管理を行い，資源が分布する海域の環境の保全や修復をはかって産卵親魚量を確保し，次世代の加入量を増やすことが必要であるが，漁獲努力量の削減や大規模な環境修復はたやすく実行できるものではない．また，世界的に見ると，最近は単一魚種の資源管理より生態系の管理が重要視され，漁獲禁止または漁獲努力量の制限を行う海洋保護区による資源の管理が有望とされているが，保護区の効果についても正確な評価が難しいため論議がなされている．

漁業生産量に比べ内水面を含めた養殖生産量は急激に増加しており今後も増加が見込まれる（本章第1節参照）．ただし，地球温暖化や養殖適地の環境破壊，自家汚染などの問題への対応も必要なことから，需要の増大に見合った長期的な生産の増大は難しいと考えられる．このような背景の下，漁獲制限と異なり種苗添加により資源管理をはかる栽培漁業の考え方に関心が高まっており，種苗放流に世界的な期待が寄せられている．

さけます類の孵化仔魚放流は長い歴史を持ち，日本でもサケの孵化放流事業は19世紀後半に開始された．一方，日本が先導的に開発してきた種苗生産技術の発達により放流に堪える種苗の大量生産が可能になったことを受け，海面漁業が対象とする水産動物の種苗放流への世界的な関心は，1990年代に入ってから急速に高まった．栽培漁業に対する世界的な期待を背景に「国際栽培漁業シンポジウム」が，1997年にノルウェー（第1回），2002年に日本（第2回），2006年にアメリカ（第3回）で開催され，関連分野の成果や問題点の整理が進められている（Bell et al., 2008; Leber et al., 2004）．シンポジウムでは，上述の目的別定義（用語）の必要性，種苗放流を漁業管理の一手法として漁獲規制や環境保全といった手法と横並びで位置づけることの重要性などが指摘され，栽培漁業の推進には，そのポテンシャルを複雑な漁業実態も対象に含めた総合的アプローチにより評価する必要があることなどが議論されている（Bell et al., 2008）．

3 ▶ 現状と課題

3-1. 国内の主要魚種放流数の推移

2007年（平成19年度）に，日本で放流された水産動物の種苗数は，魚類が6752万尾，甲殻類が1億9000万尾，貝類が33億1000万個，その他の動物が7223万個であった（独立行政法人水産総合研究センター，2009）．魚類ではヒ

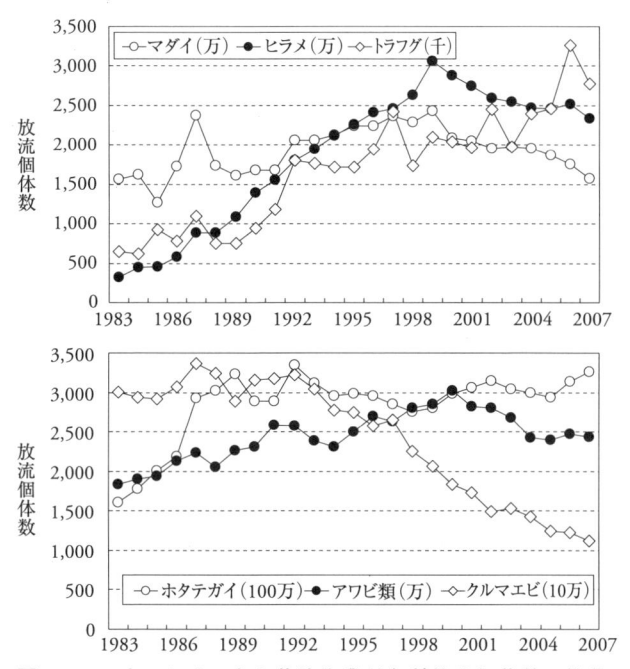

図 2-8 日本における主な栽培漁業対象種放流個体数の推移.
単位は魚種により異なっている.

ラメ，マダイ，ハタハタ，ニシン，甲殻類ではクルマエビ，ガザミ，ヨシエビ，貝類ではホタテガイ，アワビ類，その他の動物ではウニ類の放流数が多い．なお，ホタテガイは天然で採苗した種苗が放流されている（後述）．また，魚類ではこの他にサケが毎年およそ 18 億尾放流されている．

　図 2-8 に国内の主な対象種の放流個体数の推移を示した．種別の放流数は放流事業の開始時期や技術開発の水準，魚価，事業推進体制などの影響を受けて推移している．一代再捕型（Sea Ranching 型）の栽培漁業は，魚価の高い対象種で事業が成立しやすい，つまり漁獲回収された放流魚の販売価格が放流に要した経費を上回りやすい．マダイやヒラメの放流数が 1999 年以降減少傾向を示している大きな要因の一つには最近の魚価安による事業効果の低下が挙げられる．クルマエビの放流数も 1990 年代に入って以降一貫して減少している．クルマエビの漁獲量は 1980 年代中頃から直線的に減少しているが，同様に干潟を生息域とするアサリの漁獲量も減少しており，干潟の環境変化が資源に影響していることが示唆される（第 4 章第 2 節参照）．

2300万尾（ヒラメ），あるいは33億個（ホタテガイ）といった種苗の放流数は，天然資源の量と比較した場合どのような数量なのか？　これを示す指数に放流強度指数（放流尾数/対象資源の天然での加入尾数）がある．北田（2001）は，計算の簡便性を考慮して放流強度指数（簡便法）＝放流尾数/対象資源の漁獲尾数と定義し，サケ：33.1，ホタテガイ：2.8，クルマエビ12.8，マダイ：2.2，ヒラメ：2.4，アワビ類：4.7の値を算出している．

3-2．種苗放流をめぐる世界の動き

さけます類を除く海産動物種苗の実質的な放流は，世界的に見ると1990年前後に始められている．これ以前にも放流の試みはあったが，生産技術が未発達で孵化仔魚などが放流されていたため，放流の効果や影響を科学的に検証できていない．

ノルウェーでは19世紀から大西洋タラの孵化仔魚放流が行われてきたが，効果が不明であったため，1980年代から池，仕切網，プラスチックバックなどを用いて10g以上に成長させた種苗を放流して効果が調査された．1990～1997年には大規模な種苗放流プログラムが実施され，100万尾単位の種苗が放流された．プログラムにより多くの生態知見が得られたが，漁獲量の増大は認められなかったとされている（Svåsand et al., 2000）．一方，同じプログラムで放流されたヨーロッパロブスターでは資源増大の可能性が示されている（Moksness, 2004）．なお，大西洋タラの放流目的には沿岸部への人口集中により起きた遊漁への対策が含まれている．

アメリカでも近年多くの種苗放流プログラムが実施されているが，その背景には種苗生産技術の発達とともに遊漁によるきわめて高い漁獲圧がある．また，ほとんどの種苗放流が研究プログラムとして行われていることが特徴である．多くの州で様々な魚類，甲殻類の種苗放流が実施されているが（Leber, 2004），なかでもフロリダ州やテキサス州で放流されているニベ科のレッドドラムはテキサス州だけで3000万尾以上の種苗が生産されている．

開発途上国では，1984年から1999年の間に33ヵ国で59の海産動物が放流されたと報告されている（Bartley et al., 2004）．ただし，実際には報告されていないものも多いと考えられ，さらに多くの国や地域で種苗放流が実施されている可能性がある．また，この集計には中国，韓国が含まれているが，アジアでは中国における種苗放流が歴史も長く，規模も大きいことから注目される．中国で種苗生産される海産動物は1980年代後半から種数，生産量とも急激に増加し，2000年までに少なくとも52種が生産されて養殖および放流に利用

されている (Hong and Zhang, 2003). 放流対象種は，コウライエビ，クルマエビ，ガザミ，クラゲ，アカガイ，アワビ，メナダ，マダイ，クロダイ，フウセイ，ヒラメなどで，例えばメナダは渤海で年間600〜700万尾の放流が行われている（喬，2003）．特に，コウライエビの放流は歴史も古く規模もきわめて大きい．渤海および黄海北部漁場を対象とした大規模放流が1984年に始められ，1991年には49億尾近い種苗が放流された．1993年のPAV（甲殻類の養殖に多大な被害を与えた急性ウイルス性血症）蔓延の影響を受け放流尾数は減少したが，その後も毎年6億尾近い種苗が放流されている．天然コウライエビの漁獲量は1980年代に極端に減少して以降回復が見られず，このため，遼東半島南部の漁場では水揚げされたコウライエビの90%以上を放流エビが占めると報告されている（Wang et al., 2006）．中国のコウライエビ種苗放流は一代再捕型の栽培漁業の成功例であるとともに，分布が認められていなかった南部への移植放流の結果から，本来の生息地以外では再生産する資源の造成が難しいことも示した．また，非常に大規模な放流が行われたにもかかわらず天然資源の減少を留めることはできなかったため，Wang et al. (2006) は禁漁区や放流エビの漁獲管理による天然資源造成の重要性を指摘している．

4 ▶ 事例に見る種苗放流の成果と問題点

栽培漁業への期待を背景に，これまで世界中で多くの種苗放流が実施されてきた．しかしながら，資源の再生や増大に結びついた例はまだ限られている．日本の代表的な放流対象魚種であるマダイ，ヒラメは全国で1000万尾を超える種苗の放流がそれぞれ約30，20年間続けられ，漁獲物に占める放流魚の割合を全国平均で推定するとマダイが9.5%，ヒラメが11.7%となっている．ところが全国レベルで見た資源量の増大に対する種苗放流の寄与は，それぞれの資源が示す年変動が大きいため検証できていない（Kitada and Kishino, 2006）．以下に種苗放流の成果と問題点を国内の三つの事例で見てみたい．

4-1. 北海道におけるホタテガイの地まき放流

1945年以前，日本のホタテガイ生産量は，最大でも8万t/年で著しい豊凶を繰り返していた．その後の25年間は5000〜2万2000t/年に留まり，資源回復を目的とした様々な漁獲規制もうまく機能しなかった．一方，養殖や放流に用いる稚貝の天然採苗技術の開発は1930年代から始められたが安定した技術とはなっていなかった．1964年になり青森県陸奥湾の漁業者工藤豊作氏によっ

て，従来から用いられていた採苗用の杉の葉にタマネギ袋をかぶせた新たな採苗器が考案された．まさに発想の転換が生み出したこの採苗器は軽くて扱いやすく，稚貝の付着が良く，付着した稚貝が脱落しにくい画期的なものであった．この採苗器による天然採苗技術がブレークスルーとなってホタテガイの生産量は 1970 年前後からほぼ直線的に増加し，近年は全国で毎年 50 万 t 前後が生産されている（菅野・佐藤，1980；Uki, 2006）．2006 年の生産は種苗の地まき放流に支えられた漁獲量が 27 万 t，養殖生産量が 21 万 t であった．

　Uki (2006) は，オホーツク海沿岸の猿払村漁協を例にホタテガイの放流事業が成功した理由について，①天然採苗や採苗した稚貝の中間育成に適した生息域に恵まれたこと，②簡単で効率的な採苗技術と生残率の高い中間育成技術を開発したこと，③漁場（放流海域）となる砂底域は（水温が低いため）出現する動物の種類が少なく，ヒトデなどの天敵を駆除していること，④地まき後のホタテガイは移動範囲が狭く桁網による漁獲回収が容易であり，輪採方式（漁場を 3 区以上に区分して年ごとに漁獲する区分を替え，成貝を漁獲した漁場に稚貝を放流する）による計画生産が可能なこと，⑤漁業協同組合が排他的に漁獲を行うことのできる共同漁業権を認可され，漁業者自身が生産計画を作成するとともに，水揚げの一部を種苗放流のための基金として積み立てており，さらに放流貝やヒトデなどの捕食者，水温や流れなどの状況を頻繁にチェックしていること，の 5 点を挙げている．ホタテガイの栽培漁業が成功したのはオホーツク海沿岸の高い基礎生産力を最大限利用できる技術体系が作られてきたためと言える．先に示した放流強度指数（簡便法）はサケが 33.1 に対し，ホタテガイは 2.8 であった．両者の差は，ホタテガイがサケのように大きな回遊を行わず，容易に漁獲回収できることが背景にあるが，天敵の除去をはじめとする放流後の漁場と放流ホタテガイの徹底的な管理により，漁獲までの高い生残率を実現させていることが低い放流強度指数で漁獲量を大きく増大させた要因になっている．また，ホタテガイを漁獲する漁業者が自ら種苗放流計画の作成，実施に当たっていることも成功の大きな要因である．放流後に大きく移動・分散する魚種では漁獲回収による利益が広く分散するため，受益者による放流費用の分担や，対象種の生態に即した放流計画の作成が困難なことが多い．

4-2．鹿児島湾におけるマダイの種苗放流

　栽培漁業を代表する魚種として早くから人工種苗の大量放流が行われてきた魚種がマダイである．鹿児島湾では 1974 年から試験放流が実施され，1980 年から 1997 年の間は 100 万尾規模の種苗放流が続けられ，放流の効果や問題点

が検討されてきた(椎原，1986；宍道，2006)．1989～1995年の放流群の回収率(放流魚漁獲尾数/放流尾数)は2.6～12.2％で，経済効率(回収金額/放流直接経費)は1.4～10.4と推定され，コホート解析により推定された天然魚および放流魚別の資源尾数推定から，1990年代前半には資源の過半を放流魚が占めていたとされている(宍道，2006)．また，鹿児島湾では放流量の変化と漁獲量の増減がよく対応し，放流による資源の上乗せ効果が認められている．

鹿児島湾は南北約80km，東西約20kmの半閉鎖性の内湾で，マダイ幼稚魚が成育場として利用する浅海域の割合は少ない．毎年漁場に加入するマダイ(1歳魚)の資源尾数が産卵する親魚の資源量にかかわらず比較的安定していることや，鹿児島湾では1965～1979年に顕著だった浅海域の埋め立てと天然マダイの漁獲量が相関したことから，稚魚期の成育場の面積が資源に加入するマダイの量を制限している可能性が指摘されている(宍道，2006)．このように，稚魚期の生息環境がボトルネックとなって資源量が抑えられている場合，影響を受けないサイズまで育てた種苗の放流は有効な資源増大手法となる．

一方，長期的な大量放流が行われた場合，放流が天然資源に与える影響，特に負の影響も懸念される．その一つが密度効果による天然資源の放流魚による置き換えである．鹿児島湾のマダイでは放流1歳魚資源尾数がある水準を超えると天然1歳魚資源尾数が低下する傾向，放流尾数がある水準を超えると再生産成功率(親魚量当たりの加入量)が低下する傾向が見られ，放流魚による天然魚の置き換えが示唆されている(宍道，2006)．また，限られた数の親魚から生産された種苗の放流によるマダイ資源の遺伝的多様性への影響も懸念される(本章第4節参照)．これまでのところ，鹿児島湾の中でも閉鎖性の高い湾奥部のマダイの遺伝子頻度が他の天然群とは異なることが分かっている．ただし，いくつかの指標(平均ヘテロ接合体率，平均アリル数)の分析結果では，遺伝的多様性は保たれていると考えられ(宍道，2006)，これには湾内と外海のマダイが相互に交流していることも影響していると考えられる．なお，鹿児島湾のマダイ放流尾数は1998年以降減少しているが，引き続き遺伝子レベルでの影響をモニタリングしていく必要がある．

4-3. 福島県沿岸におけるヒラメ種苗放流

ヒラメは1996年以降海産魚類で最も放流数が多い魚種である．また，人工的に生産された種苗には，天然魚では白い無眼側が部分的に着色する現象が発生しやすく，これが天然魚と放流魚を識別する良い標識となって漁業現場でも放流効果が実感しやすく，栽培漁業のモデル的な対象種として技術開発が進め

られてきた（なお，最近は種苗生産技術の改良により無眼側の部分的着色個体の出現率は低下している）．

　福島県では，1987〜1995年に試験的な放流（20〜45万尾/年規模）を行い，1996年から漁業者が主体となり全長10cmの種苗100万尾の放流事業が続けられている．種苗生産経費の一部に漁業者の負担金＝ヒラメ水揚げ金額の5%が充てられ，比較的広域に移動する魚類では受益者が事業の経費を負担する先駆的な事例になった．試験放流段階の放流魚の混獲（混入）率（水揚げされた放流魚尾数/水揚げされた天然魚＋放流魚尾数）は23.1〜31.4%で，回収率は16.3〜30.9%，経済効果指数（放流魚漁獲金額/種苗生産経費）は2〜3と推定され（藤田ほか，1993），高い経済効果が推定されたことから100万尾放流事業が開始された．福島県で高い回収率が得られた要因として，藤田ら（1993）は，①放流海域の生産力が高い（餌料が豊富），②放流サイズが大きい（食害を受けにくい8cm以上の種苗），③放流時期が早い（越冬期までに十分成長する），④2歳までは移動や分散が少なくこの間に高い漁獲圧を受ける，ことを挙げている．また，高い漁獲圧は価格の安い小型魚の漁獲につながり，資源の再生産に悪影響を及ぼすとともに放流の経済効果を下げることから，1993年からは全長30cm未満のヒラメの漁獲規制も実施された．

　種苗放流事業は十分な検討を経て開始されたが，事業開始後の5カ年間（1996〜2000年）の放流魚の混獲率は10.8〜22.1%，回収率は7.7〜14.1%で，経済効果指数は0.6〜0.8と推定され（冨山ら，2004）いずれも試験放流段階の値より低くなった．図2-9に示したように福島県のヒラメ漁獲量は100万尾放流事業の開始前年（1995年）から増加している．混獲率も事業開始後は試験放流段階より低下していることから，1995〜1997年の漁獲量の増加は放流量の増加よりむしろ1994，1995年に卓越年級群が発生（渡邉・藤田，2000）したことによっていると考えられる．卓越年級群とは加入量が極端に多い年級群のことで，両年に生まれたヒラメの漁獲尾数は前後の年より1桁多いと推定されている（渡邉・藤田，2000）．図で漁獲量が増加した他の年（1985，2005年）の前年にも卓越年級群が発生したことが知られている．

　図2-9の漁獲金額と漁獲量の相対的な関係にも示されているように，漁獲量が増加するとヒラメの単価は下がるため，経済効果指数も低下することになる．このように，種苗放流の経済効果は漁獲量や景気に大きく左右され，大きな問題となっている．なお，無眼側の体色異常は放流後の生残率や漁獲物の品質に影響しない有効な標識として活用されているが，産地市場では商品価値を下げる要因になり，「放流銘柄」の価格は天然魚より低い．

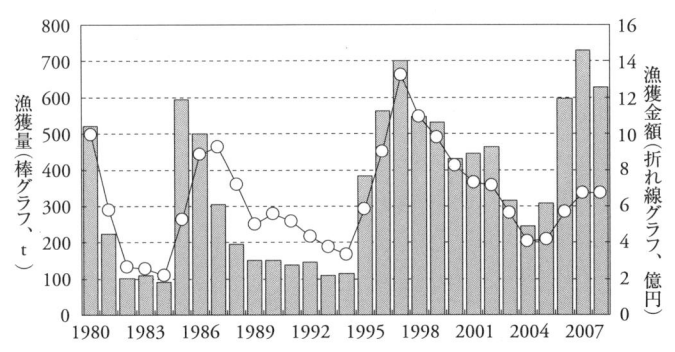

図 2-9 福島県におけるヒラメの漁獲量（棒グラフ）および漁獲金額（折れ線グラフ）．福島県水産試験場のウェブサイトを改変．

5 ▶ 栽培漁業の新たな展開

　増大する水産物需要への処方箋として期待の大きな栽培漁業であるが，種苗放流には生態系への影響が必ず付随し，負の影響もある．施策としての栽培漁業は，両者を勘案して進められるが，栽培漁業を展開する基礎として放流の有効性に関する十分な事前評価や生態系への負の影響の科学的評価がますます重要になっている．

5-1．基本に立ち返る

　栽培漁業の基本的な考え方には，①種苗を飼育環境下で保護・育成することにより，天然では低い生残率を飛躍的に向上させることができる，②放流される水域には放流種苗の成長と生残を保証する（余剰）生産力がある，言い換えれば放流種苗が利用できるニッチ（生態的地位）がある，の二つの重要な前提がある．これまでの日本の栽培漁業技術開発は大量種苗生産技術に重点を置いて進められてきたため，これらの前提の確認は十分とは言えず，今後の課題となっている．

　ほとんどの放流種苗で放流後短期間に大量減耗が起きていることが知られている（放流初期減耗）．減耗の要因は様々であるが，放流海域に生息する動物に捕食されて減耗することが多いとされ，生残率（漁獲回収率）を上げるため放流種苗の大型化が進められてきた．実際にはサイズの異なる放流群の回収率や一度に放流された種苗のサイズ別の回収率を比較し，さらに種苗の生産経費を勘案して放流に適したサイズが決められてきた．天然仔稚魚の発育段階別の生残

率は年や水域で異なり，推定値の誤差も大きいと考えられるが，このように決定された放流サイズは一般に天然魚で生残率が安定すると考えられるサイズより大きい．つまり①の前提を満足させるために，放流サイズの点で現実と栽培漁業の考え方にギャップが存在している．水槽の中と野外では環境が異なるため種苗の質が天然魚と異なるのは避けられないが，種苗の性質をより天然魚に近づける（考え方と現実のギャップを少なくする）技術にはまだ多くの改善余地がある．栽培漁業の各工程を効率的に進めるため種苗生産と放流後の管理は分業で行われてきた．この方式は現在も基本的には変わっていない．以前から指摘されてきたこと（福原，1986）であるが，栽培技術の高度化には水槽内と放流水域とを分断することなく，一貫して管理し，放流後の情報を生産技術にフィードバックすることが必要である．また，天然資源の増大や絶滅が危惧される地域群の再生が放流の目的であることから，必然的に天然魚の仔稚魚期の生態・動態に関する深く，幅の広い知見も求められている．日本は稚魚研究の最先端国であり，種苗放流を目指した多様な魚種の生産技術が好適な仔稚魚研究の環境を形成してきた（田中ほか，2009）．実験生態学的な視点での種苗放流は，天然資源の生態・動態解明の強力な研究手法を提供している（Miller and Walters, 2004）．しかし，天然資源の初期生態解明を意識して行われた種苗放流は稀で，多くの種苗放流では放流から漁獲回収までの過程がブラックボックスとされている．実験生態学的な放流実験により漁獲加入以前の資源生態を解明する試みは，種苗放流の役割の明確化や放流技術の高度化に必要であるとともに，資源の持続的利用につながる天然地域群の変動要因の解明や環境管理による資源増大手法の開発に役立つと期待される．

　種苗放流の前提となる水域の余剰生産力は最も重要かつ評価が難しい事項である．環境収容力は，ある環境において個体群が維持できる最高の個体数水準，と定義されるが，再生産期待型の栽培漁業ではこの環境収容力に余力があること，そして一代再捕型の栽培漁業では水域が天然魚＋放流魚の成長や生残を支える余剰生産力を持つことが放流の前提となる．実際の種苗放流では，生息場所，餌資源，捕食者，天然魚などが放流魚の成長や生残にどのように係わっているか，ボトルネックはあるかどうか，といった情報が，回収率を高めるために，そして天然資源との競合や置き換えによる負の影響を抑えるために重要である．

　潜在的なボトルネックの例をヒラメについて見てみたい．ヒラメは孵化後，約1ヵ月間の浮遊生活を経た後，極沿岸の浅海域に着底して底生生活の初期をこの海域で過ごす（興石，1994）．分布域が浅海域に限られるこの時期は収容力

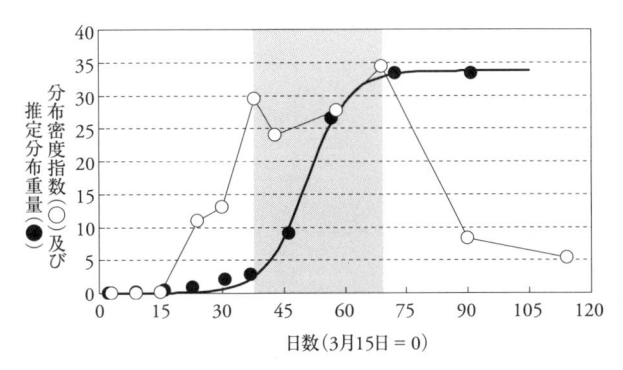

図 2-10　長崎県南島原市地先のヒラメ成育場におけるヒラメ 0 歳魚分布密度指数および推定分布総重量（成育場の水深は 1〜9m）

の限界が現れやすい時期でもある．図 2-10 に成育場におけるヒラメ幼稚魚（天然魚）の密度とヒラメ総重量の変化を調査した例を示した．ヒラメの産卵期は比較的長く，成育場への稚魚の着底も約 2 ヵ月間続いた．しかし，図の網掛け部分の前半では稚魚の着底が続いたにもかかわらず，成育場の稚魚密度は増加せずにほぼ一定となり，この間に成育場内のヒラメ総重量が急激に増加した．つまり，個々のヒラメが成長した．また，重量がほぼ最大に達すると分布密度は急速に減少した（成育場外に移動した）．調査した成育場は磯に挟まれた狭い海域で，国内でも天然稚魚の着底量が多い海域である．このため，比較的明瞭に「収容力の限界」が示された可能性が高く，限られた成育場の面積や成長に必要な餌資源の量，密度依存的な種内・種間競争などが着底できる稚魚の密度や生息できる稚魚の重量を制限したと考えられる．このように，天然魚が多く加入する，分布域が限られるなどの条件がある場合，種苗放流は一時的にせよ収容力の限界というボトルネックを顕在化させやすいため，余剰生産力があるという②の前提を十分考慮した放流計画が必要となる．

　貝類，甲殻類から魚類まで栽培漁業の放流対象種は多く，放流水域の環境は多様で変動が大きい．余剰生産力も水域や年により変動すると考えられ，これを推定することは難しい．しかしながら，余剰生産力を事前に見積もることは効果的な栽培漁業を展開するために不可欠な課題であり，大量種苗生産技術がほぼ確立された現在，次の主要な技術開発課題と言えるのではないだろうか．幸い種苗放流そのものが，余剰生産力や収容力の限界を把握する良い機会を与えているので，その活用が期待される．

5-2. 新たな取り組み

　ホタテガイの栽培漁業が成功した理由は，放流後の資源と環境の管理も含めた栽培漁業の考え方の基本に沿った技術体系が作られ，かつ産業として成立する社会，経済的な背景があったためと考えられる．種苗放流は，放流対象資源が強い漁獲圧や環境変動により極端に減少し，何らかの環境条件が加入量を抑えているような場合に最も明瞭な資源回復効果を表すことが，ホタテガイやマダイの放流事例からも推測される．これからの栽培漁業では，数多い種苗放流の取り組みで得られた知見を生かし，他の資源管理手法との比較において事前評価を十分行うことが求められている．

　マツカワは冷水性の大型カレイで，1975年頃までは北海道太平洋沿岸で100tを超える漁獲があったとされているが，その後ほとんど漁獲がなく「まぼろしの鰈」とされてきた．カレイ類の中でも高価なため，未成魚や産卵前の成魚が過度に漁獲されたことが漁獲量急減の一因と考えられている．マツカワの種苗生産研究は1981年に始められた．北海道では1998年頃までに生産技術がほぼ確立され，試験放流による漁獲量増大効果の確認を経て，2005年から小型魚の保護（漁獲した場合は再放流）と100万尾放流（2006年以降）を柱とした「えりも以西海域マツカワ資源回復計画」に取り組んでいる．大量放流の効果は2年後の漁獲量に現れ，えりも以西海域におけるマツカワの漁獲量は2006，2007，2008年度がそれぞれ，10，19，86tと急増した（中明，2009）．マツカワ資源は，上述の種苗放流が効果を発揮しやすい条件を備えていると考えられ，再生産効果の検証を含めた今後の取り組みが期待される．

　同様に強い漁獲圧によって減少した資源の回復を目指した種苗放流の取り組みとして，神奈川県のアワビ類がある．神奈川県の主要なアワビ漁場では放流貝の混獲率が80～90％にのぼり，一代再捕型の栽培漁業が十分に成り立っているとともに，種苗放流によってアワビ漁業が維持されていると言って良い状況になっている．一方，アワビ類の漁獲量は1985年以降減少を続けており，資源の増殖効果は得られていない（滝口，2002）．漁場に設けられたアワビ資源保護区（禁漁区）においても天然アワビの加入は少なく，混獲率も一般漁場と同様であるため，アワビ類の再生産力の低下が漁獲量減少の原因であると推定され，親貝の密度や，着底稚貝の減耗に注目した再生産力低下要因の解明が進められている（河村，2007）．

　神奈川県のアワビ類種苗放流は漁業の維持というきわめて顕著な効果を示したが，アワビ資源量（漁獲量）増大には種苗放流とともに再生産を阻害している要因の特定と排除が不可欠になっている．アワビ類に限らず観察や定量採集

が難しい卵稚仔を対象とした再生産阻害要因の解明には多くの時間と労力がかかる．そのような中で，琵琶湖のニゴロブナでは再生産過程に不可欠と考えられる要因（成育場環境）の解明が進んでいる．

　琵琶湖固有種で重要な漁獲対象種であるニゴロブナの資源は1985年頃から減少が続き，滋賀県ではニゴロブナの栽培漁業技術の開発が進められてきた．藤原ら（1997）はニゴロブナの成育場になっているヨシ群落内の環境とその環境に適応したニゴロブナの特性を詳細に調査し，成育場としてのヨシ原の重要性を報告している．ヨシ群落内はニゴロブナ仔魚が好んで食べる小型甲殻類プランクトンが多い．一方，ヨシ群落の奥部は夜間溶存酸素が低下し無酸素状態になることもあるが，ニゴロブナ仔魚はヨシ群落の奥部に蝟集する傾向を示す．ヨシ群落奥部への蝟集は餌を選好した結果である可能性が高いこと，体長7～15mmのニゴロブナの比重は環境水より若干軽く酸素濃度の高い水面へ遊泳運動を行わなくとも浮上が可能で，低酸素耐性も同サイズのホンモロコより高いこと，などが実験的に確認された．これらの結果は，ヨシ群落奥部，ヨシの見られない砂浜の水辺，沖合水域の3個所に放流したニゴロブナの生残率がヨシ群落奥部放流群でのみ高かったこと，過度の刈り取りと火入れによりヨシの出芽が遅れた年には餌料プランクトンの量が少なく，放流群の生残率が通常の刈り取りが行われた年と比べて著しく低かったことを通じて野外でも確認されている．これらの結果から藤原ら（1997）はニゴロブナ初期生活にとって，言い換えれば再生産過程にとってヨシ群落が不可欠といえるほど重要であるとしている．現在，滋賀県ではヨシ群落や，同様に成育場機能が認められた水田を用いた種苗放流が行われている．ニゴロブナ栽培漁業の取り組みは，減少した資源の回復に種苗放流と環境管理の両面から対応している点が注目される．これからの栽培漁業，特に再生産期待型の栽培漁業では，種苗放流とともに天然資源の再生産力保全を目的とした環境管理の重要性が高まると考えられる．

　北海道に回帰するサケの資源水準は1975年頃より著しく増加し，最近も高い水準を維持している．獲れすぎで値崩れといったニュースも聞かれた．サケ資源の増加は，長期的な気候変動の影響を受けベーリング海での生物生産力が増大し，結果的にサケ類の環境収容力が高まったことによっている（帰山，2008）．地球規模の気候―海洋生態系の基本構造が段階的・不連続的に転換するレジーム・シフト現象によりマイワシなどの浮魚資源の漁獲量が大変動を起こすことが明らかにされ（川崎，2009），アワビのような沿岸資源への影響も示唆されている（早川ほか，2007）．地球規模の気候変動を受けた資源の大変動に対しては，漁獲管理も種苗放流も一見無力に思われる．しかし，種苗放流によ

り資源変動の幅を抑える可能性はあり，特にレジーム・シフトの影響が仔稚魚期を中心に作用している場合，種苗放流は資源の減少速度を緩めたり，資源の増加を加速させるポテンシャルを持っている．世界的な水産物需要の増大で水産物の増産は喫緊の課題となっている．順応的管理の原則に立ち，地域特性に見合った環境管理と種苗放流を組み合わせることで栽培漁業のポテンシャルを有効に活用し，漁業現場の活力を高めることが期待される．

第3節　人工種苗生産が天然ウナギの絶滅を救う

　2009年6月下旬，筆者は西マリアナ海嶺の南端に近い北緯12度20分，東経141度40分付近の太平洋上にいた．360度の水平線，海はどこまでも青く，深い．この，無垢の海でウナギの一生が終わり，そして始まる．

　本節では，増養殖漁業の持続的発展の上で抱える諸問題を象徴するウナギの人工種苗生産について，基礎的なウナギの生活史研究も含めて，詳述する．

　水産庁漁業調査船開洋丸は，2008年，ウナギの産卵場と推定されるこの海域で世界で初めて，産卵に関与する，あるいは関与したと思われる親ウナギを捕獲することに成功し，この年もまたこの海域へ調査に訪れた（図2-11）．新月の数日前に，この船の船底から数100mと離れていないところで，長い旅をしてきたウナギたちの最後の生命の営みが繰り広げられ，そして新たな生命の最初のページが開かれているはずである．この海はきわめて透明度が高いが，同時にきわめて深く，ウナギたちは未だその神秘的な光景を私たちに見せてはくれない．きわめて貧栄養で生物量も少ないにもかかわらず，この大海は毎年，数億〜十数億尾のウナギの稚魚を東アジアの沿岸へと送り出し続けてきた．ところが近年，北半球の温帯域に生息するウナギ類の資源量が急激な減少傾向を見せている（図2-12）．その原因を推定するには，ウナギの生活史をもう少し詳しく知っておく必要がある．

1 ▶ ウナギの生活史

　ウナギは，世界の温帯から熱帯にかけて19種（3亜種を含む）が分布している．それらの内，東アジアに分布するニホンウナギ（*Anguilla japonica*）（標準和名はウナギであるが本節では他の種類と区別する必要がある場合はニホンウナ

図 2-11　ウナギのふるさとマリアナ海域（平成 21 年度　水産庁漁業調査船開洋丸　ウナギ産卵場調査航海にて筆者撮影）

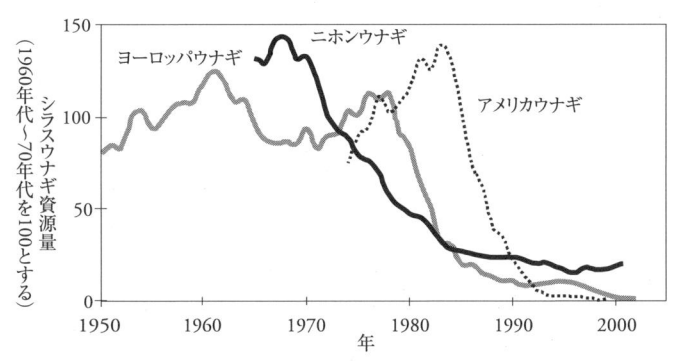

図 2-12　各種ウナギ類稚魚の資源水準の変動（Dekker et al., 2003 を一部改変）

第 3 節　人工種苗生産が天然ウナギの絶滅を救う　◀ 117

ギと呼ぶ），ヨーロッパから北アフリカに分布するヨーロッパウナギ（*Anguilla anguilla*），北米東岸に分布するアメリカウナギ（*Anguilla rostrata*）は比較的資源量が多く，特にニホンウナギとヨーロッパウナギは養殖も盛んに行われており，水産上重要種となっている．

これらのウナギは，養殖条件下あるいは河川や湖沼，沿岸などでは，どんなに大きくなってもどんなに年をとっても，決して自然に成熟・産卵することはなく，人類はウナギの受精卵や孵化仔魚を目にしたことがなかったので，その一生についてはつい最近まで謎に包まれていた．ニホンウナギについては図2-13に示したように，シラスウナギと呼ばれる全長5～6cmの透明な稚魚が初冬から春先にかけて南西日本や朝鮮半島，中国，台湾の沿岸や河口に来遊し，河川や湖沼，沿岸などで魚類や底生生物などを食べて成長する．雄は全長50cm，体重200g，4～5歳程度，雌は全長75cm，体重600g，6歳以上で成熟を開始して産卵場をめざす旅に出るとされており，産卵場までの回遊の過程で成熟が進むと考えられている．

1991年には，東京大学海洋研究所の塚本勝巳らの産卵場調査で北緯12～19度，東経131～137度の西マリアナ海嶺西方海域で全長7.6mmという孵化後10日程度のものを含む約1000尾ものウナギの仔魚が採集され，それらの孵化後日数とその海域の海流の方向および速度から，産卵場は北緯15度，東経142～143度付近であると推定された．グアム島の西側に当たるこの海域には深海底から海面近くまでそびえ立つパスファインダー，アラカネ，スルガと名付けられた三つの海山があり，これらの海山周辺で6，7月の新月の夜を中心にウナギの産卵が繰り広げられるという仮説（海山仮説，新月仮説）が提唱された（塚本，2008）．その後，2005年6月にはスルガ海山の西方約100kmの地点で孵化後2～5日の目も口もまだできていない仔魚（プレレプトセファルス）が約400尾採集され，産卵場はさらに絞り込まれた．また，採集されたプレレプトセファルスの孵化後の日数と発育・成長過程を人工孵化して様々な水温で育てた標本と比較することによって，天然の仔魚は水温28℃，水深65m程度のところに生息していたと推定された（篠田，2008）．産卵の時期および産卵場や生息水深が絞り込まれたことによって，今日では，ニホンウナギに関してはかなり高い確率でプレレプトセファルスを採集することが可能となった．2009年5月から6月にかけての開洋丸の調査では，同一の孵化仔魚群を数日間追跡して昼夜にわたって層別採集することに成功し，正確な分布水深，水温などの環境，初期の成長と形態変化などについて多くのデータが得られた．また，これまでほとんど得られていなかった昼間の標本が採集でき，消化管内に

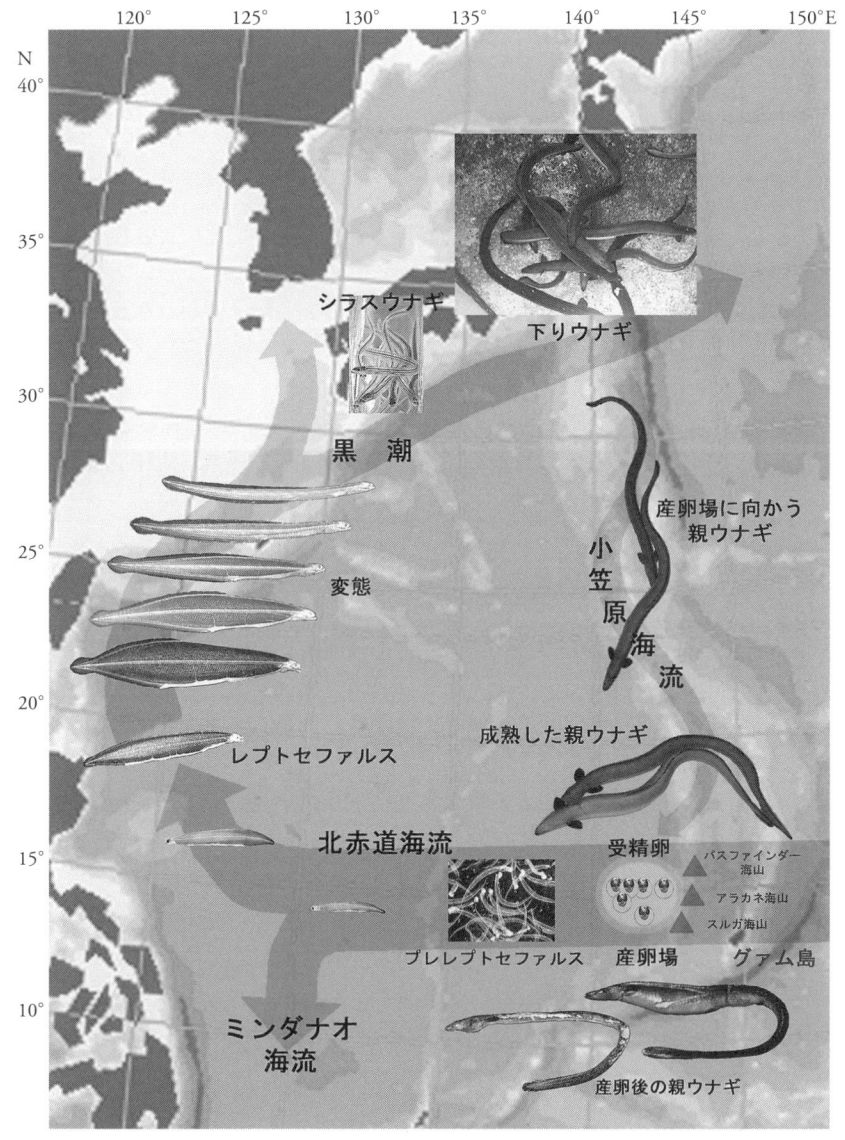

図 2-13 ウナギの生活史．プレレプトセファルスおよび産卵後の親ウナギの写真は水産庁漁業調査船開洋丸の調査によって捕獲されたもの．

餌が充満しているのが確認されている．その組成については今後の解析が待たれるが，これまで謎であったウナギの初期餌料に関する情報が得られれば，人工種苗生産には非常に有用な知見となる．

　西マリアナ海嶺の南端付近で生まれたプレレプトセファルスは北赤道海流にゆっくりと西に運ばれながら成長し，次第に体の幅が広くなって透明なヤナギの葉のような形態のレプトセファルス幼生へと成長する．レプトセファルスは成長とともに浮力が強くなり，夜間表層近くまで浮上して北に流され，黒潮の源流にたどり着くと考えられている．全長50～60mmに達したレプトセファルスは急激に体の幅が狭くなり，筒状のウナギらしい形に変わるとともに，比重が大きくなり遊泳力も強くなる．このレプトセファルスからシラスウナギへの劇的な形態変化を変態と呼び，天然では孵化後80～170日目くらいに始まり20～40日間くらいで完了すると推定されている．黒潮内で変態を完了したシラスウナギはその後黒潮を離脱して台湾，中国南部，日本，朝鮮半島の生息域へと接岸回遊を始めると考えられている．

　このようにウナギの生活史の概要は明らかにされているが，これまで，産卵場に向かう親ウナギが黒潮より南側で発見された例はなかったので，天然親魚の回遊経路や成熟に関する情報は皆無であった．しかし2008年の夏，この点について大きな新発見がなされた．水産庁の漁業調査船開洋丸によって，ニホンウナギの産卵場と想定されるマリアナ諸島西方海域で大型の中層トロールによるウナギ親魚捕獲を目的とした調査が実施され，産卵に関与したと考えられる天然の雌雄の親ウナギ（各2尾）が世界で初めて捕獲されたのである．さらに2009年には，開洋丸に加えて東大海洋研究所の塚本が率いる白鳳丸（船籍は海洋研究開発機構），水産大学校の天鷹丸，水産総合研究センター北海道区水産研究所の北光丸が同海域で集中的な調査を行い，非常に成熟度の高いものを含む雄ウナギ4尾，産卵直後と考えられ，さらに成熟過程の卵を残している雌ウナギ4尾を捕獲した．これらの標本の解析は現在進行中であるが，生殖腺や血液，脳下垂体からはこれまで全く知見の無かった天然ウナギの成熟生理に関する貴重な情報が，耳石からは産卵親魚の年齢や回遊履歴（各個体が一生のうちどの時期にどの様な塩分環境すなわち，淡水，汽水，海水域で生活したのか）が，体成分からは，産卵回遊前にどの様な餌料環境にあったのかなど，きわめて多くの情報が得られることが期待できる．今後さらに，様々な成熟段階にある多くの成魚が産卵場付近で採集され，情報が蓄積されれば，天然の産卵親魚の生理・生態が詳しく解明されるだけでなく，ウナギの資源研究や種苗生産技術開発にも大きな進歩がもたらされるものと期待されている．

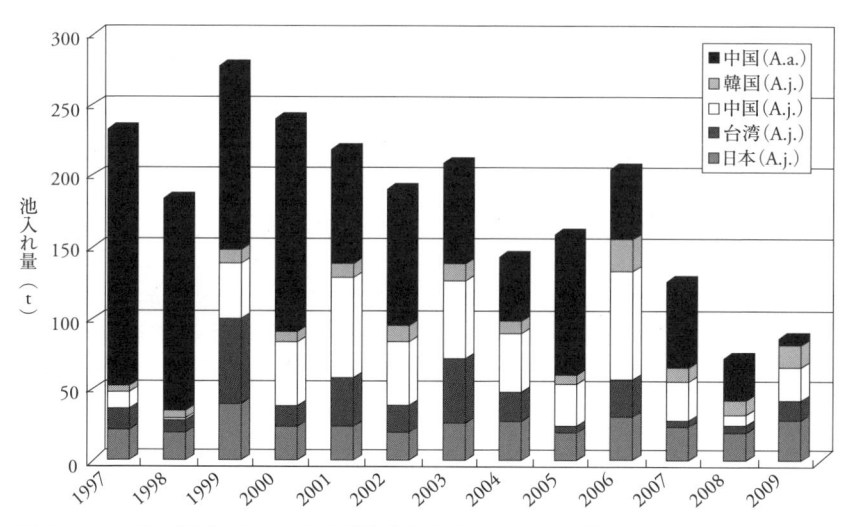

図2-14 アジア各国のシラスウナギ池入れ量(ウェブサイト「うなぎネット」のデータより作図. A.j. はニホンウナギ, A.a. はヨーロッパウナギのシラスウナギ)

2 ▶ ウナギ資源減少の要因と絶滅の危機

　上述のように，ニホンウナギについては生活史の解明が急速に進んでいるが，その分布域は河川の上流から中・下流，湖沼，汽水域，内湾，沿岸，さらに外洋の中層まで，地球上のあらゆる水域に分布しているといっても過言ではないため，その資源量を正確に把握するのはきわめて困難である．内水面における成魚の漁獲量や沿岸や内水面における稚魚の漁獲量が資源量を表す目安とされているが，河川に遡上しない海ウナギの存在も確認されており，その比率次第で資源量変動の推定精度は大きく変わってくる．しかしながら，統計に記録されている成魚の漁獲量については，1970年代に2000t程度あったものが，近年は300t前後まで減少しており，稚魚の資源量は図2-12に示したように1960〜70年代の1〜2割程度まで落ち込んでいる．これらのデータを見れば，ニホンウナギの資源が急激に減少していることは否定できない．この様な状況は，ヨーロッパウナギやアメリカウナギではより深刻であり，60〜70年代の水準の5%以下にまで低下しているといわれている(図2-12).

　養鰻の盛んな東アジアの日本，台湾，中国，韓国では，過去10年以上にわたって，毎年100〜200tものシラスウナギが養殖池に種苗として導入されてきた(図2-14).　池入れされるシラスウナギは基本的にはニホンウナギが中心で

あるが，ニホンウナギのシラスが不漁で価格が高騰したり，必要量をまかなえないときには，中国はフランスから大量のヨーロッパウナギのシラスを輸入し，種苗不足を補ってきた．上述のように，ヨーロッパウナギについては資源の減少はニホンウナギ以上に深刻な問題となっており，2007年6月にオランダのハーグで開催されたワシントン条約締約国会議で，ヨーロッパウナギをワシントン条約の付属書Ⅱに掲載することが圧倒的多数で可決された．この決定によって2009年3月以降はヨーロッパウナギの国際的な商取引には原産国政府の許可が必要となった．また，これとほぼ同時にEUの農相理事会では，ヨーロッパで捕獲された12cm以下のウナギの稚魚の35%をヨーロッパの河川への放流に回すことを義務づける規制を決定した．この規制は2009年1月から導入され，放流に回す割合は段階的に引き上げられて，最終的には2013年に60%に達することになっている．このようなヨーロッパウナギの稚魚に対する規制は，ニホンウナギを養殖している日本国内の養鰻業に直接の影響はないが，中国の養鰻には，2009年度のシラス池入れ量の内訳に早くもはっきりとした影響が現れている．前年度30tのヨーロッパウナギ種苗が池入れされたのに対して，2009年度は6t程度に急減している（図2-14）．2009年度にヨーロッパウナギ種苗の池入れが少なかったのは，ニホンウナギのシラスが豊漁だったことや冷凍蒲焼きの在庫がたくさんあったことの影響もあるが，今後，ニホンウナギのシラスが不漁となった場合には，日本市場へのウナギの供給量減少や東アジア一帯でのニホンウナギのシラス獲得をめぐる競争の激化などに波及し，最終的にはわが国の養鰻業やウナギ市場にも大きな影響を与えることが懸念される．

　養殖のための稚魚の漁獲がウナギ資源減少の主要な原因だという主張には異論もある．中国でウナギ養殖生産量が激増して，ヨーロッパウナギのシラスが大量に輸入されるようになったのは90年代以降であるが，図2-12に示されたヨーロッパウナギのシラスの資源量の急減は80年代前半から起こっている．また，養殖用種苗としてあまり利用されていないアメリカウナギの稚魚も80年代後半には急減している．このような世界的なウナギ資源急減の原因として，地球温暖化に伴う海洋構造の変化や淡水域の棲息場所の減少，河口堰やダムなどの障害物，水力発電所のタービン，河口や沿岸域の汚染，移入寄生虫の蔓延などにも注目すべきであるという説も傾聴に値する（井田，2007）．それでもなお，養殖のためのシラスウナギの漁獲が資源減少に直接的な影響を与えていることは否定できない．ウナギ資源の保全と養鰻業の安定化のために，ウナギの人工孵化・育成技術を確立し，卵から親までの生活環を飼育下で完結させ

る完全養殖を実現することは従来から強く望まれていたが，最近の危機的な状況の下，ウナギ人工種苗の実用化に対する期待はかつてないほどに高まっている．

3 ▶ 人工孵化研究の歴史

　生活史の項でも述べたようにウナギは飼育下では自然に成熟しないために，受精卵を得るには人工的に成熟を促進することが不可欠である．わが国では1960年頃からニホンウナギの人為催熟の研究が始められ，ほどなく東京大学の日比谷　京らが哺乳類の脳下垂体および絨毛性の性腺刺激ホルモンを混合したホルモン剤の投与によって雄の成熟を誘起し，精液を採取することに成功している．一方，雌の成熟誘起にはその後10年以上を要し，1970年代になって千葉県水産試験場の石田　修・石井俊雄，北海道大学の山本喜一郎らが排卵させることに成功した．そして1973年，山本らは雌の下りウナギにサケの脳下垂体を，雄の下りウナギおよび養殖ウナギにシナホリン（脳下垂体および絨毛性の性腺刺激ホルモンを混合したホルモン剤）を注射して熟卵および精液を採取し，世界初の人工孵化に成功して，孵化後5日間の発生を観察した（山本，1980）．さらに，北海道大学の山内皓平らは1976年に孵化後14日間の発生を報告している．

　しかし，当時の成熟誘起法では卵が受精可能な状態になり排卵されることはまれで，成熟は進むが排卵されることなく過熟になってしまうことが多かった．これは，最終成熟に必要なステロイドホルモン（DHP）が分泌されないためであることが山内らの研究で1988年に明らかにされ，サケ脳下垂体の投与によって成熟が進み，体重増加を示した雌ウナギにDHPを注射することによって高い確率で排卵させることができるようになった．また，下りウナギを使った成熟誘起の研究では，親魚が入手できる季節が限られるばかりでなく，良質な親魚を数多く入手することが非常に困難であったため，養殖ウナギを親魚として用いることが考えられたが，養殖ウナギは極端に雄が多く，外見で雌雄を見分けることはできないため，雌親魚の確保が課題とされた．そこで，愛知県水産試験場の立木宏幸らは80年代後半から養殖魚を産卵用雌親魚として育成する技術の開発に取り組み，1991年，シラスウナギに雌性ホルモン（エストラジオール-17β）を経口投与して雌にする方法を開発した．さらに彼らは，雌化した後2年6ヵ月程度育てた養成親魚にホルモン投与を行って成熟を誘起し，孵化仔魚を得ることにも成功した．

図 2-15 ホルモン投与により成熟が進んだ雌ウナギ

　これらの技術革新によりウナギの人為催熟・人工孵化の研究は，周年にわたって多数の親魚を用いて取り組むことが可能となり，研究の機会は飛躍的に増加した．一方，水産庁養殖研究所（現　独立行政法人水産総合研究センター養殖研究所）では，農林水産省のプロジェクト研究でマダイなどを実験魚として海産魚類の成熟・産卵・初期発育の内分泌制御機構を解明してきたが，その成果を応用して，1993 年から 5 年計画でウナギの催熟に取り組むことになった．以後，養殖研究所では今日までウナギ種苗生産研究が継続されており，養殖研究所が中核となって，水産総合研究センターの水産研究所，栽培漁業センター，県の水産試験場，大学および仔魚用飼料の開発に関して養殖研究所と共同研究を実施している不二製油株式会社，日本水産株式会社などが総力を結集して，ウナギの人為催熟および人工種苗生産研究の分野では世界をリードする成果を上げている．

4 ▶ 催熟・採卵・仔魚飼育技術の現状

　養殖研究所ではウナギの成熟誘起技術を高めるために様々な条件を改良した（図 2-15）．雌化した養殖ウナギへのホルモン投与量，投与法，最終成熟を誘

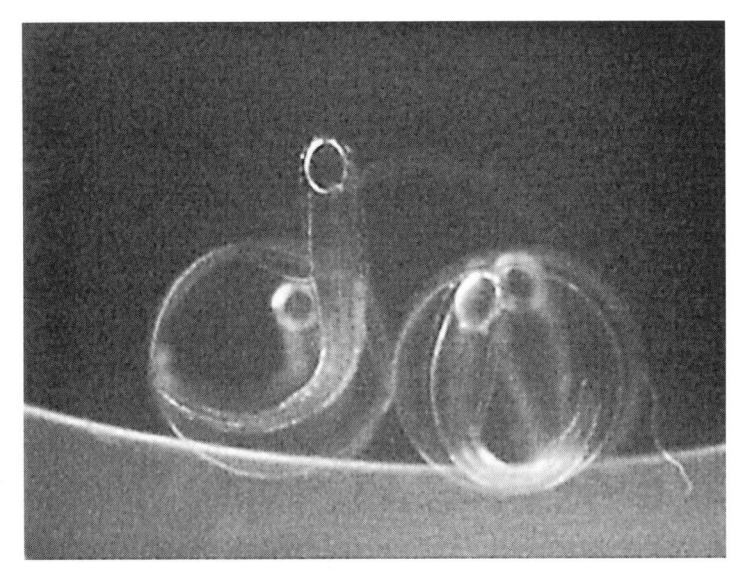

図 2-16　飼育下でのウナギの孵化

起するタイミング，催熟時の水温や塩分，雄については精子の運動活性を高める条件の検討を行い，精液の希釈・保存のための人工精漿を開発した．また，人工授精法では排卵後受精させるまでの時間が長くなるにつれて急速に受精率・孵化率が低下するので，速やかに受精させることが受精成績の向上に不可欠であることも明らかにした．

一方，水産総合研究センター志布志栽培漁業センターおよび (株) いらご研究所などでは，ホルモン投与によって成熟を誘起した雌雄親魚を産卵槽に収容して，水槽内での自然産卵を促す誘発産卵技術の開発に取り組み，様々な条件の改善により，近年，誘発産卵の成功率が飛躍的に向上し，得られる卵の受精・孵化成績も相対的に良好であることが報告されている．

受精卵および孵化仔魚は，かつて 21〜23℃で管理されていたが，水質の維持さえ可能であれば 25℃前後で管理したほうが孵化率が高く，仔魚の発生も健全に進行して，奇形の発生が減少することが明らかになった（図 2-16）．また，飼育水に卵白を 10ppm 程度添加することによって，仔魚の浮上斃死を防ぎ，初期の生残率を高めることができることが示され，初期飼育の安定度が飛躍的に向上した．

仔魚の初期餌料は，他の海産魚において絶対的な有効性を示すシオミズツボ

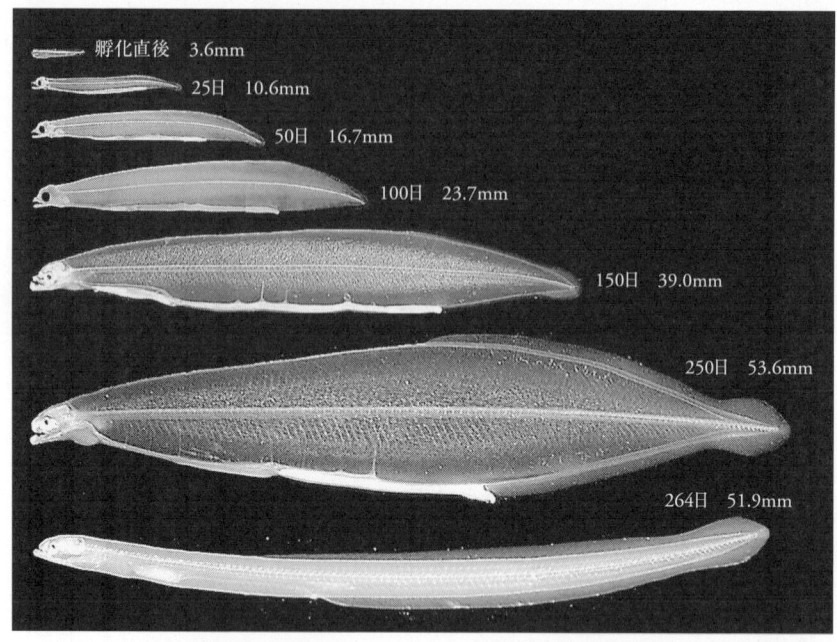

図2-17 孵化からシラスウナギまでの成長と変態

ワムシの給餌を長年にわたって試行したが，摂餌開始期以降のウナギ仔魚は多くの他の海産魚と異なり強い負の走光性を示すために水槽内でワムシと遭遇する機会が乏しいだけでなく，動く餌をねらって飛びつくような摂餌行動を示さないことから，ワムシを効率的に摂取させることはできなかった．現在までのところ，効率的な給餌が可能なのは水槽底面に沈殿する微細な粒子からなる液状の飼料のみであり，その主成分としてサメ卵を含まない限り高率に充分量の摂餌をさせることはできず，長期にわたる飼育は不可能である．また，サメ卵だけでは栄養的に不十分であることが明らかになり，大豆ペプチドやオキアミ分解物，ビタミンなどの添加物，添加量について検討を重ね，現行の飼料に到達した．さらに，水温や注水量の検討，水槽内を清潔に保つ工夫を重ね，長期飼育の安定度を少しずつ高めた結果，2002年，ついに飼育下でレプトセファルス幼生からシラスウナギへの変態が実現した（図2-17）．しかし，依然としてシラスウナギまでの生残率はきわめて低く，変態までには150〜500日と天然より遥かに長期間を要し，健全なシラスに育つ割合も低い．

図 2-18 次世代の親魚候補となることが期待されている大きく育った人工生産ウナギ

5 ▶ 人工種苗生産は天然ウナギの絶滅を救えるのか？

　飼育下で初めてシラスウナギの生産に成功してからおよそ 8 年が経過し，養殖研究所では完全養殖を目指して[1]人工生産ウナギを親魚にするために養成を続けている（図 2-18）．また，養殖研究所に続いて，2004 年には志布志栽培漁業センターで，2005 年にはいらご研究所でシラスウナギの人工生産に成功し，実験室レベルでニホンウナギのシラスを生産することは再現性のある技術となった．しかし，養殖ウナギの性分化，親魚の養成，成熟誘起法，得られた配偶子の質，孵化仔魚の健全性，仔魚の適正飼育環境，適正飼餌料，孵化後の生残率および成長，健全に変態させる条件などに今なお数多くの謎と問題点が残されている．そして人工種苗が養鰻用種苗として実用化されるために不可欠な，大量生産のための餌と飼育方法の開発が現時点では最大の壁となっている．わが国では養殖用の種苗として年間およそ 1 億尾のシラスウナギが必要とされており，養鰻業界にとっては 1 尾 100 円程度が許容できる価格の上限であるとの意見もある．人工種苗が養鰻業の安定化や天然資源の保全に貢献するには，

---

[1] 2010 年 3 月末から 5 月にかけて，水産総合研究センター志布志栽培漁業センターおよび養殖研究所で完全養殖が達成された．

着実に大量生産を実現するための技術開発と飛躍的なコストの低減が必要不可欠である．

このような背景の下，関係研究機関の総力を結集して，平成 17（2005）年度から農林水産技術会議の委託プロジェクトとして「ウナギ及びイセエビの種苗生産技術の開発」が実施されており，当初の目標であった孵化後 100 日目までの生残率を従来の 10 倍に引き上げることはほぼ達成された．その成果を受け，2007 年に決定されたワシントン条約などによる規制やシラスウナギの不漁などでさらに逼迫する養鰻用種苗の供給事情に緊急に対応するために，本プロジェクトのさらなる強化と平成 23（2011）年までの延長が決定された．平成 20（2008）年度からは優良親魚の養成，種苗量産システムの確立を目指した仔魚用飼料と飼育環境の最適化を中心課題として，新たな取り組みが始められている．

人工生産したシラスウナギで養殖用種苗の一部をまかなうことができれば，天然のシラスウナギに対する漁獲圧を引き下げることができ，天然資源の保全にも貢献できる．また，人工種苗は季節を問わず生産が可能であるため，特に需要が大きい早期種苗の供給に寄与できる可能性もある．さらに，完全にコントロールされた環境下でシラスウナギを生産することによって病気や寄生虫の発生を根絶することや，人工生産ウナギの世代を重ねることによって成長や肉質の優れた系統を作り出すことも期待できる．天然種苗以上に安心・安全で高品質の人工種苗を安定供給し，将来的には，養殖用種苗をすべて人工種苗でまかなうことができるようになれば，天然資源に依存することなく，「鰻」という日本の食文化を末永く守り続けることができる（口絵 10）．人工種苗がウナギの絶滅を防ぐことにつながれば，水産研究者としてそれ以上の喜びはないであろう．

第 4 節　遺伝的多様性保全に配慮した水産育種のあり方

1 ▶ 生物多様性条約と野生の保全

地球上には，その歴史 40 億年間にきわめて多数の生物種が出現したが，生物学が発達した現在でもその正確な数は把握しきれていない．その数は，記録

されたものだけでも150万種といわれるが，実際は500万種から3000万種あるのではないかという見方もある．一方，同一の生態系のなかの多様な生物種は，生活域を共有しながら相互に敵対し，また共存しつつ，微妙なバランスの上に現存している．このような種そのものおよび種相互の関係に見られる生物多様性について，我々は，まだ，詳細な情報を十分持ち合わせていない．生物多様性の世界に見られる生命現象を正確に解明するためには，未知の種および既知種の生理・生態・遺伝などを含む生物情報を確かな目的をもって収集し研究する必要があると考えられる．

1-1. 国際協力

深刻な状況になった地球の温暖化をはじめとする環境問題への対処方針を策定するために，1992年6月，ブラジルのリオデジャネイロにおいて地球サミット（環境と開発に関する国連会議）が開催された．このサミットで採択された行動計画「アジェンダ21」で，生物多様性の利用と保全に関わる問題が取り上げられ，参加国の間で生物多様性条約が調印された．

生物多様性条約は，①生物多様性を保全すること，②その構成要素の持続可能な利用を目指すこと，③遺伝資源の利用から生ずる利益を公正かつ衡平に配分することをその目的として謳っている．また，条約の目的を達成するため，①遺伝資源の取得の適当な機会の提供，②関連技術の適当な移転，③資金供与について考慮することを挙げている．いずれも遺伝資源の利用をめぐる先進諸国と途上国の利害対立の調整の必要性に配慮してのことである．

この条約の批准と発効に関しては，地球サミットに合わせ92年6月5日に署名開放され，1年間の署名開放期間中に168の国・機関が署名し，93年12月29日に発効した．その後，2000年2月10日までに，177の国・機関が批准または加入した．それぞれの締約国は，生物多様性の利用と保全に関する国家戦略を定め，条約上の義務を履行することが求められた．

日本政府は92年6月13日に署名，93年5月28日に条約を受諾し，18番目の締約国となり，引き続き行政上または政策上の措置を積極的に講じてきた．

1-2. バイオセーフティに関するカルタヘナ議定書の発効

生物多様性条約19条第3項の「バイオテクノロジーの取り扱いおよび利益の配分」に関する規定を受けて，1999年にコロンビアのカルタヘナで開催された生物多様性条約締約国会議において議定書が起案され，2000年になって

採択を見た．これがカルタヘナ議定書と呼ばれるもので，2001年9月には103ヵ国が同議定書に署名し，50番目の国が批准した後90日目に発効することとなった．この議定書が採択・発効およびその後の法制化の過程において，遺伝子組み換えとアグリビジネス産業への対応に関わる立場が異なるアメリカ，カナダ，アルゼンチン，オーストラリアなどの消極姿勢により足並みが乱れ，その後の進展が遅れるという一幕があった．日本政府は2008年5月20日になって，ようやく同議定書に対応した「生物多様性基本法案」を策定し，同法案は衆院環境委員会において可決され，衆・参両院本会議での審議を経て可決・成立するに至った．

　この法案は，生物多様性に影響する恐れのある事業を行う事業者に対し，事業の計画立案段階から影響評価を実施させるため，国が必要な措置を取ることを義務付けた．公共事業などの環境アセスメントの実施を義務付けた環境影響評価法よりも広い範囲の事業が対象となった．この法案では，一度損なわれた生物多様性の再生は不可能であることに配慮して，その利用と保全に関して予防的な取り組みの必要性を強調している．また，国に対しては，多様性保全の目標などを盛り込んだ国家戦略の策定や，生態系に被害をもたらす恐れのある外来生物の導入や遺伝子組み換え生物，化学物質の使用に関する規制などの措置を取るよう義務付けている．

1-3．生物多様性，その持続可能な利用について

　英国の科学者，ジェイムス・ラブロックは1960年代後半に，「地球は気候や化学組成をいつも生命にとって快適な状態に保つ自己制御システムを備えている」とするガイア仮説を提唱した．生態学者のE・P・オダム（1995）は「生物が存在しないと仮定したとき，太陽系の他の惑星がそうであるように地球の大気はほぼ無酸素で，炭酸ガスが充満し，大気温は摂氏290度という現在の地球環境からは想像のつかない環境となっている」とするJ・ラブロックの主張を紹介している．

　J・ラブロックの仮説は，生物が単に環境に適応するだけでなく自ら生活環境を改変・創出するとし，この点で従来の生物観とは一線を画している．そして生物は環境を変えることにより，岩石，大気，海洋などのすべてと全生命自身とを含むシステムの一部となり，文字どおり生きとし生けるもののすべてが，絶え間なく物理環境と相互作用を続け，それらの相互作用から地球生命圏〈ガイア〉という自己制御システムを作り上げたと考えるのである．

　この仮説から，生物の存在と生物の多様性は生物進化の帰結とみなされ，こ

の生物多様性こそが現在の地球環境の大気の形成に深く関わっていると考える．地球環境と生態系の保全に果たしている生物の役割は実に大きいものがあるとする観点から，森林の喪失など生態系の破壊や化石エネルギーの過剰利用に起因する二酸化炭素の増加が地球の温暖化をもたらしたのだとする蓋然的見地が導かれたのだと思われる．多様な生物およびそれを涵養する多様な生態系は人間にとって大切な資源ではあるけれども，その利用に当たっては長期的展望にたってそれを維持保全することを考えなくてはならない．生物多様性条約のなかで，たびたび標榜された生物資源の持続可能な利用（sustainable utilization）は，人類の生存のための条件を確保するためである．

1-4. 絶滅危惧種の指定の問題について

乱獲により著しく資源量が低下したクジラ類については，1982年国際捕鯨委員会（IWC）においてそれらの保全を目的とし，商業捕鯨モラトリアム（暫定停止）が採択された．それ以来，一部の鯨種で資源量が回復してもその指定が解除されることはなく，調査捕鯨が今も続けられている（詳細は第1章第3節参照）．2009年には，大西洋クロマグロがワシントン条約（絶滅のおそれのある野生動植物の種の国際取引に関する条約）の絶滅危惧種に指定されるという動きがあり，2010年3月の締約国会議では，大西洋クロマグロの国際商取引禁止および規制に関する議論が行われたが，幸い否決された（第1章第2節参照）．

水産業における有用資源が絶滅危惧種に指定されるとその影響は計り知れないものがある．捕獲漁業による乱獲が対象資源を減少させ，それらの絶滅が危惧されるような事態を招いたとすれば，その責任は重く，生物多様性の経済価値の視点からすると（プリマック，小堀，1997），国際社会の信用回復を得ることが容易でないと思われる．絶滅危惧種の指定解除がなかなか実施されない理由の一つに，魚介類資源の産業利用に対する不信感が影響しているのである．このような問題を克服するため，科学的データに基づく資源管理体制を構築し，有用魚介類資源の持続可能な産業利用を図り，それを実現することこそが，今後，絶滅危惧種の出現を未然に防ぐために肝要なことと考えられる．

他方，絶滅危惧種の定義と指定基準については客観性に乏しいとする指摘がある．環境庁は絶滅のおそれのある野生生物を6段階のカテゴリーに分類している（絶滅，野生絶滅，絶滅危惧，準絶滅危惧，情報不足，地域個体群）．水産庁（1994）の希少な野生生物のカテゴリーも環境庁の旧カテゴリーに準拠し7段階に分類している（絶滅種，絶滅危惧種，危急種，希少種，減少種，普通，地域個体群）．それらのうち絶滅してしまった種の認定は比較的容易であるかもしれない．しか

し，絶滅危惧種や危急種というのは，絶滅の危機に瀕している，絶滅の危機が増大していると定義されており，この段階のものを正しく評価する方法があるかと言えばそれは疑わしい．

漁獲対象生物の現存量や個体数の視認が困難な魚介類資源は，陸上生物，淡水生物，海洋哺乳動物などと較べ，対象種の如何にかかわらず資源の希少性についての評価が困難である．資源量が低下すれば漁業が成立しなくなり中止され，市場では見られなくなる．これは，単純に対費用効果上の理由で魚が見えなくなっただけのことである．しかし，魚介類資源の過剰利用により，資源量低下傾向（しばしば生態的理由により）に歯止めが掛からなくなり，いよいよ絶滅が危惧される状態にまで進行する場合もあるであろう．このような希少種といわれる状態を客観的に評価することが容易ではない場合が多い．

保全生物学で，最小存続可能個体数（Minimum Viable Population: MVP）は，遺伝的多様性レベルを無視した場合，500〜1000と言われている．ここで重要なのは，現存個体数（N）は単に集団の見かけの大きさと言われる数値であって，生物集団の保全上大切な集団の有効な大きさ（N_e）とは異なるということである．集団の有効な大きさ（N_e）は繁殖に関わる親の数から推定される数値で，これは見かけの大きさ（N）に較べると遥かに小さいということである．

資源量動向や集団の有効な大きさを，目視により実測することは陸上生物においては可能かもしれないが，海洋生物集団の有効な大きさを集団の見かけの大きさから推定することは多くの魚種では不可能である．海洋生物においては，その分布の広さや生息環境の大きな隔たりにより，残存資源量や集団の有効な大きさの推定は不可能に近い．

他方，前述の希少な野生生物のカテゴリーの定義についても，ことの緊急性からやむを得ない事情は理解できるとしても，客観性に乏しく，曖昧さが残されている．特に，漁業対象種に対しては，本当に絶滅のおそれがあるという最小存続可能個体数に近づいているのか，少なくとも有効な集団の大きさが近い過去に比べ低下しているのか否か鑑定すべきである．このような判定が可能なケースは少なく，多くの場合，絶滅危惧のカテゴリーではそれを証明するデータがない状態である．このような状態を反映してか，「情報不足または普通種」と判定されているケースがきわめて多い（水産庁，1994）．

本来，絶滅危惧のカテゴリーが，残存個体数や繁殖集団によって評価されるならば，「集団の有効な大きさ」に関する情報が必要である．「集団の有効な大きさ」が何らかの理由により縮小すると確実に遺伝的多様性（ヘテロ接合体率や対立遺伝子数の平均値）が減退することが知られており，このような指標が集

団の危急性の評価基準に使用できる可能性が考えられる．当然のことながら，乱獲への対処法は漁獲規制によるべきである．他方，絶滅危惧種に対しては，種個体群の縮小による生態的・遺伝的多様性の低下と適応値の低下をいかにして防止するかといった観点から対処法を決めるべきである．そこで，問題となるのは，種集団の遺伝的多様性の適切な評価手法の研究開発と基準値の設定などであり，それらに関する合意が当面の重要課題と考えられる．

2 ▶ 水族遺伝・育種の世界の動向に学ぶ

世界の捕獲漁業生産量が 8000 万 t と長らく停滞を続ける中で，魚介類養殖の生産量は，この 20 年間に 50 万 t から 4000 万 t へと大幅な伸びを示した．養殖産業の進展は，魚介類の再生産が飼育管理下で実施可能となったことと深く結びついており，養殖産業の進歩は遺伝資源の育種開発を促進する大きな要因となっている．

2-1. 水族育種研究の貢献

淡水魚の育種の歴史が紀元前にまで遡るのに比べると，海産魚の養殖と育種の歴史はごく新しく，たかだか半世紀程度である．このような水産増養殖の黎明期，1982 年に，水産増養殖遺伝育種学の第 1 回国際シンポジウム（International Symposium on Genetics in Aquaculture = ISGA）がアイルランドで開催された．以後，このシンポジウムは 3 年に 1 度，国際水産増養殖遺伝学協会（International Association for Genetics in Aquaculture = IAGA）の主導により開催されてきた．当初 ISGA をリードしたのは，ノルウェーのオスロ大学の T. Gjedrem，カリフォルニア大学の G. A. E. Gall，アイルランド大学の N. Wilkins らで，彼らはいずれも家畜育種の専門家であった．

この時期，分子生物学の進展により遺伝子の姿が浮き彫りにされる中，関連技術を利用したバイオテクノロジーの勃興期にさしかかっていた．ISGA においても魚介類育種の急速な進展を感じさせる染色体操作や遺伝子操作にかかわる画期的な研究発表が次々と報告されるようになった．他方，ISGA では，このような最新の技術に注目が集まる中，育種の基本である選択育種の研究を地道に進める研究者も少なくはなかった．これらの研究者は，養殖現場と連携してデータを取りながら，系統的に選択育種を推進し，ついには，アトランティックサーモン（ノルウェー），サーモントラウト（チリ），テラピア（フィリピン）などで遺伝的改良と量産，さらには新しい養殖産業の創出にまで発展させた．

ISGAは2009年6月にタイのバンコクで開催された会議で第10回目を迎えた．世界の水産遺伝育種とそれに関わるこれまでの研究の急速な進歩はIAGAの指導的役割に負うところが大きい．

2-2. 遺伝的多様性の利用と保全の潮流

1992年の地球サミットにおける生物多様性条約の採択に連動し，FAOの遺伝育種専門家会議が開催され，養殖・移植・種苗放流などの生産活動の積極的意義を認めた上で，それらがもたらす脅威つまり遺伝的撹乱の問題とその防止の必要性が指摘された．この中で，水産生物部門は，家畜や作物などの育種部門と違い，漁業・増養殖で利用される遺伝資源の大半が野生のものと大差がない状態にあることを重視し，このような水産業特有の資源利用の現状に配慮しながら魚介類の遺伝資源の保全と適正利用を図るべきとする勧告を行った．この会議に参加していたのは，座長のF. M. Utter（米国），G. A. E. Gall（国際誌Aquacultureのチーフエディター，米国），N. Ryman（スウェーデン）などIAGAで指導的役割を果たしてきた研究者たちであった．

2-3. 生物多様性の1要素，遺伝的多様性の意義について

地球サミットで論議された生物多様性の中身は，実は単純ではなく，生物の階層構造に対応して，種レベル，群集レベル，生態系レベル，景観レベルなどの異なるレベルの多様性が含まれている．遺伝的多様性もそれらのうちの一つである．20世紀後半には，絶滅種が急増したので，当初は生物多様性の保全と言えば，種多様性の保全とあたかも同義とする時代があった．一つの生態系は，多様な生物種によって構成され，それぞれの種はそれぞれの地位に対応する生態学的機能を担っているとし，種の多様性は生態系保全のかなめ的な重要事項と考えられていたからだ．

他方，種のレベルより低次の集団および個体レベルの遺伝的多様性は，変動する環境への柔軟な対応を可能にし，生存能力を安定的に維持するための重要な装置であり，また，多様な生物種の過去および未来に関わりのある進化的素材とも言うべき基本的特性と考えられる．遺伝的多様性は集団内の個体変異と集団間の遺伝的分化の二つの側面を含んでおり，それらは自然集団のなかでは，変異の供給と消失のバランスのうえに，長期および短期の変動を遂げている．このような観点から遺伝的多様性保全は，現在生息する遺伝資源を利用し保全するということにとどまらず，現存集団が将来さらに進化し，発展していく可能性をも考慮するという点で生物多様性保全と共通の基盤に立っていると

見ることができる.

　自然災害や人間の諸活動による様々なストレスは集団サイズ（個体数）や分布域の縮小をもたらす．種集団の縮小は種集団の遺伝的多様性を減退させ，このことが血縁個体間の交配による有害遺伝子の発現および適応値（生存力）の低下をもたらす．そして，ついには種集団全体の崩壊に至るという不都合なシナリオが描かれるのである．したがって，遺伝的多様性のレベルを集団の健全度の指標とみなし，それを的確に査定・評価できれば，それから得られる情報を参考にして遺伝資源の崩壊や種の絶滅を予測し，絶滅防止対策の考案を可能にすることが期待できる．

　遺伝的多様性はタンパク多型やDNA多型をマーカーとして比較的容易に検出できる．このような遺伝的多様性マーカーの使用により，海洋や陸水の人間の目の届かないところに生息している水圏生物の集団の有効な大きさや近交レベルの評価が可能となる．また，人類の諸活動による集団構造における攪乱についても評価が可能となるのである．

3 ▶ 栽培漁業において配慮すべき遺伝的多様性保全の問題

3-1. 責任ある種苗放流事業

　人類にとっていかに有益な事業であっても，それに伴うリスクは皆無ではありえない．それから得られるベネフィットとリスクを適正に査定し（assessment），それらが持続的生産活動につながるか否か評価（evaluation）したのち，リスクを管理（management）することが可能であれば当該事業の実施段階へと進むといった手続きは，新たな事業を企画する際に実施すべき基本的事柄として現在社会の常識となっている．

　日本の内水面および海面漁業においては，低下した資源量水準の回復を目指して，人工種苗の放流事業が実施されてきた．1963年には，魚介類の種苗生産・放流を中心とする栽培漁業の試みが始められた（本章第2節参照）．その後，国際的な200カイリ体制が定着する流れの中で，1979年から栽培漁業は全国的に沿岸漁業の中で定着するようになった．この頃から人工種苗の放流量が急激に増大した．栽培漁業は各県の水産試験場や人工種苗生産施設において展開され，そこでは親魚集団が継代保存されているが，親魚の遺伝的多様性の維持・管理に関する検討は不十分で，遺伝的多様性が明らかに低下している人工種苗が生産されていた．原因は採卵用として使用される親魚数が少なかったことである．こうして少数家系からなる人工種苗集団が生産され，これらは親魚にま

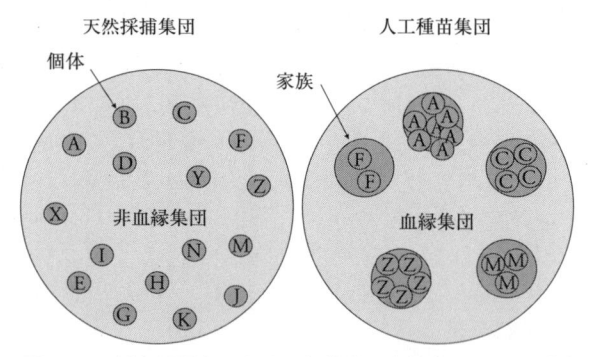

図 2-19 採卵用親魚における個体間の血縁度のイメージ図
天然由来の親魚集団（左）には血縁関係個体間交配の可能性は著しく低く，人工種苗由来の親魚集団（右）では血縁関係個体間交配の可能性が高くなる．DNAマーカーにより非血縁個体選択交配を実施すれば，遺伝的多様性を高く維持し，近親交配を防止することができる．

で育てられ，次世代生産に用いられた．次世代生産においては血縁関係のある個体間の交配（近親交配）が多発する（図2-19）．このような交配が繰り返されると，遺伝的多様性の低下に拍車がかかるだけでなく，近交係数（近交の指標）が上昇し，副次的影響が発生するに至る．

野生集団で代表される水産遺伝資源に対し意識的および無意識的に影響を及ぼすことがないよう，栽培漁業の現場では，放流・移植事業を慎重に進めることが求められるようになった．栽培漁業には対象種や生産規模が異なる様々な事業場があり，抱えている問題は同じではなく，それらの種苗生産施設で利用可能な実用的な親魚遺伝的管理マニュアルの策定が望まれている．

3-2. 放流用人工種苗生産のリスクに関する基本的視点

養殖種苗の品種改良においては，有用形質の遺伝的改良と遺伝的均質化が育種目標となる．養殖種苗開発の場合は，養殖場において大量の改良系統が生産・飼育され，それらは網一枚を挟んで天然魚介類集団が生息するといった状況下で生産活動が営まれている．したがって，飼育施設の破壊による養殖系統の自然海域への散逸・逃亡などによる遺伝的攪乱リスクの防止に関する管理対策とモニタリングが重要課題となることは疑問の余地がない．

栽培漁業においては，開放系に人工種苗を放流することが重要な要素となるので，種苗放流において予測されるリスクは野生集団への遺伝的影響であり，

それを最小に止めることが管理目標となる．このため，種苗放流後の野生との遺伝的混合による遺伝的攪乱を防止するため，人工種苗集団は野生集団と遺伝的に同質であることが重要な生産目標となる．マダイの採苗技術が整い量産体制に移行する時代に，筆者は，開放系への放流用種苗がそなえるべき遺伝学的条件を以下のような項目にまとめ提起した（谷口，1986）．

① 採卵用親魚は，種苗放流予定海域の地方集団由来のものを養成し，後代生産用親魚として使用すること．
② 放流種苗は，十分な数の親魚が生殖に関与して形成された集団（有効サイズの大きい集団）であること．
③ 放流用種苗は，十分な遺伝的多様性を備えていること．
④ 放流用種苗集団の近交係数は低く抑制された集団であること．

種苗生産においては発育不良，伝染病，奇形など非遺伝的要因による問題がしばしば見られる．また，外部環境との相互作用の中で発現する生理・生態的形質は飼育条件が不十分であれば，形質の発現が未発達のままということもよくあることだ．これらの問題にも遺伝的要因が全く関与しないとは言い切れない．

また，このような飼育条件に関わる遺伝的多様性減退の影響を正確に評価することは容易ではない．したがって，遺伝的多様性評価の必要性は見過ごされ，後回しにされがちである．しかし，遺伝的多様性は一度失われると回復することが困難で，その影響は何年も後に遅れて現れることになる．したがって，遺伝的多様性の査定と評価は予防的視点に立って実施すべき最優先課題であると考えられる．

4 ▶ 種苗放流において必要な遺伝学的基本情報

4-1. 種苗を放流する海域の野生集団の遺伝的構造

メンデル集団

一つの遺伝子給源（gene pool）を共有し他家受精の，有性生殖を行う個体からなる集団をメンデル集団と称している．メンデル集団において，繁殖個体が次世代を生産するために等しく配偶子を集団中へ供給するならば，ハーディ・ワインベルグの法則（2項2乗の法則）が成立する．メンデル集団は遺伝子給源の一つの形であり，遺伝子プールとも言う．有性生殖の2倍体集団では集団のすべての個体は次世代を生産するために等しく配偶子を遺伝子給源の中へ供給し，次世代の個体は，遺伝子給源から個体形成に必要な遺伝子を遺伝子座毎に

1対ずつ供給されると考える．

地理的分集団
ある生物種の分布域全体で，遺伝的に均質な単一集団を構成している場合は少なく，程度の差はあれ，何らかの地理的隔離によって，いくつかの分集団に分かれていることが多い．分集団間では，ある程度の遺伝子の交流があるものの，それぞれ固有の遺伝的組成を持ち，地理的分集団として存在している．

メタ集団構造（メタ個体群構造）
メタ集団は，局所的集団（パッチ）の多数の集まりで，それぞれの局所的集団は生成と消滅を繰り返しながらも存続しているケースを想定した個体群モデルのことである．メタ集団の時間的変遷を遺伝的視点からとらえたのが，遺伝的集団構造である．

集団間の遺伝的距離
生物種において集団間の遺伝的違いの程度を示す尺度で，種や分集団間の遺伝的類縁関係を客観的に表す上で有効とされる．マーカー遺伝子の頻度を用いて集団の違いを数値化したもので，Dで表示する．D値は同じ集団から採ったサンプル間では0となり，類縁関係が遠いほど大きくなる．

進化的保全単位 (Evolutionally Significant Unit = ESU)
集団構造に関する調査研究の結果として得られた系統図において確認された単系統的グループで，一つ以上のDNAマーカー（後述の遺伝マーカーの一種）において独立性が確認できれば，これを進化的保全単位（ESU）と称する．同一種であっても異なる保全単位間の移植・放流は遺伝的攪乱とその後の絶滅につながるので，避けなければならない．

管理単位 (Management Unit = MU)
種内の一つの分集団で，集団間に遺伝子流動の可能性があっても，少なくとも一つ以上の遺伝子座において統計的な異質性が確認される場合，この集団は一つの管理単位とみなされる．放流事業や漁獲規制などの資源管理の計画と実行は，この単位毎に実施されるべきである．

4-2．遺伝的多様性の評価

遺伝マーカー
自然集団や人工種苗の遺伝的多様性を評価するためには，集団を構成する個体の備える遺伝変異を検出する必要がある．まず，個体の備える遺伝変異はゲノム上にある遺伝子座毎に検出し，記録をとることになる．集団の備える遺伝変異は，特定集団を構成する個体が保有する遺伝変異の総和として記録する．

このような集団の遺伝変異を的確に評価するには，データを取るために多くの地理的集団から多くの標本を採集し，多くの遺伝子座の遺伝子型を検出する作業が必要となる．

このような集団レベルの遺伝的多様性を評価するには，きわめて大きいコストと労力が必要となる．そこで，考えられるのが，遺伝変異を直接的に測定するのではなく，遺伝子と同じDNA上の非遺伝子領域に存在するDNA配列変異を遺伝マーカー（標識）として利用することで，近年は遺伝的多様性を間接的に測定する方法が採用されるようになった（谷口・高木，1997）．

遺伝マーカーは，ゲノムや核小体に存在する遺伝子またはDNAの一定領域の変異であって，それらにより遺伝子型または表現型が容易に判別でき，それらを保有する個体または細胞を識別することができる．このような遺伝マーカーは，従来から懸案となっていた魚介類集団の個体および集団レベルの遺伝的多様性の程度を評価することを可能にする．また，種内の地理的品種（種族）など分集団構造の鑑定指標としても利用することができる（高木・谷口，1999）．

高感度DNAマーカー

遺伝的多様性の評価研究においては，遺伝マーカーの質（感度）と量がそれらから得られる情報量を左右するので，従来使用されてきたアイソザイムより一層感度の高い遺伝標識の開発が望まれてきた．高変異性領域を含むDNAの塩基配列多型について検討した結果，マイクロサテライトDNA多型（口絵24）がアイソザイムに替わる遺伝マーカーとして優れていることが，マダイの野生集団および近交集団を用いて具体的に示された（谷口ほか，1998）．

魚類のDNAを構成する塩基数は1ゲノム当たり数億から数十億あると言われる．このような塩基配列には様々な遺伝的個体変異が含まれている．DNA上の遺伝的個体変異は遺伝子領域（エクソンなど）より非遺伝子領域（イントロンなど）により多く蓄積されている．非遺伝子領域には数塩基から10～数10塩基を基本単位とする繰り返し配列の領域があり，繰り返し配列の基本数の少ない部位はマイクロサテライトDNAと呼ばれている（口絵24）．この部位が遺伝的多様性指標として採用されることになる．

遺伝的多様性の指標

遺伝的多様性研究においては，個体レベルではゲノム全体の多様性を評価するため平均有効アリル数（A_e）および平均ヘテロ接合体率（H_e）が多様性のレベルを示す指標となる．集団（種全体）レベルの多様性については，集団間の遺伝的距離（D），集団の分化指数（F_{st}）など集団構造に関する多様性指標を採用

(a) 直線回帰　　　　　　　　　　　　(b) 指数回帰

$Y = 0.25420X + 10.2592$
$R^2 = 0.6457$ ($P = 0.0091$)
$n = 9$

$Y = 10.1653^{0.0376X}$
$R^2 = 0.7833$ ($P = 0.0030$)
$n = 9$

図2-20　アユ人工種苗の継代に伴う遺伝的多様性の低下
●は各地のアユ種苗生産施設で継代生産された人工種苗の標本．□は高知県内水面種苗センターで，親魚を500尾以上使用して作出した種苗である．平均アリル数（A）の継代に伴う減少を示している．

することになる（谷口ほか，1998）．

　マイクロサテライトDNAの場合は，検出される部位の遺伝子としての機能の有無にかかわりなく，メンデル遺伝することが確認されている．これらは，当初，遺伝子座および対立遺伝子と称されたが，遺伝情報を含まないということで日本語ではその英名をとって前者はマーカー座，後者はマーカーアリルと称している．しかし，変異レベルや集団間の分化の指標はアイソザイムの場合と全く同様である．

　集団内の遺伝的多様性は1遺伝子座当たりの対立遺伝子数の平均，多型的遺伝子座率および平均ヘテロ接合体率などにより評価し，低頻度対立遺伝子の多いマイクロサテライトDNA多型においては，1遺伝子座当たりの有効対立遺伝子数（effective number of alleles, $A_e = 1/(1 - H_e)$）を採用する．

　マイクロサテライトDNAマーカーの場合，1遺伝子座当たりの対立遺伝子数が多く，遺伝子型の数も多いのでハーデイ・ワインベルグの平衡や集団間の異質性の検定は著しく煩雑になるため，集団分析用のコンピューターソフトを採用することになる．

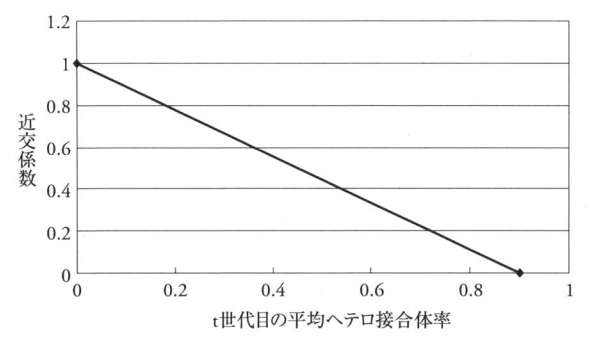

図2-21　遺伝的多様性と近交係数の関係
野生集団から親魚を導入した継代的人工種苗集団において近交係数が上昇すると遺伝的多様性（ここでは平均ヘテロ接合体率）が低下し，その模様は $H_t = H_o(1-F)$ により予測できる．ここで，Fは近交係数，H_t は t 世代後のヘテロ接合体率，H_o は元の集団のヘテロ接合体率である．

4-3．DNAマーカーによって判ること

　高感度DNAマーカーと言っても，それらは非遺伝子領域に存在するDNAの配列変異にすぎない．このような高変異領域は遺伝子としての機能がないので，それらのDNA領域の塩基配列に突然変異が生じても，個体の生存に影響を与えることがなく，それゆえこのような突然変異は機会的遺伝子浮動により集団から除外されたり保持されたりする．いったん集団中に残存した変異は有害遺伝子に較べると遥かに長きにわたって温存，蓄積されることになる．また，このような非遺伝子領域はゲノムの全域に存在するので，このようなDNA領域の多型性情報をできるだけ多く測定すれば，個体および集団の遺伝的多様性に関する総合的情報を得ることができる（谷口ほか，1998）．

　人工種苗生産の場合には，小集団化によるボトルネックによりそのような変異が容易に消失する（図2-20）．その場合も，非遺伝子領域ゆえに，このマーカーの消失が集団および個体の生存に直接的影響を及ぼすことは考えられない．つまり，このようなDNAの非遺伝子領域マーカーをゲノム中から広く検出し，定量することにより，変異性が低いため測定が困難なゲノム上のあらゆる遺伝子座の変異や同祖接合性（近交度）を平均的に評価することが可能となる．このようなマーカーを多数検出すれば，マーカー近傍の遺伝子座だけでなく，個体レベルと集団レベルの近交係数の推定が可能となる（図2-21）．また，このようなマーカーの個体レベルの保有状態を定量することにより，個体間の類縁

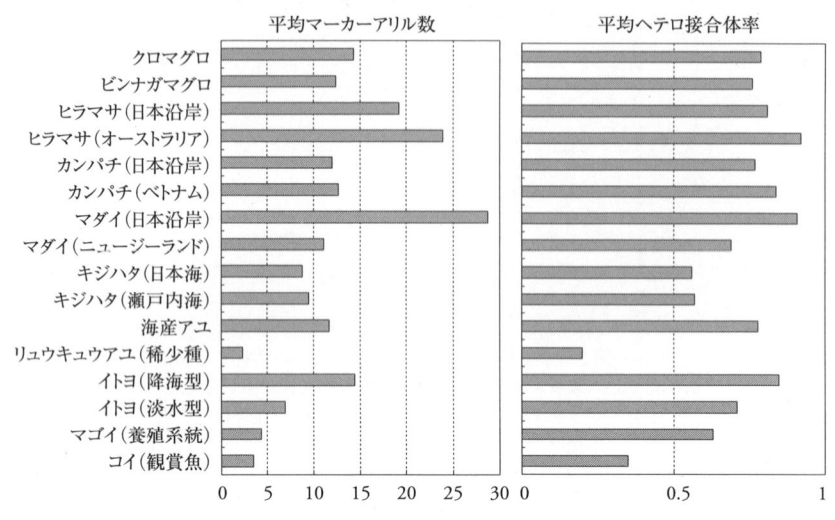

図 2-22 魚類の遺伝的多様性指標の比較

クロマグロなどの海産野生集団で高く，イトヨなどの淡水魚でやや低く，コイの養殖系統ではやや低く，リュウキュウアユなど絶滅危惧種では著しく低い傾向が見られる．

性（血縁度），集団間の遺伝的類似度（遺伝的距離）などを推定することができるのである（野口ほか，2003）．

5 ▶ 野生集団の遺伝的多様性評価事例

5-1．海産魚の遺伝的多様性のレベル

マイクロサテライト DNA マーカーの遺伝的多様性の高さは，魚類の地方集団間の遺伝的分化をはじめとする集団構造解析における性能（応用性）の高さを期待するに十分である（口絵24）．マイクロサテライト DNA マーカーはまだ開発されて日が浅い．この DNA マーカーの検出には魚種ごとにプライマーが必要であり，スズキ，イトヨ，マダイ，アユ，クロマグロ，カンパチ，カンモンハタ，ヒラメなど多くの魚種のプライマーが開発され，マイクロサテライト DNA マーカー検出マニュアルも作成されている．それらのプライマー情報は DDBJ（DNA Data Bank of Japan；日本 DNA データバンク）などに登録されており，集団構造研究など種々の研究グループにより利用されている．

魚類の野生集団の DNA マーカーの多様性指標の比較研究を実施したところ，一般に著しく高い多様性が認められた（図2-22）．これら野生集団の遺伝

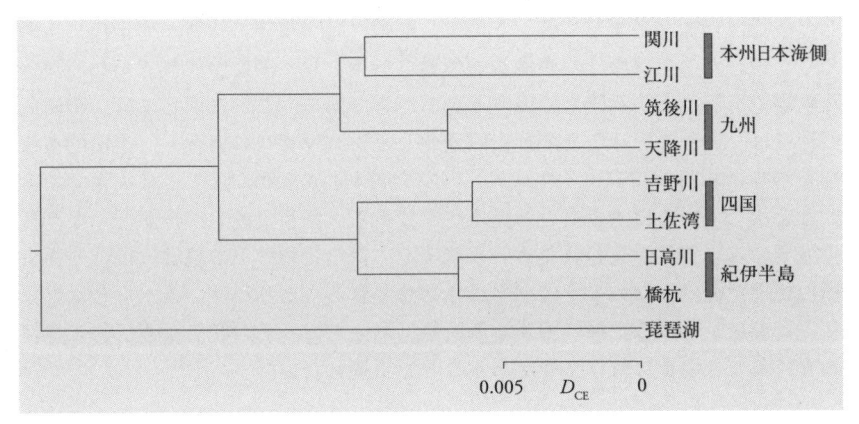

図 2-23 マイクロサテライト DNA マーカーによる海産系アユ集団内の地理的分化
遺伝マーカーとしてマイクロサテライト DNA の七つの座を使用し，集団間の遺伝的距離を求め，UPGMA 法により類縁図を作成したところ，それぞれの海域別クラスターが形成された．集団の地理的分布に地域性のあることが分かる．

的多様性のデータは，放流種苗に求められる多様性の基準値として有効であり，また，集団の保全生物学的診断のおよその基準値となるものである．この図では，希少種と言われるリュウキュウアユや長年継代繁殖が実施されてきたコイ（観賞魚）の多様性指標の低さが際立っている（谷口，1999）．また，地理的障壁による集団の隔離と人為による分布の拡大といった複雑な背景を備える淡水魚の集団構造に関する研究においても，マイクロサテライト DNA マーカーを導入することにより，分集団の地理的分化の状態に関する知見を得ることが可能である（図 2-23）．

5-2. 絶滅危惧種の遺伝的多様性レベル

稀少種とされる奄美大島産のリュウキュウアユにおいては，マイクロサテライト DNA マーカーによる調査により，多様性指標が著しく低く，遺伝的に均質化していることが明らかとなった（図 2-22）．リュウキュウアユは奄美大島の東西 2 集団間の遺伝的距離が両側回遊型と陸封型間遺伝的分化と同程度の分化を示している．このような近隣河川間の大きな遺伝的分化は絶滅危惧集団において，ボトルネックが働いたためと考えられた．

メコンオオナマズ，セブンラインバブルなどメコン川委員会（MRC）が絶滅危惧種に指定した魚種では，遺伝的多様性レベルが著しく低下していることが判明している．他方，農林水産省により希少種の指定を受けているマツカワは

その多様性指標が必ずしも低くない．これは，稀少集団の状態が何世代にもわたって続いたのではなく，資源量が急激に低下し単に漁業が成り立たなくなった状態であることを示唆していると見るべきである．これに関しては，絶滅危惧種ではないかということで社会問題化したクロマグロの場合も，遺伝的多様性レベルは相対的に高く（図2-22），単に資源量が急激に低下した状態であることを示しているにすぎないと見るべきである．漁業資源レベルが低くなり漁獲漁業の成立条件が失われたという状況を，保全生物学上の絶滅危惧種や稀少種の状況と混同しないよう留意すべきと思われる．とりわけ，淡水魚とは異なり，資源量レベルの把握の困難な海産魚においては，その評価は遺伝的多様性調査に基づき慎重に行う必要があることを指摘したい．

6 ▶ 集団構造から遺伝的管理単位の解明

量的形質に関しては，海産アユと琵琶湖産アユの生殖形質は同じ種でありながら，産卵期が2ヵ月ほどずれていることが判っている．これらのアユの二つの系統は産卵期だけでなく，卵径，孵化日数なども明らかに違っている（辻村・谷口，1995）．これらの孵化日数は水温を高くすると短くなり水温を低くすると長くなり，典型的量的形質と考えられた．アユの二つの系統は，非遺伝子領域のDNAマーカーにより，集団レベルおよび個体レベルで識別ができるが，このことはとりもなおさず，それらの非遺伝子領域マーカーが高水温または低水温への適応に関連する遺伝子群を個体レベルで捉えていることを意味し，非遺伝子領域DNAマーカーの多様性評価の意義をよく表している（谷口・池田，2009）．

6-1. 希少種における遺伝的多様性保全シミュレーション

希少種や絶滅危惧種が増えている．これらの魚種の遺伝的多様性について現状を把握する必要性は高い．種苗生産を実施する場合には先ずDNAマーカーのアリル型データを取り，現有親魚集団の遺伝的多様性を評価し，人工種苗の有効親魚数を推定し，これを放流した場合，天然集団と遺伝的な混合によりどの程度の影響を及ぼすのか予測することができる（図2-24）．さらに，非血縁個体選択交配シミュレーションを実施すれば，将来の遺伝的多様性のレベルをどの程度維持できるのか予測可能である（野口・谷口，2006）．

このような絶滅危惧種の事前調査の段階で，供試魚を採捕して殺してしまったのでは絶滅を加速することになりかねない．供試魚を犠牲にしないため，鰭

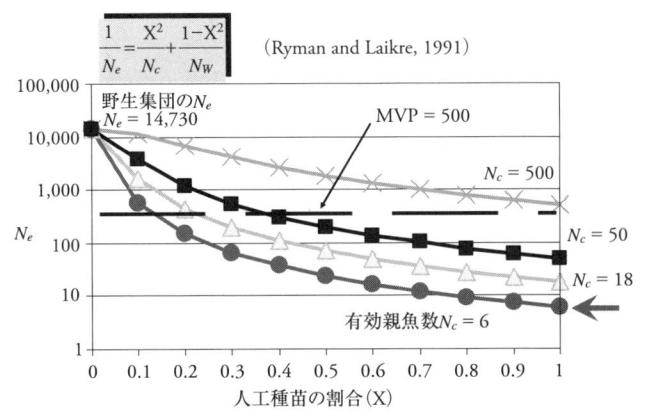

$$\frac{1}{N_e} = \frac{X^2}{N_c} + \frac{1-X^2}{N_W}$$ （Ryman and Laikre, 1991）

図 2-24　少数親魚により生産された人工種苗が放流されたときに野生集団に与える影響予測（希少種マツカワの事例）

N_e：野生集団の有効な大きさ，N_c：人工種苗の割合．野生集団の N_e を 14,730（平均ヘテロ接合体率から推定），限界有効集団サイズ（MVP）を 500 とする場合，N_e 500 の線と各曲線の交点下に来る値が放流可能数となる．

の小片など微量のサンプルから DNA を抽出し，遺伝標識を検出することも可能である．このような遺伝的多様性評価の課題に対応するには，遺伝的マーカーの迅速・大量検出技術の開発と簡便化に関する研究を今後も続ける必要がある．

6-2．種苗生産用親魚の遺伝的管理指針の提案

養殖に関しては改良した優良系統の維持管理および近交防止の観点から，栽培漁業に関しては，人工種苗における遺伝的多様性保全と無意識選択防止の観点から，親魚集団と人工種苗の DNA マーカーによる査定・評価体制と野生集団への影響の長期的モニター体制を確立することは急務の課題である．図 2-25 は魚介類の遺伝的多様性保全のための親魚管理マニュアルの一例として作成したものである．遺伝マーカーを用いることにより，増養殖用親魚集団の系統保存や遺伝的多様性評価およびモニターを確実なものにすることが可能である．

環境破壊と乱獲により天然漁業資源が年々低下する状況のもとで，国際的視野に立てば，タンパク質の供給源としての養殖漁業や栽培漁業に対する期待が高くなっている．資源の過剰利用が進み今や増産の望めない漁獲漁業を補完する産業として，養殖漁業や栽培漁業に対する期待は大きくなっている．これら

```
                    ┌─────────────────────────────┐
                    │  魚介類の増養殖用親魚管理マニュアル  │
                    └─────────────────────────────┘
        ┌──────────────────┐        ┌──────────────────┐
        │ 野生集団の遺伝的多様性 │───────▶│ DNAマーカーの遺伝子型 │
        │ と集団構造の調査     │        │ 検出と多様性分析     │
        └──────────────────┘        └──────────────────┘
                 │                           │
                 ▼                           ▼
        ┌──────────────────┐        ┌──────────────────┐
        │ 親魚候補をMVP以上の  │◀───────│ 野生集団の多様性評価 │
        │ 確保(G-0世代)       │        │ 有効親魚数および多様性評価 │
        └──────────────────┘        └──────────────────┘
                 │                           │
                 ▼                           ▼
        ┌──────────────────┐        ┌──────────────────┐
        │ 創始集団を作出(F1世代),│◀───────│ 遺伝的多様性を確保出来 │
        │ 次世代生産用親魚確保  │        │ ないときはMK法採用   │
        └──────────────────┘        └──────────────────┘
                 │                           │
                 ▼                           ▼
        ┌──────────────────┐        ┌──────────────────┐
        │ 人工種苗の作出(F2世代)と│◀───────│ 人工種苗のリスク評価と査 │
        │ 最適放流の実施      │        │ 定,放流の可否決定   │
        └──────────────────┘        └──────────────────┘
                 │                           │
                 └──────────┬────────────────┘
                            ▼
                ┌──────────────────────────┐
                │ 野生集団および種苗生産用親魚集 │
                │ 団の遺伝的多様性モニター       │
                └──────────────────────────┘
```

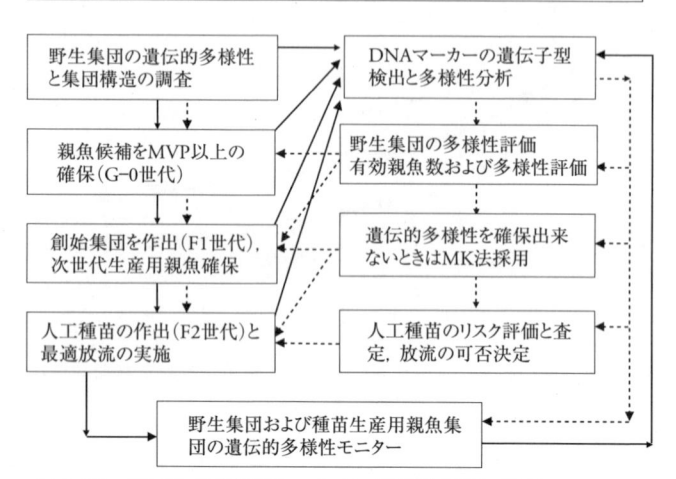

図 2-25 遺伝的多様性保全のための増養殖用親魚管理マニュアル
希少種,絶滅危惧種では MK 選択交配(最小血縁個体選択交配法)を採用することにより遺伝的多様性を MVP(限界有効集団サイズ)における遺伝的多様性レベルより高く保つことができる.

の産業が,生態的,遺伝的攪乱により野生集団の遺伝的多様性を減退させ,遺伝的攪乱を促進する危険性を内包するという認識を持つ必要がある.野生集団および人工種苗集団の適切な取り扱いを指し示す遺伝的多様性保全と攪乱防止のための指針策定の必要性も同時に高くなっているのである.

いったん絶滅してしまった集団については,コア集団を復活させるため,どのような残存ローカル集団から,どれだけの個体を移植すれば良いのかといった,いわゆる"創始集団"の設計方針を作成することも考慮する必要がある.今後このような集団の修復のための遺伝学的調査研究の必要性は高まるものと思われる.

6-3. 適切な育種戦略の構築

育種の成功のカギは,科学的理論に裏打ちされた適切な戦略の有無にあることは論を待たない.水産育種の分野では,最先端バイオテクノロジーを応用した研究成果が次々と挙げられ,将来これらの成果が育種現場へ導入されると考えられる.野生集団との隔離飼育などを視野に据えた養殖技術と管理方策の検討が求められる.水産育種を進める養殖漁業の生産基盤は次第に成熟しつつあ

る．今こそ，水産育種研究者にとって，遺伝資源の利用と保全を視野に入れた魚介類育種の総合戦略を構築する時ではなかろうか．

　本節は，魚類集団の遺伝的多様性の保全と利用に関する研究により，筆者が受賞した日本水産学会賞の講演（谷口，2007）および『豊かな海』No. 17 に掲載された種苗放流事業における遺伝的多様性保全に関する総説（谷口，2009）を大幅に改変・再構成したものである．記して，本稿の作成にご同意いただいた㈳日本水産学会および㈳全国豊かな海づくり推進協会に御礼申し上げる．

第5節　内湾における環境調和型増養殖への提案

　一般に内湾は基礎生産力が高いと言える．高知県の代表的な湾・土佐湾でも大部分の沿岸部は毎年の台風などによって一抱えもある岩が転がされたり，砂浜の砂がどこかへ移動してしまうなど荒々しい環境にあり，海中に住む動植物にとっては必ずしも住み心地のよい場所ではない．高知県の長い海岸線には水泳禁止の看板をよく見かける．海の生物にとっても安住できる場所は少なく，渚や砂浜域の漁獲物である貝類，甲殻類などの水産漁獲物が少ない一因にもなっている．

　一方，数は少ないものの土佐湾には湾奥まで外海水が入り込む手結や池の浦のような湾があり，ここはアワビやイセエビの好漁場となっている．浦戸湾や浦ノ内湾，野見湾のように陸地へ深く入り込んだ内湾もある．これらの湾は沿岸水が滞留しやすく，基礎生産力の高い海域である．例えば，浦ノ内湾の単位面積当たりの生産高は県下沿岸漁業平均の約8倍，養殖漁業を含むと約15倍であり，非常に高い生産性を維持している．また，内湾は安定性，生産性の高い漁場であるというだけでなく，土佐湾域全体の魚介類の幼稚仔保育場としても大きな役割を果たしており，高知県にとって数少ない貴重な漁場ということができる．

　本節では高知県の浦ノ内湾を中心に系統的に実施された漁場浄化と魚介類の持続型生産に関する調査事例を紹介し，環境調和型増養殖の在り方に関する提案を行う．

1 ▶ 内湾の環境と高い基礎生産力

　漁場の基礎生産力の源となる栄養塩は陸域から供給される．閉鎖性が高い内湾ではそれが漁場内に滞留し，生産性を高めるのに程良い効果をもたらしている．しかしながら，内湾は基礎生産力が高い反面，漁場の富栄養化，有機物汚染の問題がつきまとい，近年は水質浄化が必要とされる状態に至っている．

　有機物汚染の浄化過程は，分解，酸化，同化の3過程に分けられる．地球上のすべての有機物は最終的には酵母，カビ，バクテリアなどの微生物によって分解・酸化され，それらが再び生物に摂取（同化）されることにより，浄化のサイクルが完結する．なお，酸素が少ない嫌気的条件下ではアミン類，亜硝酸，硫化物などの水生生物に有毒な物質の蓄積が進む．

　高知県須崎市にある浦ノ内湾は，閉鎖性が高いために人為的汚染の影響を受けやすく，酸素補給が少なく，環境悪化が深刻な問題となっている．この湾は，水面積約 $10km^2$，周長 50km，奥行 8.8km，最大幅 2.2km の極端に細長い形状の陥落湾である．土佐湾につながる湾口部分は細長い半島で遮られ，静穏な海域として，真珠養殖やハマチ養殖が盛んに行われてきた．この湾は，湾口が狭く浅い（幅 0.4km，水深 2〜4m）ため，外湾との海水交流が妨げられ，貧酸素水，赤潮が発生するなど種々の水質に関わる問題が生じ，改善を迫られている．

　当初，静穏な環境を利用して始められた魚類養殖は次第に赤潮，貧酸素などの問題をもたらし，1971〜1973年頃にはしばしば大きな漁業被害が発生した．その後この湾の漁業生産は急激に低下し，水産業の低迷状態が続いている．一時は年間 1400t 近くあった魚類養殖生産量も最近では 600〜800t の間に抑えられ，1月から6月までは漁場を休ませるなどの措置が取られている．浦ノ内湾のアサリ，エビ，ヒラメの漁獲量は魚類養殖が盛んになった数年後から急激に増加したが，再び急減し，その後は低いレベルで推移している．魚類養殖は一定の範囲までは漁場へ栄養分を供給し，湾全体の生産を高める作用があるが，度が過ぎるとマイナス作用が強くなることを示している．

　アサリ，エビ，ヒラメのように砂泥地に生息している生物は特に底質悪化の影響を受けやすい．カニは魚類養殖の増減にあまり関係せず，独自の増減パターンを示しているが，魚類養殖量が 600t 前後で安定した数年後の 1983 年以降はカニの生産量も 8t 前後の高い値で安定している．カニ類の生息場所は礫混じりの砂地であり，底質が悪化しにくく，富栄養化のマイナス面の影響を受けにくいといえる（谷口ほか，1997）．

浦ノ内湾の過去の漁獲量推移の中で 1976～1982 年頃は最も多様性に富んだ漁獲がみられた．魚類養殖が環境にプラスの作用を及ぼす方向で適正に漁場管理を行うならば，浦ノ内湾はいろいろな生き物が生命豊かに生息する漁場として復活する可能性が示されている．

2 ▶ 内湾における漁場浄化の試み

2-1．微生物と覆砂を利用した漁場浄化

有機物の分解・酸化に関しては，様々な微生物が関わっているが，中でも，タンパク質や炭水化物を分解するのを得意とする微生物がある．この微生物の一つが枯草菌（バチルス ズブチルス）である．これを大量培養して粉砕岩石に染み込ませたもの（バイオコロニー；市販微生物製剤の商品名）を漁場に散布した試験では，養殖漁場の底質改善の効果があり，養殖筏直下で 2～4 ヵ月，養殖漁場以外の閉鎖性内湾で 6 ヵ月以上効果が持続するとされている（高知県水産試験場，1993，1994，1995）．

覆砂による底質改良についても試験研究が行われ，その有効性が確認されている．ただし，砂まきの厚さは 15cm 必要である．5cm 程度の厚さで効果がありそうに思えるが，厚さが薄い場合は砂をまいた下側で硫化水素が発生し，それが砂の間隙を縫って海中へ溶出し，逆効果になると報告されている（高知県水産試験場，1980）．自然の摂理の複雑さとおもしろさを感じる 1 事例である．覆砂を実施した翌年の環境調査では，底泥からの窒素溶出量（コアー法による）は養殖地域が 4.34，覆砂地域が 1.59，非養殖地域 1.64（T-Nmg・m^2/hr）となお覆砂の効果が持続していた（高知県水産試験場，1981）．

覆砂後の追跡調査によれば，覆砂 5 年経過後も効果が持続しており，特に非散布区に比べクルマエビ，カニ類，魚類の生息量が明らかに多くなっていた（高知県水産試験場，1988）．なお，高知市漁協の事業として浦戸湾中央部へ覆砂するにあたり，アサリなど貝類増殖に適した粒径の砂を選んで実施したところ覆砂するだけでアサリ漁場が復活できた事例が認められた．覆砂に準ずる手法として，天然カキの付着に適した大きさの小石を海底一面に播いて天然カキの漁場を新生させた事例もある．しかし覆砂を漁業側のみの需要によって事業計画した場合には採算性が立ちにくい．浦ノ内湾や浦戸湾においては，内湾を管理している河川課など土木関係の部署と情報交換を密にし，土木関連事業の中に魚介類の増殖に関する要素を加える工法を用いることにより，大きなメリットが見出されたという成功事例がある．

2-2. 浄化に必要不可欠な酸素（潮汐ダムによる酸素補給）

有機物を分解・酸化するためには酸素が必要である．酸素が不足すると酸素を必要としない嫌気性微生物が活動を開始し，メタン，硫化水素などが生成され，通常の生物はますます生息できない環境になる．酸素は生物が呼吸するのに必要なだけでなく，浄化微生物が働くためにも必要である．

内湾の底へ酸素を補給する方策の一つに潮汐ダムがある．浦の内湾における現場実証試験の結果，潮汐エネルギーによって潮汐ダム内の海水が湾の底に送り込まれることが確認された．潮汐が続くかぎり酸素の豊富な海水が送り続けられることになる．この送り込まれた海水は暖かく比重が軽いため湾の底の海水と混合されて中層付近に吹き上げられる性質がある．この海水の動きをどのように助長すればエネルギーを効率よく利用することになるのか，また，潮汐ダムの建設費や送水管の付着生物による閉塞防止・除去など，なお解決すべき課題が残されているが，今後の技術開発によって漁場環境改善の一助になることが期待される（広田ほか，1995；村上ほか，1996）．

3 ▶ 一石二鳥の生物浄化

有機物を直接生物に摂取させると分解・酸化，同化が一段階で完了する．その生物は水産漁獲物として，また，その餌として増養殖にも役立ち，一石二鳥である．

有機物は溶存態，懸濁態，堆積態の3種類に大別される．そこで，内湾における環境調和型増養殖をめざし，溶存態有機物を吸収・回収する手段として不稔性アオサ養殖を，懸濁態有機物を吸収・除去する手段として貝類の増養殖を，堆積態有機物を吸収・除去する手段として"養魚堆積物捕捉浄化装置"を取り上げた．

3-1. 不稔性アオサ養殖による溶存無機態窒素の回収
不稔性アオサの特性

海水中に溶けている溶存無機態窒素（以下DINと称す）および溶存態有機物を回収するには海藻の養殖が最も適している．内湾での養殖に適している海藻は不稔性アオサが現実的である．アオサはふりかけ，アオサ入り食品など健康志向食品としての需要があり，魚類，畜産の飼料としての価値も認められている．食物繊維や栄養素が豊富であり，健康，美容，食品，水産，畜産など多方面で注目されつつある．

これまで高知県には養殖に適した海藻がなかったが，長崎県で見つけられた不稔性アオサは高知県の内湾の環境にも適しており，一年を通じて養殖できることがわかった．不稔性アオサは胞子や遊走子を出さず細胞分裂のみで増殖する特殊な海藻であり，アナアオサの変異種と考えられている．高知県須崎市浦ノ内湾で養殖された不稔性アオサの化学成分分析の結果，乾燥重量は20％，タンパク質19％，炭水化物46％，脂質2％であった．窒素量は乾燥重量の3％であった．脂肪酸などはアナアオサとほぼ同じであり，タンパク質，カルシウムは約半分であったが，ビタミンA，B_1，B_2，リン，鉄，ナトリウム，カリウムは3〜6倍であった．また，マグネシウムは最も豊富とされているアマノリを遥かにしのぐ高い値であった．植物繊維は31％であり，アオノリ，アマノリと同様の高い値であった．摂餌促進，成長促進効果のあるジメチルプロピオテチンが多く含まれていた (Nakajima and Taniguchi, 1997)．

　ハマチ・ブリへの不稔性アオサの餌料添加効果として，餌料転換効率の向上，過剰脂肪の低減，体色の明化が挙げられている（谷口・広田，1997）．カンパチ1年魚に対しても非投与区に比較して粘液が非常に多く，体色が明るくなった（田島・織田，1998a）．カンパチ2年魚に対する投与試験でも，1年魚同様粘液量と明度が向上した．肉質の成分については投与区と非投与区に明らかな相違は認められなかったが，破断強度は添加区のほうがやや強く，食味試験では養殖魚の欠点である肉質の軟弱さと油味の強さが改善されているという結果が得られた（田島，1999）．魚類養殖業者が養殖魚の品質向上のために自ら不稔性アオサを養殖することは漁場環境改善と合わせて有意義なことである．

　魚類養殖と不稔性アオサ養殖を組み合わせることは環境調和型漁業への新しい試みである．天然アオサは時として異常繁殖し，公害問題を惹起する場合もあり，嫌われ者の側面もあるが，不稔性アオサにはそのような心配がない．不稔性アオサは乾燥に弱く，また，暗状態では20日目頃から葉体が脆くなり，73日目に完全に枯死した．逆に，光が強すぎても色が抜け，ほとんど無色に近い色となった．したがって，干潟に打ち上げられた場合も乾燥と日射によって枯死し，湾の底に沈み，滞留した場合にも光量不足により枯死し，天然で大繁殖する可能性はほとんどない（谷口・織田，1996）．

　不稔性アオサの養殖は"種付け"ができないので箕やロープによる養殖ができない．そのため，不稔性アオサ専用の浅い網生け簀の中で養殖しなければならない．また，自重や潮流によって生け簀網の一カ所に固まってしまう傾向があるので，これを防ぐため，底網の貼り方を工夫したり，海水を噴射して汚れを落とすなどの手入れも必要である．周年にわたって品質の良い不稔性アオサ

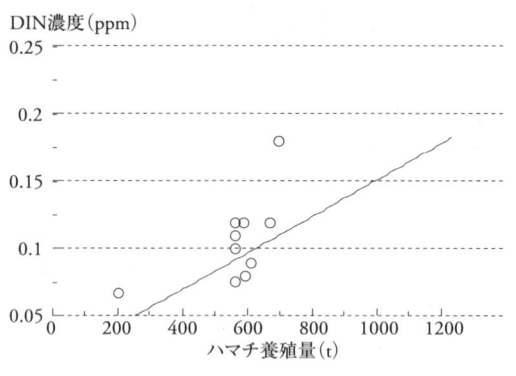

図 2-26 浦ノ内湾におけるハマチ養殖量と DIN の関係
（DIN の数値は浦ノ内湾全体の夏季の平均値）

を養殖する方法としては干潟養殖が適しているが，アオサ流出防止のための構造物が必要である（谷口・織田，1995）．干潟養殖は魚類養殖場とは場所が離れるため，魚類養殖とは別に行う必要がある．高品質の製品が得られる，漁場へ直接徒歩で入ることができ，漁船を持たない人も参加できるなど長所も多いが，漁場造成に費用がかかるため，不稔性アオサ養殖のためだけの干潟造成は採算がとれない．覆砂のところで紹介したように護岸工事に伴う干潟再生事業などが行われる際に不稔性アオサ養殖を念頭に置いた囲い込み型干潟の設計を行えば，新しい産業が生まれる可能性がある．

量産目標設定のための試算

不稔性アオサは多方面で利用されることが期待できるが，現状ではアオサ養殖のみで生計を維持できるほどの収益は期待できない．魚類養殖業者が環境へ与えている負荷を軽減するという意義づけと，湾全体の溶存無機態窒素（DIN）を減少させるだけの量産が必要である．そこで，どれほどの規模で不稔性アオサを養殖すれば漁場環境改善に役立つのか試算した．

図 2-26 に浦ノ内湾における魚類養殖量と DIN の関係を示した．DIN は海水中に溶けているアンモニアなど無機の窒素のことであり，富栄養化の指標の一つである．DIN の水産環境水基準は 0.1ppm とされている．2005 年版の水産用水基準ではノリ養殖漁場に必要な栄養塩濃度として無機態窒素 0.07〜0.1mg/l とされている（日本水産資源保護協会，2006）．図 2-26 から浦ノ内湾では養殖量 500t を超えれば，環境負荷の悪影響が生じる状態になっている．この湾の例でいえば，500t 以上の魚類養殖生産を計画するなら，その環境への

窒素負荷の超過分を魚類養殖業者が自らの責任として何らかの方法で回収する責任がある.

図2-26に示したDINと魚類生産量との関係は次式のようになる.

$Y = 0.00008X + 0.065$　　　Y：DIN (ppm)　　　X：魚類養殖生産量 (t)

この式に魚類養殖量500tを当てはめるとDINは0.11ppm, 600tの場合は0.12ppmとなる. DINを0.1ppmに抑制するためには, 魚類養殖量500tでDINを0.01ppm, 600tで0.02ppm回収すれば0.1ppmに近づけられる. DIN0.02ppmは浦ノ内湾のDIN総量に換算すると1.7tとなる. 浦ノ内湾全体から溶存無機窒素1.7tを回収すれば, 水産環境水基準や水産用水基準を満たせることとなる. 不稔性アオサは1ヵ月間に1m^{2}当たり窒素量で0.024kgのオーダーで生産できた. 不稔性アオサの乾燥重量は脱水重量の約20％, 窒素量は乾燥重量の3％で, 色調の濃い物ほど窒素含有量が高くなる傾向が認められたが, 窒素量は乾燥重量の3％を用いて試算すると, 浦ノ内湾に設置されている魚類養殖筏とほぼ同じ面積 (5000m^2) で不稔性アオサの養殖を行えば窒素1.7tが回収でき, DINに関する水産用水基準を達成できる計算になる (谷口・織田, 1996). 不稔性アオサは溶存窒素回収に即効性があるが, 懸濁態窒素に関しては成長阻害を被るなど弱い側面がある. 不稔性アオサによる窒素回収を進めるためには同時にアサリやカキなど貝類の増養殖によって懸濁態窒素の回収を図る必要がある. また, 魚類養殖からもたらされる残餌, 排泄物については, 次に述べる「養魚堆積物適正処理技術」などで処理することが適当である.

不稔性アオサは天然アオサと異なり, 周年にわたり量産することができ, 一定の限定された装置, 施設の中でしか増殖できないため, 異常繁殖による公害のおそれもなく, DINの捕捉, 回収の手段として実用性が高い. 給餌型魚類養殖と環境との調和の可能性を探るべく, 浦ノ内湾で魚類養殖漁業を営む組合員を中心に深浦漁業協同組合 (以下深浦漁協と称す) との共同研究「不稔性アオサ量産実践事業」を実施することにした. 3ヵ年間の実証事業の中で, 付着生物による成長阻害が一番の問題であった. この対策として, 養殖中の不稔性アオサの洗浄, 種藻の淡水洗浄, 小割網生け簀の底網の張り方など種々の方策がとられ, いずれも効果のあることが確認されたが, 実践事業参加者の設備・技術的条件や熱意によって成果に差が生じた (谷口・広田, 1997；田島・織田, 1998a；田島, 1999). 今後, 事業として継続的に行っていくためには, 効率化, 省力化を図るための技術的改良の必要性が残されている.

なお, 浦ノ内湾はきわめて閉鎖性の高い湾である. 他の魚類養殖が行われている湾についても同様の手法を用いて窒素回収必要目標を立てることができる

はずであるが，浦ノ内湾よりも漁場容量に見合った養殖がなされているような湾や，自然の浄化力が優れている湾では懸濁態窒素の量が少ないと考えられる．このような環境では不稔性アオサによる漁場改善は浦ノ内湾よりも有効に働くことが期待できる．

3-2. 貝類の蓄養，養殖による浄化

水産環境水基準は水産側の視点から赤潮防止などを目的に定められた基準であり，美しい海を復活させるためには透明度を高めるなどワンランク上の浄化を念頭に置く必要がある．そのためには魚類養殖量の適正化とともに余分な栄養分を陸上に回収するため，上述の溶存無機態窒素の吸収・回収とともに，懸濁態有機物の吸収・除去，堆積態有機物の吸収・除去など積極的な浄化策を併せて講じる必要がある．

懸濁態有機物の摂取には貝類が適している．貝類の垂下養殖や貝類の漁場造成は環境浄化的にも非常に有意義である．閉鎖度の高い浦の内湾でも，地ガキ，アサリが増え始め，高級貝類による浄化も検討できる状態になってきた．貝類は海水中に懸濁している有機物を餌としており，プランクトンを捕食するため，海水の透明度を高める作用がある．魚類養殖が行われている内湾では赤潮や夏季の貧酸素のため貝類の周年養殖は困難な点が多い．しかし，秋から春にかけて短期的に貝類を蓄養することについては可能な漁場環境になってきている．貝類の蓄養，養殖を海水浄化機能の観点から積極的に導入することも漁場管理の一つとして有意義である．

また，このような観点から漁場環境の改善も積極的に行われ始めている．一例を挙げると，道路拡張に伴う埋め立ての代償として，干潟の造成，それも砂地の干潟ではなく，地ガキに適した礫で構成された干潟の造成や地ガキ幼生の付着・成長に適した岩石による護岸造成などである（図2-27）．人に優しい護岸工事が行われるようになって久しいが，海の中の生き物にとっても優しい護岸であるべきと主張して実現した護岸工事である．図2-28に見られるように隣接する垂直護岸の地ガキ付着状況と比較すると地ガキ生産量が飛躍的に向上している．

陸地では土木工事の廃棄物として岩石，礫，砂利，砂の処分場を探している．これらのうち海の生物に適した材質・大きさのものが入手できる場合には漁場改良・漁場造成のために積極的に受け入れる仕組みやルール作りも必要である．幸い内湾の管理者は河川課など土木関連部門に属している．情報交換の場を設け，海の生物の代弁者として情報を発信，共有して行けば，土木側が

図2-27 地ガキ増殖を念頭に造成された親水性護岸（左）と地ガキ増殖用人工干潟（右：地ガキが密生している）

図2-28 親水性護岸に隣接する従来型の立面護岸（左）と，その拡大写真（地ガキの付着面積はごく狭い範囲に限られている）

強力な支援者になってくれることが期待できる．

3-3．養魚堆積物捕捉装置による養殖環境の改善
設計の根拠
　海底に堆積する有機物（堆積性有機物）はゴカイ，エビ，カニ，アサリやヒラメなど底棲魚類の餌になり，効率よく浄化されている．しかし，魚類養殖場では海底の貧酸素化に伴い夏季には無生物状態になることもしばしばである．湾内の環境が悪化し始めると一番に影響を受け，数が減少するのもこの底生生物（ベントス）たちであり，浄化に役立たせるどころではない．湾内に堆積したヘドロを浚渫するなどの試験がいろいろ実施されてはいるが，回収したヘドロの処理なども大変である．養魚由来の堆積物については海底に落下する前に捕まえることが先決と考えた．そしてこれを種々の生物や浄化微生物などに食べさせることができれば堆積物はヘドロになることなく浄化される．

養魚堆積物捕捉装置として，乳酸菌飲料容器の底を切り取ったもの（K容器）やペットボトルの底を切り取ったもの（KL容器）を養殖小割生け簀の下に設置した（図2-29）．設置方法は高床式（図2-30a）と直置き式（図2-30b）とした．

高床式装置

K容器，KL容器いずれの装置（図2-30a）設置場所も好気的環境が維持され，ゴカイ，エビ，カニ，魚類などが生息し，生物浄化作用が働いていた．装置の浮力は減少したものの，設置当初の状態をほぼ保っていた（谷口ほか，1996；1997）．また，2年経過後も装置外側の網地にカサネカンザシ・ゴカイ類などが付着したが，目詰まりを生じるほどではなく，K容器そのものにはあまり付着生物は付着せず，装置の閉塞も生じていなかった．養殖業者の筏の下に設置した高床式は碇か何かに引っかけられたようで，土台の一部が破損したが，その他に目立った障害は生じていなかった．

魚類養殖の飼育に影響を及ぼす有害物質，有害生物の発生も認められず，養魚作業に影響するような不都合は生じなかった．設置4ヵ月後には装置設置区ではベントスの種類数が非設置場所の2.5倍と多くなり，非設置場所では見られなかったエビ，貝類が出現した．高床式装置内には，ゴカイ，カニ，エビなどが生息しおり，養殖小割生け簀外に設置された同じ仕様の装置と比較して，個体数は約1.3倍，重量で約2倍の生物量であり，養魚堆積物を捕捉し，生物浄化が進行していた．

装置内の水質を非設置場所の底土直上水の水質と比較すると，K，KL容器区ともにDO，Ehが高く，装置内が底土直上よりも好気的環境にあった．（谷口ほか，1997）．17ヵ月後の装置直下の底泥中のベントスの年間生産量は181g/m^2，非設置場所のベントス年間生産量145g/m^2の125％であり，この面からも高床式養魚堆積物捕捉装置は養魚からの負荷の軽減と生物浄化に役立っていると言える（田島・織田，1998b）．

直置き式装置

直置き式（図2-30b）は高床式よりも構造や設置方法が簡便であり，浮力低下や強度低下による問題も生じる心配が少ないので，資材なども簡素にできた．直置き式においても装置内はもちろん，装置の下の泥中にもスピオや線虫が生息しており，設置4ヵ月後には装置非設置場所と比較して個体数で数倍，重量で約80倍の生物量となり，直置き式による生物浄化力は高いと判断された．しかも，この装置の中ではゴカイなど浄化作用のある生物が63種類棲息しており，そのうえ養魚場直下の海底では通常見ることのできないカニ類，エビ類，タカラガイ，ハゼ科の魚までも棲息していた．設置半年後には魚類やイ

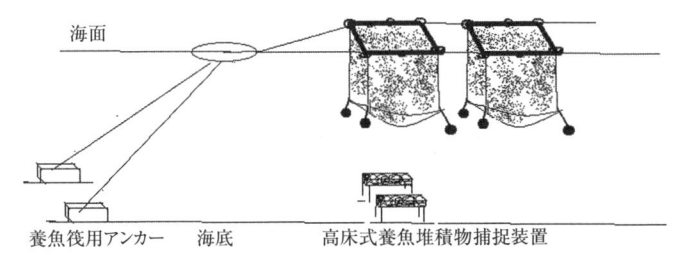

図 2-29　高床式養魚堆積物捕捉装置の設置概要図

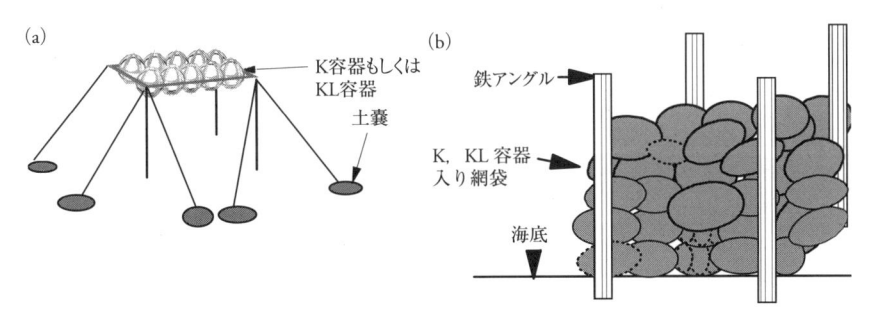

図 2-30　高床式養魚堆積物捕捉装置 (a) と直置き式養魚堆積物捕捉装置 (b)

カ類がこの装置の周辺に群れとなり，食物連鎖による環境浄化が進み始めている．

　底質については設置4ヵ月後にはすでに装置横の底質よりも好気的状態にある結果であり，採泥コアーの肉眼的観察では，装置下の泥は深い部分まで生物が穿孔した跡が認められ，魚骨や貝殻片が多く目に付く状態になっていた（谷口ほか，1997）．

　装置直下は装置横に比較して種類数，個体数，重量共に少なかったが，スピオ類，線虫類が出現しており，生物浄化作用が引き続き行われていると考えられた．なお，底土の上に置かれた装置を疑似海底と見なし生物数と生物量それぞれを合計すると，$1m^2$ 当たりの種類数と個体数は非設置場所のおよそ2倍，総重量は100倍になった（谷口ほか，1997）．装置設置17ヵ月後には装置内の単位面積当たりの生物重量は非設置場所に比較して100倍，1個体当たりの大きさは5倍に大型化していた（田島・織田，1998）．この装置の設置によって生物浄化力の高い新しい空間，すなわち"新海底"ができたといえる．この装置は湾内の汚染防止に威力を発揮するばかりでなく，様々な生物の住みかとして思いがけない波及効果を発揮するのではないかと期待される．養魚堆積物が海

底に落下し，ヘドロ化してから徐々に浄化される場合と比較するとまさに雲泥の違いである．

4 ▶ 水産漁獲物による窒素回収

4-1. 漁獲の目標値

前述したように，浦ノ内湾では環境が悪化したときでもわずかながらアサリ，カニ類などの魚介類の生産が上げられている．これらの生産量を窒素量に換算すると表2-2のようになり，アサリによって年間4tの窒素が陸上へ回収されている．カキ（むき身）が0.06，魚類によって0.1，エビ類，カニ類がそれぞれ0.03tである．

浦ノ内湾における過去の豊漁時における水産漁獲物年間漁獲量とそれによる年間窒素回収量を計算して同じく表2-2にまとめた．窒素回収量はアサリ14.9t，カキ0.01t，魚類0.06t，エビ類0.16t，カニ類0.13t，ノリ0.15t合計して15.41t回収されている．

漁場環境を改善しつつ少なくとも過去の豊漁時のように多品種の生物が生息する状況にまで回復させることを目標に水産漁獲物による窒素回収目標を設定した．

4-2. 水産漁獲物による窒素回収目標

魚類養殖からの窒素負荷量については様々な研究がなされており，与えた餌に対する窒素負荷は6.2～31％（水槽実験などより），36～77％（胃内容物，餌の逸散などより），70～93％（年間飼料効率より）と大きなばらつきが見られる．実際には餌の種類や餌の与え方，投餌ロスの多寡によっても大いに異なる．ここでは平成6（1994）年度養殖ガイドラインより生理的負荷率75％，餌の逸散率30％，総合で82.5％を採用し，増肉係数は標準的な値である1.6（湿重量換算6.4），餌の窒素量は2.4％として生産量1tにつき窒素負荷を100kgと見積もることとする．

宗影ら（1993）によれば浦ノ内湾における負荷量の3分の1は底泥上に沈降して蓄積され，3分の2は海水中に懸濁，溶存し，海水交換によって希釈されるとしている．また，海水中の物質は海水交換により，1ヵ月に2分の1もしくは3分の1に希釈される．浦ノ内湾における魚類養殖量は500t前後，養殖期間は5月から翌年1月までの9ヵ月間である．魚類養殖量500tの場合，窒素負荷量は50tである．窒素50tの3分の2が懸濁し，海水交換によって希釈

表 2-2　浦ノ内湾における水産漁獲物量とそれによる窒素回収量

水産漁獲物の種類	不漁時の水産漁獲物量と窒素換算量		豊漁時の水産漁獲物量と窒素換算量	
	年間漁獲物量（t）	窒素換算量（t）	年間漁獲物量（t）	窒素換算量（t）
アサリ（殻つき）	750	4.0	2,800	14.9
カキ（むき身）	4	0.01	4	0.01
魚類	10	0.06	10	0.06
エビ類	2	0.03	10	0.16
カニ類	8	0.03	14	0.13
ノリ	0	0	5	0.15
合計		4.13		15.41

され，残りの 3 分の 1 は沈降して蓄積される計算になる．

　魚類養殖 500t からの負荷量は海水交換による希釈を考慮して計算すると窒素量で 20.3 または 18.6t と計算された．また，前述したように，浦ノ内湾の水質調査と魚類養殖量の関係から回収すべき窒素量を算出してみると，養殖規模が 500〜800t の 1987 年の浦の内湾海水中の T-N が平均 0.22ppm，1989 年は平均 0.36ppm である．環境基準値 0.2ppm を達成するためには，0.02〜0.16ppm 減少させればよく，この値は浦の内湾全体で 1.7t，13.6t になる．

　これらの試算を総合すると，魚類養殖 500〜800t 生産の前提で，1.7〜20.3t の窒素を回収すれば良好な環境を維持できると考えられる．浦ノ内湾のプランクトンの窒素現存量は表 2-3 に示すように夏の透明度が 1〜2m の時に 36t，冬の透明度が 3〜5m の時に 10t であり，その差は 20t である．

　このような試算結果を念頭に浦ノ内湾における水産漁獲物による窒素回収目標を 20t に設定し，回収すべき水産漁獲物の年間生産目標を割り振ると表 2-4 のようになった．不稔性アオサ 14.7t（乾燥重量）については前述したように魚類養殖筏の 4 分の 1 の面積の規模（1250m^2）で生産できる規模であり，アサリの 3500t（殻つき）は過去の豊漁時漁獲量の 1.26 倍，ヒラメの 6.5t は 5 倍，ヒラメ以外の魚類の 20t，カキのむき身 8t，エビ類の 20t，カニ類の 28t はそれぞれ豊漁時漁獲量の 2 倍である．これまでに述べてきたような漁場造成や養魚堆積物捕捉装置による底質改善，不稔性アオサによる溶存無機態窒素吸収などによって環境改善が進められるなら，その進捗に伴いつつ，これらの生産目標に近づくことが十分に期待できる数値である．一足飛びにこのような漁獲物の生産と環境改善が実現できるわけではないが，節度ある環境負荷と水産漁獲物

表2-3 浦ノ内湾のプランクトン量と透明度

季節	プランクトン量（窒素t）	透明度（m）
夏	36	1〜2
冬	10	3〜5

表2-4 浦ノ内湾における水産漁獲物による窒素回収目標

	生産目標 (t)	生産目標の窒素換算 (t)	備考
不稔性アオサ（乾燥）	14.7	0.5	溶存無機態窒素の吸収
アサリ（殻つき）	3,500	18.6	覆砂による環境改善をかねたアサリ漁場造成
カキ（むき身）	8	0.12	カキのための干潟造成
ヒラメ	6.5	0.07	栽培漁業の推進
ヒラメ以外の魚類	20	0.2	養魚堆積物捕捉装置による底質改善と餌生物供給による増産
エビ類	20	0.32	養魚堆積物捕捉装置による底質改善と餌生物供給による増産
カニ類	28	0.26	養魚堆積物捕捉装置による底質改善と餌生物供給による増産
合計		20.07	

による回収，環境調和型増養殖漁業を目指して機会ある毎にそれぞれの施策を実行していけば，持続可能で魅力的な漁業が内湾で展開されるであろう．

5 ▶ 美しく魅力ある内湾，次世代へ豊かな環境と漁場を

　湾内の有機物負荷と回収のバランスが取れるように溶存，懸濁，堆積それぞれに対応した水産漁獲物の増収策を講じれば富栄養状態の解消，透明度の改善など湾の環境改善を図ることが期待できる．環境収容力を大幅に逸脱することを慎み，あらゆる英知・技術を動員して新しい姿の環境調和型増養殖漁業を目指すことが次世代へ残しうる持続可能な漁業のあるべき姿ではないだろうか．
　陸上では生物浄化方式による高性能合併浄化槽が開発され，排水を「アユなどが生息可能とされる水質基準」に浄化する技術が実用化され，都市，河川流域においてもこのような浄化の取り組みが成果を上げつつある．このような努

力によってこそ人類は地球上で快適に暮らし続けることができるといえる．内湾においても様々な暮らしを営みつつ美しい環境を維持してこそ，また，そこに様々な生物が生き生きと生息する湾であってこそ人々の求める魅力的な湾といえるのではないだろうか．

　人，物の交流が盛んになる時代を迎え，地元でしか味わうことのできない"獲れたて"のおいしい水産物があること，これが漁村の魅力の一つとしてさらにクローズアップされる時代が到来しつつある．その意味でも内湾はますます重要性を増すであろう．内湾の持つ良い特性が十分に活かされるような漁場管理と環境調和型魚類養殖が求められるようになる．

　海面漁場における生物浄化については，実験的にはその効果が実証されている．実際の漁場を対象とした場合，問題は複雑に絡み合い単純な解決策はない．しかしながら，様々な生物を組み合わせて，漁場生産力に応じた一定量の生物を水揚げするならば，魚類養殖とバランスを取りつつ環境浄化を図ることも不可能ではないと考えられる．

　漁業関係者自らが環境についての知識と浄化技術を使いこなすことができるようになるなら，内湾の高い基礎生産力を漁業生産に活かし，かつ，環境との調和を保ちながら生産活動を続ける暮らしも夢ではない．次世代へ豊かな環境と漁場を残すための大きなチャレンジが待っている．

コラム 5　希少種ホシガレイの栽培漁業と展望

ホシガレイ Verasper variegatus は全長 65cm，体重 4kg 前後まで成長するカレイ科マツカワ属の一種である．背鰭や臀鰭に存在する黒い斑紋が特徴の美しい鰈であり，これらは"星鰈"の名の由来ともなっている（図1）．ホシガレイは，その淡白で上品な味わいから白身魚の最高級として知られており，旬の夏場には 1kg 当たり 2 万円以上の値がつくこともある高級魚である．ただし，現在では"幻の魚"といわれるほど資源水準は低下しており，東北太平洋沿岸，瀬戸内海，九州西部を中心に，断片的に分布するのみである．これらの希少性に加え，本種はカレイ科の中では成長が早い魚種であることなどから，近年，ヒラメに次ぐ栽培漁業対象種として注目され，岩手県〜長崎県に至る全国各地で技術開発が進められている．

ホシガレイの栽培技術開発が精力的に行われたのは 1990 年代以降である．当初は，採卵方法や仔稚魚の飼育方法など，基礎的な種苗生産技術が確立されておらず，安定的な種苗生産は困難であった．近年，排卵周期に応じた採卵技術や，稚魚の形態異常（白化や両面有色など）を防除する飼育技術などが確立され，比較的安定的に種苗生産を行うことが可能となった．その結果，1995 年には東北地方を中心にわずか 9 千尾であったホシガレイの放流尾数は，2005 年には本邦全体で 40 万尾に増加している．

放流種苗の生残を左右する放流技術の開発（放流場所，時期，サイズなどの検討）は，各地で試行錯誤的に行われてきた．特に，基準となる天然稚魚の生態情報がきわめて少なく，大きな障害となっていた．そこで，近年，九州西部の有明海（本邦で唯一安定的に天然稚魚の採集が可能）において仔稚魚の採集調査が精力的に行われた．その結果，ホシガレイ仔稚魚は，やや閉鎖的で河川水の影響を受ける干潟域を好適な成育場とすることや（図2），着底後，稚魚は沿岸域にとどまり，ヨコエビ類，等脚類，エビ・カニ類などの表在性の甲殻類を摂食し，約 1 年で 30cm 前後にまで成長することなど，天然生態の多くが明らかにされた．その後，天然魚の生態情報や放流場所

図1　福島県で水揚げされたホシガレイ天然魚（全長31.8cm，上：有眼側，下：無眼側）

図2　有明海島原半島南東部の成育場（大潮干潮時）と採集されたホシガレイ仔稚魚

の環境情報を基に放流技術開発を進めた岩手県宮古湾では，以前は数％と低迷していた放流魚の回収率が最大で15％以上にまで向上し，ホシガレイの漁獲量が増大している．希少種の栽培化を進める上で，基準となる天然魚の情報に基づいた技術開発は不可欠なのである．

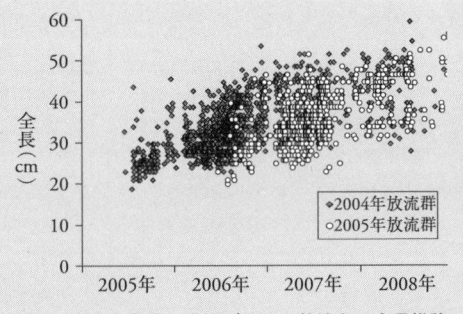

ホシガレイは天然魚の資源量が著しく少なく，放流魚は約1年で漁獲加入する（図3）ことなどから，種苗放流の効果が非常に大きいことが明らかにされている．現在，漁獲量全体に占める放流魚の割合は，岩手県宮古湾で95％以上，宮城県で約40％，福島県で約70％，長崎県で15％前後と各地で高い値を示している．このことは，種苗放流が地域資源に大きく貢献するという栽培漁業の効果の大きさを示すと同時に，放流魚が元来生息している天然魚に生態的・遺伝的影響を与える可能性も示唆している．今後，天然魚の地域個体群構造や放流種苗の遺伝的多様性に気を配った"責任ある栽培漁業"を推進していくとともに，長期的には，沿岸海域や河口域の環境維持や保全など，天然仔稚魚の加入を保障する環境の整備にも配慮することが，将来にわたり希少種ホシガレイの資源を維持・増大させる上で重要であろう．　　　　（福島県水産試験場　和田敏裕）

図3　宮古魚市場に水揚げされた放流魚の全長推移

コラム6　餌があればいいじゃん：東京湾で逞しく育つ放流ヒラメ

本当のゆりかごは白砂青松
マダイとともに栽培漁業の代表種であるヒラメは，今日，北海道から鹿児島県まで全国各地で年間2000万尾以上の稚魚が放流されている．天然のヒラメ稚魚は約1ヵ月の浮遊生活の後，ごく沿岸部の砂底域に着底し，アミ類を主な餌として育つ．童謡「我は海の子」に出て来るような白砂青松の海岸はまさにヒラメのゆりかごであり，このような砂浜がヒラメの種苗放流適地となる．

意外な放流適地
さて，東京湾といえば戦後の経済発展の影響で砂浜や干潟は軒並み埋立てられ，海岸線の大部分は垂直の人工岸壁で被われ，岸からすぐに水深10m以上の泥底域となる．生活排水などの影響で富栄養化が進み，夏場の透明度は1mを下回ることが多く，およそ白砂青松とはかけ離れた海である．調査をしても，天然のヒラメ稚魚はもちろん，餌となりそうなアミ類もほとんど採集されない．こんな海にヒラメを放流するなんて，生態を無視した無謀な行為！と思うだろう．ところが，これが思わぬ放流適地なのである（図1，図2）．

ハゼを餌に高成長
富栄養化した東京湾の沿岸部にはスジハゼ，コモチジャコ，ニクハゼなどの小型のハゼ類やハタタテヌメリ，テンジクダイなどの小魚が豊富に分布している．これらが，ヒラメ種苗の良き餌となるのだ．放流直後の調査から，全長45mm以上であれば，1週間でハゼ稚魚を専食するようになることが確認されている．また，成長がきわめて早い．月ごとの平均全長から7～8月の日間成長量が平均値（1.0mm／日）を大きく上回る2.5mmと計算された事例もある．さらに，翌年の夏（1歳半）で全長48cm（1.2kg），翌々年の春（2歳直前）で64cm（2.5kg）と驚異的な成長をした個体も再捕された．通常，天然のヒラメ幼稚魚の胃の中には数十～数百の小さなアミがぎっしり詰まっていることが多いが，東京湾の放流ヒラメでは，多くても10尾前後のハゼの稚魚が検出される程度で，成長に応じてハゼ稚魚→幼魚→成魚→他の小魚と餌のサイズもスムーズに大きくなる．とても効率の良い摂餌戦略といえるだろう．

居座る放流ヒラメたち
餌が多いのならわざわざ動く必要もない．大きな移動をせずに翌年の秋までは放流地点に留まる．筆者は東京湾以外でこんな事例は聞いたことがない．水深20mの薄暗い泥底でハゼを主な餌として「食っちゃ寝」すれば成長も早いわけだ．もとより，天然ヒラメはほとんどいない．夏の3ヵ月間に横須賀市の漁港に水揚げされた約3500尾のヒラメのうち3200尾が放流魚という年もあった．開発の影響で大きく変化した東京湾の生態系の中で，放流ヒラメはその隙間にうまくは

図1 東京湾のヒラメ放流地点1（横浜市金沢区）．コンクリート岸壁からすぐ水深10mの泥底となる（こんなところでヒラメを放流！）

図2 東京湾の風景（横浜市磯子区）．岸壁には林立する陸揚施設，海には順番待ちの貨物船，海の中では放流ヒラメたちがすくすく育っている．

まることができたようである（図3）．
底曳網との共存を探る
　しかし，いいことばかりではない．東京湾は神奈川県だけでも約100隻の小型底曳網漁船が存在し，漁獲圧が強い．再捕魚の90%は放流後8ヵ月以内の若

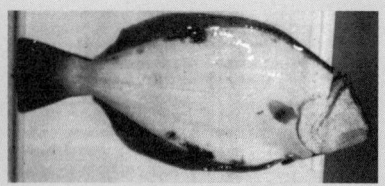

表：背鰭と腹鰭の一部が白くなっているのが放流魚の目印　　裏：天然魚なら真っ白になるが放流魚はパンダ模様のように黒斑が出現

図3　魚市場に水揚された放流ヒラメの表と裏

図4　東京湾のヒラメ放流地点2（横須賀市地先）．手前は戦艦三笠記念公園，対岸は米軍横須賀基地．米軍による漁業禁止区域であるため，放流ヒラメには良き保護区となる．

令魚が占めたケースもあった．底曳網が主な対象とするのはシャコやマコガレイ，アナゴなどであり，放流ヒラメのために操業を大きく制限するわけにも行かない．底曳網とどう共存させるか？……そのためには，米軍や自衛隊の基地の前の漁業規制区域の活用がカギ，というのも東京湾ならではの話だろう（図4）．ランドマークタワーや八景島といった全国有数の観光スポットの足下で彼らは今日も逞しく育っている．

東京湾を見直す

ところが，東京湾は最近深刻な不漁にある．マコガレイの漁獲量は最盛期の1割に激減し，試験操業での小型のハゼ類の採集量もめっきり減少してきた．何が起こっているのか？　ヒラメの放流を通じて，もう一度東京湾を見直してみたいと考えている．

（神奈川県環境農政局水・緑部水産課　中村良成）

コラム7　東京湾の放流ヒラメが教えてくれたこと

ALC という新標識

　思わぬ好結果となった東京湾へのヒラメの種苗放流だったが，これに大きく寄与したのが ALC（アリザリン・コンプレキソン）という蛍光試薬だ．ALC の水溶液に仔稚魚を一定時間浸漬させると，カルシウムとキレート結合して耳石などの硬組織に沈着して体内標識となる．これが，タグ標識が装着できないため今まで不可能だった 10cm 未満の小型種苗の詳細な追跡調査を可能とした．頭部から耳石を取り出し，蛍光顕微鏡下で赤く輝くか否かをチェックすればよい（口絵31左）．

動かぬ証拠とその弱点

　1歳半で48cm，2歳直前で64cm という驚異的な成長も ALC 標識が明らかにした．蛍光顕微鏡で耳石の中心部が赤く輝くのを確認した時は，にわかに信じられなかったものだ．

　しかし，市場サイズの大型魚の定量的な追跡調査は不可能であった．耳石を見るために魚市場でヒラメを大量に買取る予算などとてもない．時には，「是非，頭だけでも下さい」と，漁港から高級料亭の厨房までヒラメの「追っかけ」をしたこともあった．

卒論生のお手柄

　1991年11月2日のことだった．「勉強になるから，まずは何でも手当たり次第に蛍光顕微鏡でのぞいてみるように」と指示しておいた卒論研修の学生が，なんと ALC 標識が鱗でも確認できることを発見したのだ（口絵31右）．

　耳石でみえるのなら同じ硬組織の鱗でも見えるはず……今からすれば当然なことと思う．しかし，当時，ウナギの大家である東京大学のT教授が学会誌に「ALC標識は耳石で確認する」との論文を発表しており，我々はこれを信じて疑わなかったのである．T教授の存在など全く知らない白いキャンパスのような卒論生のお手柄であった．

青天の霹靂：神奈川県内を東奔西走

　わざわざ魚を買い取らなくても数枚の鱗が手に入ればよい，まさに「青天の霹靂」であった．この後，神奈川県内の漁港や魚市場を走り回り，手当たり次第にヒラメの鱗を集めまくるようになったのは言うまでもない．

　これにより，市場サイズに成長した大型魚の動態が明らかになるとともに，放流時の平均全長が3cm の種苗では再捕率はわずか1.7％に留まるのに対し，6cm 以上になると25％以上に急増することも明らかになった．

　「何事も先入観を持たずに取り組むように」，東京湾の放流ヒラメたちはこんな人生教訓も教えてくれたのである．

（神奈川県環境農政局水・緑部水産課　中村良成）

特別寄稿1
水産行政から見た栽培漁業の評価と今後の課題

栽培漁業の歴史

　栽培漁業が初めて発想されたのは，戦後高度経済成長期を迎えた昭和30年代中頃であるが，その頃のわが国の漁業は，沿岸から沖合へ，沖合から遠洋へと活動の範囲を広げ，漁業生産の向上をひたすら追求していた時代である．

　そのような時代に何故栽培漁業なのかと首を傾げる方も少なからずおられるであろう．その時代の沿岸漁業は，漁船隻数や馬力の増大などによる漁獲努力の急速な増大により，資源の減少が指摘され始めていた．さらに，臨海工業地帯の建設による埋め立て，出来上がった工場からの排水による水質汚染，豊かになった生活との引き換えに増大する生活排水などの影響により，沿岸漁業資源の再生産の場である浅海域への人間活動の大きな負荷が乱獲による資源減少に追い打ちをかけていた．逆に言えば，そのような状況であったがゆえに，沿岸から沖合へ，沖合から遠洋へと漁業活動の場を拡大しなければ，漁業者の要望を押さえきれなかったというのが正直なところかもしれない．

　このような情勢下にあって，上述した問題点の縮図でもあり，実際に高級魚であるマダイ（図1）やクルマエビなどの漁獲量が大きく減少していた瀬戸内海をモデルとして，その資源の回復を図るため，人の力による資源培養事業（図2）がスタートすることとなった．このため，昭和37（1962）年度予算により香川県屋島と愛媛県伯方島に瀬戸内海栽培漁業センターが国有施設として設立され，昭和38（1963）年度より事業がスタートした．したがって，栽培漁業の歴史はすでに約半世紀にも及ぶことになる．その後，昭和40年代後半よりほとんどの都道府県において地方自治体の栽培漁業センター建設が始まり，国営の栽培漁業センターの整備と相まって現在の体制整備が図られたのが，昭和50

図1 マダイ稚魚（独立行政法人水産総合研究センター提供）

年代半ばである．このため，各都道府県が主体となった栽培漁業の歴史は，概ね30年余から40年に及ぶ．そして，この年数が後ほど述べる栽培漁業の今後に大きな影響を与えているのである．

　栽培漁業は，そもそも人が自らの手によって乱獲や再生産の場の悪化を引き起こし，低下傾向の地域資源を回復するための一助としてスタートした，人の手による積極的な資源回復への取り組みと言えるが，全国展開を行っていく中で広域的に回遊する魚種を対象にしたり，また漁業者自らが行う休漁や網目の拡大などの資源回復計画と連動するなど，その取り組みの形態は多様化している．

　栽培漁業という言葉は，マスコミにおいて普通に使用され，小学校の教材にも取り上げられるなど，広くわが国の社会に定着している．その大きな要因としては，昭和56 (1981) 年より当時の皇太子，皇太子妃両殿下のご臨席を仰ぎ毎年開催されている「全国豊かな海づくり大会」が挙げられる．天皇，皇后両陛下となられた現在においても，毎回ご臨席を賜っており，式典における天皇陛下のお言葉と，式典の後行われる放流行事は，本大会の目玉となっている．

図2 種苗生産風景．同じ施設で，季節を変えて複数種の仔稚魚が生産されている（独立行政法人水産総合研究センター提供）．

この，お言葉や放流行事で扱われる魚種に近年変化が現れている．陛下は，お言葉の中で環境の悪化をご指摘され心を痛めてこられたが，近年これに加え，森との連携の必要性を述べられている．また，御放流いただく魚種についても，開催県のゆかりのある魚種だけでなくアマゴを加えるなど，陛下のお言葉にお応えできるよう配慮がなされている．例えば，平成20（2008）年に新潟で開催された大会においては，式典に際して会場に流された映像の中に，森から豊かな水が生まれ，川となり海に注ぎ込んで，豊かな海が形成される様が映し出されていた．また，御放流に当たっても会場が信濃川河口であったため，その場で御放流いただいた魚種を除き，お手渡しをいただいたものを放流場所まで運ぶ放流船が，サクラマスの稚魚は上流へ，アマゴは下流へと向かったのである．毎回大会の内容は全国にテレビを通じ流されており，栽培漁業という言葉の定着に大きく寄与していることは間違いのないところである．

栽培漁業の効果

栽培漁業の将来を語るとき避けて通ることのできないのが，その効果である．前述したように，黎明期のように，人の手によって減少させた資源を人の手によって回復させようとする範囲においては，国や自治体が行わなければならない責務があると主張できる．しかし，現在のように漁業者の要望も受けて，対象魚種を拡大した場合には，効果があるなら漁業者の負担を求めよというのは当然の如く財務当局より出てくる指摘である．ここでは，まず効果の上がっている例を紹介し，その理由を検証することとする．

🐟 島根県隠岐島におけるマダイ

島根半島の北に浮かぶ隠岐島は，三つの島からなる島前と一つの一番大きな島からなる島後に分かれる．ここでは，島前についての事例を紹介しよう．

島前は，漢字の「山」を逆さまにしたような形の島である．このため，特に日本海を特徴づける冬場の激しい北西風に強い特色を持っている．さらに，南側には海士島，知夫利島が防波堤のように位置しており，天然の良港を形成している．加えて，三つの島はいずれも急峻な海岸線を擁しており，このため水深が十分あるとともに，隠岐島が対馬暖流の中に位置していることから，天然の良港を形成している．それにもかかわらず，その湾内の潮通しは大変良好であり，魚にとってはこれ以上ないような再生産の場を形成している．このような，格好の漁場のように思われる湾内ではあるが，ここで操業するのは小さな漁船による一本釣り程度であり，ほとんどの船が島回りの漁場で操業している．四方八方を急峻な地形で囲まれているということは，逆に言えばどのような風向きであっても島回りに風裏になる場所ができることを意味し，漁業者はやはり潮が直接当たる島回りでの操業を選択するということであろう．

島根県栽培漁業センターは，この島前の湾内に位置しており，マダイ稚魚の放流（図3）も湾内で行われている．放流されたマダイ稚魚はある大きさになるまで湾内を成育場とし，放流群全体としては，その後は島回りへと餌場を求めて移動するものと思われる．しかし，なかには湾内にとどまるものもかなり存在するらしく，それらの群は再生産にも寄与しているものと考えられる．その証拠に，湾内の港の防波堤は，格好のマダイの釣り場となっており，多数の年齢のマダイが釣られているし，その釣果が落ちる気配はない．一方，漁業者は，島回りに出てきた群を対象に操業しているものと考えられる．主に，マダイを

図3 マダイの放流（独立行政法人水産総合研究センター提供）

漁獲しているのは，底刺し網や中型のまき網であるが，漁獲物をみると，サイズがよく揃っていることが多い．このことから，放流されたマダイが漁獲対象となっていると思われる．もちろん，マダイでは種苗生産の際に鼻孔が連結したものが多く出現する傾向があるため，漁獲物の鼻孔を確認することによりそれらが放流マダイであることを確認することは可能であるが，そもそも漁獲物のサイズが揃っていることは天然群では通常考えられないことであり，放流の効果と見て間違いないであろう．

東京湾におけるマダイ

東京湾においてマダイを主対象として操業している漁業はほとんど無いと

いっても過言ではないが，筆者は釣りを趣味としていることもあり，遊漁を通じた効果の検証も可能と考え，その一例として東京湾のマダイを取り上げてみよう．東京湾はご存じのように，その浅海部分のほとんどが埋め立てにより失われており，そのような厳しい状況下において何故マダイ資源が回復したかを考えてみたい．

あるテレビ局の特別番組で，東京湾口の海底峡谷に生息するゴブリンシャークという大変珍しい深海鮫を佃島の漁業者が捕獲する映像が放映された．見られた方もおられるであろう．その中で，東京湾は，湾口に外洋に通じる峡谷を有する大変変化に富んだ湾の構造になっており，加えて大，中，小の河川が流入する大変栄養分の豊かな海であることが紹介されていた．もちろん，この豊かな海というのが"くせ者"であり，場合によっては青潮を発生させることにもつながるのである．東京湾のマダイは，水温の下がる冬場には，この峡谷付近の深場に移動しているが，春になると三浦半島や内房の浅場に産卵のため乗っ込んでくる．その後，小型魚を中心として成育場である東京湾の中にまで入ってくると思われる．東京湾の内部にそのような成育場所があるのかと疑問を抱かれる方も多いと思うが，埋め立て地の造成に当たっては，地盤を強化するために岸壁の基礎部分に大量の岩石が投入されていることが多い．筆者も横浜の人工島の手前で釣りをしていた際に，突然水面から潜水服に身を固めた人が現れてビックリしたことがある．この人は，腰にいわゆる"年なし"（年齢不詳の大型）のクロダイを数匹ぶら下げていた．工事関係者以外立ち入ることのできない人工島まで泳いで行き，クロダイをしとめてきたのである．また釣り雑誌には，不埒な侵入者がいて，人工島でカンダイ（コブダイ）やイシダイを釣っているらしいという情報が掲載されていたこともある．魚は我々の想像以上に生命力（環境適応力）にあふれ，人造構築物に覆われた東京湾内においてもしっかりと生存しているのではないであろうか？

東京湾におけるマダイを対象にした遊漁船は，横須賀以南でなければマダイ釣りをしてはいけないことになっている．このことは，小型魚の成育場所での遊漁が禁止されていることに等しく，マダイの放流効果を高める大きな要因となっている．

以上マダイに関して，二つの事例を紹介したが，いずれにも当てはまることは，再生産または成育する場所が操業（東京湾においては遊漁）を行う場所と異なっているため，栽培漁業（稚魚放流）の推進により資源が増大した分を漁獲

するようなシステムが偶然にも出来上がっており，このことが栽培漁業の効果を高めているとみなすことができる．

本文での紹介は，筆者が馴染み深くその効果を実感できている事例のみとなったが，もちろんこの他にマスコミにもよく取り上げられるニシン，マツカワ（北方系のカレイの一種），サワラなどで効果が認められる事例も多数あることを付け加えておきたい．

栽培漁業の問題点や課題
組織，運営

栽培漁業の進展を図っていく中で，その運営，とりわけ財政負担の在り方は，常に大きな課題となっている．すなわち，栽培漁業はその効果が上がって初めて成功事例となるが，効果が上がればそのための財政負担は受益者たる漁業者が負うべきであるという議論が必ず出てくるのである．冒頭の歴史の中で述べたように，栽培漁業は，当初は人間の様々な行為によって悪化を招いた漁業資源を回復させるための一つの手段として，位置づけられていた．しかし，ある程度効果が出てくると，当初の反省はどこかへ吹き飛んでしまうことになるのである．ただし，このことに至るには二つの問題が存在する．

一つは，資源回復に対する栽培漁業の果たしてきた効果の科学的な検証が不十分な点である．より本質的には，栽培漁業の導入は本来，資源減少の要因解析を十分行った上で行う必要があったのかも知れない．もちろん，黎明期における瀬戸内沿岸漁業を取り巻く状況は，そのような科学的調査をじっくり行い得るような状況でなかったことは確かであるが，一度は立ち止まって，冷静にかつ十分に分析を行った上で，出発するべきであったろう．

二つ目の問題は，栽培漁業の対象魚種の拡大である．ある魚種で栽培技術の一定の確立が図られ，一定の効果が見られると，やはり別の魚種において栽培技術の確立を行いたいというのが技術者や漁業者の偽らざる本音であろう．幸か不幸か，わが国沿岸水域における漁業資源は，低位安定というのが一般的である（幸いにして低位でさらに減少を続けているという魚種はさすがに少ないと思われる）．したがって，栽培漁業の対象魚種を拡大するに当たっての反対要因は少なく，新たな魚種の栽培技術の確立という目的が優先されてきたのである．この二つの問題により，今では当然となっている事業の評価と費用対効果がおざなりになってきた面は，否めない事実であろう．

さらに，費用負担の問題に加えて，組織の問題がある．これまでの栽培技術の確立に当たっては，国の水産研究所，社団法人日本栽培漁業協会，各都道府県栽培漁業センターの三つの機関がスクラムを組んで取り組まれてきたが，国の行政改革の一環として，社団法人日本栽培漁業協会の在り方が根本的に問われることとなった．そもそも栽培漁業センターは国営施設として設立され，その業務を社団法人日本栽培漁業協会が請け負うこととなっていたために，この見直しの中で，同協会の業務を独立行政法人水産総合研究センターに統合する方針が出され，平成15（2003）年度に統合化された．そして，国でのこの動きに呼応するように，各都道府県における栽培漁業センターの組織，運営の見直しも行われ，今や自治体直轄で運営されているセンターは少数となっている．
　かつての予算が潤沢な時代において，栽培漁業は積極的な資源増大策として，また栽培技術の開発や確立につながる事業として，水産業振興施策の重要な柱として取り扱われてきたが，予算が大幅に縮小する中においては，予算がかさむ上，受益者負担の問題や老朽化しつつある施設の維持管理の問題などにより，栽培漁業は，今大きな岐路に立たされていると言える．

技術者の確保

　前述の通り，各自治体の栽培漁業センターが誕生して30年から40年が経過している．この歴史の中で，センター設立以来，多くの研究者や現場技術者のたゆまぬ努力のお陰で現在の技術水準が維持できている．しかしながら，各自治体の研究組織は予算が厳しく制限される中，研究組織であるというだけで何の関連もない組織が無理矢理に統合化が図られたり，国と同様に独立行政法人への移行を余儀なくされ，予算も漸減傾向にあるなど，厳しい対応を強いられている．加えて，人件費削減という基本方針のもとに，定員削減まで強いられているのが今の研究組織の現実であり，若手研究者の新規採用が困難な状況が生まれており，このため行政職の技術職員が異動の一環として栽培センターに一時的に配置されるなど，研究組織を取り巻く情勢は非常に厳しいものとなっている．
　さらに，現場技術者の場合にも同様に，新規補充はままならないのが現状であり，今までの技術水準を支えてこられた方々が定年退職されることにより技術の伝承が途切れてしまいかねない現実が刻一刻と進んでいる状況にある．栽培技術は，きわめて多産性の生き物，特にその孵化後間もない非常に死亡率が

高い時期を対象として，長年にわたり積み上げられてきた技術であり，マニュアルを作れば事足りるというほど簡単なものではない．長年の経験と勘を必要とする点においては，研究技術というよりは，むしろ匠の技に近いものかもしれない．一種の"ものづくり"技術の類と言えるであろう．国の�水産総合研究センターにおいて，その研究部門を受け持てばよいとの議論があるかも知れないが，最も試験研究の歴史が長いマダイを代表例にとったとしても，放流場所となるそれぞれの自治体の前浜の状況は千差万別であるし，また海況も毎年著しく変化する．つまり，栽培稚魚の生産環境や放流環境はきわめて多様であり，やはり各自治体の栽培センターにおける地域特性に根ざした栽培技術が必要となる．長年栽培技術の開発，確立に携わってこられた方々が，後任に技術の継承ができずに定年退職で辞められていくことは，半世紀近くをかけてここまで育ててこられた栽培技術の喪失という簡単な表現で済むことではなく，知的財産の消滅の危機と呼ぶべきであろう．何としても，これらの研究成果や技術が，研究者や技術者個人のもので終わらぬよう組織として継承，維持されることが肝要である．

環境に関する問題

近年，藻場・干潟の消失・劣化，さらには深刻さを増す磯焼けなど栽培漁業を展開する上で重要な浅海域の環境悪化問題とその再生への関心が高まっているのは大変好ましい傾向である．これまでこれらの活動は，主としてNGOやNPOなどの非営利法人によって担われてきたが，最近では，これらの場を生活の場として利用し，また熟知している漁業者の活動として事業化されつつあることは，わが国の浅海水域できめ細かな環境保全活動を展開していくための出発点とも言える．環境保全はともすれば，科学的に分析された水質などの数値のみが一人歩きをして判断され，対処される場合が多い．しかし，ある特定の物質の調査結果だけに基づいて当該水域の環境を判断できるのであろうか？

環境保全とは，きれいな水域がそこにあればよいというものでないはずである．まさに，「水清くして，魚住まず」であっては困るのである．生物が豊かに生活できる場こそ，我々が求める場であろう．

最近，瀬戸内海がきれいになったとよく言われ，また一見そのように感じられている人も多いはずである．しかし，その一方で魚が少なくなった，またノリの成長が悪いという話も聞く．海中における栄養塩の減少である．海に排出

される窒素やリンの量を減少させる努力がこのような結果を生み出したのである．もちろん，栄養塩が豊かということは，刑務所の塀の上を歩いているようなもので，足を滑らせれば赤潮の大発生というリスクを抱えている．栄養塩の影響をもろに受けるノリの生産は冬季に行われるため，赤潮発生のリスクは小さく，冬季に栄養塩を人為的に増加させることができないかとの議論もある．しかし，ノリさえ増産できれば豊かな海ということでは無いはずである．このため，河川水の利用（言い換えればダムからの排出量の調整ということになるが）や二枚貝の資源を回復させて赤潮を発生させないように栄養塩をコントロールできないかなどの試みがスタートしている．

おりしも今年は生物多様性条約第10回締約国会議（COP10）が，わが国が主催して名古屋で行われる．生物多様性に富んだ豊かな海づくりに向け，漁業者が中心となって活動が行われる上で，大きな転機になることを願って止まない．

栽培漁業の将来

これまでの栽培漁業（とりわけ黎明期）は，とにかく資源が悪化して大変だからという単純な理由で，かつての漁業がそうであったように拡大施策をとってきた．このことが，ここにきて栽培漁業が制度的疲労を起こしつつある原因であろう．種苗をどんどん作って，放流すれば関係者が喜ぶという時代ではない．今こそ，栽培漁業の展開に当たって，浅海域における漁業から見た環境状況の正確な把握と問題点への適切な対応策，そして今まで実施されてきた事業の効果について，科学的なメスを入れることが肝要である．前述したように，このままの状態を続けることは，予算的にも組織的にも厳しい状況下にある栽培漁業を立ち直らせることにはならないのである．今一度，現場であるフィールドに立ち戻って，再生産の場がどのような状況にあり，もしその場に問題があるとすれば，例えば河川水の活用をどのように考えるかなど再生産にふさわしい場の再生が先決であり，その上で過去の反省に立った効果的な放流が実施されなければならない．このような栽培漁業施策の見直しに当たっては，何よりも漁業者の理解を得ることが不可欠であることは言うまでもない．

栽培漁業の事業費負担問題はどのように解決すべきであろうか？　まず，各地方自治体が行っている種苗放流対象魚種のうち，例えば代表例のヒラメのように，かなりの魚種が複数の自治体の沿岸・沖合域を生息の回遊域としている．この場合，一つの自治体の放流効果だけを見ると十分な効果が算出されな

い懸念を有している．他方，地方自治体の栽培漁業に関する予算の大半は地方に財源が移譲されているため，効果が薄いと算定される場合には栽培予算を削除するための格好の材料に利用されているのが現状であろう．複数の自治体の海面を生息域とする魚種については，関係自治体の連繋が不可欠であり，また，関係自治体による効果の調査こそが，本来の栽培予算を復活させるために肝要であると考える．これまで半世紀近くにわたって培われてきた栽培技術や研究成果は，何物にも代え難い知的財産であり，これを有効活用しない手はない．今日の養殖業は，ブリ，クロマグロ，ウナギなど多くの魚種がその種苗を天然稚魚に依存している．もちろん，中には，マダイやヒラメのように，人工種苗が民間会社において生産されている例も見受けられる．他方，様々な魚種の資源管理が叫ばれる中にあって，天然種苗に依存する養殖業の在り方は将来の懸念材料であり，できる限り早期に人工種苗生産技術の確立が必要となっている．実際，クロマグロやウナギは，資源管理が十分機能しておらず，このままでは絶滅のおそれがあると外国の環境団体が盛んにワシントン条約で取り上げるよう国際的な働きかけを行っており，大西洋クロマグロの国際商取引禁止が提案されたことは記憶に新しいところである．養殖魚種の人工種苗生産にこれまでの栽培技術の有効活用を図っていく必要があると考えられる．

　むしろ，これまでの栽培技術開発や基盤研究の更なるレベルアップを図るとともに，世界的な特許を獲得することも，今後の思い切った栽培漁業の見直しに寄与できるものと考えられる．

　いずれにせよ，栽培漁業の将来を切り開いていくのは，単なる"科学者"では無理であり，現場に根ざした"生物研究者"でなければならない．よく漁業はたかだか20万人の産業ではないかとの指摘があるが，その20万人の漁業者が，わが国伝統の食文化である魚食文化を支え，わが国の動物性タンパクの半分近くを占める魚介類の生産に寄与しているのである．この効果に鑑みれば，魚（生物学的環境分野も含む）に関する研究者は少な過ぎると言えるのではなかろうか．さらに視野を広げれば，陸上の生物の研究はかなり進展していると考えられるが，生命が誕生した海洋とそこに生息する生物への研究はその何十分の1程度しか進んでいない印象を受ける（いや，それ以下かもしれない）．海洋生物研究者の大いなる奮起を期待して止まない．

（水産庁増殖推進部　成子隆英）

第3章

漁業生産の基礎となる低次生産と海洋環境

　大気圏外の太陽光線は毎分 20kcal/m^2 の割合で生物圏に到達するが，大気圏を通過するときに減衰があり，地表に到達するのは最初の平均 50% くらいである．このクリーンで無尽蔵の太陽放射エネルギーが地球生態系における生産者（主に緑色植物で，海洋においては植物プランクトンがこれに当たる）の光合成に利用され，炭酸ガスが有機物（炭素化合物）に固定される．これが地球上の基礎生産（一次生産）と呼ばれるものである．植物の光合成によって太陽エネルギー吸収量の 3〜5% が純生産量に変わると見積もられている（最適条件下では約 25% のエネルギー転換効率がある）．生産者（植物）によって固定された有機物は消費者（動物および微生物）によって捕食・被食を繰り返しながらそれぞれの生物体に移行する．これらの過程は食物連鎖または食物網と呼ばれるが，さらに詳細には植食者，動物食者と続く生食（採食）食物連鎖と生物遺体（デトライタス）から微生物，微小動物と続く屑食食物連鎖（微生物ループ）があり，これらが複雑に絡み合って実際の食物網を形成しているのが生態系の実態である．生態系のなかで特に，微生物（細菌，原生動物，真菌類，ウイルス）は有機物の消費者であると言えるが，さらに植物，動物体を構成する有機物の分解によってエネルギーを獲得しており，それが結果として炭素化合物の循環を推進するという機能に注目して分解者としての役割が重視されている．

本章では，まず海洋における基礎生産を担う植物プランクトンの特性と機能を理解していただくために海洋の環境要因，基礎生産，食物連鎖とそれぞれの特徴についての概説を行った（第1節）．海洋基礎生産を担う主要な植物プランクトンは多種多様な珪藻類（海の牧草とも言える）であるが，富栄養化の進む沿岸海域では珪藻類と競合する状態で赤潮や貝毒を引き起こす有害藻類ブルーム（HAB）が発生することがある．これは沿岸漁業生産と人間の健康に多大の被害をもたらすものであるので，その発生メカニズムと対策については次章で詳述する．本章では，ついで基礎生産から漁業生産につなげる食物連鎖の上で重要な要素として"海の米粒"と呼ばれる動物プランクトン，カイアシ類（コペポーダ）の生活史，適応，生態についてまとめられている（第2節）．世界の三大漁場はすべて海流の流域や潮目に形成されている．それはこれらの海域で食物連鎖の諸要素が発生・集積し，それを求める食物連鎖上位の主要魚種の資源量も増大するからである．ここでは日本海沿岸域を回流する対馬暖流を取り上げて，海流による魚介類の輸送と分布に関する役割について紹介した（第3節）．さらに魚介類の産卵と生育の場である藻場の消失と再生について考察した（第4節）．

第1節 沿岸漁業再生のカギを握る基礎生産

1 ▶ はじめに

　海洋は，地球表面積 $5.1 \times 10^8 km^2$ の71%を占める．平均水深は3800mで，最深部は1万1000mに達する．陸域では，生物の生息環境がごく表層に限られているのに対し，海洋域では表層から海底まで広く生物が分布する．したがって，容積比で言えば，海洋環境の生物生息域は陸域の約300倍と見積もられている(Lalli and Parsons, 2005)．この広大な海洋環境の生態系の中で，基礎生産者としての役割を果たしているのが植物プランクトンである．植物プランクトンは，太陽の光エネルギーを利用して光合成を行い，そのバイオマス（生物量）を増加させる．鞭毛虫類や繊毛虫類などの微小動物プランクトンは植物プランクトンを捕食し，さらに高次の消費者にそのエネルギーを受け渡すことによって海洋生態系の生物生産を支えている．我々は，これら海洋生態系の構成生物を水産資源として主に食用に供している．しかしながら，昨今，地球規模での気候変動や乱獲による水産資源の枯渇が危惧されている．わが国でも，水産資源の約4割を輸入に依存している（水産庁, 2008)．国内では魚離れが進む中，世界的には水産資源に対する需要の高まりによって魚価が高騰し，輸入水産物の「買い負け」も生じている．このような情勢の中，将来にわたって水産資源を有効かつ持続的に利用していくためには，漁業生産を支える基礎生産の意義を理解することも重要である．特に，魚介類の自給率を維持し高めるためには，沿岸域での漁業生産を向上させることが望まれる．しかしながら，沿岸域の基礎生産は，人為的な改変が進む沿岸環境や陸域の影響を受け，それが漁業生産に様々なインパクトを与えていると考えられる．そこで本節では，海洋環境における基礎生産について概説するとともに，陸域の人為的改変が沿岸域，特に陸域からの直接的な影響を受けるエスチュアリー（河口の汽水域）の基礎生産に与える影響について述べる．

2 ▶ 海洋環境の特徴

2-1. 海洋の循環

　海洋では，海水が地球規模で循環している．北大西洋北部，グリーンランド南のイルミンガー海と南極のウェッデル海では，気温が低いために表層水が冷

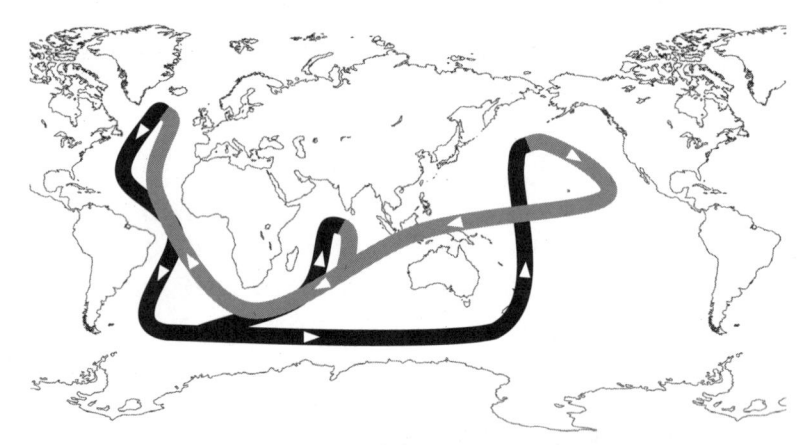

図 3-1 海洋大循環の流れ．深層大循環を黒色で，表層大循環を灰色で示した．
(Broecker, 1987 より改変)

却される．さらに，海氷の形成に伴って，凍結し残った海水の塩分が上昇する．その結果，高密度となった海水は深層へ沈降し，それぞれ北大西洋深層水，南極底層水となる．北大西洋深層水は，大西洋深層を南下し，南極底層水を伴ってインド洋から太平洋に至り，湧昇する．水深 5000m 以深で生じるこの海水の流れを深層大循環という（図 3-1，黒色のベルト）．

一方，水深 1000m までの表層では，海洋上の卓越風と地球の自転によって生じるコリオリ力を原動力として表層大循環が生じる（図 3-1，灰色のベルト）．特に亜熱帯地方では，亜熱帯循環流と呼ばれる顕著な循環流が形成される．北半球では貿易風と偏西風の影響を受けて時計回りに，南半球では貿易風の影響を受けて反時計回りに循環する．また，黒潮に代表されるように，大洋の西岸には顕著な海流が形成される．

深層大循環と表層大循環が相まって，海洋大循環が形成されている（図 3-1）．1 循環には 2000 年から 3000 年を要すると考えられている．海洋の循環には，熱エネルギーを低緯度域から極域へ輸送することにより地球上の気温を均一化する作用がある．また，ペルー沖やカリフォルニア沖に見られるように，海洋の循環は沿岸湧昇流を生じさせることにより深層の栄養塩を表層へ供給し，その海域の生物生産を支えている．

2-2．海洋の物理化学的特性：水温と塩分

海洋表層の水温は，主に日射の影響を受ける．表層数 m から 200m には，

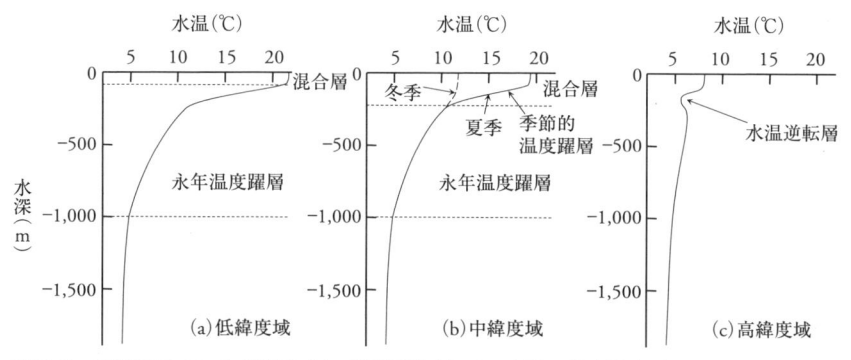

図 3-2 低緯度域 (a), 中緯度域 (b), 高緯度域 (c) での水温の鉛直分布 (Apel, 1987 より改変)

風や波による擾乱により水温がほぼ一定となる表面混合層が形成される．表面混合層から水深 600～1000m にかけては水温が次第に低下し，永年温度躍層が形成される．永年温度躍層以深では水温は4℃前後とほぼ一定となる．永年温度躍層を境に，表層水は高水温のために密度が低く，逆に深層水は低水温のため密度が高くなるため，鉛直混合が妨げられる（図3-2）．

中緯度域（温帯域）では，夏季の強い日射のため表層水温が上昇し，季節的温度躍層が形成される．そのため，夏季には表面混合層内での鉛直混合が起こりにくくなる．季節的温度躍層は，秋季に表層水温が低下するにしたがって崩壊する（図3-2b）．一方，低緯度域（熱帯域）では，常に強い日射を受けるために表層水温が高く保たれ，表面混合層の深度は浅くなる（図3-2a）．また，高緯度域（極域）では，鉛直方向の水温変動が乏しくなり，表層水温がより低くなる水温逆転層が形成されることもある（図3-2c）．

海洋表層の塩分も，日射による蒸発，降雨，融氷による淡水の流入の影響を受ける．南北回帰線付近では，蒸発により塩分は高くなる．一方，降雨の影響が大きい赤道付近や融氷に伴う淡水の流入の影響を受ける高緯度域では，表層の塩分は低い．また，海洋循環により中緯度域表層の低塩分水が水深 1000m ほどの赤道域中層に侵入し，南極中層水や北太平洋中層水を形成している．深層では，北大西洋深層水，南極深層水の影響を受け，塩分は高く比較的一定である．

海水の水温，塩分は，海水の密度を規定することから，水温や塩分の鉛直分布によって海水の鉛直混合の度合いが左右される．海水の鉛直混合は深層からの栄養塩の供給に寄与する．一方，表面混合層の発達は表層で浮遊生活を営む植物プランクトンを十分な光が得られない深層にまで移動させることになり，

その増殖が光によって制限される．したがって，水温や塩分の鉛直分布はその海域の基礎生産を規定する重要な因子の一つである．

2-3. 海洋の物理化学的特性：栄養塩

基礎生産の観点から，海水中に存在する無機態窒素，リン酸，ケイ酸塩などの主要栄養塩が重要である．一般に，十分な日射がある表層では，植物プランクトンの消費により栄養塩濃度は低い．一方，深層の栄養塩濃度は高く保たれている．これは，後述するように，植物プランクトンの基礎生産に由来する有機物が生物ポンプにより深層へ供給されるためである．

窒素はアンモニア態（NH_4^+），亜硝酸態（NO_2^-），硝酸態（NO_3^-）として存在する．海洋細菌などによる有機物の分解によりアンモニア態窒素が生成し，硝化細菌により亜硝酸態，硝酸態へと酸化される．植物プランクトンは主にアンモニア態窒素を利用するが，硝酸還元能があるものは硝酸態も利用できる．窒素は，外洋域では湧昇や冬季の鉛直混合により深層から供給されるが，沿岸域では陸域からの流入の影響も大きい．

海洋環境では窒素が植物プランクトンの主要な増殖制限因子となる．したがって，窒素濃度は基礎生産に影響を与える．例えば，表層水温が高い亜熱帯海域や夏季の温帯域では水温躍層が形成され，深層からの窒素の供給が減少する．このような海域では，表層での基礎生産が制限される．しかしながら，深層からの窒素の供給が有光層下部に達するような条件下では，有光層下部での植物プランクトンの増殖が見られ，亜表層クロロフィル極大を形成する．また，亜熱帯海域では，窒素固定により大気中の窒素を窒素源として利用できるシアノバクテリア *Oscillatoria* 属がブルームを形成することがある．ただし，窒素固定に働く酵素，ニトロゲナーゼは鉄を要求する．したがって，そのブルームは大陸からの土壌粒子やダストの供給がある海域，例えば，貿易風によりサハラ砂漠からダストが供給される大西洋亜熱帯域に限られる．

ケイ酸塩は，ケイ酸質 $SiO_2 \cdot nH_2O$ からなる被殻を持つ珪藻類に必須の栄養塩である．海水中では主に $Si(OH)_4$ の形で存在する．珪藻類由来のケイ酸質は，珪藻類細胞が死滅し深層へ沈降した後，化学反応により海水中に溶解する．したがって，ケイ酸塩濃度は深層において高くなり，また深層大循環の出発点である北大西洋に比べ，終着点である北太平洋で高い．

鉄は，植物プランクトンに必須の微量金属であり，窒素と並んで植物プランクトンの主要な増殖制限因子でもある．特に，海洋は基本的に鉄欠乏環境にあると考えられる．これは，海洋環境において熱力学的に安定な3価鉄が水酸

化物を形成して難溶化し，深層へ沈降するためである．特に，主要栄養塩が十分に存在するにもかかわらず鉄欠乏により植物プランクトンの増殖が制限されている海域は高栄養塩低クロロフィル（High Nutrient Low Chlorophyll: HNLC）海域と呼ばれ，東部赤道太平洋，亜寒帯太平洋，南極海に認められる（Duce and Tindale, 1991; Minas and Minas, 1992）．これらの海域では，植物プランクトンが要求する N：Fe 比（モル比）が $10^3 \sim 10^4$ である（Geider and La Roche, 1994）のに対し，海水の N：Fe 比は $10^4 \sim 10^6$ と鉄欠乏にある．海洋域への鉄の供給は，主に陸から移送される土壌粒子，腐植物質やダストに由来する．したがって，HNLC 海域は陸域からの鉄の供給に乏しい海域であると考えられる（制限因子としての鉄については後述する）．ただし，HNLC 海域では必ずしも基礎生産が低いわけではない．HNLC 海域では，シアノバクテリアに代表されるナノ・ピコ植物プランクトンが卓越する．これらの植物プランクトンは，細胞のサイズが小さく，表面積/体積比が大きいために鉄を効率よく取り込むことができる．また，鉄キレーターであるシデロフォアを分泌し，効率よく鉄を取り込む仕組みを備えている．したがって，鉄欠乏環境に適応し増殖することができる．HNLC 海域においてクロロフィル量が低いのは，むしろ繊毛虫類や鞭毛虫類による高い捕食圧が影響していると考えられる．

2-4. 海洋の物理化学的特性：光の透過

海水面に到達した日光は，海水に吸収されて減衰する．光合成に利用される $400 \sim 700 nm$ の可視光（光合成有効放射, Photosynthetically Active Radiation: PAR）も，外洋域では 100m 程度，沿岸域では数 10m で 1％にまで減衰する．したがって，植物プランクトンが光合成を行い増殖できるのは表層に限られる．

海洋環境における日光の透過量と植物プランクトンの基礎生産との関係から，海洋は有光層，弱光層と無光層に分けられる（図3-3）．表層では光合成に十分な光量がある．したがって，植物プランクトンの光合成速度は呼吸速度を上回り，基礎生産が行われる．この水層を有光層と称する．水深が増すにしたがって光量が減少し，光合成速度は低下する．光合成速度が呼吸速度に一致する水深は補償深度と呼ばれる．したがって，補償深度以浅が有光層となる．補償深度以深の，わずかながら光が到達する水層を弱光層，全く光が達しない水層を無光層という．一般に補償深度はその照度が海表面の 1％となる水深に一致するとされる．補償深度は海水の透明度に左右される．きわめて透明度の高い外洋域では 100〜150m であるが，内湾域では 20〜30m，汚濁の進んだ沿岸域では 10m 以下となる（図3-3）．

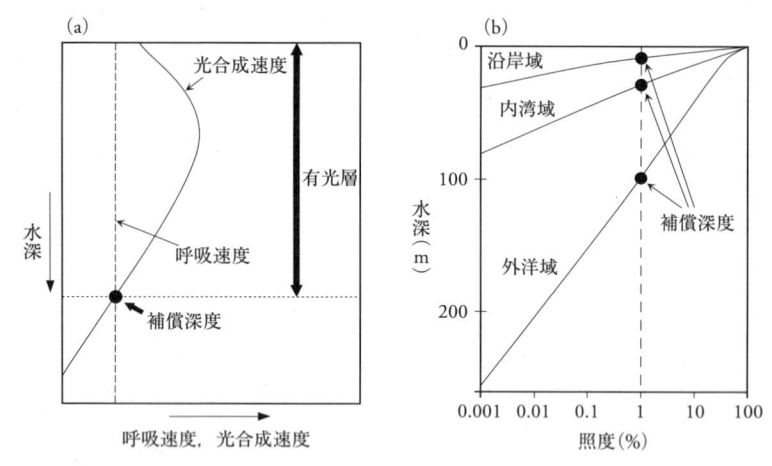

図 3-3 海洋環境における光の透過と光合成速度，呼吸速度，補償深度との関係 (a)，海水の透明度と補償深度との関係 (b)

3 ▶ 海洋環境におけるプランクトンの役割

海洋プランクトンは，海洋生態系において生物量で卓越し，高い比成長速度を示す．したがって，海洋生態系における低次生産や物質循環に対し大きな役割を果たしている．特に，植物プランクトンは海洋生態系における基礎生産を担っている．一方，動物プランクトンは植物プランクトンを捕食し，基礎生産により得られたエネルギーを高次消費者に供給している．

3-1. 基礎生産者としての植物プランクトンの特徴

陸域では，主に木本類や草本類といった大型植物が基礎生産を担う．一方海洋域では，その特性ゆえに，藻類の中でも植物プランクトンが主要な基礎生産者となっている．水中では光の透過性が低いために，海洋環境において植物プランクトンが光合成し増殖できるのは表層（有光層）に限られる．そのため，植物プランクトンが生残するためには有光層にとどまらなければならない．しかしながら，植物プランクトンの細胞は海水より比重が高く，そのままでは自然に沈降する．沈降速度は体積が大きいほど，また表面積が小さいほど速くなる．したがって，細胞サイズを小さくし，表面積/体積比を大きくした方が沈降しにくい．これが，海洋環境における基礎生産者として単細胞性の植物プランクトンが適応した一つの理由と考えられる．また，植物プランクトンの中に

は，鞭毛を持って遊泳することによって沈降を防いでいるものも多い．渦鞭毛藻類のように，細胞表面に複雑な形状をした鎧板を持ち，また浮遊性珪藻類のように突起物を持つことも，海水との摩擦を高め沈降を防ぐのに役立っている．加えて，海洋域の藻類は，海水中の栄養塩を体表面から吸収する．したがって，表面積 / 体積比が大きい植物プランクトンは，栄養塩濃度が低い海洋表層における栄養塩の吸収にも有利となる．

植物プランクトンは，主要栄養塩として無機態窒素，リン酸塩を増殖に要求する．珪藻類においてはケイ酸塩がこれに加わる．植物プランクトンが要求する炭素，窒素，リン各元素の組成比はレッドフィールド比として知られ，$C:N:P=106:16:1$ とされている．この比率を下回る元素が植物プランクトンの増殖制限因子となる．一般に海洋環境では窒素が制限因子となる場合が多い．また，必須微量金属である鉄を含める場合は，$C:N:P:Fe=106:16:1:10^{-3}\sim10^{-4}$ とされている（Martin, 1992）.

3-2. 代表的な植物プランクトン

海洋環境には多様な植物プランクトンが生息している．代表的なものとして，珪藻類，渦鞭毛藻類，円石藻類，シアノバクテリア，原始緑藻類を挙げる．珪藻類は，温帯域や高緯度域，極域での主要な基礎生産者である．ケイ酸質からなる被殻を持つことから，しばしば海洋環境中のケイ酸塩が増殖制限因子となる．珪藻類は鞭毛を持たず運動性を示さないことから，群体を形成したり，有基突起，唇状突起などの突起物を持つことによって有光層からの沈降を防いでいる．その一方で，表層から深層へ沈降することにより，ケイ酸塩の表層から中深層への輸送にも寄与している．渦鞭毛藻類には，光合成を行う独立栄養性のみならず，細菌や他の植物プランクトンを捕食する従属栄養性，光合成と捕食いずれによってもエネルギーを獲得できる混合栄養性のものがあり，エネルギー代謝に多様性を示す．鞭毛を持って遊泳し，日周鉛直移動を行うことから，中深層の栄養塩を利用できる．したがって，躍層の形成により表層の栄養塩濃度が低い熱帯，亜熱帯海域で優占する傾向にある．円石藻類は，細胞表面にココリス（coccolith，円石）と呼ばれる炭酸カルシウムからなる鱗片を持つのが特徴である．海洋環境に普遍的に生息し，しばしば沿岸域や湧昇域でブルームを形成する．ココリスは，大気中の二酸化炭素が海水中に溶解して形成される炭酸水素イオン HCO_3^- を利用して形成される．したがって，円石藻類は細胞の沈降による表層から中深層への炭素の輸送に寄与していると考えられる．シアノバクテリアは原核生物に分類される植物プランクトンである．*Oscillatoria*

属は群体を形成し,しばしば熱帯外洋域でブルームを形成する.窒素固定能を持つことから,栄養塩濃度が低い海域においても増殖が可能である.また,*Synechoccoccus* 属は他の植物プランクトンが優占していない温帯,熱帯の沿岸域,外洋域において主要な基礎生産者となっている.原始緑藻 *Prochlorococcus* 属はシアノバクテリアと同様原核生物に分類されるが,光合成色素組成がシアノバクテリアとは異なっている.シアノバクテリアと比べて分布域は狭いが,亜熱帯,熱帯の外洋域では植物プランクトンの優占種となっている.

3-3. 植物プランクトンの捕食者としての動物プランクトン

植物プランクトンは,繊毛虫類や渦鞭毛虫類といった $20\sim200\mu m$ ほどの微小動物プランクトンにより捕食される.微小動物プランクトンは,カイアシ類,枝角類,アミ類,オキアミ類などの大型動物プランクトンの捕食を受けることによって,植物プランクトンが光合成により生産したエネルギーを高次消費者に供給している(本章第2節参照).また,微小動物プランクトンは捕食に際し糞粒や植物プランクトン細胞の破片を排出する.これらは懸濁態有機物として深層へ沈降する.その結果,基礎生産された有機物は中深層へ輸送される.同時に,懸濁態有機物は表層で従属栄養性細菌などにより無機物に変換され,栄養塩として植物プランクトンに再利用される.このように,動物プランクトンは,植物プランクトンが光合成により基礎生産した有機物のその後の動態,すなわち,深層への有機物フラックスと表層での再生産を規定する重要な役割を果たしている.

3-4. 植物プランクトンによる基礎生産と環境要因

植物プランクトンの基礎生産は,光,栄養塩濃度,海洋域の成層構造などの様々な環境要因と密接に関連しあっている.基礎生産は有光層に限られる一方,表層の栄養塩濃度は概して低い.したがって,有光層への深層からの栄養塩の供給が基礎生産を支える上で重要である.しかしながら,海洋の成層構造が卓越すると,表層と中深層の混合が滞って栄養塩の供給が不十分となり,基礎生産が制限される.このことから,水温躍層や塩分躍層の形成に関与する日射や河川水,融氷水の流入,降雨などの淡水の負荷が基礎生産を左右することが分かる.

また,沿岸域では,陸起源の物質の影響も大きい.特に,河川水を通じて供給される陸起源の栄養塩や懸濁粒子は,沿岸域の基礎生産を支える上で重要である.

4 ▶ 地球規模での基礎生産

4-1. 海洋環境における基礎生産

　海洋域全体の基礎生産量は陸域にほぼ匹敵し，年間約500億tと見積もられている（Field et al., 1998）．特に，沿岸域や沿岸湧昇域では，陸域からの栄養塩の供給や潮汐混合，湧昇による栄養塩の深層から表層への供給により，250mgC/m^2/dayを超える高い基礎生産を示す（柳，2001）．太平洋東部の赤道域や南極大陸周辺も，赤道湧昇や南極湧昇により基礎生産量が高い海域として知られている．一方，総じて外洋域の基礎生産量は低く，平均すると100mgC/m^2/day以下である（柳，2001）．

　基礎生産は，緯度によって周年変動の様子が異なる．北極海に代表される高緯度域（極域）では，冬季の太陽高度が低く，表層水温も低い．したがって，水温躍層が形成されにくく，表面混合層の深度が増加する．すると，表層の植物プランクトンは鉛直混合により深部まで移動することになり，日射量が不足する．したがって，冬季の基礎生産量はきわめて低い．一方，春季から夏季にかけては，日射の増加により表層水温が上昇して水温躍層が形成される．海氷の融解による淡水の流入も成層構造を安定化させる．植物プランクトンは，冬季の鉛直混合により表層へ供給された栄養塩を利用して増殖し，夏季ブルームを形成する（図3-4）．一方，北大西洋の温帯域では，基礎生産は水温躍層の形成に影響される．冬季には，極域と同様表層の水温が低く鉛直混合が卓越するため基礎生産量は低くなる．春季になると水温が上昇するため，鉛直混合により表層に供給された栄養塩を利用して植物プランクトンが増殖し，春季ブルームを形成する．夏季には表層水温の上昇により水温躍層が形成されるとともに，表層の栄養塩が枯渇するためにブルームが終息する．秋季には表層水温が低下し，鉛直混合により中深層の栄養塩が供給されるため，秋季ブルームが形成され，基礎生産が再び増加する（図3-4）．また，熱帯域では，年間を通して強い日射を受け，常に表層水温が高く推移するため，水温躍層が永続的に形成されて表層への栄養供給に乏しい．したがって，年間を通して基礎生産は低く抑えられる（図3-4）．

　基礎生産は，表層大循環の影響も受ける．亜熱帯循環流に代表されるような，北半球における時計回り，南半球における反時計回りの海流循環は収束循環となる．そのため，表層水は循環の中心に収束し，結果栄養塩の少ない表層水の深度が深くなり，基礎生産は小さくなる（100mgC/m^2/day以下，Lalli and Parsons, 2005）．一方，北半球における反時計回り，南半球における時計回りの

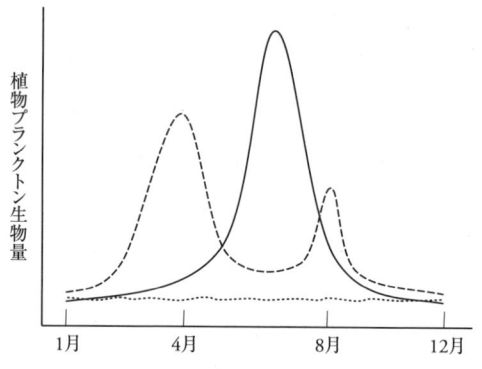

図 3-4　低緯度域（点線），中緯度域（破線），高緯度域（実線）での植物プランクトンの周年変動（Heinrich, 1962 より改変）

循環は発散循環となり，表層水が中心部から発散するとともに深層水が引き上げられ湧昇を生じる．太平洋や大西洋の亜寒帯域では，発散循環による栄養塩の十分な供給により，十分な日射の得られる夏季において高い基礎生産が期待される（500mgC/m²/day, Lalli and Parsons, 2005）．

　基礎生産は，その海域の有光層外から供給された栄養塩を利用する新生産と，その海域の有光層内で再生された栄養塩を利用する再生産に分けられる（Dugdale and Goefung, 1967）．新生産に利用される栄養塩は，湧昇流や鉛直混合による深層からの供給，陸域由来の土壌粒子やダスト，河川水や降雨に由来する．一方，再生産においては，基礎生産に由来する有機物が有光層内で従属栄養性細菌などにより分解，無機化され，植物プランクトンに再利用される．また，従属栄養性細菌や小型植物プランクトンは，有光層内で微小鞭毛虫類の捕食を受けた後，その有機物が食物連鎖に導入されて有光層内で循環，再生産される．

4-2. 生物ポンプ

　植物プランクトンは，有光層で光合成を行い，海水中に溶解している炭酸水素イオン HCO_3^- を有機物に変換する．この植物プランクトンを，微小動物プランクトンが捕食する．微小動物プランクトンは，捕食に伴って糞粒や植物プランクトン細胞の破片を排出する．植物プランクトン，微小動物プランクトンの遺骸やこれらの排出物は，粒子状有機物として沈降し，深層へ供給される．したがって，基礎生産に由来する有機物の一部は，深層へと移行する．この表

層から深層への有機物の輸送過程を生物ポンプという．基礎生産のうち，生物ポンプにより深層への有機物輸送に寄与するのは20～50％とされている（柳，2001）．特に，繊毛虫類や鞭毛虫類の捕食を受ける10μm以上の大型植物プランクトンは，生物ポンプへの寄与度が大きいと考えられる．一方，小型植物プランクトンの生産した有機物は有光層内の食物連鎖を通して再生産されるため，生物ポンプへの寄与度は小さい．

有機物の沈降のみならず，海洋環境における食物連鎖も生物ポンプの駆動に貢献している．動物プランクトンや中深海魚類の中には鉛直移動を行うものがある．動物プランクトンは，一般に夜間に上方へ移動し，植物プランクトンを捕食する．昼間には下方へ移動し，糞粒などを排出するとともに，中深海魚類の捕食を受ける．中深海魚類はさらに深部へ鉛直移動する．このようにして，植物プランクトンの基礎生産により得られた有機物の深部への輸送には，食物連鎖を経由する経路もあると考えられている．

表層の無機栄養塩は植物プランクトンの基礎生産により有機物に転換され，生物ポンプによって表層から取り除かれるため，表層の栄養塩濃度は低い．生物ポンプにより深部に輸送された有機物は，従属栄養性細菌の分解作用などにより徐々に無機化される．よって，深層の栄養塩濃度は高く保たれる．この無機栄養塩は湧昇流や鉛直混合により再び有光層に回帰し，植物プランクトンの新生産に用いられる．したがって，生物ポンプは表層の基礎生産を支える深層の栄養塩プールを形作るための重要な過程と考えられる．

4-3．微生物ループ

海洋環境中の有機物は，0.45μmのガラスファイバーフィルターでの濾過により懸濁態有機物と溶存態有機物に分類される．懸濁態有機物としては，動植物プランクトンの遺骸や動物プランクトンの糞粒などが挙げられる．生物ポンプにより深層へ輸送されなかった懸濁態有機物は，有光層において従属栄養性細菌による分解などを経て可溶化され，溶存態有機物となる．植物プランクトンや動物プランクトン，魚類も直接溶存態有機物を排出する．従属栄養性細菌は溶存態有機物を吸収し増殖することによって，溶存態有機物を懸濁態有機物に変換する．増殖した海洋細菌は微小鞭毛虫類に捕食され，さらに大型動物プランクトン，魚類の捕食を受けることによって食物連鎖が成立する．この溶存態有機物を起点とし，細菌や微小鞭毛虫類が高次消費者へのエネルギーの橋渡しをする食物連鎖を微生物ループという（Azam et al., 1983）（図3-5）．微生物ループにおける従属栄養性海洋細菌の生産量は，基礎生産量の10～15％に相当す

```
                    生食食物連鎖
  ┌─────────┐    ┌──────────┐    ┌────┐
  │植物プランクトン│──→│動物プランクトン│──→│魚類│
  └─────────┘    └──────────┘    └────┘
        ╎           ╎               ↑
        ↓           ↓               │
  ┌─────────┐    ┌────┐    ┌──────────┐    ┌────────┐
  │溶存態有機物 │──→│細菌│──→│従属栄養性  │──→│動物    │
  │  (DOM)  │    │    │    │微小鞭毛虫類│    │プランクトン│
  └─────────┘    └────┘    └──────────┘    └────────┘
                          微生物ループ
```

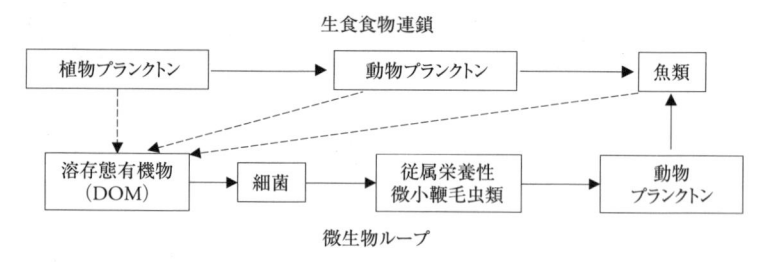

図 3-5　海洋環境における生食食物連鎖と微生物ループ

るとされている (Anderson and Ducklow, 2001).

　微生物ループは，植物プランクトンによる基礎生産を起源とする有機物を有光層内で循環させる作用がある．加えて，微生物ループを循環する有機物は，それぞれの従属栄養生物が利用する過程で一部無機栄養塩に再生され，植物プランクトンに利用される．したがって，微生物ループを構成する従属栄養性海洋細菌や微小鞭毛虫類は，植物プランクトンの再生産に寄与していると考えられる．

4-4. 基礎生産の制限因子としての鉄

　南極海では，十分な栄養塩が存在するにもかかわらず植物プランクトンのクロロフィル量が低い南極パラドックスという現象が見出される．同様の現象はアラスカ湾や赤道域でも認められ，これらの海域は高栄養塩低クロロフィル (HNLC) 海域と呼ばれている．マーティンは，HNLC 海域では鉄が植物プランクトンの増殖制限因子になっており，この海域への鉄供給の変化が植物プランクトンの基礎生産を左右するとする鉄仮説を提唱した (Martin et al., 1989)．マーティンは，鉄を添加することによって HNLC 海域の植物プランクトンの増殖を促進させれば，大気中の二酸化炭素は植物プランクトンによって同化された後生物ポンプによって深層に固定され，地球温暖化の抑止につながるのではないかと考えた．

　この鉄仮説を実証するために，マーティンらを初めとする複数の研究チームによって HNLC 海域への鉄の散布実験が行われた (Coale et al., 1996; Boyd et al., 2000; Tsuda et al., 2003)．その結果，珪藻類を中心とする植物プランクトン生物量の増加やクロロフィル濃度の上昇に伴い，溶存無機炭素濃度の減少が確認され，HNLC 海域では鉄が植物プランクトンの増殖を制限していることが示された．ただし，地球温暖化防止の手立てとしての鉄散布の有効性は未だ明らか

ではない(宗林,1998).これらの散布実験では,大気中の二酸化炭素濃度と生物ポンプによる深層への輸送について十分な検討がなされていない.また,鉄散布による珪藻類の種組成の遷移も報告されており(Tsuda et al., 2003),海洋生態系に与える影響についても慎重に検証する必要があると思われる.

5 ▶ 沿岸海域での基礎生産

　海洋域のうち,水深 200m 以浅の海域は沿岸海域と呼ばれ,陸棚海域,内湾域,エスチュアリーが含まれる.沿岸域での漁獲量は全体の半分以上を占めることから,水産資源の観点からも沿岸域は重要な海域である.沿岸域は陸域と接していることから,河川水を通して陸域から栄養塩が供給される.また,水深が浅いことから,沿岸湧昇やエスチュアリー循環により深層,底層の栄養塩が表層に回帰しやすい.このような環境が沿岸域の基礎生産を支え,ひいては水産資源の生産に結び付いている.ここでは,水産資源の生産の場として重要で,かつ河川を通して直接陸域の影響を受けるエスチュアリーにおける基礎生産について述べる.

5-1. エスチュアリーでの基礎生産

　エスチュアリーとは,海洋域に流れ込む河川水の影響を直接受ける主に閉鎖性の海域を指す.エスチュアリーでは,河川を通じて陸起源の有機物や栄養塩が流入する.また,河川水の流入によりエスチュアリー循環が生じ,栄養塩を豊富に含む沖合の底層水が加入する.加えて,水深が浅く,底層付近まで十分な日射が透過する.したがって,エスチュアリーでは植物プランクトン,底生微細藻類,アマモなどの維管束植物が生育し,基礎生産が高い.これらの基礎生産者は,直接動物プランクトンに捕食されるだけでなく,死滅後その遺骸や細胞の破片がデトライタス(生物の遺骸や生物体の破片などからなる微細な懸濁態有機物粒子)となってエスチュアリー内にとどまり,動物プランクトンに捕食されて食物連鎖に入っていく.基礎生産者により生産された有機物は,この食物連鎖の過程で無機物に変換され,栄養塩として再びエスチュアリー内での基礎生産に利用される.したがって,エスチュアリーに供給された栄養塩はエスチュアリー内にとどまり,その中で循環することになる.

5-2. エスチュアリーでの河川水と海水の挙動

　外洋域では,海水の水塊分布,特に鉛直分布は主に水温により規定される.

(a) 弱混合型

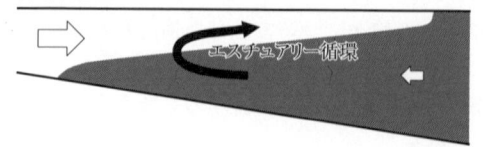

(b) 緩混合型

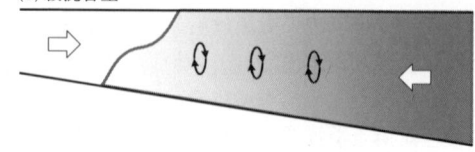

(c) 強混合型

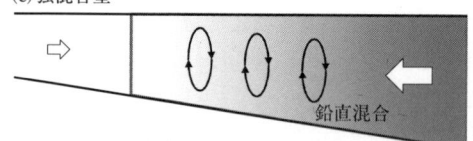

鉛直混合

図3-6 エスチュアリーにおける河川水と海水の混合様式

　一方，エスチュアリーでの水塊分布は，河川からの淡水の流入の影響を受け，主に塩分により規定される．特に，エスチュアリーでは，河川からの淡水の流入量と潮流による混合の度合いによって，その水塊分布が変動する．淡水流入量が大きく，潮流による混合が小さい場合は，密度の低い淡水が表層を沖に向かって流れる．この河川水の流れを河川プルームと呼ぶ．一方，底層では，それを埋めるように高密度の海水が沖合から河口域に向かって侵入する．このようなエスチュアリーでの河川水と海水の挙動を弱混合型という（図3-6a）．弱混合型のエスチュアリーでは塩分躍層が発達し，海水が底層から河川に向かってくさび状に侵入する塩水くさびが形成される．一方，淡水の流入量が小さく，潮流による混合が大きい場合は，潮流によって河川水と海水が鉛直方向に混合されて塩分躍層が形成されず，塩分は河口域から沖合に向けて徐々に増加する．これを強混合型という（図3-6c）．緩混合型は，弱混合型と強混合型の中間的な状態をいう（図3-6b）．

　エスチュアリーでは，弱混合型に見られるように，表層を河川水が沖へ流れるとともに底層を沖合海水が河口域に向かって侵入する．河口域に侵入した海

水は，その一部が表層に連行され鉛直循環が生じる．このような流れをエスチュアリー循環という（図3-6a）．エスチュアリー循環は，河川プルームより規模が大きく，エスチュアリーと沖合との間での水交換や物質循環に大きな役割を果たしている．また，エスチュアリー表層で増殖した植物プランクトンは，懸濁態有機物（デトライタス）として底層へと沈降するが，底層の河口域向きの流れによりエスチュアリーにとどまる．したがって，エスチュアリー循環は懸濁態有機物やその分解によって生じる栄養塩をエスチュアリーに貯蔵する働きがある．これが，エスチュアリーでの高い基礎生産に寄与すると考えられる．

5-3. 河川水由来の陸上有機物と栄養塩の挙動

エスチュアリーには，河川を通じて無機態窒素，リン酸，ケイ酸塩などの主要栄養塩や鉄，懸濁粒子が供給される．特に，鉄は，河川水中の腐植物質であるフルボ酸と錯体を形成し，可溶化された状態でエスチュアリーに至る．この鉄の供給は，主要栄養塩とともにエスチュアリーにおける植物プランクトンや海藻類の基礎生産に寄与している（第7章第2節，第3節参照）．

また，河川を通じて流入した土壌粒子などの懸濁態無機物や，デトライタス，プランクトンなどの懸濁態有機物は，海水と接触すると，海水に含まれる陽イオンによって懸濁粒子表面のマイナスの電荷がマスクされ，互いに凝集する．また，河川水中の淡水性植物プランクトンやその他の淡水性微生物は，高塩分の海水によって死滅し，粘質物を形成して互いに凝集する．したがって，特に弱混合型，緩混合型エスチュアリーでは，底層を侵入する海水の先端部分で高濁度水塊が形成される（第7章第2節参照）．形成された凝集物（フロック）は沈降して海底に堆積し，細菌や堆積物食者により分解されて栄養塩を生成する．この栄養塩はエスチュアリーでの植物プランクトンによる基礎生産に利用される．したがって，エスチュアリーには河川を通じて供給される陸域由来の有機物をエスチュアリー内にとどめ，植物プランクトンによる基礎生産を通してエスチュアリー生態系に供給する働きがあると考えられる．

5-4. 河川の人為的改変とエスチュアリーの基礎生産

河川を通じて陸域からエスチュアリーに流入する有機物や栄養塩の量や質は，河川の利用状況や河川後背地の利用状況により影響を受ける．たとえば，田畑での肥料の利用や生活排水，工場排水の河川水への流入は，無機態窒素，リン酸，ケイ酸塩などの主要栄養塩をエスチュアリーに過剰に負荷することとなり，その結果富栄養化を招いて赤潮や貧酸素水塊の形成を引き起こす可能性

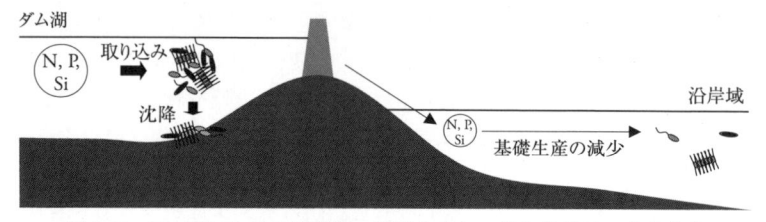

図 3-7 ダム湖における栄養塩の捕捉とそれに伴う沿岸域の貧栄養化

がある．また，治水や利水を目的とした河川の河床掘削や護岸，ダムや堰の建設は，河川の生態系を破壊する恐れがあるとともに，河川からの様々な栄養塩，懸濁粒子などの海洋環境への供給にも多大な影響を与えることが危惧される．ここでは特に，ダム建設がエスチュアリー生態系に与える影響について述べる．

ダム湖では，河川の流れが停滞するとともに，冠水した土地から栄養塩が供給される．すると，珪藻類，渦鞭毛藻類などの淡水性植物プランクトンがしばしばブルームを形成し，ダム湖内の栄養塩類を吸収する．植物プランクトンは，ブルーム形成後ダム湖底に沈降して堆積することにより，吸収した栄養塩をダム湖にトラップする．その結果，ダム湖から下流へ流れる河川水の栄養塩濃度が低下し，エスチュアリーへの栄養塩供給が減少する（図3-7）．この現象は cultural oligotrophication (Stockner et al., 2000) と呼ばれ，エスチュアリーにおける基礎生産に大きな影響を与えることが指摘されている (Yamamoto, 2003)．たとえば，ダム湖において珪藻類のブルームが形成されると，エスチュアリーへのケイ酸塩の供給が減少する．すると，エスチュアリーはケイ酸塩が枯渇し，珪藻類が減少するとともに，珪藻類と競合関係にある鞭毛藻類が増加すると考えられる．鞭毛藻類には赤潮原因藻類も含まれることから，単なる植物プランクトンの種組成の変化にとどまらず，エスチュアリーにおける水産業に多大な影響を与える可能性も考えられる．

また，ダム湖では河川水が滞留するため，河川水に含まれる懸濁粒子が湖底に堆積する．その結果，エスチュアリーに供給されるはずの比較的大きいサイズの懸濁粒子が減少し，海岸線の後退や干潟の衰退，海底の泥質化が進行する．また，エスチュアリーで形成される懸濁粒子は，エスチュアリーに生息する植物プランクトン由来のデトライタスが中心となる．この有機物に富むデトライタスは底層に沈降した後分解されるが，その際底層や底質を貧酸素化すると考えられる．このように，ダムの造成は，エスチュアリーの環境や生態系に様々

なインパクトを与え，エスチュアリーにおける基礎生産や水産資源の生産に大きな影響を与えると考えられる．

6 ▶ おわりに

わが国は，四方を海に囲まれた漁業資源豊かな国であり，中でも沿岸域は多様な水産資源を育む重要な海域である．しかしながら，近年，沿岸漁業の生産量は減少を続け，この10年で約3割の減となっている（水産庁，2008）．その原因として，水産物自給率の低下，消費者の魚離れや原油価格の高騰といった社会情勢による漁業経営体質の弱体化などに加え，人為的な改変による沿岸環境の変化が沿岸生態系に与えた影響についても考慮しなければならない．沿岸域では，護岸や埋め立てにより水質浄化に寄与する多くの干潟や藻場が破壊され，魚介類の生息場が脅かされている．また，陸域における河川や河川流域の改変により，エスチュアリーへの栄養塩や有機物の供給が滞り，植物プランクトンによる基礎生産やその種組成に影響を与えている．沿岸域では，陸域や沖合深層から供給される栄養塩や有機物を植物プランクトンや海藻類，アマモ類が吸収して基礎生産を行うことによって，沿岸環境の水質保全に寄与するとともに多様な水産資源からなる沿岸生態系を支えている．今後，沿岸域の水産資源を確保し，持続的に利用していくためには，この流れを適正に保つことが重要である．その中で基礎生産を支える植物プランクトンの役割は軽くない．我々は漁獲対象物や目に見える藻場に意識が向きがちであるが，それらを支える沿岸域での基礎生産の仕組みを理解した上で，陸域も含めた沿岸環境の保全対策を検討する必要があると思われる．

第2節　仔稚魚を育む"海の米粒"カイアシ類

1 ▶ 仔稚魚の主食はカイアシ類

昆虫は現在知られている動物種の8割を占め，地球上で最も繁栄している動物だと言われている．しかし，種類数ではなくバイオマス（生物量）で比較するなら，現在最も繁栄している動物がカイアシ類であることはあまり知られていない．カイアシ類はエビやカニと同じ甲殻類の仲間で，海洋・湖沼のプラ

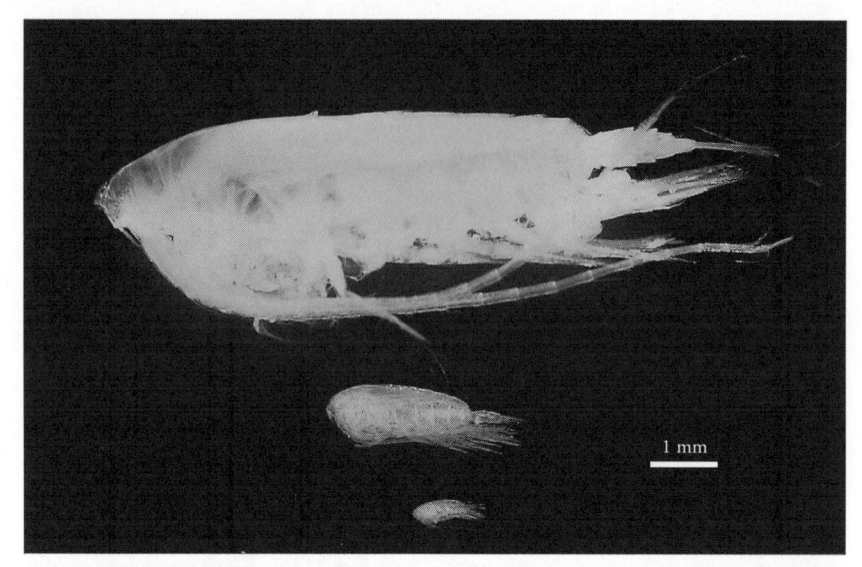

図 3-8 親潮流域の優占カイアシ類ネオカラヌス　クリスタータス *Neocalanus cristatus*（上，体長 8.9mm），黒潮流域の優占カイアシ類カラヌス　シニカス *Calanus sinicus*（中，同 2.7mm）とパラカラヌス　パーバス *Paracalanus parvus* s. l.（下，同 1.0mm）．寒海域の優占カイアシ類は暖海域より大型である．

ンクトン（浮遊生物），メイオベントス（網目 1mm のふるいを抜ける微小な底生生物），多くの水生動物の寄生・共生生物として優占する動物群である．その中で特にバイオマスが大きいのは浮遊性のカイアシ類である．浮遊性カイアシ類の成体体長は 0.5〜10mm 程度で，寒海では 5mm を超える大型種，暖海では 1〜2mm の小型種が優占する（図3-8）．カイアシ類は一般に，網目が 0.1〜0.3mm の円錐形のプランクトンネットで採集されるが，ほとんどの海域で採集された動物プランクトン数の 7 割以上はカイアシ類である．バイオマスにおいても，北東大西洋での例では動物プランクトンの 8 割以上がカイアシ類であると報告されている（Williams et al., 1994）．

　ある水域でのカイアシ類のバイオマスを密度分布から計算した研究はあるが，全海洋の浮遊性カイアシ類のバイオマスを現場データから推定した例は多分ない．南半球での現場データが少ないせいでもある．しかし，カイアシ類のバイオマスがいかに膨大であるかは別の方法で知ることができる．海洋では一次生産の大部分は小さな植物プランクトンによって行われている．植物プランクトンの海洋全体の生産量は，炭素量で年間約 500 億 t と見積もられ，陸上植

物の生産量約600億tに匹敵する (Chester, 2000). 海洋生態系が陸上生態系と大きく違う点は，一次生産量と一次消費量がほぼ拮抗することである．それは，植物プランクトンの生産量の大部分がカイアシ類によって消費されてしまうということである．一方，陸上植物が草食動物に食べられる量は生産量の一部にすぎず，動物に消費されなかった分は落葉や枯死して微生物によって分解される．つまり，陸上動物は光合成産物の一部を動物性タンパクに転換しているだけであり，地球全体でみれば，一次生産の半分以上を浮遊性カイアシ類が消費し，動物性タンパク質を生産していると見積もることができる．その巨大な動物性タンパク質の生産量を考えれば，カイアシ類が地球上の他のどんな動物群より圧倒的に大きいバイオマスを持った動物であることが納得できるであろう．

陸上における植物→草食動物→肉食動物といった食物連鎖は，海洋では一般に植物プランクトン→動物プランクトン→魚という連鎖で表される．しかし，海洋微生物の研究が進むにつれて，海では植物プランクトンから始まる食物連鎖とともに，水中に多量にある溶存有機物を栄養源にして増殖した従属栄養バクテリアを出発点とする食物連鎖も重要であることが明らかになってきた．この食物連鎖は，バクテリアの摂食者やその上の摂食者から排泄や細胞浸出によって出された有機物が再びバクテリアに利用されるといった循環があることから"微生物ループ (microbial loop)" (本章第1節参照) と呼ばれている．これに対して，植物プランクトンの光合成を出発点とする経路は"生食食物連鎖"と呼ぶ．微生物ループにおいて，バクテリアを食べるのは主に鞭毛虫や繊毛虫などの原生生物プランクトンである．鞭毛虫の多くは光合成を行い，植物プランクトンとしても扱われる (その場合は"鞭毛藻"と呼ぶ). 原生生物プランクトンの主要な捕食者はやはりカイアシ類である．飼育実験ではカイアシ類は繊毛虫や鞭毛虫を珪藻植物プランクトンより好んで摂食することが知られている (Turner and Granéli, 1992; Nakamura and Turner, 1997 など). このように，カイアシ類は，微生物ループにおいても生食食物連鎖においても，魚など高次の栄養段階者へとつなぐ最も重要な動物なのである．食卓に上がるシラス (イワシ類の仔魚) の中に腹が少し赤くなった個体が混じっていることがある．腹の中にある赤いものの正体はシラスが食べたカイアシ類である．シラスに限らず，ほとんどの魚類の仔稚魚期や動物プランクトン食の小魚の主食はカイアシ類である．また，大型の魚食性魚でも，餌にしているのはそうしたカイアシ類を食べた小魚である．私たちは，カイアシ類をシラスと一緒に食べてしまう以外は直接食べることはないが，食卓に上がるほとんどの魚の肉はもともとカイアシ類

の肉だったと言っても過言ではない．

　カイアシ類の学名はコペポーダ Copepoda という．日本人研究者の間では略して，あるいは親しみをこめて"コペ"と呼ぶことが多い．筆者が大学院生の頃，初めて参加した学会の懇親会で日本プランクトン学会を設立し日本の動物プランクトン学の礎を築いた北海道大学の元田　茂教授が"コペ"という言葉にふれて挨拶されたことがあった．教授の研究室での作業は，採集したプランクトンサンプルから研究対象種を選別することから始まる．親潮流域で優占するカイアシ類は 6～9mm もある大型種である（図3-8 上）．白い長円型の"コペ"をピンセットで 1 匹ずつ取り出す作業はどこか米粒の選別作業に似ており，"コペ"はまさしく海の"コメ"と呼ぶにふさわしい，というような話であった．昔の話なので記憶に残っているのはその枕話だけなのだが，教授はその後に水産学におけるカイアシ類の重要さについて語られたはずである．

2 ▶ Hjort の"critical period"仮説とカイアシ類

　魚がカイアシ類を餌にするのは主に仔稚魚の時期である．研究者が仔稚魚と餌の関係に特に注目するようになったのは約 100 年前にノルウェーの水産生物学者 Johan Hjort が"critical period"説を提唱してからである．この仮説は，魚類資源変動の要因は摂餌開始時の仔魚が餌不足によって大量死することと成育に適さない海域へ流されることにあるとする説である．魚類資源量が仔魚の摂餌開始時の減耗で決まるという意味でその時期を critical period（臨界期）とした．Hjort がこの説の根拠にしたのは，仔魚は摂餌開始期の餌不足で死にやすいという養殖学者の経験であり（May, 1974），その現象はその後の飼育実験でも確認されている．例えば，O'Connell and Raymond（1970）は，カタクチイワシ仔魚は孵化後 6～7 日目にカイアシ類ノープリウスの密度がある値以下なら大量死が起こり，それ以降はノープリウス密度に関係なく死亡率は低いことを実験的に示している．しかし，野外研究では摂餌開始期の餌不足が仔魚の死亡率の主要因になったことを直接的に示すデータはほとんど得られず，むしろ仮説を否定する結果が多く発表されてきた．Hjort の仮説以後，仔魚の減耗に関する多くの研究が重ねられた結果，現在では仔魚期の餌不足より被食による減耗の方が大きいという考えが一般的になっている（南，1994）．

　仔魚の減耗の主要因が餌不足より被食であるとしても，魚類資源量の変動要因における餌環境の重要性は変わらない．Houde（2008）は Hjort の仮説を総括した"Hjort の幻影からの脱却"と題した論文の中で，魚類資源量変動を説明

する五つの主要因を挙げている．①成長や代謝に影響する水温，②成育場からの流出や親魚の回遊の変化をもたらす物理過程と海況，③飢餓を招く餌環境，④成長とともに低下する被食圧，⑤被食を回避するための速い成長の五つである．それらの要因が絡み合い，卵や仔魚の死亡・成長に及ぼす小さな影響あるいは成魚になるまでの影響の累積によって，資源加入量は簡単にオーダーレベルで変動すると考えられている．③の餌環境について説明を加えると，天然での餌密度は飼育実験から得られた仔魚の要求餌密度より遥かに低く，しかも，ほとんどの魚種で摂餌開始時の摂餌成功率は25％より低いため，天然では仔魚は飢餓状態に陥りやすく，成長の低下を招き，捕食されやすくなるであろうと指摘されている．南（1994）は魚の初期減耗研究の歴史をまとめ，初期減耗の主要因は時代とともに「飢餓」から「被食」へ，そして「飢餓による被食」へと変化していると述べている．成育場からの流出についても，成育場の最も重要な条件は餌環境であり，広い意味ではやはり餌の問題である．このように，Houde（2008）が挙げた五つの要因のうち，水温以外はどれも餌環境が背景にあるとみなすことができる．魚類資源量と動物プランクトン分布量が相関するということは，フィールドでの研究が古くから明らかにしてきた事実である．例えば，湧昇域で魚が多い理由は，湧昇によって下層の豊富な栄養塩が表層にもたらされ，それによって表層の植物プランクトンが増え，その植物プランクトンを食べる動物プランクトンが増え，そして動物プランクトンを餌とする魚が増えるから，といった教科書的な説明は今も間違いではない．

3 ▶ 仔魚の減耗とカイアシ類の減耗

　魚類は陸上動物と比べて一般に産卵数が非常に多く，浮性卵を産む魚であれば一腹当たり数十万個という魚も珍しくない．多産であるということは減耗が大きいということである．魚の減耗は生活史の初めほど大きいと考えられているが，仔魚の減耗率を実際に野外データから推定することは非常に難しい．仔魚は発育とともに分布域を変えたり集中分布したりすることがあり，採集によって海域全体の現存量を知ることがきわめて困難だからである．潮流や海流による産卵場からの分散・移動がさらに現存量の把握を困難にする．そのため，天然での減耗率を知るためには，仔稚魚が分布する広い海域をカバーし，各発育ステージの個体密度の経時的変化が分かるような定量採集が必要であり，また，採集した試料の分析も多大な人手と時間のかかる作業となる．

　そうした労力をかけた貴重なデータの一つにマイワシの卵稚仔魚に関する

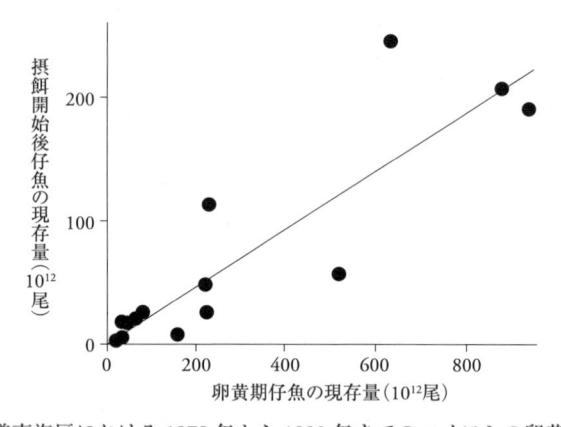

図3-9 北海道東海区における1978年から1990年までのマイワシの卵黄期仔魚と摂餌開始後仔魚（全長6.0〜7.9mm）の現存量（Watanabe et al., 1995を改変）
データ値は各採集場所での水温から算出された滞留時間で標準化されている．回帰直線 $Y= 1.50 + 0.233X$ の傾きから摂餌開始仔魚は卵黄期仔魚の約4分の1に減っていることが分かる．

日本の調査研究がある．マイワシは50〜60年周期の大規模な資源量変動を示し，1980年代には日本の主要水産魚であったが1989年以降その資源量が急減した．国の二つの水産研究所と県の15の水産試験場が1978年から毎年太平洋岸一帯でマイワシの卵稚仔魚の現存量調査を行っている．Watanabe et al.（1995）は1978年から1992年までの15年分のデータを解析し，マイワシ資源減少の要因を考察した．解析の結果，卵と摂餌開始後仔魚の現存量は正相関，卵黄期仔魚と摂餌開始後仔魚の現存量も正相関を示した（図3-9）．しかし，摂餌開始後仔魚と1歳魚加入量とは相関しなかったことから，マイワシの資源量減少は仔魚期の減耗によるのではなく，仔魚から1歳魚になるまでの減耗の累積によるのではないかと考えられた．図3-9に示した卵黄期仔魚と摂餌開始後仔魚（全長6.0〜7.9mm）現存量の関係の回帰直線の傾きから，摂餌開始後仔魚は卵黄期仔魚の約4分の1に減ったことが分かる．各発育ステージの現存量は減耗だけでなくステージの時間的長さ（ステージ滞留時間）にも関係する．図に使われた現存量は各採集海域での水温から計算されたステージ滞留時間で標準化した値で計算されているため，卵黄期から摂餌開始後仔魚にかけての4分の1の減少はそのまま両ステージの間に起こった減耗率とみなせる．松岡・三谷（1989）が行った飼育水温17.8℃での実験によれば，マイワシ仔魚は孵化後3日間は卵黄を持ち，4日目約5.7mmで摂餌を開始，孵化後8日目に全長8.0mmを超える．そのことから卵黄期と6.0〜7.9mmの摂餌開始後仔魚期の滞留時間

をそれぞれ3日，4日とし，両期の間隔を3.5日とする．日減耗率 m，初期現存量 N_0 とすれば，d 日後の現存量は $N_d = N_0 e^{-md}$ で表されることから，マイワシの卵黄期仔魚から摂餌開始後仔魚になるまでの日減耗率は 0.40 となる．この値は，毎日 3 尾のうちの 1 尾が死んでいくきわめて高い死亡率だが，それでもマイワシ仔魚の減耗率が特に高いわけではなく，これまで報告されている 5mm 前後の海産仔魚の平均的な値である（Bailey and Houde, 1989）．マイワシは生まれておよそ 3 ヵ月で稚魚にまで成長する（平本，1996）．仔魚期の日減耗率 0.40 で計算すると，孵化した仔魚は稚魚になるまでに 4300 兆分の 1（$e^{-0.4 \times 90}$）に減ることになる．しかし，マイワシの産卵量は体長 20cm 前後の雌で 3 万〜5 万個にすぎない（平本，1996）．仔魚初期の減耗がいかに大きいかがこの計算から分かる．

一方，カイアシ類の減耗については，Hirst & Kiørboe（2002）が過去の飼育実験研究から得られた 1 雌個体の総産卵数，卵から成体になるまでの世代時間，性比を使い，様々な種について計算している．得られた日減耗率は，どの種も 25℃で 0.2 前後，10℃では 0.1 未満の値になり，仔魚の減耗率より明らかに低い値であった．これらの値は，個体群が定常状態にあり世代間の個体数が同じになることを前提に計算された理論的な日減耗率である．これに対し，天然での実際のカイアシ類の日減耗率は，天然での発育ステージごとの個体密度と滞留時間から計算しなくてはならない．しかし，カイアシ類の場合もやはり不均一分布，ステージ組成の季節変化，水の移動，網目サイズによる採集誤差，等々の問題があり，減耗率を計算するためのステージごとの個体密度を知るのは容易ではない．また，野外データから減耗率を計算する場合でもステージ滞留時間は実験的に求める必要がある．カイアシ類の発育ステージにはノープリウス期とコペポディド（またはコペポダイト）期があり，それぞれ 6 期と 5 期の脱皮令がある（コペポディドはもともとノープリウスの次のカイアシ類幼体を指す用語であるが，成体をコペポディド 6 期とすることもある）．カイアシ類の発育パターンは様々であり，例えば，各脱皮令の滞留時間がほぼ等しい（等時発育），成長とともに令滞留時間が長くなる（等比発育），ノープリウス初期とコペポディド後期で令滞留時間が長い（S 字状発育），ある令だけ極端に滞留時間が短いなどの発育パターンが知られている．カイアシ類の発育ステージごとの減耗率を求めた研究はそれほど多くないが，表 3-1 に引用した数種のカイアシ類の日減耗率では，やや高いパラカラヌスの 0.3 を除いて 0.02〜0.16 の範囲にあり，上述のマイワシ仔魚の 0.40 よりやはり大幅に低い．カイアシ類は仔魚より小さい動物プランクトンでありながら，仔魚より食われにくいのであろうか．

表3-1 浮遊性カイアシ類の日減耗率

種	発育ステージ	日減耗率	備考
Acartia clausii	コペポディド期	0.16	季節平均
Acartia tranteri	ノープリウス初期	0.16	
〃	ノープリウス中期以降	0.02	
Acartia hudsonica	ノープリウス期とコペポディド期	0.05	
Parcalanus parvus	コペポディド期	0.30	6月
Centropages hamatus	コペポディド期	0.07	6月
Pseudocalanus elongatus	コペポディド期	0.11	6月
Temora longicornis	コペポディド期	0.15	6月
Pseudocalanus sp.	成体	0.04	3月～7月

Kiørboe and Sabatini, 1994 より引用

　仔魚では一般に体サイズが大きいほど減耗率が低い（Bailey and Houde, 1989）．その関係がカイアシ類にも当てはまるならば，減耗率はノープリウス初期で高く，発育に伴い体が大きくなると減耗率は低下することになるはずである．しかし，発育ステージごとのカイアシ類の減耗率を計算したこれまでの研究では，発育とともに減耗率が下がる傾向はない．Eiane et al. (2002) はノルウェーのあるフィヨルドでカラヌス *Calanus* spp. の脱皮令ごとの減耗率を計算し，卵からノープリウス2期までの減耗が高く（最大 0.35），それ以降は 0.1 未満でほとんど変わらないことを示している．同様の結果は，瀬戸内海のパラカラヌス *Paracalanus* sp.，セントロパジェス *Centropages abdominalis*，アカルチア *Acartia omorii* でも得られている（Liang and Uye, 1997）．米国東海岸の小湾で調べられた体長1mm弱の浮遊性ハルパクチクス目カイアシ類であるユウテルピナ *Euterpina acutifrons* では，ノープリウス後期からコペポディド初期にかけて減耗率が最も高い（D'Apolito and Stancyk, 1979）．

　筆者も京都府舞鶴湾において2～4日間隔で1年余り採集したサンプルを分析し，カイアシ類優占数種の減耗状況を調べたことがある．深さ 5.5m の定点で 0.5m 間隔12層から採取した水を網目 $25\mu m$ のネットで濾過して全脱皮令の完全な定量採集を行った．図3-10は，優占カイアシ類であるパーボカラヌス *Parvocalanus crassirostris*，アカルチア *Acartia* spp.，およびオイトナ *Oithona davisae* の高密度期間中における各脱皮令の平均割合の発育に伴う変化を示したものである．ここでの割合は過去の研究で得られている令滞留時間で標準化した値であり，割合の変化は減耗率を表している．図の減耗パターンは種によって異なり，パーボカラヌスはノープリウス5期，アカルチアはコペポディド1～2期，オイトナはノープリウス2～6期で大きく減耗した．この結果からも

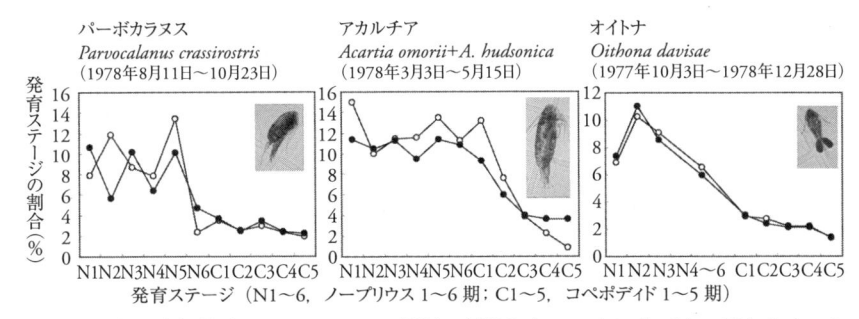

図3-10 京都府舞鶴湾において2〜4日間隔で採集したデータに基づく，優占カイアシ類のステージ割合の発育に伴う変化（筆者，未発表）

各ステージの割合は高密度期（>10個体/L）の平均値を，パーボカラヌスはLandry（1983），アカルチアはUye（1980），オイトナはUchima（1979）が示した令滞留時間で標準化した値である（パーボカラヌスについてはパラカラヌスの令滞留時間で代用）．○は昼間採集，●は夜間採集を示す．種によって，大きく減耗する時期が異なることが分かる．

カイアシ類の減耗率は発育に伴って低下するとは限らず，仔魚のように明確に"小さいほど減耗率が高い"という法則は当てはまらないことが分かる．Hirst and Kiørboe（2002）は，カイアシ類の減耗率は体サイズにあまり依存しないことを示し，カイアシ類が他の動物プランクトンにない生存戦略を持っている可能性を示唆している．

4 ▶ カイアシ類の体サイズ

カイアシ類をはじめ多くの海洋動物プランクトンの減耗は，被食が最大の要因であると考えられる．Hirst and Kiørboe（2002）は天然と飼育環境下での減耗率の違いは被食の有無が原因であるとして，カイアシ類の減耗の2/3から3/4は被食によるものと推定した．魚は視覚で餌を探すため，見つけやすい大きな餌を好んで食べる"サイズ選択食"の習性がある．餌のカイアシ類の側から言えば，体が大きいほど魚の捕食による減耗が大きいことになる．実際，ある湖沼に他からの移入や自然変動で動物プランクトン食性魚が増えると，その捕食によって動物プランクトン優占種が小型のものに置き換わってしまうことがよく知られている（Brooks and Dodson, 1965など）．しかし，カイアシ類の減耗の主要因が魚の捕食だとするなら，体が大きいほど減耗率が下がる仔魚とは逆に，カイアシ類は大きいほど減耗率が高くなるはずであり，小さなカイアシ類の方が有利ということになる．しかし，上に述べたようにカイアシ類の発育に

伴う減耗率の変化ではそうした傾向はない．そもそも，カイアシ類の体サイズにはどのような適応的意義があるのであろうか．

カイアシ類は発育可能水温の範囲内において，水温が高いほど速く発育するが，成体のサイズは小さくなってしまう．発育時間 D と水温 T とは Bělehrádek の式 $D=a(T-\alpha)^b$ [a, b, α 定数] で表され，成体サイズ L と水温 T とは反比例式 $L=a-bT$ [a, b 定数] で表される (Mauchline, 1998)．天然での例を挙げると，舞鶴湾のアカルチア　オオモリィ *Acartia omorii* の雌成体は最低水温期に発育した3月が最も大きく，次第に水温の上昇に伴って小型化し，繁殖シーズン終わりの6月には前体部長が平均23％小さくなる（上田，1986）．高水温で小型化するのは高水温期に多くなる捕食者に対する防衛適応だと考える研究者がいる (Myers and Runge, 1983)．しかし，体サイズと水温の関係は水域や季節にかかわらず普遍的な現象であり，高水温期に多いことが普遍的とは言えない捕食者に対する防衛を究極要因に考えるのは疑問である．

Omori (1997) は水温による体サイズ変化の適応的意義を生物エネルギー論の観点から次のように説明している．カイアシ類は成長の過程において，個体の体積増加率が最大になる最適サイズと体積増加効率（呼吸量当たりの体積増加率）が最大になる最適サイズがある．報告されている成長速度や呼吸量と水温の関係から，水温が上がればそれらの最適サイズは小さくなる．水温上昇に伴う小型化の究極要因は，それらの増加率が最大になるように体サイズに適合させることにあるというのである．この考えは，捕食者という外圧を要因にするのではなく，カイアシ類自身の内的要求に要因を求めたものであり，他の適応仮説とは全く違った興味深い仮説である．しかし，Omori (1997) 自らは，この説は体サイズや呼吸は温度だけでなく餌にも影響されるという問題があり，餌との関係を加えた検討が必要であると述べている．体サイズはある条件の下で餌密度と正の相関がある．例えば，カイアシ類の体長と水温，餌密度の関係を調べた Klein Breteler and Gonzalez (1988) によれば，シュードカラヌス *Pseudocalanus* は15℃での餌密度の増加で約20％体長が大きくなり，その違いは同餌密度下での10℃との違いよりも大きかった（図3-11）．このことから，水温と体サイズの関係は次のように考えることができる．水温上昇により発育が速くなったために成体になるまでの時間が短くなり，そのため，成体までの総摂食量が減った結果，成体サイズが小型化する．そうならば，カイアシ類の体サイズの季節変化は水温と発育速度と摂食量で決まる必然的な現象であって，その変化に適応的意義はないことになる．

カイアシ類の体サイズは，種内の季節変化より種間の違いのほうが遥かに大

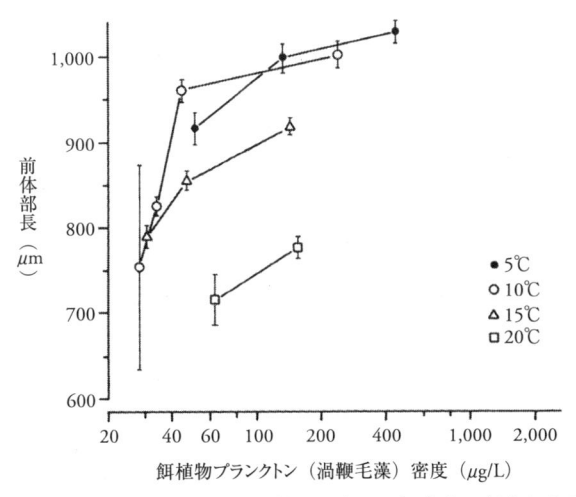

図 3-11 シュードカラヌス *Pseudocalanus* を様々な水温，餌密度で飼育したときの成体雌の前体部長（Klein Breteler and Gonzalez, 1988 の図を改変）．体サイズは水温だけでなく餌密度でも大きく変化する．

きい．浮遊性カイアシ類の成体雌の体長は最小で 0.3mm 程度（例，オンケアゼルノヴィ *Oncaea zernovi*，0.32〜0.36mm），最大では 10mm を超え（例，ガウシア プリンセプス *Gaussia princeps*，9.0〜12mm），体積で数万倍の違いがある．カイアシ類の体サイズについては，寒海と暖海の優占種の大きさの違いや深海種の大型化がしばしば話題になる．親潮域で優占するカイアシ類はネオカラヌス *Neocalanus* などの体長 5mm を超える大型種で，黒潮域ではパラカラヌスなど 1mm 前後の小型種である（図 3-8）．冒頭に紹介した元田　茂教授の著書『海とプランクトン』（元田，1944）ではカイアシ類の大きさと水温との関係を次のように記述している．「海水の粘稠性を変化せしめる最も大きな要素は温度であるからにして，寒海種と暖海種とを比較すると浮遊適応の程度に差があることが示される．一般に動物性プランクトンに於ては暖海種は寒海種に比べて体が小さく，従って浮力が増大している．（中略）橈脚類でもこの傾向が認められている」(旧字体を除き原文のまま)．一部訂正すれば，暖海種は小型化して"浮力を増大"しているのではなく，沈む速度が遅くなったのである．カイアシ類は浮遊性の種類でも水より重く，泳がなければ沈んでしまう．水より重い粒子の沈降速度は，粒子の密度や形が同じであれば粒子サイズの 2 乗に比例して速くなる．そのため，水温が高く粘性の低い（＝沈みやすい）暖海での動物プランクトンの小型化は沈降速度を遅くするための浮遊適応であるという意味である．

同書では，深海性カイアシ類が大型な理由についても，深海は水温が低く比重が大きい点を述べて浮遊適応との関係を挙げている．

しかし，寒海や深海のカイアシ類がどれも大きいわけではない．寒海ではバイオマスの上では大型カイアシ類が優占するが，個体数ではシュードカラヌス，アカルチア，オイトナなどの体長 1mm 前後の小型種が優占する（服部，2001）．深海でも 1mm 未満の小型カイアシ類であるオンケアが個体数では最も優占する（Böttger-Schnack, 1994）．体長 1mm 前後の小型カイアシ類がどの海域でも普通であることから，普通でない大型化の意義のほうが考えやすい．寒海の大型カイアシ類は1年1世代の生活史を持ち，植物プランクトンが増殖する春は摂餌のために表層に移動し，成長すると捕食者が少ない深海に戻って休眠するという季節的な大規模鉛直移動を行う（Sekiguchi, 1975; Kobari and Ikeda, 2001 など）．大きな移動には遊泳力が必要になり，遊泳力を増すためには体が大きい方が有利である．体が大きくなると表層では魚から攻撃されやすくなるため，その防衛のために日周鉛直移動を行うようになり，さらに大きな遊泳力を持つように大型化するといった進化のシナリオが考えられる．体の大型化は年1回表層で植物プランクトン大増殖が起こる寒海ならではの戦略と言えるのではないだろうか．深海のカイアシ類については，暗黒の世界では視覚による捕食者のために小型化する必要はない．他の捕食者からの防衛や摂餌，繁殖などの戦略方法によって大型化も小型化も考えられるが，餌が乏しい深海では餌と遭遇したときに高い確率でそれを捕獲できることが最も重要と考えられ，体の大型化は遊泳力を得るための適応と考えるのが妥当であろう．

5 ▶ カイアシ類の対捕食者戦略

仔稚魚にとってカイアシ類は主食であるが，カイアシ類にとって仔稚魚は捕食者の一部でしかない．天然での仔魚の捕食圧を推定した Dagg and Govoni (1996) や Pepin and Penney (2000) は，仔魚による捕食はカイアシ類減耗の主要因ではないとしている．海洋では，仔稚魚より遙かに多いヤムシ（毛顎動物）などの肉食性動物プランクトンもカイアシ類を捕食する．カイアシ類の中にもユーキータ *Euchaeta* やコリケウス *Corycaeus* など肉食性カイアシ類が多くいる．雑食性のカイアシ類もカイアシ類ノープリウスをよく食べる．カイアシ類はそうした多くの天敵を相手にしながら地球上で最も繁栄している動物である．カイアシ類は仔稚魚を育む"海の米粒"ではあるが，両者の関係は人間と栽培された米との関係とは違い，熾烈な生存競争の下での"食う—食われる"の関係

であることを忘れてはならない．私たち人間は食料となる魚の側からそれを見がちであるが，両者の関係を正しく理解するためにはカイアシ類の側の戦略も見る必要がある．上に述べたように，体サイズの小型化が仔稚魚の捕食を減らすために有利であることは間違いない．しかし，仔稚魚以外の多くの捕食者に対して小型化が有効かどうか不明である．淡水ミジンコの例ではあるが，捕食者が魚の場合はミジンコの成体がよく食われるが，無脊椎動物の場合は成体より小さい幼体がよく食われることが報告されている（Manca et al., 2008）．小型化は絶対的な運動能力が小さくなるため，捕食者からの逃避能力も下がり，むしろ不利とも考えられる．

　カイアシ類の産卵様式には水中に卵を産み放つ自由放卵型と，卵を塊（卵嚢）にして孵化まで体に付けておく卵保有型がある．浮遊性カイアシ類の中で種数もバイオマスも最も大きいカラヌス目の大部分が自由放卵型で，それ以外は卵保有型である．自由放卵型の卵は水中を浮遊することになるが，その間の減耗率はノープリウスやコペポディドより高い（Kiørboe and Sabatini, 1994）．沈降性とされる卵はいったん底まで沈み，底から孵化して出てくると考えられているが，実際には浅海域でも多くの卵は孵化まで（通常1〜2日）浮遊し続けることが示されている（Ueda, 1981）．卵保有型カイアシ類は，自由放卵型カイアシ類に比べて摂餌量が少なく，産卵数も少ない．また，孵化時間が長く，性比が雌に偏る傾向がある．Kiørboe and Sabatini（1994）はカイアシ類の産卵様式によるこれらの違いについて次のように考察している．卵嚢を形成して保有することは卵の減耗を抑える大きな効果がある．そのため卵保有型カイアシ類は産卵数を減らすことができ，卵形成に必要な摂餌量を減らすことができる．しかし，卵嚢をつけた雌は視覚による捕食者に見つかりやすく，かつ，遊泳力が低下することになり捕食されやすい．卵保有型カイアシ類の雌の高い割合は被食による雌の減耗を補うのに役立っている．一方，自由放卵型カイアシ類に見られる高い産卵率とそのための高い摂餌率，および短い孵化時間は卵の減耗に対する適応戦略である．浮遊性カイアシ類では自由放卵型も卵保有型も繁栄しており，Kiørboe and Sabatini（1994）はそれらが戦略的に等しく成功を収めているとしている．しかし，底生や共生など様々な生活様式において繁栄しているカイアシ類の中で，自由放卵型が繁栄しているのは浮遊性種だけである．それは，浮遊生活をするカイアシ類にとって卵保有することの不利，つまり魚による捕食と遊泳速度の低下が，他の生活様式のカイアシ類に比べて大きなリスクになっていたためではないかと考えられる．その意味で，自由放卵は対捕食者戦略と見なすことができる．

カイアシ類に限らず動物プランクトン全般に広く知られている防衛行動は日周鉛直移動である．動物プランクトンの日周鉛直移動は海洋・湖沼を問わず普遍的に見られる現象であり，通常夜間表層に，昼間深層にいるように移動する．日周鉛直移動の究極要因は単一ではないとされるが，昼間暗い深層に移動して視覚による捕食者から逃れることが最も重要な要因であると考えられている（Zaret and Suffern, 1976; Hays, 2003 など）．昼夜鉛直移動のパターンは種，性，発育ステージ，生理状態，周囲の環境によって様々であり，移動の規模も大きく変わる．水中を移動するだけでなく日中は底の泥に潜ってしまうようなカイアシ類もいる（Clarke, 1934）．日周鉛直移動の意義については海洋生物学関係の書に度々紹介されているので，本書での議論は省略する．

　カイアシ類の遊泳行動も捕食者に対する防衛機能と関係している．仔魚の重要な餌となるカイアシ類ノープリウスの遊泳行動は，水中を跳ねては落下するjump-sinking 型と，滑るように泳ぐsmooth-swimming 型があり，それらは摂餌と対捕食者防衛のトレードオフの関係にある（Titelman and Kiørboe, 2003）．摂餌を開始していないカラヌス目ノープリウス1期または2期は jump-sinking 型であることや jump-sinking 型が捕食者を感知する能力が高いことから，jump-sinking 型が摂餌より防衛的機能を優先した行動と考えられている．筆者ら（未発表）は，瀬戸内海西部海域で冬春季に優占するメバルとカサゴの仔魚の食性を調べ，同時に層別採水法で採集したプランクトンの組成を比較した．その結果，2種ともプランクトン中に最も多いパラカラヌス　パーバス *Paracalanus parvus* s. l.（カラヌス目，図3-8下）とオイトナ　シミリス *Oithona similis*（キクロプス目）のノープリウスを最も多く捕食していた．しかし，仔魚の消化管内の餌生物とプランクトン中のノープリウス種の比率を比較すると両仔魚は明らかにパラカラヌスのノープリウスを選択的に食べていることが分かった．これら2種のノープリウスはサイズも色も変わらず，分布傾向も特に違いはない．カラヌス目のノープリウス後期は一般に smooth-swimming 型であり，キクロプス目ノープリウスは jump-sinking 型であることから（Titelman and Kiørboe, 2003），ノープリウス後期において smooth-swimming 型であるパラカラヌスがオイトナよりも捕食されやすかったのではないかと推察される．

　ここまでカイアシ類の対捕食者戦略を紹介してきたが，仔魚の摂餌戦略も餌生物に合わせて多様であることは言うまでもない．仔魚は，餌の種類を選んで食べる"選択食者"とその場に豊富にある利用しやすい餌を食べる"日和見食者"に分けられるが，これらは明確に2分できるものではない．瀬戸内海のメバルとカサゴの仔魚では，プランクトン中の優占種を多く捕食していたという

点では日和見主義者と言えるが，餌とプランクトン中の種の割合を正確に比較すればオイトナよりパラカラヌスを好む選択食者である．さらに，捕食されていたノープリウス全種について選択の強さを示す選択指数を比較すると，カラヌス　シニカス *Calanus sinicus*（図3-8中）の指数が最も高くなった．このノープリウスはパラカラヌスやオイトナのノープリウスより大きいためバイオマスでは餌中で最も多く，仔魚の発育ステージによっては餌中の全ノープリウスの半分以上のバイオマスを占めた．カラヌスのノープリウスは，その大きなサイズと仔魚の強い選択性から，これらの仔魚にとって最も重要な餌生物ということになる．

　魚類資源の適切な保存と管理を行う上で仔稚魚の餌となるカイアシ類の研究は不可欠である．その際，調査対象魚種とカイアシ類総数の分布を調べ，相関を求めただけでは十分ではない．魚種ごとの資源変動の要因を解明するためには，仔稚魚の分布と食性といった初期生活史を含めた魚の研究とともに，種レベルでの餌生物の生態研究が特に重要になる．Yagi et al.（2009）は有明海湾奥部にある六角川河口汽水域のコウライアカシタビラメとデンベエシタビラメの仔魚の食性を調べた．両仔魚は変態前には湾奥部の浮遊性カイアシ類の最優占種オイトナ　デヴィセ *Oithona davisae* を中心に捕食するが，変態後は底生性カイアシ類シュードブラディア *Pseudobradya* sp. が餌生物の大半を占めるようになった．この餌の変化は仔魚が底生生活に移行したためと考えられる．しかし，層別採集の結果，変態後仔魚が表中層からもかなり採集されていることから，底生生活への移行だけでなく仔魚の餌に対する選択性が変わったことも要因になっている可能性がある．それを明らかにするためには，六角川の強混合な河口域でのシュードブラディアの鉛直分布を知らなくてはならない．この研究が示すように，仔稚魚の消化管と環境中のカイアシ類組成を種レベルで明らかにする一方，カイアシ類の種レベルでの生態を明らかにすることで仔稚魚とカイアシ類の真の関係が明らかになるのである．

第3節　対馬暖流と生物の輸送・分布

1 ▶ はじめに

　わが国周辺には黒潮や親潮，そして対馬暖流と呼ばれる海流が分布することはよく知られている．生物は卵から孵化してしばらくの間は遊泳力が乏しいため，産卵場から輸送される際にこれらの海流に依存する場合が多い．例えば，日本の遥か南方海域に産卵場があると考えられているウナギは，卵から孵化後レプトセファルスと呼ばれる葉形仔魚の状態で北赤道海流および黒潮によってわが国周辺まで輸送されることが知られている（第2章第3節参照）．わが国沿岸で漁獲される魚類およびイカ類のなかには，ウナギほど遠距離ではないものの，わが国沿岸から離れた海域に産卵場を有するものも多く，産卵場付近の海流の分布状況によって仔稚魚や幼生が輸送される海域は大きく変化する．これらの輸送先における水温や餌，また仔稚魚や幼生を捕食する生物の分布状況などが，その後の成長・生き残りに大きな影響を及ぼすといわれている．このため，海流の分布および変動状況を把握することは生物の資源量変動メカニズムを解明するうえで不可欠であり，海洋学のみならず水産学においても研究の根幹をなす課題の一つである．

　対馬暖流は日本海に分布する海流であり，その源流域は東シナ海である．東シナ海〜日本海に産卵場を有している水産上重要な魚類などは多く（例えば，マアジ，ブリ，スルメイカ，マサバ），これらの卵，仔稚魚および幼生の輸送・分布に対馬暖流が大きな影響を及ぼすと考えられている．したがって，対馬暖流の構造および変動の実態を明らかにすることは，東シナ海〜日本海における重要水産資源の変動要因を解明するうえで非常に重要である．

　過去において，対馬暖流は黒潮の一部分が奄美大島北西海域で枝分かれした後，日本海に流入するものとして記述されることが多かったが，その実態については解明が進んでいなかった．近年，ADCP（Acoustic Doppler Current Profiler）と呼ばれる流速計や人工衛星でその位置を追跡する漂流ブイなどの新しい観測機器の開発・普及に伴い，海流の測定が高精度かつ容易に実施できるようになるとともに，数値モデルによる研究成果も加わり，対馬暖流の構造および変動について多くのことが明らかにされてきた．

　本稿では，調査船に装着したADCPを用いて著者が東シナ海〜日本海西部で実施した海流調査結果に基づき，対馬暖流の成り立ちおよび流路について述

べる．次に，マアジ，ズワイガニおよびエチゼンクラゲを例として取り上げ，生物の輸送・分布に果たす対馬暖流の役割について，最新の研究成果を踏まえて説明する．

2 ▶ 対馬暖流の成り立ちおよび流路

2-1. ADCPによる海流の測定

　ADCPは，装置から発信された超音波とそれが海中に分布するプランクトンや懸濁物などから反射して戻ってきた受信波との間に生じる周波数変化（ドップラー効果）に基づいて流れを測定する機器であり，調査船に装着したADCPを用いることで航走しながら連続的に，しかも複数深度の流れを高精度かつ容易に測定することが可能である．ただし，調査船ADCPで得られた観測データには，対馬暖流に相当する海流（ある一定期間大きく変化しないと考えられる）成分だけでなく，潮の満ち引きによって生じる潮流（一昼夜［正確には約24時間50分］内に周期的に流向が変化する）成分が含まれている．東シナ海〜日本海西部においては潮流が卓越しており，その大きさが対馬暖流に匹敵もしくはしのぐ場合もある．このため，調査船ADCPから得られたデータに基づいて対馬暖流の分布状況を把握するためには，観測値から潮流成分を除去することが不可欠となる．著者は，同一定線上を一昼夜で4往復することによって潮流成分を除去する手法（加藤，1988）を用いてADCP観測を実施した．

2-2. 海域別の海流分布の特徴

　著者が1988〜1995年の夏季にADCP観測を実施した調査海域および観測線を図3-12に示す．これらの調査結果に基づき，海域B〜Eにおける海流分布の特徴を述べる（海域AについてはKatoh et al., 2000aを参照）．

　（1）東シナ海中部（図3-13）：北緯32度付近では明瞭な北上流が認められるのに対し，北緯31度以南の陸棚上では，対馬暖流に相当するような強い流れは存在せず複数の弱い流れが分布している．このうち，100m等深線に沿うように分布する北東流（図中の①の流れ）は，台湾北東海域において黒潮の一部が陸棚上に流入したもの（「黒潮分派」と呼ばれている）に由来すると考えられる（Katoh et al., 2000a）．また，100m以浅の海域に分布する複数の西流（同②〜⑤の流れ）は，台湾海峡を通過した流れ（「台湾暖流[1]」と呼ばれている）に由来すると

---

[1] 「台湾暖流」という用語は，台湾海峡を通過する流れと「黒潮分派」とをあわせたものを指す場合も多いが，本稿では台湾海峡を通過する流れに限定し，黒潮分派とは別のものとする．

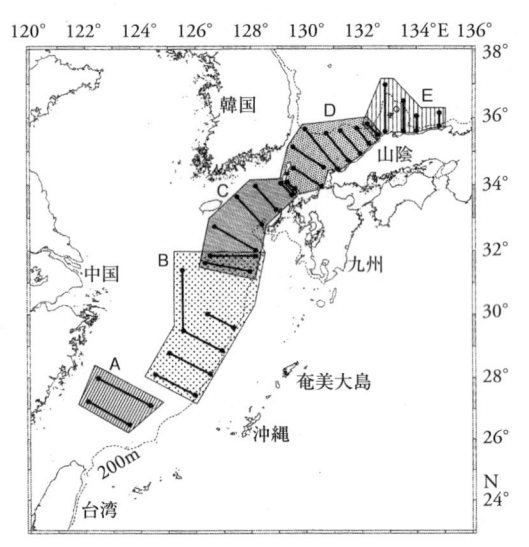

図 3-12　4 往復 ADCP 観測を実施した調査海域および調査定線（A：1995 年 7 月，B：1991 年 9 月および 1994 年 9 月，C：1990 年 7・9 月，D：1988 年 6・8 月および 1989 年 6・7 月，E：1990 年 6 月）

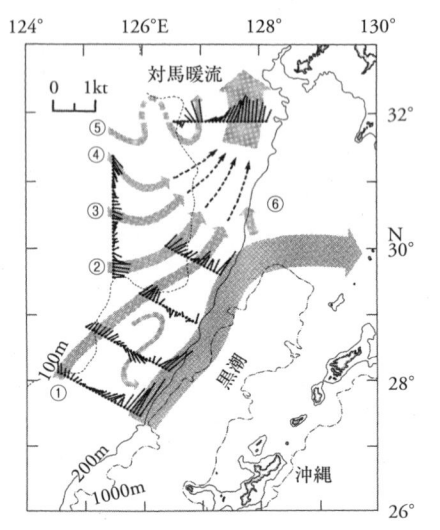

図 3-13　東シナ海中部（図 3-12 の調査海域 B）における 20m 深海流分布（1991 年 9 月および 1994 年 9 月の観測結果をあわせて表示）（Katoh et al., 1996b を改変）

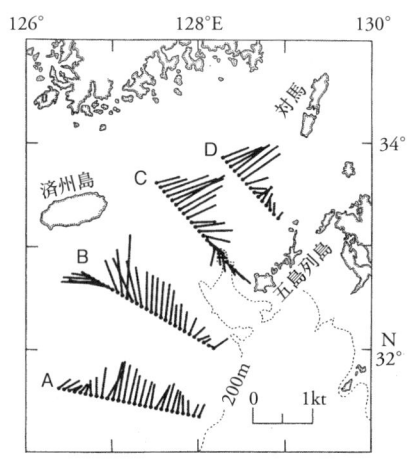

図 3-14 東シナ海北部〜対馬海峡(図 3-12 の調査海域 C)における 20m 深海流分布(1990年 9 月)(Katoh et al., 1996a を改変)

考えられる(Katoh et al. 2000a).さらに,黒潮が陸棚斜面から離れて東向する奄美大島の北西海域付近で,陸棚上に向かう流れの存在(同⑥)が水温・塩分観測結果から示されている.

(2) 東シナ海北部〜対馬海峡(図 3-14):北緯 31 度以北の海域では,北上流をはっきりと確認することができる.観測線 A および B における流量は約 2.3Sv (Sv は海流の流量を示す単位で $1Sv = 10^6 m^3/s$;東シナ海における黒潮の流量は 20〜30Sv であることが多い)で対馬海峡を通過する平均的な流量(2.6Sv;Takikawa and Yoon, 2005)にほぼ近い値であることから,(1)で述べた台湾暖流,黒潮分派および奄美大島北西海域において陸棚上に向かう流れが北緯 30〜31 度付近で合流した結果,対馬暖流と見なすことができる海流が形成されるといえる.

五島列島と済州島を結ぶラインより東側に入ると,対馬暖流の流向は北東に変化する.この海域において,対馬暖流が運ぶ海水の塩分は,日本側と韓国側とで大きく異なる.1990 年 9 月の観測線 C における塩分と流れの鉛直分布を図 3-15 に示す.これによると,韓国側の区間には表層に塩分が 33psu (psu は塩分の単位)以下の低塩分水が分布している.長江起源の大陸沿岸水に由来する低塩分水が夏季に対馬海峡から日本海に流入することはよく知られているが,この低塩分水は主として韓国沿岸側から対馬海峡西水道(以後,「西水道」という)を通過すると言われており(Chang and Isobe, 2003),図 3-15 の結果もそうした低塩分水の輸送状況を反映したものになっている.このことは,対馬海

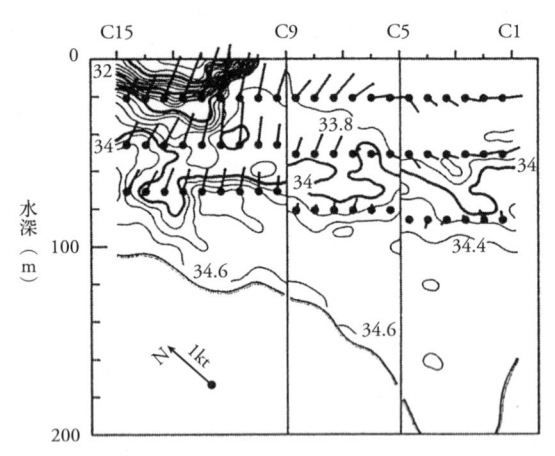

図 3-15 五島西沖の観測線 C（図 3-14；地点 C15 が韓国側，C1 が日本側）における海流および塩分の鉛直分布（1990 年 9 月）．図の左下に示した矢印の向きが海流の北向きを指すとともに，その長さが 1 ノット（約 51cm/s）に相当する（Katoh et al., 1996a を改変）．

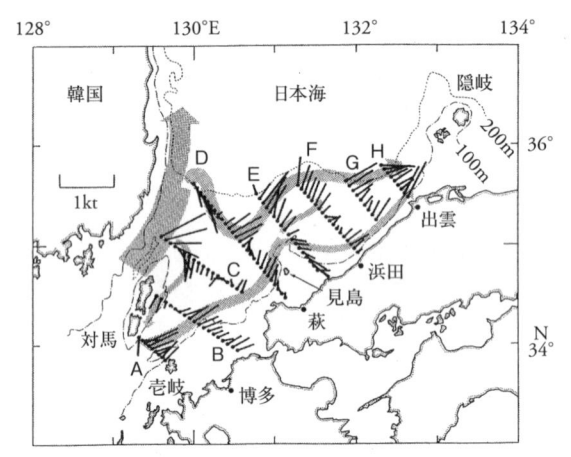

図 3-16 対馬海峡〜出雲沖（図 3-12 の調査海域 D）における 20m 深海流分布（1988 年 6 月および 1989 年 6 月の観測結果をあわせて表示）（Katoh, 1994 を改変）．

峡東水道（以後，「東水道」という）および西水道を通過する海水の性質がかなり異なることを意味しており，実際，西水道を通過する海水の塩分は東水道を通過する海水に比べると低い（小川，1983；Senjyu et al., 2008）．

（3）対馬海峡〜出雲沖（図 3-16）：対馬暖流は東水道・西水道に分かれて日本海に流入し，東水道から流入した流れは 100m 等深線に沿うように東進する．

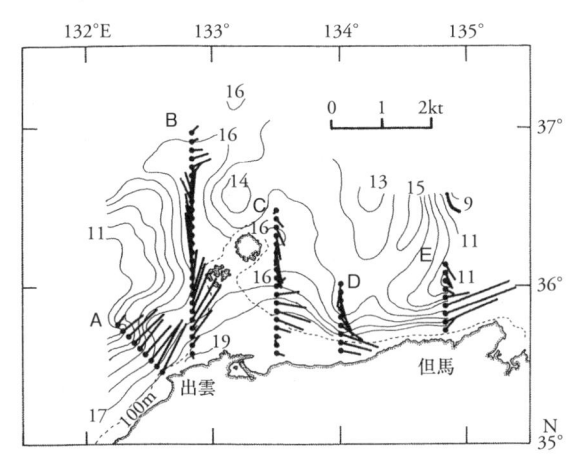

図 3-17　出雲沖〜但馬沖（図 3-12 の調査海域 E）における 20m 深海流分布（1990 年 6 月；75m 深水温分布をあわせて表示）（Katoh et al., 1996c を改変）

この流れは対馬暖流第一分枝（沿岸分枝）と呼ばれている．第一分枝は海底地形の影響を強く受けた流れと考えられており，実際，山口県見島周辺において北方に張り出している 100m 以浅の海域を迂回するような形で流向が変化している．

一方，西水道を通過した流れは，日本海への流入直後にさらに二つの流れに分かれる場合が多く，200m 等深線に沿うような形で東進するものを対馬暖流第二分枝（沖合分枝），朝鮮半島東岸沿いに北上するものを対馬暖流第三分枝（東朝鮮海流）と呼んでいる．このうち第二分枝の分布状況は，主水温躍層の分布変動に伴い大きく変動する．第三分枝については，北上した後，北緯 40 度付近に分布する亜寒帯前線（極前線）に沿って東進すると考えられている場合が多いが，ウルルン島付近で反転・南下する場合もかなりあるとみられる．出雲沖では陸棚の幅が狭くなるため，当海域に分布する島根沖冷水塊の沿岸への張り出しが強い場合，対馬海峡で分岐した第一分枝と第二分枝が（場合によっては第三分枝の一部も）再び合流するようになり，分岐が不明瞭となる．

(4) 出雲沖〜但馬沖（図 3-17）：隠岐周辺海域では 100m 以浅の海域が北方に張り出すとともに，本州と隠岐諸島との間に存在する隠岐海峡の最深部も 80m 程度と浅いため，対馬暖流の大部分は隠岐海峡を迂回する．ただし，東水道を通過した漂流ブイで隠岐海峡を通過したものが多数あることなどから，第一分枝のかなりの部分が隠岐海峡を通過しうると考えられている．隠岐海峡を通過した第一分枝は，山陰東部〜北陸海域の岸沿いを流れる．但馬沖での水

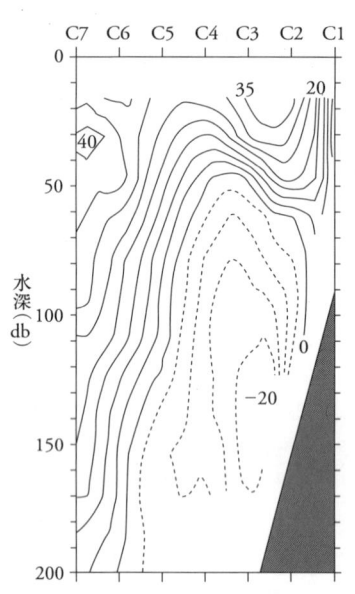

図 3-18 2000 年 7 月の但馬沖の定線（図 3-17 の観測線 E とほぼ同じ位置）で 4 往復 ADCP 観測から得られた流速の鉛直断面分布．実線は東流，破線は西流を示す（単位：cm/s）．図の縦軸は水深（db：1db は約 1m に相当）を表す（山田ほか，2006 を改変）．

塊配置によって第一分枝の構造は大きく変化し，例えば山陰・若狭沖冷水塊の沿岸への張り出しが強い場合には，出雲沖と同様，第二分枝と合流した状況になり沿岸付近で非常に強い流れが観測されるのに対し，暖水塊が接岸するとそれを迂回するように沖合を流れる（山田ほか，2006）．一方，第二分枝と第三分枝については蛇行や合流がみられ，非常に変動性に富んでいる．

沿岸域の表層では，対馬暖流の影響を強く受けて東流が観測されることが多い．しかし，夏季を中心に中層（100〜200m 深）で表層とは逆向きの流れ（西流）が頻繁に観測されている．例えば，2000 年 7 月に実施した但馬沖での ADCP 観測において，表層での東流および中層での西流の存在が明瞭に認められる（図 3-18）．数値シミュレーションに基づいた最近の研究（Sasajima et al., 2007）では，このような中層の西流が日本海の他の沿岸域でも存在する可能性が示されている．

以上の結果に基づいて作成した東シナ海〜日本海西部における夏季の対馬暖流系の海流分布模式図を図 3-19 に示す．冬季の海流分布については，広範囲な海域での ADCP 観測がこれまでほとんど実施されていないため依然として

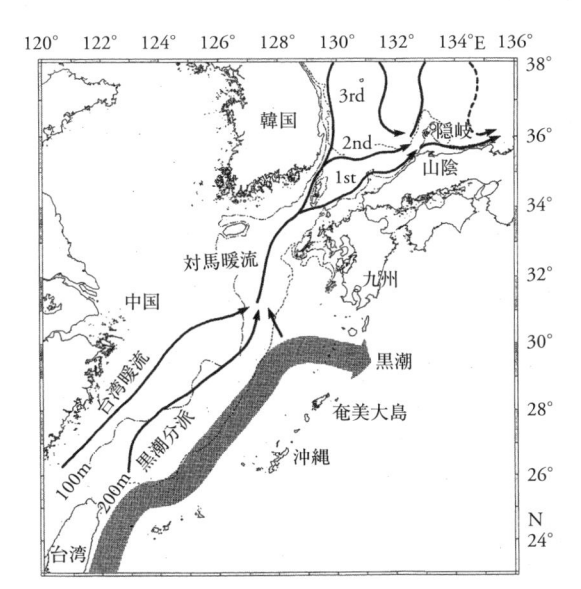

図 3-19　夏季における東シナ海〜日本海西部の対馬暖流系の海流分布模式図．1st, 2nd, 3rd は，それぞれ第一，第二，第三分枝を示す（Katoh et al., 2000b を改変）．

不明な事項が多いものの，夏季とはかなり異なったものになることが容易に想定される．例えば，台湾暖流は冬季には非常に弱まることから（Isobe, 2008），東シナ海陸棚上の海流分布は大きく変化するとみられる．また，日本海においても隠岐海峡通過流が冬季には弱まると考えられることから（矢部・磯田，2005），隠岐海峡以東の沿岸域の海流分布は夏季とはかなり異なるとみられる．

3 ▶ 生物の輸送・分布に果たす対馬暖流の役割

3-1．マアジ

　マアジはわが国周辺海域で広く漁獲される魚種であり，日本人の食生活に馴染みの深い大衆魚の一つである．マアジの生態については古くから研究が行われており，それらの知見によるとマアジの主産卵場は東シナ海にあり，そこで生まれたマアジの一部が対馬暖流および黒潮によって，それぞれ日本海および太平洋側に輸送されると考えられてきた．ただし，産卵期と考えられる冬〜春季に広範囲の海域でマアジ仔稚魚の分布調査が実施されることが非常に少なかったため，東シナ海のどのあたりにマアジの主産卵場が形成されるのかについて特定するには至っていなかった．

このような背景のもと，マアジ産卵場の形成海域および黒潮・対馬暖流によるマアジ幼仔稚魚の輸送機構などの解明を目的として，2000年度から農林水産省農林水産技術会議のプロジェクト研究「産卵場形成と幼仔稚魚の輸送環境の変化が加入量変動に及ぼす影響の解明」が開始した．本研究はその後研究体制の変更などはあったものの2006年度まで継続され，東シナ海におけるマアジ仔稚魚の輸送・分布に関しては独立行政法人水産総合研究センター西海区水産研究所を中心に精力的な研究が行われ，非常に多くの成果が得られた（Sassa et al., 2006; 2008；佐々ほか，2008）．ここではその成果を紹介する．

口絵25に2002年冬季に行われた調査結果（佐々ほか，2008）を示す．これによると，孵化後間もないと考えられるマアジ仔魚は，2〜3月に台湾北東沖の東シナ海南部で大量に採集されていることがわかる．同様の傾向は他の調査年でも確認されており，東シナ海南部にマアジの大きな産卵場が形成されることが明らかとなった．また東シナ海南部で生まれたマアジの仔魚は成長するにつれて分布の中心が北東あるいは北に移動していた．このことは，マアジ仔稚魚の輸送経路として，a）黒潮によって速やかに北東方向の日本周辺に輸送される経路に加えて，b）黒潮分派によって緩やかに北に輸送される経路の二つがあることを示唆している．前者の経路で運ばれた場合には仔稚魚は太平洋側に輸送される割合が高いと考えられている．一方，後者の経路で運ばれた場合には，東シナ海内に留まる割合が高いと考えられているが，その一部については黒潮分派から対馬暖流を経由して日本海に運ばれているとみられる．ただし，日本海で6月以降まとまって漁獲されるマアジ当歳魚の主たる発生海域については，現在のところ，東シナ海南部ではなく東シナ海中・北部および九州沿岸と考えられている．

このように，東シナ海〜日本海におけるマアジ仔稚魚の輸送・分布には黒潮分派および対馬暖流が大きな影響を及ぼしており，これらの海流の分布状況によって日本海に運ばれるマアジ仔稚魚の量が大きく変動することが考えられる．また，東シナ海に産卵場を形成する重要資源としては，マアジのみならず，マサバやゴマサバ，ブリ，スルメイカ，サワラなど多くの種類があり，これらの魚種の日本海における出現量の変動と東シナ海における海流の分布変動とは密接に関係していることが想定されるものの，その詳細についてはよくわかっていない．

3-2. ズワイガニ

ズワイガニは山陰地方では「松葉がに」，北陸地方では「越前がに」という名

で呼ばれており，日本海を代表する馴染みの深い水産生物である．毎年，冬になるとズワイガニを目当てとした数多くの観光客が山陰・北陸地方を訪問しており，本種は漁業のみならず観光業を通して日本海の地域経済を支えている重要な要素の一つである．

　ズワイガニは日本海において概ね水深200〜500mの海底に分布し，主に底曳網やかに籠によって漁獲される．その一生のほとんどの期間は海底に分布するが，2〜4月に卵から孵化した浮遊幼生の期間には海中に分布する．ズワイガニの浮遊幼生は発育段階によってプレゾエア→ゾエアⅠ期→ゾエアⅡ期→メガロパと呼ばれており，約3ヵ月もの長期間海中を浮遊した後，5〜7月に稚ガニとなって着底すると言われている．また，プレゾエア，ゾエアⅠ期では表層を中心に分布するが，ゾエアⅡ期，メガロパとなるにつれて分布深度を増していき，メガロパでは100m以深に分布の中心が認められる（今，1980）．このように長い浮遊期間を有するとともに発育段階に応じて分布深度が大きく変化することから，浮遊期間における流れの構造および変動がズワイガニ幼生の輸送・分布に大きな影響を及ぼすと考えられている．親ガニが分布する水深200〜500mの海域には対馬暖流第二分枝が分布することが多いため，ズワイガニ幼生の輸送には第二分枝が大きな役割を果たしていることが想定されるものの，これまで観測例がほとんどなく推測の域をでなかった．

　独立行政法人水産総合研究センター日本海区水産研究所では，水産庁事業「資源動向要因分析調査」の一環としてズワイガニの資源変動と海洋環境変動との関係を解明する目的で2005年からズワイガニ幼生の分布調査を実施しており，2006・2007年3月における採集結果を図3-20に示す．同図にはズワイガニとともに同時に採集された近縁種のベニズワイ幼生の採集結果も併せて示している．2006年には，沖合側を中心にベニズワイ幼生が多く採集されるとともに，隠岐東方でズワイガニ幼生がまとまって採集された．2007年についても若狭湾沖を中心にベニズワイ幼生が採集されているが，隠岐東方では両種とも採集されておらず，両年の間で幼生の出現状況が大きく異なった．同時に実施した海洋観測結果によると，対馬暖流第二分枝は2006年には隠岐北方で反転・南下して沿岸近くを流れていたのに対し，2007年には隠岐北方では反転せずに沖合を流れた後，能登半島西方で南下・反転しており，両年のズワイガニおよびベニズワイの幼生の出現状況の相違はこのような第二分枝の流路の違いを反映したものとみられる．また，2-2.(4)で述べたように，夏季において表層では東流が卓越するが，中層では逆に西流が頻繁に観測されている．このことは，メガロパ幼生の分布層（100m以深）において西流が存在することを

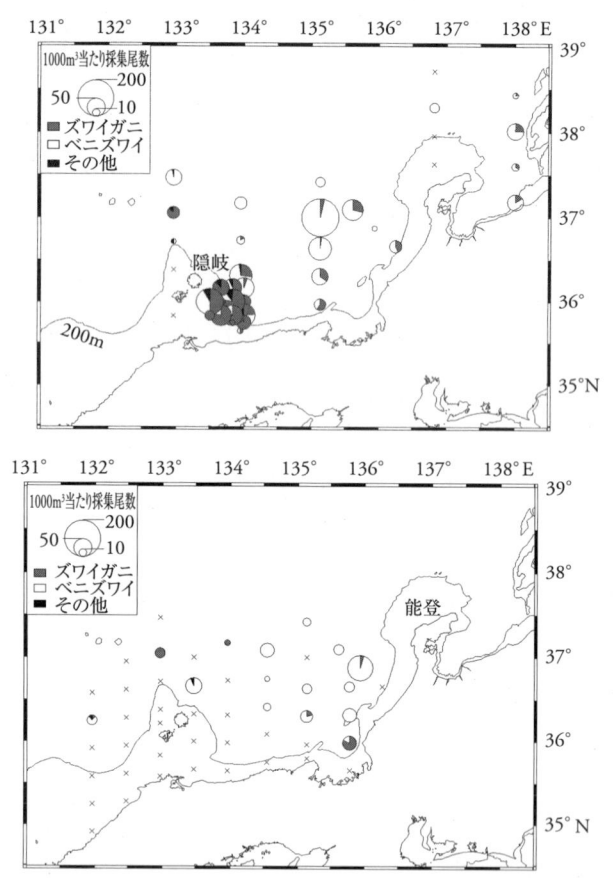

図 3-20 2006・2007 年 3 月のズワイガニ属ゾエア I 期幼生のろ水量 1000m³ 当たり採集尾数（上：2006 年，下：2007 年）（加藤ほか，2008 を改変）

意味し，対馬暖流によって東方に輸送されたゾエア幼生がメガロパ幼生の時に西方の海域に戻る可能性を示唆している．

このように，ズワイガニ幼生の輸送・分布に対馬暖流第二分枝および中層の西流が重要な役割を担っている可能性を示すデータが得られており，これらの流れの変動が幼生の輸送・分布を通してズワイガニの資源変動にどのように影響するのかについて，現在，研究が進められているところである．また，ズワイガニの分布深度よりもさらに深い 500〜2700m 深の海底にはベニズワイが分布する（南，2006）．ベニズワイは日本海の底生生物のなかでは最も漁獲量が

多く，重要な水産資源となっている．ベニズワイについても，前述したように浮遊幼生期にはズワイガニと同様に表層に分布するが，着底後の稚ガニの分布はズワイガニと重なることはなく500m以深のごく限られた水深帯でみられる (養松ほか，2009)．ベニズワイの稚ガニの分布水深が何故このように限定されているのか非常に興味を引くが，ベニズワイの浮遊幼生期の生態的知見についてはズワイガニ以上に乏しく，今後の研究の進展が望まれる．

3-3. エチゼンクラゲ

エチゼンクラゲはわが国周辺海域に分布する最も大きなクラゲであり，秋季に日本海に分布する個体の傘の直径は通常50〜140cmで180cmを超えるものも見られる．20世紀においてエチゼンクラゲのわが国沿岸への大量出現が確認されているのは1920，1958，1995年の3回でありその頻度は約四十年に一度と非常に低かった (Uye, 2008)．ところが21世紀に入ってから大量出現が頻発して漁業に深刻な被害がもたらされ，その状況はマスコミなどで頻繁に報道されている．漁業被害を軽減するためには，エチゼンクラゲの発生海域からの輸送経路を把握し，わが国沿岸への出現時期を予測することが不可欠である．しかし，これまで大量出現の頻度が低かったこともあり，エチゼンクラゲに関する知見は非常に乏しかった．そこで，2002・2003年の大量出現を受け，農林水産省農林水産技術会議および水産庁を中心にエチゼンクラゲによる漁業被害軽減のための様々な対策事業が開始し，その中でエチゼンクラゲの輸送・分布に関する調査が精力的に実施された (談話会ニュース，2007)．ここでは，それらの研究成果に基づいて，エチゼンクラゲの輸送・分布の特徴について述べる．

エチゼンクラゲの発生海域については未だ特定されていないが，現在のところ長江河口以北の東シナ海北部〜黄海の中国および韓国沿岸とされており，4〜5月に同海域の海底に着底しているポリプからエフィラと呼ばれる浮遊幼生が発生すると考えられている．エフィラは幼クラゲへと成長しながら東方に運ばれていき，7月頃には対馬海峡に達する．口絵26に2004〜2006年7月に独立行政法人水産総合研究センター西海区水産研究所が実施したクラゲ分布調査結果 (西内ほか，2007) を示す．同図によるとエチゼンクラゲは塩分が33psu以下の低塩分水域で多く採集されていることがわかる．2-2.(2)で述べたように長江起源の大陸沿岸水に由来する低塩分水が夏季に東シナ海から日本海に流入するが，口絵26の結果はこの低塩分水の張り出しとともにエチゼンクラゲが東方に輸送されていることを示している．前述したように低塩分水は韓国沿

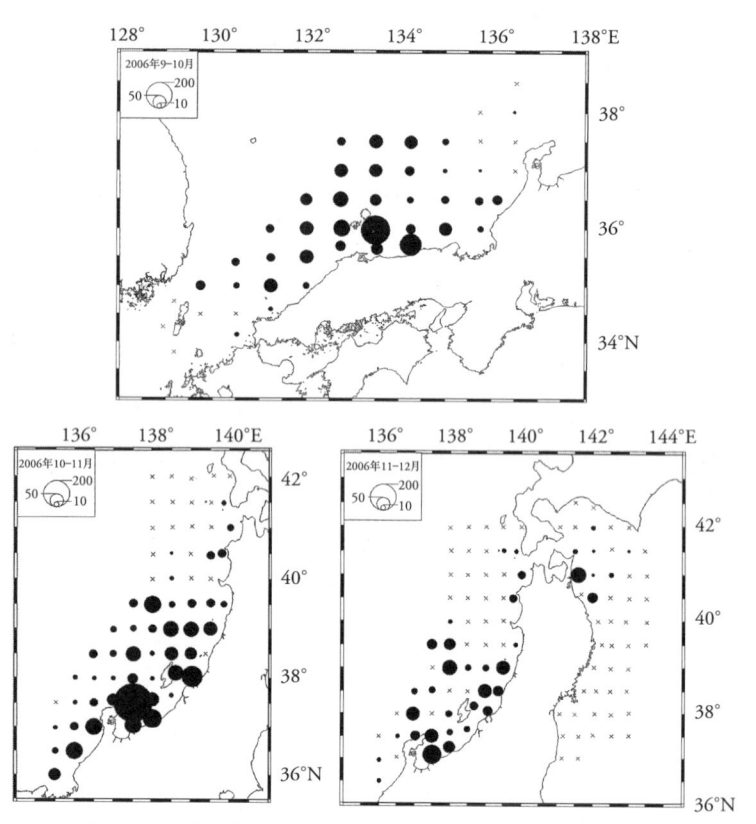

図3-21 大型クラゲ採集用表中層トロールネットろ水量100万 m^3 当たりのエチゼンクラゲの採集尾数（2006年9～12月）．採集尾数なしの場合には×で示す（日本海区水産研究所データに基づく）．

岸付近を通過した後，主に西水道から日本海に流入することから，エチゼンクラゲも主に西水道から日本海に流入する．ただし，2005年については低塩分水の張り出しが東水道側に寄っていたため，同水道から大量のエチゼンクラゲが日本海に流入した．また，同年には黒潮にのって太平洋沿岸に輸送されたものもあり，他の大量出現年とは大きく異なる状況を呈した．

　西水道から流入したエチゼンクラゲは，対馬暖流第二分枝および第三分枝によって日本海の広範囲の海域に輸送される．独立行政法人水産総合研究センター日本海区水産研究所が2006年9～12月に実施したクラゲ分布調査結果（図3-21）によれば，9-10月に隠岐周辺海域に存在した大型クラゲの濃密群の分布

域は 10-11 月には能登〜佐渡周辺海域に認められる．11-12 月なると分布量は全般的に低下するが，10-11 月に濃密群が認められた富山湾および佐渡周辺海域では比較的高密度の分布が確認されている．これは，同時期富山湾〜佐渡周辺海域において流れが弱かったこと，また佐渡北方には暖水塊が存在したことなどにより，これらの海域では大型クラゲが滞留しやすかったものと考えられる．また一部のエチゼンクラゲは津軽海峡を経由して太平洋沿岸へも輸送されていたことがわかる．

このように，東シナ海北部〜黄海で発生したエチゼンクラゲの日本海への輸送経路についてはかなり明らかにされてきたが，発生海域が特定されていないことに加え，エチゼンクラゲの大量出現が近年頻発している原因については解明されていない．わが国でのここ数年の出現状況をみても，2005・2006 年は文字通りの大量出現年であったが，2007 年は前 2 年に比べると少なく，2008 年に至ってはほとんど出現しなかった．しかしながら 2009 年は再び大量出現年となり，2005・2006 年に匹敵，海域によってはそれを上回る水準で出現した．エチゼンクラゲの大量出現のメカニズムを解明するためには，発生海域を特定し同海域における大量発生要因を解明するとともに，東シナ海・黄海における水温や流れ，プランクトンなどの海洋環境変動を把握することが重要であるが，当海域は中国あるいは韓国の排他的経済水域であるため，両国研究機関と密接に連携を図りながら研究を進めていくことが必要となる．

4 ▶ おわりに

以上，対馬暖流の成り立ちや流路について述べるとともに，マアジ，ズワイガニ，エチゼンクラゲを例にわが国周辺海域における生物の輸送・分布に果たす対馬暖流の役割について説明した．対馬暖流の大きさ（流量）は黒潮のおおよそ 10 分の 1 と海流としては小さいが，マアジやズワイガニのように多くの重要資源の産卵場・成育場がその流域にあるだけでなく，エチゼンクラゲのような有害生物も対馬暖流によってわが国沿岸に運ばれることを考えると，わが国水産業における対馬暖流の重要性は黒潮に優るとも劣るものではない．特に，底魚類については，対馬暖流域に産卵場を有するものが少なくない．前述したように，ズワイガニをはじめアカムツ（のどぐろ）やハタハタなど地域特産品になっている底魚類を目当てに日本海沿岸を訪れる観光客は多く，これらの資源は単に漁獲物としてのみならず日本海沿岸の地域経済にとって非常に重要な役割を担っている．また，排他的経済水域の設定や周辺諸国の活発な漁業

活動などのため，東シナ海や黄海での漁獲は当面はあまり期待できない．したがって，わが国の食料（水産物）自給率の向上を図るうえでも，日本海の対馬暖流域における水産資源の育成・管理が今後ますます重要になることが予想される．

また，日本海においてサワラの漁獲量が近年急増していることがよく話題になっている．サワラの主産卵場は東シナ海にあるもののマアジやブリなどとはかなり異なって中国沿岸近くにあると考えられており，サワラが日本海でまとまって漁獲されることは1979年以降なかった．サワラの漁獲量増加の原因については，サワラ資源自体が増加したためではなく，1990年代後半以降に顕著に認められる水温上昇に伴いサワラの回遊や滞留域が変化し，その結果，東シナ海から日本海へ分布域がシフトしたためと考えられている（永井，2009）．将来予測されている地球温暖化が東シナ海～日本海の重要資源に及ぼす影響を評価することが多方面から強く求められているが，その土台として重要資源の分布・回遊に及ぼす対馬暖流の役割をデータに基づいて正確に把握しておくことが必須である．

これらの課題解決に近づくためには，海洋環境や重要資源の分布・生態などに関する基礎的な研究が不可欠である．このような研究では乗船調査や市場調査など現場に出向くことが多く，地味で労力とともに多額の予算が必要になること，さらに成果が得られるまでには長い時間を要することなどのため，若手研究者が研究を進めていくうえで困難が多い．しかし，わが国の行く末を考えたとき，これらの研究の重要性は一層高まっており，現場に即した研究の必要性を関係行政機関などに的確に説明するとともに，その魅力を将来研究者を目指す若者にいかにして伝えていくかが今日大きな課題となっている．

第4節　海の中の森の再生

海藻が生い茂る藻場は，「海の中の森」にもなぞらえられるように，仔稚魚や磯根生物に住み場や餌料を提供することを通じ，水産資源の育成に大きく貢献している．しかし，藻場が分布する沿岸域は，気候や海況の変動，様々な海洋生態系の変化の影響を強く受ける一方で，人間の開発行為を含む陸域の環境変化の影響にもさらされやすく，わが国ではこれまでに多くの藻場が失われた．地球規模の環境変動と人口増加を背景とした国家間の食料争奪戦の激化が

危惧される現在，沿岸漁業の再生はきわめて重要であり，そのための基盤となる藻場の回復は喫緊の課題ともいえる（序章参照）．

　藻場の分布・面積を全国的に調べた調査として，環境庁（現環境省）の自然環境保全基礎調査がある（環境庁自然保護局・海中公園センター，1994）．この調査は，全国の海に面した都道府県で聞き取りや現地調査によって，藻場をその主要構成種から，砂泥域に生育する海草類によるアマモ場，大型褐藻のホンダワラ類によるガラモ場，寒海性コンブ類によるコンブ場，暖海性コンブ類によるアラメ・カジメ場，マクサなど小型紅藻類によるテングサ場，などに類型化し，各タイプの分布を調べたものである．これによると1990年前後の全国の藻場の総面積は，20万1212haとなっており，それ以前の調査である1978年と比較すると約6400haの藻場が消失している．この藻場消失の原因として挙げられたもののなかでは，埋め立てなど直接改変が28.1％と最も多い．埋め立て以外では「磯焼け」「その他海況変化」「不明」などが挙げられているが，磯焼けや海況変化の実態は必ずしも科学的に把握されておらず，実に約7割の藻場消失の原因が未解明のまま残された．

　望ましい沿岸環境を取り戻すため，行政だけでなく，漁業者・市民団体など様々な実施主体が各地で藻場の再生に取り組んでいる．これらの活動が真に実を結ぶためには，藻場の消失要因を解明し，それに基づいた適切な回復技術の開発・適用を行う必要がある．また藻場再生の効果を把握しさらにその向上を図るために，天然藻場の機能とその発現機構の解明は不可欠である．この分野で研究者が取り組むべきことはきわめて多い．

　本節では，瀬戸内海の藻場再生に関する一連の研究，および西日本暖流域の磯焼け研究を紹介する．瀬戸内海は，世界で最も漁業生産性の高いわが国を代表する内海域であるとともに，沿岸開発により大規模に藻場を喪失し，全国に先駆けて再生への取り組みが行われた海域である．同海域の藻場の特性・現状と再生への課題について，筆者も関わった様々な研究を軸に述べる．一方，前出の環境省による藻場調査が行われた1990年以降，西日本の暖流沿岸域では「磯焼け」による藻場の消失が急速に進行した．危機感を共有した行政・研究者・漁業者が一体となり取り組んだ結果，現象としてのみ把握されていた磯焼けの発生機構の解明が大きく前進した．変化する海洋環境の中で，いかに藻場を再生させ沿岸域の生産性を回復させるか，磯焼け研究の現状と課題についても論じる．

1 ▶ 瀬戸内海における藻場の消失と再生

1-1. 瀬戸内海における沿岸開発と藻場の消失

　波穏やかで浅い海底の広がる瀬戸内海沿岸では，古来より干拓や埋め立てが盛んに行われてきた．特に，高度経済成長時代には埋め立てなどの開発に加え，陸域からの栄養塩負荷も増大し，瀬戸内海の環境は大きな変貌を遂げた．

　最も直近に行われた前出の環境省の藻場調査（第4回環境保全基礎調査）の結果では，瀬戸内海には1989〜91年時点で1万5000ha程度の藻場が存在していた．九州や四国など，暖流の沿岸域ではその後磯焼けが進行して多くの藻場が急速に失われたが，瀬戸内海の藻場は2000年以降もほぼ横ばいと考えられる．内訳をみると，瀬戸内海の象徴であり静穏な砂泥域に形成されるアマモ場が最も多く，富栄養化により干潟などで大量増殖して一時期問題になったアオサによるアオサ・アオノリ場が次ぎ，その次に岩礁域のホンダワラ類によるガラモ場が多い（口絵6，図3-22）．現在の瀬戸内海の藻場は，全海域面積のわずか0.8％を占めているに過ぎない．

　沿岸域の開発により，藻場が長期的にどのように変遷してきたかを示す過去の資料は残念ながらほとんど無い．唯一の内海区水産研究所資源部（1967）の資料では，1960年の瀬戸内海のアマモ場面積は2万2635haであったことが記録に残っている．その後，アマモ場は1966年には1万623ha，1971年には5574haにまで減少し，その後はわずかに増減しながら現在に至っている（瀬戸内海環境保全協会，2007）．ガラモ場については1971年からの記録しかないが，当時の面積は4529haであり，これもその後大きな変動は無い．いずれにせよ，高度経済成長時代のわずか10年の間のアマモ場に代表される藻場の消失は大きく，現在は1960年時のわずか4分の1程度しか残存していないことになる（図3-23）．

　ちなみに，干潟については1898年に2万5190haの記録が残っており，戦後の1949年には1万5200haであることから，明治・大正時代も干拓・埋め立てが盛んに行われていたことがわかる．藻場も，戦前にはおそらく1960年時よりもさらに多くが存在していただろう．戦後から1978年までの間の干潟の減少は3000ha程度で，高度経済成長時代の減少はアマモ場ほどではないと推測される．同時代にアマモ場が激減したのは，埋め立てによる直接的な消失に加え，水質汚濁により透明度が大きく低下したことも大きな原因であろう．

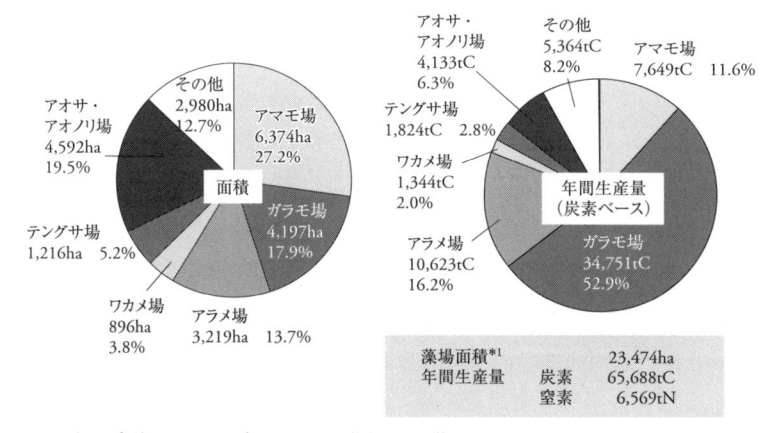

図 3-22 瀬戸内海における各タイプ別藻場の面積（環境庁自然保護局・海中公園センター，1994）と年間生産量（瀬戸内海区水産研究所による）

*1 混成藻場（例：ガラモとアラメ）はそれぞれのタイプとして重複計算されているため，各タイプ別藻場面積の総計（23,474ha）は，全藻場面積（15,068ha）より多くなっている．

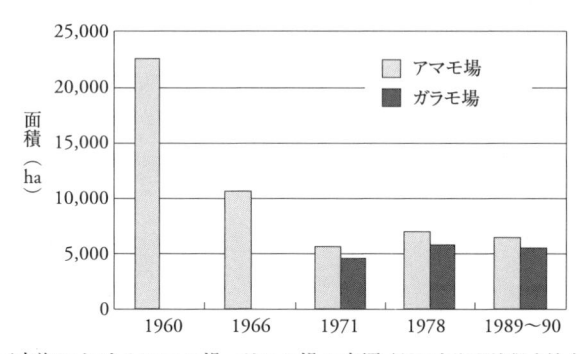

図 3-23 瀬戸内海におけるアマモ場，ガラモ場の変遷（瀬戸内海環境保全協会，2007 を改変）

1-2. 瀬戸内海が喪失したもの：藻場は物質循環の'制御'者

　大規模な藻場の消失は，瀬戸内海に何をもたらしたのだろうか？　藻場には，水質汚濁の原因となる窒素・リンを吸収して，海を浄化する機能があるとされているが，ここでは陸域の人間活動などを通じて瀬戸内海に流入する窒素負荷量に対し，藻場が吸収しうる窒素量はどのくらいになるのか，簡単に試算してみる．

　図 3-22 には，瀬戸内海の藻場の面積とともに，これらの藻場で海草・藻の体を構成する成分として 1 年間に吸収される炭素・窒素の総量を示す．それ

ぞれのタイプの藻場で行った現地実測や既往知見に基づいて年間生産量を推定し，藻・草体の炭素・窒素の平均的な含有量を一律にそれぞれ30％，3％として概算したものである．瀬戸内海全体における藻場の年間の炭素・窒素吸収量は，炭素で約6万6000t, 窒素で約6600tである．面積ではアマモ場，アオサ・アオノリ場に次いで3番目のガラモ場の貢献が吸収量においては最も大きいが（図3-22），これはホンダワラ類の藻体が大型であり，単位面積当たりの生産量がきわめて大きいことによる．

一方，瀬戸内海における陸域からの全窒素負荷量は，1989年に1日当たり約700t, 年間にすると700t×365日＝25万5500tである（清木ほか，1998）．前述のとおり瀬戸内海の藻場の1年の窒素吸収量は約6600tであるので，1年間に陸域から流入してくる窒素量に対し，藻場が吸収しうる窒素はそのおよそ2.6％，わずか9.4日分しか吸収していないことになる．

しかし，高度経済成長時代以前の1950年代は，瀬戸内海への陸域からの窒素負荷量は1日当たりおよそ250tと，現在の3分の1程度であったという試算がある（浮田，1996）．さらに，前述の通り，少なくともアマモ場は1960年時に現在の4倍程度存在したという記録が残っている．ここでは，① 1960年時点のアマモ場以外の藻場の面積は現在と同じ，② 1960時点では他の藻場もアマモ場と同様現在の4倍存在した，という二つの仮定で1950年代の負荷量と藻場による吸収量を比較してみる．②の仮定では藻場の量が過大評価の可能性もあるが，海藻の藻場は一般的にはアマモ場より深所まで生えている．水質悪化による透明度減少などの影響はアマモより顕著に出るはずで，ありえない数字ではないと考えている．

現在の瀬戸内海の藻場による年間窒素吸収量6600tのうち，アマモによる吸収は約770tなので，①の仮定だと，1950年代の藻場による吸収は，

アマモ場による吸収量＋他の藻場による吸収量
$=770 \times 4 + (6{,}600 - 770) = 8{,}910t$

と見積もられ，一方，

年間の窒素負荷量＝250t/日×365日＝91,250t　であるから，年間窒素負荷量に対し藻場が吸収しうる窒素量は$91{,}250 \div 8{,}910 \times 100 = 10.2$で，およそ10％と見積もられ，日数に直すとおよそ37日分であった．

さらに②の仮定だと，すべての藻場の面積が4倍になるので年間の窒素吸収量も，$6{,}600 \times 4 = 26{,}400t$であり，年間の窒素負荷量の28.9％，およそ3.5ヵ月分を吸収していたと試算される．

この試算はあくまで陸域からの窒素負荷量と，ポテンシャルとしての藻場の

吸収量を単純に比較したものであって，瀬戸内海の窒素収支において実際に藻場が果たしている（あるいは果たしていた）役割を評価するものではない．しかし，高度経済成長時代以前のまだまだささやかだった人間活動由来の負荷物質も，自然の浄化力の範囲で十分処理されており，しかも藻場が重要な役割を果たしていたことが，この結果から想像できないだろうか．藻場の多くが失われた1970年以降，瀬戸内海では赤潮が頻発するようになった．栄養塩負荷の急速な増加や，藻場と同じく海水を浄化する干潟・浅海域の消失も関連する（第4章第2節参照）だろうが，栄養塩の大きな吸収源であった藻場を失ったことも原因である可能性はある．

　藻場による栄養塩吸収はきわめて大きいが，海藻類の世代時間は，樹木などに比べて遥かに短い．したがって，一度吸収された窒素・リンも，多くは海藻体の流失・枯死・分解に伴って比較的短期間で水中に回帰すると考えられる．しかし，流入してくる窒素やリンを一時的にでも体内に貯留することにより，これらの物質が直接的に海域に影響を与えることを防ぐ役割は大きいと思われる．現在（2010年），農林水産省のプロジェクトで広島湾をモデルに藻場が海域の物質循環に与える影響について研究が進んでいる．すでに多くの藻場が消失してしまった同海域でも，残存した藻場が栄養塩の「緩衝帯」として十分機能していることが解明されつつある．

　瀬戸内海では，過去の富栄養化への反省に基づき，窒素・リンなどの排出についても法的な整備を進め，陸域からの負荷量を減少させてきた．その結果，近年水質は大幅に改善される一方，ノリ養殖の不振やプランクトンによる低次生産の減少も起こっている．藻場の有する海域の物質循環を制御する力を再評価し，再生することがこれらの解決につながらないか思案している．

1-3. 藻場が多いと魚も獲れる？：瀬戸内海の藻場分布と漁獲量の関係

　藻場は「海のゆりかご」と呼ばれ，多くの魚介類の稚仔に住み場を提供することにより，水産資源の育成に大きく貢献しているとされる．実際に藻場が消失すると魚が獲れなくなることを多くの漁業者が実感している．ここでは瀬戸内海における漁業生産と藻場の関係について論じてみたい．

　瀬戸内海の漁業生産は，戦後一貫して上昇し続け，高度経済成長時代の富栄養化最盛期に大幅に増加し，1980年代を境に減少に転じている（門谷，1996）．藻場・干潟の再生が強く望まれているのは，このような漁業生産の減少も背景としてある．

　しかし，藻場が本当に漁業生産に貢献しているならば，1960年から70年代

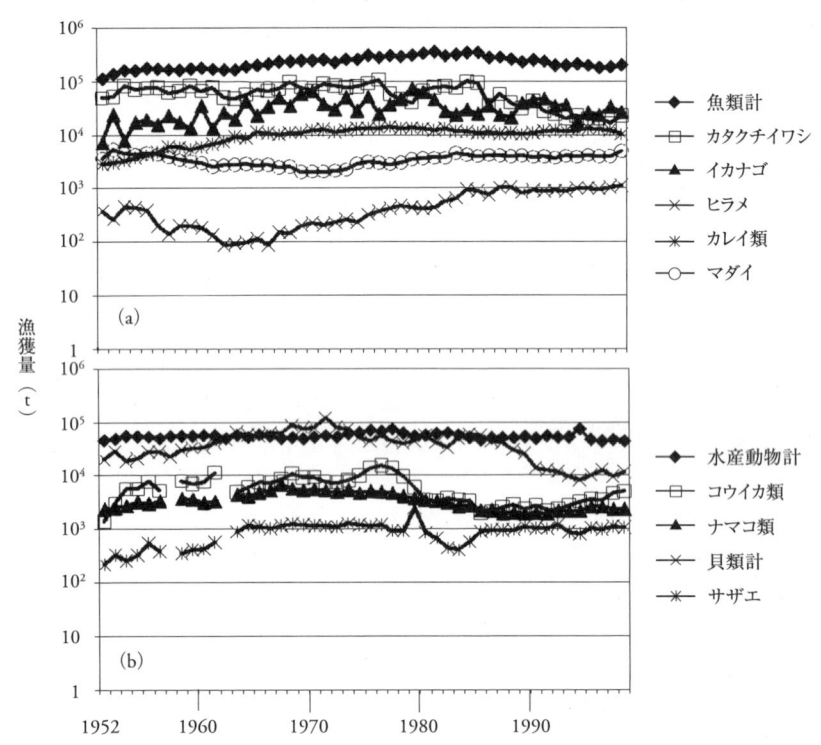

図 3-24 瀬戸内海における主要魚種漁獲量の変遷．魚類 (a) および無脊椎動物 (b)．
（水産庁瀬戸内海区水産研究所，2001 より作図）

の高度経済成長時代に，藻場が消失した前後で漁獲量の減少が見られるはずである．同時代以降，富栄養化を背景にプランクトン食性の浮魚類の漁獲量が増加しているが，他の主要魚種を見ても横ばいか少しずつ増加している．マダイやヒラメなどは，藻場の消失時期に若干漁獲量が低迷しているが，これらもやはり 1970 年代に増加に転じている（図 3-24）．すなわち，水産資源を育てる藻場の減少と漁獲量の推移は必ずしも一致していないのである．

この理由としては，高度経済成長時代には漁船や漁具の性能が大幅に改善され，漁獲努力量が急速に増加したことが挙げられる．経済の発展に伴い，おそらく魚価が上昇したことも漁獲努力の強化に拍車をかけたであろう．現在瀬戸内海の漁業者は，どこの漁業協同組合へ行っても平均年齢が 70 歳近い．しかし，当時は皆まだ若く，家族も養わなければならなかったから一生懸命魚を獲ったであろう．現在の漁獲量の減少は，環境の悪化だけでなく，当時多くの魚種

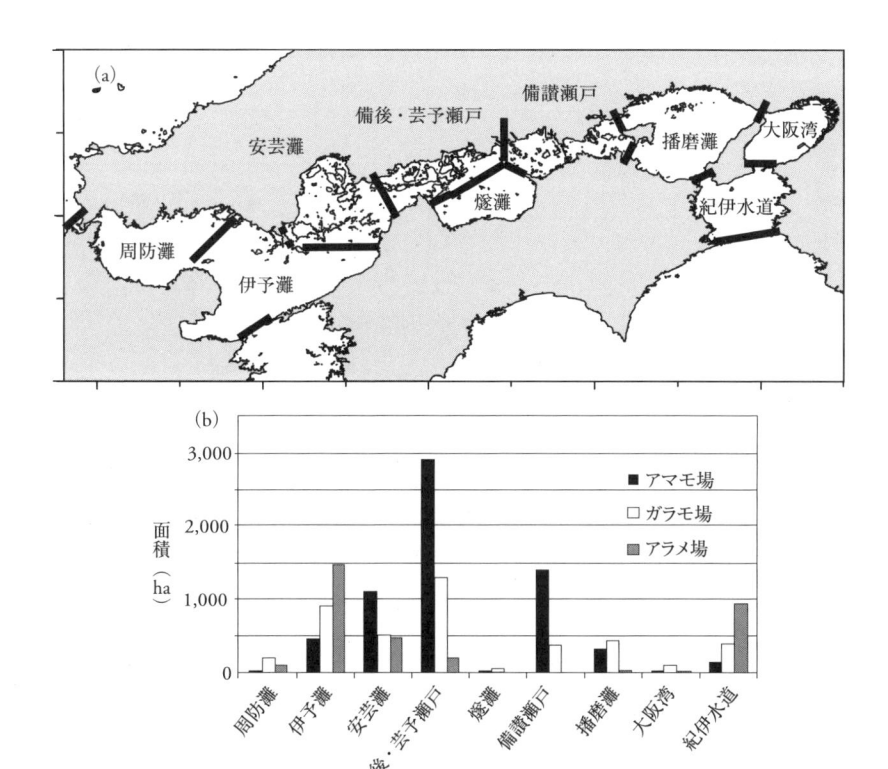

図 3-25　瀬戸内海の9灘（a：農林水産省の漁獲統計区分による）と各灘におけるアマモ場，ガラモ場，アラメ場の面積 (b)

に高い漁獲圧がかかったことも影響しているかもしれない．それはそれで時代が必要としたものであり，やむを得なかったと筆者は考えている．

　とにかく藻場と漁獲量の時間的変遷を追うだけでは，水産資源育成における藻場の寄与は見出せない．そこで，海域ごとの漁業生産の特性と藻場の多寡から，藻場と水産資源の間に何らかの関係が検出できないか検討した．具体的には，瀬戸内海をいくつかの小海域に区切り，それぞれの海域における藻場面積と主要魚種の漁獲量の間に相関があるか解析することにより，藻場が多いと漁獲量が増える傾向のある魚種を抽出した．

　瀬戸内海は行政的には九つの海域（灘）に区分されている（図 3-25a）．すなわち，西から周防灘，伊予灘，安芸灘，備後・芸予瀬戸，燧灘，備讃瀬戸，播磨灘，大阪湾，紀伊水道である．各灘の主要魚種の漁獲量については，農林水産統計をもとにした長期のデータがそろっている（水産庁瀬戸内海区水産研究所，

図 3-26 のグラフ

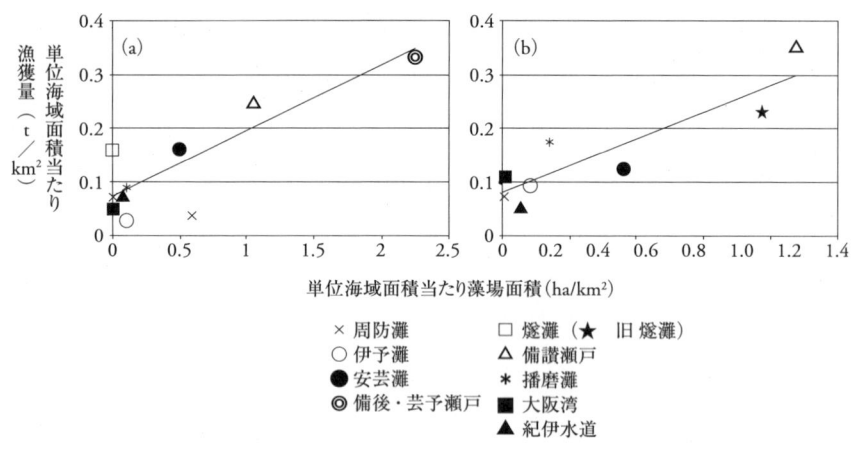

縦軸: 単位海域面積当たり漁獲量（t/km²）
横軸: 単位海域面積当たり藻場面積（ha/km²）

凡例:
× 周防灘　□ 燧灘（★ 旧燧灘）
○ 伊予灘　△ 備讃瀬戸
● 安芸灘　＊ 播磨灘
◎ 備後・芸予瀬戸　■ 大阪湾
▲ 紀伊水道

図 3-26 瀬戸内海の各灘における単位海域面積当たりの藻場面積および漁獲量の間の正の相関の例．アマモ場とクロダイ漁獲量（a：環境庁による第4回藻場調査が行われた1989～1991年の藻場面積と年平均漁獲量）およびアマモ場とメイタガレイ漁獲量（b：同じく第2回調査が行われた1970年代の藻場面積と漁獲量．旧燧灘は，備後・芸予瀬戸と現燧灘を合わせた海域として記載されている）．

2001)．また，前出の環境省による藻場調査では瀬戸内海の各灘における面積も集計されているが，悲しいかな縦割行政の弊害で，環境省と農林水産統計における灘区分は大きく異なっている．したがって，環境省の藻場データを漁獲統計の灘区分にしたがって再集計するという，面倒な作業をしなければならなかった．

図 3-25b に，まず再集計した各灘におけるアマモ場，ガラモ場，アラメ場のタイプ別藻場の出現比率を示した．これらの藻場は藻・草体が大きいこともあり多くの魚介類が生息し，水産資源の育成に最も貢献していると考えられる．アマモ場は，瀬戸内海中央部の備後・芸予瀬戸や備讃瀬戸にきわめて多いこと，反対にアラメ場は，伊予灘，紀伊水道といった瀬戸内海の最も外側の灘に多いことがわかる．一方，ガラモ場は，アマモ場と同様備後・芸予瀬戸で最も多いが，アマモ場に比べればどの灘にもほぼ一様に分布する．燧灘は，備後・芸予瀬戸と同様に瀬戸内海中央部に位置しながら，基本的にはどの藻場もほとんど分布していない．藻場の分布と各灘の環境特性の関係については，次項で述べる．

さらに各灘の藻場面積と漁獲量を単位海域面積当たりに換算し，相関を解析した結果，多くの魚種と藻場との間に正の相関（図 3-26）が見られた．すなわち，アマモ場とヒラメ，マダイ，クロダイ，メイタガレイ，メバル・カサゴな

ど，ガラモ場とヒラメ，マダイ，クロダイ，ウニ類，サザエ，アラメ場とはアワビが正の相関があった．アマモ場とガラモ場で正の相関があった魚種の多くが共通しているのは，アマモ場が多い灘ではガラモ場も比較的多い傾向があるためである．ちなみに藻場とともに重要な干潟についても同様の解析を行った結果，貝類の合計，クルマエビやエビ類，ガザミ類，クロダイやその他のカレイ類との間に正の相関があった．

　この解析はあくまで各灘の独立性を前提としているが，もちろん移動遊泳能力のある魚類にとって各灘は連続性を有するものであり，特に回遊魚にはこのような前提は成り立たない．しかし，瀬戸内海の主要魚種の多くが比較的移動性の小さい内海に固有な種であり，'灘固有の資源'と見なせる魚種もある（永井・小川，1996）ことから，各灘の漁業生産の特性を把握するためあえてこの解析を行った．その結果，瀬戸内海の'地魚'の多くが，藻場・干潟の多い灘で多く漁獲される傾向があることがわかった．

　アワビ・サザエ類，二枚貝類などの貝類，またエビ・カニ類など，幼生期を除いてはほぼ藻場・干潟に定住する水産生物については，藻場・干潟はそれらの資源育成に実質的に貢献しており，面積が広いほど多くの漁獲が上がると単純に考えてよいだろう．しかし，広域を遊泳移動する魚類については，たまたまその灘の環境特性が漁場形成に向いているなど，擬似的な相関である可能性もある．これらの魚種の資源育成に藻場・干潟の存在が不可欠であることの確証を得るためには，彼らの生活史と藻場・干潟との接点を探らなければならない．

　瀬戸内海の重要魚種メバルは，その生活史を通じて藻場との親密性が高く，近年藻場の「稚魚生産力」も算出され，経済価値に換算されている（小路，2009）．また，瀬戸内海では，特にアマモ場でマダイやクロダイの稚魚が採捕された事例が多いことから，これらの魚の育成に藻場が必要と考えられているが，外海域では砂泥域がより重要でアマモは直接的な成育場としては必ずしも不可欠ではない，という報告もある（田中ほか，2009）．

　瀬戸内海の特徴は，アマモ場・ガラモ場などの藻場，その少し沖側の砂泥域や岩礁域，また干潟や砂浜など，様々な生態系の要素がきわめて近接して存在することにある．一つ一つの要素の規模が大きい外海域と異なり，多くの魚類の生活圏に藻場や干潟が自然に入り，その恩恵も享受しやすいのではないだろうか．季節と言わず1日のうちに上記の生態系要素を使い分けている魚もいるかもしれない．例えば，カレイ・ヒラメなどの異体類が藻場で採捕された事例は試験研究においては少ないが，カレイを採るために夜間に藻場の縁辺に網

を仕掛ける漁師は多い．昼は稚魚のゆりかごであった藻場が，夜間は様相を一変させ，スズキなどの肉食魚の格好の餌場となることも報告されている（小路，2009）．さらに，藻場で生産された餌料が系外へ輸送され，全く異なる場所で利用される可能性もあるだろう．藻場と魚との関係にはまだまだ不明の点が多く，両者の"missing link"を明らかにすることは今後の重要な研究課題である．

1-4．瀬戸内海の多様な藻場：灘別の環境特性と植生の関係

　前述のように，瀬戸内海の各灘では，アマモ場やガラモ場，アラメ場といったタイプ別の藻場の分布が大きく異なった．これは，同じ瀬戸内海内でも灘によって環境が大きく異なることを示している．環境とそこに形成される海藻植生，すなわち藻場の構成種はきわめて深く関連しており，藻場の再生にあたってはまずそれを認識する必要がある．

　アマモ場は"白砂青松"の瀬戸内海の象徴的な藻場であり，光が十分に届く，水深の浅い静穏な砂泥質の海底中に地下茎を張って生育する．波浪流動が強すぎて岩盤が剥き出しになるような場所や，砂泥底であっても流動に伴い砂が大きく動くような環境にはアマモは群落を形成することはできない．

　アマモ場の多い瀬戸内海中央部の備後・芸予瀬戸や備讃瀬戸では，水深が浅い上に多くの島嶼が近接して存在し，大きな風浪の発生を防いでいる．島嶼の間はせまい水道部になっており潮流がきわめて速いが，島嶼はきわめて複雑な海岸線を有しており，多くの湾入部がある．このような場所では一般的に流れがきわめて緩やかで砂泥が堆積傾向にあり，アマモが安定的に群落を形成するのに適した静穏な環境となる．このような海域の特性は，同じく瀬戸内海の中央部にありながらアマモ場がほとんどない燧灘とは対照的である．燧灘では島嶼が存在せず，海岸線が四国の北岸側にしか存在しない．

　複雑な海岸地形により湾入部が多いということは，当然突出した場所，すなわち岬もしくは鼻も多い，ということになる．一般的に岬や鼻の先端部では，湾入部と比較して潮流が速く波当たりも強い．このため岩盤が露出して磯ができ，ホンダワラ類によるガラモ場をはじめとした海藻藻場が形成される．備後・芸予瀬戸や備讃瀬戸にアマモ場とガラモ場の両方が多いのは，複雑な海岸地形により，磯・浜が連続的に形成されていることによる（図3-27）．

　前項において，瀬戸内海の多くの地魚の漁獲量が藻場の面積と相関することを述べたが，これは，海域面積の割に藻場の多い備後・芸予瀬戸や備讃瀬戸でこれらの魚種の漁獲量が多いということに他ならない．魚類はその発育にしたがって多様な生息環境を必要とする．藻場の特徴を見てもわかるように，これ

図 3-27　複雑な海岸地形による磯と浜の形成（広島県大竹市阿多田島）

らの灘では複雑な海岸地形により多様な環境が形成されており，魚が生活する上で必要となる要素が揃っているのだろう．さらに，異なる海域特性を持った燧灘などが隣接し，豊かな環境多様性が保持されていることが，瀬戸内海の世界有数の漁業生産性の1要因であろう．

　アラメ・カジメにより形成されるアラメ場は，伊予灘や紀伊水道など，瀬戸内海でも最も外側，外海と接する灘に多かった．瀬戸内海のアラメ場はほぼカジメの近縁種であるクロメにより形成されるが，クロメは比較的波浪の影響が強い急深の海崖地形において，ホンダワラ類より深い水深で優占群落を形成する（寺脇ほか，2001）．伊予灘，紀伊水道は，水深も深く波浪の影響が強いためこのような地形が多く，アラメ場の形成に適している．アラメ・カジメ類は，特に太平洋沿岸の藻場の主要構成種であり，これらの灘では，外海的な環境要素が多分に出現しているということであろう．

1-5．瀬戸内海の象徴・アマモ場の再生：ガラモ場との"複合藻場"を基点に

　瀬戸内海では沿岸漁業におけるアマモ場の重要性は古くから認識され，大正時代にすでにアマモ場の生態研究が始まっている．中でもアマモ場の消失が特に激しかった岡山県や香川県など，備讃瀬戸に面する県では漁業者の危機感も

強く，アマモ場再生の取り組みも全国に先駆けて行われた．これまでに，様々な播種や株の移植方法，カキ殻などを用いた海底地盤の安定化，海底嵩上げによる光環境適地の創出など，多くのアマモ場再生に関する技術が開発され全国に波及した．

備讃瀬戸に限らず，これまでに各地で多くのアマモ場再生の努力がなされてきたが，残念ながら再生したアマモ場が安定して維持されず，数年で消失した事例も多い．アマモは前述の通り，生育基盤である砂泥の移動にきわめて弱いが，地下茎で次々と分枝する栄養繁殖を行うので，あるレベルの株の密度と群落の規模があれば，自ら地盤を安定させることができる．しかし，何らかの理由で株密度が減少し衰退しつつあるアマモ場は，自ら好適な環境を保持することが不可能になり，群落は一気に消失に向かう．投入予算の関係で通常小規模にならざるをえない再生アマモ場は，激しい物理的攪乱に対しきわめて弱いと考えられる．

特に瀬戸内海でも香川県，徳島県など四国の北岸側や，島嶼部の北岸など，比較的広い海面に北向きに面する場所では冬季の風浪による攪乱が大きく，海底の砂泥の安定化をはかることがアマモ場再生のカギとなっている．これまでに，様々なマットやシート（図3-28）などで局地的に砂泥の動きを抑え，アマモの種子や株を移植する方法も考案されたが，一定の効果とともに限界もあることが示されている（棚田，2006）．これらの海域でも過去には多くのアマモ場が分布しており，一度喪失したものを回復させることがいかに困難であるかを考えさせられる．

これまでの藻場再生事業は，土木工学的な基盤整備を伴う"造成"事業とほぼ同義であったが，その中でもアマモ場造成は，他の海藻藻場の造成と比較して技術的な困難を伴ってきた．近年外海域では磯焼けの問題が深刻化しつつあり，海藻藻場の造成も既存技術だけでは困難になりつつあるが，過去にはコンクリート製の藻礁など生育基盤の投入だけで一定の成果が得られることも多かった．一方，アマモの生育基盤である砂泥は，流動のある海中ではより"不安定"であり，その制御が必須のアマモ場造成の難易度は，海域の環境により大きく異なる．厳しい環境下でいかにして安定したアマモ場を再生させるか，一足跳びの解決は難しいが，その足がかりとなりうる観察事例を次に紹介する．

広島湾の湾口部の屋代島（山口県周防大島町）の北岸の逗子ヶ浜では，筆者が初めて訪れた1990年代前半には海岸線に沿ってアマモ場が分布していた．しかし，その後急速に衰退し，2000年代前半に浜の前のアマモ場はほぼ消失し

図 3-28 風浪により引き起こされた海底砂泥の移動（洗掘）によるアマモ場の部分消失（a の矢印の部分：山口県屋代島）と礫性マットにより移植したアマモの繁茂（b：徳島県鳴門市）（棚田，2006 より抜粋）

た．同海岸は，広島湾に対して北面し，冬季の風浪や台風時の波浪による砂泥移動がきわめて激しく，アマモ場衰退の要因となっていた（森口ほか，2006）．しかし，浜の端に岩の鼻（厨子ヶ鼻）があり，その隣接部にのみ 0.6ha ほどのアマモ場が維持されていた．

周辺の海底地形を調べてみると，厨子ヶ鼻の先端に干潮時に上端が海面に出る程度の"暗礁"が海に張り出しており，残存したアマモ場はその後背地にあることがわかった（図 3-29）．数値シミュレーションにより，この暗礁がある場合と無い場合における，北寄りの風が吹いたときのアマモ場付近の海底の底層流速を算出したところ，暗礁がある場合では 40％程度流速が低減された．すなわち，天然の岩礁が存在することにより，その背後に静穏域が形成され，海底の砂泥が安定化してアマモ場が維持されていたと考えられる．

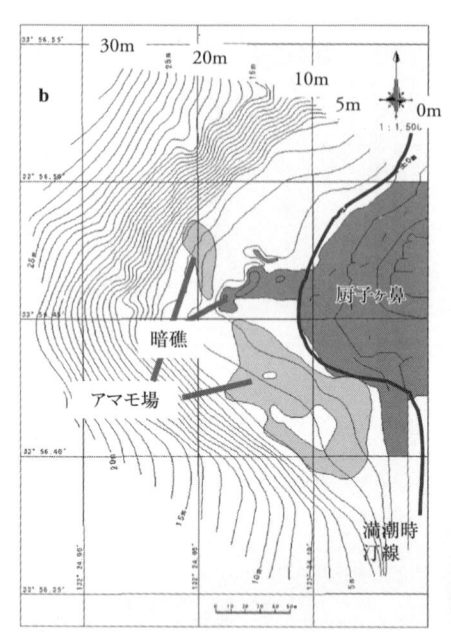

図 3-29　屋代島北岸（山口県周防大島町厨子ヶ鼻地先；右上の地図の●印）の砂泥移動による
アマモ場衰退域で，自然の岩礁の背後域で残存したアマモ場 (a) およびその周
辺の海底地形図 (b)．写真ではアマモ場の後ろに岩礁とその上に形成されたガ
ラモ場が見える．

　このように"自然に残った"アマモ場の在り様は，風浪の比較的強い場所でのアマモ場再生の一つのヒントとなろう．局所的に残存したアマモ場を，周辺への種子の供給源となる"核"として利用し，徐々に周辺に拡大していく方策も考えられる．海沿いの道路や集落を護るための離岸堤や，魚礁効果を狙って比較的浅い水深帯に石を積み上げた"築磯"などをアマモ場再生の基点とすることもできる（藤原・山賀，2006）．
　さらに，厨子ヶ鼻の暗礁を観察すると，その干潮時に干出する場所にはヒジキが一面に生育し，干出しない場所にはアカモクなどのホンダワラ類によるガラモ場が形成されており，さながらガラモ場とアマモ場の"複合"藻場となっていた．この複合藻場周辺にはメバルなどの稚魚が高密度で分布し，サザエやナマコなどの磯根生物も多数見られた．自然の暗礁が存在することで，アマモ場が安定的に維持されるだけでなく，異なる特性を持つガラモ場との複合的な効果が生じ，周辺の生物生産力を飛躍的に高めることも期待できる（森口ほか，

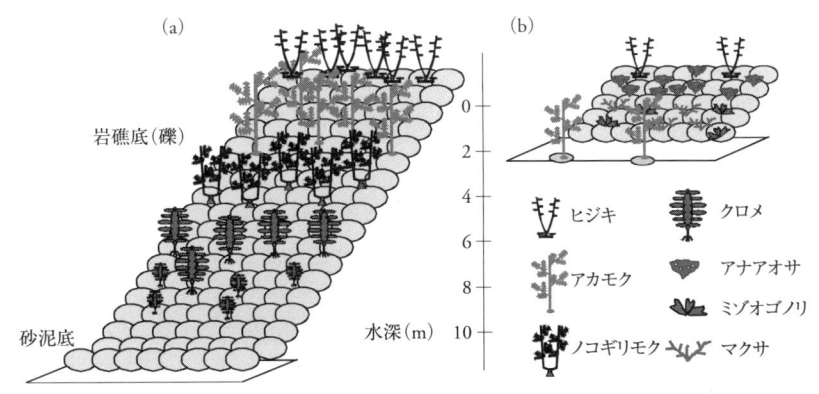

図 3-30 広島湾口の島嶼部の岩礁域（a：山口県柱島）と湾奥の護岸域（b：広島県廿日市市）における海藻の垂直分布模式図（寺脇ほか，2001をもとに作図）

2006）.

　前項で，複雑な海岸地形の場所には，岩礁が露出する磯と砂泥が堆積する浜が自然に形成され，ガラモ場とアマモ場が両立することを述べた．屋代島・厨子ヶ鼻の事例は，岩礁域に形成されるガラモ場と，砂泥域に形成されるアマモ場という，全く別個の生態系要素が独立して存在しているのではなく，それぞれの形成を促す物理環境を通じて密接に関連しあっていることも示唆する．

1-6. 多様な海藻藻場の再生：多様な物理環境の創出

　ほとんどアマモ1種で構成されるアマモ場と比較し，岩礁域に形成される海藻藻場はきわめて多くの種により構成される．一口に岩礁域といっても，海藻が着生しうる基質には岩盤や岩塊，大小様々な礫がある．礫とは石のことで，藻場の生態学ではその大きさにより等身大から人頭大の巨礫，人頭大からこぶし大の大礫，こぶし大から米粒大の小礫に分けており，これらは流動により安定度が大きく異なる．また，砂泥域に隣接する岩礁域では，移動する砂（漂砂）の影響も大きい．もちろん，干出の度合いや光条件，流動など，水深によっても環境は大きく異なる．このような多様な環境下で，それに適合した生理生態特性を有した海藻類が生育し，ときに優占群落を形成している．したがって，海藻藻場の再生にあたっては，目的となる種に適合した環境の場所を選定，もしくは創出しなければならない．

　図3-30に広島湾の湾奥・湾口域の海藻藻場の植生の模式図を示す．湾奥域の人工護岸では，緑藻のアナアオサや，テングサ類の1種マクサ，ミゾオゴノ

リなど小型の紅藻類が群落を作り，その下の砂泥上の礫にはアカモクやタマハハキモクなど1年生のホンダワラ類が生育する（図3-30b）．一方，10m以深まで礫の集積が続く湾口域の島嶼の天然の岩礁域では，干出する場所にはヒジキが，その下部ではアカモクが優占群落を作り，さらにその下部には多年生ホンダワラ類のノコギリモクが優占し，帯状に優占種の異なる濃密なガラモ場が形成されている（図3-30a）．さらにそれより深所では，幅広い水深帯にアラメ・カジメの近縁種クロメが優占する．水平・垂直的な環境の変化に伴い，植生が大きく変化することが海藻藻場の特徴である．

　海藻植生の形成過程を理解する上で，森林や草地生態系で知られる植生遷移と極相の概念はきわめて重要である．海藻植生の遷移も陸上と同様に，寿命などの生活史特性や弱光への適応度などの生理特性，種間競争や周辺環境との相互作用など，様々な要因が複雑に絡んで進行する．一般的に新しい空隙地ができた場合，小型で寿命は短いが成長の早いアナアオサなどの種が先に入植する．しかし，時間の経過に伴い，弱光下でも確実に成長ができるより寿命の長い種に置き換わっていく．安定した環境下では，最終的に大型の多年生の単一種で構成された藻場が極相になるが，環境の安定度が低いと遷移は中途で留まり，その環境に応じた植生が'極相'となる．上述した広島湾で見られるような海藻植生の水平・垂直分布様式はその海域の植生遷移の系列を示しているとされ，水平・垂直的な環境傾度に伴って様々な遷移の段階が出現しているとも見なせる．その中でもノコギリモクなどの長命な多年生ホンダワラ類やアラメ・カジメなどの大型褐藻類は，遷移の最終到達点である安定した極相を構成する種と認識されている．

　環境の傾度に伴って，実際にどのように多様な藻場は形成されていくのだろうか？　前項で紹介した屋代島では，特殊な形状をしたコンクリート製の藻礁を様々な水深の砂泥底上に設置することにより，物理環境の傾度と海藻植生の関係が調べられている．この藻礁は，海底砂面からの高さが1cmから48cmまでの6段の水平面を持つ階段型の形状を有し，同海域の大きな特徴である風浪による漂砂の影響が段ごとに異なっている．また，水深0.5～8.5m（C. D. L. 基準）の8水深に設置されることにより，藻礁ごとに光環境や流動環境が大きく異なっている（図3-31）．

　設置4年後には，各礁の各段に，その上の物理環境に応じた多様な海藻植生が形成された．最も浅い水深（0.5m）に設置された最も流動の大きい藻礁の上段部では，マクサやトゲモクが，また同礁や水深1.5mの藻礁の中段部，すなわち水深が浅く海底砂面に近いために最も漂砂の影響の大きい段では1年

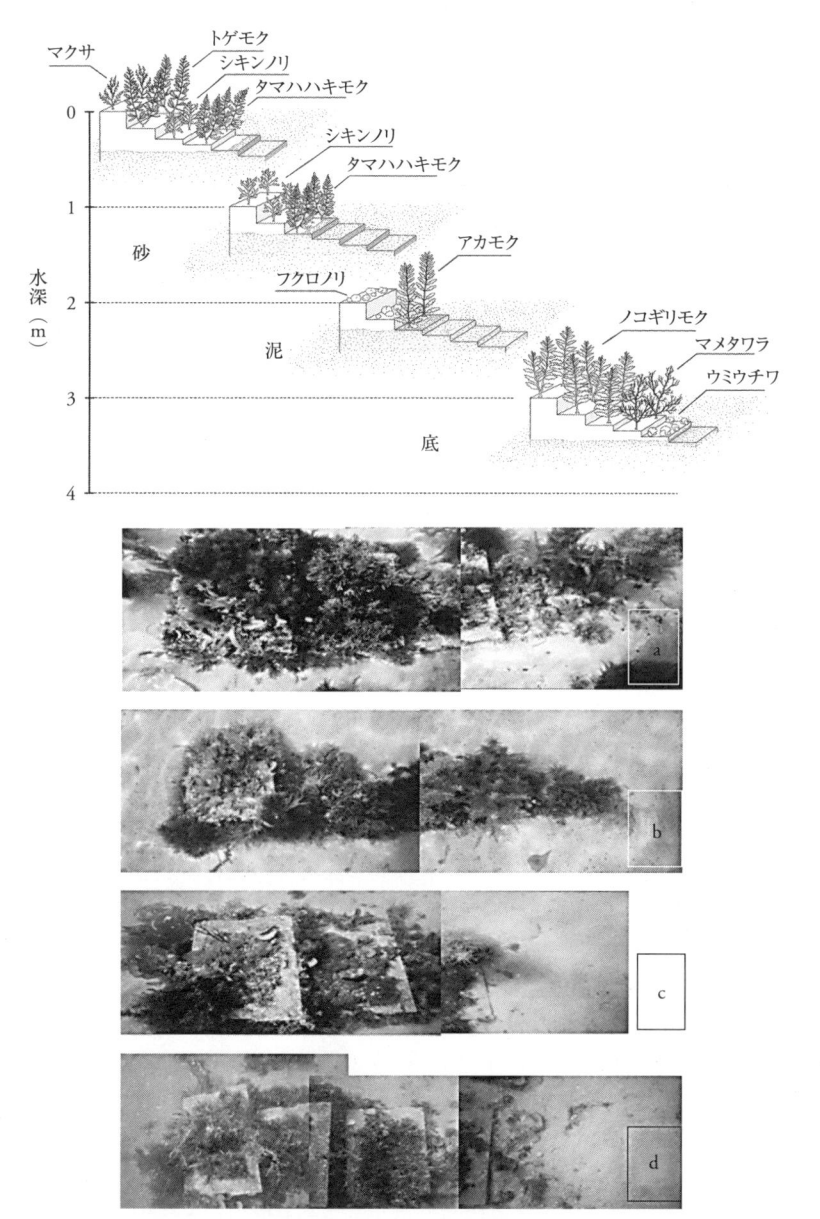

図3-31 山口県屋代島の砂泥海底に設置した階段型藻礁と設置4年後に形成された海藻植生の模式図および写真. 写真は, 0.5m (a), 1.5m (b), 2.5m (c), 3.5m (d) の各水深に設置された藻礁 (寺脇・新井, 2009).

生ホンダワラ類のタマハハキモクが，さらにそれより若干漂砂の影響の小さい水深 2.5 m の藻礁の中段にはアカモクが生育した．一方，漂砂の影響のほとんど無い水深 3.5 m の藻礁の上段にはノコギリモクが生育した（図 3-31）．もちろん，各段の植生は 1 足跳びに形成されたものではなく，4 年間に，例えば付着珪藻⇒シオミドロ属の 1 種⇒アカモク⇒マクサ（水深 0.5 m の藻礁の最上段），付着珪藻⇒サメズグサ⇒アカモク⇒ノコギリモク（水深 3.5 m の藻礁の最上段）といったそれぞれその段上の環境に応じた遷移を経て形成されたものである（Terawaki et al., 2000）.

このようにわずかな水深差，微妙な砂の影響の違いにより，形成される海藻植生が大きく異なることに驚かされるとともに，ある種の生育にとって適正な環境を定量的に把握することが，いかに困難であるかも思い知らされる．

1-7．水産生物のための藻場再生

魚類や磯根資源の増殖のために，アマモ場と同じように海藻藻場の再生についてもこれまで様々な努力が積み重ねられてきたが，アラメ・カジメ，多年生のホンダワラ類，すなわち遷移の極相種が対象として重視されていた．これは，アラメ・カジメがアワビなどの磯根資源の餌として重要であること，またこれらの種は多年生であるがゆえに，魚類など水産生物に周年にわたり住み場を提供しうることなどが理由であった．

しかし，一般的に生物は生活史の発達段階に伴って多様な生息環境を必要とする．アワビやサザエにとって大型褐藻の藻場は必須であるが，一方でこれらの稚貝が，磯焼け海域で目立つ紅藻類の 1 群である無節サンゴモが繁茂する場所や，テングサ場などの小型紅藻類の藻場で多数見つかっている（新井，1988）．これらはその生活史を通じて，ただ 1 種類の藻場だけでなく，多様な藻場を必要としているものと考えられる．

瀬戸内海のガラモ場にはメバルをはじめ多くの魚類が集まる．冬に生まれたメバル稚魚は春先に大挙して藻場に出現するが，その時期にガラモ場を構成するホンダワラ類は最繁茂期を迎える．特に 1 年生のアカモクはホンダワラ類の中でも最も'草丈'が大きく，5 m を超えることもしばしばであるが，稚魚の蝟集もアカモク周辺で最も濃密に見られる（図 3-32）．多年生のノコギリモクの群落にも稚魚は見られるが，主枝が密生するノコギリモクと比較し，藻体間に適度な空隙があることもアカモク群落が好まれる理由のようである．夏季にはアカモクは発芽体のみになり，見た目には群落は消失する．この頃には成長したメバルはノコギリモク群落とその沖の岩礁域との間を行き来している（図

図 3-32 1 年生ホンダワラ類アカモクの群落に群れるメバル稚魚 (a) と多年生のノコギリモク群落に群れる成魚 (b). ともに山口県柳井市平郡島で 2008 年 5 月に撮影.

3-32). メバルの生活史を考えれば, 多年生のノコギリモクだけでなく, 1 年生のアカモクも組み合わされたガラモ場が優れていると考えられる.

重要な磯根資源であるサザエでも同様である. 広島湾でもノコギリモク群落が形成されている岩礁域にサザエの成貝が多い. しかし, 稚貝は大きな岩盤よりも, その周辺の大小様々な礫が転がる場所に多く出現する. そのような'礫場'では多かれ少なかれ漂砂の影響があり, アナアオサや小型の紅藻類, またヒジキやアカモクなどが主に生育している (図 3-33).

前述の通り, 1 年生のアカモクは多年生のノコギリモクに比べ, 適度な漂砂の影響のある場所に生育する. 屋代島の天然のアカモクの優占群落を調べたところ, 砂泥底上に集積した人頭より多少大きい程度の礫が主な着生基質となっていた. 1 年生のアカモクが毎年確実に群落を形成するためには, 成熟期に放出される幼胚が着生・成長できる場所があることが前提となる. アカモクの成熟期は春季であり, 冬季風浪の影響で砂が動いて礫の上を削ったり, 小さ目の礫が反転したりする環境は, 春季に放出される幼胚が入植しうる空隙地が形成されやすく, 好都合なのであろう (吉田ほか, 2006). またこのような礫が積み重なった隙間には, サザエの稚貝やトコブシ, 稚ナマコやウニ類が多数生息している. 同じ水深でも大きな岩盤になると環境の'安定度'は高まり, 遷移が進行して多年生のホンダワラ類が生育するようになり, またサザエも成貝が多くなる. 磯根生物の稚仔の住み場となるアカモクをはじめとする 1 年生海藻や, より短命な小型海藻の藻場が成立するためには, 適度に"不安定"な環境要素が必要である.

従来の藻場再生は, 比較的大型の藻礁の投入など, 土木工学的な"造成"が主流であった. そのほとんどが公共事業として実施され, 投入藻礁も少々の波

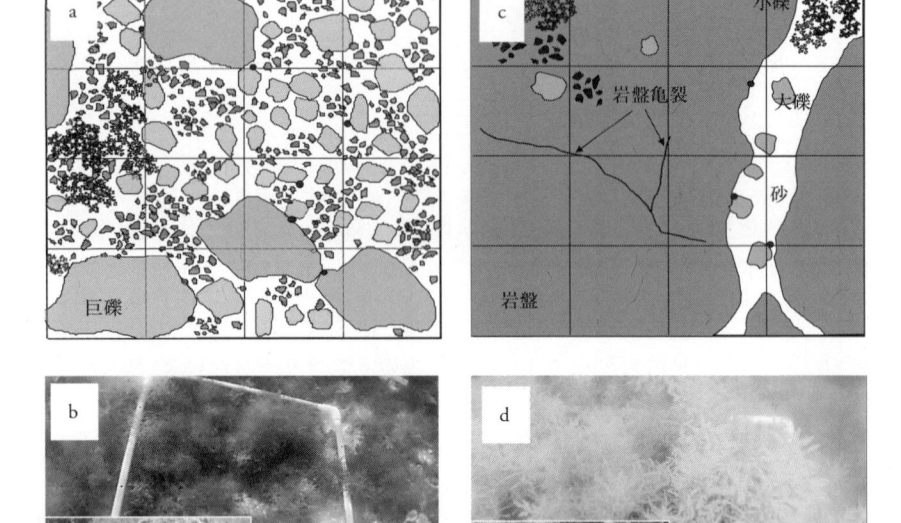

図 3-33 サザエ稚貝の出現する場所の大小様々な礫による海底底質 (a) と小型海藻の藻場 (b)，および成貝の出現する場所の岩盤による海底底質 (c) とノコギリモクの藻場 (d). いずれも広島湾・阿多田島 (広島県大竹市) にて.

浪でもひっくり返らない安定性が重視された．それは多年生の大型褐藻による極相の藻場を再生するには有効であったろう．しかし，水産生物の生活史に配慮するためには，多年生の大型褐藻の藻場と，小型の海藻や1年生海藻の藻場が組み合わされることが重要であると述べた．後者の藻場が成立するような環境は変動がきわめて大きい．天然の礫を見ても，波浪で離散したり反転したり，砂に埋没したりまた砂中から出現したりなどが頻繁に起こり，そのたびに藻場の様相は大きく変化し，消失と再形成も繰り返される．多くの水産生物の稚仔の住み場となる小型海藻・1年生海藻の藻場を事業レベルで再生することは，「適度に不安定な環境条件を安定的に再現する」ことに他ならず，きわめて高度な技術が求められるだろう．

1-8. 瀬戸内海の藻場再生の課題：取り戻したい岩・礫・砂のハーモニー

自然の海岸では，通常岩礁域と砂泥域が交互に形成されている．岩礁域と砂泥域の境界には，そのエコトーンとでもいうべき礫と砂泥が様々な割合で混在する場所があり，そこが海藻植生や生物の habitat の多様性をさらに生み出す．藻場を利用する多くの生物にとって，岩礁域の極相藻場，砂泥域のアマモ場，また礫の転がる場所の1年生海藻や小型海藻の藻場はそれぞれ別個に存在しているものでなく，その生活史においておそらく不可分のものである．藻場の多様性，およびその基となる環境の多様性は，もともと自然の海岸に備わっている．しかし，埋め立てを伴う沿岸域開発は，浅海域を消失させただけでなく，海岸線も単調なものに変化させ，このような多様性を減じさせた．これまで述べてきたように一度失われたものを取り戻すのは現時点の技術では困難な場合が多い．藻場再生技術に関する研究をさらに進展させるとともに，自然の海岸を保全していく観点もきわめて重要だろう．

高度経済成長時代以降，時には沿岸環境破壊の象徴例のように取り上げられた瀬戸内海でも，開発のペースは徐々に緩やかとなっている．近年，様々な用途に用いられていた海砂の採取をやめて以降，備讃瀬戸では透明度が改善しアマモ場が急速に回復しつつあるという．一方，暖流の影響のある外海域では，「磯焼け」が進行し，藻場の維持自体がきわめて困難になっている．幸い瀬戸内海ではまだ大規模な磯焼けの発生事例は無いが，海水温の上昇は進みつつあり，今後磯焼けの内海域への侵入が危惧される（水産総合研究センター，2009）．自治体や研究機関で協力し，瀬戸内海全域にわたる藻場の状況を的確かつ迅速に把握するモニタリングの体制づくりも早急に必要である．

藻場の保全と再生を通じて，豊かな生活の糧を得られる磯浜を再生し，さらに地域社会を再生する，そのような活動に何らかの具体的な貢献ができるよう今後も研究を継続していきたい．

2 ▶ 磯焼け研究の現状と課題：九州西岸域を中心に

2-1. はじめに

冒頭で触れたように，海藻藻場の消滅原因として，埋め立て以外に磯焼けと海況変化が指摘されているが，磯焼けと海況変化とは具体的に何を指すのか示されていないことも多い．ここでは海況変化も磯焼けを引き起こす原因に含まれると考え，藻場消滅原因の多くを占める磯焼けについて，その研究の現状と課題を紹介したい．

「磯焼け」という言葉は，伊豆半島東岸でもともと用いられていた言葉で，「岩礁域の海藻の全部または一部が枯落して不毛となる現象」を指していた．現在でも，磯焼けにはいろいろな定義があるが，広義に解釈すると「季節的消長以外の原因による藻場の衰退・消失およびその持続の過程」とされている．そして，実用的には，廃水や土砂の流入のように，藻場を衰退させた人為的な原因が明らかな場合は「磯荒れ」と呼び，「磯焼け」と区別することが多い．
　一概に磯焼けといっても，そこには多様な現象が含まれている．1980年に都道府県の試験研究機関を対象に行われたアンケート調査で，磯焼けと呼ばれる現象にどのようなものがあるか尋ねたところ，海藻類の大部分が衰退するものからある特定種や有用種だけ衰退するものや，急速に藻場が衰退するものから何年もかかるものまでが含まれていた（柳瀬，1981）．磯焼けの初期には特定の種だけが衰退して種組成が単純化し，その後に大部分の海藻が衰退するという時間的な違いもある．また，藻場が衰退し始める場所が，藻場の沖側のものや，逆に岸側のもの，あるいはパッチ状に点在するといった空間的な違いもある．このように，磯焼けの起こった場所や年代によって，衰退した海藻の種類やその原因が異なることが予想され，それらへの対策は，地域の磯焼けの実情に応じたものを求められることになる．
　磯焼けの発生は，藻場を最も頻繁に観察している漁業者に発見される場合が多い．漁獲対象種のテングサやコンブなど，アワビやサザエなどの餌となる海藻類が減少するため，磯焼けは漁業者にとって重大な関心事である．最も古いものでは明治以前の記録もあり，それ以後，明治から昭和まで断続的に磯焼けの記録がある．近年では，1981年の調査において海岸を有する都道府県のうち24ヵ所から藻場衰退現象が報告され，九州や太平洋岸で多く，瀬戸内海や日本海側で少なかった．ところが，2005年前後のアンケート調査では，全国のほとんどの都道府県で藻場衰退現象が確認されており，この問題への認識の深まりとともに問題の深刻化が示唆されている（水産庁，2007）．

2-2. 磯焼けの原因

　磯焼けが多様な現象を示すものであることから，その原因も様々なものが挙げられている．ここでは大きく分けて，①海藻類の生育を妨げる要因，②植食動物が海藻類を食べるという要因，③その他の要因，のように分けてみる．これらの要因は，単独で作用する場合よりも複合して作用する場合のほうが多いと思われるが，説明を簡単にするため，まず個別に述べていき，その後に複合する場合について述べる．

①藻類の生育を妨げる要因

　海藻の生育に影響を与える要因としては，水温，光量，栄養塩，海水流動などが挙げられている．水温または栄養塩の変化と藻場の盛衰との関連を，長期的なデータをもとに報告したものがいくつかある．伊豆半島南部では高温で貧栄養な黒潮の接岸とアワビ漁獲量（藻場の状態によって変化すると考えられている）との関係が調べられ（河尻ほか，1981），北米カリフォルニア沿岸でも，藻場とエルニーニョ現象との関連が調べられており（Tegner and Dayton, 1987），いずれの事例でも高水温で貧栄養となる時期に藻場が衰退したと報告されている．近年，日本沿岸でも温暖化傾向を示す報告が増えており，このことが藻場の海藻にどのような影響を与えるか危惧されている．

　窒素やリンなどを含む栄養塩は，海藻の生長や成熟に必要不可欠である．海水中の栄養塩濃度の変化を十分な頻度でモニタリングするのは難しい．というのも，海藻には栄養塩の貯蔵能力があり，短期間の栄養塩濃度の上昇でも十分に意味があるからである．栄養塩濃度も高ければよいわけではなく，富栄養化は植物プランクトンや海藻に付着する藻類の増殖を招き，海藻に必要な光量を減少させる．藻場への栄養塩供給は海洋起源に加え陸域起源もあり，それぞれがどの程度寄与しているのか関心がもたれているが，現状では技術的課題が多く存在するとのことである（林崎ほか，2009）．

　窒素やリン以外で海藻の生育に不足しがちな元素として，鉄が挙げられている（第3章第1節参照）．北太平洋のアラスカ湾は窒素やリンが豊富な割に植物プランクトンが少ないが，そこに鉄を加えると植物プランクトンが増殖したという実験がある（Martin and Fitzwater, 1988）．これと同じように，沿岸の磯焼け域に鉄を供給することによって海藻を増殖させようというアイデアが生まれ，実際にいくつかの海域で実験が行われている．しかし，現段階では鉄不足と磯焼けの因果関係を証明するデータが不足している．北海道増毛町の実験（木曽ほか，2008）では，ホソメコンブの単位面積当たりの湿重量が，試験区と対照区ともに年によって10倍程度も変化しており，人為的な鉄添加よりも自然の変動のほうがホソメコンブの現存量に大きく影響したという解釈もできる．この仮説を検証するには，十分な数の試験区と適切な対照区を備えた長期的な観察が必要である．

　海岸の変化も藻場の衰退と関係している可能性がある．前項でも述べたように自然海岸が減少し，コンクリート護岸や堤防などで構成される人工海岸が増えている．現時点では詳しく分かっていないが，自然海岸では河川水が河口域や干潟に入って浄化されてから藻場に流れていたものが，人工海岸では，河口

域は人工構造物で囲まれており，河川水の岩礁域への入り方が変わっている可能性がある．藻場への栄養塩や砂泥などの供給様式の変化にも着目する必要があるのではないだろうか．

　さらに，海岸構造物の造成による海域の静穏化も海藻の生育に影響を及ぼす可能性がある．海藻はその周囲の海水から栄養塩や炭酸ガスを取り込んでおり，新しい海水の供給を受けないとそれらが不足してしまう．このメカニズムは実験室内では証明されており，海岸構造物の造成により静穏域が増えている現状では，このことが海藻の生産力に何らかの影響を及ぼすことが懸念される．また，海岸構造物は，海水の流れ以外に植食性魚類の行動を変化させる可能性もある．間隙の多い消波ブロックは植食性魚類の隠れ家としても機能する可能性があり，このことは海中での観察によって検証されるべきだろう．以下で述べるように，植食性魚類の生態には未解明な部分が多く残されている．

②植食動物によって海藻類が食べられるという要因

　ウニ類や魚類などの植食動物の摂食量が海藻類の生産力を上回ると，磯焼けが発生し藻場が回復しないことになる．植食動物の藻場に対する影響は，それらを排除する実験によって評価することができる．特にウニ類については，一定区画のウニ類を取り除く実験が多くの地点で行われ，海藻植生の回復が観察されている．磯焼けと関連しているウニ類は，北海道や東北太平洋岸などではキタムラサキウニが，本州太平洋岸や九州，四国では，ムラサキウニやガンガゼが多い．

　海外ではウニ類の捕食者（ラッコ，ロブスター，大型のヒトデやベラ科の魚など）がいるところでは，ウニ類の密度が抑えられ，その結果，藻場が形成されるという報告もある．日本では，ウニ類の捕食者が少ないので，漁獲による取り上げが最も大きいと考えられている．海外では病気の感染によりウニ類の個体数が低下したという報告もある．日本でも，富山湾や若狭湾で，夏から秋の水温が例年より高かった1994年に刺抜け症を伴うキタムラサキウニの大量斃死が報告されている．

　最近，磯根漁業者が中心となって多すぎるウニ類を取り除き，藻場を回復した事例がある一方で，漁業者の高齢化や魚価の低迷などから，ウニ類が漁獲されずに高密度となって磯焼けが継続しているところもある．ウニ類を除去して藻場を回復できた場合は，その藻場を維持することが今後の課題である．回復した藻場では漁業活動を再開するためにウニやアワビなどが放流されるだろうが，ウニ密度を適正に保って藻場を維持する必要がある．そのためには，ウニ類と海藻のモニタリングを継続し，ウニが高密度になったときにはこれらを除

図 3-34　長崎市野母崎で水揚げされたノトイスズミ (a) とアイゴ (b)

去するような体制が必要である．

　九州や四国などでは 1980 年代から，藻場の衰退に魚類の摂食が関連していることが指摘されてきた．藻場に大きな影響を与える魚類としては，アイゴ，ブダイ，イスズミ類（図 3-34）などが挙げられている．魚類の場合は，海藻を食べるだけでなく，引きちぎって食い散らかす量も多く，海藻への影響が大きい．藻場の衰退前からこれらの魚類が生息していたらしいが，藻場の衰退期に増加したのかよく分かっていない．というのも，これらを食用として重要視する地域が少なく，経年的な資源量が把握されていないためである．これらの魚類は分布の中心が南方にあり，ある水温以上で摂食活動が盛んになるため，水温上昇が摂食期間の延長を導くことが示唆される．しかし，実際に魚類の摂食強度を把握することは難しく，その季節変化や経年的変化を明らかにするためにも，摂食活動のモニタリング手法の開発が求められている．最近では，海藻に残された歯型から摂食した魚種やその体長を推定することや，人為的に設置した海藻を食べにくる魚類を水中カメラで撮影することなどが試みられている．ウニ類は海底を移動するため，フェンス状の構造物を海底に置いたり，海藻を海中に吊り下げてやれば，ウニの侵入を抑えることが可能であるが，魚類の場合は，水平方向だけでなく上下方向からの侵入も抑える必要があるため，実験規模のカゴなどを除いて物理的な構造物で摂食を抑える手段が見出されていない．また，魚を排除する構造物が大規模になると，台風などの強い波浪によって破損するという問題がある．魚類の食害強度には季節変化があるため，摂食圧の高い時期だけでも海藻を保護するという考え方もあり，様々な方法が試されているが，現時点では決定的なものはない．

　ウニ類や魚類以外で藻場に影響を与える植食動物としては，巻貝やアメフラシなどが挙げられている．これらの動物も高密度になれば藻場の海藻に深刻な

影響を与えるようである.

③その他の要因

北海道北部や東部では,流氷が接岸することによって海藻類が削り取られ,その後,新しくできた裸地面に生長の速いコンブ類が生育していた.しかし,近年では温暖化のためか接岸する流氷が減り,コンブ類以外の非有用種が岩礁を占有してしまった.このような場所では,流氷の代わりに人為的に岩盤上の雑海藻を除去することによって,コンブ類を生育させることが試みられている.海底にアンカーで係留したフロートにチェーンをぶら下げて,波浪による動揺でチェーンが振られ,雑海藻を削り取る「チェーン振り」という施設が用いられている.

2-3. 磯焼けの解決はなぜ難しいのか?

磯焼け現象は古くから認識されており,その研究や対策も1980年代より数多く取り組まれてきたが,藻場が回復し長期にわたり維持されている例が少ないばかりか,磯焼けのメカニズムについても未解明な部分が多く残されている.なぜ磯焼けの研究は難しいのだろうか? 考えられる第一の理由は,藻場に影響を与える要因が多数あり,これらから重要な要因を絞り込むことが難しいからである.また,それぞれの藻場によって磯焼けと関連する要因が異なる可能性があり,統一的な手法を用いれば解決できるとは限らないことも大きな理由である.

例えば,水温の変化は海藻の生育だけでなく植食動物の摂食行動も変化させるため,それらが組み合わさって藻場が消失することも起こりえる.個々の要因と磯焼けとの関連の有無について調べることも大変であるが,磯焼けの発生メカニズム解明には,これに加えて,それぞれの相対的重要性についても把握する必要がある.

室内で海藻の生長や光合成を調べる場合には,例えば温度に着目するなら,まず温度以外の要因を一定にして温度だけ変化させて実験を行う.その結果,海藻の光合成−温度特性が示されるが,海藻の光合成と温度の関係は,光量によって変わるのである(倉島ほか,1996).また,栄養塩濃度や流速によっても海藻の生産力と温度の関係が異なることが示唆されている(成田ほか,2008).実際の海中では,温度,光量,栄養塩濃度や流速などがすべて変化しており,これらの海中での振る舞いを再現して,海藻の光合成を測定することは現実的には不可能であろう.

現実的な対応としては,断片的な情報をもとに最も無理のない仮説を想定

図 3-35 「春藻場」の藻場の季節 (a) と磯焼けの季節 (b)

し，それを各地で検証しつつ，新たな情報を手に入れ，必要があれば仮説を見直し，再び検討することであろう．そこで，私たちが調査しているフィールドである九州西岸の長崎市沿岸の藻場や磯焼けの状況と，それに対してどのように取り組んでいるのかを紹介しながら，今後どう進めるべきか考えてみたい．

2-4. 九州西岸の磯焼けの状況

九州西岸の長崎県西彼杵半島西岸や長崎半島では，1980～90年代には周年にわたりガラモ場やクロメ場が形成されていたが，2000年代にはそれらが残る場所は一部の地域に限られ，晩冬から初夏の数ヵ月間しかガラモ場が形成されない場所が増えている．九州の藻場研究者の間では，周年にわたり海藻の繁茂する藻場を「四季藻場」，後者のように春にしか藻場が形成されないものを「春藻場」とよんで区別されている（図3-35）．これら藻場の構成種には違いがあり，「四季藻場」の優占種であるノコギリモクが「春藻場」では全く生育しておらず，「四季藻場」ではわずかしか見られない亜熱帯性ホンダワラ類が「春藻場」には広く分布している．また，マメタワラは両地点に共通して生育しているが，「春藻場」では夏から冬にかけて主枝や葉などの直立部をほとんど形成しない状態で過ごし，「四季藻場」のものと生活史が異なっている．「春藻場」

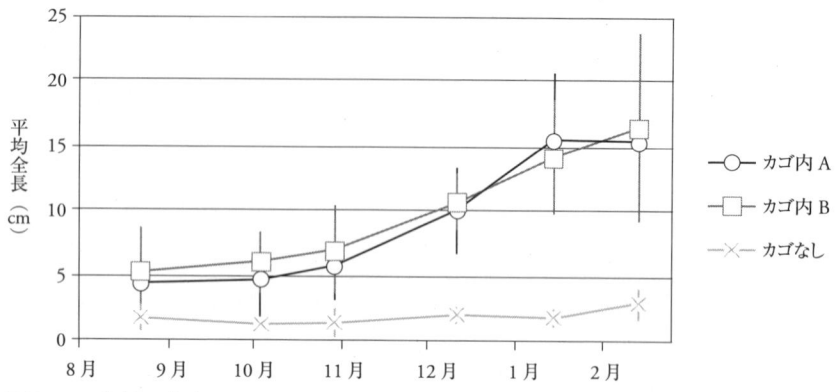

図 3-36 魚類の食害のある海域でカゴによる防護の有無によるマメタワラの全長の違い．7月10日にカゴを設置した．

は夏以降に磯焼けの景観を呈し，アワビやイセエビなどの磯根資源に負の影響を及ぼすと考えられる．そのため，なぜ「四季藻場」が「春藻場」に変わってしまったのか，「春藻場」から「四季藻場」へ回復させることは可能なのか，可能であればどのようにしたら良いのかについて，現在進行中の研究を紹介する．

上記の二つのタイプの藻場では，水温の連続測定が行われている．2007年夏季の結果をみると両地点の水温に違いがみられ，「四季藻場」の形成された地点では29℃以上にはならないが，「春藻場」の形成された地点では水温29℃以上の期間が2週間弱続き30℃に達したときもあった．ノコギリモクの葉片の培養実験から得られた最適生長温度は25℃とされており（原口ほか，2005），25℃よりも水温が上昇すれば，ノコギリモクの生長速度は低下することが示唆される．しかし，実際に低下した生長量は，水温以外の要因によっても異なるために，正確に推定することはできない．一方，現在私たちが行っている水槽実験では，ノコギリモクを水温30℃の水槽に2週間入れても枯死しなかったことを観察している．水槽内の光量や水流などの条件を，実際の藻場そっくりには再現できないため断定はできないが，29℃以上の水温が2週間続いただけではノコギリモクが枯死する可能性は低いと考えており，水温以外の要因も含めて「四季藻場」から「春藻場」への変化について検討すべきと思われる．

九州西岸に分布する海藻を食べる魚類としては，アイゴ，ブダイ，ノトイスズミなどが知られている．「春藻場」において，ステンレス製のカゴで魚類の摂食を制限すると，通常は海藻の茂らない晩夏から冬の期間に，カゴの内部ではマメタワラやヤツマタモクが主枝を伸ばすことが分かった（図3-36）．また，

図 3-37 春藻場での被食の状況．春に移植したノコギリモク (a) は順調に生育したが，7月になるとほとんど摂食された (b)．魚類の摂食から保護されたカゴの中は食べられなかった (c)．

潮間帯でもヒジキをカゴで覆うことによって同様の結果が得られている（桐山ほか，2002）．これらの結果は，「春藻場」で夏以降に磯焼けの景観となるのは，魚類の摂食圧が関連していることを示している．もし魚類の摂食を取り除くことができれば，「春藻場」は「四季藻場」へと回復するのだろうか．現在，この可能性を検証するために，「春藻場」において，カゴの中にマメタワラやノコギリモクを移植し，それらの生長や生残を調べている（図 3-37）．

2-5. 我々は何を把握しなければならないのか？

まず，磯焼けの発生やその状態の継続が，どのようにして起こったのかを把握する必要がある．「四季藻場」から「春藻場」へと変化したときに，海藻類の生産力だけが低下したのだろうか，それとも魚類の摂食活動が活発になったのだろうか，または，その両者であろうか？　磯焼けの研究は，磯焼けが深刻化してから開始されることが多く，健全だったときの藻場の状態やそれらが変化したときの様子を知るには，漁業者などへの聞き取りに頼らざるを得ない．これらの情報も重要であるが，断片的な情報になりやすく，やはり重要な藻場のベースラインとなるデータを集めるために，継続的なモニタリングが必要である．

モニタリングを行う藻場の環境要因のなかで，少なくとも水温は継続的に把握し，対象地点の藻場の様子や海藻の生産力との関連を検討していきたい．東北地方では1980年代にアラメ場の長期的かつ綿密な観察が行われ，1984年には寒流の親潮が強勢となり，大量のアラメが入植したと報告されている（谷口，1998）．また，伊豆半島においては，暖流の黒潮が接岸した1994年に8月の表層水温が平年より4℃高くなり，カジメの葉部が脱落したという（横浜，2001）．九州では，長崎県野母崎で2004年8月に28℃を超える期間が14日にもおよび，クロメ群落が衰退したことが観察されている（吉村ほか，2006）．そのほかにも，藻場の衰退や回復がいくつかの地点で観察されているが，それらの現象が起こったときの水温データがない場合が多く，水温と藻場の変化の関係を十分には検証できていない．もちろん，水温以外の要因で藻場が変化する可能性もあるが，このような点を検討するためにも水温と藻場のデータを蓄積し，いろいろなケースを検討することが必要と思われる．

　次に，海藻を食べる魚類の生態を明らかにすることで，藻場への影響を評価するとともに，有効な食害対策を探索する必要がある．魚類の摂食が藻場に最も影響を与えるのは，海藻の生育が厳しい高水温期の夏以降であり，この時期の生態を中心に明らかにしたい．海藻を食べるアイゴ，ブダイ，ノトイスズミが海藻の少ない時期にどのような餌（海藻かそれ以外の餌）を食べているのかを明らかにするためには，魚の消化管内容物や，食み痕の多い海藻を調べることが有効であろう．摂食活動が活発になる水温帯は水槽内では把握されているが，フィールドでも同様なのかを調べてみる必要がある．また，夏から秋にだけ藻場に来遊しているのか，年中居座っているのか，資源量はどれくらいなのかなどをこれから明らかにしていく必要がある．そのために，海藻を食べる魚類に発信器を付けて放流し追跡する調査や，水中カメラを設置して自動撮影する調査が行われる予定である．食害対策を検討するためにも，植食性魚類の捕食者にも注目したい．稚魚や幼魚の段階での被食減耗は，植食性魚類の増減に大きく影響しているかもしれない．アイゴは毒棘を形成するので，これを避けて魚体を捕捉できるイカ類などが捕食者として重要かもしれないとの指摘がある（藤田，2006）．沖縄ではハタ類やカツオの消化管内容物からアイゴ類の稚魚が見つかっている（山田・渋野，2006）が，九州以北では被食実態についての情報がなく，今後，どのような生物が植食性魚類を食べているのかを調べる必要があろう．

　海藻を食べる魚が漁獲されても捨てられるような現状では，満足な漁獲データは得られない．しかし，これらの魚類の利用が拡大し，漁獲データを得られ

るようになれば，現存量推定も可能となるだろう．多くの研究者や料理人によって新しい料理法が開発されているので，読者の皆さんがこれらの魚を食べて魚類の利用を後押ししてほしい．将来的には食料価格の上昇や食料不足となる可能性があるが，日本の沿岸にはまだまだ利用できる魚が多くある．外国の農地を囲い込むとか遺伝子組み換え作物に不安を抱えるよりも，沿岸の魚を食べて藻場の回復を目指すという発想も必要なのではないだろうか．

　本項では，海藻の生産力を規定する要因としては，海水温と魚類の食害以外はほとんど述べてこなかった．しかし，磯焼けの原因を述べた項では，陸域起源の問題にも触れたように，水温以外の要因は磯焼けと関係ないと考えている訳ではない．しかし，長崎県の島嶼部のように陸域の影響が相対的に小さいと考えられるところでも，水温と魚類の摂食の関連が強く疑われる磯焼けが広がっている実態があり，当面この二つの要因に焦点を絞った研究展開が妥当であると考えた．そして，水温や魚類の食害問題が好転し，藻場が回復傾向へ転換した際には，陸域の利用形態や栄養塩などの問題にも取り組んでいきたいと考えている．

コラム 8　春を告げる魚〜サワラ（鰆）

「魚」へんに「春」と書いて，サワラ．

桜やツツジが咲くのどかな季節を連想させる名前とは裏腹に，親子そろって非常にいかつい顔がトレード・マークである（図1）．地域によっては食材や釣りのターゲットとしてなじみ深い魚だ．「切り身は見たことがあるけど容姿は知らない」という方も多いのではないだろうか．じつはこのサワラ，食べておいしい，釣って楽しいだけでなく，研究対象としても面白さ満載の魚なのである．

その名が示すとおり，サワラの産卵期は春．毎年きっちり同じ時期に外海から瀬戸内海への産卵回遊がみられる．まるで，稚魚たちの餌（イワシ類）が豊富になる時期にタイミングを合わせているかのようである．彼らの食生活は特異で，生まれた直後から魚類だけを食べて育つ．海水中に浮かぶタイプの卵（分離浮性卵）を産む魚類のうち，生まれてすぐに魚食性を示す種は広い世界にもほとんどいない．魚食性が強いと言われてきたクロマグロでも，初期には動物プランクトンが主食で，魚食性が強まるのは体長10mm以上になってからのようだ（図2）．外見に加えて，どう猛さでもサワラは際だっている．

成長もすこぶる速い．生まれて約1ヵ月でヒラメやマダイが体長約1cmに成長する間に，サワラはなんと5cm以上になる．速く成長する意義は何だろうか？海の中には，稚魚たちを狙う天敵（捕食者）がたくさんいる．同じ死亡率のもとで，ある時期までの生残確率は速く成長するほど高くなる．実際には魚種や場所によって成長・死亡率は異なるが，仮に1日当たり10％の死亡率を想定した場

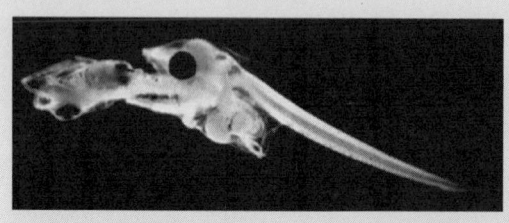

図1　共食いをしたサワラ仔魚（左上：体長約5mm，飼育個体），刺網で漁獲された0歳魚（左下：尾叉長約45cm）および一夜干しとして加工されたサワラ（右：下関市にて撮影）．
左上のサワラ仔魚は自分とほぼ同じ体長のサワラ仔魚を捕食しており，さらに捕食されたサワラの胃の中にも魚類の眼（黒点）が確認できる．

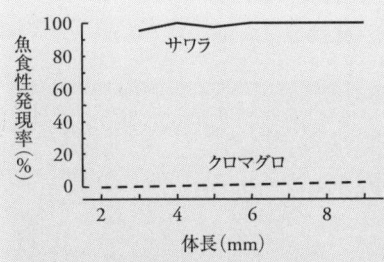

図2 瀬戸内海で採集されたサワラ仔魚の成長にともなう魚食性発現率の変化

魚類を摂餌していた仔魚の割合を各体長区分ごとの魚食性発現率（%）として示す．クロマグロについては魚谷ほか（1990）をもとに作成．
サワラは摂餌開始期から一貫して魚類を専食し，非常に強い魚食性を示す．

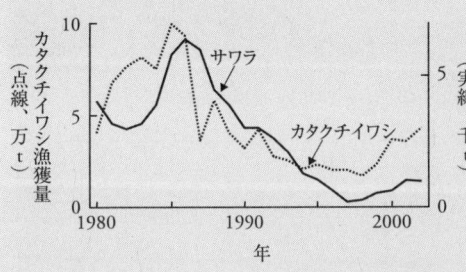

図3 瀬戸内海におけるサワラ漁獲量（右軸）とカタクチイワシ漁獲量（左軸）の推移

合，体長1cmに達するまでにサワラ（孵化から約5日）の半分以上が生き残るのに対し，マダイやヒラメ（約1ヵ月）は95%が死亡する計算になる．高成長は，厳しい自然界を生き抜くための大きな武器なのである．

　魚食性・高成長といったサワラの特異な生態は，餌となるイワシ抜きには語れない．シラス型（チリメンジャコのように細長い体型）の魚をサワラ稚魚が好んで捕食することが飼育実験で確かめられている．イワシの好漁場である瀬戸内海は，長い歴史のなかでサワラが特異な生活史を発達させるに至った重要な生態的背景と考えられている．

　しかしそのサワラとイワシが，近年ピンチに直面している．瀬戸内海ではイワシの不漁と同調してサワラの資源も激減してきた（図3）．減少の本当の理由はまだ解明されていないが，生まれたばかりのサワラが大好物のイワシにめぐり会えず，うまく生き残ってゆけない状況が続いているのかもしれない．サワラ自身はもちろんのこと，餌となってくれるイワシ資源の回復にも期待がかかる．

　サワラ資源が瀬戸内海で不調な一方で，近年は日本海や太平洋を北上したサワラが北日本でも漁獲されるようになった．地球温暖化の影響でサワラの回遊範囲が北上したとの解釈もあるようだ．地域によっては，大量に水揚げされたサワラが安値で取引され，かつての高級魚イメージも薄れているようである．漁業者に有益な流通ルートや高付加価値をうむ加工技術，地産地消システムの確立が望まれる．このチャンスにサワラが地域産業の振興に大活躍，なんてこともあるかもしれない．
（広島大学瀬戸内圏フィールド科学教育研究センター　竹原ステーション　小路　淳）

コラム9　県のさかな「イセエビ」の研究に奮闘

イセエビ（図1）はイセエビ科イセエビ属に属し，日本の中南部の沿岸域を中心とした太平洋北西部の限られた海域だけに生息する（図2）．台湾北部や韓国済州島など日本国外でも生息するとされているが，漁獲量は多くない．外見がお互いによく似ているイセエビ科のエビは49種が確認されており，これらは世界中に分布しているからか，イセエビは外国でも多く漁獲され，日本に輸入されていると思われている場合が多いが，日本で流通するイセエビはすべて国内産で，養殖技術も確立していないため100%が天然ものである．このコラムでは，イセエビの生活史や，フィロソーマと呼ばれる浮遊幼生の飼育研究の現状，飼育する上での苦労などについて紹介する．

イセエビはフィロソーマとして卵から孵化し（口絵34右），約1年の浮遊生活を経て（図3），底生生活への移行期であるプエルルス（図4），次いで稚エビとなり（図5），孵化後3〜4年で親エビへと成長する．フィロソーマ期の生態は長らく未知とされてきたが，最近になって少しずつ明らかにされてきており，フィロソーマ期の大半は黒潮よりも沖合の，沿岸から数百kmも離れた太平洋の真ん中で生息していると考えられている．

イセエビのフィロソーマ飼育に関する研究はこれまでに多くの研究機関で行われてきたが，後述するようにフィロソーマの飼育は困難であり，プエル

図1　海底を移動するイセエビ

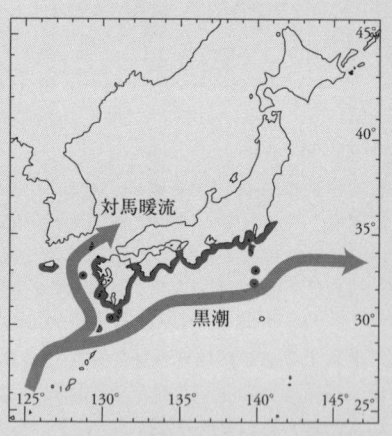

図2　日本におけるイセエビの分布範囲（黒い帯の部分）

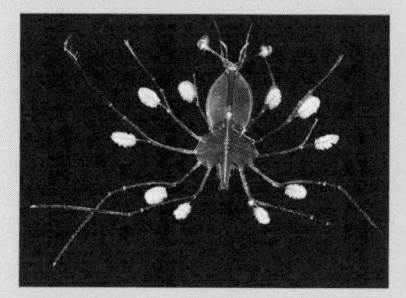

図3　フィロソーマ（孵化後約1年，体長約30mm）

ルス，稚エビに到達するまで飼育することは長くできなかった．イセエビが「県のさかな」に指定されている三重県においてもフィロソーマの飼育研究は古くから行われており，最初の記録は1930年の事業報告に見られる．筆者が三重県に就職し，三重県水産研究所に配属されたのは1986年で，その時もフィロソーマの飼育研究は精力的になされており，筆者もその研究チームに入ることになった．その後2009年まで，途中県庁で勤務した3年間を除いて21年間フィロソーマの飼育研究に従事することになるのだが，この間三重県水産研究所では，1988年に1個体だけであったがフィロソーマ期の完全飼育に初めて成功し，また2004年には297個体の稚エビを生産するまでに飼育技術の向上を実現している（図6）．現在日本では，三重県水産研究所と㈳水産総合研究センター南伊豆栽培漁業センターの2ヵ所でフィロソーマの飼育研究を行っており，稚エビを量産するまでの技術には到達していないが，いずれも世界のフィロソーマ飼育研究を牽引するレベルで研究を進めている．

図4 プエルルス（体長18mm）

図5 1期稚エビ（左：体長20mm）と脱皮したプエルルスの殻

イセエビのフィロソーマの飼育が困難である理由は多数あるが，特異で繊細な形態，約1年にも及ぶ長い飼育期間，疾病の頻発，餌料の確保が困難，栄養要求が不明，光に反応して水槽中の狭い部分に蝟集する，脱皮の失敗による斃死の発生などを主な理由に挙げることができ

図6 卵から育った稚エビ

る．これらの理由のうち，フィロソーマの飼育研究を最も困難なものにしているのは，飼育期間が約1年にも及ぶということであろう．現在，小規模な飼育でなら，飼育作業を丁寧に行うことで孵化からプエルルス，稚エビまで10～30％程度の高い生残率で飼育することも可能となっている．それはそれで喜ばしいこと

ではあるが，飼育期間が1年に及ぶということは，前の年に孵化した幼生の飼育が終了する前に次の年の孵化が起こるために，飼育に切れ間がなくなるということになる．飼育の途中でろ過機や温調機など機器の故障などによって飼育している幼生が死亡すると翌年の孵化まで実験材料がなくなってしまうという緊張感の中で，土日，盆正月も十分に休暇が取れないで飼育作業を継続しなければいけない．まさにフィロソーマの飼育は根気との勝負である．

また餌料の確保も大きな問題であり，フィロソーマの飼育では養成アルテミアとムラサキイガイ生殖腺を餌料として併用しているのだが，フィロソーマは冷凍した餌料は食べないので餌を蓄えておくことができず，これらを年中確保することが至難である．特に，ムラサキイガイ生殖腺の確保が困難であり，産卵期が終了した冬から初春の時期には餌料として使用することができる生殖腺を持つ貝が極端に少なくなってしまう．こうなると日本中からムラサキイガイを集め，数多くの貝をむいて，何とか必要数量を確保するという，綱渡りの作業となる．これらの他の理由も克服することが困難であり，相まってフィロソーマの飼育研究を難しくしている．三重県水産研究所ではこれらの障壁を克服するための様々な試みを行っており，少しずつではあるが飼育技術が向上し（口絵34左は三重県水産研究所でのフィロソーマ飼育の様子），フィロソーマの理解も進んでいる．最近の成果として，脱皮の失敗を軽減するには水槽中の水流調整が重要であること，長日条件で飼育した場合に変態が早く起こること，などが明らかになり，生残率の向上と飼育期間の短縮につながっている．

イセエビをはじめとするイセエビ科のエビ類には高価で重要な種が多く，それらの増養殖のための研究が世界中で行われている．しかしながら，現在のところ稚エビの大量生産が確立されている種はない．ニシキエビなどごく一部の種では，天然から採集された稚エビを用いての養殖が盛んに行われるようになってきているが，この方法では天然資源に悪影響を及ぼすことが危惧されており，フィロソーマの飼育による稚エビの大量生産の技術が必要とされている．近い将来，三重県においてフィロソーマの大量飼育技術を確立し，世界中のイセエビの増養殖に貢献する日が来ることを夢見て研究を続けている．

（三重県水産研究所　松田浩一）

第 4 章

海や湖を取り巻く環境問題の深刻化と再生への道

　人類もまた他の多くの生物と同じように地球上の自然環境の中で自然環境を利用しながら生存してきた．人類が他の生物と大きく異なるところは，自然環境を利用する人類の能力と規模が指数関数的に増大することである．生物による自然環境の利用に対しては恒常的に自然環境の自己修復性が働き，持続的循環性が成立している．しかし人類の生存活動は自然の自己修復性を遥かに超えた規模に拡大し，持続的生産性を破壊し，生物多様性はもとより人類の健康や生存そのものを脅かすようになってきた．21世紀には産業廃液や農薬による水質汚染，過度の土地利用による砂漠化，化石燃料の大量消費に伴う地球温暖化などの環境問題に対する抜本的な解決策が求められている．我々の身近な沿岸海域においても地域の乱開発，鉱工業生産に伴う水質汚染，エネルギーの過剰消費による地球温暖化などが原因となって豊かな海の生産基盤である藻場や干潟が急速に消失している現状がある．このことは大変残念なことであり，ただ手を拱いている訳にはいかない．地球上の生物多様性と人類の生存を保障するためにも，人間活動と自然環境保全の両立を図り，循環型社会を実現することは21世紀の人類に課せられた至上命題と言わざるをえない．地球環境問題の国際的な取り組みとして，国連環境計画の基に地球温暖化防止のための気候変動枠組条約（COP-FCCC），生物多様性を保護する生物多様性条約（COP-

CBD），砂漠化を防止する砂漠化対処条約（COP-CCD）などがあり，それぞれの締約国会議で審議されている．特に CO_2 の排出削減に関しては，1992年にブラジルのリオデジャネイロで気候変動枠組条約が合意され，1997年の第3回会議（COP3）で京都議定書が採択された．その後もCOPが定期的に開催されているが，先進国と途上国の対立が根深く，地球環境保全に有効な合意に達することは非常に困難であると考えられている．

　本章では，不用意な人間活動の結果としてもたらされた負の側面としての赤潮の発生（第1節），干潟の喪失（第2節），外来魚の繁殖（第3節）と重金属（鉛）汚染（第4節）を取り上げて，それらの原因，被害，対策について考察した．これらの問題は人間活動の良否を判定する試金石となっているが，我々はこの古くて新しい課題を克服することができるであろうか？

第1節　有害藻類ブルームの発生メカニズムと解決への道

前章第1節で述べられたように，植物プランクトンは基礎生産者として海洋生態系においてきわめて大きな役割を果たしている．しかし，時としてそれらが大量に発生することにより，生態系や人間の健康に悪影響を及ぼすことがある．それが赤潮や貝毒である．最近では，これら二つの現象をまとめて「有害藻類ブルーム」と呼んでいる．本節では，まず初めに有害藻類ブルームとは何か，その現状および発生メカニズムに関する知見を紹介し，続いてその対策と課題について述べることにより，有用水産資源生産の場所として重要な沿岸域の漁場環境の保全と再生への道を考えてみたい．

1 ▶ 有害藻類ブルームの現状と発生メカニズム

1-1. はじめに

海洋には知られているだけでも約5000種に上る微細藻類（植物プランクトン）が生息している．これら微細藻類の最も重要な役割は，太陽からの光エネルギーを化学エネルギーに変換し，有機物を生産する光合成と，それに続く各種有機物の生産である．生産された有機物は，食物連鎖を通じて海洋生態系における高次生物の生産を支えるといった重要な役割を果たす．この微細藻類による有機物生産を一次生産（基礎生産）と呼ぶ．すなわち，生態系に微細藻類を起点としたエネルギーと物質の流れが始まるわけである．海洋生態系では，一次生産の大部分がこれら微細藻類によるものである．しかし，時としてこれら微細藻類が大量に増殖することで，様々な負の影響がもたらされる．その代表的なものが赤潮である．

赤潮は，旧約聖書や，日本でも平安時代の古文書にもその記録がみられるように，古くから知られた現象であるが，定義は明確ではなく，様々な見解で使用されてきた．しかし，1966年に開かれた赤潮に関する研究協議会（日本水産資源保護協会主催）において，「赤潮とは海水中で微小な生物（主に植物プランクトン）が異常に増殖して，そのために海水の色が変わる現象を総称したもの」という概念が示された（岩崎，1976）．また，湖沼やダム湖など淡水域における微小生物が原因となる変色水についても淡水赤潮という語が用いられている（門田，1987）．

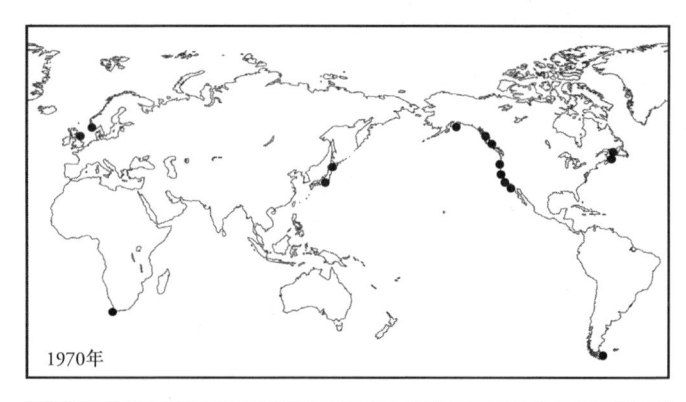

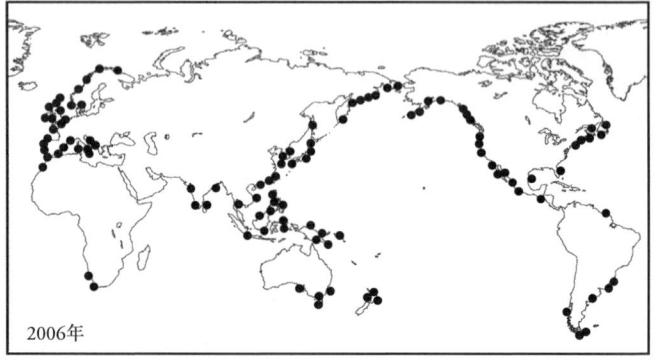

図4-1 麻痺性貝毒（PSP）の世界的な分布拡大（U. S. National Office for Harmful Algal Blooms のウェブサイトをもとに作成）
●は貝毒の発生海域を示す．

　有害赤潮は大きく二つに分けられる．一つは植物プランクトンの増殖によって海水が着色し，魚介類に被害を及ぼすいわゆる「赤潮」である．もう一つは，有毒プランクトンが貝類に摂食されて毒がその体内に蓄積され，その貝を食べた人間が中毒症状を起こす「貝毒」である．近年，世界的規模でこれらの発生頻度の増加および広域化が起こり，それに伴う被害の増加や新たな有害・有毒種の出現などが問題となっているため，国際的にはこの二つを総称して有害藻類ブルーム（Harmful Algal Blooms: HAB）という言葉が用いられている（Smayda, 1989; Hallegraeff, 1993）．

　近年，全世界規模で有害藻類ブルーム発生件数の増加，構成種の多様化および発生の広域化がみられている（図4-1）．特に沿岸域においては，養殖魚介類の大量斃死や貝類の毒化による出荷規制など，水産業に深刻な被害が生じてい

る.

1-2. 有害藻類ブルーム（HAB）とは何か？

　藻類は系統的にまとまった生物群ではなく，異質かつ多様な生物群の集合であり，「酸素発生型の光合成を営む生物の中から陸上植物（コケ植物，シダ植物及び種子植物）を除いたものの総称」と定義される（千原，1999）．その分類体系には，形態的特徴として，核の有無（原核生物と真核生物の区別），光合成色素と貯蔵物，細胞構造（葉緑体，ミトコンドリア，鞭毛，鞭毛装置及び細胞被覆物）が取り上げられている．さらに近年，分子生物学の急速な進歩により，リボソームRNA遺伝子やリブロース2リン酸脱炭酸酵素の大サブユニット遺伝子（$rbcL$）などを用いた系統解析も行われている．これらの形態および分子系統の情報にもとづき，現在，藻類はおよそ11門23綱に分類されている．HABの原因となる藻類は，このうち7門12綱を占めており，このことからHABは分類学的にきわめて多様な生物群から成っていることがわかる．

　全世界で赤潮を形成するとされる植物プランクトンの種類数は約300種とされており（Sournia, 1995），これは全植物プランクトン種類数の7%に相当する．このうち渦鞭毛藻綱が約半数を占め，珪藻綱がこれに続いている．それ以外では，緑藻綱，黄金色藻綱，クリプト藻綱，藍藻綱，ユーグレナ藻綱，プラシノ藻綱，ハプト藻綱，ラフィド藻綱に属する藻類が赤潮の原因藻である．わが国で，有害赤潮の原因生物として重要なのは，渦鞭毛藻，ラフィド藻および珪藻である．主要種としては，*Chattonella antiqua, C. marina, C. ovata, Karenia mikimotoi, Heterocapsa circularisquama, Heterosigma akashiwo, Gonyaulax polygramma, Cochlodinium polykrikoides* などがある（口絵27）．一方，有毒プランクトン種は，約80種で，そのほとんどは渦鞭毛藻綱に属する．わが国では，*Alexandrium catenella, A. tamarense, Dinophysis acuminata, D. fortii, Gymnodinium catenatum* などが重要種である．

　HABは大きく四つに類型化される（表4-1）．すなわち，本来は無害な微細藻類であるが大量に増殖すると貧酸素状態を引き起こして魚介類を斃死させるもの，強力な毒を生産し食物連鎖を通じて人間に害を与えるもの，人間には無害であるが魚介類に被害を与えるもの，そしてノリ養殖時期に増殖して海水中の栄養塩を消費し，ノリ色落ちの原因となる珪藻赤潮である（今井，2000；Hallegraeff, 2003）．このように，HABは原因種のみならず，発生現象および被害の内容の点でもきわめて多様であると言える．

表 4-1　有害藻類ブルーム（Harmful Algal Blooms: HAB）の類型

1. 基本的に無害であるが，高密度に達した場合には溶存酸素の不足によって魚介類を斃死させるもの
   原因生物：*Akashiwo sanguinea, Gonyaulax polygramma, Noctiluca scintillans* など
2. 強力な毒を生産し，食物連鎖を通じて人間に害を与えるもの
   (1) 麻痺性貝毒
   　原因生物：*Alexandrium catenella, A. tamarense, A. tamiyavanichi, Gymnodinium catenatum, Pryrodinium bahamense* var. *compressum* など
   (2) 下痢性貝毒
   　原因生物：*Dinophysis acuminata, D. caudata, D. fortii, D. norvegica, Prorocentrum lima* など
   (3) 記憶喪失性貝毒
   　原因生物：*Pseudo-nitzschia australis, P. delicatissima, P. multiseries, P. pseudodelicatissima, P. pungens* など
   (4) シガテラ毒
   　原因生物：*Gambierdiscus toxicus, Coolia* spp., *Ostreopsis* spp., *Prorocentrum* spp. など
   (5) 神経性貝毒
   　原因生物：*Karenia brevis, K. papilionacea, K. selliformis, K. bidigitata* など
   (6) 藍藻毒
   　原因生物：*Anabaena circinalis, Microcystis aeruguinosa, Nodularia spumigena* など
   (7) エスチュアリー症候群
   　原因生物：*Pfiesteria piscicida, P. shumwayae* など
3. 人間には無害であるが，魚介類に被害を与えるもの
   原因生物：*Cochlodinium polykrikoides, Heterocapsa circularisquama, Karenia mikimotoi, Chattonella antiqua, C. marina, C. ovata, C. subsalsa, C. verruculosa, Heterosigma akashiwo* など
4. ノリ養殖時期に増殖して海水中の栄養塩を消費し「ノリ色落ち」の原因となる珪藻赤潮
   原因生物：*Eucampia zodiacus, Coscinodiscus wailesii, Chaetoceros* spp., *Skeletonema costatum* など

1-3. 有害藻類ブルームの現状

　わが国周辺における赤潮の発生海域は，北は北海道から南は九州まで，その発生は全国にわたっている．しかし，その多くは関東以西の西日本沿岸域で発生している．赤潮監視体制が整備されている瀬戸内海と九州を例に，赤潮と漁業被害件数の経年変化をとりまとめた（図 4-2a）．瀬戸内海域における赤潮の発生件数は 1960 年代中期から指数関数的に増加し，1976 年には 299 件と最高値に達した．1976 年以降は減少傾向を示し，1986 年にかけて 150〜200 件の間にあった．87 年以降もやや減少し，近年は年間 100 件程度で推移している．赤潮による漁業被害件数は近年やや減少し，年間 2〜12 件程度である．赤潮

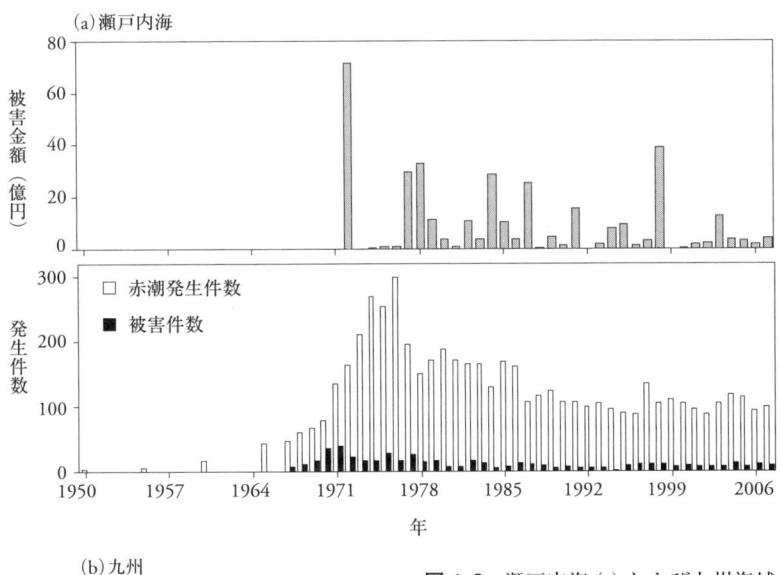

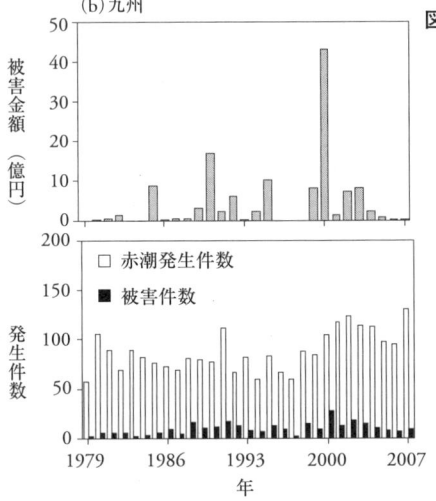

図4-2 瀬戸内海(a)および九州海域(b)における赤潮の発生件数,被害件数および被害金額の推移(水産庁瀬戸内海漁業調整事務所「瀬戸内海の赤潮」,水産庁九州漁業調整事務所「九州海域の赤潮」より作図).

による最も大きい漁業被害は,1972年に播磨灘で発生したChattonella赤潮によるもので,養殖ハマチ1400万尾が斃死し,被害金額は71億円に上った.

九州海域では,統計資料が1979年以降に限られるが,年間の発生件数は約90件程度である.被害件数も近年は10件程度で推移している.注目すべきは,赤潮発生件数は,瀬戸内海と異なり,増加傾向にあることである(図4-2b).

九州海域での最大の漁業被害は，2000年の八代海で発生した C. polykrikoides 赤潮によるもので，被害額は約40億円に上っている．さらに2000年度，有明海において珪藻赤潮により養殖ノリに未曾有の色落ち被害が発生し，諫早湾干拓事業との関係から，大きな社会問題になったことは記憶に新しい．
　赤潮は周年にわたって発生するが，特に夏季（6〜8月）に多く，この期間で年間発生件数の約50％を占めている．また，漁業被害も8月に最も多い．赤潮原因プランクトン別の発生件数では，瀬戸内海の場合，夜光虫（Noctiluca scintillans）が全体の17％で最も多く，H. akashiwo, K. mikimotoi, Skeletonema costatum がこれに続いている．九州では，K. mikimotoi が14％で最も多く，Mesodinium rubrum, S. costatum, Prorocentrum spp. がこれに続いている（国立天文台，2009）．

1-4. 有害藻類ブルーム（HAB）の発生メカニズム

　HABの原因となるプランクトンの生理・生態特性は種によって異なり，さらにその発生には海域の海洋特性も影響を及ぼすため，HABは原因種と発生海域の両面において特異的な現象と捉える必要がある．すなわち，それらの発生メカニズムも一様ではない．一方で，HABの発生段階には共通性もあり，大きく三つに分けることができる（Steidinger, 1975）．第一の段階は，HABの発生源となる初期個体群（シードポピュレーション）が水柱に加入される段階，第二段階は，適度な環境下で栄養細胞が増殖し，個体群密度を増大させる段階，そして第三段階はブルームが集積，持続される段階である（図4-3）．

発生メカニズムの第一段階：シードポピュレーションの役割

　第一段階で重要な要素はシードポピュレーションであるが，それには越冬した栄養細胞と休眠期細胞（シスト）の二つが考えられる．とりわけ休眠期細胞は，微細藻類の生活史の一時期に形成される耐久性を持った細胞であり，海底泥中で休眠するものが多い．その形態および機能も栄養細胞とは異なっており，生態学的な役割としては，①栄養細胞で生存不可能な環境を乗り切る，②海底で越冬することにより同一海域内に保持され翌年の赤潮の発生源となる，③捕食や破損などに対する抵抗力によって種の分布域が拡大できる，④休眠期を持つことで発芽の時期を調節できる，⑤有性生殖による遺伝子の組み換えが行われる場合は遺伝的多様性を維持できる，などが挙げられる（例えばWall, 1971）．適度な環境条件が与えられると，これらの休眠期細胞から栄養細胞が発芽して分裂・増殖し，初期個体群が形成される．したがって，HABの発生機構を明らかにするためには，栄養細胞のみならず休眠期細胞を含む生活史の全体像を

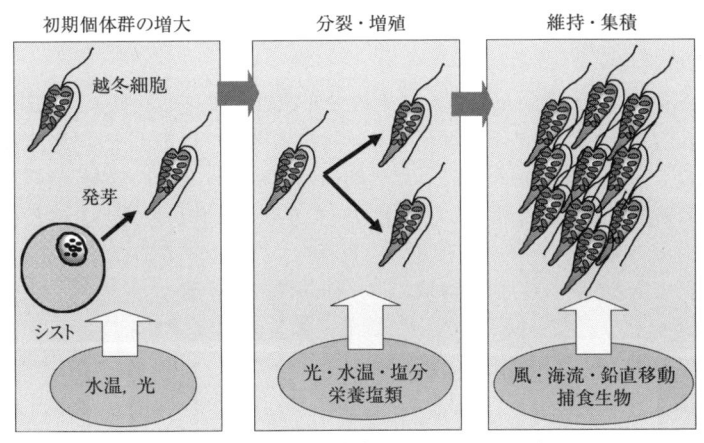

初期個体群の増大	分裂・増殖	維持・集積
越冬細胞 発芽 シスト 水温, 光	光・水温・塩分 栄養塩類	風・海流・鉛直移動 捕食生物

図 4-3　HAB の発生段階 (Steidinger, 1975)

把握する必要がある．以下に，麻痺性貝毒の原因となる渦鞭毛藻 *A. tamarense* を例に，休眠期細胞（シスト）の生理・生態について概説してみよう．

　広島湾では，1992 年に *A. tamarense* による貝類毒化が報告されて以降，ほぼ毎年，春先に本種のブルームが起こり，マガキやアサリなどが毒化し，出荷停止による漁業被害が発生するようになった．そこで著者らは，貝毒の発生予察を目指して，*A. tamarense* の栄養細胞およびシストの分布・出現動態についての現場調査とシストの休眠・発芽生理に関する研究を開始した．最初に取り組んだのは，海底泥中に存在するシストの現存量や分布特性を把握することであった．何故なら，これらを明らかにすることにより，ブルームのタネ場の特定，貝類毒化モニタリング海域の選定，有毒プランクトン分布域拡大の解明，有毒プランクトン出現の履歴の推定，未毒化海域における毒化の可能性の予測，ブルームの発生時期，規模の特定などが可能になることが期待されるためである．しかし，様々な泥粒子やデトライタスの中にあるシストを通常の光学顕微鏡を用いて計数することは困難を極めた．連日，泥試料と格闘する中で，シストのみを何らかの方法でラベリングできれば，観察・計数が容易になるのではと考え，最終的に蛍光染料と落射蛍光顕微鏡を用いて海底泥中のシストを直接計数する方法（プリムリン蛍光染色法）を開発した (Yamaguchi et al., 1995)．早速，この手法を用いて広島湾における *Alexandrium* シストの水平分布を調査した結果，シストは全調査点から検出されたが，その高密度分布域は栄養細胞が高密度で出現する海域とよく一致することが分かった．このことは，栄養細胞から有性生殖により形成されたシストが速やかに海底へと堆積すること，シストが翌春

のブルームのシードポピュレーションとして機能することを示している(山口ほか，1995)．

瀬戸内海全域で *Alexandrium* シストの分布調査を実施した結果，東部海域ではほとんどの定点でシストが検出され，特に播磨灘では高い密度で分布していた．また，大阪湾東部沿岸域にも比較的高い密度でシストの分布がみられたため，貝毒発生の危険性を指摘していたが，数年後，それが現実のものとなった．これは，貝毒発生を予察する上でシストのモニタリングが有効であることを示す良い例である．一方，西部海域では，周防灘，伊予灘におけるシストの分布範囲は狭くその密度も低かったが，燧灘，備後灘では分布密度は低いものの，広範囲に検出された．徳山湾と広島湾では全調査点でシストが検出され，その最大密度も $4000 cysts/cm^3$ を超える高い値であることが判明した(Yamaguchi et al., 2002)．その後も同様な調査を継続し，西日本海域における *Alexandrium* シストの分布状況(シストマップ)がほぼ完成した(小谷ほか，1998)．

海底泥表面に堆積した *A. tamarense* のシストは，ベントスのバイオターベーション(生物攪乱)により鉛直的，水平的な輸送を受けるほか，捕食の影響を受ける可能性がある．ベントスの捕食による *Alexandrium* シストの生残と発芽能力への影響を調べた結果，マクロベントス(多毛類 *Paraprionospio* sp. や二枚貝 *Theola fragilis*)の糞粒中にシストが存在したことから，これらのベントスがシストを捕食していること，糞粒中に存在するシスト数は堆積物全体のシスト量の約30％にも上ることが明らかとなった．さらに糞粒から分離したシストの発芽率は，堆積物中に存在するシストのそれと変わらないが，糞粒中に留まったままではその発芽が抑制される可能性もあることが分かった(Tsujino et al., 2002)．このように，ベントスの捕食に対するシストの耐性は，HAB種の個体群維持に重要な役割を果たしているものと考えられる．

次に *A. tamarense* シストの休眠・発芽生理について述べてみたい．広島湾海底泥から採集した天然のシストを用いて発芽実験を行った結果，シストの発芽率は底層水温が10～16.5℃の範囲にある12月から4月には高かったが，夏季には全く発芽しないという顕著な季節性を示すことが分かった．このことから，発芽には好適温度範囲，いわゆる"Temperature Window"が存在することが明らかとなった．すなわち，シストの発芽は現場水温の季節変化にうまく適応しており，それにより春先にブルームを形成することを可能にしているものと考えられる(Itakura and Yamaguchi, 2001)．

さらに，実験室内で形成させた履歴の明瞭なシストを用いて，それらの休眠と発芽に及ぼす環境条件を検討した．その結果，シストは形成直後には全く発

芽できず，発芽にはある程度の休眠期間を経る必要があることが分かった．この休眠期間は内因性の休眠（Endogenous dormancy）と呼ばれる．この休眠期の長さは温度によって異なり，現場水温下では約6ヵ月必要であった．すなわち，広島湾で5月末頃に形成されるシストは12月頃になってようやく休眠から覚める（成熟する）ことになる．シストは休眠から覚めても周囲の温度が高すぎると発芽せず，発芽に好適な温度範囲（7.5～17.5℃，最適温度12.5℃）を持つことが分かった．すなわち，内因性の休眠期間を過ぎても，外部環境が適当でないとシストは発芽できない．この状態を外因性の休眠（Quiescence）と呼ぶ．広島湾の底層温度が発芽適水温になるのはほぼ3月末頃であり，この頃にシストが盛んに発芽していると考えられる．シストは暗黒下でもある程度発芽したが，ごく少量の光が照射されると発芽は促進された．発芽に有効な光の波長域は530～640nm（ほぼ緑色）にあり，これは現場海底付近の波長とほぼ一致することも明らかとなった．また，シストの発芽には2日以上の光照射が必要であった．このことから，海底泥のごく表面に堆積しているシストがより発芽しやすい条件にあると考えられる．さらに，シストはそれ自身に年周期性の体内時計を有しており，発芽のための特別の刺激がなくとも春から初夏に発芽しやすいようにプログラムされていることが分かった（山口ほか，2008）．シストは発芽に好適な条件（温度，光）に置かれると約10日後に発芽した．また，蛍光顕微鏡観察の結果，発芽の約3日前から細胞内の葉緑体に由来する赤色自家蛍光がみられ始めることも分かった．実際，現場海底中でも，春先に赤色自家蛍光を持つシストが増加することが明らかになった．このことから，海底泥中に存在する自家蛍光を持つシストの数量，すなわち発芽の準備ができたシスト現存量を把握することにより，海水中への栄養細胞の加入量が推定可能と考えられ，「貝毒」発生予察指標としての応用が期待される．

　以上のように，シストは発芽に必要ないくつかの条件（休眠，温度，光，体内時計）を現場環境の変化に巧みに適応させていることが分かった．広島湾では栄養細胞が春先のみに出現するが，このような季節性にはシストの休眠・発芽生理が大きく関与しているのである．

　これまで述べたように，貝毒の原因となる*Alexandrium*シストの生理・生態に関する知見がかなり集約されてきた．これらの成果は有毒プランクトンの発生予察に重要な手がかりを提供するものであり，栄養細胞の個体群動態の知見と総合することにより，ブルームの予察技術や防御技術への開発に向けての研究進展が期待される．また，渦鞭毛藻の生活史にみられる様々な現象はきわめて興味深く，今後それらを発現・調節している機構を分子レベルで理解するこ

とも貝毒防除対策を考える上でも大きな課題になると考えられる．一方，シードポピュレーションは，シストのみならず，越冬した栄養細胞がその起源となる場合も考えられる．例えば，懸命な努力にもかかわらず有害渦鞭毛藻 *K. mikimotoi* や *H. circularisquama* ではシストが見つかっていない．今後，これらの HAB 種について，シードポピュレーションの実態把握が望まれる．

発生メカニズムの第二段階：増殖特性

HAB 発生の第二段階は，適度な環境下における栄養細胞の増殖である．シストから発芽した栄養細胞は，光，水温，塩分，栄養塩といった物理・化学的な環境要因がととのえば，細胞分裂により急速に細胞密度を増大させる．HAB の発生機構を論ずる上で，その種の増殖最適条件を明らかにすることは重要な課題である．一方で，HAB は微細藻類の大増殖のみならず，特定種による場の独占という生態学的な特徴を有する．競争排除則（competitive exclusion principle）によれば，類似した生理要求を持つ 2 種は同じ生息場で共存できない．このことは HAB 形成種と他種との間に何らかの生理特性の差異が存在することを意味する．したがって，HAB 形成種およびそれと競合関係にある他種植物プランクトンの生理特性を比較検討する必要が生ずる．

自然条件下では HAB 原因藻も他の植物プランクトンと同様，光，水温，塩分，栄養塩，種間競合や捕食圧など，様々な環境因子の制約の下にある．そのような中で HAB 種が大増殖に至るためには，それらの制限因子からの解放が必要となる．したがって，HAB の発生機構を知るためには，どのような環境因子が増殖の制限要因になっているのかを明らかにしておくことが重要である．ここで言う制限要因とは，リービッヒの最小律で定義されるような因子の欠乏のみを指すのでなく，過剰な場合の影響もそれに含められるべきである．すなわち，制限要因とはある範囲，すなわち耐性限界（生物が耐えられる上限と下限），と解釈すべきである．さらに，環境因子間に相互関係があり，ある因子の変化に伴って別の因子に対する最適条件や耐性限界が変化する可能性があることに注意しておく必要がある．

増殖に影響を及ぼす環境因子が多岐にわたり，しかも要因間に相互作用があることを考慮すると，HAB 種の増殖応答の解析には要因計画実験の導入が望ましい．例えば，水温と塩分の二つの因子に対する *K. mikimotoi* の応答をみると，本種は広温，広塩分で増殖可能であったが，増殖可能な塩分範囲は温度によって異なった．すなわち，水温と塩分の因子間に明らかに相互作用が認められた．最大増殖速度を与える水温と塩分の組合せは 25℃，25 であった（山口・本城，1989）（図 4-4）．一方，*Chattonella* の 2 種は，増殖の最適条件は大きく変

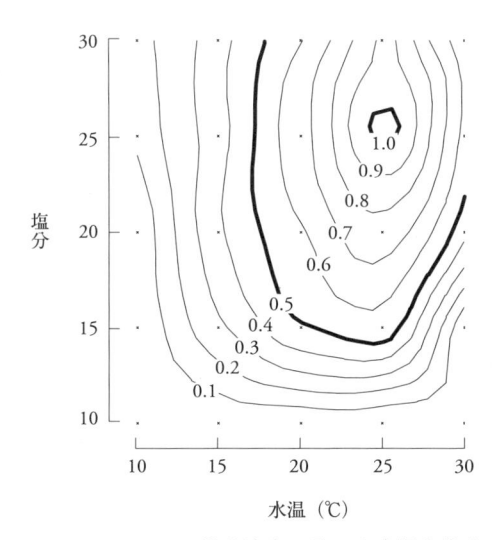

図4-4 *Karenia mikimotoi* の増殖速度に及ぼす水温と塩分の影響
図中の数字は増殖速度（1日当たりの分裂回数）を示す．

わらないものの，10℃では全く増殖しないこと，さらに増殖速度には水温が大きく影響する点で *K. mikimotoi* とは異なる応答を示した（山口ほか，1991）．このような *Chattonella* と *K. mikimotoi* の増殖応答の違いから，両者の生活様式の差異が説明できる．すなわち，*Chattonella* は栄養細胞では越冬できないためシストという越冬手段を必要とする．しかし，*K. mikimotoi* は幅広い温度耐性により栄養細胞で越冬でき，さらに好適条件下では直ちに増殖できるといった生存戦略を有するものと考えられる．

HAB種の増殖速度と環境因子との関係を定量的に把握することにより，当該種の個体群動態の解析や予察に役立てることができる．例えば，先の *K. mikimotoi* の増殖速度と水温・塩分の関係から導かれた重回帰式から，現場個体群の増殖速度が推定でき，それと海水交換速度との関係から，三重県五ヶ所湾における *K. mikimotoi* の細胞密度の定性的な動態がよく再現できることが明らかになっている（Toda et al., 1994）．

H. circularisquama は1988年に高知県浦ノ内湾で初めて赤潮を形成した新しいHAB種である．本種の増殖特性を調べたところ，最大増殖速度を与える水温，塩分は30℃，30と従来種と比べてかなり高いことが明らかとなり，その起源が亜熱帯域である可能性が示唆された（Yamaguchi et al., 1997）．その後，日本での赤潮発生以前に，本種が香港ですでに出現していたことが明らかにされ

た. すなわち，HAB種の基本的増殖特性をあらかじめ知ることにより，移入などによるHAB種の新たな環境への侵入・定着の可否をある程度予測できる可能性が示唆されたことになる.

　HAB発生機構の解明には，現場海域における制限栄養塩を明らかにすることが重要である．その際に，海水中には無機態のみならず，有機態の栄養塩が存在することを考慮する必要がある．K. mikimotoi の無菌株を用いて栄養塩の利用スペクトルを調べた結果，本種は無機態窒素源をよく利用したが，尿素と尿酸は有効に利用できず，またアミノ酸はほとんど利用しなかった．一方，15種の無機および有機態リン源をすべて利用した．このような有機態リンの利用能から見ると，K. mikimotoi はそれらの利用能に劣る珪藻類およびラフィド藻よりも生態的に優位にあると考えられた．すなわちこの特性は，無機栄養塩が枯渇しやすい夏季の有光層水で優占するために重要な特性であると考えられる（Yamaguchi and Itakura, 1999）．このような広範なリン利用特性は H. circularisquama や C. polykrikoides, G. catenatum でも確認され，渦鞭毛藻類に共通にみられる特徴と言えそうである.

　栄養塩の供給は細胞収量のみならず増殖速度にも影響を及ぼす．このような栄養塩制限下での増殖は連続培養によって解析されている．増殖速度（μ）と栄養塩濃度（S）との関係には一般に二つの双曲線型モデルが用いられている．一つは酵素反応速度論で用いられる Michaelis-Menten 型のモデルで，Monod の式と呼ばれる.

$$\mu = \mu_{max} \frac{S}{K_S + S}$$

ここで μ_{max} は最大増殖速度，K_S は μ_{max} の2分の1を与える栄養塩濃度（半飽和定数）である．このモデルでは，増殖速度は外部の栄養塩濃度によって決まるという点で，外部栄養調節モデルともいわれる．より小さい K_S を持ち，大きい増殖速度を有する種は他の種よりも競合に有利となる.

　もう一つのモデルは Droop の式と呼ばれるもので，次式で表される.

$$\mu = \mu_{max}(1 - Q_0/Q)$$

ここで Q は増殖を制限している栄養塩の細胞内含量，Q_0 はその最小細胞内含量（minimum cell quota），μ_{max} は Q が無限大の場合の増殖速度である．このモデルでは増殖速度は外部ではなく細胞内部の濃度に依存するため，内部栄養調節モデルとも呼ばれる．細胞外界から細胞内への栄養塩の取り込みが細胞内含

表 4-2　主要な HAB 種における赤潮警報密度及びそれに到達するために必要な栄養塩
　　　　（窒素，リン）濃度

種　名	赤潮警報発令細胞密度 (cells/ml)	栄養塩相当濃度	
		窒素 (μM)	リン (μM)
H. circularisquama	500	0.55	0.045
C. ovata	100	0.55	0.049
C. antiqua	100	0.78	0.062
C. polykrikoides	500	2.63	0.185
K. mikimotoi	5,000	15.7	1.25
H. akashiwo	50,000	72.0	4.75

量と平衡状態にある場合には，増殖はどちらのモデルにもよく適合する．ただし Monod モデルの場合には，低い増殖速度に対応する外部栄養塩の測定が分析困難である場合があるため，Droop モデルを使用する方が実験操作上も現実的である（Darley, 1982）．

窒素あるいはリン制限下の定常状態における K. mikimotoi の増殖動力学を半連続培養法により解析した結果，増殖速度は，細胞内含量の関数として，上述の Droop の式で記述された．K. mikimotoi で得られた動力学パラメータのうち最小細胞内含量（Q_0）は Chattonella よりもかなり小さく，このことから判断すると，本種は栄養塩競合において多量の栄養塩を必要とする Chattonella よりも優位にあることが示唆された．さらに，H. circularisquama について同様な検討を行ったところ，本種の Q_0 は K. mikimotoi よりもさらに小さく，本種は低濃度の栄養条件でも高密度に増殖できると考えられた（Yamaguchi and Itakura 1999; Yamaguchi et al., 2001）．これらの種は，すなわち「省エネ型種」とも言えるかも知れない．

最小細胞内含量は，HAB 種の相対的な有害性を評価するために用いることができる（Imai et al., 2006）は，赤潮警報が発令されるプランクトン細胞密度と最小細胞内含量から，その細胞密度に到達するために必要な栄養塩濃度（栄養塩相当濃度：equivalent nutrient level to warning）を求め，その値から，各赤潮プランクトンの相対的な有害性を評価した（表 4-2）．すなわち，その栄養塩濃度が低いほど，有害性が高いということになる．表の例では，H. circularisquama が最も有害性が高いと判断される．

発生メカニズムの第三段階：集積と維持

HAB 発生の第三段階はブルームの集積と持続である．これには，走光性や日周鉛直移動のような生物的な要因のみならず，海水の鉛直安定度，潮汐や

風による流れなどが関与する．また，捕食生物（動物プランクトンなど）や競合する植物プランクトンの存在も個体群の動態に大きく影響する．Uchida et al. (1995) は，*H. circularisquama* が細胞の直接的な接触により他種植物プランクトンを殺滅することを初めて明らかにした．これは，栄養塩競合や化学物質が関与する他感作用（アレロパシー）とは異なり，他種を排除して場を優占できる特性の一つと考えられている．さらに，接触による2種間の競合を解析するモデルも提案されている（Uchida et al., 1999）．上記の休眠期細胞や増殖特性に関する研究は個生態学的なアプローチと捉えることができるが，HAB の発生機構を論じるためには，これだけでは不十分であり，このような種間関係を取り扱うような群集生態学的アプローチも同時に必要であることを認識すべきである．

1-5. HAB のグローバル化に関わる人為的要因

これまで，HAB の発生メカニズムについて，主に生物学的な側面から解説してきた．しかし図4-1を見ると，近年，全地球規模で HAB 発生頻度の増加や分布域の拡大が起こっていることは明白である．すなわち，HAB の現状も新型インフルエンザ同様「パンデミック（世界的流行）」にあると言ってよい．しかもその原因は，HAB 種が本来有している生物特性や自然現象（海流，潮流や生物の移動など）による分散のみでは説明できないことに気付くであろう．この背景には，人間活動のグローバル化が深く関わっていることを指摘しておきたい．

Scholin et al. (1995) が発表した論文の図は，国際藻類学会誌 Phycologia の表紙を飾ったが，そこには北米と日本を含む西太平洋域およびオセアニアの間で *A. tamarense* 複合種群 (species complex) が人為的要因（船舶のバラスト水や水産種苗などの移植）により移動しているとの仮説が描かれていた．この表紙を見たときの強烈な印象が今でも忘れられない．ただしこの結果は，リボゾーム遺伝子（SSU と LSU rDNA）解析に基づくものであったが，これらの遺伝子はこのような分散を解析するには不十分とされ，より高度な多型性を示す遺伝子マーカーの開発が切望されていた．そこで登場したのが，マイクロサテライト DNA などの高度多型分子マーカーを用いた集団遺伝学的な手法である．マイクロサテライト DNA とは，DNA 上で塩基配列中に2～数塩基という短い配列が反復したもので，様々な生物のゲノムに普遍的に存在し，その反復数は同種内でも個体により変異することが知られている（第2章第4節参照）．本手法は，HAB 種の個体群間の類縁関係や遺伝的交流というような海域間移動の解

析に有効であることが示されている．Nagai et al. (2004) は，*A. tamarense* について，高度多型を有する13個のマイクロサテライトDNAマーカーの開発に成功した．そのマーカーを用いて，日本と韓国の10海域から得られた分離株の遺伝子型を調べた結果，個体群間の遺伝的距離とそれらの産地間の地理的距離に有意な正の相関が認められることを明らかにした．このことは地理的距離に応じて集団分化が生じており，海流・潮流などの自然現象による個体群の海域間移動がほとんどないことを示している．さらに約半分のペア集団間で統計学的に有意な遺伝的分化が認められることを見出した．その中で，広島湾と仙台湾といった地理的に1000kmも離れているにもかかわらず，きわめて高い遺伝的類縁性を示すペア集団が見出される場合があった．この類似性の要因として，彼らはカキ種苗の移送に伴う *A. tamarense* の栄養細胞やシストの人為的な移動の可能性を指摘している（長井ほか，2005）．

　日本海沿岸では，2002年より有害渦鞭毛藻 *C. polykrikoides* の赤潮が発生し，天然魚の斃死やアワビ，サザエなどの磯根資源に甚大な被害を与え，大きな問題となっている．わが国における本種赤潮の発生は1978年の八代海が初めてであるが，近年その分布域を拡大し続けている．そこで，*C. polykrikoides* 個体群の分布域拡大および日本海個体群の起源を明らかにするため，マイクロサテライトマーカーによる集団解析が行われた．その結果，日本および韓国の個体群は，三つのクラスター（日本海群，八代海群，その他の群）に分類できること，さらに，遺伝的な類似度（2個体間のアリル (allele) 共有度）は，日本海の個体群と他の海域のそれとの間できわめて低く，両者の間には大きな遺伝的障壁が起こったことが示された（図4-5）．日本海の個体群は，最大600kmも離れているにもかかわらず，遺伝的な類似度は高く，加えて，それら個体群間におけるアリル共有度も著しく高かったことから，日本海における赤潮の発生メカニズムとしては，韓国で発生した赤潮の一部が対馬暖流により日本海沿岸に輸送されたことによるものであることが示された（Nagai et al., 2009）．すなわち，日本海のケースは，内湾性の赤潮発生メカニズムとは全く異なっており，その解決には，沿岸各府県による広域モニタリングのみならず，韓国など近隣諸国との情報交換体制の確立が不可欠であると言える．一方，瀬戸内海や太平洋沿岸の個体群においては，地理的に700kmも離れた長崎，播磨灘，および三重の3ヵ所に比較的高いアリル共有度を持つ個体が集中してみられたことから，真珠母貝あるいは稚貝の移動など，人為的な要因による頻繁な移動が起こっている可能性が示唆された（図4-5）．このように，HABの拡大に人為的要因が大きく関わっていることは明白であり，その対策に向け，移送実態の更なる解明と具

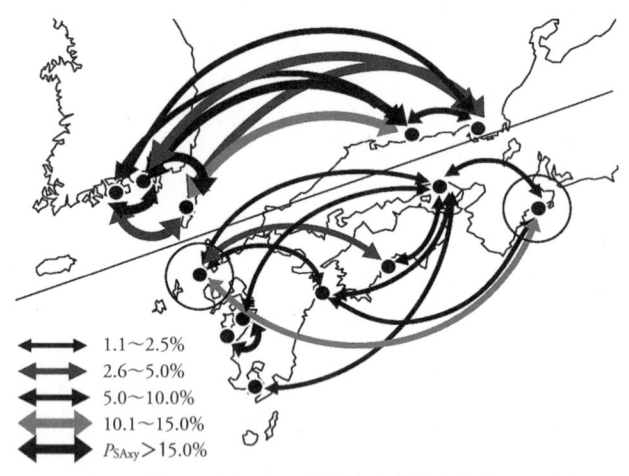

図 4-5 マイクロサテライト DNA 解析から推定された *Cochlodinium polykrikoides* の遺伝子流動．両方向の矢印は七つ以上のアレル（allele）を共有する個体の割合を示す（長井　敏博士提供；Nagai et al., 2009）．

体的な対策，例えばバラスト水処理技術の応用などを急ぐ必要がある．

　HAB 問題に関わる人為的要因はこれだけではない．いわゆる人為的富栄養化（cultural eutrophication）が HAB 発生の拡大に関わっていることは，瀬戸内海をはじめとする多くの閉鎖性内湾域で周知の事実である．さらに，栄養塩の絶対量のみならず，その構成比の変化が HAB 種の交替を引き起こしているとの指摘もある（Hallegraeff, 1993）．例えば，北海沿岸では，ライン川からのリン負荷量が約 8 倍に増えた結果，ケイ酸塩とリンの比（Si：P）が 6 分の 1 に減少し，それに伴いケイ酸塩を必須とする珪藻類（善玉種）が減少し，悪玉種であるハプト藻 *Phaeocystis pouchetii* が優占するようになった（Lancelot et al., 1987）．また，陸域の開発，例えば森林破壊により，腐植物質（フミン酸やフルボ酸）の流出が増加し，酸性雨がさらに土壌中の腐植物質や微量金属の易動度を増大させる．これらの物質は川を通じて海に運ばれ，そこで渦鞭毛藻の増殖を促進する．すなわち，HAB は水域での問題として顕在化しているが，その背景には，上流の陸域における人間活動も深く関わっていること，つまり，森-川-海を一つのシステムとして理解しないと，HAB 問題の解決もあり得ないことを認識すべきである．

　2007 年 2 月，気候変動に関する政府間パネル（IPCC）が発行した第 4 次評価

報告書によれば，人類の活動が地球温暖化の主たる原因であることが指摘された．今後，地球温暖化により，地球全体の気候や生態系に大きな影響が及ぶと予想されているが，個々の現象を温暖化と直接結びつけることは困難である．HAB 問題も例外ではなく，温暖化が HAB に及ぼす影響を直接示すような証拠は少ない．その理由の一つは，HAB 種をターゲットとした長期的なモニタリングが為されていないことによる．温暖化が HAB の発生頻度の増加や分布域拡大を引き起こす影響としては，より有害な鞭毛藻類への遷移，鞭毛藻類による春季ブルームの早期化，および暖水系 HAB 種の高緯度への分布拡大が指摘されている (Edwards and Richardson, 2004; Nehring, 1998; Peperzak, 2003; Reid et al., 1998)．しかし一方で，温暖化が HAB の減少をもたらす可能性もありうることに注意しておくことも重要であろう (Dale et al., 2006)．

1-6．HAB 解決に向けた視点

HAB 問題の解決には，HAB が発生しないような海洋環境の保全がまず重要と言われる．1960 年代後半から 1970 年代にかけて，いわゆる高度経済成長期における赤潮発生の指数関数的な増加は，海域の人為的な富栄養化が原因であることは明白である．そのため，瀬戸内海環境保全臨時措置法 (1973 年制定) など法的な規制によって，COD，リンおよび窒素の負荷削減が行われてきた．その結果，中央環境審議会の答申「第 6 次水質総量規制の在り方について」(2005 年) に見られるように，瀬戸内海 (大阪湾を除く) においては，窒素，リンの環境基準はほぼ達成され，COD レベルも他の指定水域に比較して低い状態となり，赤潮の発生件数自体も減少するなどの効果が上がっている．一方で，このような栄養塩環境の変化は，新たな HAB 種の台頭や，播磨灘を中心とした養殖ノリの色落ち被害をもたらしている．すなわち，水質保全対策が海域の貧栄養化をもたらし，そこでの生産力を低下させていることになる．まさしく，「過ぎたるは及ばざるが如し」で，HAB 問題の解決策には，海域の生産力の維持・向上という，一見矛盾する内容も孕んでいることを理解しておく必要がある．海の環境を守るためには，海から食料，環境浄化などの調節機能および自然景観など，様々な生態系サービスを享受するものすべてが，そのあるべき姿について議論を深め，コンセンサスを得る努力が必要と思われる．

21 世紀は「環境の世紀」といわれている．今後，HAB の問題も温暖化など地球環境問題との関係抜きには考えられず，絶えず「環境研究」の視点を持つ必要があろう．一言に環境研究と言ってもその解釈は様々であろうが，HAB 研究の観点からすれば，環境研究とは「人間活動が海洋生態系に及ぼす影響の

解明,及び海洋環境の保全と人間活動との共存関係の解明」であると解釈できよう．環境研究のプロセスは，①現場モニタリングによる状況認識，②個々の研究成果を総合したモデルによる将来予測，および③問題解決のための技術開発，といった一連の流れで構成される．したがって，HAB研究の将来を考える上で，この環境研究のプロセスを当てはめて考えることが有意義であると思われる（山口，2003）．HAB研究においても，まず生物と環境のモニタリングが重要となることは言うまでもない．特に，長期的なモニタリング情報の収集，それを支えるモニタリング技術の開発と高度化を推進する必要がある．例えば，新奇HAB種を簡便，迅速かつ客観的に同定する技術の開発（定量的PCRなど分子生物学的手法など）が望まれる．それにより，地球温暖化の影響評価にも重要な長期間にわたるデータ収集を効率的に推進することが可能となろう．次に，モデルによる将来予測のためには，生物学的パラメータの充実，特に環境因子間の相互作用も考慮した増殖速度と環境因子の定量的な関係，最適環境条件のみならず，増殖の耐性限界に関する知見，などが必要である．最後に，問題解決に向けた技術としては，HABが発生しないような海洋環境の保全は言うに及ばず，より積極的にHABを防除する技術開発が求められる．例えば，いくつかのHAB種については，それらを殺滅するウイルスの分離・培養が行われ，これらを生物農薬として用いるHAB防除技術の確立に向けた基礎研究が進められている．HAB対策の現状と課題については次項以降で紹介しよう．

2 ▶ HAB対策の現状と課題

2-1. 赤潮という現象：自然による自然な応答の連鎖

　赤潮は，単種あるいは複数種の微細藻類が大量に増殖して海面（あるいは湖面）が着色する現象である．その原因を作り出しているのは，多くの場合，外部からの栄養塩，あるいは栄養塩の元となる物質の過剰な流入・投入であり，赤潮はそれに伴って起こる水中の微生物相の自然な応答であるといえる．産業サイドに偏って立てば，水産業に被害を及ぼす赤潮こそ悪の根源であるという感情論も理解できないわけではない．だが，赤潮を生態系の中で起こる自然の事象の一つとして捉えれば，その発生は「必然」以外の何者でもない．環境中に供給された過剰な栄養塩は，光エネルギーの助けを借りて微細藻類細胞という「粒子」の中に組み込まれることで，食物連鎖のフローの中に再度乗せられる．別の言い方をするならば，太陽からの「光エネルギー」をあらゆる生物が利用できる「化学エネルギー」の形に変換し，高次の栄養段階に届けるための

粒子化までを司る「光合成」という魔法のようなプロセスは，栄養塩の供給によって促進されているのである．それは，紛う事なき自然な基礎生産のストーリーに過ぎない．

問題は，その基礎生産が生態系を安定な状態に維持する方向に（＝健全な形で）行われているかどうかという点にある．微細藻類があまりにも大量に増殖した場合，しばしば海域は危機的な状況に曝される．大雑把に言うと，赤潮を構成する微細藻類個体群は，早朝から昼過ぎにかけては太陽の光を求めて水面近くに上昇，やがて昼下がり頃から夜にかけては底のヘドロから溶け出してくる栄養塩を吸収すべく底層へと移動する．微細藻類も生物である以上，昼も夜も呼吸をし，体内の有機物を静かに燃やしながら（＝生物学的酸化），代謝・生合成といった活動に必要なエネルギーを抽出する．昼間のように，自身の呼吸で消費する以上に，光合成によって酸素を放出してくれていれば問題ない．だが，光合成による酸素放出が停止する夜間に，大量の微細藻類が一斉に呼吸することで，著しい量の溶存酸素が消費される．また，大量に死滅した生物の死骸が沈下分解する過程でも，多量の溶存酸素が消費されることになる．その結果，いわゆる「貧酸素」状態が起きる．環境中の酸素が失われれば，そこに築かれてきた生態系の中から，酸素を必要とするほとんどの生物群はまるごと間引かれ腐敗してしまうことになる．さらに嫌気的な条件下で生態系中の微生物群が効率の悪い生物学的酸化（無気呼吸）を強いられた場合，おびただしい量の有機物（生物の死骸）の分解は硫化水素・アンモニアといった猛毒物質の産生を伴う．こうした有害物質の蓄積がもたらす結果は悲劇的である．そこに養殖魚介類あるいは天然資源として期待されている魚介類が棲んでいれば，その被害が著しいものになることは言うまでもない．

また，環境中で優占した微細藻類が有害種であった場合，問題はさらに深刻である．例えばラフィド藻の *Chattonella* 属は，毒性の強い活性酸素を放出する上，たやすく細胞破裂を起こし，魚の鰓を刺激する．これに対して，魚体側は自然な免疫応答により鰓表面を保護しようとして粘性物質（粘液）を分泌する．この粘性物質によるガス交換機能の障害が，結果的に魚体の窒息を招く．また，渦鞭毛藻の *Heterocapsa circularisquama* が二枚貝に摂食されると，細胞表面に存在する未同定毒性物質が貝に対して致死的に機能し，斃死を引き起こす．こうした有害種による赤潮被害の発生は，それがもたらす結果との呼応（発生種と被害生物の関係性）がはっきりしている場合が多い．

これらの有害種が，次の栄養段階の捕食者に順調に捕食され，さらにそれが次の栄養段階へと順調に上っていくとすれば，生態系の回復は比較的スムーズ

に進むはずである．しかしながら，しばしばこうした有害種は繊毛虫などの捕食生物から拒食され，食物連鎖の流れにすんなりと乗らない場合がある．捕食という減少要因を課せられない個体群は，大量発生のチャンスが増すことになり，その行く先には，貧酸素化の危険が伴っている．

このように，不健全な基礎生産とそれに引き続く環境応答が進行することで，生態系はたやすく危機的な状態に陥ってしまう．

2-2. 赤潮対策の基本的な考え方

赤潮個体群の盛衰は，微細藻類の増殖量と死滅量の差を反映した結果である．したがって赤潮が起きにくい環境を作り出すためには，有害種の増殖を抑え，死滅量を増大させるための努力が求められる．例えば，養殖場への過剰な給餌は，残餌による富栄養化を引き起こし，赤潮が発生しやすい環境の形成につながる．魚の接餌率が高いモイストペレット（水分を含んだ固形配合飼料）の開発は，残餌を減らし養殖漁場の富栄養化を抑えるための具体的な方法の一つであり，優れた間接的赤潮防除技術として位置づけられるだろう．また，イワシよりもアジのように身崩れしにくい生餌を選び，放養密度を適正範囲内に収めるといった養殖現場の努力なども，その範疇に入るものであるといえる．

一方，ダム建設に伴う河川水からのケイ酸供給量の減少により，有害鞭毛藻の発生を抑える力を持つ珪藻類の増殖が阻害されると言われている．これは，河川の途中にできたダム湖（停滞水域）にリンや窒素が集積した結果，陸水性の珪藻がリンや窒素と同時にケイ酸も吸収・同化してしまい，海に流れこむはずのケイ酸が激減したことによる（第3章第1節参照）．ブルームの推移をみていると，珪藻と鞭毛藻とはきわめて顕著な種交替現象を呈する．鞭毛藻ブルームの終焉に珪藻の増殖が関与していることはまず間違いない．それが原因だとしても，結果だとしても，珪藻が優占し適度に繁茂する海は概して健全であるといえる．そうした意味でも，陸水からのケイ酸供給は沿岸域の生物環境保全にとって重要なファクターの一つに位置づけられる．さらにダム湖は，砂や礫など比較的大きな粒子をトラップし，微細な粒子のみを沿岸域に供給するため，沿岸底質の泥化（悪化）を引き起こすと考えられている．したがって不必要なダム建設をなくすことも，重要な赤潮防除対策の一つということができるだろう．過去には，海底泥中の珪藻休眠期細胞を光照射により選択的に発芽させ，鞭毛藻ブルームに先んじて優占させるというアイデアも提案されており，珪藻を優占させることで鞭毛藻を排除しようとする考え方は，今後も検討の余地があると思われる．

また，藻場には，有害藻類と同じ栄養塩類を消費する大型藻類が繁茂する．大量の栄養塩が流入した場合に，藻場はある種のバッファーゾーンとして，環境中の栄養塩の吸収・保持に携わるものと考えられている．したがって藻場の存在は，赤潮発生の可能性を減少させる方向に作用する要因の一つである．近年のわが国における藻場面積の減少は著しい（第3章第4節参照）．藻場の保全に今後どのように取り組んでいくかは，赤潮の起こりにくい沿岸環境の構築を図る上で欠かせない課題の一つである．

　さらに漁業者の立場からすれば，対症療法的な赤潮防除技術の必要性は，さらに喫緊の問題である．養殖生け簀の周辺で赤潮が発生した場合に，その所有者に残された選択肢はさほど多くない．粘土散布による赤潮防除など，積極的な方法論の導入が強く望まれているのも理解できる．また，より赤潮が発生しにくい環境を作り出すための努力の一環として，赤潮生物が苦手とする微生物群（細菌やウイルスなど）を利用するための研究も進められつつある．この点については後ほど詳述する．

　このように一言に「赤潮対策」といっても，その方法論は，時間的・空間的スケールという点で異なる様々な考え方に根ざしている．次項では，各方法論を紹介しながら，赤潮防除対策の現状について述べる．

2-3．赤潮対策

　赤潮対策は，大きく分けて「予防・予察・養殖生物の保護・赤潮生物の駆除」といったカテゴリーに群別される．

赤潮の予防

　前述のように，まず赤潮が起こりにくい環境作りに努めること，すなわち赤潮の「予防」こそが最も優れた赤潮対策であることは言うまでもない．赤潮発生の主要な原因である栄養塩の流入を抑えること，ならびに富栄養化海域の栄養塩濃度を下げることは，赤潮予防のための最も重要な要件であるといえる．これらの予防対策のうち主なものを表4-3に示した．

　予防的措置を施すに当たり，即効性を期待し過ぎてはいけない．赤潮が起きやすい現在の沿岸環境は，人類がその生活・産業活動の過程で長い時間をかけて作り出したものであり，消臭スプレーを撒くようにしてにわかに隠しおおせるものではない．やはり行政指導と連携した環境改善，そして我々一人一人が，意識の持ち方一つで，環境に対して敵にも味方にもなりうるということを認識し，海への負荷を抑えた暮らしに努めることが重要であろう．どうも最近は，予算を付ければ即座に成果を報告するのが当然であるかのような風潮が定着し

表 4-3　有害赤潮の発生しにくい環境を作り出すための方策

方　策	具体例・内容	期待される効果
水質に関する法的規制	・瀬戸内海環境保全特別措置法制定	栄養塩流入量の減少
	・COD削減目標の設定	栄養塩流入量の減少
	・窒素・リンの環境基準・排水基準設定	栄養塩流入量の減少
	・窒素・リン削減指導	栄養塩流入量の減少
水環境を取巻く施設の改善	・都市排水処理施設の整備	栄養塩流入量の減少
	・産業排水処理施設の整備	栄養塩流入量の減少
養殖技術の改善	・モイストペレット導入による漁場環境保全	栄養塩源となる有機物の削減
	・投餌条件の最適化	栄養塩源となる有機物の削減
沿岸域への珪酸の供給維持	・不必要なダム建設の中止	淡水珪藻赤潮によるケイ酸消費の阻止
藻場の保全	・栄養塩消費者としての藻場を維持すること	栄養塩濃度の減少

てしまっているようだが，海域の環境改善は一朝一夕に進むものではない．こうした試みの成果が具現化するまでには，長い年月がかかるということを，行政サイドもあらかじめ十分に認識しておく必要がある．

赤潮の予察

　赤潮発生の時期・場所・規模・構成種・挙動などを予知することができれば，生け簀の移動・避難などの対策を取ることで，漁業被害が大きく軽減される．そういう意味で，赤潮の予察もまた，有効な赤潮対策の一形態である．その際，赤潮の発生に際して，いかなる方法で養殖生物を避難させるかという点も重要である．生け簀や筏の物理的移動は，頭の中で考える分には簡単な作業に思えるが，実際には人手もコストもかかる重労働であり，また飼育されている生物にとっても相当のストレスがかかるということを認識しておく必要がある．したがって，赤潮の予察精度を上げ，適時に適切な処置を施す必要がある．その上で，予察を報じる機関と漁業者間の信頼関係を成り立たせ，赤潮予報に対して漁業者が適切に行動してくれる素地を作っておくことこそ，被害防止を実現する上で必要不可欠な要件である．そのための赤潮に関する勉強会や研修会の開催は，漁業者と予察者の信頼基盤を築くための，地道だが重要な取り組みである．

　しかしながら現実問題として，今の赤潮予察に，現在の天気予報並の正確さを要求するのは難しい．赤潮には，原因生物の特性のみならず，気象・海象，

潮流，地球自転によるコリオリ力，ならびに各種栄養塩濃度といった様々な物理・化学的なパラメータが影響を及ぼすため，その挙動はしばしば予測の範疇に留まらない．

赤潮予察に近道はない．予察の精度を上げるには，赤潮の原因となる各種藻類の特性を十分に精査するとともに，近隣海域での赤潮プランクトンの出現動態を克明にモニタリングする必要がある．近年，大分県で報じられている *Karenia mikimotoi* 赤潮の短期予察による被害防止の成功例などは，こうした地道なデータの積み重ねに基づく堅実な赤潮予察手法の典型的な事例である（宮村，2008）．層別の水温・塩分・クロロフィル量などの情報を自動測定する定点ブイの利用はすでに実用化されており，その有用性が注目されている．また，米国のグループでは，観測装置に自動採水機能および自動分子解析機能を装備して，有害微細藻類の検出結果を陸上に無線報告するシステム（Environmental Sampling Processor: ESP）の開発を進めており，芳しい成果を上げつつある（Scholin et al., 2009）．また最近では，衛星画像を利用した赤潮の挙動予測といった新しい技術が模索されており，現場データと画像データの摺り合わせが十分に成されれば，実用化の可能性は高いと期待される（Kahru et al., 2005）．また，韓国水産科学院の研究チームは，採水機能を備えた無人小型調査艇や観測用無人小型飛行機などを開発し，赤潮のモニタリングにかかる労力の軽減に新機軸を打ち出している（Bae HM 氏，私信）．各自治体機関で赤潮モニタリングに割かれる人や予算が漸減を続ける現状に鑑みれば，こうした新しい調査技術についても積極的な導入を考えていく必要があるだろう．

赤潮予察の精度を高める上で重要と考えられる項目例を表4-4にまとめた．

養殖生物の保護

赤潮が起こったとしても，赤潮から養殖生物を守る方法はいくつかある．

まず，養殖生物を赤潮に触れさせないように「避難」させるという考え方．これには，漁船での曳航による生け簀や筏の移動が含まれる．海域によっては，赤潮の発生しにくい場所をあらかじめ選んで生け簀を移動させることで，被害をほぼ回避することができたという事例も知られている（宮村，2008）．上述の通り，こうした大々的な生け簀の移動を実現するには，養殖業者と赤潮予察情報を発信する機関との間に十分な信頼関係が成立していること，また適切な避難漁場があらかじめ確保されていることが求められる．適切な避難漁場の選択には，モニタリングを行っている各自治体の研究機関が持つプランクトンデータが役立つであろう．なお，赤潮が発生した後に，生け簀や筏を赤潮非発生海域に移動することは，赤潮の広域化を招くおそれがあるため，避難場所の選定

表 4-4 有害赤潮の発生予察精度を高める上で重要な項目

項　目	説　明
赤潮原因藻類の増殖率と水温・塩分・光との関係	現場環境中における赤潮原因藻類の増殖速度推定に役立つ
赤潮原因藻類の増殖率・収量と栄養塩の量・種類との関係	現場環境中における赤潮原因藻類の増殖速度推定に役立つ
近隣海域の地形・潮流の季節変化などに関する情報	赤潮の移動・拡散や拡大・縮小を推定する上で有用
対象水域の鉛直安定度（水温成層の安定度），海底攪乱の有無	鉛直混合による底層から表層への栄養塩の補給は植物プランクトン個体群増大の一因となる
赤潮原因藻類の生活史およびタネ細胞の分布・発芽条件に関する情報	赤潮原因藻類のシードポピュレーションとしての休眠期細胞・シストの分布・発芽条件と底層の水温・光条件の比較から，赤潮発生海域・発生種・発生時期の予測が可能
赤潮に先行する環境要因変化と赤潮発生との関係性・法則性抽出	経験的・総合的な赤潮予察方法としてシャットネラ赤潮などにおいて優れた予測的中率を示す（例：風・塩分・水温・鉛直安定度など）

などにあたっては慎重な判断が求められる．

　また，生け簀の深さを深くすることで，養殖魚は自力で赤潮発生層を（生け簀の中にいても）回避できるようになる．ハマチ養殖の発祥の地である東かがわ市引田漁協が考案したこの方法は，*Chattonella* 赤潮の被害軽減に大きな成果を上げている．

　さらに陸上養殖を行う業者に対しても，赤潮の発生を速やかに報じるとともに，海からの取水の停止，それに伴う液体酸素の使用などを指導する必要がある．ちなみにカレニア赤潮の場合には，アワビ・トコブシを水槽で混養しておくことで，それらの忌避行動を指標として赤潮発生をリアルタイムで知ることが可能である．*K. mikimotoi* のように層を成して鉛直移動するプランクトンの場合には，個体群の下層移動による海面の着色度の減少と，取水（下層水）中のカレニア細胞数の増加が並行して起こるため，特に注意が必要である（大分県農林水産研究センター，2008）．

　次に，給餌を止める（餌止め），あるいは給餌頻度を減らすことで，養殖魚の活動性を抑え，その結果として生残率が高まることが経験的に知られている．その機構は完全には分かっていないが，酸素消費量の減少を抑えることが重要と考えられている．実験条件下でも，投餌区と餌止め区では魚体の赤潮に対する耐性が10倍以上異なることが示されており（小泉喜嗣氏，私信），「餌止め」は，現場で行うことができる最も簡単な赤潮対策として全国の養殖漁場で取り組まれている対策である．各府県の水産試験研究機関からは細胞密度に関する

情報をリアルタイムで漁業者に通報するとともに，警戒値を超えた際には一斉に餌止めの指示が出されている．上述の引田漁協のように高度に統制された組合では，赤潮発生時期が近づくと自主的に給餌頻度を減らすなどの自助努力を行っているようである．

養殖魚は，すでに莫大な投資が行われている商品である．養殖業者にとって，可能な限りの努力を費やし養殖生物を生残させることは，その運営を継続していくための死活問題である．上述のような対症療法的赤潮対策は，いずれも現場の経験や知恵によって育まれたものであり，研究者側も学ぶところが非常に多い．

赤潮の駆除（発生規模の縮小）

とはいえ養殖業者の「赤潮に対する積極的防除技術」への需要は根強い．霧の一拭きで嫌な虫を叩き落とす殺虫剤，有用作物を残し害虫を殺してくれる種々の農薬，先人が発明したこうしたツールは，赤潮に悩む養殖界に赤潮防除剤開発の可能性を期待させてくれる．

科学の世紀 21 世紀を迎えた現在でも，人類は赤潮を根本的に制御する術を持たない．それはおそらく上述のように，赤潮が「富栄養化に対する，自然の，自然な応答」であることによる．自然の自然な反応を別の形に変えるためには，相当量のエネルギー（本来は動かない方向に流れを向けるためのベクトル）が必要となる．だとしたら，赤潮を根本的に駆除するという発想にはやや無理があるのかもしれない．では次善の策は何か．要は，養殖に対して決定的なダメージが起きない程度に，空間的・期間的に限られた範囲で赤潮の発生規模を小さくすること．その工夫こそが，現実的な赤潮防除の姿ではないだろうか．こうした考え方の下に，現在一部で使われている，あるいは研究されている赤潮駆除技術を網羅してみた（表 4-5）．これらの中から，有望と考えられる技術を取り上げ，以下に解説する．

粘土散布

粘土散布による赤潮防除は，*Cochlodinium* 赤潮対策の一環として，主に韓国で大々的に行われている．わが国でも，水産庁による赤潮対策技術開発試験「粘土散布による赤潮緊急沈降試験」（1982 年）が実施され，現在では鹿児島県・熊本県などで実際に使用されている技術である．これは，「入来モンモリ」と呼ばれるモンモリロ系粘土を海水中に散布することで，粘土から溶出するアルミニウムイオンの殺藻能，ならびに粘土粒子が持つ凝集作用を利用して藻体を沈降させる方法である（金ほか，2002；和田ほか，2002）．散布から 1 時間以内に透明度が回復することで，利用者にも即効的な赤潮除去効果として顕現化する

表 4-5 赤潮防除・駆除のための方法論とその特徴

	生物学的技術		化学的技術		物理的技術		
	殺藻細菌	殺藻ウイルス	化学物質	天然化合物	濾過・吸引除去	粘土散布	ナノバブル
効果の選択性	細菌株によるが比較的特異性は低い	きわめて選択的(株特異的)	一般に選択性は低い	一般に選択性は低い	選択性は低い	効果のある種が限られている	カキ養殖で効果との報告 さらなる実証試験が必要
コスト	海藻付着細菌の利用なら安価	研究・製造段階のコストはやや大きい	大量の投入が必要なためコストは大きい	材料により比較的安価な製造が可能	大	大量の投入が必要なためコストは大きい	開放系への投入はコストがかかる
安全性	低い(特異性について注意が必要)	高い	他の生態系への影響調査が重要	他の生態系への影響調査が重要	低い	他の生態系への影響調査が重要	高い
社会的受容性	中程度	現状では低い	低い	中程度～高い	高い	実用化されており養殖業者の評判良い	高い
実用化の可能性	海藻付着細菌の利用は特に有望	合理性は高いので基礎データの蓄積が重要	難しい	難しい	難しい	既に実用化	陸上養殖系で一部実用化

ことから,現場での評判はなかなか良いようである.プランクトン種によって粘土の効果が異なるため,オールマイティに使える技術というわけではないが,現場でこうした技術が望まれているということは,積極的に自身の海域から赤潮を除去しようとする養殖業者サイドのニーズを顕著に表しているといえる.ただし,山のものを切り崩してきて海に与えようとする技術である以上,粘土が生物・環境・生態系に与える影響について引き続き慎重に精査する必要があることは言うまでもない.過去の粘土の安全性に係る知見に加え,さらにデータを積み上げていくことが環境制御技術の信頼性を保つ上で強く望まれる.

マイクロバブル

マイクロバブルは,文字通り微細な気泡であるため気泡表面積が大きいことから,水中での残存性に優れる.垂下式のカキ養殖やホタテ養殖環境で使用することで,赤潮プランクトンの発生を抑え,酸欠状態の改善にも寄与したというデータが過去に得られている.海洋は開放系であるため,大規模な施用にはコストを抑えるための工夫が必要であろうが,さらなる検証を重ねながら,その実用性を測る価値のある新技術の一つに位置づけられよう.なお陸上養殖では,アユの稚魚飼育にマイクロバブルが実際に使用されている事例がある.

化学物質

　薬剤によって赤潮を防除しようとするアイデアは古くからあった．例えば硫酸銅を用いた陸水でのアオコ防除などはその典型的な事例であるといえる．しかしながら，海洋は人類の共有財産であるという認識が高まるにつれ，環境に薬剤を投入して生物を制御しようとする考え方には，その安全性について疑問がもたれるようになった．こうした背景の下，海水の主成分から作られ，魚介類にはほとんど毒性を示さないとされている水酸化マグネシウムに着目した赤潮防除技術の開発が，三重大学 前田広人博士のグループで進められつつある（前田ほか，2008）．プランクトン種によって水酸化マグネシウムの駆除効果が異なるなど，さらなる研究・改善の余地はあるが，ある限られた時間，養殖漁場という限られた空間で，毒性のきわめて低い（海の成分からできている）薬剤を使用して赤潮個体群の縮小を図ろうとする試みは，対症療法的な赤潮防除の基本概念と合致している．

殺藻細菌

　水産庁赤潮対策事業「海洋微生物活用技術開発試験」（1995～1999 年）において，細菌やウイルスなどの殺藻微生物を用いた赤潮防除という新しい方法論が模索された．その過程で，多数の殺藻細菌株が単離され，赤潮プランクトンが現場環境中において，そうした微生物の攻撃に曝されている可能性が示された．京都大学の吉永郁生博士の研究グループは，ある種の赤潮の挙動と殺藻細菌の出現がきわめて密接にリンクしていることを発見し，赤潮の動態を左右する要因の一つとして殺藻細菌が重要な役割を果たしていることを示唆した（吉永，2002）．このように，生物は確かに生態系の中で相互に影響を及ぼしあっており，赤潮のようにある限られた種だけが一時的に一人勝ちするような特殊な生物現象は，それを抑えようとする微生物の動きを必ずや喚起する．したがって，そこには赤潮を抑えようとする微生物群の選択的な増殖（環境レベルでの集積培養）が起こる．こうした，赤潮の抑制に関与する生物作用を拡大利用することで赤潮を抑えようとする試みは，環境にやさしい生物学的赤潮防除技術として期待される．

　数多くの殺藻細菌の分離が報じられた後，研究者らの興味は「どんな殺藻細菌がいるか」から「どうやって殺藻細菌を使えばよいか」に移っていった．福山大学の満谷淳博士・北口博隆博士のグループは，殺藻細菌を標的となる環境中に経時的に放出させ，その濃度を比較的長期間にわたって高水準に維持すべく，高分子ゲルへの殺藻細菌の包括固定化を試みた（北口ほか，2003）．凍結デンプンゲルに固定化した細菌は，現場赤潮海水への適用試験において殺藻性を

発揮したとの報告がなされている．

　一方，京都大学（現 北海道大学）の今井一郎博士は，一風変わった殺藻細菌の適用方法を提案した（Imai et al., 2006；今井, 2008）．同博士は当初，褐藻に内在するウイルスが赤潮プランクトンに影響する可能性を検証すべく，藻場をフィールドとして殺藻微生物の探索を行った．その結果，（ウイルスの効果は検出できなかったものの）思いがけず，藻場におびただしい量の殺藻細菌が生息していることを発見した．その後，種々の海藻表面に殺藻細菌が高密度で分布しているという事実を明らかにし，藻場の持つ高度な赤潮抑制能を指摘するに到った．さらに，有用大型藻類と魚類の混合養殖により，赤潮防除と有用魚介類の養殖を同時に実現できる可能性があることを提案した．様々な洗練された赤潮防除技術が，当初の期待ほどの成果を上げることができずにいる現在，こうした藻場の持つ（ある意味 unknown な部分を含む）東洋医術的な「抗赤潮力」を利用しようという発想は，赤潮防除の世界に新しい局面を拓くかもしれない．

殺藻ウイルス

　殺藻細菌の殺藻レンジは比較的広い．このことは，養殖漁場にとって有害な種類のプランクトンのみならず，健全な微生物環境を構築しているプランクトンも殺滅する可能性を示しており，殺藻細菌を用いた赤潮防除の問題点として認識されている．

　こうした特異性の問題をクリアする殺藻微生物としてはウイルスが挙げられる．ウイルスが感染した細胞は，細胞内で子孫となるウイルス粒子を多数合成し，死滅に到る（図4-6）．ウイルスの感染レンジは，一般的に種特異的（さらには株特異的）である．例えば代表的な赤潮プランクトンである *Heterosigma akashiwo* による赤潮の終息時期には，ウイルス感染細胞が個体群中に占める割合および周囲の海水中のウイルス密度が急激に増加し，赤潮は唐突な崩壊に到る —— 前日まで醤油を撒いたように茶色だった海水が，一夜にして澄んだ暗緑色に変わるという，驚くような唐突さで，ウイルスは赤潮を崩壊に導くのである．このような有害赤潮プランクトンを殺滅するウイルスを利用した赤潮防除もまた，新しい研究分野として注目を集めている．現在では，ヘテロシグマのほかに，貝類を殺す *Heterocapsa circularisquama*，のり色落ちを起こす珪藻類，下痢性貝毒プランクトンの増殖を間接的に助けるクリプト藻 *Teleaulax amphioxeia* などに対するウイルスが単離されており，同技術の適用可能範囲は広がりつつある．ウイルスの大量培養技術，環境中での徐放（拡散）技術などに関する研究開発が十分に行われれば，海洋に備わった赤潮を抑える方向に働く自然の力の有効利用としてその効果が期待できるだろう（長崎，2002,

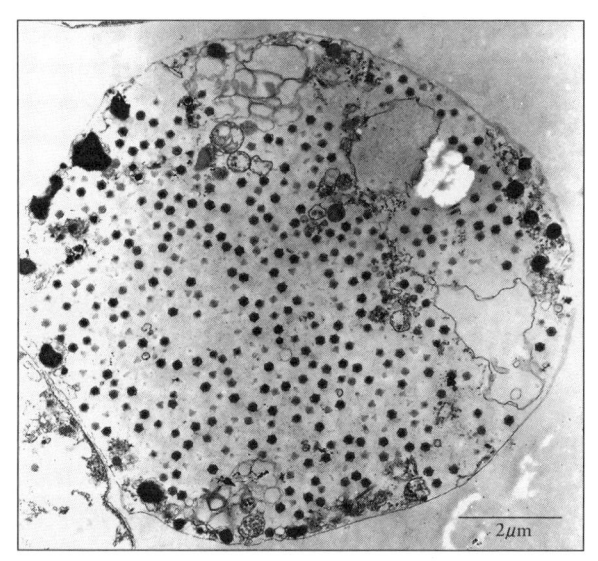

図 4-6 ウイルス感染を受け死滅した赤潮原因渦鞭毛藻 *Heterocapsa circularisquama* の細胞断面像．細胞内の黒い点がウイルス粒子．宿主本来の細胞内小器官はほとんど見られない．

2003；外丸ほか，2007)

3 ▶ まとめ

　水の争奪の時代と言われる 21 世紀．水産資源もまたその対象に含まれる．限られた国土の日本がいかにして水産資源の自給体制を整えるかは，国力の根源を保障する上できわめて重要な戦略の一つである．

　水産業の安定的な操業・運営を阻害する「赤潮・貝毒」現象に関する研究は，現象の発生メカニズムを解明することに加え，究極的には赤潮・貝毒を的確に予察・防除するための技術を開発することを目標とする．研究者らの真摯な努力により，これまでに赤潮・貝毒をめぐる膨大な量の信頼できるデータが集められてきた．環境の変化に伴う原因種の変遷に直面しても，赤潮・貝毒研究のための確固たる技術論の蓄積により，その基本的性状の解明はきわめて合理的に行われてきたといえるだろう．ここから先，これらの貴重な知見を礎として，赤潮・貝毒に対する実学的な対応がどのように展開されていくかが大いに注目される．海洋の巨大な生物学的イベントである赤潮・貝毒を制御すること

はそれほど容易でない．だが，あらゆる試みの前にまず敵をよりよく知ること，この基本スタンスは変わらない．知れば知るほどに奥深い「赤潮・貝毒」研究分野に，若い研究者たちの力がさらに注がれることを切に祈ってやまない．

第2節　干潟の水質浄化機能とその再生

　内湾域における夏季，底層の貧酸素化の拡大は漁業生産に深刻な影響を与えている．その原因はこれまで陸域負荷の増大と言われ，東京湾をはじめとした日本の主たる内湾は閉鎖性海域と定義され，窒素，リンの環境基準設定と基準達成のための総量負荷削減が実施されてきた．しかし，その貧酸素化に対する抑制効果は不明瞭であるだけでなく，逆に無機態栄養塩の低下によりノリ養殖を含む漁業生産に悪影響を及ぼしている可能性もある．近年の三河湾における研究では赤潮，貧酸素化の主たる要因は地形的閉鎖性や流入負荷増大ではなく，埋め立てによる干潟・浅場の喪失であることが明らかにされてきた．そもそも陸域からとエスチュアリー循環に伴う湾口下層からの栄養塩供給による高い基礎生産は内湾の基本的特徴であり，問題はこれら豊かな基礎生産が底生生物を含むより高次の生物へ転化されずに，無効に海底へ沈降することで貧酸素化が助長され，結果として湾全体の物質循環が大きく変化し，水質悪化のスパイラルに嵌り込んだということである．本節では干潟域の特徴的な物質循環を水質浄化機能という視点から様々な手法により定量化した研究結果について紹介し，その機能の経済的評価や湾全体の物質循環に果たす役割の大きさ，および干潟域の喪失を契機とした水質悪化スパイラルの実態と干潟域の修復の必要性について述べる．

1 ▶ 干潟域の浄化機能とは

　近年，干潟域の水質浄化機能という言葉が頻繁に使われるようになってきているが，干潟生態系内物質循環のどの過程を浄化機能と称するかという点では，混乱があるように思われるので整理してみたい．一般に浄化機能という言葉は，ある環境悪化現象が発生したとき，その要因を取り除く働きという意味で使用される．したがって浄化機能は対象とする海域の環境状況によって，その定義

が異なることもある．

　主要な内湾における最も深刻な環境問題は，夏季の貧酸素水塊の発生であり，これにより底生性の魚介類の生息や再生産に重大な影響が出ている．貧酸素化の原因は湾の構造上物理的に制約されている溶存酸素供給を上回る酸素消費であり，それは，陸域からの有機物供給に加え，陸域やエスチュアリー循環[1]によって湾口底層から流入し，表層に湧昇した無機栄養塩類が光合成により懸濁化した後，湾内底層に過剰に沈降・分解することによっている．したがって，浄化の対象とする汚濁物質は直接的には水中の懸濁態有機物，間接的には窒素（N），リン（P）などの親生物元素であり，これら物質を水中から除去する機能を水質浄化機能と定義するのが一般的である．陸域における下水処理も，水中有機物の除去・分解に中心を置くものと，それら処理水からのN，Pの除去も含むものとに大きく二つに分けられて，前者は二次処理，後者は三次処理や高度処理と称されている．干潟やその周辺の浅場はこのような貧酸素化原因物質を除去する水質浄化機能を有しているが，陸上の水処理のように大きく二つに区分される．

　口絵11は干潟域生態系の模式図であるが，二次処理的機能に相当する物質循環過程は，①二枚貝類に代表されるろ過食性マクロベントス（懸濁物食者）による海水中の懸濁態有機物の直接除去，②堆積物食性マクロベントス（堆積物食者），メイオベントス，バクテリアの摂食・分解による沈降有機物の堆積や海水への再懸濁の防止，といった過程である．三次処理的機能に相当する過程は，③脱窒，④漁獲による取り上げ，⑤鳥類などによる搬出，⑥深泥への埋没といった過程である．⑦海藻（草）類や付着藻類による栄養塩取込と干潟域への一時的貯留や湾外への流出もこれに含められる．ここで，干潟ではなく「干潟域」と表現したのは，水質浄化機能が発現されるのは大潮干潮時に干出するいわゆる地理学的な干潟だけでなく，その周辺部の底生生物や海藻（草）類が豊富な浅場も含めた海域全体であるからである．

2 ▶ 水質浄化機能の評価手法と測定例

　水質浄化機能の二つの区分についてNを対象元素として測定面から表

---

[1] 河川水が流入する内湾ではこれに伴う海水密度の差が生じ，上層では湾奥から湾口に向かい，下層では逆に湾口から湾奥に向かう流れが発達する．このことをエスチュアリー循環と称する．エスチュアリーは日本語では河口域とよぶ場合もあるが，普通思いうかべる河口域よりも意味が広く，東京湾，伊勢湾，有明海などの湾も含まれる．

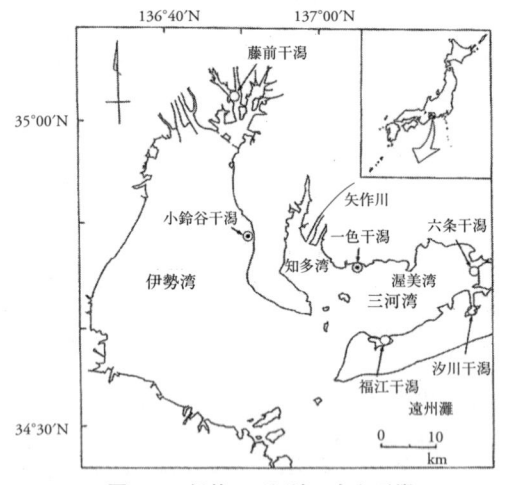

図 4-7 伊勢・三河湾の主な干潟

現すると，二次処理的機能は干潟域に流入もしくは干潟域内で生産された PON (Particulate Organic Nitrogen：懸濁態有機窒素) が干潟域でどの程度消失するかを測定することであり，三次処理的機能は PON に DTN (Dissolved Total Nitrogen：溶存態総窒素) を加えた TN (Total Nitrogen：総窒素) が干潟域内で消失する速度を測定することであると言える．これは P を対象元素としても同様である．

　このような干潟域における PON，TN の消失速度を定量的に評価する手法としては，ボックスモデルによる計算手法が挙げられる．数時間から数日周期で繰り返し行われる水質分布観測を実施して干潟域とその沖合域との窒素収支を計算することにより求める方法である．しかし，ボックスモデルは観測時の窒素収支を求めることはできるが，収支を帰結する干潟内部の詳細な窒素循環の機構や観測時以外の収支を詳細に知ることはできない．干潟域生態系を構成するどの要素がどの程度の役割を担っているか，それら現存量が変化したときにどのような循環・収支になるのかを知りたい場合には干潟生態系モデルによる推算が有効である．また，大規模な観測が困難な場合にはチャンバーを干潟上に数点設置し，その内部の水質変化から求める方法や，平均的なレベルで海域ごとの比較を簡易に行うために食性別マクロベントス現存量から推算する方法もある．これら手法はそれぞれ一長一短があり，これらを複合して総合的に干潟を評価することが望ましい．

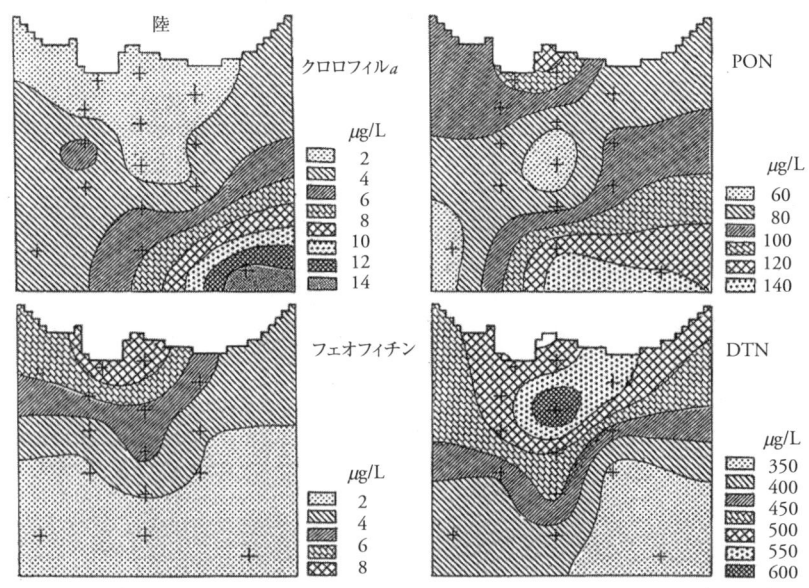

図4-8 干潟域におけるクロロフィルa，フェオフィチン，PON，DTNの水平分布例
（三河湾一色干潟1994年6月22日満潮時）

　図4-7に示すように日本の代表的な内湾である伊勢・三河湾にはまだ多くの干潟域が存在しているが，図4-8は三河湾の一色干潟でボックスモデルにより水質浄化機能の定量化を試みた際の観測期間中の満潮時の水質分布の一例である．三河湾北部に位置する一色干潟は，一級河川である矢作川の河口に発達した干潟であり，周辺浅場も含め約10km^{2}の広さを有する三河湾最大の干潟域であると同時に最大のアサリ漁場でもある．

　図4-8の各図では，上が陸域で下が沖合境界を示す．距離的には1.5km程度にすぎないが，一見して，クロロフィルa，フェオフィチン，PON，DTNとも沖合と干潟域では顕著な濃度差が生じていることがわかる．この観測時では植物プランクトン量の指標であるクロロフィルaは干潟上では干潟沖合部の10分の1以下と低く，逆にクロロフィルaが動物による摂食に伴う生理代謝を経て変化したフェオフィチンの濃度は干潟上で高いことが見て取れる．同様にPONは干潟上では干潟沖合部の3分の1以下と低いが，DTNは逆に干潟上で干潟沖合部の倍程度と高い．このような水質変化は潮が満ちる過程で，沖合から流入する植物プランクトンなどの有機懸濁物が干潟上の底生生物による摂食活動により干潟上で急激に減少し，生物代謝により溶存態に転化，溶出し

た結果である．

　ボックスモデルとはこのような物質の分布観測を連続して行い，得られた濃度分布の変化から，例えば下記(1)の収支式により時間変化項，移流項，拡散項，負荷項といった物理的な諸変化量を水質の分布観測，潮流計による連続観測，負荷量調査などから求めた上で，間接的に干潟域での生物変化項 (B_c) を推算するという手法である．水平拡散係数は水温・塩分の連続観測や漂流クラゲ観測などにより推測される．この B_c がマイナスになればボックス内で生物的過程によって物質が消失したことを，プラスになれば逆に生成したことを示す．

$$\Delta(V \cdot C_v) = Q \cdot C_a + A_o \cdot K \cdot T \cdot \Delta C/\Delta L + I + B_c \tag{1}$$

$\Delta(V \cdot C_v)$	：干潮と満潮の間の物質現存量の変化量（時間変化項）
V	：干潟海域の容積
C_v	：干潟海域内の容積平均濃度
$V \cdot C_v$	：干潟海域内の物質現存量
$Q \cdot C_a$	：容積変化に伴う物質の干潟海域と沖合間の出入り量（移流項）
Q	：干潮と満潮の間の容積変化量
C_a	：干潟域と沖合域との境界面の平均断面濃度
$A_o \cdot K \cdot T \cdot \Delta C/\Delta L$	：断面境界を通じての拡散による物質の出入り（拡散項）
A_o	：干潟と沖合域の境界断面積
K	：広義の水平拡散係数
T	：干潮と満潮間の時間
$\Delta C/\Delta L$	：干潟海域と沖合域との間の物質の濃度変化率
I	：陸域からの物質負荷（負荷項）
B_c	：干潟海域内での生物作用による物質変化量（生物変化項）

　計算原理は簡単だが，断面や体積の平均濃度などを求めるための平均操作や拡散係数の見積もりなどには大きな誤差が入り込みがちなので，時空間的にかなり密な観測が必要となる．観測回数は多いほど精度が良いが，6時間間隔で

連続5回程度の観測を行い，1日当たりの物質収支を得るのが限界である．収支を計算する物質は塩分，PON，DTNである．塩分は保存物質なので B_c は原理的にゼロになるが，そうならなければ計算過程を見直す必要がある．

収支計算で得られるPONおよびDTNの B_c はそれぞれマクロベントスなどによるPONの除去（摂取）およびDTNの溶出（排泄）に加え，干潟域内部での光合成によるPONの生産およびDTNの取り込みをそれぞれ含んだ見かけの値であるため，赤潮が発生しているような時には干潟域底生系における実質的なPON，DTNの生物作用（マクロベントスなどによる摂食，代謝）による生成・消失速度（B_p）を求めるためには，観測域内海水中で新たに生産される有機物量である純生産速度（PP）を別に明ビン・暗ビン法などで観測期間ごとに測定し，下記(2)式により補正することが望ましい．

$$B_p = B_c - PP \qquad (2)$$

B_p ：干潟域底生系の生物作用によるPON，DTNの実質的な生成・消失速度

B_c ：干潟域における生物作用によるPON，DTNのみかけの生成・消失速度

PP ：干潟域内部での植物プランクトン純生産速度

図4-9は三河湾一色干潟域における1994年6月の1日当たりの収支である．窒素収支でみると，PONは負荷を含めた総流入量とほとんど同量が干潟上で消失し，B_c 値は−4.2mgN/m²/時となっていた．一方，DTNは逆に干潟上で生成し，B_c は3.3mgN/m²/時となり，沖合へ流出していた．合計したTNでは−0.9mgN/m²/時で消失する結果になった．これら生物変化項にボックス内部での純生産分（PP）2.1mgN/m²/時を考慮すると，PONの実質的な生成消失速度（B_p）は−6.3mgN/m²/時，DTNの場合の B_p は5.4mgN/m²/時となり，TNは−0.9mgN/m²/時で変わらない．要約すれば，懸濁態では水中からの除去が起こっており，溶存態では逆に底泥から水中への溶出が起こっていたが，PONの消失速度がDTNの生成速度を上回りTNベースでも除去（sink）となり，二次処理的機能と三次処理的機能を併せ持っていたということである．しかし，同じ海域でも次に示すように底生生態系の時間的変化とともに二次処理機能や三次処理機能が大きく変化する例もある．

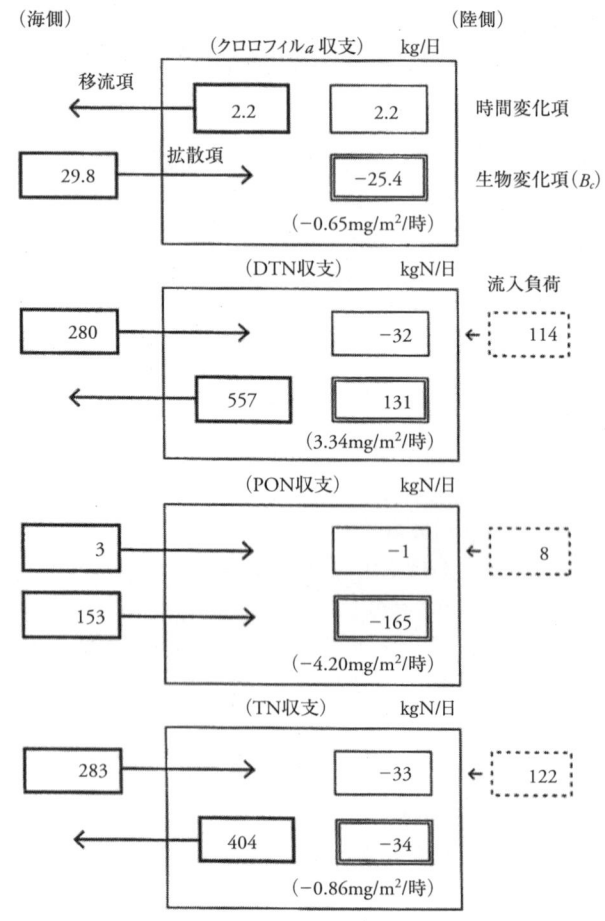

図 4-9 三河湾一色干潟対象水域（1.65km²）の夏季 1 日（1994 年 6 月 22 日〜23 日）当たりのクロロフィル a, DTN, PON, TN 収支．括弧内の数値は単位面積，単位時間当たりの生成消失速度．

3 ▶ 底生生態系の構造変化に伴う水質浄化機能の変化

　図 4-10a, b は観測された生物（表 4-6）・化学要素現存量をもとに干潟生態系モデルにより 1984 年と 1994 年の窒素循環・収支を計算した結果である．

　このモデルでは干潟生態系を構成する生物要素（ろ過食性マクロベントス，堆積物食性マクロベントス，メイオベントス，バクテリア，付着微小藻類，海藻（草）

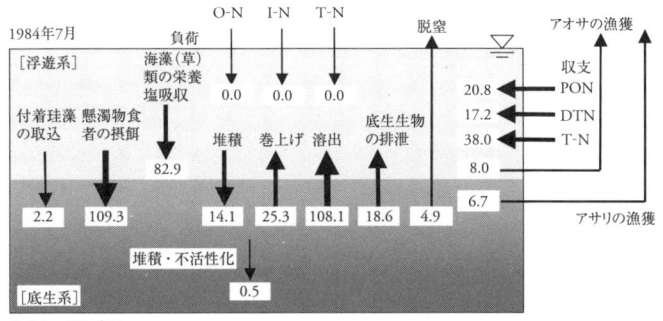

(a) 1984年7月の窒素循環・収支

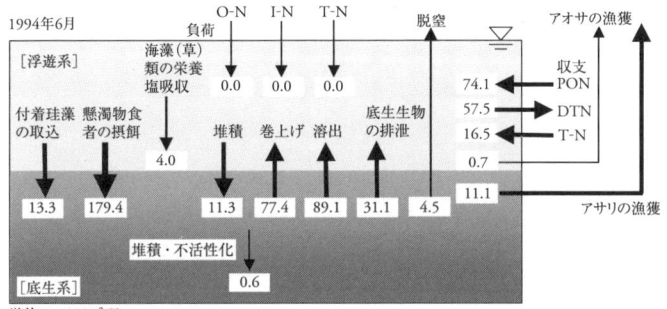

(b) 1994年6月の窒素循環・収支

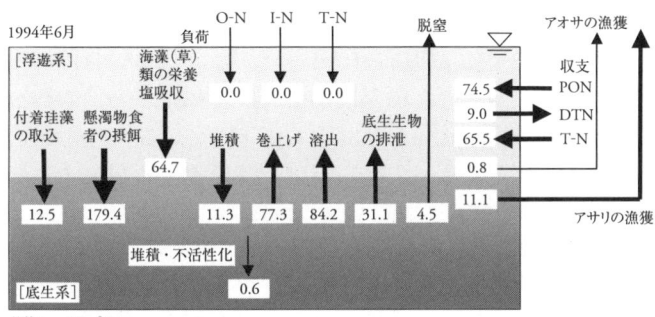

(c) 1994年6月の海藻(草)類現存量のみを1984年7月の値に置き換えたときの窒素循環・収支

図4-10 三河湾一色干潟における干潟生態系モデルによる1984年7月と1994年6月の窒素循環および収支

表 4-6　1984 年 7 月と 1994 年 6 月における三河湾一色干潟域底生生物および海藻(草)類現存量

生物項目	1984 年 7 月		1994 年 6 月
バクテリア	0.096		0.021
付着微小藻類	0.183	↑	3.386
メイオベントス	0.076		0.013
マクロベントス	4.010	↑	6.465
ろ過食性者	3.334	↑	5.080
(アサリ)	(0.750)		(2.997)
表層堆積物食者	0.131		0.628
下層堆積物食者	0.015		0.304
肉食者,腐食者	0.530		0.455
底生生物合計	4.365		9.885
海藻(草)類	1.680	↓	0.124
アオサ類	0.580		0.023
アマモ,コアマモ	1.100	↓	0.101

単位:gN/m^2

類,デトライタス,植物プランクトン,動物プランクトン)や,化学要素(間隙水中および水中の栄養塩類,溶存酸素)をめぐる物質循環構造や加入・成長・死亡・摂食・呼吸・排泄・分解などの個別代謝過程,沈降・巻き上げ・吸脱着・拡散などの物理・化学的特性についてそれぞれ定式化し,その上で,個々の要素ごとに収支方程式をたてて,それらを連立させて解いている.各図右側に「収支」と表現してあるのがそれぞれ PON,DTN,TN の生成・消失速度であり,左向きが消失,右向きが生成である.1994 年は 1984 年に比べ,PON 除去能力が 3.6 倍($20.8 \rightarrow 74.1 mgN/m^2/$日)高くなっているが,DTN 除去能力は $17.2 mgN/m^2/$日の消失から逆に $57.5 mgN/m^2/$日の生成になり,TN 除去能力も $38 mgN/m^2/$日から 43% の $16.5 mgN/m^2/$日に低下している.干潟域内部の物質循環フラックスを見てみると,このように収支が変化した理由は,主としてろ過食性マクロベントス(懸濁物食者)による摂食量の増大($109 \rightarrow 179 mgN/m^2/$日)と,海藻(草)類の栄養塩摂取の低下($83 \rightarrow 4 mgN/m^2/$日)によっており,ろ過食性マクロベントスによる摂食量の増大には,間接的に付着藻類の巻上げ量の増加($25 \rightarrow 77 mgN/m^2/$日)も関与していることがわかる.この生態系モデルによる収支結果はボックスモデルによってもほぼ同様な結果が得られている.

　生態系モデルには複雑系の持つ欠点もあるが,最大の利点は様々な思考実験が可能という点にある.1994 年 6 月の海藻(草)類現存量だけを 1984 年 7 月の現存量に置き換えた数値実験(図 4-10c)では,やはり海藻(草)類の存在に

よって，TN 収支で表される三次処理機能が大幅に向上（16.5 → 65.5mgN/m^2/日）することが予測された．三河湾のアマモ場面積は 1959 年の 8648ha から 1989 年には 4.9％の 422ha に激減しており，2002 年にはさらに 197ha に半減している．したがって，1984 年時点はすでにアマモ場が大きく減少していた時期にあたるため，それ以前ではアマモ場は湾全体の栄養塩循環や収支にもかなり大きく関与していたと推定される．

このように水質浄化機能は底生生物群集の相違により大きく変化することを忘れてはならない．また，水質浄化機能は干潟域への流入水質によっても大きく変化する．次に示すのは赤潮発生時の水質浄化機能の測定例である．

4 ▶ 赤潮発生時の干潟域の浄化機能

閉鎖性内湾では夏季を中心に頻繁に赤潮が発生し，赤潮の終焉とともに底層の貧酸素化が進行するが，このような時にも干潟は浄化機能を発現するのだろうか？　この疑問に対する回答は観測時が偶然赤潮発生時に当たった伊勢湾小鈴谷干潟の 1996 年 9 月のボックスモデル解析結果に見ることができる（図 4-11 右図）．この時は *Skeletonema costatum* および *Thalassiosira* spp. の濃密な珪藻赤潮が発生しており，純生産速度はかなり高い（30.58mgN/m^2/時 ≒ 4.4gC/m^2/日）．

この時の小鈴谷干潟の 1 日当たりの収支をみると，PON 収支における B_p の値は −21.53mgN/m^2/時という大きな消失で，平常であった 1996 年 6 月の観測時（図 4-11 左図）や一色干潟での値（図 4-9）よりも 2.2〜3.4 倍高い値であった．TN 収支をみると，1996 年 6 月時は PON 消失速度（B_p）に見合う DTN 生成速度（B_p）がほぼバランスし，TN 収支ではわずかな生成（1.32mgN/m^2/時）であったが，9 月は −28.01mgN/m^2/時と大きな消失速度を示した．これは珪藻の高い光合成による DTN の取込みが大きかったこと，ろ過食性マクロベントスによる PON の摂取が純生産によく追随して大きくなったこと，またすぐにそれが溶存態として水中に回帰していないことなどによっている．このような働きにより，降雨などにより栄養塩類が海域に供給され，赤潮のような広範囲かつ急激な懸濁有機物負荷が発生しても，干潟域はそれを速やかに除去し，沖合への流出を抑制するとともに，海水中への急激な栄養塩の回帰を抑制する緩衝作用によって，沖合部の急激な貧酸素化を防いでいる．

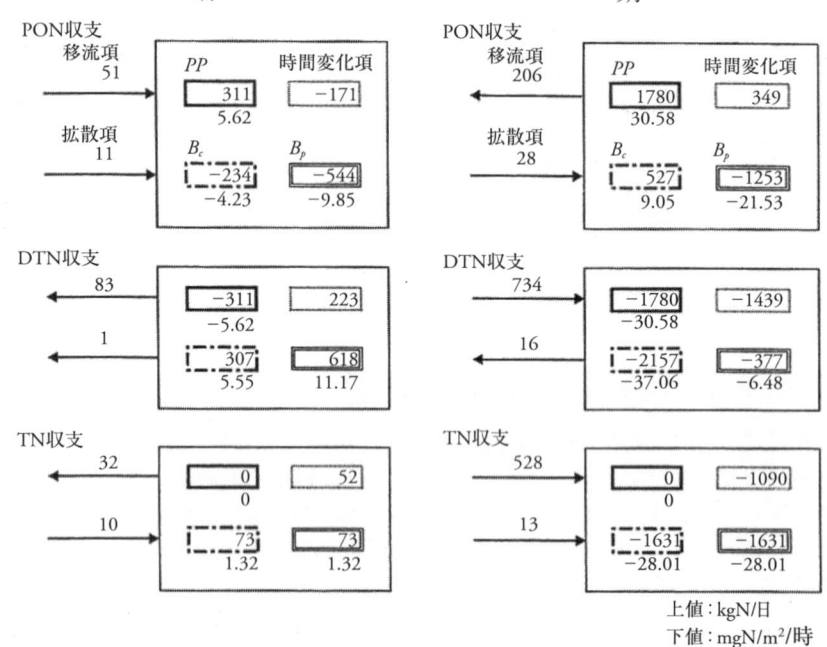

```
        6月                                    9月

PON収支                              PON収支
  移流項    ┌─────────────────┐        移流項    ┌─────────────────┐
    51     │  PP      時間変化項│         206    │  PP      時間変化項│
   →       │ ┌───┐   ┌────┐  │         →      │ ┌────┐  ┌────┐  │
           │ │311│   │-171│  │                │ │1780│  │ 349│  │
           │ └───┘   └────┘  │                │ └────┘  └────┘  │
           │  5.62            │                │  30.58           │
  拡散項   │  B_c      B_p   │        拡散項   │  B_c      B_p   │
    11     │ ┌───┐   ┌────┐  │         28     │ ┌───┐   ┌─────┐ │
   →       │ │-234│  │-544│  │         →      │ │527│   │-1253│ │
           │ └───┘   └────┘  │                │ └───┘   └─────┘ │
           │  -4.23   -9.85  │                │  9.05    -21.53 │
           └─────────────────┘                └─────────────────┘

DTN収支                              DTN収支
    83     ┌─────────────────┐        734     ┌─────────────────┐
  ←        │ ┌────┐  ┌────┐  │        ←       │ ┌─────┐ ┌─────┐ │
           │ │-311│  │ 223│  │                │ │-1780│ │-1439│ │
           │ └────┘  └────┘  │                │ └─────┘ └─────┘ │
           │  -5.62           │                │  -30.58          │
     1     │ ┌────┐  ┌────┐  │         16     │ ┌─────┐ ┌────┐  │
  ←        │ │ 307│  │ 618│  │        ←       │ │-2157│ │-377│  │
           │ └────┘  └────┘  │                │ └─────┘ └────┘  │
           │  5.55   11.17   │                │  -37.06  -6.48  │
           └─────────────────┘                └─────────────────┘

TN収支                               TN収支
    32     ┌─────────────────┐        528     ┌─────────────────┐
  ←        │ ┌───┐    ┌───┐  │        ←       │ ┌───┐   ┌─────┐ │
           │ │ 0 │    │ 52│  │                │ │ 0 │   │-1090│ │
           │ └───┘    └───┘  │                │ └───┘   └─────┘ │
           │  0               │                │  0               │
    10     │ ┌───┐    ┌───┐  │         13     │ ┌─────┐ ┌─────┐ │
  ←        │ │ 73│    │ 73│  │        ←       │ │-1631│ │-1631│ │
           │ └───┘    └───┘  │                │ └─────┘ └─────┘ │
           │  1.32    1.32   │                │  -28.01  -28.01 │
           └─────────────────┘                └─────────────────┘
```

上値：kgN/日
下値：mgN/m²/時

図 4-11 伊勢湾小鈴谷干潟対象水域（2.34km²）の夏季（1996 年 6 月 3 日～4 日）および秋季（1996 年 9 月 25 日～26 日）の 1 日当たりの PON，DTN，TN 収支．
PP は植物プランクトン純生産速度，B_c, B_p はそれぞれ，PON，DTN のみかけの生成・消失速度，底生系生物作用による実質的な生成・消失速度．

5 ▶ 水質浄化機能の大きさ比較

5-1．下水道施設建設経費と対比した二次処理的機能の経済評価

　浄化機能を mgN/m²/時とか kgN/日という単位で示しても，それらが一体どの程度のものなのかは理解しづらい．青山ほか（1996）は一色干潟全体（10km²）での懸濁物除去能力（約 988kgN/日）と，標準活性汚泥法による下水道処理施設との比較を試みた．これによると浄化能力は日最大処理水量 7 万 5800t，計画処理人口 10 万人，処理対象面積 25.3km² 程度の下水処理施設に相当し，最終処理施設の建設費が 122 億 1000 万円，同維持管理費 5 億 7000 万円と試算された．さらに，下水道施設としては，用地費，管きょ費，ポンプ施設，同維持管理費が必要になり，埋立地に建設し，管きょ延長 200km と仮定すると総額 878 億 2000 万円と試算されている．換算の根拠とした懸濁物除去能力は 301

頁で述べた，みかけの消失速度（B_c）であり，純生産分を考慮した実質的な消失速度（B_p）ではより大きな金額となり，さらに赤潮発生時には上述したようにこの数倍の機能を持つためこの数字はきわめて控えめな値である．さらに下水道施設は維持管理の費用が発生するが，干潟からは，逆に漁獲による収益が定期的に見込まれることも忘れてはならない．一色干潟域のある西三河地区のアサリ漁獲量は約1万1000tであり，他海域からの移植放流分を除けば約5500t程度と推測されるので，仮に500円/kgとすると毎年27.5億円程度の水揚げになり，これを利息と考えれば資本還元利子率を仮に1％とした場合，干潟域は2750億円の資産価値を持つこととなる．

この比較で注意すべきことは，下水道処理施設は化石エネルギーを使用した有機物高濃度少量排水の集約的処理を前提としている点である．干潟域の水質浄化機能は人為的エネルギーを使用せず，潮汐エネルギーで大量かつ短時間に有機物低濃度海水を処理しているため，上記の費用で同様な機能を実現できるものではない．地球温暖化に対応するための低炭素社会の実現という視点においても干潟域の水質浄化機能を維持することは重要である．

5-2. 湾口の海水交換速度と対比した生物的海水ろ過速度の評価

湾内からの懸濁物の除去能力という視点で，マクロベントスによる生物的な海水ろ過速度を湾口における物理的な海水交換速度と対比してみた例がある．

三河湾の成層期は密度流循環が卓越しその速度は観測によれば1169m^3/秒〜2630m^3/秒とされている．ちなみに数値模擬実験では，成層期の恒流は風向により1600m^3/秒〜2600m^3/秒の上出下入と計算されており，両者はよく一致している．一方，一色干潟単位面積当たりの海水ろ過速度は，3.4m^3/m^2/日〜5m^3/m^2/日と求められている．ろ過食性マクロベントス現存量の高い干潟およびその周辺の潮下帯を含む一色干潟域を約10km^2とすると，成層期の海水交換速度の15〜50％に相当する．三河湾全体面積の1.7％に過ぎない一色干潟域だけでもその生物的ろ過は物理的海水交換に匹敵する値となる．面積と機能は単純な比例関係にはなく，干潟域は狭くても湾全体の物質循環に大きな役割を果たしている．

6 ▶ 干潟域の喪失は内湾をどう変えたか？

ここまでは干潟域が持つ水質浄化機能の定量的評価方法やその測定例およびその経済的評価について述べるととともに，干潟域が湾全体の物質循環に大き

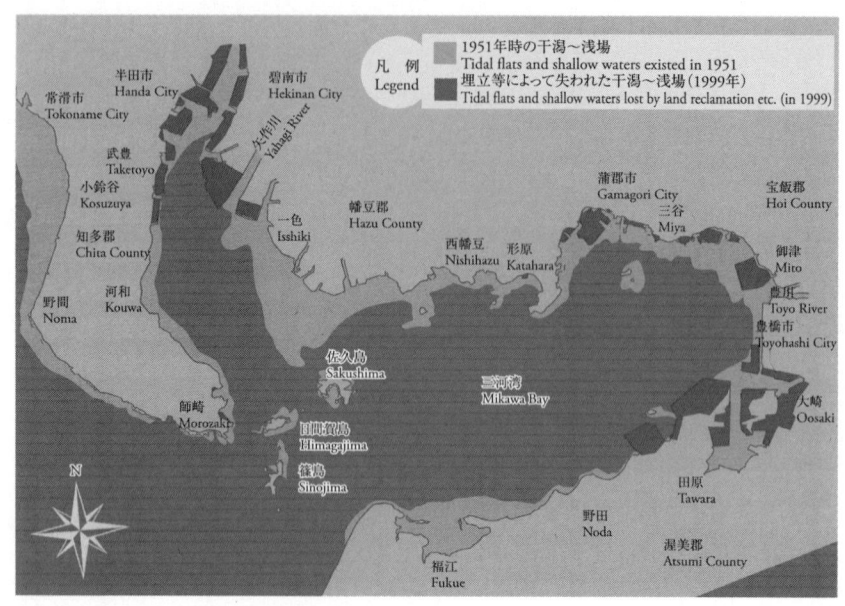

図4-12 三河湾における干潟・浅場の変遷（国土交通省中部地方整備局資料）

な影響を与えていることを解説した．次に視点を変え，埋め立てなどによる干潟やその周辺の浅場の喪失が湾全体の水質環境にどのような影響を与えたのかを埋め立てが進んだ三河湾を例に紹介する．

6-1．三河湾の貧酸素化の原因は干潟域の喪失

　三河湾は日本の中央に位置し，面積604km^{2}で，伊勢湾の約3分の1，東京湾の6割ほどであり，平均深度は9.2mと浅く，知多湾に注ぐ矢作川，渥美湾に注ぐ豊川の両河口域にはそれぞれ干潟域が発達している．三河湾は愛知県の名称の由来とも言われている「あゆち潟」と称されたようにこれら干潟域をはじめとする広大な浅場の存在が特徴であるが，埋め立てにより近年，干潟・浅場が大きく減少している（図4-12）．

　三河湾の最も深刻な環境問題は夏季の貧酸素水塊の発生であり，底生生物が生息できない溶存酸素飽和度30％未満の海域が湾全域に広がる時もある．底層の貧酸素化は陸域からのN，P流入負荷の増大と，湾口が狭く，奥行きが広いという湾そのものの地形的特徴に起因する富栄養化現象であるとされているが，後述するように三河湾の急速な赤潮発生の拡大やそれに伴う貧酸素化は，

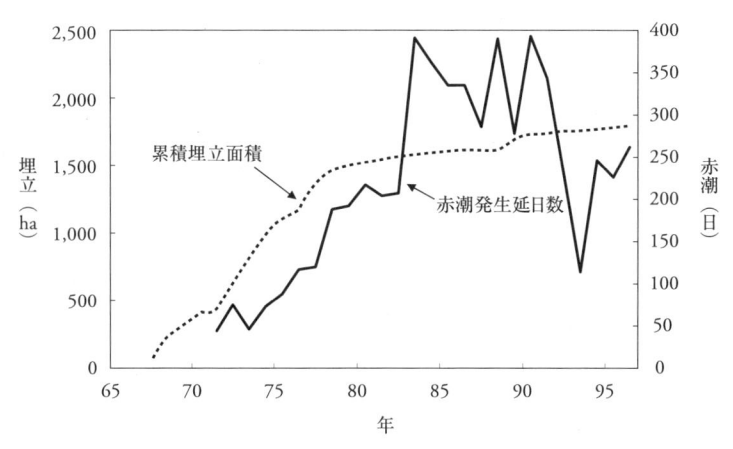

図 4-13 三河湾の赤潮発生状況と三河湾東部における累積埋立面積

三河湾集水域からの流入負荷の増加だけでは説明できない．周年を通じた湾全体の窒素収支の解析結果から，河川水流入により駆動されるエスチュアリー循環により湾口下層を通じて外海から三河湾に流入する栄養塩類が三河湾集水域からの流入負荷の3倍程度あることから，陸域流入負荷の変化だけが直接三河湾の物質循環に影響を与えるとは考えづらい．東京湾や大阪湾と比較して，流入負荷は相対的にかなり小さく，かつ，1985年以降三河湾に注ぐ一級河川からの流入負荷量は，現在すでに赤潮が多発し，貧酸素化が顕著になった1970年頃の水準にまで減少しているという試算もなされているにもかかわらず，貧酸素化が依然として顕著なことなども，単純な負荷単独原因説を支持しない．

詳細に見てみると，三河湾への N，P 負荷が大きく増加したのは，1950年代から60年代であり，この時期に透明度が低下した．しかし，赤潮の発生や底層の貧酸素化が進行したのは，70年代に入ってからであり，この時期は高度経済成長期で，三河港域内の臨海用地整備のための大規模な埋め立てが短期間に進行し，70年代の10年間だけで三河湾東部を中心に約1200haの干潟・浅場が失われた．図4-13に示すように赤潮が多発するようになったのは，この埋め立てと時期を同じくしており，夏季の貧酸素化も同時に進行した．

70年代に行われた埋め立てだけでアサリ漁獲量が約1万t減少した．この減少量は現在の愛知県全体のアサリ漁獲量とほぼ同じ量であることから，消失海面はきわめて二枚貝類が豊富な海だったことが推測できる．ろ過食性マクロベントスであるアサリの海水ろ過速度はアサリ軟体部含有窒素量当たり33.5L/gN/時程度と計算されている．わかりやすく言えばアサリ1個は1時間

に約1リットルの海水をろ過する．消失海面1200haは三河湾全体の2%であるが，そこに生息していた二枚貝類による生物的海水ろ過速度は，現在の一色干潟での単位面積当たりのろ過速度で計算すると，夏季の三河湾湾口における物理的海水交換速度の19〜43%，過去の漁獲量から現存量を補正したろ過速度では65〜145%に相当すると推定される．この推算はろ過食性マクロベントスによる海水ろ過機能の喪失は三河湾口が閉じた状態と同じ効果を持つことを意味している．河川や湾口下層から流入する栄養塩フラックスと入り口が狭く，奥行きが広いという地形的特徴に裏付けられた高い基礎生産をより高次の生物生産に転換する生物的制御ができなくなり，結果的に基礎生産が無駄に三河湾海底に沈降する結果，貧酸素化という水質環境の激変を惹起した可能性が高い．底生生物群集がその摂食活動により内湾水中のプランクトン群集や栄養塩濃度を変化させ，湾全体の物質循環にも大きな影響を与えているという海外での研究報告例があるが，三河湾は皮肉にも環境悪化の面からそのことを実証した例と言える．三河湾は本来，海水交換が小さいが，そのこと自体は二枚貝類を含む生物幼生を湾外に無効分散することを防ぎ，湾内に貯留するということと，その生存を保証できる豊かな餌料量を確保することで豊かな生物群集を保持するという機能を有していたが，それは干潟域という効率的な生物ろ過槽をつけた上で初めて機能したのであり，それを喪失したことによって水質が急速に悪化してきたと言えばわかりやすいかもしれない．

　また，湾奥の埋め立てが単にその場の水質浄化機能を喪失させただけではなく，湾全体の水質浄化機能を低下させた可能性が数値模擬実験から得られている．アサリの産卵時期である5月の流動場を再現した後，その流動場をベースに三河湾最大のアサリ生息域である一色干潟域の海底に置いたアサリ浮遊幼生を模擬した漂流粒子が2週間の浮遊期間を時間的に遡ることにより，どの海域から供給されたのかを推測した試みである．計算は流動場の異なる二つの期間で行われたが，結果はいずれのケースも主として湾奥の埋め立て海面付近に到達した（口絵28）．湾奥の埋め立てによる濃密なアサリ母貝群の喪失によって，湾内域への浮遊幼生の供給が大きく減少し，それによって湾内アサリ資源およびそれらによる水質浄化機能が影響を受けた可能性はきわめて高い．

6-2. 貧酸素化を契機とする水質悪化のスパイラル

　三河湾奥部の水深−2.5mから−4.5mの浅場で2ヵ月間連続して貧酸素化の進行過程と，それに伴う底生生物群集の変化を観測し，底泥と水中との窒素収支の変化を時系列で計算した研究結果がある．

計算結果を要約すると，貧酸素化により次のような現象が起こったと推測された．水深 5m より浅い浅場は，干潟以上に豊富な二枚貝類やゴカイ類により，海水中の有機懸濁物やそれら沈降物の除去能力（二次処理的機能）が高いところであり，また，光が底面まで到達し，付着藻類や海藻（草）類の生育によって無機態窒素の溶出が抑制されるため総窒素の除去能力（三次処理的機能）も高い．しかし，沖合底層の貧酸素化が拡大し，浅場にも影響し始めると，まず，二枚貝類による海水からの有機懸濁物の摂取や，ゴカイなどによる底泥表面の有機物の摂取が低下する．これら底生生物の活動低下は透明度の低下や有機物の底泥表面への堆積を促進し，結果として光合成による付着藻類の無機態窒素の吸収もきわめて少なくなる．二枚貝類などにより底泥に取り込まれる懸濁態有機窒素と泥中で生産された無機態窒素の水中への溶出との差し引きでみた総窒素の収支では，浅場は sink（除去）から source（負荷）に大きく変化してしまう．底生生物が豊富な水深 5m 以浅の浅場の 3 分の 1 が貧酸素水塊によって，底泥と水中との物質収支が変化を受けたと仮定すると，その海域では総窒素ベースで 11tN/日の除去から逆に 11tN/日の溶出となり，これは三河湾への流入負荷量 41tN/日の 27% 程度に相当する．逆に全く貧酸素水塊による影響を受けなければ，水深 5m 以浅の浅場全体では PON で 104tN/日の除去（sink）となり，これは流入負荷量の 2.5 倍に相当し，三河湾上層の夏季の平均的な基礎生産速度（厳密には new production）を 33tN/日とすると，これをも大きく上回る．ちなみに TN では 33tN/日の除去となり，これも流入負荷量の約 80% に相当する．この収支計算の結果は，水深 5m 以浅の浅場は高い浄化の場であり，栄養塩類の陸域からの流入や湾口境界下層からの流入により生じる高い内部生産を水中から除去するとともに，高次生物への転化や好気的な分解に移行させる能力を有しているが，埋め立てを契機としていったん貧酸素化が進行すると，一転，大きな負荷源に転じ，赤潮や貧酸素化にさらに拍車をかけるという負のスパイラルに陥ってしまうことを示している．

7 ▶ 内湾環境修復の方針と課題

7-1. 流入負荷削減は貧酸素化抑制に有効か？

　三河湾における栄養塩類のここ 30 年間の経年的な変化傾向を見ると，図 4-14 に示したように TN（総窒素），TP（総リン）は横ばいか，やや減少傾向で推移しているが，DIN（溶存無機態窒素），PO_4-P（リン酸態リン）はどちらも近年減少傾向にある．総窒素，総リンに占める溶存無機態窒素，リン酸態リン

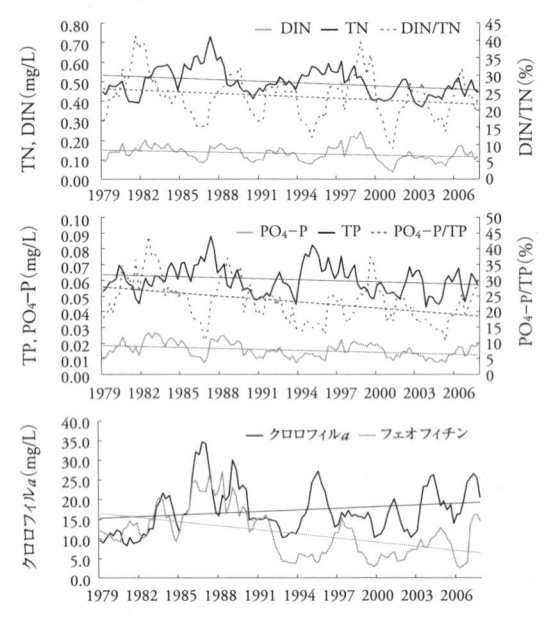

図 4-14 三河湾における栄養塩類及びクロロフィル a の経年変化

の割合（DIN/TN 比，PO_4-P/TP 比）もそれぞれ減少傾向にあり DIN/TN 比では30 年前に比べ 1〜2 割，PO_4-P/TP 比では 2〜3 割減少している．環境省資料によれば TN，TP の発生負荷量はこの間それぞれ 45％，64％減少しているが TN，TP が横ばいから微減で顕著な減少傾向にないことは総量規制による流入負荷削減の影響がややみられるものの，湾口下層からの流入フラックスが流入負荷の 3 倍程度大きいためと考えられる．問題は窒素，総リンに占める溶存無機態窒素，リン酸態リンの割合が減少しているということである．つまり裏返せば流入負荷の削減によって期待された貧酸素化の原因物質である懸濁態有機物は減少していない可能性があるということを示唆する．クロロフィル a の傾向を見ると近年 2〜3 割程度増加していることから懸濁態有機物の主体をなす植物プランクトンは減少ではなく逆に増加している．またその分解色素であるフェオフィチンが減少していることは植物プランクトンに対する動物による摂食圧が年々低下している可能性を示唆している．これらの水質変化を総合的に勘案すると，現在，三河湾海域の物質循環過程の中で懸濁有機態から溶存無機態への転換系が劣化しており，このまま負荷削減だけを継続しても，貧酸素化の抑制には効果的ではなく，逆に海藻（草）群落の縮小やノリなど漁業生産に

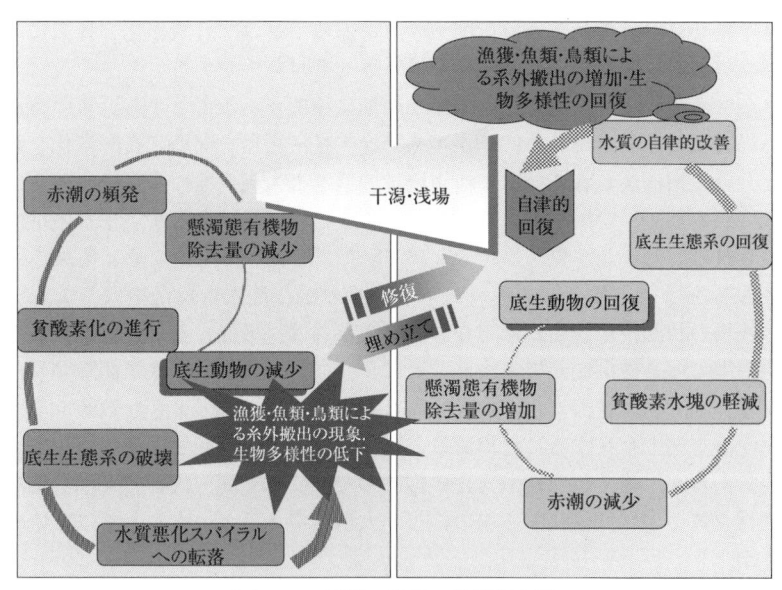

図 4-15　干潟・浅場の修復概念図

マイナスの影響をもたらすこともありうることが危惧される．

　近年，浮遊生態系と底生生態系を組み込んだ生態系モデルを利用して流入負荷削減による効果と干潟・浅場造成による効果について比較検討した研究事例が三河湾を対象海域として発表された．研究では河川負荷量の変化が三河湾の貧酸素水塊の根本的な原因になっているとは考えにくく，干潟・浅場の喪失とそれに伴うアサリなど二枚貝類資源の減少が，三河湾の貧酸素水塊形成の規模と関係していることが報告されている．

7-2. 干潟・浅場修復の必要性

　これまで紹介した一連の研究を整理すると，三河湾の貧酸素化の直接的な引き金となったのは干潟・浅場の喪失による水質浄化機能の低下であり，1970年以降の三河湾は貧酸素化による水質悪化のスパイラルから脱却できない状況にあるということである．したがって健全な生態系を回復させるためには，図4-15に示すように埋め立てを契機とした貧酸素化による水質悪化のスパイラルを脱し，生物的機能による自律的な回復軌道（水質改善のスパイラル）に復帰させることが重要となる．そのためには残存干潟域の保全はもちろん，貧酸素の影響を受けない大規模な干潟・浅場造成が必須である．このような海域環境

の修復無しに，対策が流入負荷削減のみに偏ることは，貧酸素化の軽減に効果的でないばかりでなく，漁業生産を低下させる可能性がある．

さらに河川流量と貧酸素化の規模との間に相関があることから近年の利水規模の増大による河川流量の低下がエスチュアリー循環を弱め，貧酸素化を助長したという指摘がされている．河川流量の低下と大規模埋め立ては同時期に起こっているため，要因を歴史的に検討することは困難であるが，正しい指摘と推察される．しかし，仮にエスチュアリー循環を回復させるために海域への流入淡水量を今後増加させて，湾口下層からの溶存酸素供給が増大しても，干潟・浅場の状態が修復されず現在のままであれば，増加する栄養塩供給により湾内上層での基礎生産が増大することによって，下層への有機物沈降フラックスが増加し，逆に貧酸素化が拡大する可能性もある．そのような数値シミュレーション例も存在する．河川流量の回復は河川や河口域生態系の回復に当然必要であるが，湾全体の貧酸素化の抑制のためには干潟・浅場のような懸濁態有機物を速やかに無機化する場の修復が大前提であるということではないのだろうか．

7-3. 環境修復事業実現の経緯

三河湾では，1998年より2004年にかけて図4-16に示すように39ヵ所，合計600haの干潟・浅場造成事業が行われたが，これは，貧酸素化による水産資源の減少に危機感を抱いた愛知県漁業協同組合連合会（県漁連）の強い要望により実現したものである．県漁連は1996年，1997年と2ヵ年にわたり，大学，研究機関，水産系統団体，民間企業の委員や水産試験場も含めた県関係部局のオブザーバーからなる独自の研究会を設け，漁場環境修復策を検討した．その中で様々な修復策が論議されたが，干潟・浅場の造成が最も合理的かつ効果的であるとの結論をまとめ，その造成規模も1000ha以上が必要と記述した．しかし，当初その実現は砂の確保の面から困難視されていたが，三河湾湾口部中山水道航路の浚渫により発生する大量の砂（620万m^3）を三河湾の環境改善に資する内容の合意が国と県漁連との間でなされ，干潟・浅場造成による三河湾の環境修復が国，県（水産課，港湾課）の連携事業により実現することになった．

西三河地区

〜直轄〜
- 東幡豆地区： 55,500m²
- 吉良地区 ：219,100m²
- 衣崎地区 ：288,200m²
- 栄生地区 ：222,100m²
- 西尾地区 ： 20,000m²
- 佐久島地区：170,500m²

〜港湾課〜
- 西幡豆地区： 56,000m²

〜水産課〜
- 東幡豆地区： 99,200m²
- 吉良地区 ： 92,100m²
- 吉田地区 ：160,600m²
- 衣崎地区 ： 49,500m²
- 一色地区 ：586,200m²
- 西尾地区 ：474,800m²
- 味沢地区 ： 72,100m²
- 栄生地区 ：144,200m²
- 佐久島地区： 19,900m²

合計：2,730,000m²

東三河地区

〜直轄〜
- 御津地区： 48,000m²
- 西浦地区：120,700m²
- 三谷地区： 900m²

〜港湾課〜
- 御津地区： 94,900m²
- 大塚地区：219,600m²
- 三谷地区：451,200m²
- 形原地区：314,600m²
- 蒲郡地区：547,200m²
- 知柄地区： 20,000m²

合計：1,817,100m²

知多地区

〜直轄〜
- 日間賀地区：232,000m²
- 篠島地区 ： 49,800m²
- 大井地区 ： 1,100m²

〜水産課〜
- 美浜地区 ：284,400m²
- 大井地区 ：158,700m²
- 豊丘地区 ：167,000m²
- 片名地区 ： 6,500m²
- 日間賀地区： 67,800m²

〜港湾課〜
- 豊丘地区 ： 56,800m²
- 師崎地区 ： 34,200m²
- 日間賀地区： 28,900m²

合計：1,087,200m²

渥美地区

〜直轄〜
- 田原地区：118,500m²
- 福江地区：217,700m²

〜港湾課〜
- 田原地区： 36,600m²

合計：372,800m²

- ● 2004年まで直轄施工箇所（一般海域　14ヵ所）
- ● 2004年まで愛知県水産課施工箇所（第一種共同漁業権内　15ヵ所）
- ○ 2004年まで愛知県港湾課施工箇所（港湾区域内および漁港区域　10ヵ所）

- 直轄施工箇所総面積：1,764,100m²
- 水産課施工箇所総面積：2,419,600m²
- 港湾課施工箇所総面積：1,823,400m²
- 三河湾全体施工箇所総面積：6,007,100m²

図4-16　三河湾環境修復事業の地区別・機関別施工数量（国土交通省中部地方整備局資料）

第2節　干潟の水質浄化機能とその再生

8 ▶ 今後の課題

　全国的にアサリ漁獲量が激減する中で三河湾を主漁場とする愛知県においては増加傾向にあり，2007年度の漁獲量は1万3638tで全国の38%を占めている．これは湾口が狭く浮遊幼生が外海に無効分散する確率が低いことや，減少しているとはいえ干潟・浅場が湾内各所に存在していることによる幼生供給ネットワークの存在がある．さらに豊川や矢作川河口域のアサリ稚貝の発生海域の保全と漁業者による活発な移植放流活動，および上述の干潟・浅場の大規模造成や無酸素水の無限発生装置化している過去の浚渫土砂採取跡の埋め戻しなど，環境修復事業の実施も大きく寄与していると考えられる．

　貧酸素化の抑制にとって陸域負荷のさらなる削減が効果的なのか，干潟・浅場・藻場造成や浚渫窪地修復による海域の水質浄化能力の回復が効果的なのか，といった議論に結論は出ているわけではないが，本節で述べた様々な理由から，干潟浅場造成などの海域の水質浄化能力の回復により重点を置くことがより経済的かつ合理的な環境改善手法ではないかと考えている．三河湾の例ではあるが，全国の類似内湾の環境管理上重要な課題であろう．

謝辞

　本稿執筆にあたり，愛知県水産試験場漁場環境研究部研究員や共同研究者の諸兄はじめ，干潟域のボックスモデル解析については元中央水産研究所海洋生産部の佐々木克之・松川康夫両博士に，干潟生態系モデル解析については東海大学海洋学部の中田喜三郎博士に多くの助言をいただいた．また図表の一部は㈱日本海洋生物研究所の今尾和正博士，㈱いであの畑　恭子博士にご提供いただいた．ここに記して感謝する次第である．

第3節　外来魚問題と内水面漁業

1 ▶ はじめに

　21世紀は環境の時代と言われる．人類による自然への干渉や操作が無計画に進められてきたために，私たちを取り巻く自然環境が著しく損なわれ，いつしか取り返しのつかない程度にまで悪化してしまっている．とりわけ私たちに最も身近な自然である内水面の現状は厳しい．

内水面とは聞きなれない言葉である．ひとことで言えば淡水面，すなわち湖沼や河川のことである．厳密には，農林水産大臣が漁場管理を目的に指定する公共水面を指す．不思議なことに，琵琶湖，霞ヶ浦，北浦のような広い湖は，水産行政の上では海面として扱われてきた．しかし外来魚問題を論じるとき，淡水面を代表する琵琶湖，霞ヶ浦，北浦を取り巻く環境について内水面と切り離して語ることはできない．ここではこれらの湖を含め，水辺における外来魚の現状と，淡水漁業が抱える課題について考えたい．

2 ▶ 淡水魚を取り巻く環境

　内水面漁業の主な対象は言うまでもなく淡水魚である．しかし，日本列島に分布する淡水魚を取り巻く環境は厳しい．わが国の水辺の自然環境は明治維新以降しだいに悪化を続け，その傾向は，第二次世界大戦後に加速し，高度成長期に頂点に達している．環境省が2007年に公表した最新版のレッドリストには，絶滅種，絶滅危惧種，準絶滅危惧種を合わせて，計174種もの淡水魚が掲載されている（環境省，2007，ウェブサイト）．日本の在来淡水魚の種数は約300，リストに掲載された淡水魚の種類総数は日本の在来淡水魚の実に半数を超えることになる（川那部ほか，2002）．この比率は，昆虫や植物など他の分野と比較しても，圧倒的に高い．日本経済の発展のために，多くの在来淡水魚が犠牲になっているのである．

　これほどまでに淡水魚が減少してしまったのはなぜだろうか．環境省は野生生物の存続を脅かす原因を28項目挙げている（環境省，2003）．種類ごとに減少の理由が細かく異なっているが，直接的であろうが間接的であろうが，どの理由も根幹には人の活動がある．それゆえ環境悪化の原因のほとんどが人類の活動にあると言ってもよいだろう．アメリカの魚類学者モイル博士は，在来淡水魚の多様性と資源を脅かす主な要因として，外来種，生息地の改変，水質汚染，乱獲，の四つを挙げている（Moyle et al., 1986）．なかでも外来種の侵入は，生物多様性（biodiversity）にとって最大の脅威と強調している．なぜなら，外来種がいったん定着してしまうと，在来種の絶滅など生物多様性にとって不可逆的な変化を起こし，回復が非常に困難であるからである．特に，内水面のような閉鎖的環境に侵略的外来魚が侵入すると，逃げ場のない小型の在来魚の絶滅リスクは高くなる．事実，わが国ではブラックバスが内水面資源に与える影響は甚大で，被害防止と駆除は今や克服すべき国家的課題となっている．

―― 外 来 魚 ――
国外外来魚　　　　　　　　　　国内外来魚

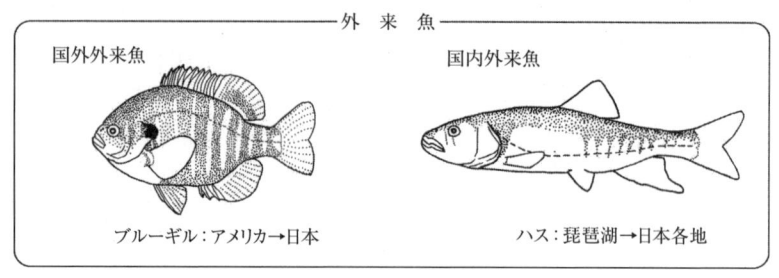

ブルーギル：アメリカ→日本　　　ハス：琵琶湖→日本各地

図 4-17 外来魚の区分．日本国内から他地域へ移殖される淡水魚も外来魚と呼ぶべきである．

3 ▶ 外来魚とは

　外から入り込んできた生物に対する名称は様々で，外来種（alien species），侵入種（invasive species），導入種（introduced species），非在来種（non-native species）などがある．用語は，人間の価値観によって自在に使い分けられる．外来種問題に積極的に取り組んでいる国際自然保護連合は，侵入種を自然または半自然地域に定着した外来種で，生物多様性を変え脅かすものと定義している（Clout, 1996）．一般に，外来種と呼んでいる生物は侵入種と同義と考えてよい．ただし，農業における栽培種と飼育種，それに水産業における養殖種も外来種と呼ぶことはできない．なぜなら，これらはいずれも人の管理下にあるため，自然生態系との接点は少なく，むやみな増殖を制御することが可能であるからである．一方，自然生態系へそのまま放たれる種苗放流は，外来種の導入と同じ効果をもたらす危険性がある．漁業は野外の自然生態系に依存して行われる以上，漁業を持続的に進めるためにも自然生態系を根本的に損なってはならないはずである．だから種苗放流は常に慎重であるべきである．

　外来魚（alien fish）は文字通り外来種の魚類を示す．外来魚といえば，私たちはすぐに外国から持ち込まれた魚類を連想するが，外来魚はかならずしも外国から来たものだけとは限らない．在来の淡水魚に国境があるはずもなく，問題となるのは彼らの生活圏の内か外かである．したがって，日本国内であっても本来の生息場所を越えて人為的に移殖される淡水魚も外来種と呼ぶべきである．私は外来魚を便宜上，外国に由来する国外外来魚と日本の他の地域から来た国内外来魚に分けている（図4-17）（細谷，2001）．国外外来魚は，意図的・偶発的を問わず，明治時代以降，諸外国よりわが国の淡水域に多くの魚種が移殖されてきた（丸山ほか，1987）．そのうち，わが国の自然水域に長期にわた

表 4-7 日本に自然繁殖している国外外来魚

和名	学名	原産地	定着地	侵入・移殖年代	備考
サケ科					
カワマス	Salvelinus fontinalis	アメリカ東部	本州中部以北	1902	
レイクトラウト	S. namaycush	カナダ	中禅寺湖	1966	
ニジマス	Oncorhynchus mykiss	アメリカ西部	北海道	1877	
ブラウンマス	Salmo trutta	北ヨーロッパ	本州中部以北	昭和初期	
シロマス科					
シナノユキマス	Coregonus lavaretus maraena	東ヨーロッパ	長野県	1975	
コイ科					
ギベリオブナ	Carassius gibelio	中国	霞ヶ浦	1980 年代	放棄
ソウギョ	Ctenopharyngodon idellus	〃	利根川水系	1943	
アオウオ	Mylopharyngodon piceus	〃	〃	〃	混入
コクレン	Aristichtys nobilis	〃	〃	〃	〃
ハクレン	Hypophthalmichthys molitrix	〃	〃	〃	〃
パールダニオ	Danio albolineatus	東南アジア	沖縄島		
ゼブラダニオ	Danio rerio	〃	沖縄島		
タイリクバラタナゴ	Rhodeus ocellatus ocellatus	中国	日本全国	1943	混入
オオタナゴ	Acheilognathus macropterus	〃	霞ヶ浦・利根川水系	1990 年代	〃
ドジョウ科					
カラドジョウ	Misgurnus mizolepis	韓国・台湾	埼玉県・長野県・香川県・山口県ほか	1960 年代	混入
ヒメドジョウ	Lefua costata	中国・韓国	山梨・長野・富山・和歌山		〃
アメリカナマズ科					
チャネルキャットフィッシュ	Ictalurus punctatus	北中米	関東・中部・近畿	1971	逸出
ヒレナマズ科					
ヒレナマズ	Clarias fuscus	台湾	石垣島	1960 年代	
ロリカリア科					
マダラロリカリア	Liposarcus disjunctives	アマゾン川	沖縄島	1991	放棄
カダヤシ科					
カダヤシ	Gambusia affinis affinis	北米	関東以南	1916	
グッピー	Poecilia reticulata	南米	各地の温泉・琉球列島・小笠原諸島	1970 年代（沖縄島）	
コクチモーリー	P. sphenops	中米	北海道白老町の温泉		
ペヘレイ科					
ペヘレイ	Odonthestes bonariensis	南米	相模湖・霞ヶ浦	1966（相模湖）	
サンフィッシュ科					
オオクチバス	Micropterus salmoides	北米	日本全国	1925	
コクチバス	M. dolomieu	〃	本州中部	1990 年代	
ブルーギル	Lepomis macrochirus	〃	日本全国	1960 年代	
カワスズメ科					
モザンビークティラピア	Oreochromis mossambicus	アフリカ	各地の温泉・琉球列島・小笠原・父島	1954	
ナイルティラピア	O. niloticus	〃	各地の温泉・池田湖	1962	
ジルティラピア	Tilapia zillii	〃	〃	1962	
ゴクラクギョ科					
チョウセンブナ	Macropodus chinensis	朝鮮半島	本州各地	1914	逸出
タイワンキンギョ	M. opercularis	台湾	高知（絶滅）	1897?	
タイワンドジョウ科					
タイワンドジョウ	Channa maculata	台湾	近畿地方・琉球列島	1906（近畿地方）	
カムルチー	C. argus	朝鮮半島	日本全国	1923	
コウタイ	C. asiatica	台湾	石垣島・大阪府		
タウナギ科					
タウナギ	Monopterus albus	台湾	関東・近畿	1890年代（奈良県）	逸出

網掛けは特定外来種

り繁殖しているものは30種を超え，その種類数はわが国の淡水魚総数の約10分の1にも及ぶ（表4-7）（細谷，2001）．これには，ソウギョ，ハクレン，タイリクバラタナゴのような中国産コイ科魚類や，ブラックバスやブルーギルなど北米産サンフィッシュ科魚類も含まれる．国内外来魚では意図的に移殖されたものもあるが，ハスのように琵琶湖のアユの種苗に紛れ込んで偶発的に広がった魚種が多い．現在，関東や東北地方に生息するモツゴやナマズは，稲作文化に伴い西南日本から二次的に侵入してきた国内外来魚の可能性がある．

環境省は「特定外来生物による生態系等に係わる被害の防止に関する法律」を2005年6月1日に施行し，外来種を積極的に防除する方針を打ち出した．いわゆる特定外来種法のことである．ブラックバスがとうとう特定外来種に指定された．特定外来種は，飼うことはもとより，他地域に放流したり運搬したりすることが禁止され，違反すると厳しく罰せられる．もうこれ以上日本の水域を侵略させないという思いがこめられている．

4 ▶ 外来魚が与える影響

水圏生態系では外来種はどのような負の効果をもたらすのであろうか．外来魚が在来水生生物に与える影響は，生態的影響，遺伝的影響，病原的影響，および未知の影響の四つに大別できる（図4-18）（細谷，2001, 2006a）．

4-1. 生態的影響

外来魚がもたらす生態的影響のなかで最も典型的なのは食害である．私たちは，外来魚の食害によって数多くの固有淡水魚が壊滅状態に陥った事例をいくつも知っている．代表的な例にアフリカの"ヴィクトリア湖の悲劇"がある（Goldschmidt, 1999）．ヴィクトリア湖にはもともと強力な肉食魚はいなくて，フル（furu）と呼ばれる小型シクリッド類（カワスズメ類）がいた．その数は500種を超え，多くが未記載種（新種）である．一つの祖先種が数万年という短い間に様々な種に適応放散したと考えられ，進化研究の恰好の場であった．そのため，ヴィクトリア湖は"ダーウィンの箱庭"と呼ばれていた．ところが，オランダ人商人が増殖目的に1954年から数回にわたり隣接するアルバート湖からアカメ属（*Lates*）の魚食魚ナイルパーチを移殖した．その結果，ヴィクトリア湖では，わずか30年間に200種のフルが絶滅している．さらに，ナイルパーチの移殖をきっかけに，湖内では生態的地位をめぐる魚種の交代が起こり，魚種構成もきわめて単純なものに変わってしまった．

生態的影響
　種間競争
　食害

病原的影響
　寄生虫の持ち込み
　病原菌の持ち込み

外来魚

遺伝的影響
　遺伝的汚染
　雑種不稔
　在来種の表現型の改悪
　在来種の適応価の減退
　繁殖力の低下
　品質・経済的価値の劣化

未知の影響
　フランケンシュタイン効果

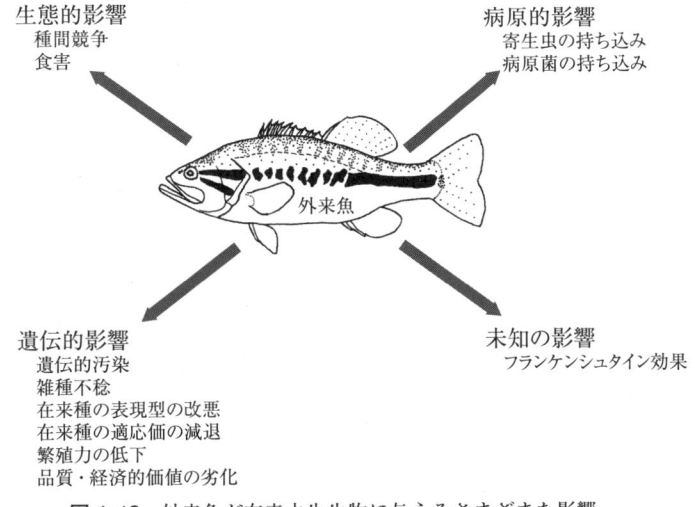

図 4-18　外来魚が在来水生生物に与えるさまざまな影響

　一般に，食物連鎖の頂点に立つ肉食魚は，栄養段階の低い草食魚や雑食魚の個体数を制御する．しかし，在来の肉食魚であれば餌魚を食いつくすことはなく，むしろ餌魚の減少そのものが肉食魚の個体数にフィードバックされる．このような相補的関係は喰う−喰われる関係と呼ばれる．外来魚が肉食性の場合，はたして餌となる在来魚との間で生態学的バランスが保たれるかいなか，全く予想がつかない．

4-2. 遺伝的影響

　在来種は，近縁な外来種が移殖されるとしばしば交雑する．一般に，在来種と外来種がたがいに生殖的に隔離していれば，遺伝子や染色体の不整合が原因で，雑種の多くは不稔雄となる．これらの不稔雄が繁殖行動に加わると，在来種の繁殖効率は自ずと低下する．反対に，在来種と外来種の隔離が緩やかであると，雑種は雌雄とも生じて何回も親種と戻し交配を繰り返すだろう．もし，外来種が在来種より繁殖力と適応力が優れていれば，在来種や中間の形態を備える雑種は世代ごとに淘汰され，やがては純粋な外来種の形態だけを備えた個体群だけとなる．世界的に最もよく知られているのは，カリフォルニア州・モハベ川のチュイ・チャブ *Siphatales mohavensis* の例である．チュイ・チャブはコイ科ウグイ亜科に属するモハベ川の在来種である．外来種アロヨ・チャブ *Gila orcutti* との交雑により激減し，現在ではアロヨ・チャブの形態を備えた個体ば

かりになってしまったという (Hubbs and Miller, 1942).
　西南日本の止水域で進行しているニッポンバラタナゴ *Rhodeus ocellatus kurumeus* からタイリクバラタナゴ *R. ocellatus ocellatus* への置換も全く同じ仕組みによるものと考えられる．ニッポンバラタナゴはタイリクバラタナゴが侵入してくると容易に交雑してしまう．いわゆる遺伝的汚染である．

4-3．病原的影響

　外来魚の移殖を実施するとき，水産研究者であればだれでも在来の生物群集に与える影響を予想するだろう．しかし多くの場合，有用魚の被捕食ばかりに目を奪われてしまう．私たちが見逃しやすいのは，移殖という行為によって，放流個体に潜む病原菌や寄生虫が移殖先で無抵抗の個体に水平感染し，在来の集団を脅かすことである．京都府宇治川でとれたオイカワの寄生虫は約半数が外来種で占められていることが報告されている．アユの冷水病については，北米産ギンザケの種苗導入やそれに続く湖アユの種苗放流に問題があるとも言われている．

4-4．未知の影響

　外来魚を特徴づける最大の脅威は，移殖先で何をしでかすか分からない未知の影響にある．このような予想不能な影響はフランケンシュタイン効果と呼ばれている (Moyle et al., 1986).
　在来の水圏生態系は，私たち一人一人の生体に例えることができる．生体内では，様々な臓器が血液やホルモンを通じ互いに協調し，全体として個体の恒常性を維持している．個々の臓器にそれぞれ固有な役割があり，どれ一つも欠かすことができないのは，生態系を構成する生物種と同じである．異物が侵入し限界を超えるまで数を増やしてしまうと，やがてバランスを失い，系全体が崩壊する点でも両者は似ている．在来の水圏生態系も生体も，進化という長い時間をかけ巧みな調節機構を獲得した点では変わりはない．日本の在来淡水魚を後世に伝えるためには，生物多様性に変更を加えずまとめて保全することが前提となる．
　バス釣り団体など外来魚を導入したい人たちは，移殖がなぜいけないのか，科学的データを求めることが多い．外来魚の影響を予測・評価するには100年，200年にわたる継続した調査が必要である．十分なデータに基づいて科学的に予測することはきわめて困難である．一見，合理的に見える要求も，実際にはなんら現実味のないことを知るべきである．外来魚問題の本質は，外来魚が在

来淡水魚に与える影響を予測・評価することではなく，外来魚の侵入をいかにくい止めるかにある．だからこそ予防原理・原則はそのために適用される（細谷，2001）．

5 ▶ ブラックバスによる影響

　田園地帯へ出かけると，最近までタナゴ類やモロコ類などの在来魚がたくさん生息していた池が，いつの間にかブラックバスとブルーギルの池に変わってしまった現象をよく目にする．日本を代表する琵琶湖においてさえ，釣れるのは外来魚ばかり．いったい日本の湖沼で何が起こっているのであろうか．

5-1. ブラックバスの分類

　一般に，わが国でブラックバスと呼ばれる魚は単一種ではなく，これには複数の種や亜種が含まれている．さらに，近年，ブラックバスに加えて様々なバスがアメリカから移殖され，和名表記などに混乱が生じている．現在，わが国で見られるバスと呼ばれている種類はどれもスズキ形の体形を備え魚食性である点で共通するが，生態や系統は異なる．バス問題を正確に理解するためには，対象となる個々のバスの分類学的位置を知っておかなければならない．

　ブラックバスはどれもサンフィシュ科 Centrarchidae に属している．サンフィッシュ科の原産地はアメリカ東部で，一生を淡水域で過ごすいわば淡水のスズキで，どの種もオス親が卵稚仔を保護する点で共通する．このグループには4属があり，ブラックバスもブルーギルもその一員である．ブラックバスにはオオクチバス *Micropterus salmoides* とコクチバス *M. dolomieu* がある．さらにオオクチバスはノーザンバス *M. salmoides salmoides* とフロリダバス *M. salmoides floridaensis* の2亜種に細分される．日本でのノーザンバスの分布域は広く，その中の一部の水域にフロリダバスが後から追加放流されている．同種別亜種の関係にある両者は互いに交配するので，重複分布域では交雑個体群を形成している（北川ほか，2000；北川ほか，2005）．ノーザンバスとフロリダバス，それに両者の交雑型は鱗の数にわずかな差があるくらいで，外見で区別することはできない．だから種のレベルで全部をまとめてオオクチバスと呼んでいる．これとは別に，スズキ科 Moronidae のストライプトバス（シマスズキ）*Morone saxatilis* が東京湾や霞ヶ浦から報告されている（ムシカシントーン，2002；自然環境研究センター，2008）．ストライプトバスにはアメリカで交雑育種によって釣魚用に作り出されたサンシャインバス *Morone* sp. も含まれているようである．

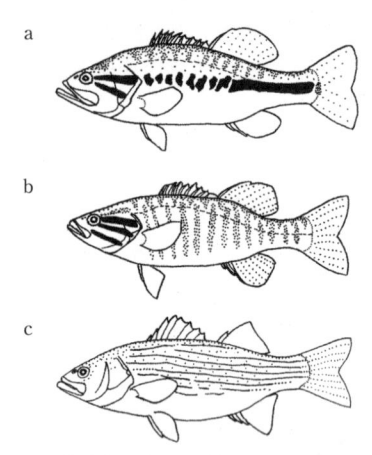

図 4-19 日本に移殖されたバス類．a：オオクチバス *Micropterus salmoides*，b：コクチバス *M. dolomieu*，c：ストライプトバス（シマスズキ）*Morone saxatilis*

　これらの魚種はもともと汽水魚であるので，淡水でも海水でも棲める利点があり，現在，台湾で積極的に養殖されている．以上，わが国に現在見られる外来バス類は，オオクチバス，コクチバス，およびストライプトバスの3種類に整理できる（図4-19）．
　このように様々なバスが日本に持ち込まれた理由は，バス釣師たちが日本中の水域でより大型のバスを釣りたいという要求を満たすため，いく度となく外国から移殖したからである．いずれも強い魚食性を示し，日本在来の淡水魚を地域的に絶滅させている．

5-2．生物学的均一化

　わが国は島国でありながらも多くの淡水魚が生息し，その数は優に300種を超える（川那部ほか，2002）．それぞれの種は均一に分布しているのではなく，複雑な地形によってルーツや生態が異なる淡水魚が各地で隔離され，地域特有の淡水魚相を形成している．そのため，いくつもの生物地理境界線が存在する．日本本土の淡水魚相は，大小様々な境界線によって25の地域に分けられる（Watanabe, 1998）．この地域性こそ在来生態系の原風景であり，日本の淡水魚の固有性と多様性を生じる原因となっていた．
　ところが，今，私たちの想像を超えるスピードで在来生態系の原風景は消滅している．京都市深泥ケ池では過去30年の間に魚類相が一変している（表4-

表 4-8 京都市深泥ケ池における魚類相の変遷

魚種名	調査：	1972	1977	1979	1985	1997	1998	1999	2000
コイ		○	○	○	○	○	○	○	○
ギンブナ（オオキンブナを含む）			○	○	○	○			
ゲンゴロウブナ			◎		◎		◎	◎	◎
タモロコ		○	○	○					
ホンモロコ			◎						
モツゴ			○	○	○		○	○	○
オイカワ			○	○					
カワムツ			○						
カワバタモロコ			○	○	○				
シロヒレタビラ			○						
タイリクバラタナゴ			●	●					
ニッポンバラタナゴ		○							
ドジョウ		○	○	○	○		○	○	○
ホトケドジョウ		*○							
ナマズ							○	○	○
メダカ		○	○	○					
カダヤシ					●	●	●	●	●
オオクチバス				●	●	●	●	●	●
ブルーギル				●	●	●	●	●	●
トウヨシノボリ		○	○	○	○	○	○	○	○
ドンコ		○	○						
カムルチー		●	●	●			●	●	●
種類総数		14	15	13	9	6	10	10	10
在来種数		13	11	9	5	3	5	5	5
在来種率（%）		92.9	73.3	69.2	55.6	50.0	50.0	50.0	50.0
外来種数		1	4	4	4	3	5	5	5
外来種率（%）		7.1	26.7	30.8	44.4	50.0	50.0	50.0	50.0

細谷（2001）に竹門康弘博士の情報を追加．
○在来種，◎国内外来種，●国外外来種．
* 深泥ケ池に注ぐ細流での採取．

8）（細谷，2001，2006a）．深泥ケ池は高層湿原で，市街地に隣接するにもかかわらず水生植物の遺存種が多く残っていることで有名である．淡水魚についても同様で，その在来種率（在来種の占める割合）は 1972 年の段階で 92.9% であった．この時点での魚類相は，朝鮮半島からの外来魚カムルチーを除けば，西南日本の池の原風景を代表していると思われ，それを特徴づける魚種はギンブナ，モツゴ，カワバタモロコ，ドジョウ，メダカ，トウヨシノボリと考えられる．

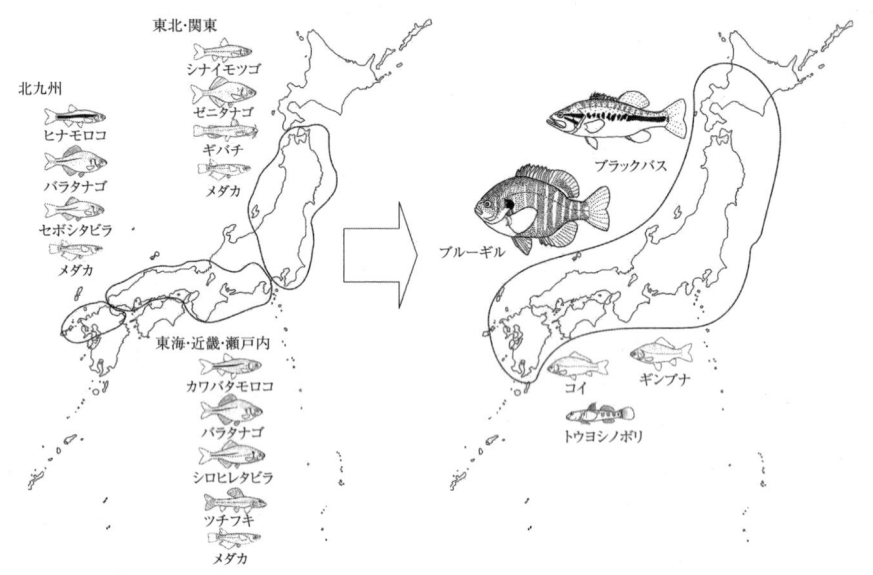

図4-20 池沼への外来種侵入に伴う生物多様性喪失と生物学的均一化

　当時，深泥ケ池にはニッポンバラタナゴが生息していた．5年後にはタイリクバラタナゴが出現し，交雑が起こり，ニッポンバラタナゴに絶滅への道が開かれてしまった．タイリクバラタナゴは，国内外来魚のゲンゴロウブナの種苗に紛れ込んでいたのかもしれない．1985年には蚊の退治を目的にメダカの強敵，カダヤシが行政により導入されている．一方，オオクチバスとブルーギルは1979年に同時に初記録された．これ以降，種類総数は約10種に減少し，在来種率も半減している．

　現在の深泥ケ池の魚類群集はほとんどの在来種が消えてしまい，オオクチバスとブルーギル，彼らのエサとなるトウヨシノボリがいて，それにわずかにギンブナやコイの大型個体が加わるという構成に変わってしまった．外来魚を主体とした貧弱な魚類相への収斂，すなわち原風景の消滅は，東北から九州までの池沼において進行している．日本ばかりか，スペイン，南アフリカ，それに原産国のアメリカにおいてさえ，東部から西部にバスとギルが移殖された結果，同様な現象が起こっている（Whittier and Kincaid, 1999）．外来種が侵入すると在来種は消滅し，在来の生物相は個性を失い，どこでも似たような単純な生態系に変わる．このような現象は生物学的均一化（biotic homogenization）と呼ばれ，生物多様性喪失の典型事例といわれている（図4-20）（Rahel, 2002）．

6 ▶ 生物多様性保全と内水面漁業

　大きな河川や湖沼では，内水面での漁業を対象とする第五種共同漁業権が設定されている．内水面漁業協同組合には漁業権魚種を増殖する義務があり，その見返りに釣師から遊漁料を徴収することができる．内水面における増殖の最も一般的な方法は"種苗放流"で，種苗が地付きの個体群から生産されることは少ない．多くは仕立て業者から購入した他地域産の種苗が放流されている．国内外来魚の種苗放流はまさに意図的導入の典型と言える．このようにブラックバスなどの国外外来魚で代表される外来種問題が，伝統的に種苗放流に強く依存してきた内水面漁業の体質に起因することは明らかである．事実，山梨県は，富士五湖においてオオクチバスを漁業権魚種として認めている．種苗放流に走る土壌は，サケの資源回復で成功をおさめた水産立国としての誇りと実績により作り出されたものであろう．確かに人工繁殖技術は著しく高められ，"種苗放流"は今やわが国のお家芸となっている．

　同様に，都市河川にサケ稚魚を放流するカムバックサーモン運動，分水嶺を越えたイワナ発眼卵の埋設移植，環境教育の一環と称してヒメダカを児童に放流させる行事，陰暦8月15日に神社・仏閣で金魚や錦鯉を池沼に逃がす放生会なども問題である．残念ながらこれらの活動は，ほほえましいニュースとして伝えられることが多い．生き物を自然界に放ち何とか増やしたいという善意は無視すべきではないが，外来魚の違法放流と同じ行為であることを理解させる必要がある．環境が改善されないかぎり希少種を放流しても寿命を全うできる保証はなく，繁殖してしまうと地付きの同種個体群と交雑して遺伝的汚染をもたらす恐れさえある．むしろ自力で繁殖できるよう，生息環境を整えてやることこそ先決である（細谷，2006b）．

　生物多様性条約締約国は，それぞれの国において外来種の侵入を水際で阻止し，拡散させないことが義務づけられている．わが国の特定外来種法は，その具体策として起草された．その精神は，他地域の生物の種苗放流を前提とする第五種共同漁業権と明らかに相容れない．生物多様性保全のお手本を自ら示すことは，COP10（生物多様性条約第10回締約国会議）開催のホスト国たるわが国の務めでもあるはずである．種苗放流の是非，それに関連する生物多様性保護の論議を深める時期に来ている．

7 ▶ 内水面漁場から親水空間へ

　農林水産省の発表によれば，平成20年（2008）のわが国における漁業・養殖業の総生産量は558万8000tで，そのうち養殖業を含む内水面漁業の総生産量は7万3000tであった（農林水産省大臣官房統計部，2009）．これに琵琶湖，霞ヶ浦，北浦における総生産量を加えると，淡水漁業の総生産量は全体の1.3%に過ぎない．淡水漁業で生産された魚の使い道は昔とずいぶん変わってきている．なかでも内水面漁業の優等生である養鱒業の市場さえも，多くが食用から遊漁用に転換されている．そのことはブラックバス問題ともつながってゆき，そこからは今日の内水面養殖業の行き詰まりと閉塞感が伝わってくる．

　今日の内水面をめぐる課題は海水面のそれと大きく異なり，社会，自然，文化などきわめて多面的で複雑な様相を呈している．食料自給率の向上が叫ばれるなか，わが国の内水面水産業は，残念ながら食料供給を担うだけの体力が残されていないように見受けられる．皮肉なことに，そうさせた原因として外来魚の異常繁殖による負の効果は大きい．確かに遊漁そのものに転換することは一つの打開策かもしれない．しかし，内水面漁業協同組合が，従来の種苗放流一辺倒の第五種共同漁業権に基づく遊漁を推進するかぎり，在来の生物多様性の攪乱は避けられない（丸山，2005）．今，内水面水産業に問われるべき最大の課題は，はたして内水面はいったいだれのものであるのだろうかということである．朝日新聞の最新のアンケート調査によれば，自然保護に関心がある日本人が6割を超えるという．実際に，メダカやタガメなど身近な在来生物に関心が高まるにつれ，多面的機能を持つ内水面への期待は大きくなりつつある．21世紀における内水面の望ましい利用法を考えるならば，食料供給や遊漁を主眼とする従来の目標を超え，生物多様性保護に立脚し，だれでも親しめる空間として再編すべき時期に来ているように思える．

第4節　現代の公害問題：京都府舞鶴湾の一部地域における鉛汚染

1 ▶ まえがき

　京都府舞鶴湾の一部地域で，発生源や原因が明確な水質汚染，大気汚染，土

図 4-21　京都大学舞鶴水産実験所の調査船「白浪丸」と 2007 年度調査メンバー（筆者撮影）

壌汚染，生物汚染が起こっている．この問題は環境問題というよりも公害問題といったほうが適切と筆者らは考えている．京都大学フィールド科学教育研究センター舞鶴水産実験所の協力を得て神戸女学院大学の学生たちと 2007 年から行っている環境実態調査（江口ほか，2008，2009a，2009b，2010）の概要を紹介する（図 4-21）．

京都府舞鶴湾は若狭湾の支湾で，北に湾口があり，湾奥は東側と西側とに大きく分かれている．平均水深は約 20m（最大水深 30m）で，湾口幅は約 700m と狭く，湾内の干満差は 30cm 程度と非常に小さい．湾内では造船業や国際物流が盛んであり，また湾口が狭く湾内が非常に静穏であることから，昔から軍港としても栄えてきた．舞鶴湾には現在でも海上自衛隊や海上保安庁の主要な基地がおかれている．漁業基地でもあり，海域の一部では養殖業も行われている．また戦後は大陸から多くの日本人が舞鶴港に引揚げてきた歴史があり，1988 年には舞鶴引揚記念館が建てられ多くの人々が訪れている．

近年，この記念館職員の健康被害の訴えが新聞記事になったことを発端に，記念館に隣接する工場由来の環境汚染の実態が広く明らかとなった．この工

鉛の用途で鉛蓄電池の占める割合は
・平成 6(1994)年度：約70％
・平成19(2007)年度：約90％
鉛蓄電池以外の用途で鉛の不使用が顕著に進んだ

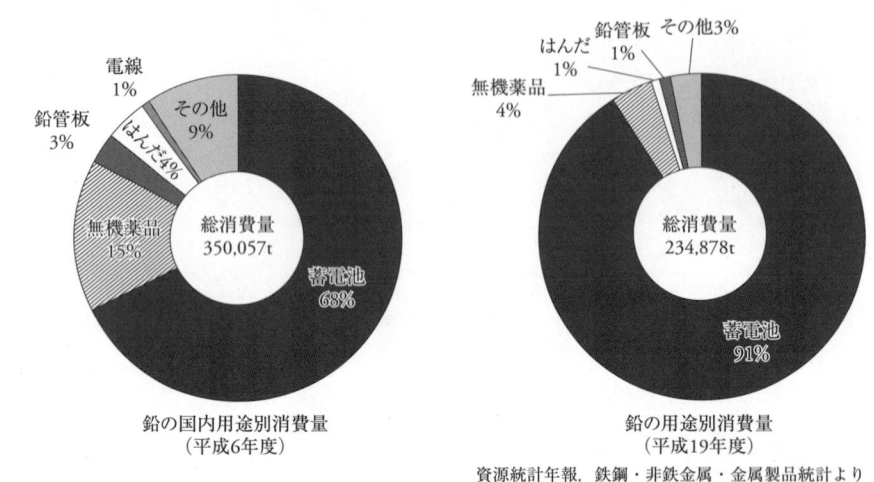

鉛の国内用途別消費量（平成6年度）
総消費量 350,057t
蓄電池 68％
無機薬品 15％
はんだ 4％
鉛管板 3％
電線 1％
その他 9％

鉛の用途別消費量（平成19年度）
総消費量 234,878t
蓄電池 91％
無機薬品 4％
はんだ 1％
鉛管板 1％
その他 3％

資源統計年報，鉄鋼・非鉄金属・金属製品統計より

図 4-22　日本国内での鉛の用途（経済産業省，ウェブサイト）

場では廃バッテリーを解体し，鉛を精錬するリサイクル事業を1983年より現地で行っている．資源エネルギー庁の非鉄金属等需給動態統計調査によれば近年の日本における鉛の使用は90％近くがバッテリーであり，主に自動車に用いられている（図4-22）．鉛は代表的な有害金属であり，先進国ではその使用量は低減傾向にある．国内でのリサイクルシステムはほぼ確立されており，リサイクル率は95％にのぼるとされている（石油天然ガス・金属鉱物資源機構，2007）．国内での鉛廃バッテリーのリサイクルは，回収業者（約600社）⇒解体業者（約30社）⇒鉛精錬業者（約20社）⇒バッテリー製造会社（4社）の流れで行われている．バッテリーの解体時には硫酸液やプラスチックの環境中への放出，鉛の精錬過程では煤塵や鉱滓として鉛の放出や化石燃料の燃焼に伴う二酸化硫黄の放出の可能性が高く，環境に十分に配慮した適正処理が求められている業界である．ISO14001認証を取得するなど環境対策に力を注いでいる企業もあるが，不適切な処理で環境問題を引き起こしたり，バーゼル条約で禁止されている鉛廃バッテリーの輸出が摘発される事件も数多く起こっている．

舞鶴の廃バッテリーリサイクル工場（以後R工場と略記）では，そのリサイクルの過程で排出される排水や排気に鉛が含まれ，周辺環境の汚染源になってい

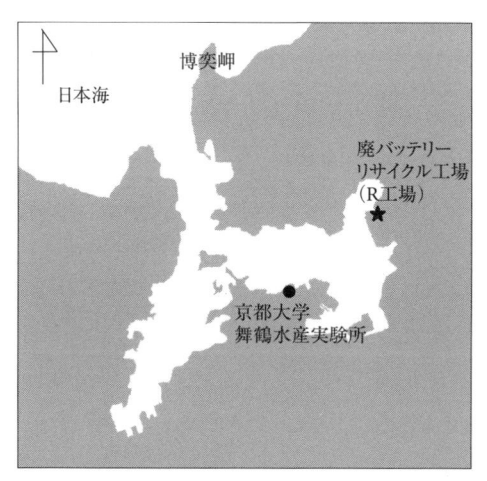

図 4-23 京都府舞鶴湾とバッテリーリサイクル工場の位置

ることが京都府の調査で明らかになった．2004年には水質汚濁防止法で定められている鉛の排水基準0.1mg/Lの6100倍もの鉛が検出され，排水処理施設の設置や，排水が流入する入江での浚渫と覆砂が行われた．しかし，その後の京都府の調査でも排水中から基準の数千倍の鉛が検出され，R工場が位置する入江での底泥調査では汚染源に近づくにつれて非常に高濃度の鉛が検出された．さらに排煙からは大気汚染防止法の基準0.1ppm/hを大きく上回る二酸化硫黄が2003年の京都府の調査によって検出され，最高時には4大公害病の一つである四日市ぜん息当時の0.5ppmを上回る0.83ppmにまで達した．この結果，健康被害の訴えや周辺の植栽の枯れや葉の変色が起こっている．これらの問題に関連してR工場に対し，海上保安庁や保健所などから指導，警告がなされ，関係者が逮捕されたりしている．2007年12月には，京都府の関与のもとにR工場前の入江の一部において浚渫・覆砂ならびに陸上土壌の一部入れ替えなどの対策が実施された．京大水産実験所とこの工場（以後R工場と略記）の位置は図4-23に示した通りである．

2 ▶ 調査の概要

　京都府舞鶴湾で海域，陸域，生物試料を採取して，環境面だけでなく食品の安全性の面を含めて鉛汚染の複合的な環境モニタリング調査を行った．現地で

表 4-9　舞鶴湾の鉛汚染評価方法とその特徴（江口ほか，2010）

海域	底泥	表層泥	・汚染の現状把握（平面的） ・浚渫・覆砂対策の評価
		表層泥からの鉛の溶出試験	・二次汚染源としての危険性の評価 ・基準値による客観的評価が可能
		柱状試料	・汚染の現状把握（垂直的） ・汚染の歴史的評価
	生物試料	ムラサキイガイ	・海水域の生物影響（数年分の経過を含む） ・食品の安全性
		ムラサキイガイの移植実験	・海水域の生物に対する影響 　（リアルタイムな汚染状況把握）
		アサリ	・底泥域の生物影響（数年分の経過を含む） ・食品の安全性
		カキ	・海水域の生物影響（数年分の経過を含む） ・食品の安全性
陸域		土壌	・二次汚染源となる周辺環境の汚染状況把握 ・大気経由の陸上汚染の評価
		土壌からの鉛の溶出試験	・二次汚染源としての危険性の評価 ・基準値による客観的評価が可能
		スス状物質	・大気経由の陸上汚染の評価
		樹皮	・陸上生物に対する影響
		樹皮付着物	・大気経由の陸上汚染の評価
大気		大気降下物	・粉塵や雨水による環境負荷の評価

サンプリングした各試料についてのモニタリングの特徴は表4-9の通りである．サンプルの各種重金属元素（鉛，カドミウム，銅，亜鉛，マンガン，ニッケル，水銀）濃度を原子吸光分析法で測定したが，本書では鉛を中心に述べる．

2-1．表層泥の鉛濃度

2007年7月には，鉛汚染源のR工場近くの海域だけでなく，湾内全域（合計16地点）でスミス・マッキンタイア型採泥器を用いて表層泥をサンプリングした．2008年6月にはR工場が存在する入江を中心に湾内9地点でサンプリングを行い，鉛濃度を測定した（図4-24）．分析値はノルウェーで定められている環境評価基準（ノルウェー気候汚染管理局，2007，ウェブサイト）に基づき考察した．

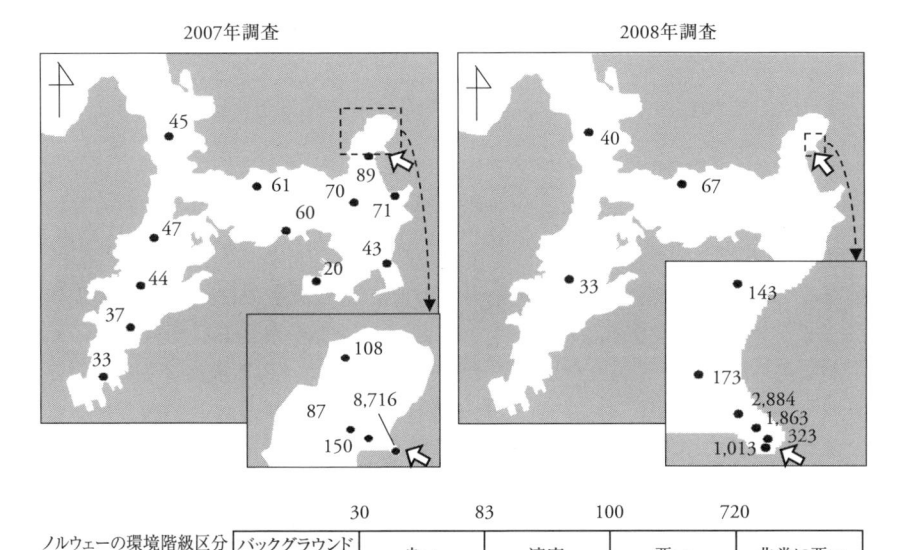

図 4-24 2007，2008 年の底泥鉛濃度水平分布とノルウェー環境階級区分（江口ほか，2009b）
地図中の数値は鉛濃度（μg/g dry）を示す．⇨は R 工場．

　2007 年の調査結果では，工場の岸壁に近接した地点で 8716 μg/g dry ときわめて高濃度の鉛が検出された．この値は泥の 1% 近くが鉛という計算になり，ノルウェーの環境階級区分で「非常に悪い」とされる基準濃度 720 μg/g dry を 10 倍以上も上回る極度の汚染値であった．湾口部，湾中央部，西舞鶴，東舞鶴付近では 20～60 μg/g dry の値であり，環境の面から見て特に問題となるレベルではなかった．高橋らの 1979 年の舞鶴湾調査データ（高橋，1988）でも，湾口部および湾中央部における底泥の鉛濃度は 50～100 μg/g dry の範囲内で今回と同等の値を示している．我々がこれまで行ってきた調査では（山本・長岡，2005），2000 年に大槌湾，山田湾，大阪湾でそれぞれ 20，12，58 μg/g dry，2001 年に大船渡湾で 27 μg/g dry の鉛が検出された．これらのことから，舞鶴湾内ではもともと鉛濃度がやや高めだといえる．
　2008 年 6 月に排水口から 20 m の地点で検出された鉛濃度は 323 μg/g dry で，前年の 30 分の 1 程度に減少した．これは 2007 年 12 月に行われた浚渫（深さ 1 m，面積 56 m²）・覆砂（厚さ 0.5 m，面積 1000 m²）の効果だと考えられる．しかしながら，排水口からそれぞれ 30 m，56 m，100 m の地点での測定結果は依然

として「非常に悪い」に位置づけられる値であった．R工場前の入江内では，湾口部や湾中央部の値よりも依然として2桁程度高い値を示していることは特筆すべき点であり，今後も引き続き経過を見守っていく必要があると考えている．

2-2. 底泥柱状試料の鉛濃度

2008年に採取した地点E, F, L, Oの柱状試料分析結果を図4-25に示す．表層泥で最も鉛濃度が低かった湾中央部の地点Oでは表層部から8cmの泥深部まで全体的に濃度が低かった．しかしながら深部から浅部にかけてごくわずかながら濃度上昇がみられた．このことに関しては，R工場による鉛汚染が濃度上昇の原因ではなくて，湾全体の鉛濃度を上昇させる他の要因があった可能性が考えられる．鉛は電池材料，各種合金，電子部品のハンダ付，鉛管など各種の用途があることから，工業発展に伴って時代とともに底泥の鉛濃度が上昇することが都市部の内湾では知られている．大阪湾では高度経済成長期の1960年代にピークとなり，そのあとは各種の公害対策が施されて徐々に濃度が減少している（長岡ほか，2004）．表層泥の分析結果からR工場による鉛汚染の影響が少しあると考えられる地点Lでは，地点O柱状試料の3倍前後の鉛濃度を示し，泥深8〜4cmにかけてわずかながら上昇が見られた．表層泥で高濃度の鉛が検出された地点Fは，測定最深部の7cmでは$73\mu g/g\ dry$と湾中央部レベルだった鉛濃度が，最浅部では$1633\mu g/g\ dry$と20倍以上に上昇していた．同じく表層泥から高濃度の鉛が検出された地点Eでは，測定最深部の9cm付近においても$1727\mu g/g\ dry$と非常に高濃度で，表層部ではさらに$7206\mu g/g\ dry$にまで顕著に上昇していた．地点Eは浚渫・覆砂や船の航行の影響で底泥が攪乱されていると考えられ，この影響でより深部まで汚染が広がっている可能性が示唆された．今回は底泥が攪乱されている可能性が高いサンプルなので年代測定は行わなかったが，地点E, Fのデータは近年の鉛汚染の歴史を示していると思われる．

2-3. 底泥からの鉛の溶出試験

R工場に最も近接した地点の表層泥（2007年サンプリング）の乾燥試料100gと蒸留水900mlを分液漏斗に入れて6時間振とう後の上澄み液を，孔径$0.45\mu m$のメンブランフィルターで吸引ろ過してろ液の鉛量を求めた（図4-26）．その結果，鉛溶出量は0.12mg/Lで覆砂対策の対象となるレベルであった．また，底泥に存在する重金属元素の上澄み液への溶出率を求めた結果では，鉛

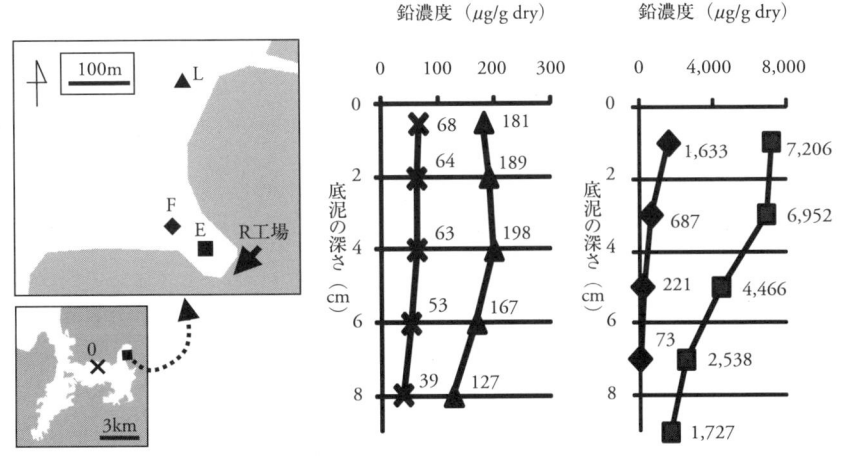

図 4-25　柱状試料のサンプリング地点と泥深別鉛濃度
×：地点 O，▲：地点 L，◆：地点 F，■：地点 E．

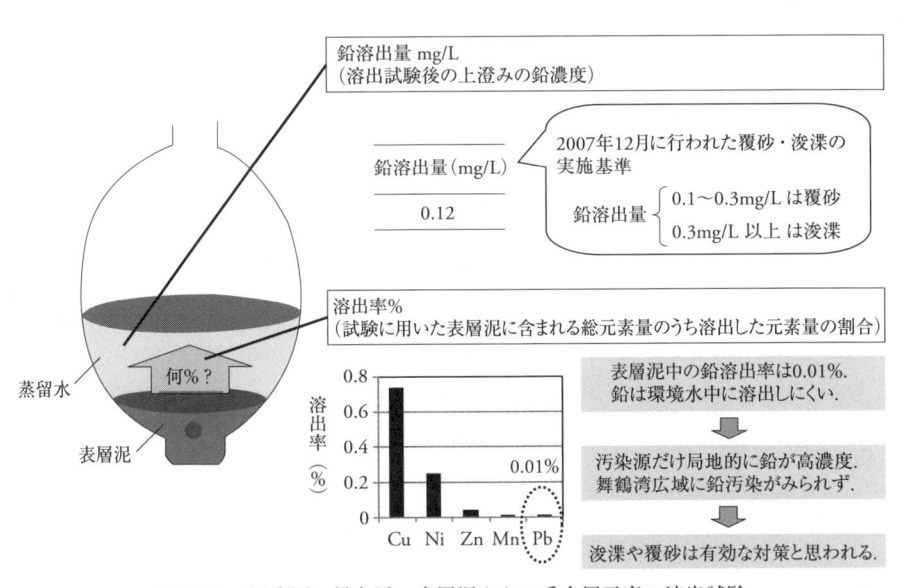

図 4-26　汚染源に最も近い表層泥からの重金属元素の溶出試験

第 4 節　現代の公害問題：京都府舞鶴湾の一部地域における鉛汚染

は0.01％であり環境水中に溶出しにくい存在形態で存在していることがわかった．このことは，鉛汚染が局地的であって広域に拡散していない大きな理由の一つと考えてよいだろう．

2-4 ムラサキイガイ，アサリ，カキの鉛濃度

ムラサキイガイ

湾内の各地点において，ムラサキイガイとアサリをサンプリングして軟体部の鉛濃度を地点ごとに10個体ずつ測定した（図4-27）．ムラサキイガイとアサリの分析結果について，まず環境試料としての観点から考察する．ムラサキイガイも底泥と同様，ノルウェーで環境階級区分が定められている（ノルウェー気候汚染管理局，1997，ウェブサイト）．そこで各地点10個体の鉛濃度分析結果を平均値および標準偏差で示し，ノルウェーの環境階級区分（濃度の低いほうから順に「良好」「やや良好」「やや劣悪」「劣悪」「非常に劣悪」）に当てはめて図4-28に示した．汚染源直下の地点3の分析結果は平均 $131\,\mu$g/g wet と，「非常に劣悪」に分類される数値基準の $17.1\,\mu$g/g wet を8倍も上回る値だった．汚染源から直線距離で約300m離れた地点4の分析結果は，平均値 $3.1\,\mu$g/g wet と「やや劣悪」レベルで，それ以外の地点の鉛濃度はすべて「良好」あるいは「やや良好」に分類された．底泥の調査でも汚染源直下では「非常に悪い」，数100m離れた地点では「悪い」に分類されたので，ムラサキイガイの調査結果は底泥の調査結果を裏付けるものとなった．

アサリ

アサリからは地点3において，検出限界（$1.0\,\mu$g/g wet）以下であった他地点に比べて500倍以上高い $579\pm459\,\mu$g/g wet の鉛が検出された．食品としてアサリを分析した文献値（中西ほか，2006；小野塚ほか，2002）は $0.1\sim1\,\mu$g/g wet 程度であり，地点3の鉛濃度がいかに高いかが分かる．また，この値は「非常に劣悪」に分類された同地点のムラサキイガイよりも4〜5倍高かった．ムラサキイガイとアサリの鉛濃度の相違は水中での生活圏の違いが影響していると推察される．ムラサキイガイは足糸という糸状の器官で体を岸壁に固定して生息しているため生活圏は海水であり，底泥が攪乱した状態にならない限り底泥と接触することはない．これに対しアサリは底泥が生活圏である．このことから，アサリの鉛濃度はムラサキイガイに比べて高くなったと考えられる．ただし，軟体部の鉛濃度が約 $600\,\mu$g/g wet という高濃度でありながら死に至っていないことから，大部分の鉛は生物体の組織や細胞内に吸収されやすい化合物ではなく，鉛の金属微粒子ではないかと推察できる．今の時点では二枚貝の軟体

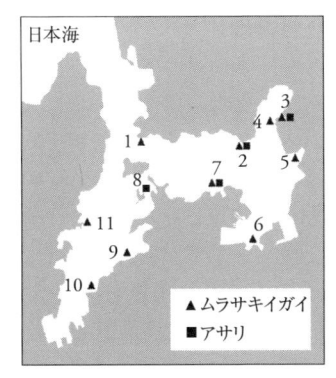

図 4-27 舞鶴湾におけるムラサキイガイ，アサリのサンプリング地点

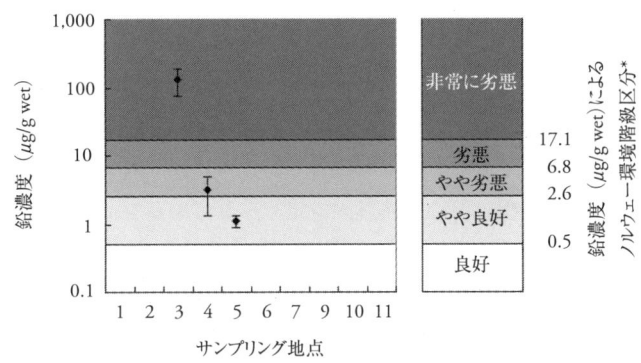

図 4-28 舞鶴湾のムラサキイガイの鉛濃度とノルウェー環境階級区分との比較（江口ほか，2008）

*ムラサキイガイの水分含量を82.9%とし，乾燥重量（dry）当たりの鉛含有量（ノルウェー気候汚染管理局，1997，ウェブサイト）から湿重量（wet）当たりの鉛含有量を求めた．

部に高濃度で存在する鉛の存在形態を明らかにできていないが，今後の研究課題としたい．

マガキ

湾内5地点でサンプリングしたマガキの軟体部の分析結果でも，R工場が位置する入江では鉛濃度が$8.4 \pm 7.1\,\mu g/g$ wetとかなり高い値を示し，ムラサキイガイやアサリとほぼ同様の傾向を示した．

2-5. 食品としての安全性評価

　鉛の過剰摂取は人体に対し，造血系や神経系をはじめ様々な悪影響をもたらすことが知られている．特に子どもに対する影響は大きく，世界各地で子どもの鉛中毒例が報告されている．アメリカでは塗料や水道管由来の鉛による子どもへの影響が深刻化し，疫学調査が行われている．鉛製の給水管を使うことによる健康影響は日本でも昔から問題となっており，過去に敷設された鉛製の水道管を鉛フリーのものに交換する工事が順次行われているが，私有地に敷設された水道管の交換がなかなか進まない現状もある．2009年4月にイタリアで行われたG8の会合で採択された「シラクサ宣言」では，子どもの健康について特に鉛含有塗料と有鉛ガソリンに言及し，早急な対応の必要性を強調している．中国ではより深刻な子どもたちの鉛中毒が懸念され，つい最近も，鉛やマンガンの精錬工場の近くに住む子どもたちの鉛中毒の現状が報告された．また発展途上諸国では，先進国の電子廃棄物を手作業で大量にリサイクルすることよる健康被害の一因として鉛の寄与が疑われている．

　これら鉛中毒を引き起こす体内の鉛濃度の上昇の原因の一つとして，経口摂取が考えられる．そこで，食品の安全性という観点からムラサキイガイとアサリの分析結果を考えてみた．日本では食品の安全に関する貝類の鉛についての基準が定められていないため，諸外国で定められている食品基準と照らし合わせてみた（表4-10）．EUでは海産二枚貝の食品基準値を$1.5\mu g/g$ wet，オーストラリアとニュージーランドでは軟体動物の食品基準値を$2\mu g/g$ wetと定めている．舞鶴湾のムラサキイガイは，汚染源に近接する地点3では基準値の100倍近い$131\mu g/g$ wetであり，次に濃度の高い地点4では基準値よりもやや高い$3.1\mu g/g$ wetで，その他の地点では基準値以下の値であった．アサリでは地点3において基準値よりも100倍以上高い$579\mu g/g$ wetであったが，その他の地点は基準値以下だった．

　次に鉛の耐容摂取量との関係を考察する．JECFA（WHOとFAOの合同食品添加物専門家会議）では，鉛のPTWI（暫定的耐容週間摂取量）を$25\mu g/kg$体重/週と定めている．この値に基づいて，体重50kgの人の1日当たりの耐容摂取量を計算すると，$179\mu g/50kg$体重/日となる．ムラサキイガイ1個体の可食部を7g，アサリ1個体の可食部を4gとし，EUの基準値$1.5\mu g/g$ wetを用いて計算すると，ムラサキイガイは16個（179÷11），アサリは29個（179÷6）まで食べることが可能である．次に舞鶴湾の地点3のムラサキイガイとアサリについて考えてみると，ムラサキイガイは1個体$917\mu g$，アサリは1個体$2316\mu g$の鉛を含有していることになり，1個体の摂取で1日当たりの耐容摂取量$179\mu g$

表 4-10　ムラサキイガイとアサリの鉛濃度と鉛耐容摂取量との関係

貝		二枚貝の鉛濃度 (μg/g wet)	1個体当たりの鉛量* (μg/1個体)	摂取可能な個体数** (個)
ムラサキイガイ	地点3	131	917	0
	地点4	3.1	22	8
アサリ	地点3	579	2,316	0

二枚貝の鉛濃度から1個体当たりの鉛量*，1日に摂取可能な二枚貝の個体数**を求めた．
1個体の軟体部重量を，ムラサキイガイは7g，アサリは4gとして計算．
鉛のPTWI（暫定的耐容週間摂取量）値は $25\,\mu$g/kg 体重/週．PTWI値をもとに計算すると体重 50kg の人の1日当たりの耐容摂取量は $179\,\mu$g．

を大きく超えてしまうので，1個体分すら食べられない計算になる．ちなみに地点3の次に濃度の高かった地点4のムラサキイガイでは8個体まで食べることができ，それ以外の地点のムラサキイガイやアサリはEU基準値以下の濃度なので，ムラサキイガイ17個以上，アサリ29個以上の摂取が可能な計算になる．ただし，これはあくまで鉛をすべてムラサキイガイあるいはアサリから摂取した場合の計算である．厚生労働省のトータルダイエット調査によれば，通常の食生活では鉛摂取において米や雑穀類の寄与するところが大きい．

　これらのことから，地点3の二枚貝は食品としてきわめて危険なレベルであり，地点4は安全性が疑問視されるレベルであると判断される．それ以外の海域の二枚貝は食品として安全・安心なレベルである．耐容摂取量が定められているカドミウム，銅，亜鉛についても同様にして食品の安全性を検討したが，いずれも問題のないレベルであった．R工場が位置する入江は以前から貯木場として利用されていた海域で，漁業権が設定されていないことから，鉛で汚染された貝類が商品として市場に出る可能性は低いと考えられる．参考のために舞鶴市内の鮮魚店で舞鶴産と表示されていたアサリを購入して鉛濃度を測定してみたが，結果は測定限界値以下であった．

2-6. ムラサキイガイの移植実験

　京大水産実験所の海域に自棲しているムラサキイガイをR工場付近の4地点に移植して，13日後に軟体部の鉛濃度を1個体ずつ10個体測定した結果を平均値と標準偏差で図4-29に示した．鉛濃度は移植前の地点では平均値 $0.52\,\mu$g/g wet だったが，移植地点T1からT4まで順に平均値で 4.6, 2.9, 1.1, $0.76\,\mu$g/g wet と移植した地点すべてで上昇し，汚染源に近いほど濃度が高くなった．また，京大水産実験所と移植地点T4以外の試験区間には統計的有意

移植前ムラサキイガイの鉛濃度

地点	鉛濃度 ($\mu g/g$ wet)
水産実験所	0.52 ± 0.26

移植後のムラサキイガイ鉛濃度

移植地点	鉛濃度 ($\mu g/g$ wet)
T1	4.6 ± 1.0
T2	2.9 ± 1.1
T3	1.1 ± 0.2
T4	0.76 ± 0.27

今回の実験によって分かること
1. 鉛の汚染源の確認ができた．
2. 海水で鉛が輸送され，ムラサキイガイがそれを蓄積する．
3. 地点T4では影響が少なくなる．

移植したムラサキイガイの鉛濃度は汚染源に近いほど高濃度になった．

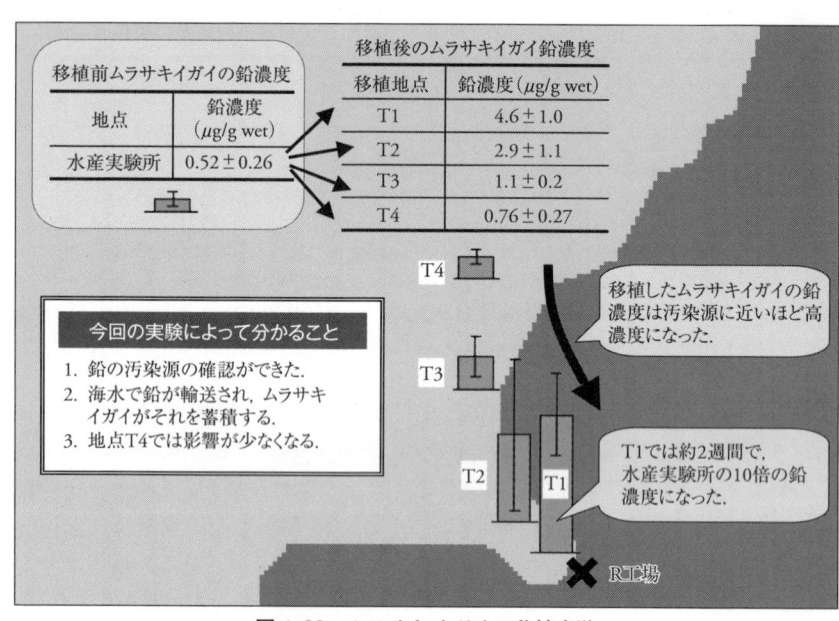

T1では約2週間で，水産実験所の10倍の鉛濃度になった．

図 4-29 ムラサキイガイの移植実験
京大水産実験所の桟橋からR工場付近T1～T4に移植，13日後に分析．
鉛濃度は各地点10個体の平均値±標準偏差．

差が認められた．移植試験の結果ではカドミウム，銅，亜鉛，水銀の濃度には大きな変化が認められず，鉛のみに顕著な濃度上昇が見られ，現地採取試料の測定結果を反映するものだった．T1およびT2地点における鉛濃度は，他の湾の結果および様々な基準値と比較しても高濃度であった．さらにT3地点に自棲しているムラサキイガイの鉛濃度が $2.4 \mu g/g$ wet と，同地点に移植した個体の鉛濃度 $1.1 \mu g/g$ wet の2倍以上だったことから，13日間では鉛濃度の上昇は平衡に達しておらず，移植期間を延ばせば，今回の濃度以上に上昇する可能性がある．また，T1地点のムラサキイガイの貝殻表面には多量の泥が付着していた．この泥を分析した結果，鉛濃度は1万 $2924 \mu g/g$ dry で，舞鶴湾の非汚染海域底泥の1000倍程度高かった．これらのことからR工場前の入江は新たな鉛汚染を引き起こす状況にあることがわかった．非常に高濃度の鉛が検出されムラサキイガイの付着泥が汚染を引き起こす大きな原因の一つと推察される．この付着泥がどこから来たものかは特定できないが，底泥のCODは最大 44 O_2mg/g dry であったのに対し，移植地点に近い水際土壌のCODは 283 O_2mg/g dry を示しており，付着泥のCODが 110 O_2mg/g dry であったことと

陸上土壌の鉛濃度が高いことから，陸上土壌に由来する可能性が高い．

今回分析に用いた鉛汚染地域の自棲のムラサキイガイは，その大きさ（殻長4～7cm）から年齢が数歳だと考えられる．そのため自棲個体の分析結果だけでは，汚染対策後の環境状況と過去の汚染状況とをそれぞれどの程度反映したものなのかは明確でなく，限られた一定期間の環境状況を把握するためには移植試験が非常に有効だといえる．

2-7　陸上土壌の鉛濃度

2008年6月と12月に，R工場に近い8地点（①～⑧）およびR工場から直線距離で3～6km離れた6地点（⑨～⑭）で土壌を採取した．各地点の土壌の鉛濃度分析結果は，図4-30に示したように14～1万599μg/g dryであった．陸上土壌は人為的にも自然的にも様々な影響を受けやすく性状も様々であるため，分析結果には複雑な要因が含まれていることを考慮する必要がある．R工場に隣接する地点①では1万599μg/g dryと非常に高濃度で，これは最も低い値を示した地点⑭より3桁も高い値であった．R工場から半径1km圏内の多くの地点においては数100～数1000μg/g dry，半径3～6km圏内のほとんどの地点では数10μg/g dryのレベルを示し，R工場付近に鉛濃度の高い土壌が局在する分布を見せたことから，R工場由来の鉛が周辺土壌を汚染していることは明らかである．独立行政法人産業技術総合研究所によるデータベース「地球化学図」（産業技術総合研究所，ウェブサイト）によれば，舞鶴湾周辺土壌本来の鉛濃度は25～65μg/g dryとされており，これらの値と比較するとR工場周辺の地点①～⑦および舞鶴湾北東の地点⑪が大きくその範囲を超えていた．R工場周辺の土壌については2007年12月にいくつかの地点で土壌入れ替えなどの対策がとられたが，本調査の結果から対策は十分なものとはいえない．

土壌汚染の拡散には二つの経路が考えられる．一つは汚染源施設に出入りする車両による汚染土壌自体の拡散，もう一つは工場の排気経路である．地点7近くにはR工場関連の廃バッテリー解体場があり，この解体場とR工場との間では関係車両の往来がある．車両の通り道になっている地点⑤で鉛濃度が高かったのは，このことに関連していると考えられる．排気経路による汚染については後で説明する．

2-8．陸上土壌からの重金属の溶出試験

陸上土壌からの重金属の溶出量の分析結果を表4-11に示した．鉛の溶出量は土壌中濃度が1万599μg/g dryと非常に高かった地点①において0.233mg/L

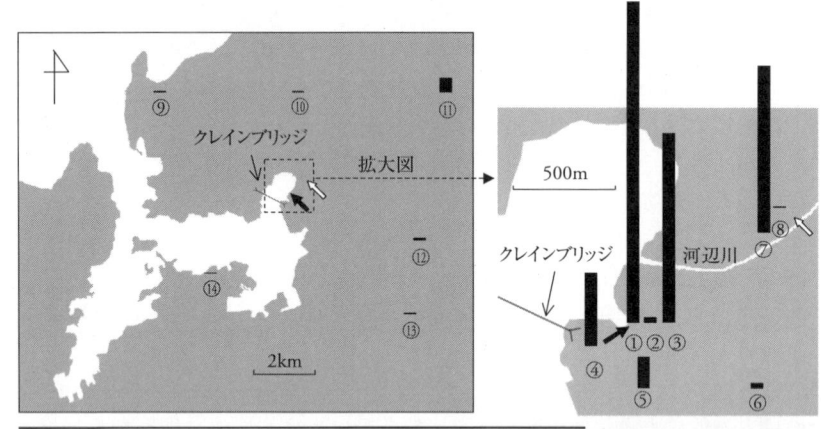

地点名	採取日	採取地点詳細	鉛濃度 (μg/g dry)
①	6.23	廃バッテリーリサイクル工場付近	10,599
②	6.1	引揚記念館-1	165
③	12.1	引揚記念館-2	6,276
④	6.22	ブイ置き場	2,431
⑤	6.22	工場による汚染対策跡地	1,044
⑥	6.1	西大浦バス停付近	174
⑦	12.1	対策跡地①（バッテリー解体工場西）	5,518
⑧	6.1	バッテリー解体工場北	42
⑨	12.1	瀬崎	30
⑩	12.1	舞鶴自然文化園	48
⑪	6.1	栃尾	485
⑫	12.1	青葉山ろく公園	83
⑬	12.1	金剛院	38
⑭	12.1	京都大学舞鶴水産実験所	14

図4-30 舞鶴湾における土壌のサンプリング地点と鉛濃度水平分布

で，地点⑦，④と土壌中濃度が下がるにつれて溶出量も 0.058, 0.005mg/L と減少した．カドミウムは地点④において 0.003mg/L で，その他 2 地点は N.D.（検出限界以下）であった．銅の溶出量は全体に低く 0.011〜0.043mg/L だったが，亜鉛の溶出量は地点①で 0.820mg/L と高く，地点④および⑦では 0.042, 0.026mg/L と低かった．陸上土壌に関しては国内でいくつかの基準が定められており（表4-12），土壌の調査結果がこの基準を超えた場合にとるべき対策が定められている．基準は溶出量基準と含有量基準とに大別される．

「土壌汚染対策法」で定められた溶出量基準は，土壌中の有害物質溶出によって汚染された地下水を摂取するリスクを考慮したもので，鉛，カドミウムい

表 4-11　陸上土壌からの重金属元素溶出量

地点	鉛 (mg/L)	カドミウム (mg/L)	銅 (mg/L)	亜鉛 (mg/L)
①	0.233	N.D.	0.043	0.820
④	0.005	0.003	0.014	0.042
⑦	0.058	N.D.	0.011	0.026

N.D. は検出限界 (0.004mg/L) 以下．
底泥と蒸留水とを重量比 1：9 で混合し，6 時間攪拌した後の蒸留水中鉛濃度を測定．

表 4-12　国内で定められている土壌汚染に関する基準等

法律などの名称	内容	基準値		
		鉛	カドミウム	水銀
土壌汚染対策法「土壌溶出量基準」	溶出量基準　土壌中の有害物質溶出によって汚染された地下水を摂取するリスクを考慮したもの	0.01mg/L 以下	0.01mg/L 以下	0.0005mg/L 以下
「自然的原因による含有量の上限値の目安」（全量分析）	溶出量基準を超えた場合，それが自然的原因によるものか人為的原因によるものなのかを判断する	140mg/kg dry	1.4mg/kg dry	1.4mg/kg dry
土壌汚染対策法「土壌含有量基準」（1N 塩酸抽出法）	含有量基準　有害物質が含まれる汚染土壌の直接摂取によるリスクを考慮したもの	150mg/kg dry 以下	150mg/kg dry 以下	15mg/kg dry 以下
土壌・地下水汚染に係る調査・対策指針「含有量参考値」（全量分析）	含有量基準　土壌中の重金属がこの基準を超えた場合，何らかの人為的負荷があると認められる	600mg/kg dry	9mg/kg dry	3mg/kg dry

ずれも 0.01mg/L 以下とされている．溶出試験の結果，地点①の鉛の溶出量が 0.233mg/L と溶出量基準を遥かに超えていた．溶出量基準を超えたものについてはさらに，それが自然的原因によるものか人為的原因によるものなのかを判断するため，土壌中元素の全量分析値に関して「自然的原因による含有量の上限値の目安」が定められており，鉛は 140mg/kg dry，カドミウムと水銀は 1.4mg/kg dry となっている．地点①の鉛濃度は 1 万 599mg/kg dry と目安を大きく上回っていた．

次に含有量基準として，土壌汚染対策法で定められた「土壌含有量基準」があり，鉛，カドミウムともに 150mg/kg dry とされている．ただしこの値はヒト体内の消化器系での吸収を考慮した 1N 塩酸抽出法による分析結果で定めら

表 4-13 陸上植物試料などの重金属濃度

採取地点		試料	鉛 (μg/g dry)	カドミウム (μg/g dry)	銅 (μg/g dry)	亜鉛 (μg/g dry)
舞鶴	水産実験所	メタセコイヤ樹皮	51	0.06	16	53
		ソメイヨシノ樹皮	66	0.12	15	51
	引揚記念館	ヌマスギ樹皮	6,831	0.12	30	30
		サクラ樹皮	7,143	N.D.	85	11
		ハナミズキ付着物	48,979	N.D.	327	1,041
		水たまりスス状物質	20,278	N.D.	203	1,144
	R工場近く の対策跡地	樹木付着物	29,204	N.D.	251	448
	金剛院	ソメイヨシノ樹皮	9	0.06	9	101
	自然文化園	ヒマラヤスギ樹皮	75	0.37	7	33
西宮	神戸女学院	ソメイヨシノ樹皮	8	0.07	11	30
		スギ樹皮	8	N.D.	7	33
		サツキ付着物	56	0.52	35	1,280

N.D. は検出限界以下．

れた値で，我々の全量分析による測定データと直接比較できるものではない（1N塩酸抽出法による分析の方が低めに検出されると考えられる）．しかし，R工場周辺の鉛濃度は基準値より1～2桁も高く，分析法の違いを考慮に入れたとしても，ヒトに対するリスクが高いと推察できる．

さらに，「土壌・地下水汚染に係る調査・対策指針」には「含有量参考値」が定められている．これは土壌中の重金属含有量がこの値を超えた場合に人為的付加があるとされる値で，鉛は600mg/kg dry，カドミウムは9mg/kg dry，水銀は3mg/kg dryである．これは我々の分析方法と同じ全量分析による数値基準である．鉛は地点①，③，④，⑤，⑦で「含有量参考値」を上回り，明らかに人為的な汚染であると判断できる．

2-9．陸上植物試料などの重金属濃度

表4-13に，樹皮付着物，スス状物質，樹皮の重金属濃度を示す．

引揚記念館のハナミズキに付着していた物質の鉛濃度は4万8979μg/g dryと最も高い値であった．次いでR工場近くの対策跡地の樹木付着物の鉛濃度は2万9204μg/g dry，引揚記念館の路上の水たまりのスス状物質も2万278μg/g dryと非常に高い値を示した．一方，比較のために測定した兵庫県西宮市内に位置

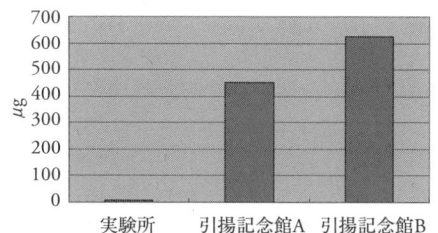

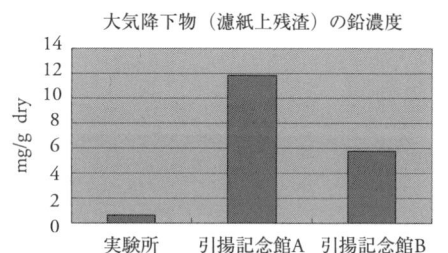

図 4-31 大気降下物のサンプリングと降下物の鉛量
*面積：0.038m², 設置期間：27日

する神戸女学院のサツキ付着物は 56μg/g dry と 3 桁低い値を示した．

樹皮の鉛濃度も，引揚記念館で最も高い値を示し，サクラは 7143μg/g dry, ヌマスギは 6631μg/g dry であった．京大水産実験所のメタセコイヤは 51μg/g dry, ソメイヨシノは 66μg/g dry と引揚記念館に比べると 2 桁低い値であった．R 工場から直線距離で 5km 前後離れた金剛院のソメイヨシノと自然文化園のヒマラヤスギ，西宮市内の神戸女学院のソメイヨシノとスギは，いずれも鉛濃度は低かった．これらの陸上植物の樹皮や樹皮付着物，水たまりのスス状物質の分析結果からも R 工場周辺地域の鉛汚染が深刻な状況であることがわかる．

2-10. 大気降下物の鉛量

2009 年 6 月 15 日から 27 日間，円筒形（直径 22cm，深さ 13.5cm）のバケツを舞鶴引揚記念館の敷地内に 2 ヵ所（A, B 地点），京大水産実験所に 1 ヵ所設置してこの間の雨水や大気からの降下物を採取し，これを 0.45μm のメンブランフィルターを通してフィルター上の残渣の重量と鉛量を求めた（図 4-31）．その結果，A 地点，B 地点での大気降下物中の鉛濃度はそれぞれ 11.8mg/g dry, 5.8mg/g dry であり，京大水産実験所の 0.6mg/g dry に比べると 1～2 桁高い値

であった．この27日間にA，B地点に配置したバケツに大気から降下した鉛量はA地点で450，B地点では624μgと求められる．この2地点の平均値を，この地域一帯に降下した鉛量として単位面積当たりの鉛負荷量を計算すると14.1mg/m²/27dayとなる．地図から引揚記念館の敷地面積とR工場が位置する入江の面積を概算すると，それぞれ約1万3000m²，1万8000m²と求められる．これらの値から，この27日間で引揚記念館の敷地には184g，入江には254gの鉛が負荷されていることになる．きわめて単純な方法による測定ではあるが，今回の実験結果から現在でもR工場の近くでは大気経由で鉛が負荷されていることを示している．

3 ▶ まとめ

　舞鶴湾の鉛汚染の概念図を，図4-32に示した．

　舞鶴湾の廃バッテリーリサイクル工場（R工場）周辺の鉛汚染は，工場から排出される粉塵，排水，排煙に由来すると考えられる．粉塵は，鉛の精錬過程で発生したものが工場に出入りする車両に付着して道路沿いに拡散し，周辺土壌を汚染したと考えられる．排水には，処理過程でのずさんな管理や工場敷地内の鉛汚染により鉛が混入し，それが舞鶴湾に直接注ぎ込んで，海水や懸濁物，底泥やムラサキイガイ，アサリ，カキなどの汚染を引き起こしたと考えられる．この結果，R工場近くのこれらの二枚貝は食品として非常に危険なレベルに達していた．工場の煙突から排出される排煙には二酸化硫黄や多量の鉛が含まれており，これが周辺の土壌汚染や樹木の汚染，樹木の立ち枯れを引き起こしてきたと考えられる．

　これらの鉛は降雨などで河辺川や窪地の工場周辺に集積し舞鶴湾の入り江に注いでいると推察され，ムラサキイガイの移植実験において確認された付着泥はこの一部ではないかと思われる．さらに，工場からの排水に含まれる鉛も海域を汚染し，生物試料に蓄積されていると考えられる．ただ，幸いなことに著しい鉛汚染は湾内の一部海域と陸域にとどまっており，広域化はしていない．広域化していない理由の一つとして，底泥や土壌中の鉛は溶出しにくい存在形態をとっていることが挙げられる．

　現時点で工場が京都府などの指導に沿った操業を行っているかどうかは判断できないが，2009年6〜7月の調査結果においてR工場近くの大気降下物から相当量の鉛が検出されたことから，工場の排煙由来の鉛が現在も地上に負荷されていることが明らかである．工場からの新たな鉛の負荷が抑えられている

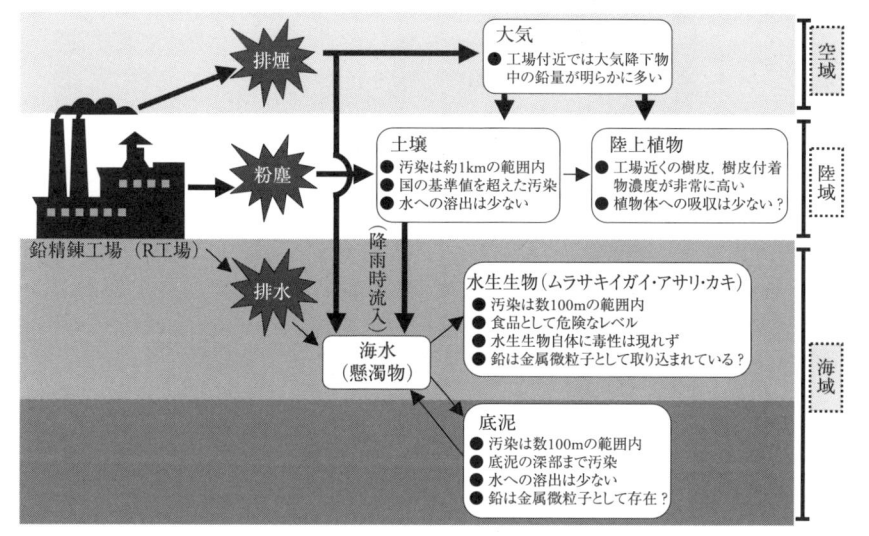

```
                    ┌──────────────────────────┐
          排煙 ───→ │ 大気                     │     ┐
         ↗          │ ● 工場付近では大気降下物 │     │ 空域
        /           │   中の鉛量が明らかに多い │     ┘
       /            └──────────────────────────┘
      /      ┌──────────────────┐    ┌──────────────────────┐
  粉塵 ───→ │ 土壌             │→  │ 陸上植物             │   ┐
            │ ● 汚染は約1kmの範囲内│ │ ● 工場近くの樹皮,樹皮付着│ │ 陸域
            │ ● 国の基準値を超えた汚染│ │  物濃度が非常に高い │ │
            │ ● 水への溶出は少ない │   │ ● 植物体への吸収は少ない？│ ┘
            └──────────────────┘    └──────────────────────┘
```

図4-32 舞鶴湾の鉛汚染の概念図

━━▶ 現在も起こっていると考えられる鉛の主な移動経路

──▶ 過去にはあったが現在は不明，もしくは緩やかと考えられる鉛の移動経路

（図中その他の項目：鉛精錬工場（R工場），排水，海水（懸濁物），水生生物（ムラサキイガイ・アサリ・カキ）：汚染は数100mの範囲内／食品として危険なレベル／水生生物自体に毒性は現れず／鉛は金属微粒子として取り込まれている？，底泥：汚染は数100mの範囲内／底泥の深部まで汚染／水への溶出は少ない／鉛は金属微粒子として存在？）

と仮定した場合も，工場周辺の土壌汚染が深刻であるため海域への鉛の負荷は続くと予想される．このため，海域における浚渫・覆砂によって高濃度の鉛で汚染された海の自然を回復させる必要がある．土壌の鉛汚染は半径1km圏内の各地点で確認されたことから，そのすべてで土壌の入れ替えを行うことは現実的に不可能である．土壌中の鉛の溶脱を最小化するためには，土壌水のpHを8～10に保持する，土壌中で炭酸鉛の形成を促すなどの対策が有効であり，必要であればこれらを検討しても良いかもしれない．あるいは鉛を非常によく濃縮する植物（ソバなど）を用いて，バイオレメディエーションを行うのも有効かもしれないが，いずれにしても労力や費用がかさむ．工場からの鉛の負荷が抑えられなかった場合には，汚染が深刻になるのは必至であり，いずれは舞鶴産の海産物や農産物の信頼を失墜させることにつながるであろう．R工場内で働く人たちの健康影響を考えると，労働環境として心配な面もある．

現代の公害ともいうべき舞鶴湾の鉛汚染の問題については，その原因となった汚染物質を排出する事業者に最も大きな責任があるのは当然の事である．また，それを監督すべき立場にある行政がどのような姿勢を示すかも重要なことである．京都府や舞鶴市はこの地域の鉛汚染の追跡調査を行い，その調査結果

図 4-33 京都府が鉛汚染海域に設置している看板

をもとに適切な措置をとる必要がある．私共は得られた調査結果を京都府の関係部局に伝え，学会などで公表も行っている．京都府は汚染源近くの海域に図4-33のような立て看板を立てている．「この付近ではアサリ・カキなどを採らないでください．」という表現では，単に密漁防止を意図するように受け取られる可能性が高い．我々は，「この付近の貝類には高濃度の鉛が含まれており，食品として危険である」という主旨を明確に示す必要があると考えている．鉛汚染地域あるいはその近くの住民への健康面，生活面，風評被害への配慮も大切である．

　最後に，一連の調査結果から，一度広がった重金属汚染を回復することがいかに困難であるかが改めて示されたように感じている．環境問題や食品の安全性は具体的な問題が生じた場合の事後対策として取り組まれることが多いが，予防の強化が何よりも重要である．

コラム 10　キューバに移入された外来魚ナマズ

　2005年から毎年キューバに行くようになった．きっかけは，高知大学に新たな博士課程のみの独立研究科として「黒潮圏海洋科学研究科」が出来たことと関係がある．本研究科が目指すところの持続型社会創成のための科学（我々は「黒潮圏科学」と呼んでいる）にとって，ソ連崩壊後のキューバの現状を見ておくことは，一つの持続型社会のあり様の観察という意味で興味深いからである．

　キューバに行きはじめの頃は，絶滅寸前のキューバ固有のガーパイク（現地でマンファリと呼ぶ古代魚）を，最近爆発的に個体数を増やしつつある外来移入種のヒレナマズの圧力から何とか守れないか，という意識が強かった．しかし，広大な湿地帯の生息現場（口絵36，図1，図2）を前にした途端に，これは到底無理と思い，最近ではキューバ人の食生活をヒレナマズ肉の利用を通して改善できないか，という方向に進みつつある．

　キューバ人の食生活は質量ともに貧しい．現在でも配給制度があり，ハバナ市街のあちこちの配給所で基本的な食品，油や石けんなどの日用品を得る．この状況の原因の一つは，隣の超大国アメリカ合衆国による経済封鎖だが，かつてのキューバにおける奴隷制度を基本としたスペインによる植民地支配の影響も大きいように思われる．すなわち，食生活は同じメニューを迅速に大人数に供給できる奴隷食が基本となり，多様なメニューを開発することがなされなかった，という推測だ．

図1　ガーが生息していたサパタ湿地．現在はヒレナマズが爆発的に繁殖し，ヒレナマズ漁業が行われいる．

キューバでの動物タンパク源における魚の位置はというと，驚いたことに最上位を占める．下から，チキン，ポーク，その上が魚．牛もレストランなどでは食べられるが，基本的にはガソリンが十分にない状況で農耕用に用いる必要があるため，それほど食卓には出て来ない．市民にアンケート調査すると，「魚は好きだが食べることは少ない，その理由は高価だから」という答えが多く見受けられる．キューバはわが国と同じく島国であるが，ハバナ市街地に多くみられる公設市場では，魚売り場は普通見つけられない．お祝い事などで魚が欲しい場合は，市街に散在する数少ない間口の狭い魚屋さん（外部からはよそ者には決して魚を売っている店とはわからない；図3）に出かけて高価な魚を手に入れるか，それとも海の近くに住み魚の入手に関する情報を持っている知人の関係を使って手に入れるか，ということになる．しかし一般市民の月収の平均が日本円に直して1500円ほどのキューバ社会では，ほとんど手が出ないのが実情であろう．

図2　ヒレナマズ狙いの漁船（ボート）と水揚げ場．ボート3隻ほどで2，3泊の漁業に出る．遊園地の舟乗り場のようなところが港として使われている．

図3　ハバナ市街の魚屋さんの店先

　キューバ人は概して魚好きだが，ヒレナマズ肉の評価は低い．政府はヒレナマズの養殖にも力を入れ，ポスターなどでその利用を呼びかけているが，国民の反応は鈍い．ヒレナマズの形の特異さと味のまずさがその原因のようだ．アルゼンチンの支援を得て，ヒレナマズ肉ミンチを使ったハンバーグなどを開発しているようだが，キューバ人自身が「まずくて喉を通るものではない」と話す．

　そこでわが国のすり身技術を用いてヒレナマズ肉のミートボールなどを作り，キューバ人に試食してもらったところ，これがきわめて評判が良い．この試みを「キューバで蒲鉾プロジェクト」と名付け，2009年度から科学研究費補助金（代表：久保田　賢氏）を得，キューバ人の食の幸せ実感を広げるべく，いろいろと構想を練っている．将来，キューバの名物料理の一つに，ヒレナマズのすり身を利用したメニューが加わるようになることも望まれるが，この試行をきっかけに，島国であるキューバにおいて魚食文化が広がり，キューバ式持続型社会の土台が強固になることを願う．

（高知大学　山岡耕作）

コラム 11　水産におけるネガティブインパクト(1)地球環境問題

　21世紀の水産におけるネガティブインパクト（負の衝撃）として引き続き化学汚染，重金属汚染，赤潮，石油流出（口絵15，図1），廃棄ゴミ汚染（図2）などが挙げられる．この中で特に石油流出事故としては1989年のアラスカ湾沖事故（アメリカ，エクソン・バルディーズ号座礁事故）や1997年の日本海島根県沖事故（ロシア，ナホトカ号破損事故）が有名であるが，これらはタンカー遭難座礁事故である．一方，2010年4月に起きたメキシコ湾原油流出事故は海底油田流出事故であり，数ヵ月間，原油流出を阻止できなくなった．事故の衝撃は大きく，メキシコ湾のエビ漁業に壊滅的な打撃を与え，湾岸海域の生態系の完全な回復には数十年かかるであろうと言われている．石油や化学物質の海洋汚染は地球温暖化を含めた人間活動に起因する人為的な地球環境問題の一環であり，BRICsを含めた新興国の経済発展がめざましい21世紀にはますます地球的規模の環境汚染は避けがたいものとなっている．したがって地球環境の保全は全人類が共同して取り組まなければならない宿命的な課題であると認識する必要がある．

　そもそも地球環境問題は，古代文明の繁栄の代償として乱開発による周辺地域の砂漠化から始まっている．その後18～19世紀の産業革命を経て地球環境問題の規模が増大してきた．自然はある程度の自浄作用と自己修復能力を有しているが，人間活動が自然の修復能力の限度を超えて過剰なものとなると，地球上のあ

図1　石油流失事故による海洋汚染（京都府丹後半島にて鹿児島大・藤枝　繁氏撮影）

図2　海岸に漂着したゴミの山（山口県油谷海岸にて鹿児島大・藤枝　繁氏撮影）

らゆる生態系を破壊し，何百種の生物を絶滅の危機に追いやり，やがて人類の生存そのものに重大な影響を及ぼし始めた．20世紀後半になると化学汚染，酸性雨，異常気象，地球温暖化などの顕在化を通じて人類の環境問題に対する関心がようやく高まってきた．人類が共通の課題として環境問題に目覚めたのは1962年に出版されたレイチェル・カーソンの『沈黙の春』（Silent Spring）（Carson, 1962）による警告がきっかけとなったと言われている．これは合成農薬としてのDDTによる生態系の破壊を告発したものである．日本では1890年代の「足尾鉱毒事件」や1960年代の「水俣病事件」，「イタイイタイ病事件」を通じて重金属汚染の重大性が広く知られるようになった．

　環境問題に関する国際的な取り組みとして1992年に国際連合の主催により，ブラジルのリオデジャネイロで「環境と開発に関する国際連合会議」が開かれている．この会議の成果として，「環境と開発に関するリオデジャネイロ宣言」（リオ宣言）とこの宣言の諸原則を実施するための行動計画「アジェンダ21」，「森林原則声明」が合意され，「気候変動枠組条約」と「生物多様性条約」が採択された．さらに10年後（2002年）に南アフリカのヨハネスブルグで「持続可能な開発に関する世界首脳会議」（ヨハネスブルグサミット）が開催されている．これらの環境問題に関する国際会議は「地球サミット」と呼ばれている．これらの会議には世界各国の政府組織の他に産業団体や非政府組織（NGO）も参加しており，あくまでも「開発と環境保全」の両立を目指すものである．

地球温暖化に関しては，1992年の地球サミット（リオ宣言）において「気候変動枠組条約」（UNFCCC）が採択され，定期的な「気候変動枠組条約締約国会議」（COP）の開催が規定された．2007年には「国連の気候変動に関する政府間パネル」（IPCC）が第4次評価報告書（AR4）を発行し，20世紀後半に顕著になった地球温暖化は，人間の産業活動などに伴って排出される人為的な温室効果ガスが主因となっていると報告した（IPCCはゴア米国元副大統領とともに2007年度のノーベル平和賞受賞）．地球温暖化は，地球の気温（地球の平均気温は最近100年間で0.74℃上昇）や水温を上昇させ，海水面上昇（日本沿岸では3.3mm/年上昇），異常気象，生態系の破壊を引き起こし，農業・漁業生産の低下による食料危機や災害・健康被害など人類の生存にも重大な影響をもたらすと危惧されている．

　そこで1997年12月に国立京都国際会館で開かれた「第3回気候変動枠組条約締約国会議」（COP3）で「京都議定書」が議決され，国際的に温室効果ガスの削減を目指すことになった．この中で先進国は温室効果ガスの削減率を1990年を基準として設定することになった．この時の削減率は欧州共同体で8%，日本は6%であった．しかし欧州共同体のように順調に削減が進んでいる一方で，日本のように削減に失敗した国（8.7%の増加）や米国のように議定書を離脱した国があり，目標の達成は困難になっている．

　2009年9月に，国連で開催された気候変動ハイレベル会合（気候変動サミット）で鳩山首相は，「日本の温室効果ガスを2020年に90年比で25%削減する」と表明した．さらに2009年12月にデンマークで開催された「国連気候変動枠組条約締約国会議」（COP15）で「京都議定書」に続く地球温暖化防止のための国際枠組みの合意が討議されたが，先進国と開発途上国・新興国との対立が深刻で効果的な合意形成にはほど遠いものであった．

　近年，地球温暖化防止を期待する国際世論を背景に，太陽光発電，電気自動車，クリーンエネルギー，省エネ技術の開発が盛んになっているが，これらの環境技術の開発とともに人類の生活様式の変革がなければ地球環境問題の本質的な解決は望めないであろう．

（鹿児島大学　坂田泰造）

コラム 12　水産におけるネガティブインパクト(2)水産増養殖と魚病

　わが国では，第二次世界大戦後の食料増産と漁業者就業対策として浅海増殖開発事業や水産資源保護事業の振興が計られた．当初はホタテガイやワカメの資源回復，サケ・マス放流事業，ノリと真珠の養殖事業の支援が主なものであった．1950年代の合成繊維漁網・ロープ類の開発が海面養殖事業の発展に大いに寄与した．さらに1960年代には初期飼育技術や給餌養殖技術の改良によってクルマエビ，ブリ，マダイなどの栽培漁業が発展し，その後の養殖生産量の飛躍的な増大をもたらした．一方，浅海養殖の隆盛（図1）に伴って，高密度養殖や自家汚染による富栄養化や感染症の常態化などの弊害が見られるようになった．近年の「持続的養殖生産確保法」や「水産資源保護法」の改正で，国内防疫および輸入防疫体制が整備されて来ているが，養殖業者による正しい知識の習得と適切な防疫・疾病対策が重要である．養殖魚の感染症（図2）の要因として，ウイルス，細菌，真菌類，寄生虫類があげられるが，それぞれの主な病原体を列挙すると以下のようになる．

DNAウイルス：サケ科ヘルペスウイルス，OMVウイルス，コイヘルペスウイルス，イリドウイルス，バキュロウイルス
RNAウイルス：IPNウイルス，IHNウイルス，ラブドウイルス，ノダウイルス

図1　海面養殖風景（鹿児島県長島にて鹿児島大・山本　淳氏撮影）

図2　ヘルペスウイルスで死亡したニジマス（鹿児島大・山本　淳氏撮影）

グラム陰性細菌；*Edwardsiella tarda, Vibrio anguillarum, Photobacterium damsela, Aeromonas salmonicida*
グラム陽性細菌；*Renibacterium salmoninarum, Nocardia seriolae, Streptococcus* spp., *Lactococcus garvieae*
真菌類；*Saprolegnia* 属，*Achlya* 属，*Aphanomyces* 属
寄生虫類；*Ichthyophthirius* 属，*Ichthyobodo* 属，*Microsporidium* 属，*Anisakis* 属，*Benedinia* 属，*Dactylogyrus* 属

　これらの中でコイ科魚類，サケ科魚類，クルマエビ類の疾病については病原体の持ち込みや拡散を防止するため，特に水産動物の輸入をするときに「水産資源保護法」に基づき農林水産大臣の許可を必要とし，水産動物が病気に罹ったときに「持続的養殖生産確保法」に基づいて都道府県知事への届け出が義務づけられている．
　21世紀の水産業の中で水産増養殖の占める割合がますます増大することは間違いないが，その際に高密度養殖や自家汚染による赤潮や貧酸素水塊の発生および感染症の蔓延は行政とともに養殖業者が協力して防止しなければならない．そのためには第一に養殖環境の保全と養殖の適正化を実現しなければならない．その上で防疫体制の技術的な側面として魚病診断技術の確立，ワクチンや治療薬の開発，健全種苗の生産，養殖技術の改良，養殖環境の保全を計るための産・官・学の協力体制が欠かせない．畜産業における口蹄疫などの問題は他山の石として肝に銘ずべきであろう．
　　　　　　　　　　　　　　　　　　　　　　　　（鹿児島大学　坂田泰造）

第5章

海の生き物たちの知られざる秘密を探る

　動物の行動を明らかにするためにこれまで野外調査に多くのエネルギーが費やされてきたが，人間の目が届く範囲は限られている．特に水の中の生き物については浅海域や，潜水調査船による限られた範囲において動物の行動に関する知見が得られてきたが，本章で取り上げられているバイオロギングという手法により動物行動に関する知見が間口，奥行きともに急速に広がりつつあり，これは画期的なことである．現在は高性能で小型のデータロガーが開発され，水温，水深，動物の遊泳加速度などを記録することができ，尾鰭のストローク数，体の姿勢，体の動きを計測できるだけでなく，カメラロガーの開発により，捕食行動，相対的な餌密度，社会行動，他生物との関係まで把握することができるようになった．対象の動物も鯨類やウミガメなどの大型動物からイサキ，ブラックバスなどの小型の動物に装着が可能となっている．つまり，海洋動物の目線で，仲間の行動，餌生物との関係を知ることができるようになったのである（第1節）．

　動物の行動と形態は密接に関わっているが，本章で紹介されているヒラメやカレイ類（異体類）の左右非対称性の発生機構と進化に関する最近の知見は真に興味深い．変態期になると片方の眼が反対側に移動し，「左ヒラメに右カレイ」といわれているが，何故，そのようなことが起こるのか，また必要なのか

はこれまでに多くの人が疑問を抱いてきたことである．眼球の移動には脳と頭蓋骨の協調が必要で，そこにどのような仕組みがあるかが明らかにされつつある（第2節）．

　生物多様性という語が日常的に用いられるようになったのはそう古いことではない．地球上の陸，河川，湖沼，海に生息する動物は数百万種に上るが，近年絶滅危惧種の数が増加する一方である．地球上の生物は本来的に実にバラエティに富み，それぞれの生きざまも多様である．多様であることは生物間でのいろいろな争いが生じることでもあり，その競争があるからこそ，それぞれ生き残り戦略を発展させ今日に至っている．物理・化学的な環境の変化に巧妙に適応することも重要であるが，生物間の食う─食われる関係，共生，寄生関係など生物学的要素も生き残りのためには大きな意味を有している．動物の生き残り戦略がどのようかはまだわからないことが多いが，動物がこの数億年の間にどのように進化してきたかを，とくに魚類に的を絞り，ミトコンドリアDNAの塩基配列を解析することから新たな知見が得られつつある（第3節）．

第 1 節　新しい魅力的な科学への挑戦：
バイオロギング研究が拓く新たな水棲生物の世界

1 ▶ はじめに

　近年，「生物多様性の保護」，「海洋環境の保全」，「地球規模の環境変動の把握と予測」などの課題が国際的な重要課題として注目され，「人と海」あるいは「人と地球」の関連について組織的な研究の重要性が認識されるようになってきた．これらの課題に取り組むには，最新の優れた技術を基盤にして開発された機器を使用し，卓越した理念のもとで，将来を見据えた組織的な研究体制の構築が大切である．

　これまで欧米の研究者は，大型の鯨類，鰭脚類，海牛類，海亀類，海鳥類，魚類にアルゴス送信器（ARGOS が管理する衛星通信システムを用いて情報を送信する機器の総称）を装着して，彼らの地球規模の回遊や潜水行動の研究を展開してきた．特にアメリカの研究チームは，2000 年より TOPP (Tagging of Pacific Predators：太平洋高次捕食者標識研究) を実施しており，これまでに 22 種 2000 を超える個体から彼らの行動や環境情報を入手し，地球生態系の包括的研究を進めている (TOPP，ウェブサイト)．しかし，アルゴス送信器の通信速度が 4800bps（ビット / 秒）であるために，海洋動物の行動やその生息環境をより詳細に理解するために，高精度で多量の情報を収集できる新しいシステムの出現が待たれていた．

　私たちの研究グループは，調査船や人工衛星を使用する方法とは別に，バイオロギングサイエンス「生物装着型海洋動物の行動や環境計測システム科学」を立ち上げ，海の世界を総合的に理解するシステム科学の創成を目指して，動物の視点からの情報収集を活発に展開してきた．東京大学海洋研究所（現 東京大学大気海洋研究所）は特別プロジェクト「先駆的海洋科学創成に向けた革新技術の開発事業 (2007-2011)」(UTBLS，ウェブサイト) を国内外の研究者との連携を密に実施している．このプロジェクトでは，独創的でより優れた機器を開発し，世界最先端のシステムを構築するとともに，海洋生態系における主要な動物を中心にバイオロギングサイエンスを展開し，自然現象を総合的に解析する魅力的な研究を推進している．本稿では，バイオロギングサイエンスの背景，機器とシステムの開発，最新の研究成果を紹介するとともに，新しいサイエンスの創成に向けた今後の課題について述べる．

2 ▶ 研究の背景

　バイオロギング研究に関する世界の動向としては，欧米の研究者の多くは，ワイルドライフ社やテロニクス社などのアルゴス送信器を使用して，大型海洋動物の回遊や潜水行動に関する研究を展開している．海洋動物の行動やその生息環境をより詳細に理解するために，アルゴス送信器は有効であるが，それを超える高精度で多量の情報を収集できる新しいシステムの出現が待たれていた．日本でもアルゴス送信器を使用している研究者もいるが，機器の購入費や衛星使用料などの経費の増大，利用の難しさ，さらには機器の大きさが動物に与える影響などによる利用の限界を感じる人がでてくるようになった．そこで日本では，国立極地研究所の内藤靖彦名誉教授を中心に，欧米と方向を異にした日本独自の新しいシステム科学の構築を目指した．これは目で確認できない海洋動物の生理，生態，行動，環境を知ることができる新しい科学である．ここでは，水棲動物用の機器は動物への影響を最小限にするために常に小型化を目指すという視点から最大限の努力を払ってきた．私たちは，リトルレオナルド社の鈴木道彦社長とその技術者の協力を得て，アルゴス送信器とは別に高精度で大容量の情報を収集することができる小型の新しい機器（データロガーやカメラロガー）や自動切り離し装置などの開発に積極的に取り組み，多くの有効な機器を開発し，優れた研究成果を上げてきた．

3 ▶ 機器の開発

　日本では，1979年以降，独自のアイデアで様々な機器（データロガーやカメラロガー）が使用目的に応じて開発されてきた（367頁図5-1）．開発の理念は，最新の技術を駆使して，高性能化，大容量化，小型化に取り組み独創的な機器を開発するとともに，回収方法も工夫し，世界に類のない独自の機器やシステムを総合化することであった．特に，日本が開発してきた機器は，回収後，電池を交換することによって繰り返し使用することが可能であることから，大変効率的なシステムとして，国際的に注目されるようになり，日本の機器を使用することを前提にした国際共同研究が次々と実施されるようになってきた．次に，その機器開発の概要について紹介する．

3-1．データロガーの開発

　機器の開発の初期はアナログ方式を用いていたが，2000年以降，バイオロ

ギングシステムをデジタル化することにより，日本の研究チームではより一層，質の高い多量なデータが得られるようになった．現在では，様々な機器がその用途に応じて開発されている．なかでも，3MPD3GT（φ27mm，L：190mm，W：125g）は3軸の地磁気・重力，速度，深度，温度のデータが1秒間隔で記録できることから，海洋動物の生息環境を知ることができるだけでなく，彼らの環境選択の特性に関する情報も得ることができるようになった．また，3軸の加速度のデータが16〜128ヘルツで得られることから，海洋動物の水中での三次元の行動軌跡，体の姿勢やその変化，ストローク数（例：鰭や翼の周波数）など複雑な水中における行動を知ることができるようになった．

この機器は多少大きいので，クジラ，アザラシ，マナティー，ウミガメなどの大型の動物には適しているが，小型の動物にはあまり適していなかった．そこで，小型動物用の加速度（2軸）・深度・水温ロガーであるD2GT（φ15mm，L：53mm，W：16g）を開発して，動物への負担を少なくすべく機器の開発を進めてきた．この機器はペンギン，イサキ，ブラックバスなどの小型の動物にも使用されるようになり，水棲動物の行動学的研究や環境学的研究にも多大な貢献をすることになった．最近では，アザラシの下顎や頭にD2GTを装着して，採餌行動の記録もできるようになり，国際的に注目されている．

内藤靖彦氏と筆者らは，最近，高性能で世界最小のデータロガーORI3GTD（φ：12mm，L：45mm，W：9g）の開発に成功した．この機器は，水温（精度：±0.1℃）や深度（±0.1m）は1秒間隔で，3軸の加速度を1秒間に16〜128回記録することができ，尾鰭のストローク数，体の姿勢，体の動きなどを詳細に計測できる優れたデータロガーである．

3-2. カメラロガーの開発

上記のデータロガーの開発により，水中での海洋動物の潜水行動や環境選択特性などを把握することができたが，それを視覚的に実証する必要性が生じた．そこで，小型カメラロガーDSL（φ25mm，L：190mm，W：73g）を開発した．このカメラロガーは30秒間隔で，2000画像を撮影することができることから多くの優れた成果を上げることができた．これにより，野生動物の捕食行動，相対的な餌密度，社会行動，生態系の他生物との関係，さらには生息環境の利用の仕方などの情報も把握することができるようになり，バイオロギングシステムの研究をより進展させることになった．

最近は，新型のカメラロガーDSL380-VDTI（φ22mm，L：133mm，W：82g．Memory：4Gbit，SXGA：1280×1024dot）の開発にも成功して，さらに魅力的な

研究が遂行できるようになった．この新しい機器は，非常に鮮明な静止画像を1秒間隔で最大8000〜1万枚撮影することができ，しかも撮影間隔は最短で1秒間4コマの撮影が可能で，その間隔を自由に制御することができるように設計されている．国立極地研究所の高橋晃周博士は，2008年に南極のアデリーペンギンにこのカメラロガーを装着して，初めて自然環境下で野生動物の撮影に成功した．アデリーペンギンに装着したカメラロガーから仲間のペンギンと餌生物であるオキアミの画像が撮影された．これにより，大変鮮明な画像からオキアミがペンギンに対して尾を曲げて逃避する行動やオキアミの消化管の満腹度合いを推定できるなど，生態学的に魅力的な情報を得ることができるようになった．

　2008年には，東京大学海洋研究所の佐藤克文博士は，ハワイ大学との共同研究を実施し，大型のサメにデータロガーとカメラロガーを装着し餌生物の追尾と捕食を確認することができた．2009年には，筆者は，インドネシアのサムラトランギ大学やテンタナ大学と共同して，ポソ湖のオオウナギにこのカメラロガーを装着し，ウナギが泳いでいる環境の様子を初めて撮影した．このようにカメラロガーによって，海洋動物の目線で，仲間の行動，生態系の他の生物との関係，その生息環境，さらには餌生物に対する追尾や捕食の仕方などを捉えた画像から海洋動物の自然の姿を知ることができるようになった．まさに，「百聞は一見にしかず」である．今後，自然環境下で実施される魅力的な調査・研究の成果が楽しみである．

3-3．自動切り離し装置の開発

　ロガーを動物に装着することはできても，イルカ類のようにほとんど上陸しない動物では，再捕獲して回収することが困難な場合がある．日本鯨類研究所の大谷誠司博士らはタイマーを用いて動物の体からロガーを自動的に切り離す独自の手法を確立し，さらに国立極地研究所の渡辺佑基博士らにより改善された．この手法はバイカル湖のバイカルアザラシをはじめとして，北極海のアゴヒゲアザラシ，南極海のウエッデルアザラシ，長江のカラチョウザメ，インドネシアのオオウナギ，ハワイのシュモクザメ，三陸のアカウミガメ，木崎湖のブラックバスなど，あらゆる水棲動物に有効であることが判明した（Watanabe et al., 2004, 2006a, 2006b, 2008, 2009）．現在，この自動切り離し装置は，国際的に広く用いられるようになった．最近では，さらに遠隔操作できる自動切り離し装置の開発にも成功しており，今後，多くの動物への応用が期待される．

　北海道大学の坂本健太郎博士は，Wavemetrics社から発売されているソフ

トの Igor Pro 上で動作できる新しい解析ソフト「Ethographer」を独自に開発し（Sakamoto, 2009），そのソフトをすべての人々に使用してもらえるように日本バイオロギング研究会のホームページで公開している．筆者の研究室の大学院生もこのソフトを駆使して，研究を進めている．アメリカのカリフォルニアで開催された第3回国際バイオロギング会議では，世界の第一線の研究者が彼の開発したソフトに注目しており，将来，世界中の研究者がこのソフトを利用することが期待される．

このように，日本のバイオロギング研究チームは，この研究分野のパイオニアとして独創的なアイデアに基づいた独自の機器やシステムを開発すると同時に，独自のソフトも開発し，得られたデータを自らのソフトで解析するという，非常に創造性に富んだ世界を開拓し，これまで世界中の研究者が踏み込んだことのない新しいサイエンスの扉をまさに開きつつあると言える．

4 ▶ 研究のトピックス

ここでは，マッコウクジラ，ウエッデルアザラシ，アデリーペンギン，ヨーロッパヒメウ，シロサケを対象に日本で開発された独自のバイオロギング手法を用いて得られた代表的な知見を紹介する．

4-1．マッコウクジラの潜水行動

英国のクラーク博士はマッコウクジラがなぜ1000m以深まで潜水し，深海でどのような行動をしているのかということに関心を持ち，エネルギー消費を最小にする潜水モデルを考え，マッコウクジラは深海でジッとしていて，近付いてきた大型のイカ類を捕食するという仮説をたてた．この仮説を提案したのは1970年代で，その後，この仮説を検証することができなかった．ところが，Amano and Yoshioka（2003）は，私たちの研究チームが開発したバイオロギング手法を用いて調査し，マッコウクジラは潜降の際にはストロークとグライディング（滑降）を繰り返し，約40〜45分間隔で1000mを超える潜水を繰り返し行い，深海では盛んに採餌活動を行っていることを報告した（図5-2）．さらに，Aoki et al.（2007）は，深度2000m耐水性の3MPD3GT（ϕ27mm, L：190mm, W：125g）の機器を使用してマッコウクジラの潜水行動を詳細に解析し，クジラは頭部の向きを渦巻きのように回転させながらクリックス（超音波）を発して広範囲に餌を探索しながら潜降していること，深海ではクジラは活発に採餌行動を繰り返して，時には4〜6m/秒の高速度で30〜120秒間，餌を追いかけ，急

旋回しながら大型のイカ類を捕獲していること，浮上の際にはストロークとグライディングを繰り返し，海面付近ではストロークを使わず浮力だけで浮上することの可能性を示した．また，3次元の水中軌跡と体の姿勢角（頭部の動き：heading，体の回転：rolling，体軸角度：pitching）の解析から，水面に浮かんで休息することとは別に，海面近くで体を垂直に保ち，頭を上にしたまま体を静かに上下させる休息行動を明らかにした（Miller et al., 2008）．

4-2．ウエッデルアザラシの採餌行動

Mitani et al. (2004) は，3MPDT と D2GT を同時に装着して南極海におけるウエッデルアザラシの水中における3次元行動軌跡を明らかにした．このアザラシの水中行動軌跡とカメラロガーを使用して推定した相対的な餌密度の値（Watanabe et al., 2003）を組み合わせて解析すると，ウエッデルアザラシは餌密度の高い海域に潜水し，活発に採餌活動を行っていることが推測された．また，複数の個体に同じような調査を実施したところ，各個体は同じ餌場を競合するのではなく，互いに棲み分けて採餌行動をしており，アザラシが上手に餌場を利用していることが明らかになった（図5-3）．ウエッデルアザラシに装着したカメラロガー（DSL）により，深度340m でウエッデルアザラシがコオリイワシを捕食している瞬間を撮影することに成功した（Sato et al., 2002）（図5-4）．また，ウエッデルアザラシの母親の背部にカメラロガーを後ろ向きに装着したところ，母親について後から泳いできた子どものアザラシの画像の撮影にも成功した（Sato et al., 2003）（図5-5）．

2003年にドイツのアルフレッド・ウエーゲナー研究所のプロッツ博士から共同研究の要請を受けて，国立極地研究所の渡辺佑基氏は日本が開発したカメラロガー（DSL2000m；ϕ31mm，L：230mm，W：73g）を持参して，南極海のドレシャー湾の調査に参加した．海底深度が約400m のドレシャー湾には厚さ150m の氷棚が存在し，この海域でのウエッデルアザラシの垂直移動と餌との関係について調査するために，アザラシにカメラロガー（DSL）を装着した．それによると，ウエッデルアザラシは氷棚に沿って深度150m 付近まで潜水し，その後氷棚の底に沿って移動していることが明らかになった（Watanabe et al., 2006a）．しかも，氷棚の底には無脊椎動物（等脚類，刺胞類など）の大きなコミュニティが形成され，周辺に魚が遊泳しているシーンを捉えることができた（図5-6）．このカメラロガーを装着した調査により，ウエッデルアザラシの深度150m までの潜水は，氷棚の底での盛んな捕食行動に関係があることを実証したと言える．この研究成果から，無脊椎動物の大きなコミュニティがなぜ氷

棚の底に形成されるのか，海底の無脊椎動物と氷棚の底の無脊椎動物の関連性はあるのか，氷棚の底部の海水の動きはどのようなものなのか，などの新しい研究課題が生まれるきっかけにもなった．

4-3．バイカルアザラシの昼夜行動と浮力調節

バイカル湖は3000万年前に形成された古代湖で，四国に相当する面積を持ち，その最深部は1643mにも達する．バイカルアザラシはバイカル湖に生息する唯一の哺乳動物で，生態系の頂点に君臨している．このアザラシがバイカル湖の生態系のなかでどのような役割を果たしているのか，その環境はどのような状況にあるのかを明らかにするために，筆者は1989年に設立されたバイカル湖国際生態学研究センター協議会の国際共同研究のプログラムに参加した．このバイカルアザラシにデータロガー（PD2GT）やカメラロガー（DSL）を装着する機会があり，渡辺佑基氏がこの調査に参加した．データロガーによる調査の結果，バイカルアザラシは昼と夜で遊泳行動が異なることが明らかになった（図5-7 上）．バイカルアザラシの平均遊泳深度は68.9mで，まれに150mを超える潜水をしていた．昼間の平均遊泳速度は1.2m/秒で，50m以浅の潜水を繰り返し，夜間でのそれは0.9m/秒で大型ヨコエビの一種（*Macrohectopus branickii*）の鉛直移動に類似した潜水を繰り返していることが示された（Watanabe et al., 2004）．特に，カメラロガーはアザラシが餌生物であるカジカを水面を背にシルエットとして認識し，その餌生物を，湖の深い水域から浅い水域へ上向きに速度を上げて追尾しているシーンが撮影された（図5-7写真左）．潜水プロファイルを解析すると，このように餌生物を加速して追尾するような行動が頻繁に記録されていた．一方，夜間は，遊泳速度が遅く，下向きに潜水を繰り返していることから，ヨコエビ類（図5-7写真右）を専ら捕食しているのではないかと推察されている．このようにデータロガーやカメラロガーの記録から，これまでの観察では知り得なかったバイカルアザラシの水中でのダイナミックな行動が把握されるようになった．

データロガーで得られたデータを個体間で比較してみると，潜水行動の3フェーズ（①潜降行動，②底部での遊泳行動，③浮上行動）のうち，潜降と浮上行動で大きな個体差が確認された．それを調べるために，同じ個体に重しを装着し，一定時間の後にアザラシから切り離されるような実験を行った（図5-8）．その結果，密度が大きい個体では，沈降行動の場合には後ろ脚を使ったストロークをあまり使用しないが，浮上行動の場合には活発にストロークを使うことが分かった．一方，密度が小さい個体では，潜降の場合には後ろ脚を活発に

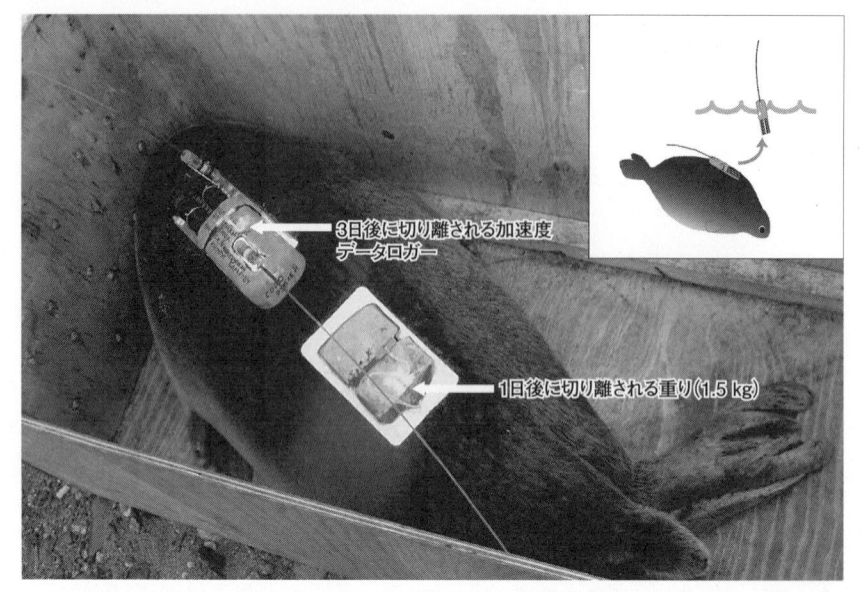

図 5-8 バイカルアザラシの浮力調節実験と切り離し装置の模式図（右上）
模式図は，自動切り離し装置により水面に浮上したロガーを VHF で確認し，回収する場面を示している（渡辺佑基氏提供）．

動かし潜水するが，浮上行動の場合にはあまりストロークを使うことなく浮上することが分かった．脂肪は密度が 1 よりも小さいため浮力調節の重要な要素と考えられることから，このような行動の特性と脂肪量の割合の関係を数式化し，定常化した速度から逆に脂肪量の割合を推定することに成功した（Watanabe et al., 2006b）．これらの一連の研究成果から，バイカルアザラシの浮力調節は脂肪量の割合で異なり，相対的に脂肪の割合が高い肥ったアザラシは潜水する際にはストロークを活発に使用するが，浮上する際にはあまりストロークを使用せずに自分の浮力で浮上すること，相対的に脂肪の割合が低い痩せたアザラシは潜水する際にはストロークをあまり使うことなく潜水するが，浮上する際には活発にストロークを使用して浮上することが明らかにされた（図 5-9）．

4-4．ズキンアザラシの捕食イベント抽出法

野生動物の採餌行動を推定するにはこれまでに次に示す方法が用いられてきた．第一は，捕食した餌を吐き出させ，食べた餌の種類と量を推定する方法（フラッシング法），第二は，アザラシでは上下の顎，ペンギンであれば嘴に

図 5-1　開発されたデータロガーとカメラロガーのリスト（鈴木道彦氏提供）．右上の写真は代表的な機器で左から DSL，3MPD，D2GT．右下の写真は 3MPD3GT とその内部．

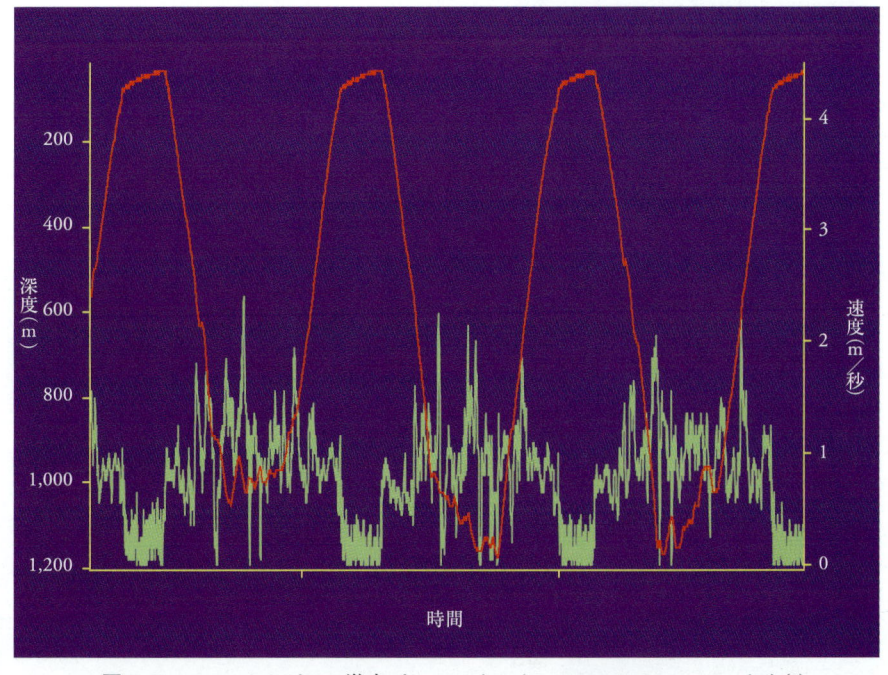

図 5-2　マッコウクジラの潜水プロファイル（Amano and Yoshioka, 2003 を改変）

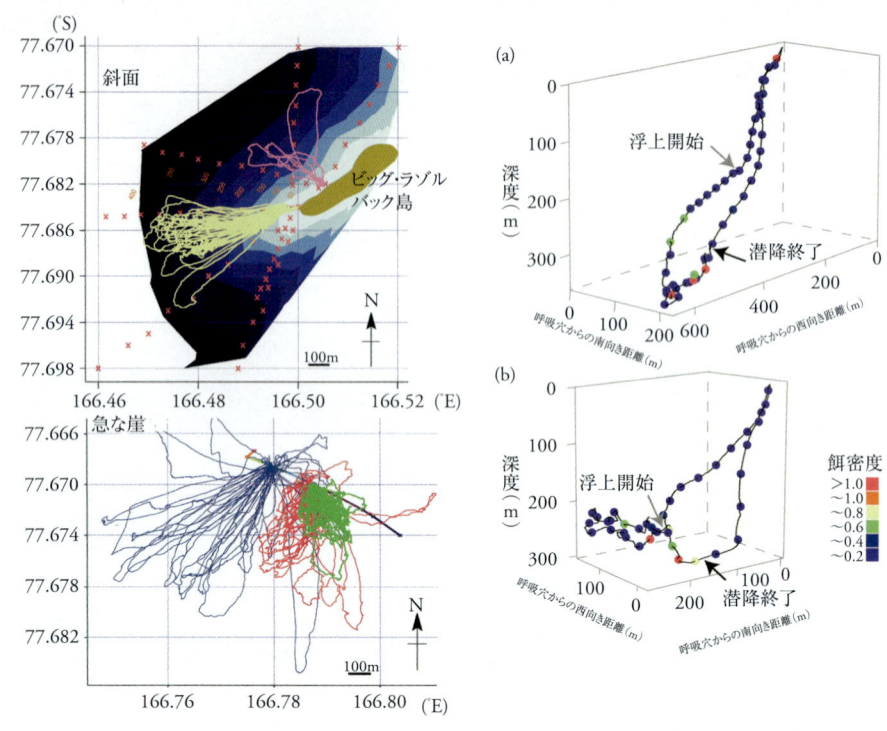

図 5-3　ウエッデルアザラシの移動図（左）と水中航跡図（右）
左図は各個体（色で示す）がほとんど競合せずに捕食行動をしていることを，右図はアザラシが高密度の餌場（赤いほど密度が高い）を探して潜水していることを示唆している（Mitani et al., 2004 を改変）．

図 5-4　ウエッデルアザラシのコオリイワシ捕獲シーン（深度340m）（佐藤克文氏提供）

図 5-6　厚さ 150m の氷棚の底に形成されている無脊椎動物の大群集（渡辺佑基氏提供）

図 5-5　母親の後を追って泳ぐウエッデルアザラシの子ども（Sato et al., 2003）

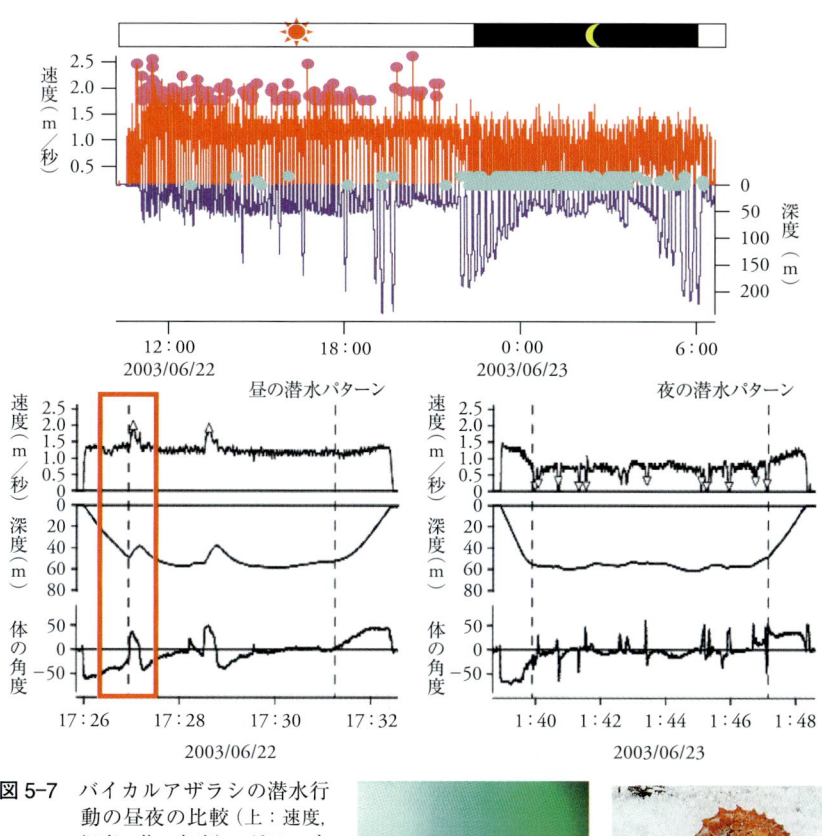

図 5-7　バイカルアザラシの潜水行動の昼夜の比較（上：速度，深度，体の角度）．グラフ中の●と●は大きな加速度変化の潜水を示す．体の角度は ＋ が上向き，－ が下向き．写真は主要な餌生物のカジカ類（左）とヨコエビ類（右）（Watanabe et al., 2004 を改変）．

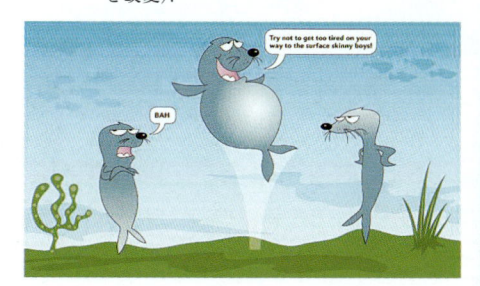

図 5-9　痩せたバイカルアザラシと太ったアザラシの関係（Phillips K., 2006）

図 5-10　アデリーペンギンの水中写真（高橋晃周氏提供）

図 5-11 英国のメイ島沖におけるヨーロッパヒメウとその採餌行動（綿貫　豊氏提供）
左上：ヨーロッパヒメウに装着したカメラで自動撮影された水面に浮上した仲間の写真，右上：岩場でとらえたギンポの仲間（*Asterias rubens*）を嘴でくわえて水面に浮上した瞬間，左下：海藻が繁茂している海底で索餌行動をしているヨーロッパヒメウ，右下：岩場で索餌行動をしているヨーロッパヒメウ．

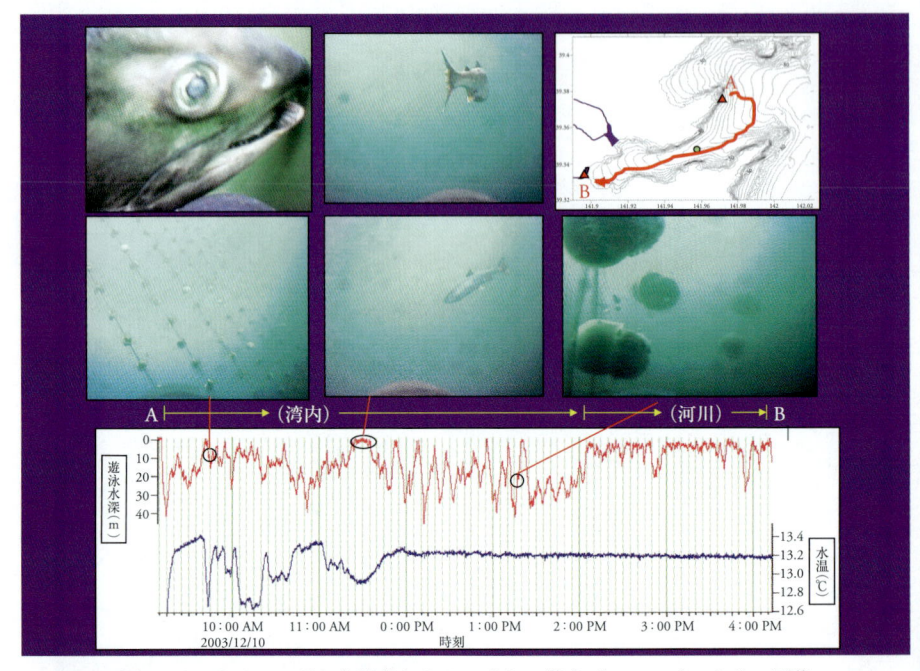

図 5-12 カメラロガーを装着したシロサケの潜水プロファイルとその画像
沖合（右上の地図の A）から，湾内，河口域の定置網（B）まで追跡した．カメラロガーの写真によりシロサケが仲間と近づいたり離れたり，ホタテの養殖筏やクラゲに遭遇したりしながら母川に戻っていくことが分かる（Kudo et al., 2007 を改変）．

マグネットセンサーを付けてアザラシやペンギンなどの採餌を検出する方法（IMASEN法），第三は胃内に温度計を入れて，体温と胃内温度の差からいつ餌を食べたかを検出する方法である．しかし，第一の方法は，消化されてしまった餌生物は算定できない問題点がある．第二の方法は，磁石の動きの情報を背中に装着した記録計に記録させるために，頭部または背部の記録計までコードを設置しなければならず，操作方法の改良が求められてきた．また，嘴や顎の動きのノイズの問題が解消されていない．第三の方法も，胃内に入れた温度計が動物に与える影響が強いのではないかと考えられるようになった．そこで，Naito (2007) は，より簡便で動物への影響の少ない方法として加速度法を提案した．この手法を用いて，ノルウェーのトロムソ大学のブリックス博士と共同で，トロムソ大学で飼育されているズキンアザラシの下顎と頭部に日本が開発した小型のデータロガーを装着することによって，プール内での採餌行動を調査した．その結果，下顎および頭部に装着した日本製の小型データロガーにより得られた2軸の加速度データから，アザラシの捕食行動を検出することができた (Suzuki I et al., 2009)．この画期的な加速度法は世界中の研究者により注目され，現在ではアザラシ類だけではなく魚類などにも用いられるようになった．

4-5. アデリーペンギンの行動

アデリーペンギンは，大きなコロニーを作って繁殖活動している．子育ては母親と父親が交互に子どもに餌を与えながら一人前のペンギンに育てていく．この一連の活動の中で，ペンギンの氷上や水中での行動，体の姿勢，エネルギー・バランスなどを客観的に把握するにはデータロガーで得られる情報は大変有効である．アデリーペンギンが氷上を群れで移動し，水中でどのような潜水行動をしているのかを調べるために，カメラロガー (DSL) を装着して，仲間のペンギンの画像を撮影した (Takahashi et al., 2004)．その結果，アデリーペンギンは集団で氷上から海に飛び込み，一斉に海中から氷上へ飛び上がって来るが，海中では異なる深度を選択しつつもそれぞれの個体は上下左右に一定の距離を保って潜水し，採餌していることが明らかになった（図5-10）．

4-6. ヨーロッパヒメウのハビタットの利用戦略

イギリスのスコットランドのメイ島に生息しているヨーロッパヒメウの生物学的調査はイギリスの研究者によって長い期間，実施されてきた．これまで捕食活動については，イギリスの研究者は巣に戻ってきた親から捕食したものを吐き出させて餌生物の種類と量を推定してきた．しかし，どのように餌場を選

択し，どのように生息場所を利用しているかについては知られていなかった．そこで，北海道大学の綿貫　豊博士はイギリスの研究者と協力して，子育てのために巣内の子どもに餌を運んでくるヨーロッパヒメウの親（体重：約1.8kg）にカメラロガーを装着して，捕食行動を調査した（Watanuki et al., 2007）．親に装着したカメラロガーは実に興味深い情報を提供してくれた．このヨーロッパヒメウは砂地と岩場の双方を利用しており，砂地ではイカナゴのような小さな魚を次々と捕食し，巣に戻って子どもに与えているのであるが，岩場で捕獲したギンポなどの魚は嘴にくわえて水面に持ち出し，それから捕食して巣に戻ることが明らかになった（図5-11）．このように，ヨーロッパヒメウは，砂地や岩場といった異なった生息環境でダイナミックな捕食活動を行うことが検証できた．

4-7．シロサケの回帰行動と環境選択

　北部太平洋沿岸の河川で孵化したシロサケは海に下り，西部北太平洋の高緯度海域付近で活発に餌を食べて成長し，約4年後に産卵のために自分が生まれた河川に回帰をすることが知られている．岩手県の大槌町にある東京大学大気海洋研究所の国際沿岸海洋研究センターでは，長年にわたってシロサケの行動や生理学的な研究を展開してきた．当時，国立極地研究所の大学院生の田中秀次さんは，産卵のために沿岸に戻り，沖合の定置網に罹網したサケにデータロガー（D2GT）を装着・放流し，河川に戻ってきたサケからデータロガーを回収し，沖合から戻ってきたシロサケの潜水行動を調査した．その結果，海水温度によりシロサケの潜水行動が異なり，海水温が12〜18℃の適温になると頻繁に表層を上下移動を繰り返しながら海面に浮上し母川の識別行動をしているが，海水水温が20〜24℃と高い場合は，低水温を求めて時に水深200mの深さまで潜降していることを明らかにした（Tanaka et al., 2000）．

　岩手県大槌湾には3本の流入河川があり，それぞれの河川に戻ってくるシロサケを河口域に設置された定置網で捕獲している．沿岸にはホタテ，カキ，ワカメなどの養殖筏が高密度で設置されている．そこで，シロサケが母川への回帰の際に大槌湾内でどのような行動をとるのかを調査するために，シロサケにカメラロガーを装着して放流した（Kudo et al., 2007）．その結果，シロサケはホタテの養殖筏のなかを上手に泳ぎながら，母川に戻ることが観察された．同時に，このカメラは仲間のサケの写真も撮影しており，婚姻色で体色が変化した仲間との相対距離などに関する情報も得ることができた（図5-12）．体長75〜100cmの成熟個体のシロサケに装着したカメラロガーは世界で初めて母川に

戻るサケの撮影に成功し，群れの個体間の関係や環境選択性を明らかにした．

5 ▶ 今後の課題

　最先端のシステムを基盤にしたバイオロギングサイエンスの展開は多方面にわたると考えられる．例えば，生態学研究，生理学研究，環境変動研究などの基礎的な研究はもちろん，動物の行動モデル化に関する研究，潜水にかかわるエネルギー収支の研究，環境選択性に関する研究，海洋動物の保護と管理に関する研究などの応用的な研究の面でも今後飛躍的に発展していくものと考えられる．さらに機器の改良やデータベースの整備を進めるとともに，若手研究者育成のためのトレーニングコースの実施や社会への情報公開などを展開していくことにより，私たちはこのバイオロギングサイエンスが一層向上していくことを目指している．同時に，世界最先端の分野として海外に研究拠点を設置し，研究者の交流を活発に行うことにより，国際共同研究を積極的に推進することが重要である．また，近年，世界の人々が注目している「生物多様性の保全」，「海洋環境の保全」，「地球規模の環境変動の把握と予測」などの課題に対しても，組織的に取り組むことにより，バイオロギングサイエンスの有効性を提示することが可能で，国際的な需要に応えるような総合的な研究システムの誕生が期待できる．様々な研究分野との連携を強化しながら新しい課題にチャレンジしていくことで，バイオロギングサイエンスは，より魅力的なシステム科学として社会から認知され，21世紀に代表される創成的な科学分野として進展していくことが可能である．日本の研究者は，自らの役割をしっかりと認識し，この新しいサイエンスのエポックメイキングを目指して展開し，世界を主導していくことが大切である．

6 ▶ おわりに

　本稿では，バイオロギングサイエンスの背景や新しい機器開発について述べるとともに，これまで国内外の調査で得られた研究のトピックスや今後の課題について言及した．日本独自で開発した機器を使用したバイオロギングサイエンスは，国内はもとより世界各国の研究者との共同研究を通じて，これまで未知の表層から中深層に至る海洋の世界を動物の目線で得ることができるようになった．アルゴス送信器とは基本理念が異なる新しいシステムの開発に成功してきた日本の研究チームは，さらに一段高いエレクトロニクスの技術を駆使す

ることによって，世界に先駆けた質の高いバイオロギングサイエンスを創成することを目指している．日本が主導するこの新しいバイオロギングサイエンスが夢ではなく現実のものになってきたと言える．

　バイオロギングシステムを利用して地球規模の包括的なモニタリング研究を実施するには，多様な生きものが棲む世界の代表的なホットスポットに観測システムを構築し，組織的継続的に調査することが不可欠である．「優れた技術は新しい科学を生み出す」の言葉を肝に銘じて，関係者の皆様と協力しながら，誕生して間もないバイオロギングサイエンスを一緒に推進していきたいと考えている．この研究分野に関心を持つ若手研究者や大学院生が世界の研究者との共同研究を通じて研鑽を積み，新しい時代を築いてくれることを願っている．

　最後に，本稿はバイオロギング研究に関わっている多くの研究者の成果を基に記述した．バイオロギングサイエンスの発展に尽力された国立極地研究所の内藤靖彦氏，リトルレオナルド社の鈴木道彦氏，技術者の皆様，さらには優れた研究を展開してきた研究者や大学院生の皆様に心からお礼申し上げる．また貴重な写真を提供していただいた佐藤克文氏，髙橋晃周氏，渡辺佑基氏，綿貫豊氏にお礼申し上げる．ご多忙中にもかかわらず草稿を読んでいただき，的確なアドバイスをいただいた甲子園大学の川合真一郎氏および内藤靖彦氏に感謝申し上げる．

第2節　ヒラメ・カレイ類誕生の謎に迫る

1 ▶ はじめに

　ヒラメ・カレイ類（カレイ目）の仲間は，他の魚類と同様に仔魚は外見的に左右対称に誕生するが，変態期になると片方の眼が反対顔面にまで移動し，体色にも左右差ができて全身が非対称に変形する．左ヒラメに右カレイと言われるように，できあがった身体の非対称性は左眼位（ヒラメ型）と右眼位（カレイ型）に分かれる．最近，カレイ目祖先の化石が発見され，カレイ目祖先の誕生直後の左右非対称性の特徴について二つ重要な事実が明らかになった．一つは，この化石では眼の配置が左右非対称性であるものの，移動した眼はもとの側面にまだ止まっていることで，カレイ目の進化に伴って眼が反対顔面に向かって徐々に移動距離を増していったことが示された．もう一つは，化石では眼の非

対称性の方向が個体によりバラバラなことであり，カレイ目祖先は眼の向きが同一種内でも左右ランダムであったこと，そしてその後の進化の過程でランダムであった非対称性がカレイ型とヒラメ型へ固定されたことが示唆された．私たちの研究により，心臓や腸などの内臓の左右非対称性を制御するNodal経路と呼ばれる遺伝子カスケードが，カレイ目で独特な形に進化することにより，眼の左右非対称性を制御していることが最近明らかになった．ここでは，カレイ目の非対称性の進化と個体発生，眼位とNodal経路の関わりについて紹介する．

2 ▶ ヒラメ・カレイ類の誕生：非対称性を生み出した発生システムの進化

　ヒラメ・カレイ類についての研究を始めて以来，毎年春の産卵期になるとヒラメ（*Paralichthys olivaceus*）を受精卵から飼育し，変態の様子を観察している（図5-13a〜c）．何度みても体が非対称に変化していく様子は神秘的ですらある．孵化胚や初期仔魚を外からながめても組織切片にしても，眼の配置や脳の構造には変態後の非対称性と関連する前兆は何ら見あたらない．ところが変態期を迎えると，ヒラメでは右眼が鼻の上に向かって移動を始め，1週間ほどで右眼は鼻の上にまで到達し，さらに移動を続けて左顔面に到達する．最終的に両眼が左顔面に並んで配置することになる．このようになると仔魚は無眼側を下にして着底する．身体の左右皮膚に均等に分布していた仔魚型色素胞は眼球移動が終わる頃になると数が減少し，仔魚はいったんほとんど透明になる．着底すると間もなく成体型黒色素胞が有眼側に出現し，有眼側の皮膚は褐色に着色し，無眼側は白色になる．このようにしてヒラメ仔魚は全身が左右非対称となる．

　ヒラメ・カレイ類の最大の特徴は，このように身体全体が左右非対称性を形成することにある．多様な動物のなかでも全身がこれほど極端な左右非対称性を示すものはカレイ目の仲間以外になく，異体類（Pleuronectiformes）とも呼ばれる所以である．また「左ヒラメに右カレイ」と言われるように，両眼が左顔面に配置する「ヒラメ型」と右顔面に配置する「カレイ型」に分かれることも大きな特徴である．ヒラメ・カレイ類の左右非対称性の発生機構には謎の部分が多く，生物界の残された謎の一つと言ってよい．ヒラメ・カレイ類の研究の魅力は，このような非対称性の背景にある発生システムに挑戦できる点にあると言えよう．

　ところで器官の左右非対称性には二つの状態があり，種内で左右差が固定

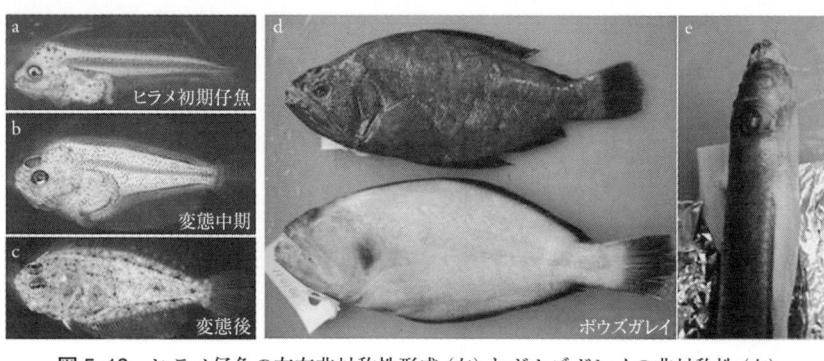

図 5-13 ヒラメ仔魚の左右非対称性形成（左）とボウズガレイの非対称性（右）
a：ヒラメ初期仔魚．身体は左右対称である．b：変態過程の仔魚．眼球が鼻の上にまで到達．c：変態後の稚魚．左右眼球は左顔面に並び，有眼側は褐色に着色する．d：ボウズガレイの左体側の写真．上は左眼位，下は右眼位の個体．e：顔面を上から見た写真．移動した眼球はほぼ正中線上で，鼻の上に配置しており，ヒラメ仔魚で言うとbの状態である．

されている場合は directional asymmetry と呼ばれ，種内で左右差が固定されていない状態は anti-symmetry と呼ばれる．anti-symmetry では，同一種内でも個体間で非対称の向きは左右ランダムである．日本語訳にすると抽象的な表現になってしまうが，directional asymmetry は「一方向の非対称性」，anti-symmetry は「対称でない状態」といった意味である．左ヒラメに右カレイの状態は種内で眼位が固定されているので，directional asymmetry に当てはまる．カレイ類のなかで唯一，ボウズガレイ（ボウズガレイ亜目，ボウズガレイ科，*Psettodes erumei* を含む3種が存在）は，種内で眼位が右の個体と左の個体が混在し，眼位は種内で左右ランダムである（図 5-13d）．ボウズガレイの状態がまさしく anti-symmetry である．もともと左右対称な器官が directional asymmetry に進化する道筋では，いきなり directional asymmetry に進化する例は少数で，左右対称であった器官が anti-symmetry にいったん進化し，次に左右差が固定されて directional asymmetry に進化する場合が多いと言われている（Palmer, 2004）．この非対称性の進化過程では，最初に器官が左右対称性を喪失して anti-symmetry に変化する変異，次にランダムであった左右差を一方向に固定する制御システムの発生という二つの重要な進化過程を経験していることになる．ボウズガレイは，脊椎骨や鰭の形態的特徴などから現存のカレイ目の中では最も原始的だと言われており，ボウズガレイでみられる anti-symmetry が異体類非対称性の原型であることが予想される．

ボウズガレイが現存のカレイ目のなかで最も原始的だと言っても，他のヒ

ラメ・カレイの仲間と分岐してからそれぞれ同じ年数を経ているわけであり，必ずしもボウズガレイの形態がカレイ目誕生時点のものと同じ状態であるとは言えない．カレイ目誕生時の非対称性の様子を間違いなく知るためには，カレイ目誕生時の化石が必要である．カレイ類の祖先にあたる 2 種類の化石 (*Amphistium*, *Heteronectes*) が最近発見され，それらの左右非対称性の特徴が Nature 誌に報告された (Friedman, 2008)．この報告により，カレイ目の非対称性の進化を考えるうえで重要な事実が二つ明らかされた．一つは，多数採取された化石の眼位は，左右ランダムであったことである．この事実は，カレイ類の非対称性がはじめ anti-symmetry に発生したことが間違いないことを決定づけている．もう一つの発見は，移動した眼が反対顔面にまで到達しておらず，両眼の配置は左右非対称であるものの，まだ左右の眼は両顔面に配置していることである．ボウズガレイでは，移動した眼球は鼻の近く正中線上に配置しており，他のヒラメ・カレイ類のように両眼が完全に片側に並んで配置しているわけではない (図 5-13e)．これらの事実から，カレイ目の非対称性はいきなり両眼が片側顔面に配置するように進化したのではないことが分かる．片方の眼の位置が上にわずかにずれるような左右差の発生がヒラメ・カレイ類の誕生であり，誕生時の祖先種の眼は左右わずかにずれていたに過ぎなかったのである．しかも眼の非対称性は，個体間で左右ランダムであった．

　これまでに紹介したことを総合すると，ヒラメ・カレイ類の誕生とその後の非対称性の進化について次のようなシナリオを考えることができる (図 5-14)．左右対称な魚種でヒラメ・カレイ類に系統学的に最も近いのは，ツバメウオ (*Platax teira*) の仲間であると言われている (Friedman, 2008)．ツバメウオとの共通祖先に，ある時，眼の配置が左右非対称となった集団が出現した．これが，カレイ目の最初の祖先の誕生で，約 1 億 8000 万年前のことである．ヒラメの仔魚を観察すると，眼球移動が始まったばかりの仔魚が斜めに傾いて泳ぐことに気がつく．おもしろいことに，完全に水流を止めると仔魚は将来の無眼側を底に貼り付けて横臥する．このことから類推すると，最初に誕生したカレイ目の祖先も斜めに傾いて泳ぎ，時々海底に横臥したことが想像される．おそらく化石で発見された *Amphistium* と *Heteronectes* もすでに大部分の時間を海底に着生して生活していたのであろう．底生生活が，捕食あるいは外敵からの逃避にとって有利に働き，眼の対称性を損なう変異は固定されたものと考えられる．しかも祖先種は，身体の非対称性が集団内でランダムであり，体の右側を上に向ける個体と左側を上に向ける個体が半々であった．その後の進化に伴い，変態期に起こる眼球移動の距離が徐々に大きくなり，鼻の上側から反対顔

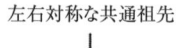

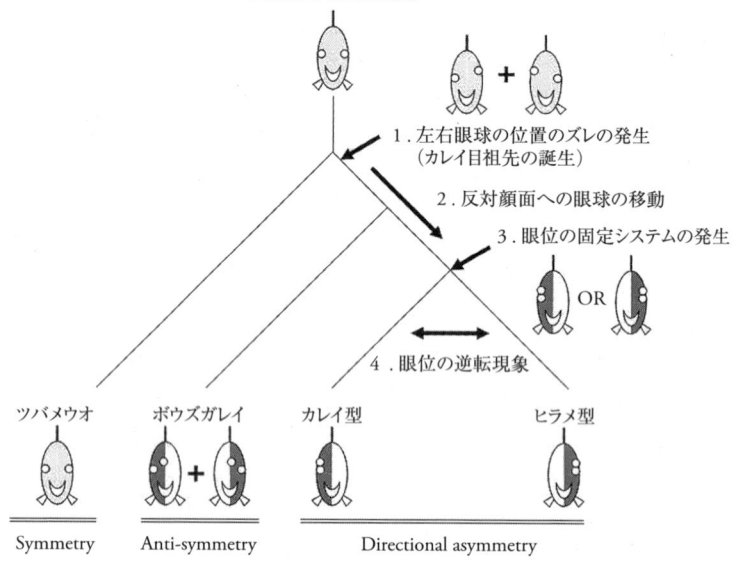

図5-14 カレイ目非対称性の進化のモデル

面にまで移動した．その間に，anti-symmetry な状態であった身体の非対称性を directional asymmetry へと調節する新しい発生システムが進化し，身体の非対称性は種内で右か左に固定された．ヒラメの産卵行動を観察すると，着底していた雌雄ペアが泳ぎだし，泳ぎながら産卵・放精する．身体の非対称性を種内で一方向に固定するシステムは，産卵行動に有利に働き，カレイ目に固有な発生システムとして固定されたのかもしれない．カレイ目には680あまりの種が存在するが，眼位が anti-symmetry な種はボウズガレイの仲間3種だけであることを考えると，眼の反対顔面への移動と左右制御の発生システムはともにカレイ目進化の早い段階で完了し，その後，多様な種が分岐しカレイ目が繁栄したことが考えられる．

では左右ランダムであった眼位が，どのようにしてヒラメ型とカレイ型に分かれたのであろうか？　可能性としては，左右ランダムな祖先種からカレイ型とヒラメ型が別個に進化した可能性，あるいは一度，左右どちらかに固定された種が出現し，その後左右の逆転現象が起こって，右眼位と左眼位の種に分かれた可能性の2通りが考えられる．表5-1は，カレイ目の分類と眼位の比較である．カレイ亜目とウシノシタ亜目ともに，亜目の中で右眼位と左眼位の種

表 5-1　カレイ目の分類と眼位

目	亜目	科	代表種（眼位）
カレイ目	ボウズガレイ亜目		
		ボウズガレイ科	ボウズガレイ（左：右＝1：1）
	カレイ亜目		
		コケビラメ科	コケビラメ（左）
			ウロコガレイ（右）
		スコフタルムス科	ターボット（左）
		ヒラメ科	ヒラメ（左）
			タマガンゾウビラメ（左）
		ダルマガレイ科	ザラガレイ（左）
			ダルマガレイ（左）
		カレイ科	ホシガレイ（右）
			ババガレイ（右）
			ヌマガレイ（日本産＝左，北米産＝右＋左）
	ウシノシタ亜目		
		アキルス科	アマゾン淡水ガレイ（右）
		ササウシノシタ科	ササウシノシタ（右）
			シマウシノシタ（右）
		ウシノシタ科	クロウシノシタ（左）
			アカシタビラメ（左）

類が混在することが分かる．特に，コケビラメ科では，科のなかでも右眼位と左眼位の種が存在する．最初の可能性では，亜目あるいは科のレベルで眼位を固定する発生システムが何度も誕生したことになるが，そのような確立は限りなくゼロに近いと思われる．カレイ科のなかで唯一，日本産のヌマガレイ（*Platichthys stellatus*）の眼位がヒラメ型に逆転している．このことは，少なくとも右眼位は左眼位に逆転しうることを示している．このようなことから筆者は，左右どちらかに固定した種が一度出現し，その後の進化の過程で左右の逆転現象が頻繁に起こって，右眼位と左眼位の多様な種が出現した可能性の方が高いのではないかと考えている（図 5-14）．

3 ▶ 左右非対称性の個体発生：脳の左右非対称性形成から始まる眼球移動

　ヒラメ・カレイ類の非対称性形成では，仔魚初期の左右対称な状態から始まり，眼球は化石にみられる祖先型の状態（左右眼球の位置にわずかな差が認め

られる），ボウズガレイの状態（片方の眼が鼻の上方，正中線に配置する）を経て反対顔面に到達する（図5-13）．個体発生は系統発生を繰り返すと言われるが，その言葉通りカレイ目の非対称性の個体発生は系統発生をよく再現している．では何が眼の移動を起こすのであろうか？　この問題への答えは，異体類の非対称性誕生の謎に迫ることにもなる．眼球が単独で自立的に決まった方向に移動するとは考えにくい．実は，眼球移動を起こす形態形成は頭部全体の非対称性形成であり，それは次のように脳，頭蓋骨そして眼球移動の順に進行する（図5-15）．最初に始まる非対称性形成は，間脳（前脳の後半部から発生する脳の一領域）の下部で起こるわずかな左右差形成で，ヒラメでは右眼球の移動が始まる数日前に始まる（図5-15e）．次に，眼上棒状軟骨と呼ばれる左右眼球の背側に沿って伸びる軟骨うち，一方の眼上棒状軟骨が消失し始める（図5-15b）．消失するのは，必ずこれから移動を始める眼球の上を通る眼上棒状軟骨である．眼上棒状軟骨は頭蓋骨の一部であり，眼球移動に備えて頭蓋骨が先だって非対称に変形することが分かる．眼球から視蓋につながる視神経束が視交叉の部分で折れ曲がるように屈曲し，眼の移動が始まる．眼球移動の進行に伴い，さらに脳，頭蓋骨，視神経束の変形ははなはだしくなる（図5-15c, f〜g）．外見的には眼球移動がヒラメ・カレイ類の非対称性を象徴する現象であるが，このように実は脳と頭蓋骨が協調して変形する統合的でかつダイナミックな頭部非対称性形成がヒラメ・カレイ類の仔魚で発生し，一連の非対称性形成の中で眼球移動が起こるのである（Suzuki T et al., 2009）．

　非対称性の個体発生の推測から想像すると，カレイ類の誕生は，脳が非対称性を作るような突然変異が発生したことが発端である可能性が高い．魚類の脳には終生細胞分裂を続ける神経前駆細胞が存在し，脳は生涯を通じて成長を続ける．特に変態期に神経前駆細胞は活発に分裂し，脳は急速に成長する．もしかすると脊椎動物一般の発生システムとして，脳の成長を左右半球でシンクロナイズさせるシステムが存在し，そのシステムに突然変異が発生したことが，カレイ目誕生の引き金なのかもしれない．あるいは，ヒトの脳は全体的にわずかに時計方向に捻れていることが知られており，脊椎動物一般に存在する脳の非対称性形成がヒラメ・カレイで極端に進化した可能性も考えられる．

　ヒラメ・カレイ類の脳は，間脳以外にも終脳（前脳の前半部）と視蓋（中脳の上半部）が極端な非対称性をつくる．視蓋の非対称性の特徴として，ヒラメの場合，移動しない左眼球が投射する視蓋右半球が左半球よりも大きく成長し（図5-15g），カレイ類の場合は逆である．このように眼球移動に伴って，移動しない眼球が投射する視蓋半球が，移動する眼球が投射する視蓋半球よりも大

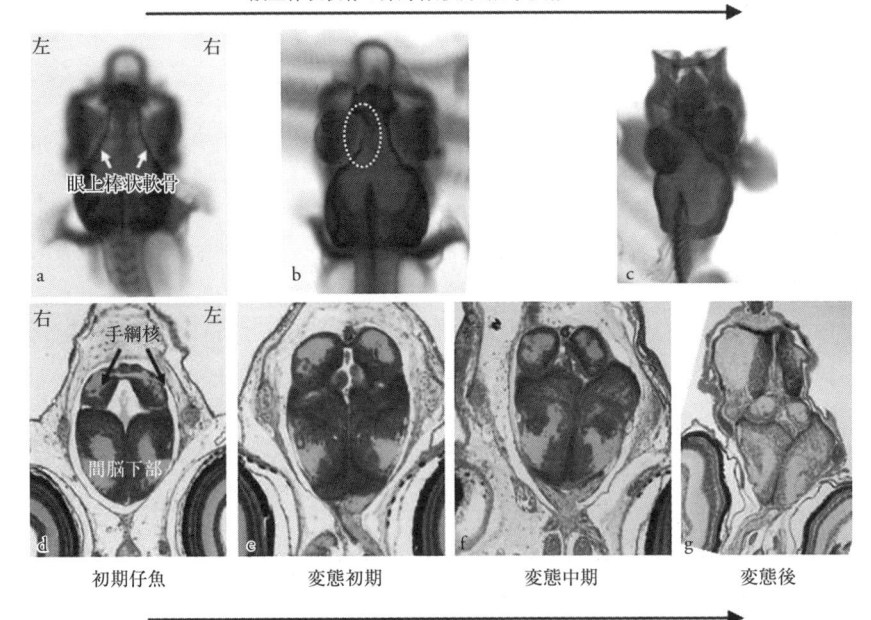

図 5-15 ヒラメにおける左右非対称性形成のプロセス
a〜c：眼上棒状軟骨．左右眼球の背側に沿って1対形成されたあと，右側が消失する（bで円で囲んだ部分）．d〜g：間脳と視蓋の左右非対称性形成．

きく発達する．魚類では眼からの光情報は，視蓋で処理される．前述の通り，仔魚は，眼球移動が始まると同時に斜め泳ぎを始めるが，視蓋の左右差形成に伴って，左右眼球の光に対する反応性に差が発生し，身体を一方向に傾ける可能性が考えられる．あるいは脳の非対称性形成に伴って，身体の平衡感覚にズレが発生して，斜め泳ぎが始まるのかもしれない．いずれにしてもカレイ類の非対称性形成は，眼球移動という問題だけでなく，脳の非対称性形成という観点からも興味深い．

4 ▶ 左右非対称性を作り出す Nodal 経路：すべての非対称性はクッパー胞に始まる

魚類からヒトに至るまで脊椎動物共通に，外見的には左右対称でも身体の中では内臓と脳が左右非対称にできている．ヒトでは正面から見ると心臓は体の

右側に偏って配置し，大腸は時計回りに捻転する．脳では，間脳上部を構成している上生体（松果体と副松果体の総称）および手綱核が，それぞれ形態的にも機能的にもはっきりした非対称性を示す．松果体と副松果体は左右一対をなす組織で，松果体は副松果体の右側に配置する．松果体は魚類では光を受容して夜間にメラトニンを分泌する脳内分泌組織として発達するが，副松果体は矮小化し，その機能はよく分かっていない．このように松果体と副松果体は形態的にも機能的にも左右非対称である．手綱核は卵形をした左右一対の神経核で（図5-15d），終脳からの信号を中脳に伝える中継基地として重要な役割を果たす．左右の手綱核で発現するイオンチャネル系遺伝子の種類が異なるなど機能的に左右非対称であり，さらに左右の核でサイズが異なり，形態的にも非対称である．内臓と間脳上部の非対称性は，種内で左右差が固定された directional asymmetry である．内臓も間脳も非対称性の方向は Nodal 経路と呼ばれる遺伝子カスケードで制御されている．ヒラメ・カレイ類の外見的な非対称性も Nodal 経路によって制御されているのであるが，本題に入る前に，Nodal 経路を介した内臓と脳の非対称性の制御システムについて紹介したい．

　胚発生も中盤となった体節形成初期の胚の中の話である．胚の体幹部では正中線に沿って脊髄と脊索が前後に走り，その両側に体節が形成されつつある（口絵29a）．脊索の下には腸管原基がやはり前後に真っ直ぐ伸び，その左右には側板中胚葉が分布する．側板中胚葉の前半部分はこれから心臓を作り，後半部分は腸管の左右で結合組織を形成する．前脳はすでに終脳と間脳に区画化されている．左右の側板中胚葉と間脳上部には Nodal（分泌性シグナル）に対する受容体が発現している．この時点では，正中線を挟んで右と左の組織は，形態的にも遺伝子レベルでも差がなく，完全に左右対称である．間もなく胚の尾端，脊索末端の直後にクッパー胞と呼ばれる直径百ミクロン程度の小さな小胞が形成される（口絵29b〜c）．クッパー胞は体液で満たされ，上側を被う上皮組織には繊毛が生えている．繊毛は反時計回りに旋回し，クッパー胞内に左方向の水流を発生する（Essner et al., 2002）．この水流により，クッパー胞内に分泌された Nodal の誘導因子がクッパー胞の左側に運ばれ，左側の側板中胚葉に Nodal の発現を誘導する．クッパー胞は Nodal の発現を誘導すると役割を終えて，数時間のうちに消失する．側板中胚葉に誘導された Nodal は，隣接する細胞の Nodal 受容体を刺激して Nodal の発現を誘導する．このシグナル経路の働きにより，Nodal シグナルは左側板中胚葉の中をリレー式に前方へと受け渡され，さらに間脳の左側にまで伝達される（口絵29c）．これにより初めて，側板中胚葉と間脳に遺伝子のレベルで左右非対称性が発生する．

Nodalを受容した細胞では転写因子である*pitx2*の発現も誘導される．*pitx2*は細胞増殖と細胞運動に関わる遺伝子の発現を調節する．発生が進むと，左右の側板中胚葉の細胞が胸部の正中部分に集まって心臓原基を作る．心臓原基を作る左半分の細胞は*pitx2*を発現し，右半分の細胞は*pitx2*を発現しないことになり，そのため原基の左と右で成長の速度と方向に差が発生し，心臓に一定方向の捻れが発生する．腸管原基では，左側面の結合組織だけに*pitx2*が発現する．左右結合組織の成長の速度と方向にやはり差が発生し，腸管は一定方向に捻れを発生する．肝臓や膵臓の配置は，腸管の捻れ方向によって決まるため，内臓諸器官の向きは腸管原基の左側に発現した*pitx2*によって決められることになる．間脳では*pitx2*を発現した左半分から，副松果体が発生し，さらに手綱核にも左右差が形成される．このように*pitx2*は左右非対称性決定の実行因子として働く．またNodalから*pitx2*発現に至る経路はNodal経路と呼ばれる．ここで紹介したように脳と内臓の向きはNodal経路で制御されるのであるが，もとをたどるとクッパー胞の水流に行き着くこととなる．なお魚類以外にはクッパー胞は存在せず，哺乳類ではノード，鳥類ではヘンゼ結節に繊毛流が発生し，左右軸を形成する．

　内臓の非対称性が逆になっているヒトが1万人に1人くらいの割合で発生することはよく知られている．これはNodal経路の入力異常が原因で発生する異常である．このような非対称性の異常を理解するうえで重要なこととして，Nodal受容体が胚の左右に発現していることが挙げられる．そのためクッパー胞（ヒトではノード）の機能異常により，Nodal経路の発現が右になったり，両側になったりすることが起こる．ゼブラフィッシュを使った研究により，例えば繊毛の旋回運動を生み出す運動性タンパク質など，クッパー胞のスイッチ機構に関連した遺伝子を実験的に阻害すると，Nodal経路が左側に発現する胚，右側に発現する胚，両側に発現する胚，あるいは両側ともに発現しない胚が現れる（Hashimoto et al., 2004）．このうちNodal経路が左側に発現した胚では，内臓と間脳ともに正常な方向に非対称性を形成する．一方，Nodal経路が右側に発現した胚では，内臓と間脳の向きは反対になり逆位となる．Nodal経路が左右両側に発現した場合であるが，臓器の非対称性は正常，逆位あるいは非対称性のないイソメリズムを発生し，しかも心臓と消化器官で左右差が逆になるようなヘテロタクサも発生する．Nodal経路が発現しなかった場合でも，これと同じようなことが起こる．このようにNodal経路の異常は，器官の非対称性の逆位あるいはランダム化となって顕在化する特徴がある．繊毛流という微弱なシグナルによりNodal経路の入力が制御されているため，環境水中のイオン濃

度や物理的ショックが原因で左右性の乱れが発生することが知られている．内臓完全逆位のヒトは，ノードの水流の乱れにより，胚期にNodal経路が右側に入力されたものと考えられる．

　左ヒラメでも，右カレイでも胚期のNodal経路の入力は間脳左側と左側板中胚葉に起こることで他の魚種と違いはない (Hashimoto et al., 2007)．またその後に起こる間脳上部，心臓および腸管の非対称性形成の方向は，ヒラメとカレイ類仔魚で同じで，他の魚種と違いはない．さらに形成される間脳上部と内臓の非対称性の方向もヒラメとカレイ類で同じである．メカニズムは次の項で紹介するが，pitx2が変態期に間脳上部の左側で再発現し（口絵30），ヒラメでは右眼が移動し，カレイでは左眼が移動するように非対称性を制御する (Suzuki T et al., 2009)．pitx2の再発現は，胚クッパー胞で起こるようなスイッチシステムにより新たに左側に入力されるのではなく，変態ホルモンによって，胚期にpitx2を発現した間脳左側の細胞で再発現が誘導されるらしい．したがって左ヒラメと右カレイも，もとをたどるとクッパー胞にたどりつくことになる．

5 ▶ Nodal経路による眼位のコントロール：ヒラメ・カレイ類におけるNodal経路の進化

　ヒラメ・カレイ類の中でホシガレイ（*Verasper variegatus*）は，ヒラメに次いで多くの種苗生産施設で放流用に種苗が生産されている．ホシガレイは本来右眼位であるが，人工種苗では左眼位になる逆位，眼球移動が起こらず左右対称のまま変態したイソメリズム（左右相称），あるいは両方の眼が移動して鼻の上でかち合ったイソメリズムが発生することがある．前者のタイプのイソメリズムの場合には左右両体側が黒くなり，後者の場合には両体側が白くなり，眼球の配置と対応した体色のイソメリズムが発生する (Aritaki et al., 2004)．眼球移動を生みだす非対称性の発生プロセスとこのような非対称性異常の表現型から，ヒラメ・カレイの左右性制御のシステムについて次のようなモデルが考えられる．①脳の片側を大きく発達させる，②一方の眼上棒状軟骨を消失させる，③一方の眼球を移動させる，④片側の皮膚に色素形成を起こすという一連の発生システムが，脳の先端から後方に向かってドミノ式のリレーシステムとして左右両体側に二つセットされている．そして脳の先端にはスイッチが存在し，ヒラメでは右のドミノを倒し，カレイでは左のドミノを倒すように調節している．スイッチが故障すると，本来と反対側のドミノが倒れたり，両側のドミノが倒れたり，両方倒れなかったりすることとなり，逆位とイソメリズムが発生

する.

　さて何が1枚目のドミノで，Nodal経路がどのようにして右と左を決めているかという，ヒラメ・カレイ類の左右非対称性制御の核心となる問題である．ここでは*pitx2*と手綱核が中心的な役割を果たす．左右の手綱核は変態初期には間脳下部の上に左右対称に配置している（図5-15c）．変態期に手綱核は間脳下部の上を滑るように右か左に移動し，最終的には左右の手綱核が間脳下部の片側半球上に配置する（図5-15d〜g）．手綱核から出た神経束は中脳下部にある脚間核に連絡することから，手綱核は脚間核をアンカーにして左右に移動することが予想される．手綱核の移動方向と眼位はリンクし，手綱核が右に移動した場合には右眼が移動し，左に移動すると左眼が移動する．このことから，手綱核の左右移動が，1枚目のドミノ倒しだと思われる．またヒラメでもカレイでも手綱核は移動の間に，右核が左核よりも30〜40％あまり大きく成長し，サイズの左右差も発生する．*pitx2*の再発現が起こらないと，ヒラメでもカレイでも手綱核の移動方向とサイズの左右差がランダム化し，眼位逆位やイソメリズムが発生する．したがって間脳上部の左側で再発現した*pitx2*は，右の手綱核を大きく成長させるように非対称性を制御し，同時にヒラメ型では手綱核を右に移動するよう，カレイ型では左に移動するように制御することにより，左右どちらのドミノを倒すかを制御している．

　ヒラメの種苗生産では，眼位逆位は通常1％以下であるのに対し，先ほど紹介したホシガレイを含めカレイ類では眼位異常がしばしば高率に発生する．その理由には，調べたところ少なくともホシガレイでは，どうも生物的な特性として*pitx2*の再発現が抑制されやすい性質があるらしい．ある年の飼育実験では，変態前期に*pitx2*の再発現が観察された個体が40％と低率で，変態後に眼位逆位が10％，イソメリズムが24％の比率で発症した．一方，ヒラメ仔魚では，100％の比率で再発現が起こった．*pitx2*の再発現の起こらなかった60％のホシガレイ仔魚の中で，眼位のランダム化が起こっていることが分かる．天然のホシガレイでは眼位逆位はまれであることから，何らかの飼育環境要因によって変態のホルモン経路が攪乱され，それが*pitx2*の再発現を阻害している可能性が考えられる．*pitx2*再発現を促進する条件を見つけることができれば，ホシガレイ種苗生産の安定化に結びつくものと期待される．

　種苗生産で発生した眼位逆位個体を調べても内臓逆位はみられないことから，これまで内臓の非対称性とヒラメ・カレイ類の身体の非対称性には関連がないであろうと言われていた．しかしこれまで説明してきたとおり，内臓も眼位もNodal経路という共通のシステムで制御されており，この解釈は正しく

ない．ただし内臓の非対称性は胚期に発現した左右決定実行因子 *pitx2* により制御されるのに対し，眼位は変態期に再発現した *pitx2* により制御される（図5-16）．したがって胚期の Nodal 経路が正常に働いて，内臓の非対称性が正常に形成された仔魚でも，*pitx2* の再発現が抑制されると逆位が発生するのである．例えると，胚期に眼位制御のシステム系があぶり出しのインクで描かれ，それがいったん消失後，変態期にホルモンによってあぶり出されるようなものである．あぶり出しに失敗すると，眼位異常が現れることになる．少数であるが内臓と眼位とも逆転したカレイの例が知られている．この左右性異常については，何らかのショックによりクッパー胞内の水流に異常が発生し，胚期のNodal 経路の発現が右側に起こった仔魚が，運良く成体まで生き残ったものだと説明できる．胚期に *pitx2* が右側に発現したため内臓が逆位になり，さらに変態期の *pitx2* 再発現も右に起こるため眼位も逆転したのである．

　ゼブラフィッシュの仔魚を調べても *pitx2* の再発現はみつからないので，*pitx2* の再発現は眼位制御のためにカレイ目に固有に進化した発生システムである可能性が考えられる．しかし手綱核のサイズの非対称性がすべての脊椎動物に共通した発生現象であることを考えると，*pitx2* の再発現自体は手綱核のサイズの制御のために発達した共通のシステムである可能性も考えられる．その場合，*pitx2* 再発現が手綱核のサイズの制御に加えて，左右への移動を制御するように進化したことになる．*pitx2* の再発現がヒラメ・カレイ類に固有な発生現象であるかどうかという点は，ゼブラフィッシュ以外の魚種で確認する必要がある．間脳上部で再発現した *pitx2* がヒラメ・カレイ類の眼位を制御していることはほぼ間違いないが，同じシステムを使って眼位をヒラメ型とカレイ型に振り分けている発生システムは不明である．もう一つ重要な問題であるが，カレイ目誕生時に起こった脳と眼に anti-symmetry を生みだした発生システムについては，何も分かっていない．これらの問題への糸口を見出すためには，ボウズガレイの人工種苗を準備し，脳の非対称性形成のプロセスおよび *pitx2* 再発現が起こるかどうかを解析する必要がある．ここでは体色の非対称性の問題については触れなかったが，変態期に有眼側を着色する成体型色素の前駆細胞が，初期仔魚のステージでは背鰭と臀鰭の基部に沿って前駆細胞として分布し，変態期に体表に分散することが最近明らかとなり，体色の左右差形成についても手掛かりが得られ始めている（Watanabe et al., 2008）．脳の非対称性形成に伴って，色素形成に関係する脳内分泌系の配置に傾きが発生し，体色に左右差を発生する可能性が考えられる．体色の非対称性形成も，脳内分泌と絡めて生物学的に非常に興味深い課題である．

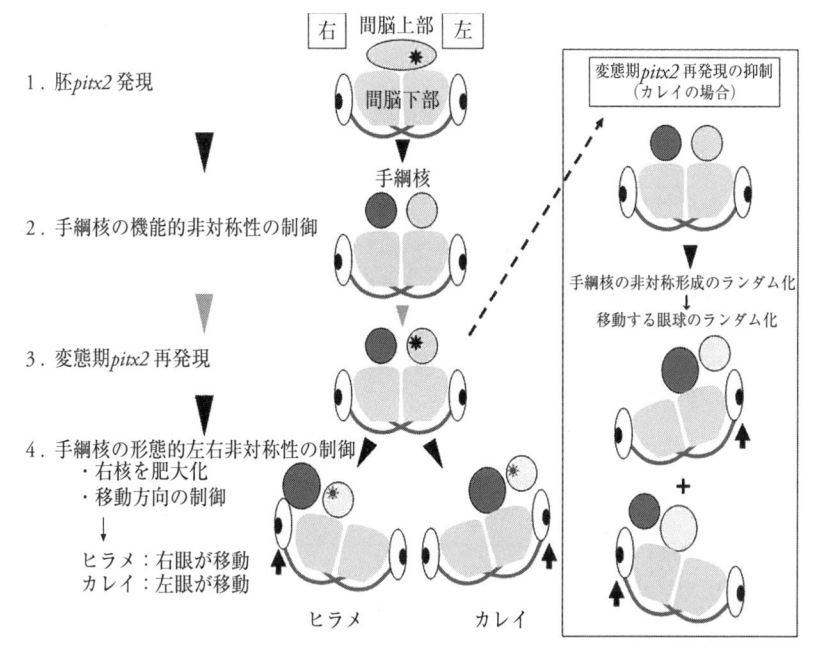

図 5-16 Nodal 経路による脳，眼球の左右非対称性の制御モデル

1：クッパー胞と Nodal の作用により，間脳上部左側に *pitx2* が発現する．2：*pitx2* の作用により，手綱核の機能的左右非対称性の方向が制御される．ここまではゼブラフィッシュなどと同じ．3：変態期に，*pitx2* が左手綱核で再発現する．4：再発現した *pitx2* の作用により，手綱核で起こる二つの形態的左右非対称性形成が1方向に制御される．(1) ヒラメ・カレイとも右手綱核が左手綱核より大きく成長する．(2) ヒラメでは手綱核が右方向に移動し，カレイでは逆に左方向に移動する．手綱核が右に移動すると右眼が移動し，左に移動すると左眼が移動する．もし変態期 *pitx2* の再発現が抑制されると，手綱核の非対称性形成が左右ランダムとなり，その結果，眼位もランダム化する．ヒラメと左眼位となったカレイでは，手綱核のサイズの非対称性が逆である．

ここで紹介したカレイ目非対称性についての研究成果は，橋本寿史氏（1992年京都大学農学部水産学科卒業・名古屋大学勤務），宇治　督氏（2000年京都大学農学部生物生産学科卒業・水産総合研究センター養殖研究所勤務）および有瀧真人氏（2004年京都大学農学博士取得・水産総合研究センター西海区水産研究所勤務）との共同研究によるものである．ヒラメ・カレイ類の非対称性形成の全貌解明までには困難な問題が山積みされているが，だれも知らない発生システムを見つけだす楽しみに満ちている．私たちはさらに全力を挙げてヒラメ・カレイ類の非対称性形成の全貌解明に向けて取り組んでいく計画である．

第3節 魚類の多様性を探る：
分子系統学からの挑戦

1 ▶ はじめに

「魚」というと，どんなことが思い浮かぶだろうか．本書の議論の流れからすると，人類の重要な食料資源，タンパク質資源ということになろうか．食料資源というより，おいしそうな刺身が思い浮かぶ，という人もいるであろう．また，ことによっては，楽しい釣りの対象かもしれない．はたまた水族館の水槽で悠然と泳ぐ姿に感激した人や，ペットとして可愛がっている人もいることであろう．このように魚類は，「資源」として私たち人類に直接的に役立ってくれる存在だ．

しかし，人類にとっての魚類の有用性は，上記のようなところに留まらない．私たち人類と同じ脊椎動物に属する動物として，最終的にはヒトを理解し治療するための生物医学研究の重要な対象でもある．ゲノム解読がなされた魚類であるトラフグ，ミドリフグ，ゼブラフィッシュ，メダカ，イトヨなどは，すでにこうした分野の研究に活用されている．

さらに忘れてはならない魚類の役割がある．それは生態系における役割である．私たちが生きる地球は「水の惑星」と呼ばれるだけあって，表面の7割以上を海が占めており，その平均深度は4000mに近い．3割弱を占める陸域にも，湖沼や河川のネットワークが網の目のように張り巡らされている．これらの水域には陸上とはその特性が大きく異なる生態系が存在し，多大な「サービス」を人類にもたらしている．その重要な構成員が魚類である．彼らの中には様々な食性をもつ種がいるものの，もっとも活動的な動物群である脊椎動物の一員として，全体としては栄養段階の上位を占めている．すなわち，魚類は水域生態系をトップダウン的にコントロールする動物群ということである．

このように私たち人類に直接・間接に重要な魚類は，脊椎動物全体の種数のほぼ半数を占める脊椎動物最大の動物群である．その種数は，これまでに知られているだけでも3万種近くに及ぶ．地球の自然の成り立ちを理解し，それを有効に維持管理して持続的に利用するためにも，これら多種多様な魚類についての知識を深める必要がある．

私は，魚類の多様性の実態をその進化的基礎から理解したいと考え，30年以上にわたって研究を続けてきた．多様性は，生物の長い歴史の中で進化によっ

て形成されてきたのであるから，進化的に探究するべきだと考えたのである．いま「進化的に探究する」と述べた．こう言うのはやさしいが，進化は長い時間が関わる現象であり，いま目にするのは過ぎ去った過去の進化の結果である．したがって，実際に研究することは決して容易ではない．しかし，飛躍的に強化されつつある現代生物学の力を生かせば，この難題への科学的アプローチも十分にできるのではないか．── 私はこのように考えて，研究の推進を図ってきた．本稿では，私たちが行ってきた魚類多様性の進化研究の一端を例にしながら，この地球にはまだまだ解明すべき謎にあふれているということを述べるつもりであるが，まずはこの「進化的に探究する」ということはどういうことかを考えるところから始めたい．

2 ▶ 進化的探究の基礎＝系統枠

「進化」とは，生物が世代を経る中で時間とともに変化することである．生物の姿かたちや行動などの表現型の基本は，ゲノム DNA 上の遺伝子にコードされているので，進化の基礎は世代を経る中で時間とともに遺伝子が変化することにある．遺伝子が親から子へと伝達される経路が「系統」である．通常の有性生殖生物では，配偶者が遺伝子を提供しあって子をつくり，子はさらに遺伝子の組み換えをしながらそれを次世代へ伝達しているので，微視的にみた系統関係は網目状になっている（図 5-17 左）．しかし，相互に遺伝子を提供しあって次世代をつくりうるのは，一般に同じ「種」の個体同士なので，通常は遺伝子は種の壁を越えては伝達されない．したがって，その内部で遺伝子が組み換えられながら伝達されているという種のライン（リネージ）を想定することができる．そして，そのようなリネージの枝分かれ関係で種の系統関係を表記することができる．これがいわゆる種系統樹である（図 5-17 中）．これら共通祖先から枝分かれした近縁のリネージをすべてひっくるめて 1 本の線にして系統樹を描くこともできる．こうすると高次系統樹が得られる（図 5-17 右）．

ところで，世代を経る中で時間とともに生物がどう変化したか（進化したか）は，どのようにしたら知ることができるであろうか．過去に長い時間をかけて起こってきたことであるから，類縁のある現生生物を比較して調べる他はない．直接の祖先が化石になって残っているという（稀有な）場合は事情がやや違うが，それでも化石から得られる情報は非常に限られたものなので，現生生物同士の比較が重要であることに変わりはない．

このように考えると，進化を知るには類縁のある生物間の比較が決定的に重

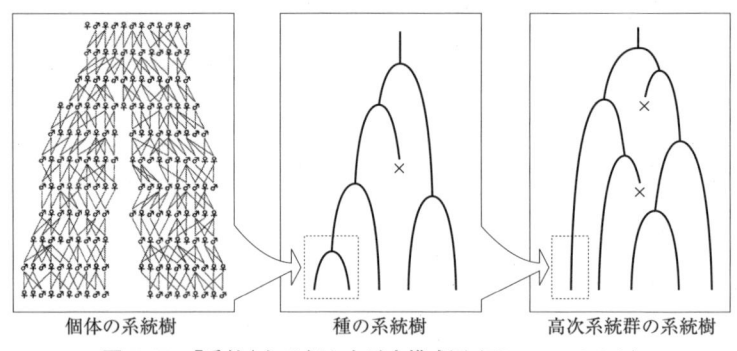

個体の系統樹　　　　種の系統樹　　　　高次系統群の系統樹

図 5-17　「系統」とは何かを示す模式図（西田，2009b より）

要であるということがわかる．ここで大きな問題がある．それは，比較が「類縁のある生物間の」ものである必要があり，類縁関係が比較の前にわかっている（それ相応の信頼度でもって推定されている）必要があるという点である．こうした系統枠の重要性は，比較研究の重要性を知っている生物学の研究者の間でも，必ずしも十分に認識されているとは言いがたい．なぜそうなのかを考えてみると，すでに分類学の知見が存在しており，それが一般参照体系として系統関係をそれなりに反映している（あるいは反映しているはずだと考えられている）ためにほかならないことがわかる．例えば鳥の前肢（羽）の進化過程を理解しようとしたときに，生物学者はいくつかの哺乳類，爬虫類，両生類，魚類を比較のために選ぶであろうが，昆虫（とその翅）は選ばないであろう．分類学が，哺乳類，爬虫類，両生類，魚類は鳥類と類縁のある生物群であるが，昆虫はそうではないと教えている（と期待する）からである．厳密でない予備的な研究ならばここまででよいであろう．しかし，厳密な本格的な進化学的比較をしようとすると，有羊膜類（Amniota：爬虫類・鳥類・哺乳類）の信頼できる系統枠がぜひ必要なのである．

　もう一つ，例を魚類から挙げてみよう．例えば，ウナギに見られる何千kmにわたる大回遊というユニークな生活史について，それがどのように進化してきたかを知ろうとする場合を考えてみよう．どのような比較をしたらよいであろうか．実は，後述する私たちの系統研究が完成するまで，誰もこの問いに答えられなかった．どのような魚類を比較対象に選べばよいのか，自信をもって答えられる研究者は世界に誰一人いなかったのである．

　上で見てきたように，進化を理解するためには，変化過程を検討するための枠組みとして，信頼できる系統枠が不可欠である．予備的研究段階では，既存

の分類体系が有用であり，それに基づくしかない．しかし，本格的な理解に到達しようとするなら，生物間の系統関係に関する信頼性の高い知見が必要不可欠となる．では，信頼性の高い系統推定はどのようにすればできるのであろうか．次に，このことについて考えてみよう．

3 ▶ 系統関係はどのようにして知ることができるか

　この表題の問いへの解答のヒントは，先に述べたように，系統とは遺伝子が親から子へと伝達される経路のことであるというところにある．営々と伝えられている遺伝子の情報をなんとか推定し，それを丁寧に比較することによって系統関係を推定することができる．この理屈を説明するための私の好きな例えは，伝言ゲームである．

　伝言ゲームとは次のようなものだ．人の列の片方の端の人に何らかの言葉を与え，それを順に伝えていくのだが，途中で聞き間違い，記憶間違い，言い間違いなどという形でエラーが入り，最後には種々の変異の入った言葉が，場合によっては全然違った言葉が出てくる．その言葉が最初のものからどのように変化しているかを楽しむのである．ここで，伝言を伝える人の列を，入口は一つだが途中で分岐させて出口を多数設けてゲームをすることを想定してみてほしい．言葉の「進化」の実験ができるはずだ．個々の枝の先にある出口からは，それぞれ種々に変異した言葉が出てくるであろう．そして，列の分岐が出口の近くにあるほど出てくる言葉は似ており，同じエラーを共有していることも多いに違いない．したがって，出口から出てきた言葉を慎重に比較・分析することによって，特に特有のエラーの共有などを手掛かりに，列の分岐関係が推測できる．生物の系統解析は基本的にこれと同じ理屈でなされる．

　今では遺伝子 DNA に刻まれた情報がその文字（塩基配列）のレベルまで読み取れるので，生物の系統解析は主として遺伝情報を直接比較してなされるが，DNA の塩基配列分析が容易になる 20 年ばかり前までは，系統関係の研究は主として形態形質の分析を通じてなされていた．この場合，遺伝的な差異をよく反映している形態形質をうまく取り上げて分岐関係の推定をしていたことになる．しかし，系統に沿って直接伝えられているのは遺伝情報そのものであるから，それを分析するに越したことはないのは当然である．形態形質の場合，遺伝的基礎は異なるのに同じ状態に見えることがあったり，逆に発生過程で変更が加わることによって遺伝的基礎は同じであるのに異なった状態に見えることがあったりする可能性がある．したがって DNA 塩基配列情報が入手で

きるならば，それを活用すべきだということになる．

　DNA塩基配列情報を系統推定に使用するさらなるメリットの一つに，分岐時間の推定ということがある．遺伝子進化の速度が時間当たりにほぼ一定ということがあることから，「分子時計」という概念がもたらされた．以前はこれが時間推定に使われることが多かった．しかし近年では，分子時計を前提にしない時間推定が行われるようになっている．塩基配列の進化パターンがある程度モデル化できることをうまく活用したものである．分岐時間の推定ができるというこの利点は，生物多様性の歴史を考えようとするときに大きな威力を発揮する．

　さて，このように系統解析に有用なDNA塩基配列情報は，上述のように20年ばかり前に一気に入手が容易になった．1980年代のポリメラーゼ連鎖反応（PCR）法の発明と自動DNA塩基配列決定装置（DNAシーケンサー）の開発にその基礎がある．特に，いくつかの条件を満たせば，目的のDNA領域をきわめて容易に増幅することができるPCR法の出現は，文字通り画期的であった．これを境に生物学全体が大きく変わったと言っても過言でない．どんな分野の生物研究でも，遺伝情報の基礎をなす遺伝子DNAからのアプローチを考えることができるようになったからである．そのインパクトの大きさは，PCR法が発想されてから10年経つか経たないかの1993年に，考案者のマリスにノーベル化学賞が与えられたことからもうかがえる．私自身の経験においても，PCR法の出現は大きな転機だった．

　私は，大学院時代（1970年代）に系統分析や集団構造分析を進めるに当たり，本質的に重要な遺伝情報をなんとか得たいと願っていた．しかし，時代はまだ組み換えDNA手法と第1世代のDNA塩基配列決定法がようやく確立されつつある時期で，多くの種類や多くの個体の分析を必要とする系統や集団の研究にそれらを使用することは困難であった．そこでタンパク質レベルの分析を利用し，タンパク質の情報を担っている遺伝子の変異を推定することによって研究を進めることにしたのである．そんな経緯があったので，PCR法が出現したとき，これを系統や集団の研究に活用しない手はないと直感した．そこで1990年代に入ったころ，まさにそのような発想でPCR法を進化研究に駆使することを世界に先駆けて開始していたカリフォルニア大学バークレー校に飛び込んだ．そこの研究室でPCR法を用いて遺伝子の分析を試み，目的の遺伝子DNAが増幅できたときの感激は，いまだに忘れることができない．

　この方法の系統や集団の研究におけるメリットは絶大である．分析のための試料はごく微量でよい．さらに乾燥標本やエタノール固定標本であってもよ

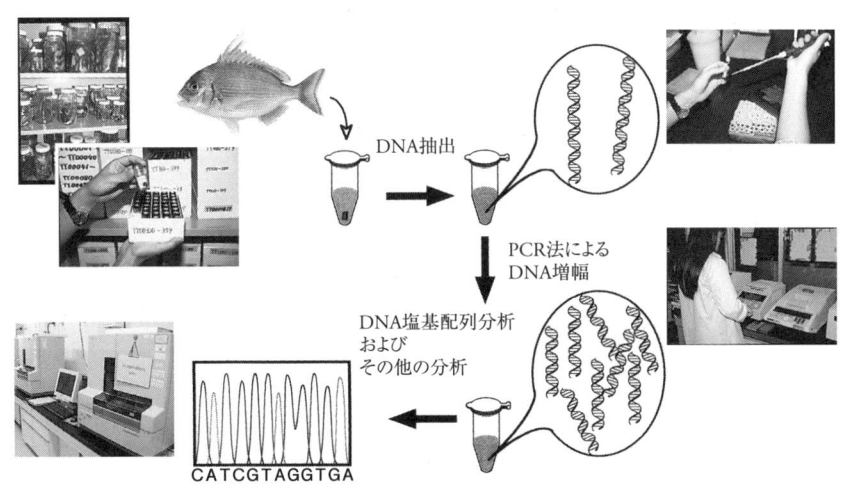

図 5-18 PCR 法を軸にした DNA 解析の流れ

まず，エタノール固定標本などから DNA を抽出する（左上および右上）．この際，試料はごくわずかでよい．抽出した DNA をもとに，PCR 法によって目的の DNA 部位を大量に増幅する．DNA 増幅は，右下の写真にあるようなカバンほどの大きさのサーマルサイクラーと呼ばれる機器を用いれば，1～2 時間で行える．いったん特定の DNA 領域が大量に増幅できれば，それの塩基配列決定をはじめ，様々な分析が可能となる．左下の写真は，私たちが現在使用している DNA シーケンサー（自動 DNA 塩基配列決定装置）．

い．目的の DNA は数時間で何百万倍にも増幅され，それは塩基配列決定を含む様々な分析に活用できる（図 5-18）．いかなる生物も遺伝子は DNA なので（一部のウイルスは RNA だが，RNA はすぐに DNA に置き換えられるので問題ない），関心のあるどんな生物からでもその遺伝子を即座に分析できることになったわけである．たいそうな実験操作をすることなく目的の遺伝子 DNA が増幅できたとき，時代が根本的に変わったことを感じて，とても興奮したことを思い出す．

4 ▶ 魚類多様性の進化的由来を探る

　上記のように 20 世紀末に，分子レベルの分析手法の目覚ましい発展により，生物学，それもミクロな現象を対象とする生物学だけでなく，系統や集団構造など一般にはマクロな現象と考えられる事柄を対象とする生物学についても，研究条件が大きく変化した．私は，この変化を魚類多様性の進化的理解を目指す研究に最大限に活用することを目指した．幸い，熱心な多くの研究仲間や学

生がこの試みに参入してくれ，大いに研究を進めることができた．その結果，予想通りの結論が確かな証拠にもとづいて確認できることがある一方，見慣れた魚類に予想もしなかった結果が得られることも多々あり，私たちの生物系統に関する知識はまだ非常に未成熟な段階にあったのだということを思い知らされた．以下では，こうした私たちの研究の一端を，その背景や着想とあわせて紹介する．最近まとめた西田（2009a）には，本稿で取り上げられなかったシーラカンスに関する研究成果や，種々の海洋生物に関する多くの研究者の研究成果が盛り込まれているので，あわせてご覧いただければと思う．

4-1. 魚類とはなにか

ここで話題の中心にする魚類とはなにか．本稿の最初に，魚類には脊椎動物の種数の約半分を占める多様な種が存在すると述べたが，系統学的に見ると魚類の多様性は，単に種数で表現される以上に大きいことがわかる．系統関係を軸にすると，魚類と呼ばれているものは，単一の祖先種から派生した子孫系統をもれなく含んだ単系統群ではなく，それゆえまともな分類群とは言い難いのである．全脊椎動物のうちから，四肢類（両生類・爬虫類・鳥類・哺乳類）を除いた残りのすべてが「魚類」とされているのである．すなわち，脊椎動物の祖先的形状である魚的な体制を有した系統的に多様な生物を魚類と総称しているのが実情だ．「魚類」には，魚らしい魚のほとんどすべてを含む条鰭類以外に，条鰭類よりも私たち四肢類に近いシーラカンス類やハイギョ類（これらを合わせて肉鰭類と呼ぶ）もいれば，これら全体の姉妹群である軟骨魚類もいる．さらに，これらすべて（顎口類）と早くに袂を分かった無顎類（現生ではヤツメウナギやヌタウナギなど）も魚類とされる．

地球の生物界でもっとも複雑な体制を有し，もっとも活発に活動する生物は脊椎動物であるが，その高度の活動性のゆえもあって，脊椎動物は陸域生態系でも水域生態系でも栄養段階の上位を占めている．そうした脊椎動物のうち，四肢類約3万種が陸上で繁栄しているのに対し，その姉妹群である条鰭類約3万種が水中で繁栄している．すなわち，地球の生態系の上位は，陸上では四肢類，水中では条鰭類のそれぞれほぼ同数の種が占めていることになる．たいへん興味深い事実である．

このようなことなので，私たちは，魚類の多様性についての理解を深めるための研究の主要なターゲットをまず条鰭類に絞ることとした．

表 5-2　後生動物における系統標識としての核ゲノムとミトコンドリアゲノム

	核ゲノム	ミトコンドリアゲノム
遺伝情報量（塩基配列数）	多	少
複雑性	大	小
倍数性	有	無*
重複	有	無
偽遺伝子	有	無
介在配列	有	無
細胞当たりのコピー数	少	多
組み換え	有	無

*まれに複数のタイプが存在する（ヘテロプラズミー）事例あり．

4-2．ミトコンドリア全ゲノム分析

　系統解析のための分析対象として，どのゲノムを取り上げるべきか，という問題がある．真核生物では，系統に沿って伝達されるゲノムは細胞核だけでなく，細胞質にも存在する．ミトコンドリア（mt）ゲノムと，植物ではこれに加えて葉緑体ゲノムである．核ゲノムも細胞質ゲノムもともに系統に沿って伝達されるので，いずれを系統推定のための情報源に用いても，基本的には同じ結果が得られる．遺伝情報の大部分は核ゲノム上にあるので，これを活用したいところだが，核ゲノムには複雑な事情がある（表 5-2）．すなわち，核ゲノムの遺伝子は通常，イントロン（介在配列）で分断されており，コード領域全体の塩基配列情報を得ることは必ずしも容易でない．特に問題なのは，多くの遺伝子には複数のコピーが存在することにある．系統解析では比較する遺伝子は相同でないといけないが，重複遺伝子の存在はこの点で困難をもたらす．それぞれの生物系統において，重複した遺伝子のうちの別のものの消失が起こったり，重複した遺伝子の別の遺伝子をうっかり分析してしまうなどということが起こる可能性があるからである．こういうことが起こると，誤った結論を得ることとなる．しかし，重複遺伝子間の相同性の確認を多くの生物で効率的に進めることは，必ずしも容易ではない．

　そこで私たちは，mt ゲノムの塩基配列を手がかりに，魚類の高次系統解析を行うことにした．まず，魚類の mt ゲノムには相同性に疑問の余地はない．また，ゲノムサイズはコンパクトで（約 1 万 6500 塩基対），遺伝子にイントロンはないし，重複もない．近縁種の比較の場合には，近い過去あるいは現在に種間交雑があれば，異種ゲノムの浸透に注意が必要であるが，この点を除けば mt ゲノムはたいへん比較に適したゲノムである．実は私たちが本格的な研究

を開始する前にも，mtゲノムの一部の塩基配列を用いた魚類の高次系統解析の試みが欧米でなされ始めていた．しかしそれら初期の研究の結果は芳しいものではなく，mtゲノムからのデータの限界説まで現れた．その結果，核ゲノムからのデータの活用に関心を移す研究者も多かったが，上記のような困難のためもあり，研究の進展は思わしくなかった．この状況の中で，初期のmtゲノムを用いた研究の内容を検討してみると，いずれの研究も分析した塩基配列の長さがせいぜい数千塩基で，問題とする系統分岐の深さを考慮すると，これでは情報量に著しい不足があった．その上，扱う種数が少ないということも明らかであった．これらを踏まえて私たちは，mtゲノム全体の約1万6500塩基すべての情報を活用し，主要な分類群を網羅する多くの種を分析することにした．

まず自分たちで，効率的なmtゲノム全塩基配列の迅速で確実な増幅・配列決定（シーケンス）法を確立した．いわゆるロングPCRを利用してmtゲノムを二つか三つの長い断片として増幅し，それを試料に，自分たちで作成した幅広い魚類のmtゲノムにマッチする多数のプライマー（DNAを複製する際に必要な1本鎖DNAの断片）を用いた2度目のPCRで，それを多数の短い断片として一気に増幅する．各断片の端の部分は，隣の断片と重なるようにしてあるので，これらを塩基配列決定した結果はすぐにつなぎ合わせることができ，その結果mtゲノムの全体が解読できるというものである．

4-3. mtゲノム分析による条鰭類の高次系統解析

この手法を用いて，千葉県立中央博物館の宮　正樹さんら多くのメンバーとともに，条鰭類の高次系統問題への挑戦を開始した．上記のように，条鰭類には3万に近い多くの種がいる．これらをいきなり対象にすることはできない．だからと言って，小さな末端のグループから片付けていくというのも得策でない．解析の結果得られる樹状図に根を付けるには，注目しているグループ外で一番近縁なグループを外群に設定して解析に加える必要がある．低次グループを対象にすると，周辺の系統関係もよくわかっていないのが普通なので，何が外群に適切かがよくわからず，系統解析をうまく進められない事態に陥りやすい．したがって，大枠（高次グループ）から解いていくのがよい．このように考えて，条鰭類の高次系統問題を複数の問題群へと分割して，上位から順次，戦略的に研究を進めた．また，このプロジェクトを開始した20世紀末は，まだ今ほどにはコンピュータパワーは大きくなかったので，膨大な計算能力・計算時間が必要な系統解析においては，この面からも問題の分割が必要であった．

このようにして得られた研究の成果は目覚ましいものであった．見えてきた条鰭類の系統像は，従来の見方と一致する部分もいろいろとあるものの，全体としては非常に新しい，しかも統計的にも信頼性の高いものであった．
　まず，条鰭類は，四肢類を含む肉鰭類と分岐したあと，いわゆる古代魚のうちポリプテルス類が最初に分岐し，次いでチョウザメ類＋ガー類＋アミアの祖先が分岐したらしいことが，井上　潤さんらの分析によって見えてきた．真骨類は単系統で，これの姉妹群であるという関係が示された（図5-19；Inoue et al., 2003など）．このあたりの分岐は非常に古いので，さらに慎重な検討が必要ではあるが，確かなデータに基づいた重要な結果である．
　真骨類内部には，①アロワナやピラルクーなどのオステオグロッサム類，②カライワシ，イセゴイ，ウナギ類などからなるカライワシ類，③イワシ・ニシン類とコイやナマズなどの骨鰾類，および，④マグロやスズキなどその他の数多くの魚類を含む正真骨類といった系統グループが見出され，この順に分化したことが明らかになった（図5-19；Inoue et al., 2003, 2004; Ishiguro et al., 2003など）．中でも，イワシ・ニシン類やコイ・ナマズなどの骨鰾類の関係については諸説があり，長年にわたって魚類分類学・系統学において論争が続けられていたが，私たちの研究の結果，これらが一つの系統群（ニシン・骨鰾類［Otocephala］）を構成するということをはっきりさせることができた（Ishiguro et al., 2003; Lavoué et al., 2005, 2007, 2008; Poulsen et al., 2009など）．これまでニギスなどに近縁で正真骨類の一群だと考えられていたセキトリイワシ類が，紛れもなくこのニシン・骨鰾類の一員であることが判明したことも，きわめて興味深い成果である．さらに，サバヒーなどを含むネズミギス類の系統的位置がほぼ明確になったことも，注目される（図5-19）．
　正真骨類内部の関係においても，長年の論争に決着を導く結果や，定説を覆すような知見を次々と提供することができた．正真骨類は約1万5000もの種を擁し，そのほとんど（約1万4500種）は新真骨類と呼ばれる大グループに属するもので，タイやヒラメ，スズキ，マグロ，フグ類など，水産資源としても重要な多数の種を擁している．一方，正真骨類の中で「原始的」であると考えられているのがサケ・マス類を含む"原棘鰭類"と呼ばれるグループである．原棘鰭類あるいはその一部が新真骨類の姉妹群である可能性が高いわけで，新真骨類の著しい繁栄の謎を探る上でも，これらの魚類の系統関係を明らかにすることが不可欠である．そのため，原棘鰭類の実態とその系統の解明という問題は，魚類分類学・系統学における長年の重要課題で，この分野の著名な研究者たちがこぞって研究を行ってきた．しかしながら，各研究者が導き出した結論

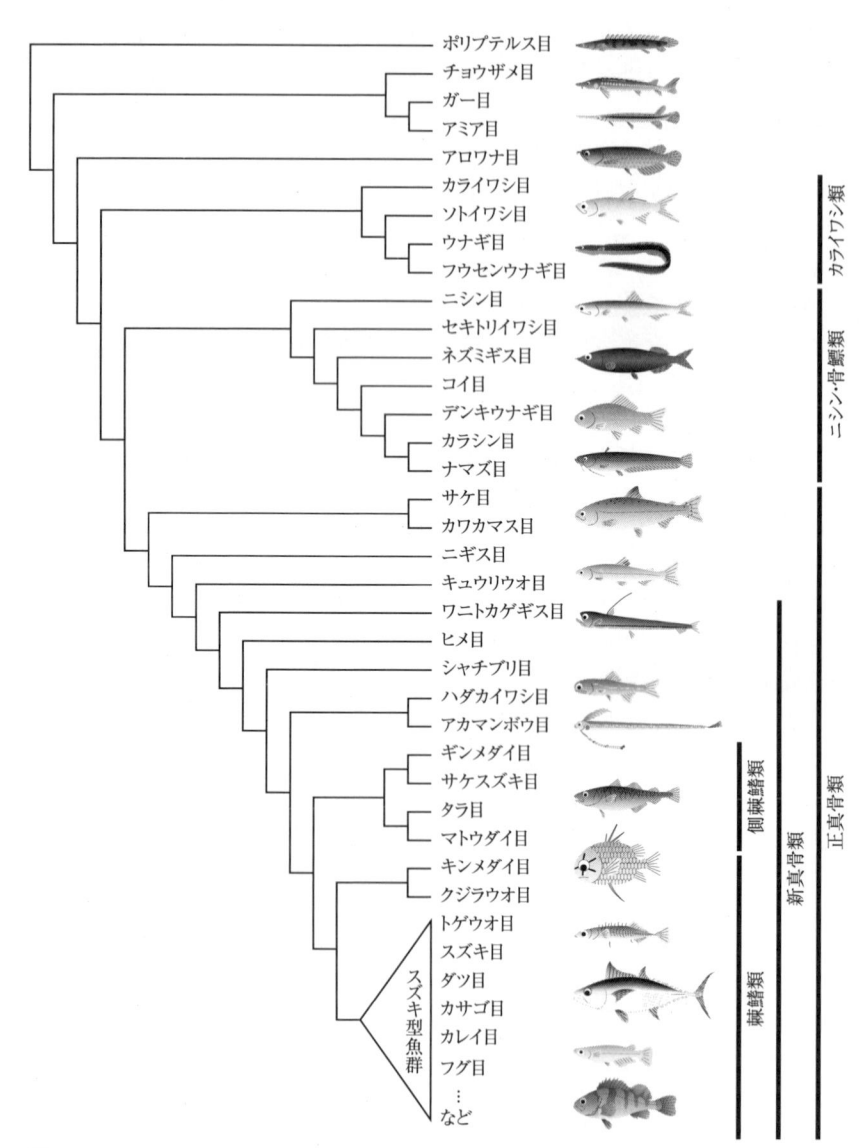

図 5-19 ミトコンドリア全塩基配列データに基づく分子系統解析によって明らかになってきた条鰭類の系統関係の大枠

私たちの研究グループのこれまでの多数の研究結果を集約した系統樹を示した．基にした主な研究は，Inoue et al., 2003, 2004; Miya et al., 2005; Lavoué et al., 2008; Poulsen et al., 2009 など．スズキ型魚群については，本文に記したように新たな知見が多数得られつつあるが，それらはここには示しきれていない（魚のイラストは川口眞理氏による）．

はそれぞれずいぶん異なるもので,定説が得られるというにはほど遠い状態が続いた.石黒直哉さんらが頑張って進めてくれた私たちの研究の結果は,この長年の大問題にも明瞭な回答を提供するものとなった.

私たちの結果でまず注目されるのは,原棘鰭類は多系統的なものであるということである.上述のように,セキトリイワシ類がこのグループに含められていたが,それはまったく別のニシン・骨鰾類に属するものであることが明白になった（図5-19）.さらに,このセキトリイワシ類を除いてみても,原棘鰭類は一つの枝にまとまらない.結局,原棘鰭類とされていたものは祖先的形質を色濃く残した正真骨類の寄せ集めで,さらに直接は関係のないセキトリイワシ類まで含められていたというわけである.

さらに注目されるのは,サケ・マス類の姉妹群はカワカマス類だということが明瞭になったことである（図5-19）.それまでは,カワカマス類は真骨類のなかで早くに分岐したものであり,サケ・マス類の姉妹群はキュウリウオ類であろうとする見解が支配的であった.カワカマス類は,北半球から10種が知られている.日本に生息していないのでなじみが薄いが,いずれも淡水魚である.サケ・マス類の姉妹群がこのカワカマス類だということを解明したわれわれの研究成果は,サケ・マス類の進化を考える上で,大きな意味をもつ.この点については,後でもう一度論じることにしたい.

大グループである新真骨類内部の系統解析も大いに進み,種々の新たな知見が得られつつある（Miya et al., 2003, 2005; Azuma et al., 2008など）.新真骨類の主力部隊は棘鰭類の「スズキ型魚群」であるが,この中で最大の種数を擁するスズキ目や,やはり巨大なカサゴ目の系統的実態も明らかになってきた.すなわち,これらはまとまったグループではなく,様々な起源をもつ魚類を含む多系統群のようなのである.さらに,それらの奥に分け入っても,不思議な発見が続く.例えば,咽頭顎の存在で明瞭に定義づけられていると思われていたベラ亜目は,遺伝的・系統的にはまったく異質な二つのグループ,すなわちベラ科＋ブダイ科などのグループとスズメダイ科＋ウミタナゴ科＋カワスズメ科のグループの混合物であることの発見がある（Mabuchi et al., 2007）.また,トゲウオ目は,まったく関係のない三つのグループの混成物であることも明らかになった（Kawahara et al., 2008）.すなわち,トゲウオ亜目,ヨウジウオ亜目,そしてそれらのいずれかに入れられたり移されたりしていたインドストムス科（パラドックスフィッシュ）の三つは,それぞれ系統的に遠く離れたところに位置するまったくの他人であった.まだまだある新知見を限られたスペースで紹介することは不可能である.図5-19には多くの研究成果を集約して示してあるが,

こうした新たな知見の多くは示しきれていない．これらの紹介については別の機会を待つとして，以下には最近の特に意外な発見の例をいくつか紹介しようと思う．

4-4. 三つの科が実は同じグループの魚の雌・雄・幼魚だった

　驚くべき発見の一つに，これまで長いあいだ別の「科」の魚だと考えられていた三つの深海魚のグループが，それぞれ同じグループの魚の雌・雄・幼魚であることが明らかになったという事例がある．

　条鰭類の包括的系統枠を得るためには，できれば条鰭類のすべてのグループの代表種を網羅的に分析したい．まずは，できればすべての科の魚を分析しようと標本収集に努めてきた．そして，それらのmtDNAゲノムの分析を順次進めていたところ，深海にすむクジラウオ科の代表種の塩基配列とリボンイワシ科の代表種の塩基配列が，なぜかほぼ同じであった．不思議に思った私たちは，これらの魚類の分類に詳しい米国国立自然史博物館のジョンソン博士やオーストラリア博物館のパクストン博士と共同で，事態の真相を探ることにした．

　形態に基づく分類の専門家である彼らは，伝統的なやり方で種を同定してDNA分析用標本を採取した．私たちはそれらのDNAを分析した．彼らはまた，世界中の博物館などに保管されている標本の形態を詳細に比較し，私たちの得たDNA分析結果と照合した．こうした総合的な解析の結果，これらは同じグループの雌（クジラウオ科）と幼魚（リボンイワシ科）であることが判明した．さらに驚いたことに，もう一つ別の科とされていたソコクジラウオ科は，これらと同じグループの雄であることが明らかになった（Johnson et al., 2009）．

　リボンイワシ科（英名Tapetail）とされていたものは，ときには体長の10倍ほどもあるリボンのような尻尾が特徴的で，3属5種がいるとされていた（口絵32上）．クジラウオ科（英名Whalefish）は，大きな口をもつ巨大な頭部と小さな眼がクジラを連想させるためにこの名がついたもので，9属20種が記載されていた（口絵32下）．4属9種が知られていたソコクジラウオ科（英名Bignose）は，英名のとおり嗅覚器官が異様に肥大しており，これは雌の出すフェロモンを嗅ぎ当てるためではないかと考えられている（口絵32中）．また，成魚に変態すると食道と胃が消失するが，これも成魚になってからは繁殖に専念するための変化と見られる．それぞれが同じグループの幼魚・雌・雄であったというわけである．この結論がわかってしまうと，これらの類を巡って存在した多くの謎も氷解する．例えば，採集される標本は，それぞれの「科」で幼魚，雌，雄しかいないという謎があったが，実態がわかってしまえば，これはもはや謎

でもなんでもない．幼体と成体，雌と雄が大きく異なる例は脊椎動物でも種々知られているが，これほど顕著に異なり，それぞれ別の「科」に分類されていた例は脊椎動物で初めてのことである．

もちろん問題はまだ残されている．それぞれの「科」で別々に分類されてきた種がいったいどのような対応関係にあるのかは，まだほとんどわかっていない．今後，さらに標本を集めて，形態と遺伝子の両側面から研究を続ける必要がある．ともあれ，この研究は，海，特に深海にはまだまだこのような未知の世界が広がっており，科学的探究を待っているということを明瞭に教えてくれる．

4-5．大回遊の起源

魚類にも鳥類の渡りと同じように，数千 km にも及ぶ大移動をするもののいることが知られている（鳥類の渡りに対して，魚類では回遊というが，どちらも英語では migration）．中でも，サケ・マス類やウナギ類は，淡水と海水という大きく異なる環境の壁を乗り越えて，何千 km ものダイナミックな回遊（通し回遊）を行う（第2章第3節参照）．しかも面白いことに，サケ・マス類とウナギ類とではその方向が逆である．すなわち，前者では淡水域で産卵し，生まれた稚魚は海洋域へと出て成長し，再び産卵のために淡水域に戻ってくる（遡河回遊）のに対し，後者では，海洋域で産卵し，生まれた稚魚は淡水域へと入ってきてそこで成長し，産卵が近づくと再び海洋域へと戻っていく（降河回遊）．こうした大規模な回遊がなぜ，どのようにして生じてきたのかは，長年の大きな謎であった．

この謎のうち，「なぜ」に関わる側面である大規模通し回遊の生物学的意義については，多くの議論を経て有力な説が出されるに至っている（Gross et al., 1988）．この説は，緯度によって淡水域と海洋域の栄養（餌）条件が異なるという事実に着目する．寒帯・亜寒帯では淡水域より海洋域の方が栄養（餌）が豊富であるのに対し，熱帯・亜熱帯では海洋域より淡水域の方が栄養（餌）が豊富である．寒帯・亜寒帯性であるサケ・マス類は，栄養（餌）条件はよくないがその分安全な寒帯・亜寒帯の淡水域を産卵のために利用し，栄養（餌）条件のよい寒帯・亜寒帯の海を成長のために利用していると考えられる．一方，熱帯・亜熱帯のウナギ類はちょうどその逆であると見ることができる．このように，この説は多様な遡河回遊や降河回遊の維持機構をうまく説明する．しかし，これだけでは，サケ・マス類やウナギ類の大回遊が「どこから，どのような道筋を経て進化してきたのか」という進化的起源について，答えることができて

いない．上述のように，この謎に答えるには，これらの魚の起源の地が淡水域なのか海洋域なのかを明らかにする必要がある．行動の化石が残っていない以上，現生種の系統的比較から迫るしかない．私たちの新しい分子系統解析は，大回遊の進化的起源についての解答を導き出すものとなった．

　従来は，上述のように，サケ・マス類の姉妹群はキュウリウオ類であろうとする見解が支配的であった．キュウリウオ類は，それに含まれるアユやワカサギなどを思い浮かべればわかるように，淡水域と海洋域を行き来する通し回遊魚である．したがって，サケ・マス類の姉妹群はキュウリウオ類であるとすると，サケ・マス類の祖先も通し回遊魚であったと見ざるを得ず，サケ・マス類の起源の地が淡水域か海洋域かという問いへの解答は，さらに古い祖先に求めざるを得なくなっていた．ところが，私たちの"原棘鰭類"の分子系統解析は，上述のように，サケ・マス類の姉妹群はカワカマス類だということを明らかにした（図5-19）．カワカマス類は完全な淡水魚である．サケ・マス類は淡水域と海洋域の両方を利用する．これらの情報から両者の共通の祖先の状態を推定すると，それは淡水魚であったということになる．すなわち，サケ・マス類は，淡水魚であった祖先から，カワカマス類と別れた後，海洋へ進出する通し回遊魚になったと推察される．サケ・マス類の起源の地は淡水域であったということである．もともと淡水魚であったサケ・マス類は，産卵場を外敵の少ない高緯度地方の淡水域に残しつつ，成長には高緯度地方の豊かな海の生産力を最大限活用するかたちで，遡河回遊型の大規模回遊を行うようになったというシナリオが，確かな根拠に基づいて議論できるようになったのである．

　一方，ウナギ類はどうか．井上　潤さん，宮　正樹さん，塚本勝巳さんらからなる私たちのチームは，ウナギ目魚類の全19科を含む多数の標本を世界中から集めてそのmtゲノムの全長配列を決定し，ウナギ目の近縁種であるカライワシやソコギスの配列を含めて系統解析を行った（Inoue et al., 2010）．分析の結果得られた系統樹は多くの点で予想外のものであった．外見ではウナギ属によく似ていて，浅海や大陸棚からその斜面にかけて生息するアナゴ，ハモ，ウツボなどはウナギ属とは縁遠く，巨大な口やくちばし状の顎をもつシギウナギ，フウセンウナギ，フクロウナギなどの外洋中・深層（海底から離れた水深200〜3000m）に生息する深海魚が近縁であった（口絵33）．これらの外洋中・深層性種は，これまでウナギ属とはまったく縁遠いものと考えられており，シギウナギとノコバウナギを除く四つの科は，別の目（フウセンウナギ目）として分類する説もあるくらいであった．私たちはさらに，得られた系統樹を基礎に，最尤法とベイズ法と呼ばれる統計手法を用いて祖先の生息場所を慎重に推定し

た．その結果は，ウナギ属が外洋の中・深層に生息する祖先種から進化してきたことを明瞭に示すものであった（口絵33）．

　この結果は，上述した「淡水域と海洋域における利用可能な餌の量の緯度勾配説」が予想するところときわめて整合的である．すなわち，私たちの分子系統解析結果は，ウナギ類は，栄養（餌）条件はよくないがその分安全な熱帯・亜熱帯の外洋域を産卵場として維持しつつ，成長のために栄養（餌）条件のよい熱帯・亜熱帯の淡水域を利用する方向で大回遊をするようになったという議論に，明確な根拠を与えるものとなった．一生の大部分を川や湖沼で過ごすウナギ類の起源の地が外洋の中・深層であったというのは意外に思えるかもしれないが，ニホンウナギの産卵場がマリアナ諸島沖であること（Tsukamoto, 1992），そして実際に成熟個体が同海域の中層の水深220〜280mで採集されること（Chow et al., 2009）などを想起すると，むしろ当然の結果であったことが納得できよう（第2章第3節参照）．

　生活史や行動などに化石の証拠などは求め難い．しかし，それらの進化過程・多様化の歴史に迫ることは不可能ではない．ここで紹介した研究例は，DNAの塩基配列に刻まれた種間の差異の分析を手がかりにして，それが可能であることを物語っている．

4-6．種内の遺伝的構造と種分化

　ここまで，魚類の多様性研究のうち，高次系統解析に関連する結果を紹介してきた．だが，DNA分析に基づく系統解析は，なにも高次系統の解析にのみ威力があるわけではない．近縁種間の類縁関係や種内集団の遺伝的構造などの解明にも有用であり，それを通じて新たな種が生じる種分化過程へのアプローチも可能である．高次系統の多様性も，もとは種の分化によって始まっている．したがって，そのプロセスやメカニズムを知ることは，魚類の多様性を理解する上できわめて重要である．また，種内の多様性は，種の進化可能性の基礎であり，種内の遺伝的構造に関する研究は保全を考える上においても大切なものである．私たちの研究はこれらの分野にも及んでおり，紹介したい成果もいろいろあるが，スペースが限られているので，ここでは日本の魚類相の成立過程を考える上で興味深い二，三の研究結果に絞って述べることにする．

　メダカは日本に広く分布するが，北日本に生息するメダカと南日本に生息するメダカには，遺伝的な違いがあることが知られている．両者は遺伝的に違うとはいえ，飼育していると交配して子孫を残すことや，自然界でも分布域の境界地域である丹後地方などに両者の交雑由来と思われるメダカがいることか

ら，南北両集団はメダカという同一種内のものとして扱われている．メダカは有力な「実験動物」で，2007年には日本の研究者の手によってそのゲノムが解読された (Kasahara et al., 2007)．その結果，北日本集団と南日本集団のゲノムの間に見られる差異は，脊椎動物の種内で知られている中で最も大きいもの（ヒトゲノムとチンパンジーゲノム間の差異の約3倍）であることが明らかになった．両集団の分化時期はおよそ500万年前であろうと考えられているが，500万年前というのは，ヒトとチンパンジーの分岐時期とほぼ同じなので，メダカゲノムはヒトゲノムなどよりもはるかに早く変化していることになる．だが，果たして本当にそうなのかということが気になる．というのも，メダカゲノムの進化速度が速いというのは，メダカ南北集団間の分化時期が約500万年前とした場合に推測されることであるが，この分化時期の推定は初歩的な方法でなされたものであり，信頼性は十分とは言えないからである．そこで，私たちはインドネシアからの留学生のセティアマルガさんらと南北日本のメダカのmtゲノムを分析し，最新の方法で両者の分化時期を丁寧に推定することにした．

その結果，北日本のメダカと南日本のメダカは，共通の祖先から約1800万年前に枝分かれしたという結果が得られた (Setiamarga et al., 2009: 図 5-20)．これは，ヒトとチンパンジーを隔てる時間のほぼ3倍に相当する．したがって，南北メダカ集団のゲノムの間にヒトとチンパンジーのゲノム間の約3倍の差異が存在することに，何の不思議もないことになる．メダカゲノムがヒトゲノムなどと比べて特別に早く変化するものではなかったのである．

この研究でメダカゲノムの進化速度は特別かという問題は解決したが，同時に別の疑問が生じる．ヒトとチンパンジーの間に大きな違いをもたらした時間の3倍以上の1800万年もの時間が経過しているのに，同じ種に留まり続けることがあるのか，という疑問である．分岐してから長い時間を経てゲノム全体にはかなりの差異が蓄積しているにも関わらず，ゲノムの基本的枠組みはまだ交配可能な状態にあるのだろうか．ゲノム進化の様相が四肢類と条鰭類とで異なっているところがありそうだが，これはそのことと関係があるのかどうか．脊椎動物の種のあり方とゲノム進化との関係に関する興味深い研究の課題が提供されたようである．

ところで，1800万年前という推定分岐年代はたいへん興味深い．この時期はちょうどアジア大陸から日本列島の北半分と南半分が別々に分離し始めた時期に相当するのである（図 5-20）．南北日本のメダカは，このような地史的な出来事によって分化したと考えることができる．今回の推定値は一見すると古すぎるような印象を与えるが，こうした地史を考え合わせると，大きな説得力

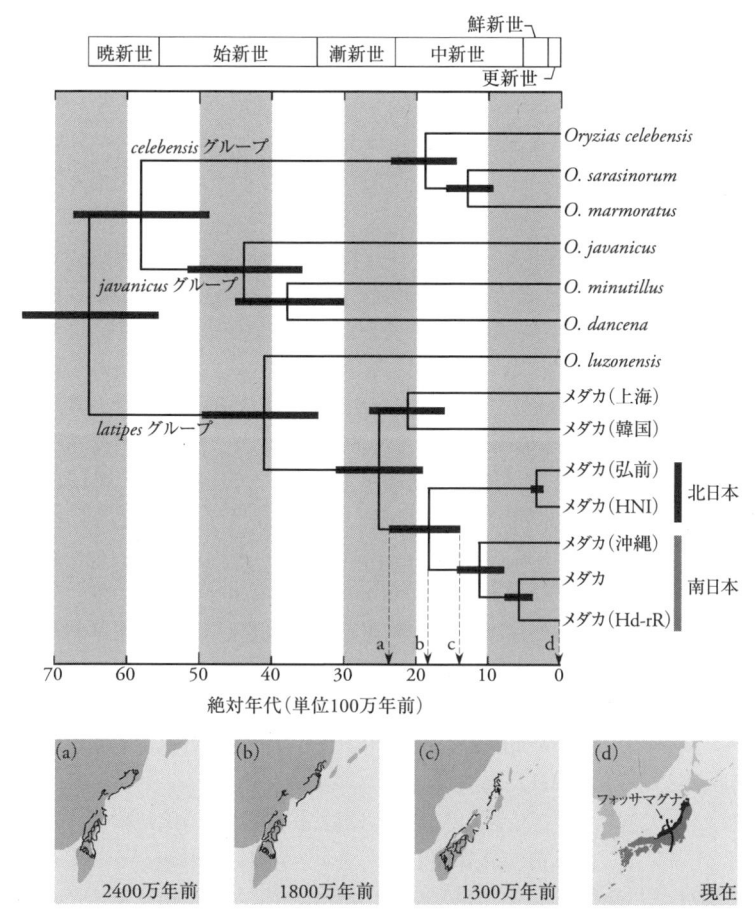

図 5-20 ミトコンドリア全塩基配列データに基づく主なメダカ属（*Oryzias*）魚類の系統樹と各枝の推定分岐年代（上），および日本列島の形成史（下）．

推定分岐年代はベイズ推定による信頼区間が示してある．メダカ（*Oryzias latipes*）南北集団の推定分岐時期は，ちょうど日本列島の原基が大陸から二つに分かれて分離したとされる時期に合致している．その後，二つの陸塊が再び会合して本州になった際に，両陸塊に乗っていたメダカ南北集団は再び出会うことになったが，分離していた間に相当異なったものになっていた両者は，出会ってもほとんど混じることなく，現在のような分布パターン（下図 d：黒い部分が北日本集団の分布域；灰色の部分が南日本集団の分布域）を有するようになったと考えられる（Setiamarga et al., 2009を改変）．

第3節　魚類の多様性を探る：分子系統学からの挑戦

をもっているわけである．メダカは，日本列島成立の初期からの歴史を背負っているといえよう．メダカの南北集団は，2007年8月に行われたレッドリストの見直しの際に，それぞれ「メダカ北日本集団 *Oryzias latipes* subsp.」および「メダカ南日本集団 *Oryzias latipes latipes*」として絶滅危惧II類（VU）の項に記載された（環境省，2007，ウェブサイト）．今回の結果は，双方を別の分類単位としてそれぞれの価値を鮮明にしたこの措置を強く支持するものである．

4-7．フナやコイでも

個々の種を丁寧に調べると，この例のように一つ一つの種に豊かな歴史が刻み込まれていることが明らかになる．私たちの最近の研究だけからでも，調べるたびにつぎつぎと興味深い事実が見えてくる．かつて，私は琉球列島に生息するアユが独自の長い歴史をもつ集団であることを見出して興奮したことがあるが（西田，1987），同様の事例がつぎつぎに見つかり，何度も興奮を味わう幸せを感じている．例えば，琉球列島に生息するタウナギは，大陸にいるものや，それが移植された本州のものとは遺伝的に明瞭に分化しており，琉球列島に固有の在来の集団であることが，松本清二さんらとの研究で明らかになった（Matsumoto et al., 2010）．フナの琉球列島集団も，古い歴史をもつ独自のものであることが，高田未来美さんらとの研究から判明した（Takada et al., 2010）．フナでは，日本主列島にも古い系統がいくつか存在することが明らかになったが，それらと大陸に固有の系統との分岐はさらに古かった．琉球集団は大陸に固有の系統とむしろ類縁性が高く，日本のフナの歴史は相当古く複雑であることを示している（図5-21）．

このような例はコイでも見出された．琵琶湖，特にその深部には，体の細長いコイがいることは以前から知られていたが，これを馬渕浩司さんが中心になって調べたところ，体高の高いコイとは遺伝的に大きく異なることが解明された（Mabuchi et al., 2005）．体高の高いコイは中国からヨーロッパに至るユーラシア大陸に広く分布するグループのもので，日本にいるこのタイプのものは飼育型コイの人為的な導入由来と考えられる．一方，体高の低いコイの遺伝的特徴は日本以外からは見出されないが，国内では各地で観察されるため，これは日本在来のものであると判断される（Mabuchi et al., 2008）．この日本在来のコイは現生コイのなかで最も早く分岐したものであり，進化的に貴重であるが，同時に遺伝資源としてもきわめて重要であると考えられる．飼育型コイとは違う様々な特徴を有していると言われているからである．ところが，この在来型コイは飼育型コイの盛んな放流がなされる中で，その存続が危ぶまれる状況に

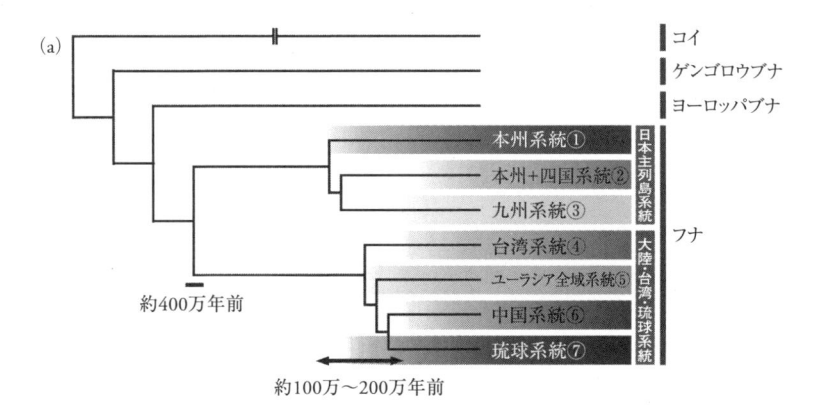

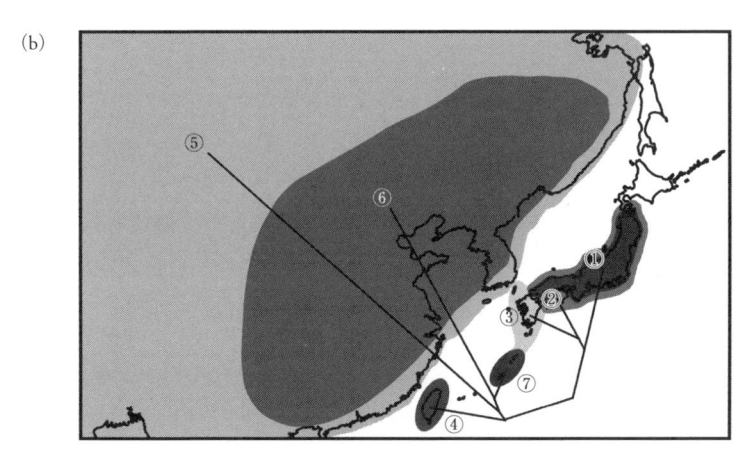

図 5-21　ミトコンドリア DNA 上の四つの遺伝子の塩基配列データに基づくフナ種群（*Carassius auratus* complex）の系統樹と主要系統の推定分岐年代 (a)，および主要系統の地理的分布 (b)．

分岐年代推定は「分子時計」を仮定した予備的なもの．様々な地域のおよそ 800 個体のデータを分析したこの研究結果より，フナ属（*Carassius*）魚類には，ゲンゴロウブナ（*Carassius cuvieri*），ヨーロッパブナ（*Carassius carassius*），およびフナ種群（*Carassius auratus* complex）が存在すること，このうちフナ種群は，およそ 400 万年前に分岐した日本主列島系統と大陸・台湾・琉球系統の二つに分けられることが判明した．日本主列島系統はさらに 100〜200 万の古さをもつ本州，九州，および本州＋四国の三つの系統から，大陸・台湾・琉球系統は四つの系統からなっていた．フナには 3 倍体で，雌のみでクローン繁殖するものがいる（それをギンブナと呼ぶこともある）が，このような 3 倍体のフナは今回見出されたすべての系統で見つかった．このことから，3 倍体性は，一部のフナだけがもつ性質ではなく，すべてのフナの系統が持つ性質で，2 倍体と 3 倍体を全く別の系統のものとは考えにくいことも明らかになった．また，キンギョは「中国系統」の一員であることが改めて確認された（Takada et al., 2010 に基づく）．

第 3 節　魚類の多様性を探る：分子系統学からの挑戦

ある．ここでも保全ということが重要な課題となっている（第4章第3節参照）．

5 ▶ 今後の研究の展望

　ここまで，私たちが行ってきた魚類の多様性進化に関する分子系統学的研究の一端を紹介してきた．ここでは取り上げることができなかったが，まったく別のグループだと思われていたものが実はそうではなかったという上述のような例とは逆に，これまで同じ種だと思われていたものが，調べてみたら10種以上の種を含んでいたなどという発見もある（Kon et al., 2007）．まだまだ多くの謎が発見を待っていることは間違いない．そんなことも楽しみにしながら，今後の研究の展望について最後に少し考えてみたい．

　魚類全体の系統的多様性究明については，mtゲノム分析によるアプローチをさらに展開できればと考えている．私たちは，すでに条鰭類の全目を網羅する1000種以上のmtゲノムの全塩基配列を決定した．これらは全科の80％以上をカバーしており，その結果，条鰭類の大系統の骨格は明らかになりつつあるが，その細部についてはまだまだ解析が必要である．さらに標本試料とデータの集積を続けている．こうしてmtゲノムデータの網羅性が高まってくると，魚類の遺伝的多様性の網羅的データベース構築という展望も見えてくる．DNAバーコード国際プロジェクトなどとの連携も念頭に，研究の推進を考えたい．

　このような研究展開を考える上で楽しみなのは，DNA塩基配列決定技術がますます発展していることである．すでに，「次世代シーケンサー」などと称される超並列型配列決定技術によるシーケンサー（454/Roche FLX, Illumina/Solexa, ABI SOLiDなど）が実用化されている．これらは，現在，私たちが使っている従来型のシーケンサーの10万倍というレベルの処理能力があるという．近々，さらにこれの100倍近い能力を有するシステムが発売されるという話もあり，分子生物学的研究手法の進展は留まるところを知らない勢いである．こうした素晴らしい変化に迅速に対応していく必要があろう．魚類全体の系統的多様性究明，特に多様化パターンの解析をしようとすると，分子系統樹にできるだけ多くの種（できれば現生魚類の全種）が盛り込まれているのが望ましい．新しい超並列型配列決定技術を活用することにより，そう遠くないうちに，実際上，現生魚類の全種を対象にした超高密度分子系統樹を得ることもあながち夢ではないかもしれない．

　上述のように，本格的な進化研究は，系統枠があって初めて可能となる．し

たがって，信頼度と密度の高い系統推定ができると，これまでは難しかった様々な進化現象についての本格的な研究ができることになる．これにより，魚類の種々の形質の多様性について，その根底からの理解が進むであろう．また，四肢類の姉妹群である条鰭類は，遺伝子やゲノムの進化を研究する上でもおもしろい特徴を有している．条鰭類の主要メンバーである真骨類が，全脊椎動物がその進化過程で2回経験してきた全ゲノム重複をさらに1回余分に経験しているのである．この真骨類を研究モデルとすることで，脊椎動物ゲノム進化への理解が深められる可能性がある（佐藤・西田，2009）．

個々の種は，それぞれ固有の空間的広がりの中で生息しているが，それをその歴史的経緯を含めて理解しようという系統地理学の概念と理論的枠組みも確立した（Avise, 2000）．保全遺伝学もその形が見えてきた（Frankham et al., 2002）．DNA分析の普及と発展もあり，近縁種や種内の多様性分析はますます進展するであろう．実際，日本の淡水魚類に関しての研究は着実に進んでいる（渡辺・高橋，2009）．今後，さらにその流れが強まることが期待される．こうした研究が，保全生態学や保全遺伝学と連携して，魚類と水域生態系の保全・合理的管理・持続的利用への道筋を切り開いていくに違いない．

また系統研究の進展は，魚類相をその由来から理解することを可能にする．こうした系統的アプローチで日本の沿岸魚類相の由来に迫ろうという議論も始まっている（馬渕，2009）．分子系統解析をより充実させることにより，このような展開が本格化されることが望まれる．

少し違う側面からの新展開も期待される．それは，種内における適応に関わる遺伝子の動態という，これまで未知であった領域への挑戦である．どの種も，現在の環境，そしてその変化に適応している．つまり，適応に関わる遺伝子の頻度が集団内・集団間で変化しているはずである．これを把握することはきわめて重要であるにも関わらず，これまでほとんど手つかずであった．しかし，DNA分析手法の新展開とゲノムデータの充実は，この領域への挑戦を可能にしつつあると考えられる．この条件を生かしたアプローチによって，天然水域における魚類の初期減耗というきわめて重要な問題の理解にも，何らかの新たな貢献ができないものかと考えているところである．

6 ▶ まとめにかえて

本稿では，水域生態系の重要構成要素であり，人間にとっての貴重な資源である魚類を対象に，その多様性の進化的理解の進展について述べてきた．研究

手法の発展を基礎に，大きな展開があること，まだまだ発展が期待されることを理解していただければ幸いである．多様性の進化的理解など，すぐには社会の役に立たないのではないかという議論があるかもしれないが，「急がば回れ」という言葉があるように，基本から理解をしておかないと，何か手を打たないといけないときに適切な対応はとれないであろう．特に複雑な生物界を相手にする場合はそうである．一見遠回りであるような基礎的知識の強化が，結局は大きな貢献をするであろうと私は思っている．100年前には20億に満たなかった人口は，いまや70億に届こうとしている．人間が自然に与えるインパクトが巨大なものになった現在，人類が自然を破壊してしまわないよう，こうした研究はますます強化される必要がある．

　最後に，このような地道な，しかし本格的な研究を行い，またそれを通じて人材を育てる上で，大学をはじめとする教育研究機関が果たすべき役割の重要性を強調したい．昨今，「事業仕分け」などが賑やかである．国の財政事情が厳しい中で，教育研究機関も真剣にその活動を見直し，改めるところは改めるという姿勢をもつことが重要である．しかし，基礎的な研究や教育が弱められてはならない．いったん弱まってしまうと，それを復興することはきわめて困難であるのは，歴史が示すところである．今回ここで紹介したような研究は「基礎的」であるが，日本の場合，理学系ばかりでなく，農学・水産学系の大学や研究機関で活発に行われてきた．これらに属する者は，大きな視野と高い使命感をもってその活動に励みたいものである．社会にはその活動を温かく見守りつつ，叱咤激励をしていただければと願わずにはいられない．

コラム 13　クロマグロの渡洋回遊

　毎年冬になるとマスメディアから，青森大間の沖でのクロマグロの一本釣り漁の様子が伝えられてくる．船を巧みに操る百戦錬磨の漁師と，100kgは超そうかと思われる弩級の魚との一対一の格闘は，スペインの闘牛を彷彿とさせ，北溟で繰り広げられるこのノンフィクション・スペクタクルを，視聴者は固唾を飲んで見守ることになる．

　画面に映る，ほれぼれとするような体つきのクロマグロ．その一部は若齢の頃にカリフォルニアからメキシコ沿岸にかけての東部太平洋域まではるばる渡ってそこで数年過ごし，そして産卵のために日本近海まで戻ってきたものだと考えられる．この大洋を横断する回遊を特に渡洋回遊という．

　クロマグロは，日本の南方海域からフィリピン近海で4～7月に，日本海で7～8月に孵化した後，日本沿岸に来遊する．そして生まれた年あるいは次の年に東部太平洋域まで渡洋回遊を行うのである．

　実は，この渡洋回遊．標識放流調査によってそれが実証されたのは戦後も15年ほどたった1960年代のことなのである．

　それまでは，日本近海にはクロマグロが，そして，東部太平洋にはBluefin tunaと呼ばれるマグロがいて，それはよく似ているけれど，別種であろうと考えられていた．なにせ日本とアメリカ西海岸との間は8000kmもある．まさか太平洋を渡らないだろう，それぞれは交流なく長年別々に分布してきたのだろうと考えられていたのである．

　しかし放流の結果，日本近海で放たれたクロマグロが2年後に東部太平洋で，東部太平洋で放たれたBluefin tunaが日本近海で捕らえられた．これにより，彼らは太平洋を横断して片道8000kmにも及ぶ旅をする魚であることが分かったのである．

　ただ，それでも実際にどれくらいの日数をかけて，あるいは，どういった海洋環境を利用して回遊を行っているのかは不明なままだった．科学技術の発達に伴い，計測技術も進歩したおかげで，今世紀間近になって，渡洋回遊の実態がようやく明らかになってきた．1996年11月に経緯度の推定が可能なマイクロデータロガー（図1）を装着させたクロマグロの放流調査が対馬沖で行われた（図2）．放流したクロマグロのうち1個体が2年後に東部太平洋で再び捕まえられたのである（図3）．

　放流した個体（尾叉長55cm，当歳魚）は，翌年に九州南端を越えて，四国，本州の南岸に沿って移動し，5月中旬に房総沖に達した．その後，三陸沖から道東沖に移動し，そして11月中旬，東へと渡洋回遊を開始した．標識放流からは，7ヵ月くらいかかると思われていたのが，このクロマグロはたった約2カ月で太

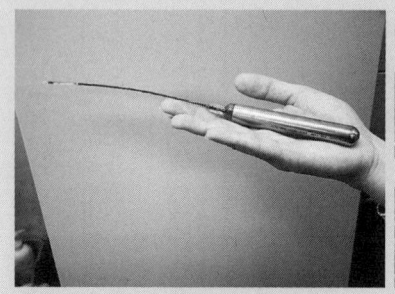

図1 1996年の放流調査で使われたのと同じマイクロデータロガー

図2 マイクロデータロガーを装着するために釣りあげられるクロマグロ若魚（対馬沖）

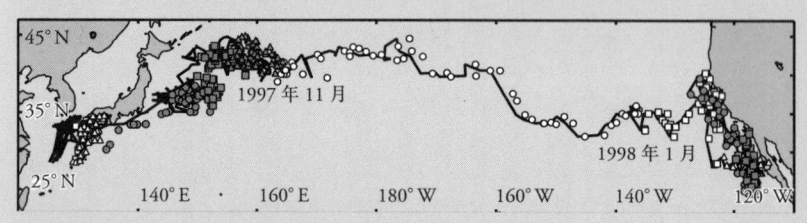

図3 1996年11月に対馬沖で放流，1997年11月中旬に渡洋回遊を始め，1998年米国サンディエゴ沖で再捕された（Kitagawa et al., 2009 を改変）．
図にはクロマグロの回遊の軌跡を月ごとに形と色を変えて示した．

平洋を渡りきり，カリフォルニア沖に到達したのである．特徴的なのは，これまで一度も訪れたことのない彼の地を見知っているがごとくにほぼ一定方向に進んでいることである．またその際，このクロマグロは北緯40度以北の亜寒帯フロント域と呼ばれる海域を渡っていた．ここは彼らの生存に適当な水温12〜22℃よりも遥かに低い水温環境である．このあたりの詳細は今後の研究課題である．

2000年以降，東部太平洋でも同じような調査が行われている．東部太平洋に渡ったクロマグロは，成熟して産卵のために渡洋回遊を行って日本近海に戻ると考えられていた．しかし調査から，成熟していないものが日本近海に戻ったり，一旦戻ったクロマグロが東部太平洋に再び舞い戻ったりしていることも分かってきている．

（東京大学大学院新領域創成科学研究科／大気海洋研究所　北川貴士）

コラム 14　海に入ったカメ

　浦島太郎にも登場するウミガメは，日本人にとって本来なじみの深い動物である．しかし，どこでどんな一生を送るのかは，一般にはあまり知られていないようである．そこで，その知られざる生態と魅力の一端を紹介したい．

　ウミガメは，海に暮らすカメの仲間で，オサガメ科1属1種とウミガメ科5属6種に分けられる．このうち日本では，アカウミガメが福島県以南の主に太平洋側で，アオウミガメが小笠原諸島と南西諸島で，タイマイが琉球諸島でそれぞれ産卵する．カメに共通する特徴は甲羅である．ドーム型にしたり蝶番をつけたりして防御力を高めている種もいる中，海で泳ぐことを選んだウミガメは，水の抵抗を減らすために甲羅を小さく薄く滑らかにした．一方で，推進力を得るために四肢を鰭状にした．その結果，四肢と頭は隠すことができなくなった．

　ある意味，カメの本質を捨て海へ入ったわけだが，乗り越えられなかった生理的な制約がある．その一つが呼吸である．海底で休んでいても，時々は息継ぎのために浮上しなければならない．水中で息ができないのは卵も同じ．そこで，普段は海で暮らしていても，産卵の時だけは，重い体を引きずって砂浜にあがり，波の被らないところに穴を掘り，そこに卵を産まなければならない．

　生理的制約から爬虫類が海で暮らすには，硬骨魚類の鰓のように塩分を濾し出すための器官が必要になる．ウミガメは涙腺にその機能を持たせた．その結果，砂浜に上陸したメスは涙を流しているように見えるのだが（図1），もしそれが涙腺ではなく，ウミヘビのように唾液腺だったなら，人はウミガメに特別な感情は抱かなかったかもしれない．

図1　目から「涙」を垂らす産卵を終えたアカウミガメ

　産卵地に対する固執性も，興味深い特徴の一つである．産卵期になると，メスは約2週間おきに何度も同じ砂浜に上陸して産卵する．数年後に再び繁殖するときもやはり，同じ砂浜に戻る．そのこだわり様は，そこが，生まれた砂浜だからではないかという仮説につながった．「母浜回帰説」である．ミトコンドリアDNAの塩基配列を調べることで，少なくとも千kmほどの範囲に回帰していることはわかってきたが，「母浜」といえるほど正確かどうかについては，後の研究を待たねばならない．しかし，仮説の真偽は別にしても，人は，何度も同じ砂浜に戻る健気さをいとおしく思い，ウミガメが辿った長旅に思いを馳せ，子ガメを見送りながらその行く末を案じ，いつの日か回帰することを信じ願うのである．

図2 太平洋を横断したアカウミガメから回収された標識

1995年11月9日，この標識をつけたアカウミガメが徳島県阿南市の小型定置網にて再捕された．通報を受けた徳島県水産試験場（当時）の岡崎孝博氏からの連絡を受けて，日本ウミガメ協議会が放流者に照会したところ，94年7月19日にメキシコのバハ・カリフォルニア州サンタロザリータで放流されたものと判明．これにより，カリフォルニア半島沖に暮らすアカウミガメが日本へ戻ることが初めて確認された．

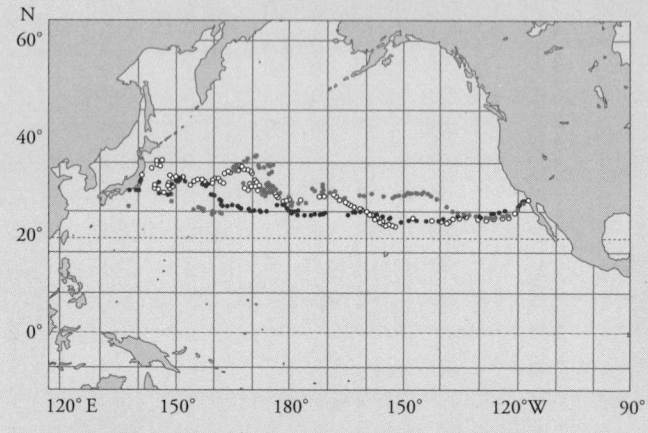

図3 米国から日本へ戻るアカウミガメの移動経路

米国サンディエゴ市の水族館 Sea World で20年間以上飼育されていた3頭のアカウミガメが，背中に発信器を装着されて，2000年10月1日に太平洋へ放された．図中の円は各個体の航跡を示す．翌年7月末には一番早い個体が福島県沿岸に，10月末には次の個体が宮城県沿岸にそれぞれ到達．最後の個体も2002年5月に伊勢湾口部に到達．長期間飼育をしても回帰性が失われないことや，北赤道海流を利用しないなどの結果は，関係者を驚かせた．

　そして，そんな妄想と期待を裏切らない壮大なスケールで，ウミガメは実際に旅をする（図2，図3）．生まれたばかりのアカウミガメ（口絵4）は，体重はわずか20gで泳ぎも拙いが，地磁気を感知して進むべき方向を修正する能力が備わっており，太平洋を横断してカリフォルニア半島沖まで渡るのである．そこで豊富な餌を食べて十分に成長すると，再び太平洋を横断して日本を目指す．メスが体重80kgほどまで成長して産卵を始めるようになるまでには，早くても20年，通常は30〜40年を要するのである．空間的にも時間的にもこれほど壮大なスケールで回遊する動物は他に例を見ない．

　あらゆる場面で感じさせるロマン，それがウミガメの魅力ではないだろうか．

（日本ウミガメ協議会／神戸市立須磨海浜水族園　松沢慶将）

コラム 15　魚の目から観たクラゲ

　クラゲに対する一般の人々のイメージは,「刺されて痛い迷惑な存在」という大多数と,「かわいい癒し系」という少数派とに分かれるのではなかろうか. これらはいずれも, 人間の視点での評価である. それでは, 魚の視点でクラゲを見たらどうなるか.

　クラゲ類の主な餌は, コペポーダをはじめとする動物プランクトンである. これらは魚たちにとって最も重要な餌であるため, クラゲの大量発生は, 魚の餌の不足に直結する. また, 魚自身も仔魚のうちはプランクトン生活を送るため, クラゲに食べられてしまうこともある（図1）.

　筆者らは, 様々な種類の魚を卵から飼育し, 仔魚をクラゲと遭遇させる実験を行ってきた. その結果, マアジやマサバはクラゲに食べられにくいのに対し, カタクチイワシはきわめて食べられやすいことがわかった. カタクチイワシの仔魚は, いわゆるチリメンジャコ（あるいはシラス干し）の材料で, 食卓に上るときには白いが, 生きているときは透明である. こういう仔魚を, 魚類学者はシラス型仔魚と呼ぶ. 魚類などの視覚捕食者にとって, 透明なシラス型仔魚は見えに

図1　傘の中央にタウエガジ科の魚の仔魚を捕らえたオワンクラゲ（2008年3月, 舞鶴市長浜にて）

くいが，海水ごとからめとって餌を食べるクラゲ類には，この戦略は通用しないのだろう．1980年代の空前の大漁ののち，近年資源が激減しているマイワシも，シラス型の仔魚期を送る．マイワシの資源量の変動は，地球規模の気候変動に対応することが知られているが，仔魚が減耗する直接の要因として，クラゲの存在は無視できない．

一方で，クラゲを寄生的に利用する魚に，マアジがいる（口絵2）．水槽内で空腹のマアジにクラゲを与えても，クラゲそのものは食べようとしない．しかし，そこに動物プランクトンであるアルテミアを入れると，マアジは最初は自分でアルテミアをついばんで食べるが，次第に横着をして，クラゲの集めたアルテミアを横取りするようになる．外洋では餌の密度が低いため，クラゲの集めた餌を横取りすれば，マアジは自分では泳ぎ回らずに，やすやすと空腹を満たすことができるのだ．また，マアジの皮膚は比較的丈夫であるため，毒の強いクラゲを隠れ家にすることも可能だ．

さらに，カワハギやウマヅラハギ，イボダイなどの魚は，クラゲを好んで捕食する（口絵3，図2）．カワハギの稚魚を，飢餓，クラゲ給餌，オキアミ給餌，およびオキアミ＋クラゲ給餌の4条件で2週間飼育したところ，飢餓区では，半数の個体が死んでしまい，生きていた個体も体重は減少していた．ところがクラゲ区では死亡個体はなく，体重も体長も増えた．つまり，カワハギはクラゲだけを餌にして成長できる．また，オキアミ給餌よりも，オキアミ＋クラゲ給餌の方が成長が良かった．このことから，クラゲには何らかの補助食的な効果があるのでは，と我々は見ている．さらに，カワハギの食べるクラゲの量は1日当たり自分の体重の20倍程度であった．つまり，1tのカワハギは，1日に20tのクラゲを消費してくれることになる．

図2　エチゼンクラゲを集団で襲って捕食するウマヅラハギ（2009年9月，舞鶴市冠島にて）

クラゲの大量発生については，富栄養化や温暖化，沿岸の埋立てなどの環境変化が原因に挙げられることが多い．しかし海の中から見れば，クラゲは本来，多くの魚と関わりを持って暮らしているのがわかる．こうした海の中でのつながりを回復することが，クラゲ大発生の防止につながるのではないかと思う．

（京都大学フィールド科学教育研究センター舞鶴水産実験所　益田玲爾）

第6章

日本の食文化の復活と食の安全性の保障

　近年，わが国の食料自給率の低下が大きく取り上げられ，一般の人たちの関心の度合いも上昇してきた．いうまでもなく食料の大半を諸外国からの輸入に依存していることは国として非常にもろい．輸入相手国の干ばつなどの異常気象による農作物の不作，また諸外国の人口増や自国の消費が増大する中で輸出規制を打ち出す国が増加する傾向が強くなっている．かつて，食料を自給できない国は独立国とはいえないといった外国の首脳のことばは重い．

　食生活のスタイルがこの半世紀で大きく変わってきたことが，食料自給率の低下にも関係していることは事実であるが，その一方で日本食の良さが内外で再認識され，さらに伝統食品に対する関心も根強く続いている．それをいっそう伸ばそうと努力されている方々の存在は大きい（第1節）．

　陸上の植物では主成分のセルロースをセルラーゼによって糖化し，乳酸菌や酵母で発酵させる技術はよく知られているが，海藻ではそのような研究例が少ない．ワカメや，マコンブ，アオサなどの海藻を発酵させ，発酵産物を貝類や魚類の飼料に利用するだけでなく，醤油や味噌の食材として用いるという発想は興味深い（第2節）．

　水産物に限ったことではないが，大量の食料を輸入しながらその一方でわが国の廃棄食材は供給量の4分の1，すなわち年間1000万tを超え，このこと

が自給率の低下に拍車をかけていると考えられる（第3節）．わが国は食料の輸入大国であるが，その一方で食料の輸出も少しずつ増加している．日本産の食の安全と旨み及び健康維持に関与していることなどが諸外国に評価されているからである．町中の魚屋さんが激減したこと（八百屋さんも同じであるが）は単なるノスタルジアではなく，魚離れを加速し，消費者と生産者との距離を引き離してしまったことが自給率の低下にもつながったという指摘（第3節）は頷ける．

　世界の水産資源が深刻な状況にある中で，資源管理型漁業の推進は不可欠である．そのためには消費者や小売業者が，持続可能な漁業の漁獲物であることをどのように識別するかが重要になってくる．このような中で，水産エコラベルが登場し，注目を浴びている．第4節では，わが国だけでなく諸外国の取り組み状況などが紹介されており，水産物の流通・販売において今後，注目を浴びる事項であろう．

第1節　水産発酵食品にみる先人の知恵とその継承

　滅多にお目にかかれないようなおいしい食べ物を珍味といい，その代表を三つ集めて三珍という．所変われば品変わるの諺どおり，三珍も土地によってずいぶん異なり，例えば，中国ではその昔，サルの脳みそ，ネズミの赤ん坊，クマの掌を三珍と呼んだそうである．現代の我々の感覚からすると，珍味というよりは珍奇さを尊んだもののように思える．中国ではこれとは別に，ふかひれ，ツバメの巣，クラゲのことも三珍といっている．この場合はコリコリとしたテクスチャーに価値があるのであろう．フランスの三珍はエスカルゴ，フォアグラ，キャビアが有名である．

　わが国で古来三珍と呼ばれてきたものは，肥後のからすみ，越前のうに（塩辛），三河のこのわたである．これらは今も珍味として重宝されているように美味であり，酒の肴として愛好されている．かまぼこの研究で有名な京都大学の清水　亘先生（1968）は「新説三珍味」という随想の中で，これら三珍味に触れられたあと，特に珍しいという意味を強調した三珍として，新島のくさや，滋賀のふなずし，富山の黒作り（イカ墨を加えて作る塩辛）を挙げておられる．くさやとふなずしはいずれも特異なにおいをもっており，黒作りはわざわざイカ墨を加えて，真っ黒で得体の知れないものにしている点で三珍の名にふさわしいとのことである．

　珍味は山海の珍味という言葉もあるように水産物に限らないはずで，沖縄の豆腐ようなどは陸の王者の風格がある．欧米人からみれば，納豆や味噌，醤油，漬物など農産品も立派な珍味になるだろう．しかし，わが国では上に述べた三珍に限らず，珍味といわれるものには水産物が多いようである．このように水産物が多いのは水産畑の人のひいき目かもしれないという気もするので，珍味業界の考え方を伺ってみたところ，「珍味とは主として水産物を原料とし独特の風味を活かし，貯蔵性を与え，再加工を要することなく食用に供される食品（陸産物に類似の加工を施した物を含む）で，一般の嗜好に適合する文化生活の必需品である．」（全国珍味商工業協同組合連合会の定義：武田，1995）とのことで，やはり水産物が中心なのである．

　わが国で珍味と呼ばれるものに水産物が多いのは，原料の多様性によるほか，グルタミン酸，イノシン酸など，日本人好みの呈味成分と関係があるのかもしれない．魚は死後の鮮度低下がきわめて著しいが，貯蔵中に自己消化や細菌の働きでそれらの呈味成分が大量に生成しやすいのであろうと思われる．三

珍といわれるものをよくみてみると，うにの塩辛，このわた，くさや，ふなずし，黒作りというように，いわゆる発酵食品に類するものが多いのもこのことと関係がありそうである．

そこで本節では，水産加工品の中でも特に発酵食品を取り上げ，その概要とそこに含まれる様々な知恵について述べる．またこれらの発酵食品だけでなく，伝統食品の中にはその存続が危ぶまれるものも多いことから，その保存・継承についても考えてみたい．

1 ▶ 貯蔵から生まれた水産発酵食品

魚介類は農産物や畜産動物のように計画的に生産することが難しく，漁獲量の変動も大きいので，冬場や不漁の時のために貯蔵しておく必要があるが，魚介類は死後の自己消化や腐敗が早いので，漁獲物には直ちに何らかの手段を講じなければならない．したがって昔から水産では漁獲された魚をいかに貯蔵して品質劣化を防止するかということが最重要の問題であり，干物にしろ，塩蔵品にしろ，魚肉ソーセージや缶詰のような加工品にしろ，水産加工品はほとんどが腐敗防止のために生まれたものといえる．例えば，缶詰や魚肉ソーセージは魚に付着している微生物を加熱殺菌し，その後の外部からの微生物の汚染を密封容器（包装）によって防いだものであり，一方塩蔵品や干物，佃煮，酢漬けなどは魚の塩分や水分，pHなどを微生物の増殖に不適当な条件にすることによってその増殖を抑制したものである．

ところで，水産加工品の中には，塩辛，くさや，ふなずしのように，微生物や自己消化酵素の働きをむしろ積極的に利用して作られていると考えられる発酵食品があるが，これらの加工品も魚介類の貯蔵から生まれたと考えることができる．例えば，イカを塩蔵している間に自己消化酵素や細菌の働きで独特の旨みや臭いが生じるようになったものが塩辛，塩干魚を作る際の塩水を数百年間，取り替えずに繰り返し使用してきたのがくさやの干物である．ふなずしも塩蔵しておいたフナを夏の土用の頃にご飯と一緒に漬け込み，乳酸発酵をおこさせることで保存性と風味を付与したものである．

表6-1に代表的な水産発酵食品の概要を挙げておく．これらの製品はその化学的・微生物学的特徴や製造原理が解明されているものは少ないが，製造法などから考えて次の二つに整理することができる（藤井，2001；2002）．

(1) 腐りやすい原料魚を塩蔵している間に特有の風味をもつようになったもので，塩辛，くさや，魚醤油など．

表6-1 代表的な水産発酵食品

種 類	原料魚	製 法	発酵原理	主な微生物
いか塩辛	スルメイカ	細切りした胴・脚肉に肝臓約5%,食塩10数%を加え,2〜3週間仕込む.	食塩による防腐と自己消化酵素による旨みの生成,微生物による臭いの生成	*Staphylococcus* *Micrococcus* 酵母
くさや	ムロアジ アオムロ トビウオ	二枚に開いた原料魚を血抜き,くさや汁に1晩漬けた後,水洗,乾燥する.	汁中細菌の産生する抗菌物質による保存性の付与.嫌気性菌による臭いの付与	"*Corynebacterium*" 嫌気性菌 螺旋菌
しょっつる	マイワシ ハタハタ	原料魚に25〜30%の食塩を加え,1年以上仕込む.	食塩による防腐と自己消化による液化・呈味の生成	*Micrococcus* *Bacillus* その他の好塩菌
ふなずし	ニゴロブナ	塩蔵フナを塩出し後,米飯に1年以上漬け込む.	食塩による防腐(塩蔵中)と米飯の発酵による保存性と風味の付与(米飯漬け中)	乳酸菌 酵母
いわし糠漬け	マイワシ	塩蔵イワシを糠,麹などと共に1年以上漬け込む.	食塩による防腐と糠の発酵による保存性と風味の付与	乳酸菌 酵母

(2) 魚自体は糖質が少ないため,発酵基質として米飯や糠を用い,これに塩蔵しておいた魚を漬け込んだもので,馴れずし,糠漬けなど.この場合も保存性の付与が大きな目的と考えられる.

2 ▶ 発酵と腐敗は同じ現象

　水産発酵食品の中には,くさや,ふなずしのように,腐敗臭と似た臭気を持つものがあり,これを発酵食品と呼ぶことに疑問があるかもしれないので,まず発酵と腐敗の違いについて触れておきたい.

　食品を放置しておくと,微生物の作用で分解され,次第に外観やにおい,味などが変化し,最後には食べられなくなってしまう.このような現象を腐敗と呼んでいる.一方,発酵も食品成分が微生物の働きによって次第に分解していく現象である.

　腐敗は魚や肉などタンパク質食品で顕著であるが,それだけでなく,米飯や野菜,果実類などでもふつうにみられる.また原料が同じでも,蒸した大豆に

枯草菌を生やして納豆が作られる場合には発酵とよばれるが，煮豆を放っておいて枯草菌が生え，ネトやアンモニア臭がしたときは腐敗と呼ばれる．

ヨーグルトや酒のように糖類が分解されて乳酸やアルコールなどが生成されるような場合は発酵と呼ばれるが，牛乳に乳酸が蓄積して凝固したものはある時は腐敗（または変敗）と呼ばれる．乳酸菌は一般的に善玉菌としてのイメージが強いが，包装ハム・ソーセージなどでは変敗（ネト）原因菌ともなる．乳酸菌が清酒中で増殖した場合は火落ちといって腐敗を意味する．

これらの例からもわかるように，腐敗と発酵の区別は，食品や微生物の種類，生成物の違いなどによるのではなく，人の価値観に基づいて，微生物作用のうち人間生活に有用な場合を発酵，有害な場合を腐敗と呼んでいるのである．したがって，臭いの強いくさややふなずしなども，微生物作用が認められるのであれば，それが好きな人にとっては発酵食品であり，嫌いな人にとっては腐敗品に過ぎないということになる．

3 ▶ くさや

3-1. 塩の節約から生まれたくさや

くさやは主に新島，大島，八丈島などの伊豆諸島で作られている魚の干物の一種で，独特の臭気と風味を持ち，普通の干物よりも腐りにくいことが特色の一風変わった食べ物であり，主に関東地方で酒の肴として重宝されている．ただし，くさやが珍味として重宝されるようになったのは比較的最近のことで，明治の末頃には築地の魚市場ではくさやは普通の干物よりも安く取引されていたと言われている．

くさやがなぜ生まれたかについては次のように言われている．伊豆諸島は江戸時代初期には天領として塩年貢が課せられていたが，その取り立ては厳しく，塩は貴重品であった．塩の俵数が足らないということで釜頭が塩釜に身を投じて責任を取ったという言い伝えもあるほどである．近海でとれた魚を塩干魚にする際にも，やむなく同じ塩水を繰り返し使わざるを得なかった．そのうち魚の成分の溶け出した塩水は微生物の作用を受け独特の臭気を持つようになり，これに漬けて作られる製品も強い臭いを持つようになったであろう．それでも島では貴重な保存食品として定着していったと思われる．

3-2. 先祖伝来の汁に漬けて作られるくさや

くさやの原料には主にムロアジ，アオムロ，トビウオが用いられる．なるべ

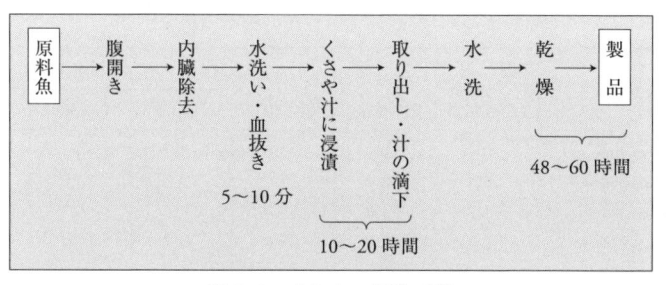

原料魚 → 腹開き → 内臓除去 → 水洗い・血抜き(5〜10分) → くさや汁に浸漬 → 取り出し・汁の滴下(10〜20時間) → 水洗 → 乾燥(48〜60時間) → 製品

図6-1　くさやの製造工程

表6-2　伊豆諸島のくさや汁の成分

	新島		大島		八丈島			
	M	N	O	P	A	B	C	I
pH	7.12	7.01	6.93	7.10	7.06	7.02	7.55	7.04
灰分(%)	2.7	4.0	3.1	3.9	9.5	12.3	10.7	9.6
水分(%)	95.7	94.3	93.3	93.5	86.3	86.4	86.7	85.3
食塩(%)	2.7	3.6	3.3	3.7	8.9	11.1	8.0	9.5
粗脂肪(%)	0.7	0.8	1.2	0.8	0.9	—	0.8	—
総窒素(mgN/100ml)	397	467	419	447	457	—	440	403
トリメチルアミン(mgN/100ml)	0	0	4.4	3.2	3.4	3.3	2.9	—
生菌数(10^7cfu/ml)	2.7	17	12	2.5	3.4	—	9.4	4.9

く新鮮で油の少ないものがよく，冷凍原料は好ましくない．くさやの製造法（図6-1）は基本的には普通の干物と同じで，異なる点はくさやでは塩水の代わりに独特のくさや汁を用いる点である．このくさや汁は同じ液が数百年にわたって繰り返し使用されているもので，粘性を有し，強い臭いのする茶色味を帯びた液である．一般に汁のボーメ（ボーメ比重計ではかった溶液の比重）6〜8度で，10〜20時間ほど浸漬される．

伊豆諸島のくさや汁の成分（表6-2）は，pH（中性），総窒素（0.40〜0.46gN/100ml），生菌数（10^7〜10^8/ml）などには島の間に大きな差異はみられないが，食塩濃度は八丈島のくさや汁では8.0〜11.1%であるのに対し，他島のものでは2.7〜5.5%と低い．生菌数は好気菌，嫌気菌とも1ml当たり10^7〜10^8である．また，魚の代表的な腐敗臭成分であるトリメチルアミンは新島のくさや汁からは検出されないという特徴がみられる．

表 6-3 伊豆諸島のくさや汁の細菌相組成（%）

細菌群	新　島	大　島	八丈島		三宅島	式根島
	M (144)*	O (107)	A (20)	I (40)	G (30)	L (26)
Corynebacterium	0	0	5.0	1.7	0	0
"*Corynebacterium*"**	56.8	56.4	15.0	3.3	80.0	57.7
Pseudomonas	36.7	21.8	15.0	56.6	6.7	19.2
Moraxella	2.2	7.9	65.0	38.3	13.3	23.1
Acinetobacter	0	0	0	0	0	0
Flavobacterium	0	2.0	0	0	0	0
Micrococcus	1.4	1.0	0	0	0	0
Staphylococcus	0.7	3.0	0	0	0	0
Streptococcus	0	5.9	0	0	0	0
Marinospirillum	2.2	0	0	0	0	0

*（　）内は分離株数．**寒天平板上でのコロニーが微小な菌群で暫定分類．

3-3. くさやのにおいと日持ちの良さは汁中の微生物の働き

くさや汁の細菌相（表 6-3）は島による違いもあるが，通常の培養条件では増殖が微弱な"*Corynebacterium*"（Simidu et al., 1969）や，顕微鏡下で活発に運動する螺旋菌（*Marinospirillum*: Satomi et al., 1998）が認められることは各島のくさや汁に共通する特徴である（藤井，1980b）．

くさやの臭いはくさや汁中の微生物に由来するが，その臭いは加工場によって異なり，3-5 で述べるような管理を怠った加工場のものでは刺激臭やどぶ臭が強く感じられる．くさや汁の臭気成分は，アンモニアのほか，酪酸，バレリアン酸などの有機酸や，揮発性イオウ化合物が重要である（藤井，1977）．くさやの味は格別だとよくいわれるが，それが何によっているのかについてはほとんどわかっていない．

島では古くからくさやは腐りにくいと言われている．このことを実験的に調べるために，同じ原料魚から，水分や塩分がほぼ同じくさやと塩干魚を試作して比較した結果（図 6-2）でも，不思議なことにくさやの方が倍近く日もちがよい（藤井，1980a）．

その原因として，くさや汁中には抗生物質を産生する"*Corynebacterium*"が 10^8/ml 存在しており，それに漬けて作られるくさやでは腐敗しにくいと考えられている（Simidu et al., 1969）．くさやの加工に従事している人は手に怪我をしても化膿しないと言われていることも，この考え方が正しいことを裏付けていて興味深い．

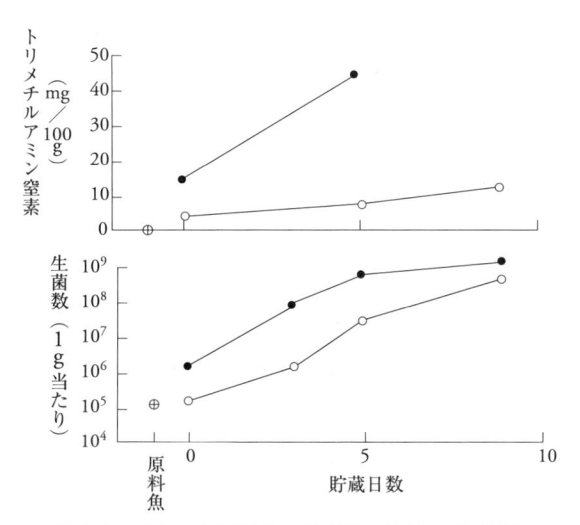

図 6-2 くさやと塩干魚の保存性の比較（20℃貯蔵）
○—○：くさや，●—●：塩干魚，⊕：原料魚．

くさや汁にはこれまで考えられていたより2～3桁程度高い菌数の，いわゆる VBNC（生きているが培養できない）細菌が存在することが最近分かってきたが，これらもくさやの製造に何らかの役割を果たしていると考えられる（Takahashi et al., 2002）．いずれのくさや汁にも存在する螺旋菌の意義についても興味がもたれるところである．

3-4. くさや汁の安全性

くさや汁は臭いや見かけが好ましくないため，食品衛生面での危惧がもたれるが，汁中からは大腸菌，腸炎ビブリオ，ブドウ球菌などの食品衛生上問題となる細菌は検出されず（表 6-4；Fujii et al., 1991），アレルギー様食中毒の原因物質であるヒスタミンのような腐敗産物もほとんど蓄積していない（佐藤ほか，1995）．またくさや汁にこれらの糞便汚染指標細菌や食中毒細菌を接種した実験においても，いずれの菌群とも増殖することは不可能であったことから，これらによる食中毒の心配はなく安全であるといえる（Fujii et al., 1990）．

3-5. 先人たちの知恵によるくさや作り

くさやについて不思議に思うことは，それが微生物の存在も知られていなかった頃から引き継がれてきた技法であるにもかかわらず，製造上のいろいろ

表6-4　くさや汁からの食品衛生細菌の検出（1ml 当たりの生菌数）

細菌群	採取時期			
	1987（9月）	1987（11月）	1988（9月）	1988（11月）
生菌数（BP$_3$G 培地）	6.2×10^7	2.0×10^8	1.1×10^8	―**
大腸菌群（DCA 培地）	ND*	ND	ND	ND
Staphylococcus aureus（MSA 培地）	ND	ND	ND	ND
Vibrio parahaemolyticus（TCBS 培地）	2.0×10^1	ND	ND	ND
Salmonella（DHL 培地）	ND	ND	ND	―
Proteus（DHL 培地）	ND	ND	ND	―

*ND：不検出　**―：測定せず．

な言い伝えや工夫が科学的にうまく説明できることである．

　例えば，加工場では，くさや汁を連続して使うと良いくさやができないと言われているが，これは連続して用いると汁中の有用微生物の比率が減少するためと説明できるのである．この有用菌はくさや汁をしばらく休ませると回復するため，加工場では汁を二分して一日交替で用いるようにしている．また，汁は数ヵ月間使わずにおくと死んでしまうといわれているが，これは長期間の放置中に他の微生物が増殖して，ふつうは中性付近にある液の pH も 8.5 付近にまで上昇してしまい，有用菌に不適当になるためであろう．さらに，汁をしばらく使わないときには時々魚の切身を入れるようにしているが，これは微生物に栄養を供給しているのであろう．汁の保管についても，温度や通気などに工夫がなされているが，このような経験的な知恵によってくさや汁の微生物管理が行われてきたものと考えられる．

　ある加工場で聞いた話であるが，くさや作りで最も大切なのは汁の管理であり，これは人任せにはできず，毎日赤子に産湯を使わせるときのような気持ちで行っているとのことで，そこに食べ物作りへの真心を見る思いがした．

4 ▶ 塩辛

4-1．自己消化によって味を醸成するのが本来の塩辛

　塩辛は魚介類の筋肉，内臓などに高濃度（一般に 10% 以上）の食塩を加えて腐敗を防ぎながら，その間に自己消化酵素の作用によって原料を消化して（アミノ酸などの呈味成分を増加させて）旨みを醸成させるのが本来の製造法である．塩辛にはイカの塩辛，カツオ内臓の塩辛（酒盗），ウニの塩辛，アユの内臓の塩辛（うるか），ナマコの塩辛（このわた），サケの内臓の塩辛（めふん）など多種類

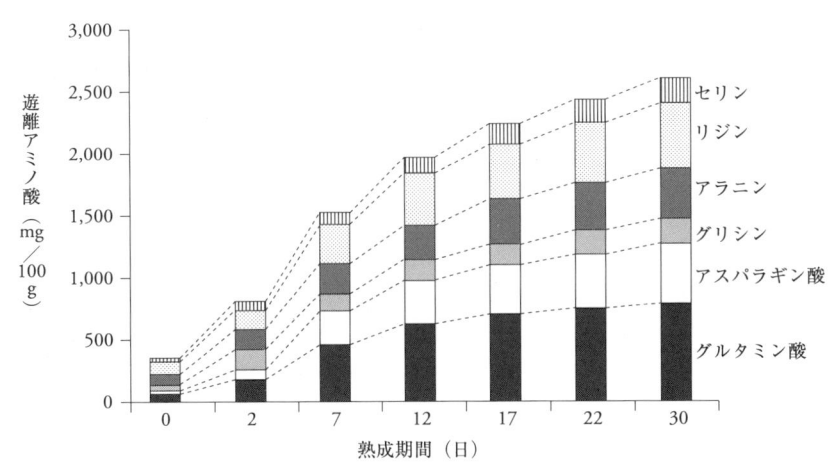

図 6-3 熟成中のイカ塩辛（食塩 10%，20℃）における主な遊離アミノ酸量の変化

のものがある．ここでは，最も生産量が多く，一般的なイカの塩辛について述べる．

作り方は比較的簡単で，まず，墨袋を破らないようにして，内臓，くちばし，軟甲などを除去し，頭脚肉と胴肉を分離して水洗する．十分に水切りした後，胴肉と頭脚肉を細切りして大型の樽に入れる．これに肝臓（皮を除いて破砕したもの）および食塩を加えてよく攪拌・混合する．食塩はふつう肉量の 10 数%である．肝臓の添加量は 3〜10% 程度である．毎日朝夕，十分に攪拌する．

細切肉は仕込み後，だんだんと生臭みがなくなり，肉質も柔軟性を増し，元の肉とは違った塩辛らしい味や香り，色調が増強され，また液汁は粘稠性を増すようになる．このように食品の風味やテクスチャーなどが時間とともにできあがってくることを一般に熟成と呼んでいる．熟成の速度は食塩濃度や温度によって異なる．

塩辛の熟成中には，アミノ酸，有機酸，揮発性塩基などが増加する．図 6-3（藤井，2001）は遊離アミノ酸量の変化を調べた例であるが，熟成中に急増していることがわかる．特にグルタミン酸，ロイシン，リジン，アスパラギン酸などの増加が著しく，例えばグルタミン酸は仕込み初期の 53mg/100g から食用適期には約 600〜700mg/100g と 10 倍以上に増えており，このような変化によって風味が形成されるので，塩辛の製造には熟成期間が必要となる（藤井ほか，1994）．10℃で熟成させた場合，食塩 10% では仕込み後 1〜2 週間で，食塩 13% では，仕込み後 1 ヵ月くらいで，食用に最適となる．

4-2. 塩辛中における食中毒菌・腐敗菌の挙動

　食中毒菌や腐敗菌の多くは伝統的塩辛の中では高い塩分のために増殖することができない．腸炎ビブリオは，2～3%程度の食塩存在下でよく増殖する好塩菌であるが，塩分が高くなると増殖が遅くなり，10%以上では増殖できない．本菌をイカ塩辛（食塩濃度10%，20℃）に10^6/g接種した実験でも，10日以内に10^2/g以下に減少した．その他の食中毒菌や腐敗細菌も塩辛のような高い塩分ではほとんど生えない（Wu et al., 1999）．

　食中毒菌のうち黄色ブドウ球菌（*Staphylococcus aureus*）は比較的塩分に強く，食塩10%以上でも増殖できる．しかし興味あることに，塩辛中では*Staphylococcus*属の細菌が多く存在するにもかかわらず，これと同属の黄色ブドウ球菌は全く検出されない．この原因にはイカ肝臓成分やトリメチルアミンオキシドが関与していると考えられている．イカ塩辛に黄色ブドウ球菌を10^5/gになるように接種しても，黄色ブドウ球菌は増殖せず，エンテロトキシンの産生も認められなかったという（西村・信濃，1991；山崎ほか，1992）．

4-3. 塩辛で発生した腸炎ビブリオ食中毒

　2007年9月に，宮城県内で製造された「いかの塩辛」で腸炎ビブリオによる食中毒が発生し，発症者合計は620名に達した．塩辛は昔は常温保存されていたにもかかわらず，食中毒が起こることはまずなかった．それではなぜ今回，塩辛で食中毒が発生したのであろうか．

　結論から言うと，今回の塩辛の食塩濃度は約2%であったという．これでは微生物の増殖抑制にはならない．食中毒の原因としては様々な「一般衛生管理事項」の不徹底が指摘されるが，最も重要な要因は塩辛の低塩化に伴う危害についての理解・問題意識が欠落していたことであろう．

　腸炎ビブリオは夏の沿岸海水に広く分布するので，原料イカには直接または間接的に（魚槽内での汚染，水揚げ時の洗浄，凍結原料では解凍時に海水を用いること，加工工程での二次汚染などによる）腸炎ビブリオ汚染の可能性がある．また加工工程の温度が高かったり，放置時間が長いとその間に増殖する．腸炎ビブリオは特に増殖速度が速いため，その後，低温保持を怠ると，比較的短時間でも菌数は急増することになる．従来の塩辛では，たとえ原料や加工工程で腸炎ビブリオの汚染や増殖があっても，仕込み後は食塩濃度が高いため増殖できず，逆に死滅することになる．しかし，低塩分塩辛では，塩辛自体の塩分濃度が増殖に好適であるため，要冷蔵で流通販売する必要があるが，数時間でも室温放置されると食中毒発症菌量（10g食べる場合で10^5～10^6/g）に達することにな

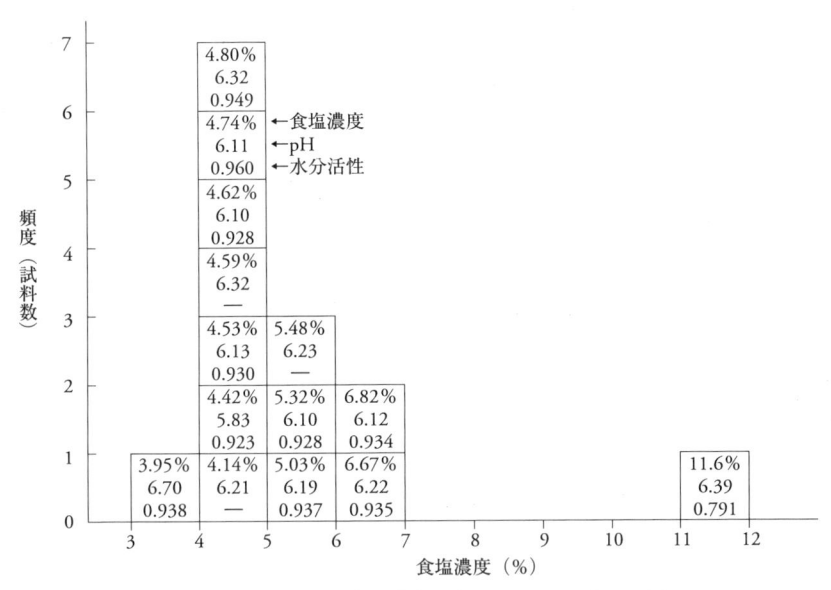

図中データ（頻度軸に沿って、食塩濃度・pH・水分活性の順）:

- 頻度7 (食塩4%台): 4.80% / 6.32 / 0.949
- 頻度6 (食塩4%台): 4.74% / 6.11 / 0.960 ←食塩濃度, ←pH, ←水分活性
- 頻度5 (食塩4%台): 4.62% / 6.10 / 0.928
- 頻度4 (食塩4%台): 4.59% / 6.32 / ―
- 頻度3: 4.53% / 6.13 / 0.930 ; 5.48% / 6.23 / ―
- 頻度2: 4.42% / 5.83 / 0.923 ; 5.32% / 6.10 / 0.928 ; 6.82% / 6.12 / 0.934
- 頻度1: 3.95% / 6.70 / 0.938 ; 4.14% / 6.21 / ― ; 5.03% / 6.19 / 0.937 ; 6.67% / 6.22 / 0.935 ; 11.6% / 6.39 / 0.791

縦軸: 頻度（試料数）　横軸: 食塩濃度（％）

図6-4　市販塩辛の食塩濃度分布（1988～1989年の試料）

る.

4-4. 急増している低塩分塩辛

1975年以降，食塩10％以上の伝統的塩辛は少なくなり，代わって塩分が3～7％程度の低塩分塩辛が主流となってきた．筆者が1988～89年に市販塩辛14試料の食塩濃度を調べた結果（図6-4）では，7試料が4％台で，10％以上のものは1試料のみであった（藤井ほか，1991）．

十数％の食塩によって腐敗を防ぎながら，自己消化酵素の作用を積極的に活用して原料を消化し，同時に微生物の働きも利用して特有の風味を醸成させたものが伝統的塩辛である．それでは食塩5％程度でもこれまでと同じように塩辛が作れるのであろうか．

低塩分塩辛の製造法が30年くらい前まで主流であった伝統的な方法と大きく異なる点を挙げると，①従来は10％以上であった用塩量が，低いものでは3～5％程度と，著しく減少したこと，②従来は筋肉に肝臓を混ぜて熟成していたが，低塩分塩辛では肝臓のみを熟成させて細切り肉に加えるか，または熟成せずに調味した肝臓を加えていること，③従来は約10～20日間であった熟成期間が数日に短縮したり，または全く熟成を行わなくなったこと，④調味や

表 6-5　伝統的塩辛と低塩分塩辛の比較

	伝統的塩辛	低塩分塩辛
食塩濃度	約 10〜20%	約 3〜7%
仕込期間	約 10〜20 日	約 0〜3 日
旨みの生成	自己消化によるアミノ酸等の生成	調味料による味付け
腐敗の防止	食塩による防腐	防腐剤・水分活性調整による防腐
保存性	高（常温貯蔵可）	低（要冷蔵）
製品の特徴	保存食品	和えもの風

防腐，離水防止などの目的で多種類の添加物（ソルビット，グルタミン酸ソーダ，グリシン，防腐剤，甘味料，麹など）が多量に用いられていることである．

上記 2 種類の塩辛の特徴を表 6-5 にまとめてみた．もともと塩辛に 10% 以上もの食塩を用いるのは，腐敗細菌の増殖を抑えるためであるが，低塩分塩辛では腐敗細菌の増殖を抑えきれないため，長期間の仕込みはできず，熟成（自己消化）による旨みの生成ができない．そのため，調味料で味付けし，また食塩添加以外の手段で保存性を維持する必要があるため，低温貯蔵の併用と pH・水分活性の調整，種々の添加物による保存性の付与などが行われる．製品は発酵食品というより和えものに近いといえる．

従来の塩辛と低塩分塩辛では製法や品質が全くと言っていいほど異なるのに，このような質的な違いについて，消費者や流通段階の人たちが承知しているかというと疑問である．事実，十数年前に都内の小売店を覗いてみたところ，さすがに大手のスーパーでは低温の陳列棚におかれていたが，町の食料品店では常温の棚に「要冷蔵」の塩辛を並べているところが何軒かあった．伝統塩辛と低塩分塩辛を共に同じく「塩辛」と呼んでいる点もメーカー・消費者・小売段階などでの混乱の原因となっているように思われる．したがって，低塩分塩辛は伝統塩辛と区別するために「調味塩辛」「低塩分塩辛」などと呼ぶようにしてはどうであろうか．

5 ▶ 魚醤油

5-1．大豆の代わりに魚のタンパク質から作られる醤油

魚醤油は魚介類を高濃度の食塩とともに 1〜数年間熟成させて製造される液体調味料で，わが国では秋田のしょっつる，能登のいしるが有名である．塩辛と魚醤油はともに，魚介類と食塩を主原料として作られる点は共通している．

表6-6 市販のしょっつるの成分と生菌数

成　分	F	H	I	J
pH	5.56	5.02	5.35	4.54
食塩（%）	26.2	28.9	28.8	30.4
総窒素（mgN/100ml）	301.3	406.4	1598	406.4
揮発性塩基窒素（mgN/100ml）	36.2	40.0	170.3	77.4
グルタミン酸（mg/100ml）	377.5	436.2	1081	572.0
乳酸（mg/100ml）	87.6	160.1	460.7	66.8
酢酸（mg/100ml）	33.2	＋	79.5	178.9
レブリン酸*（mg/100ml）	—	102.4	—	＋
生菌数（cfu/ml）				
2.5%食塩加培地	1.3×10^5	1.5×10^3	8.3×10^4	10以下
20%食塩加培地	5.9×10^5	9.6×10^3	2.0×10^3	10以下

*植物タンパクの酸分解時に生ずるアミノ酸で本醸造醤油，通常の魚醤油に含まれない．

食塩濃度や熟成期間などが異なるが，利用形態からみると，魚体が分解するまで熟成させて液化部分を用いるものが魚醤油，原料魚介の形を残しており，その固形部分を食用としたものが塩辛であるといえる．魚醤油は最近では，めんつゆやたれの隠し味としての需要が伸びている．

しょっつるの原料にはハタハタ，マイワシ，アジ，カタクチイワシ，小サバなどが用いられる．製造原理は普通の醤油と似ており，ともにタンパク質を分解してできるアミノ酸の味を調味料として用いている．異なる点は普通の醤油では大豆のタンパク質を麹の酵素で分解するのに対し，魚醤油では魚介類のタンパク質を自己消化酵素（魚介類自身の酵素）で分解する点である．

製造法の一例を示すと次のとおりである．原料魚に対し約20%量の食塩をまぶし，汁が浸出して脱水した魚体を1週間くらいの間に他の桶に移し，これに新たに塩をかけながら，煮沸濾過した先の浸出液を張り，重石をして漬け込む．1〜数年すると魚体は液化するので，これを汲み出して釜で煮込み，浮いた油を除いて麻袋で漉す．濾液を数日間放置して澱を除き，海砂で濾過後びん詰めして商品とする．

しょっつるは原料や製造法がかなり多様であると考えられ，その成分（表6-6）も，例えばpHが4.5〜5.7，総窒素が約300〜1600mgN/100ml，グルタミン酸が380〜1080mg/100ml，乳酸が67〜460mg/100mlというようにかなり異なる（藤井ほか，1992）．このような違いは製品の呈味や保存性にも大きく影響すると考えられる．

しょっつるの食塩濃度は30%前後で，醬油の17〜18%より遥かに高いが，味は魚醬油の方が濃く，塩分の割には，よく塩慣れがしており塩辛さを感じさせない．

しょっつるの呈味成分である遊離アミノ酸としては，グルタミン酸のほか，アラニン，バリン，ロイシン，フェニルアラニン，リジンなどが多い．有機酸も風味に重要であり，乳酸，酢酸などが多い（藤井・酒井，1984a）．

しょっつるからは *Bacillus, Micrococcus, Halobacterium, Tetragenococcus* などの細菌が検出されるが，今のところ熟成に対する微生物の役割は明確ではない（藤井・酒井，1984a）．魚醬油は熟成中の菌数が一般に少なく，その熟成は，塩辛の場合と同様，自己消化酵素によるところが大きいと考えられる．しかし熟成期間が長いこと，特に魚醬油の主産地である東南アジアでは年中気温が高いこと，また魚醬油中には20%以上の高塩分下でもよく増殖できる好塩細菌が存在することなどを考慮すると，アミノ酸生成以外の役割も含めて再検討の余地がある．

一方，腐敗への微生物の関与については明らかになっている．しょっつるは食塩濃度が高いため一般には長期保存の可能な調味料であるが，貯蔵中に白濁して悪臭を放つようになることがある．腐敗品では揮発性塩基窒素，トリメチルアミン，揮発酸などが正常品に比べて高く，生菌数も10^7〜10^8/mlに増加している．主要な腐敗菌は高度好塩細菌の *Halobacterium* である（藤井・酒井，1984b；1984c）．

5-2. 乳酸菌の抗菌性を利用した飛島の魚醬油

魚醬油中の微生物の役割に関連して，飛島（酒田市）のいか魚醬油について触れておきたい．この魚醬油はイカの肝臓を高濃度の食塩とともに漬け込んで1年以上熟成させて作られるもので，他の魚醬油のように調味料として使われることはほとんどなく，大部分がイカ，サザエなどの塩辛を作るためのタレとして用いられている．魚醬油の塩分は24〜25%，最終製品の塩辛の塩分濃度は14〜17%である．品質改良の目的で煮沸殺菌した魚醬油にイカ肉を漬け込んだところ，そのまま（非加熱）の魚醬油に漬け込んだ場合よりも早く腐ったという．そこで，その原因について調べたところ，非加熱の魚醬油中には抗菌性を示す乳酸菌が存在し，保存性に寄与していることが明らかとなった（図6-5）（Fujii et al., 1992）．飛島の魚醬油におけるこのような微生物の役割は，くさや汁におけるそれと似ていて興味深い．なおこの魚醬油中からは従来1属1種であった *Tetragenococcus* 属の新種として *T. muriaticus* が見出された（Satomi et

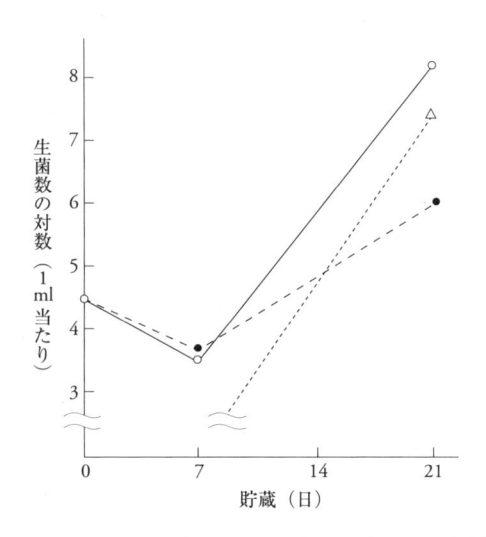

図 6-5 イカ肉漬け込み中の加熱・非加熱の魚醤油の生菌数
○：加熱魚醤油中の腐敗細菌
●：非加熱魚醤油中の腐敗細菌
△：非加熱魚醤油中の乳酸菌
非加熱魚醤油中では乳酸菌が増殖し，イカ肉の腐敗が抑制される．

al., 1997)．

6 ▶ ふなずし

6-1. ふなずしは馴れずしの先祖

　塩蔵した魚介類を米飯に漬け込み，その自然発酵によって生じた乳酸などの作用で保存性や酸味を付与した製品を馴れずしと総称しており，ふなずし，さば馴れずし，はたはたずし（いずし）など多種類の製品が知られている．
　これらのうち，ふなずしは滋賀県の特産品で，わが国に現存する馴れずしの中では最も古い形態を残していると考えられている．魚の貯蔵に当時貴重であったご飯を用いるという点でかなり贅沢な製品である．臭いが強烈であるにもかかわらず，平安時代には宮廷への献上品の記録の中にふなずしがみられることから，当時は珍重がられたことがうかがえる．その頃には，酪というヨーグルトに似た乳製品の記録もあることから，当時の人はこのような風味に馴れ

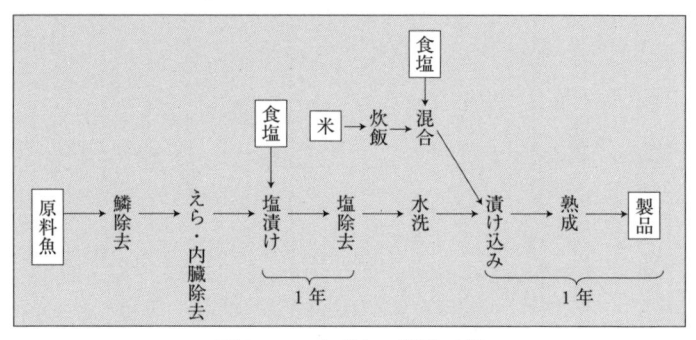

図 6-6　ふなずしの製造工程

ていたのかもしれない．

　東南アジア雲南地方の山岳盆地で魚の貯蔵法として生まれたものが，稲作とともにわが国に伝来したものといわれ，今も琵琶湖周辺では自家で作っているところや，魚店や漁師に漬け込んでもらったものを貯蔵している家庭も多い．県下には専門の加工業者も10軒近くある．

　製造法の一例を示すと図6-6の通りである．原料魚にはニゴロブナが用いられる．まず，包丁で鱗を取り除いたのち，えらを取り，そこから内臓を除去する．魚卵は体内に残したまま腹腔へ食塩を詰め込み，それを桶中に並べて食塩をかぶせ，何層にも重ねた状態で重石をして塩漬けする．約1年してから取り出し，塩を全部洗い出す．次に米飯に塩を混ぜ，子を潰さないように注意して，えら穴から魚の内部へ詰めたのち，桶に米飯と魚を交互に漬け込む．重石をして2日後くらいに塩水を張り，この状態で約1年間発酵・熟成させる．

　ふなずしの特徴は独特の風味にある．製品の分析例を示すと，pH3.7～4.2，食塩2.4～3.7％，揮発性塩基窒素6.3～24.5mgN/100g，有機酸は乳酸(0.9～1.8％)のほか，ギ酸，酢酸，プロピオン酸，酪酸などが検出される（藤井ほか，2008a）．

6-2．乳酸菌による微生物制御

　ふなずしの発酵・熟成過程における微生物の役割についてはまだ十分解明されていないが，最も重要な工程は米飯漬けであり，このあいだに風味と保存性が付与される．この工程における生菌数とpHの変化を図6-7（藤井，2001）に示す．この風味づけは主として，魚肉の自己消化によって生成される種々のエキス成分や，乳酸菌，嫌気性細菌，酵母などが生産する有機酸やアルコール

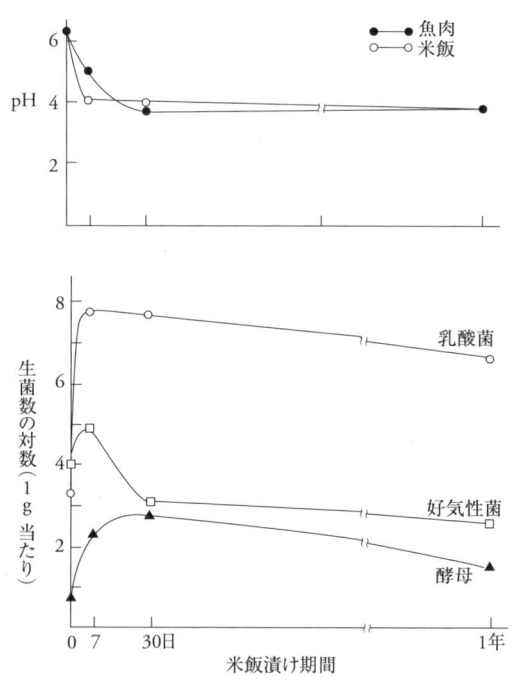

図 6-7 ふなずしの米飯漬け中の pH,生菌数の変化.

などによるもので,また生成された有機酸などの影響で pH が低下することにより,腐敗細菌の増殖が抑制されるため,同時に保存性も付与されることになる.したがってよい製品を作るためには,漬け込み後に急速かつ十分に発酵を行わせることが重要であるので,漬け込みは通常夏の土用に行われ,盛夏を越すようにしている.また,この発酵過程は嫌気性であるので,重石をして,さらに押し板の上を水で満たして気密を保つようにしている.ふなずしの熟成に関与する微生物として,*Lactobacillus plantarum, L. alimentarius, L. pentoaceticus, L. kefir, Streptococcus faecium, Pediococcus parvulus* などが分離される(藤井ほか,2008a, 2008b)が,このほか,培養困難な *L. acidotolerance* などの乳酸菌も存在することが知られている.

ふなずしの米飯漬けは嫌気的工程であるので,食品衛生の面で関心がもたれるのはボツリヌス中毒であるが,これまでふなずしでは発生していない.滋賀県内では 1973 年と 1989 年にボツリヌス中毒が発生しているが,これらの原因食品はともに短期熟成型の生馴れずし(ハスずし)で,ふなずしとは異なる.

ふなずしでボツリヌス中毒が発生しない理由としては，まず，長期間の塩蔵過程があるため，栄養細胞の汚染があっても死滅すること，また，生残した胞子は米飯漬け時に増殖する可能性があるが，胞子からの発芽・増殖には時間がかかるため，その前に乳酸菌が増殖し，急速にpHが低下し，増殖が抑制されるものと考えられる．食中毒防止の観点からも夏季に米飯漬けする意味が大きいといえる．

7 ▶ 魚の糠漬け

7-1. フグ卵巣も糠漬けにして食べる

魚の糠漬けはイワシ，ニシン，フグなどを塩蔵（または塩蔵後に乾燥）して，麹とともに糠に漬け込んで熟成させたものであり，主産地は石川県である．珍しい糠漬けにフグの卵巣を用いたものがある．原料の卵巣が有毒にもかかわらず，製品になった時には食用可能な状態になっている．最も一般的なものはいわし糠漬け（へしこ）であるが，ここでは食品衛生面から関心が高いフグ卵巣糠漬けについて述べることとする．

フグ卵巣糠漬けの製法は，まず卵巣を35～40％の食塩で撒き塩漬けにする．この塩漬けは夏を越すことが必要といわれており，約半年から1年程度塩蔵を行う．その後卵巣を水洗し，米麹，糠，トウガラシおよび魚の塩蔵汁（ボーメ20度くらいに薄めたもの）とともに重石をして漬け込む．さらに糠漬け初期に数回桶の上部から魚醤油を差す．卵巣の糠漬けには二夏を越すことが必要といわれている．

フグ卵巣糠漬けの塩分は約13％で，製造過程における変化を調べた結果によると，塩蔵期間中の乳酸は0.03～0.20％であるが，糠漬け中に0.13～0.69％になり，pHも塩蔵中の5.7～5.8から糠漬け後には5.1～5.4に低下する．この過程における主要な乳酸菌は好塩性の*Tetragenococcus*で，塩蔵中には10^3～10^5/g，糠漬け中には10^4～10^6/g程度存在する．糠漬けの熟成には北陸特有の高温多湿の夏を経ることが必要といわれている．

7-2. なぜか糠漬けではフグ毒が消える

フグ卵巣の糠漬けでは，なぜ製品中のフグ毒（テトロドトキシン）が食用可能な状態になるのであろうか．フグ卵巣糠漬けでは塩蔵時の食塩濃度が高く，漬け込み期間も長い．古くよりこれは毒消しのためであるといわれてきた．製造工程中の毒性変化を調べた例では，原料の卵巣の毒性は443MU/gと非常に高

表6-7 塩漬けおよび糠漬け中のマフグ卵巣の毒性変化

測定時期	試料数	毒性（MU/g）			総毒量 (MU)
		平均±S.D.	最低	最高	
塩漬け前	35	443±279	15	1,050	1.20×10^6
塩漬け後					
2ヵ月目	34	379±94	163	759	1.40×10^6
7ヵ月目	33	90±15	65	116	31.4×10^5
糠漬け					
1年目	32	28±5	17	38	1.16×10^5
2年目	12	14±2	11	18	—

いにもかかわらず，塩漬け7ヵ月後には90MU/gに，また糠漬け2年目には14MU/gにまで減毒されていた（表6-7：小沢，1986）．

このように糠漬け後の卵巣の毒量が原料の30分の1にまで減少する原因については，製造過程で毒が塩水および糠中に拡散して平均化することがいわれてきた．このことも原因の一つであろうが，その場合には総毒量（卵巣，塩蔵汁および糠中の毒量の合計）に大きな変化はないはずである．ところが，総毒量が糠漬け1年後にはもとの10分の1ほどに減っていることから，その他の原因も考えられる．発酵食品であるので当然微生物にもその期待がかかる．筆者らもフグ毒分解微生物がいるのではないかということで，①糠漬けより分離した各種微生物約200株をフグ毒添加培地に接種し，培地中の毒力が減少するかどうか，②加熱滅菌した糠漬け卵巣と非滅菌の糠漬け卵巣にフグ毒を添加して24週間貯蔵し，その間に毒力が減少するかどうか，など検討を行っているが，残念ながら微生物の関与は可能性が少ないように思われる（Kobayashi et al., 1999；2004；小林ほか，2003）．

それではなぜ毒が減るのかということになると，今のところよく分かっていない．しかし，テトロドトキシンにはいくつかの類縁体があり，これらは少しずつ化学構造がちがうだけであるが，類縁体の中には毒力がテトロドトキシンの数十分の1になるものもあるので，塩蔵や糠漬け中に，このようなわずかな構造変化が非生物学的に起これば毒力が低下することも考えられる．

8 ▶ 失われつつある伝統食品

8-1. 伝統食品を取り巻く環境

　上のいくつかの例でみてきたように，水産発酵食品でも，農産や畜産の発酵食品と同じように，巧みに微生物・酵素を利用していることがうかがえる．発酵食品に限らず，わが国に伝わる多くの伝統食品は先人たちが長年の試行錯誤を経て，その土地の産物や気候風土を上手に生かして作り出してきたものであり，いわば人間の英知の結晶とも言える．そこにはそれぞれに合理的な技や知恵が潜んでいることが多い．それにもかかわらず，近年，様々な理由によって，その技法や品質が変化してしまったり失われつつあるものが少なくない状況にある．

　伝統食品に類する食品の多くは，明治以降，第二次世界大戦までの間，製法や品質に大きな変化がないまま食されてきたが，それに次第に変化が見られるようになったのは戦後で，特に高度経済成長期といわれる時代になってからの変化が著しい．食品業界や消費者の伝統食品に対する関心が高まってきたのは1980年代になってからのことと思われるが，それは伝統食品に以下のような問題（藤井，2007）が見え始めた時代でもあり，この頃から社会的にも伝統食品に関する様々なイベントや出版企画などが多くなったように思える．

　1) 食生活の変化

　日常の食事を外食や中食（出来合いの惣菜，弁当など）に依存する度合いが高くなり，従来のような家庭での日常食の継承は難しくなり，食の大切さに対する意識も薄れてきた．食育の推進が求められるようになったのもこのような背景が関係してのことである．

　2) 機械化，量産化の影響

　飽食の時代といわれるなかで，変わった食品や珍しいものを求める消費者志向もあって，伝統食品という名を付した製品が広く流通するようになったが，その中には機械化や量産化に伴い，様々に改変され，昔と同じ名前で呼ばれていても，また見かけは似ていても，中身は全く別物というものが少なくない．その食品にとって肝心な技術が省略されていたり，昔の技法が完全に生かされていないためである．伝統食品は個性豊かなことが一つの特徴であるが，それもだんだんと薄れてきた．

　伝統食品の製造工程の機械化は，手作り時代の厳しい労働条件を改善したり，製品のコストダウンを図る面からは評価できるが，その際，製品の品質が手作り時代よりも低下しないことが前提となろう．残念ながら多くの場合，工

程の能率化が優先されて多少の中身の変化は見逃されがちである.

3) 製造原理の変化，簡便な加工食品の出現

塩辛や漬け物のような発酵食品では，高塩分や発酵による味・臭いを好まない消費者が多くなったために，発酵によらず調味料で味付けしてしまう場合がある．それも発酵の中身がわかっているものであればともかく，単に見かけの味だけを似せてしまうというようなものが増えている．

塩蔵品や干物のような製品は，低塩化，ソフト化によって作り方や品質が変わってきた．その背景には低温貯蔵など保存・流通技術の発展により，低塩分，多水分でも十分日持ちがするようになったことがある．しかし，多分これらの製品では塩蔵中や乾燥中に自己消化酵素が働いて呈味成分が生成されると思われるが，まだその生成機構が十分わかっていない段階で，製法を簡略化したり調味料に頼ることは安易である．時間や手間のかかる伝統食品では簡易製法のものと価格的に競争できるはずがない．

4) 国際貿易の増大

海外の原料を使って，海外で加工される食品が増えてきた．農薬・薬剤汚染された食品の輸入問題や，サルモネラ，病原大腸菌O157といった新興・再興感染症のような食品衛生面での問題もあるが，伝統食品にも大きな影響を与える．海外での加工の方がわが国で加工するより低コストなため，わが国の加工技術が廃れてしまうことになる．

5) 伝統技術保持者の高齢化

手作り時代の技術者の多くは明治，大正の生まれであるので相当高齢になっておられ，伝承技術の継続が風前の灯火といった食品も少なくない．

6) 粗悪品の流通

伝統食品のなかには，消費者はもちろんであるが，それを取り扱っている小売段階の人たちも，本物を知らずにいることがある．品質を落とした粗悪な製品を本物と誤解して伝統食品離れにならないとも限らない．

7) 原料資源の枯渇

伝統食品の中には原料となる資源の枯渇が著しいものもあるが，原料の特性を生かして作られてきた伝統食品にとっては致命的である．

8-2. 伝統食品研究会の設立と活動

放っておけばいずれは消えてしまう伝統食品を掘り起こし，その技術を科学的に解明し，保存し，ひいては現代の食品の改善に生かそうとの目的から，私たちは1982年4月に日本伝統食品研究会を設立した．

このような伝統食品の状況を危惧され，伝統食品研究会の設立を提唱されたのは志水　寛先生（京都大学農学部水産学科元教授）であるが，先生を研究会設立へ駆り立てたのは，1982年秋に宇和島市で見聞された昔のかまぼこを再現する会での経験であったという．昔の製法の伝承者によって再現されたかまぼこの作り方は，水さらしをせず，食塩以外は混ぜ物や水延ばしもせず，原料魚（エソ）をそっくりかまぼこに変えようというもので，色を白くし，足を強くするために水さらしが当たり前の現在の作り方とは基本的に異なっていたという．できた製品は色が黒く，足もそれほど強くないが，食してみると風味が抜群で，しかもそれを室温に放置しておいてもついに腐らなかったそうである（志水，1984）．

　この体験は相当衝撃的なもので，当時かまぼこ研究30余年の先生が「これがかまぼこというものだったのか」としみじみ思い直されたそうである．かまぼこ作りの理論もあらかた確立され，昔の職人が使えなかった魚も使いこなせるようになり，工程のほとんどが機械化され，また種々の新製品ができている．しかし，それで今の製品が手作り時代に比べてどれほどおいしくなっているかというと疑問だと思うと，素直な感想を述べておられる（志水，1984）．

　発足時の会員数は正会員62名，賛助会員11名であり，水産庁東海区水産研究所（現水産総合研究センター）で開催された「第1回伝統食品に関する講演会」には約150名が参加した．

　その後これまで，年2回の「伝統食品に関する講演会」（例会）の開催と会員の研究成果や講演会記録などを収録した会誌『伝統食品の研究』を刊行してきた．講演会は52回，会誌は34号になり，登録会員数は600名を超えている（2009年末現在）．

　これまでの研究会の主な事業を列記すると以下の通りである（藤井，2009）．

1)「伝統食品に関する講演会」の開催

　研究会ではこれまで「伝統食品に関する講演会」を毎年春と秋の2回開催してきた．特に秋の例会では，講演会のほか，各地の伝統食品の見学会や試作・試食会などを開催することが多かった．創立10周年には記念行事として「日本の伝統食品70選展」（農産，水産の代表的伝統食品の展示・試食会）を開催し，これら食品の『品目解説』を発行した．

2)『伝統食品の研究』の刊行

　研究会では，「伝統食品に関する講演会」の概要や，各地の伝統食品の調査・研究などの成果を記録にとどめるため，研究会の会誌として『伝統食品の研究』（B5判，各30～106頁）を発刊してきた．主な内容は講演会記録のほか，調査・

研究報告，解説，各地の伝統料理と伝統食品の紹介，会員のひろば（意見交換）などである．

　3）伝統食品の実態に関する調査

　各地に現存する伝統食品の実態を把握するため，1987年～1989年に，会員から推薦のあった各地の伝統食品のうち42品目について調査を行い，その概要（生産地，製品の特徴，生産の現状，調査した製造業者名など）を会誌に収録した．

　4）『日本の伝統食品事典』の刊行

　研究会では創立25周年を迎えるに当たって，わが国の伝統食品を集大成した『伝統食品の事典』（日本伝統食品研究会編，A5判，615頁）を，2007年10月に朝倉書店より刊行した．内容は，日本各地の伝統食品を幅広く取り上げ，その概要，製法，特徴，生産の現状を解説したものである．

　5）近畿支部の設立

　近畿地方に在住の会員を中心に近畿支部が設立され，その後，年1回（毎年1月）講演会，見学会，試食会などを開催している．

　6）ホームページの開設

　研究会のPRや会員への迅速な情報提供のため，2005年にホームページ（http://www9.plala.or.jp/dentou/）を開設した．

8-3. 伝統食品の保存・継承への道

　伝統食品を保存・継承していくためにまず重要なことは，伝統食品の意義を正しく理解することであろう．伝統食品を保存・継承するのは，そこに優れた工夫や知恵があり，相応の価値があるからである．生産者もそれを理解し，それによって一層愛着と誇りをもって食べ物作りに取り組むことが望まれる．また，伝統食品は日々の食事の中に生かされてこそ意味があるので，何よりも消費者の永続的な支援が必要であり，それには消費者が伝統食品の値打ちを正当に理解することが大切である．できれば社会的なバックアップを望みたい．そのためにも研究者には，よく知られていない食品について至急に調査研究を進め，その科学的意義を明らかにしていくことが求められよう．

　最後に伝統食品を保存・継承していくために望まれる条件を考えておきたい．まず生産者サイドにおいては高品質を維持する必要がある．そのためには，製品にもよるが，確実に良い原料が確保でき，工程や品質の管理が十分行き届く適正な生産の規模というものがありそうである．原料確保の観点からは伝統食品にとって環境保全の問題も重要な課題である．

　一方消費者においては，伝統食品についての知識が不十分で誤解をしたり，

不良品や変敗品の識別ができないようでは困る．伝統食品はローカルな背景を持つものが多いので，消費者がその伝統食品の特徴や優れた意味を理解できるに適当な規模の流通・消費であることが望ましい．その意味では1990年代から耳にするようになった地産地消の考え方とも共通する．食品の長距離・大量輸送は地球温暖化防止の観点からも見直す必要があろう．

また生産者，消費者双方の深い理解を求めるために，地域ごとに伝統食品についての正しい知識の普及や学校での教育なども積極的に行う必要があろう．食育推進活動の中でも伝統食品の意義については積極的に取り上げてもらいたい．当面，伝統食品はその価値を理解した生産者と消費者の意識的な共同作業によって守らざるを得ないと思われる．

このようなことを総合すると，伝統食品は，その値打ちを生産者だけでなく消費者も正しく理解して，地域ごとに食の生態系を確立し，地域産業として育成しつつ，日常の生活の中で保存・継承していくことが望まれる．言い換えると，生産者と消費者の信頼関係の上に，農場・漁場から食卓までの一貫したフードシステムを作り上げていくことになろう．

第2節　日本発　海藻発酵産業の創出

1 ▶ 海の新しい発酵分野を拓く

発酵技術は，大抵，長い歴史の中で自然発生的に発明されてきたものであり，その基盤的な部分はほとんど経験によって進化してきた．科学技術は，後追いしてその機構の一部について，合理性を解明してきたに過ぎないともいえる．21世紀を迎えた現在においても我々は，発酵産物の生産過程でカギとなる微生物の働きについてすべてを理解した訳ではなく，未だに多くの謎と新たな発展の可能性を残している．また，得られた発酵食品の健康機能性などの有用性に関しては，新しい知見が続々と見つかり，ますます注目が集まっている．発酵は，古くて新しい研究テーマだといえる．

発酵食品は，動物性のものと植物性のものとに分類することができる（図6-8）．動物性のものの代表は，乳を発酵させたヨーグルトやチーズで，植物性のものの代表は，大豆や穀類を発酵させた醤油，味噌，お酒などである．どちらかというと前者は牧畜文化圏の多い西洋で，後者は農耕文化圏の多いアジアで

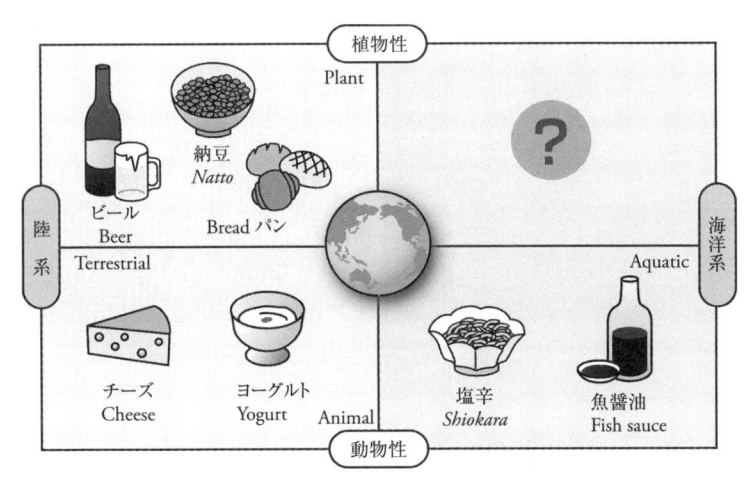

図 6-8　現在身の回りにある発酵食品の分類

普及が進んでいる．では，発酵食品を，陸性素材か，海洋性素材かという観点からみるとどうであろう．発酵食品の大多数は，陸性素材であり，海の発酵食品は，存在感に乏しい．魚醤油やくさやなど魚（動物）を素材とした水産発酵食品が日本や東南アジアにはある（本章第1節参照）が，海の植物性素材，すなわち海藻などの藻類を素材とした発酵食品は未だに見受けられない．このことから筆者は，「藻類発酵産業」，「海藻発酵産業」さらには「海洋発酵産業」といった言葉で表現される大きな産業領域が創出される可能性があると指摘している（内田，2002）．幸い日本は，四方を海に囲まれ，万葉の昔から海藻を食する習慣を有している．さらに，植物性素材を発酵させる技術にも秀でている．特に味噌，醤油，日本酒の製造過程で利用される麹による糖化技術は，東南アジア，中国，韓国，日本にかけての照葉樹林文化圏に見られるユニークな歴史的発明であり（佐々木，2007），特に日本において高度に進化している．海の植物性素材を対象とした新しい発酵技術と産業が生み出される土壌は，日本において最も整っているのである．

2 ▶ 海には未開拓の発酵パワーが眠っている

最近，筆者は地元広島の海で珍しい現象を見つけた．広島県はカキで有名である．冬から春先にかけて大量のカキが剥き身にされ，カキ殻も大量に発生する．カキ殻は，一度，海岸沿いの決められた場所に仮集積され，その後さらに

図 6-9 カキ殻が自然発酵して熱を発している写真

船で集められて一定期間海底に埋められ，微生物の働きによって有機物が分解されて綺麗になったのち，肥料や飼料として有効利用されている．ここにも，海の微生物の浄化作用という働きを上手に利用しているヒトの知恵がある．通勤途上の3月のある朝，そのカキ殻の仮集積場から，もくもくと煙が上がっているのを目撃した（図 6-9）．近寄ってみると，野積みにされたカキ殻の山の周辺に熱が発生し，焦げ臭さが充満していた．カキ殻に付着した貝柱などの有機物が基質となって，嫌気的条件下で微生物発酵が起こり，発熱して殻表面の水分が煙のような蒸気となって上がっているものと推察された．海においても微生物発酵が自然に起こりうることを示す貴重な事例である．海洋分野にも発酵パワーが眠っていて，ヒトによって利用されるのを待っているのである．ちなみに図 6-9 の写真をとるのにはかなり苦労した．最初にこの現象を見つけたとき，いったん研究所に出勤してからカメラを持参して，1時間後に仮集積場に再度いってみたが，あれほど出ていた煙がほとんど収まってしまっていた．それから毎朝，カメラを車に積んでシャッターチャンスを待ったが，しょぼい煙は時々発生したが，撮影に耐えうる迫力のある煙がなかなか再現されなかった．一ヵ月近く待ってやっと60点の出来で撮れたのが，図 6-9 である．前日にカキ殻が大量に積まれて嫌気的な状況が整うこと，潮汐の具合で殻が浸水し過ぎて冷却されないこと，朝方の外気温が低めで湯気が発生しやすいことなどの諸条件が整った3月から4月初旬にかけての冷え込んだ朝方だけに見られる風景である．

表 6-8 海藻の年間生産量と主要な糖質成分の発酵しやすさ

	植物の種類	年間生産量	主要な糖質	概算の含量%（乾重）	発酵しやすさ
陸上資源	トウモロコシ	70億 t*	デンプン	20	◎
	稲わら・籾殻	1300万 t**	セルロース	40	○
海洋資源	褐藻	96万 t***	アルギン酸	15〜30	×
	紅藻	104万 t***	ガラクタン	15〜45	△
	緑藻	0.6万 t***	セルロース	5〜10	○

*FAO, 2004, ウェブサイト；**農林水産省，2006, ウェブサイト；***大野編，2004 より（1994年度の乾燥重量生産量）．

3 ▶ 海で発酵が盛んにならなかった理由

ところで，海では，何故発酵産業が盛んに興らなかったのであろうか？　その理由として第1に考えられるのは，陸と海の植物が作る糖質の違いであろう．発酵の代表的なものとして，まず乳酸発酵とエタノール（アルコール）発酵が挙げられるが，どちらも糖質が基質となる．このとき，糖質であれば，どのような糖質でも発酵に利用されて乳酸やエタノールに変換される訳ではない．発酵基質として利用されうる代表的なものは，デンプン多糖や低分子のグルコース（ぶどう糖）やフルクトース（果糖）などの貯蔵糖系の糖質である．お米や芋やトウモロコシにはこれらがたくさん含まれている．一方，陸上でこれよりも量的に多く存在し，植物の体を形づくっているセルロースという構造多糖も，分解（糖化）さえしてしまえばグルコースに変換されるので，発酵基質としての利用が可能である．一方，海藻の場合はどうであろうか？　主成分が糖質であるという点は，陸上植物の場合と同じであるが，主成分はアルギン酸（褐藻類）やガラクタン（紅藻類）と呼ばれる発酵しにくい構造多糖である（表6-8）．海藻にもデンプンやセルロースが含まれているが，相対的な含量がそれほど高くなく海の糖質の主役ではない．樹木から蜜が染み出て自然に発酵してアルコールができるようなことも通常，海では観察されない．このようなことが関係して，昔から海では発酵産業が自然発生的に興らなかったのであろう．ちなみに産業がないと研究も進まない．水産分野では，すり身産業がタンパクの研究者を育て，さかなに脂質が大量に含まれていて品質劣化の原因になりや

すいことが脂質の研究を後押しした．一方，水産分野では発酵産業がないために糖質や糖質分解酵素に関する専門家はほとんどおらず，研究も少ない．海の新しい発酵産業を興すためには，産業化と糖質や糖質分解酵素の研究が両輪となって噛み合っていかなければならない．

4 ▶ 初めの一歩，世界初の海藻の発酵技術

　筆者は，これまでに海藻を乳酸発酵させる技術を初めて開発し，得られる乳酸発酵産物の製品化に取り組んでいる (Uchida and Murata, 2004)．しかし，最初から図6-8のようなことを思い浮かべ，海藻の発酵技術の開発に取り組んだ訳ではない．研究は，偶然の幸運から始まった．当初，研究室で，アサリ漁場などで増え過ぎて困っているアオサという海藻を有効利用する目的で，藻体を海洋細菌や酵素で分解処理して単細胞化し，二枚貝幼生の餌として利用できないか検討していた．言ってみれば，海藻を原料として，人工のデトライタス餌料あるいは魚介類の離乳食を開発しようとしていたわけだ．酵素処理した藻体が余ったので，とりあえず冷蔵庫に入れておいたのだが，そのまま一年以上も忘れてしまった．ある日，それに気が付き，容器の蓋を開けて流しに捨てて片付けようとした一瞬，腐って臭いかなー？　という研究者の好奇心が頭によぎった．無意識に鼻を寄せて嗅いでみたところ，予想に反して，ワインのようなフルーティーな香りがして驚いた（図6-10）．即座に，何らかの発酵現象が起こっていると直感した．よく考えれば海藻の発酵産物なんて聞いたことがない．それまでに海藻酒という言葉は聞いたことがあったが，調べてみるとアルコールに海藻を漬け込んで風味付けに使用した程度の話であった．早速，このアオサが発酵した試料の中の微生物相を調べたところ，1種類の乳酸菌と2種類の酵母の3種類が優占していることがわかった（図6-11a～c）．

　これら3種類の微生物を純粋培養して，市販のセルラーゼという酵素とともに新しい海藻藻体に添加すると，しばらくしてまた良い香りがして発酵が再現されることが観察され，発酵種（スターター）として使用できることがわかった．さらに分離した菌株の遺伝子解析を行った結果，乳酸菌は，ラクトバチルス　ブレビス（*Lactobacillus brevis*），酵母のうちの一株はデバリオマイセス　ハンセニー（*Debaryomyces hansenii*）という海洋酵母，もう一株はキャンディダ　ゼイラノイデス（*Candida zeylanoides*）に近縁な新種の株であることがわかった．微生物的には，それほど新しい種類ではなかったので，少しがっかりしたが，応用的見地からいうと，既知種の方が，安全性の証明という大きな問題が生じな

図 6-10　冷蔵庫内に 17 ヵ月放置されて偶然，発酵したアオサ試料

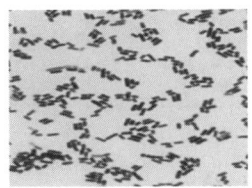

a：乳酸菌 *Lactobacillus brevis*　　b：酵母 *Debaryomyces hansenii*　　c：酵母 *Candida zeylanoides* 近縁種

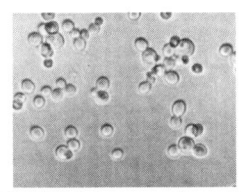

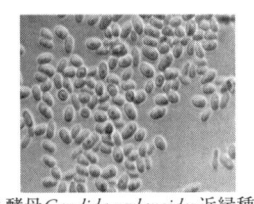

図 6-11　アオサ発酵試料から分離された微生物たちの写真（Uchida and Murata, 2004）

いので好都合と考えられた．試行錯誤を重ね，結局，①セルラーゼによる糖化作用，②発酵種としての乳酸菌や酵母の添加，③腐敗菌の生育を抑制する効果の認められた食塩の添加の三つの要素を組み合わせることで海藻を発酵させる技術が作られた（図 6-12）．この方法を適用すればどのような海藻からでも乳酸発酵とエタノール発酵の両方もしくはどちらかが起こることが確認された（表 6-9）．発酵産物である乳酸やエタノールの量を比べると，顕花植物＞緑藻＞紅藻＞褐藻の順に発酵しやすい傾向が認められた．浅場に生育する海藻ほど発酵しやすい糖質を多く含んでいる傾向があるとも換言できる．浅場の海藻ほど，多くの光エネルギーを受け取ることができるので，光合成によって糖という形でより多くのエネルギーを貯め込んでいるということであろうか．

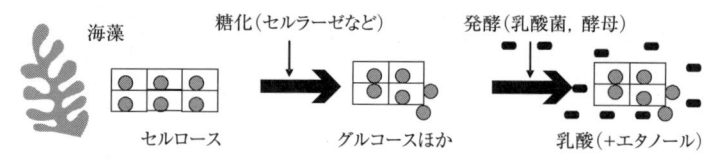

図 6-12　海藻を発酵させる方法（Uchida and Murata, 2004）

表 6-9　各種海藻にセルラーゼと微生物スターターを添加して発酵させた結果

海藻		分類	発酵産物 (g/100ml)	
			乳酸	エタノール
スギノリ	*Chondracanthus tenellus*	紅藻類	+ (0.25)	+ (0.18)
オゴノリ	*Gracilaria vermiculophyra*		+ (0.31)	+ (0.23)
イバラノリ	*Hypnea charoides*		+ (0.22)	+ (0.16)
シキンノリ	*Chondracanthus charoides*		+ (0.16)	+ (0.18)
オバクサ	*Chondracanthus teedii*		+ (0.12)	+ (0.08)
キントキ	*Prionitis angusta*		+ (0.25)	+ (0.17)
ヒトツマツ	*Prionitis divaricata*		+ (0.25)	+ (0.41)
オオブサ	*Gelidium linoides*		+ (0.18)	+ (0.12)
ミゾオゴノリ	*Gracilaria incurvata*		+ (0.25)	+ (0.12)
ウミウチワ	*Padina arborescens*	褐藻類	− (<0.01)	+ (0.08)
オオバモク	*Sargassum ringgoldianum*		± (0.01)	+ (0.04)
ヒジキ	*Hizikia fusiformis*		± (0.01)	+ (0.24)
イシゲ	*Ishige okamurae*		± (0.01)	+ (0.10)
フクリンアミジ	*Dilophus okamurae*		± (0.02)	+ (0.04)
アラメ	*Eisenia bicyclis*		± (0.02)	+ (0.03)
ワカメ	*Undaria pinnatifida*		+ (0.23)	+ (0.38)
茎ワカメ	*Undaria pinnatifida*		+ (0.25)	+ (0.12)
マコンブ	*Laminaria japonica*		+ (0.16)	+ (0.15)
アオサ（横浜産1）	*Ulva* sp.	緑藻類	+ (0.76)	+ (0.16)
アオサ（横浜産2）	*Ulva* sp.		+ (0.45)	+ (0.41)
アマモ	*Zostera marina*	顕花植物	+ (1.14)	+ (0.26)

培養液組成：0.5g海藻粉末（1mmメッシュ通過），0.1gセルラーゼR-10，9ml滅菌3.5% NaCl水．分離3株（B5201株，Y5201株，Y5206株）の菌体懸濁液（濃度 OD=1）を 0.05mlずつ接種．
培養条件：20℃，5rpm，密栓，7日間．

5 ▶ 海藻の細胞化に着目してエサとして利用する試み

　植物素材をセルラーゼで糖化して乳酸菌や酵母で発酵させることは，陸上の発酵分野ではよく使われる方法であり，実は全然新しくない．結果的には，コロンブスの卵的な発見といえる．しかし，海藻を材料として発酵させてみると，実際にやって見なければわからない新発見がいろいろと出てくる．例えば，表6-8でいろいろな海藻を発酵させた際，ワカメの藻体組織が効率よく単細胞化されてしまうことが観察された（図6-13a, Uchida and Murata, 2002）．この単細胞化産物は室温下で18ヵ月以上も保存可能である（図6-13b〜e）．ワカメの藻体を構成している主要な糖質はアルギン酸であるので，アルギン酸リアーゼ（アルギン酸を分解する酵素）の使用なしに単細胞化するとは予想し難い．また実際のところ，他の褐藻の例では，単細胞化は全く観察されていないので，このようなことは予測不可能な知見であった．海藻が単細胞化して直径が10μm程度の微小で均一な粒子になるといろいろな使い道が考えられる．筆者はすでに，マコンブやアオサの藻体を好気性の従属栄養細菌である海洋細菌 *Pseudoalteromonas atlantica* AR06株で分解させることで，単細胞化する技術を開発していた（図6-14, Uchida 1996）．この人工的に調製した海藻デトリタス粒子は，アルテミアの餌料として有効であることを確認しており（Uchida et al., 1997），海藻を単細胞化してさえやれば，懸濁物フィーダーの餌として，ある程度機能することがすでに確かめられていた（図6-15）．しかし，この人工デトリタス餌料は，単細胞化効率の低さ（単細胞化産物が少量しか得られないこと）と保存性の悪さ（冷蔵庫に保存していても，粒径10μm前後の餌として有効な画分が目減りしてしまうこと）が問題となって実用化までには至らなかった．しかし，ワカメをセルラーゼ処理して得られる人工デトリタスは，単細胞化効率が非常に高く，また同時に起こる乳酸発酵によりpH値が酸性になって，発酵産物は常温下で長期保存が可能であるため使いやすい．このような理由で，海藻の発酵素材は，まず微細藻を代替する水産餌料として利用できないかという検討が行われた．

　ワカメの単細胞化発酵産物（マリンサイレージ：MS）の飼料効果をアコヤガイ稚貝を対象にして評価した結果，MS単独給餌ではそれほど高い飼料効果を示さないが，少量の微細藻類と併用して給餌することで，良い餌料の代表とみなされるキートセロス給餌の75.8％相当に達する殻成長効果が得られた（表6-10, Uchida et al., 2004）．海藻と微細藻の栄養成分を比較した場合，一般に，海藻は細胞間多糖を多く含むため，糖質含量が高く，粗タンパク含量や脂質

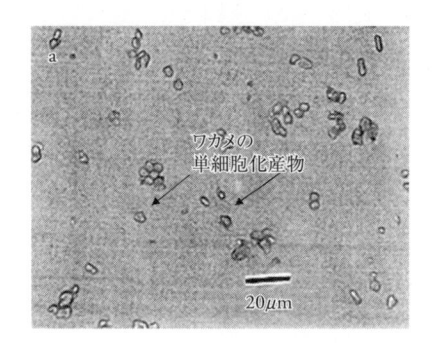

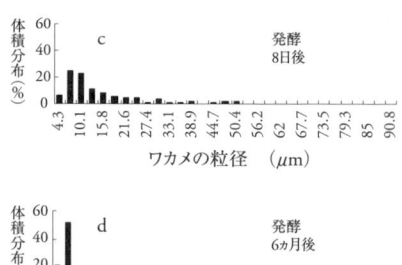

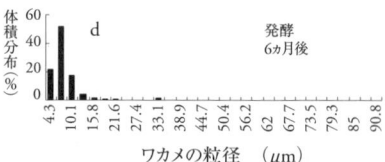

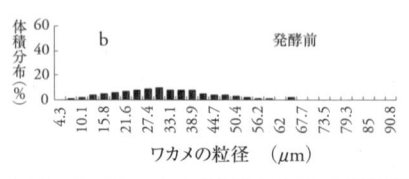

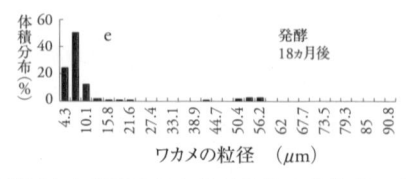

図 6-13　ワカメの単細胞化産物の顕微鏡写真 (a) と保存中における粒径の変化 (b〜e) (Uchida and Murata 2002)

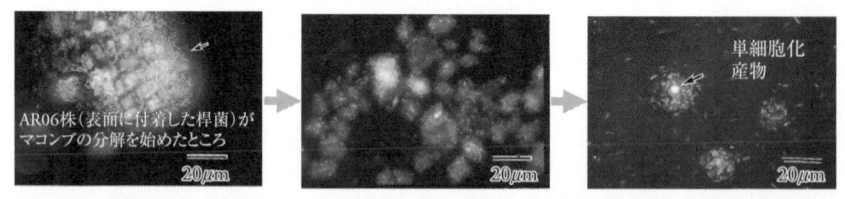

図 6-14　海洋細菌 *Pseudoalteromonas atlantica* AR06 株の分解作用によって産生されたマコンブの単細胞化産物．表面に細菌細胞（矢印）が濃密に付着している (Uchida, 1996).

含量が低いという特徴がある．ワカメから調整した MS の場合，粗タンパク含量は約 34% と比較的高いレベルであるのに対し，脂質成分が約 3% しかなく，栄養的価値を制限している可能性が高いと考えられた．キートセロスを少量併用することで飼料効果が大きく改善されたのは，制限因子となっている脂質成分などの栄養が補われたためだろうと推察している．したがって，併用給餌することで，種苗生産の現場で微細藻類飼料の使用量を少なくしたり，飼料供給を安定化させたりする目的で MS を使用することが考えられる．一方，MS の別の使い方として海岸に漂着している海藻から粗放的に MS を調製して，その海域にそのまま戻し，天然の懸濁物フィーダーのエサとして機能させることで，

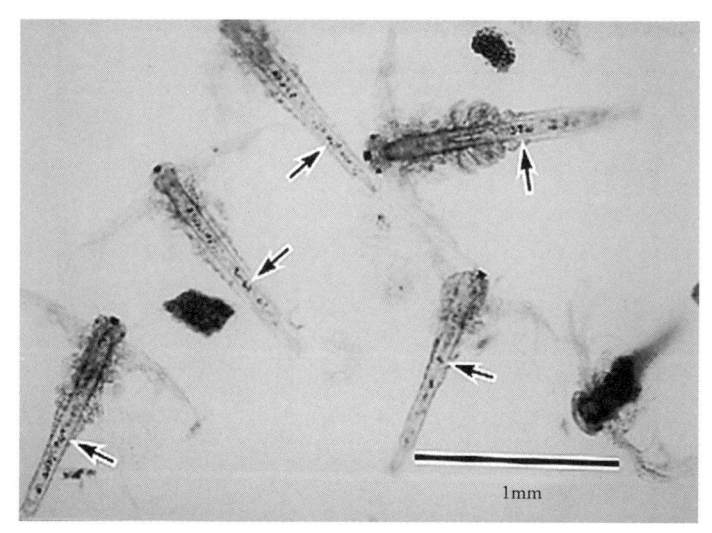

図6-15 マコンブの単細胞化産物を捕食して大きく成長したアルテミア
（Uchida et al., 1997）

表6-10 アコヤガイ稚貝に対する給餌試験の結果

試験区	給餌濃度 （細胞/mL）	殻成長率 （平均* ± SE, μm/日）		（％）
無給餌	0	-10 ± 14	c	0.0
キートセロス（CC）	3×10^4	168 ± 33	a	100.0
1/10CC	3×10^3	11 ± 10	bc	11.8
単細胞化・乳酸発酵ワカメ（MS）	2×10^4	23 ± 13	b	18.5
MS + 1/10CC	2×10^4 (MS) $+ 3 \times 10^3$ (CC)	125 ± 13	a	75.8

*生残した稚貝の平均値．上付英文字は，有意差を示す（P < 0.05）．
（Uchida et al., 2004）

最終的に生物資源の生産力増大を図ることを考えるのも面白い（口絵21）．このやり方は，従来の栽培増養殖と考え方の点で大きな違いがある．従来の栽培増養殖では，実は最初にどういう魚種や貝を育てようかということが決められ，次にそのエサを調達することを考える．すなわち食物連鎖の頂点の種を最初に決めてとりかかることになる．それに対して前述のマリンサイレージ方式では，最初に利用すべき対象として漂着海藻すなわち1次生産が決められ，それを如何に効率的に食物連鎖網の高次に結び付けていくかを考えることになり全く逆

図 6-16 浜名湖のアオサの利用を目的に静岡県浜松市白州町に設置されたマリンサイロの試験機

である（口絵 22）．従来型のやり方では，経済的価値が高く消費者ニーズの多い魚介類に焦点を絞って収穫を見込めるという長所がある反面，それが環境にフィットしない場合には，いささか強引となり環境への負荷が大きく，残餌による漁場の劣化や生態系の破壊に結びつくなどの諸問題が起こりうる．マリンサイレージ方式のやり方の特徴は，その逆で，経済的なメリット追求の要素が弱まる反面，環境に調和的な要素が強くなる．このようなアイデアの有効性を検証するには，平行して実証規模での海藻発酵装置（マリンサイロ）の開発も必要となる．そこで水産総合研究センター，浜名湖アオサ利用協議会，民間企業 2 社の 4 者の協力により，2005 年に 300L 規模の発酵タンクを 2 個装備するマリンサイロが設計され，毎年アオサが大量発生する浜名湖の湖畔においてアオサの有効利用を目指して発酵条件の検討が行われた（図 6-16）．

海藻の発酵産物を，ペレット型飼料に配合する形で使用したらどうなるであろうか？　価格の安いエクロニアという海藻の乳酸発酵物を 10 ％配合した飼料を与えられたマダイ稚魚は，イリドウイルスを人工的に感作させても，生残率が高いことが認められた（図 6-17，ニューフード・クリエーション技術研究組合，2005）．海藻発酵物を配合すると摂餌量も増加する傾向があり，魚に好んで食されると考えられた．海藻の発酵素材を水産飼料として利用することで，病気にかかりにくい健康な魚を育てることができ，食の安全・安心に貢献すると期待される．

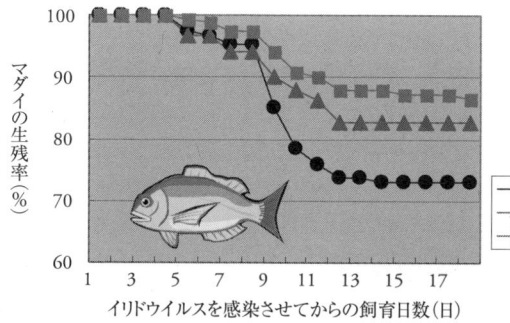

図6-17 マダイ稚魚のイリドウイルス感作試験（ニューフード・クリエーション技術研究組合，2005）

6 ▶ 海藻発酵素材を食品として利用する試み

　海藻の乳酸発酵産物は，飼料素材としてだけでなく，食品素材としての利用も大きく期待される．陸上の植物性素材を乳酸発酵させたものが，醤油や味噌であるから，海藻を乳酸発酵させることで，醤油や味噌に類するものが得られてもおかしくない．実際に海藻を乳酸発酵させて試食してみると，全般的に陸上作物を乳酸発酵させたものより，味が薄いという傾向がある．また乳酸発酵させてpH値が下がるのでクロロフィルが壊れて，緑色の色彩が失われて全般的に食欲をそそらない色に変化するということが，食品として仕上げる場合の大きな問題となっている．しかし，海苔やコンブなど一部の海藻では，そこそこの完成度のものができてくる．例えば，海苔を原料にして乳酸発酵させて得た醤油は，赤紫色をしていて，色彩的にもおもしろい（図6-18）．製品化の暁には，「海苔醤油」とか「海藻醤油」とかの名称でもいいが，「海賊醤油」なんていう名称はどうだろう．遊び心がなければ，おもしろいものは作れないし，冒険心がなければ，新しいものは創れない．現在の常識にとらわれていたら，千年経っても海藻は，生で食べるか煮て食べるかしかないであろう．

　海藻の乳酸発酵食品素材には，健康機能性の期待も大きい．ラットに対する食餌試験では，ワカメの発酵産物を餌に10%配合することで，肝臓中のトリアシルグリセロール（中性脂肪）値が下がるなど，脂質代謝改善作用が認められている（図6-19）．「海藻」という素材も「乳酸発酵」という加工手段も，一般に「健康」に貢献するものという安心感がある．今後，健康機能性の評価試験がなされていけば，海藻発酵素材の潜在的パワーがますます明らかとなって

図 6-18　海苔を乳酸発酵させて得られた醤油「海賊醤油」

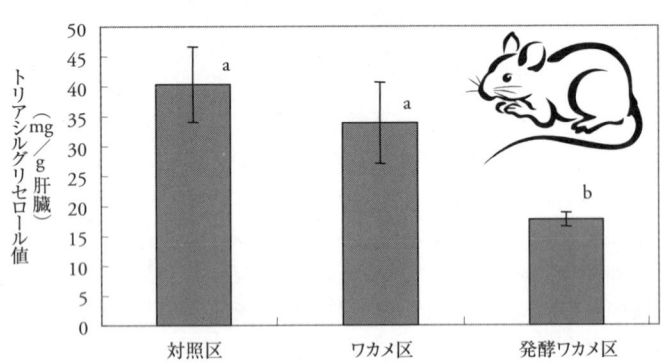

図 6-19　ワカメを 10％含む餌で 3 週間飼育したラットの肝臓中トリアシルグリセロール値（P＜0.05）

いくであろう．

7 ▶ 海藻を発酵させる技術を拓く

　海藻の発酵産物の中で，最初に方法が開発された乳酸発酵産物に焦点を当てて，水産飼料や食品として実用化への検討がなされていることを述べた．これ以外にも，農業肥料，畜産飼料，化粧品など幅広い分野への利用が期待されて

いる．しかし，そのためには，まだまだこれから海藻の発酵技術のバリエーションを拡げていかなくてはならないと考えている．例えば，現在海藻を発酵させるために使用しているラクトバチルス　カゼイ菌などの通常の乳酸菌は，塩分濃度が5%を超えると生育ができない．そのため塩分濃度が15%以上の条件下で通常製造される醤油を海藻を原料として開発しようとした場合，塩分濃度が15%以上でも生育できるような好塩性の乳酸菌スターターの開発が必要となる．最近，筆者らは海苔を塩分濃度15%で漬け込んだ発酵試料から好塩性の海藻発酵乳酸菌の分離に成功している．ここで分離された菌が，大豆醤油や魚醤油の製造に使用されている好塩菌と同じ仲間の菌種であるかどうか，今後の解析結果が待たれる．また海の中で最も多い糖質の一つとみなされるアルギン酸（褐藻多糖）やガラクタン（紅藻多糖）などを発酵させる技術の開発もバイオマス資源の有効利用の観点から重要である．

　エネルギーを得る目的で海藻を発酵させる研究も，段々と注目を浴びてきている．特に2005年頃から，日本国内では，海藻からバイオエタノールを作れないかということに興味が集まった．海藻からバイオ燃料を得る可能性について考える場合には，経済コストからの評価とエネルギーコストからの評価を区別して論じる必要があり，特に後者の観点からの評価は，必須である．わかり易く言えば，海藻を発酵させて得られたエタノールから得られるエネルギー量が，それを得るために必要としたエネルギー量よりも大きくなければならないが，トウモロコシからエタノールを製造している事例と比較した場合に，全体としてかなり難しいという印象は否めない．その主な理由として，海藻はトウモロコシと比べて水分含量が高いということと，デンプンなどの糖質含量が低くエタノール収量が少ないということが挙げられる．一方，経済コストからの評価でも，現時点では難しいという見通しになるが，今後は原油の高騰も予想されるため，コスト面でのギャップは小さくなる可能性がある．特に，燃料向けとしてバイオエタノールを製造するのではなく，飲料向けとして製造するのであれば，エタノール単価は10倍高くても良いという計算になり，採算がとれるレベルにある．

　2008年に韓国の研究者が，紅藻類に大量に含まれる寒天を酸で糖化してガラクトースを生成させ，続いて酵母で発酵させることにより，高い効率でエタノールを製造できることを示した（Kim, 2008）．これにより海藻から得られるエタノールの収量見込みが大きく改善し，濃度的にも3〜5%程度のものができていると推察される．蒸留処理を加えればエタノール濃度は簡単に高められるので，海藻から焼酎を造ることが可能であることが示されたにほとんど等し

いといってよいだろう．酵母がガラクトースを基質としてエタノールを生産できることは，陸上の発酵分野の研究者にはよく知られていたが，水産分野の研究者にとっては常識ではなかった．逆に，紅藻類に寒天が大量に含まれていることや，寒天の主要な構成糖がガラクトースであることを知っていたのは，一部の水産分野の研究者に限られていた．情報を共有していなかったというほんの少しの理由により，海藻からのエタノール収量はきわめて低いと一般に考えられていた．この事例は，海の発酵分野が如何に未開拓であるかをよく示しており，ほんの少しの取り組みで新しい大きな成果が得られる可能性があることを示している．海藻から醤油や味噌やお酒が造られる日がくるのは，それほど遠くないかもしれない．

第3節　水産物の自給を阻害する社会経済的諸要因

1 ▶ はじめに

　日本の食料自給率が低く，食料の安全保障や安全・安心への危惧などから改善が求められている．しかし，生産と供給を増やせば解決するという問題ではないことは，皆うすうすは感じているのではないだろうか．本稿では，水産物について，その自給を阻害する要因を検討してみたい．

　そのため，水産物の自給率の低下が進んできた経過をみるとともに，水産業に求められてきた「安定供給」という指向性の再検討，また，縦割行政の影響から「水揚げすれば終わり」という視野の狭さが「価格決定権」を失う背景にあったことなどを考察する．さらに，国民の食嗜好の変化と「安全・安心」に対する勘違いや，「地産地消」という活性化策がはまり込む問題点について検討する．その上で，町中の魚屋さんが少なくなったと嘆く消費者の声を再考のきっかけとして，食文化の地域性や世代間の差異を生かした食文化形成の可能性について言及したい．

2 ▶ 筆者の経験と視点

　「イカナゴのくぎ煮」という食べものをご存じだろうか．イカナゴは多獲性魚種の一つではあるが，大衆魚というラベルを張られることは少ない．コウ

ナゴとかオオナゴ，メロードなど地域によって様々に呼ばれるが，「かますご」という呼称もある．煮干しにして，「かます」という藁で編んだ袋に詰められて出荷されたことから「かますご」と呼ばれるが，農業向けの肥料として用いられてきた．かつてのニシンやイワシと同じ扱いをされたものだ．

　このイカナゴは瀬戸内海でもたくさんとれるもので，「魚島」を形成し，「アビ漁」など瀬戸内海の風物詩を支えてきた．瀬戸の砂地に生息し，群れてマダイやサワラなど高級魚を呼び寄せる役割をしていたものだ．やがて，肥料が化学肥料に置き換わり，その需要がなくなってからは袋待ち網（込ませ網）や船曳網漁で漁獲され，そのほとんどが冷凍ブロックにされてハマチやタイの養殖場に送られた．昭和50年代には1kg50円程度の大漁貧乏魚種として，しかし漁村の生活の糧として利用されてきた．

　この「かますご」の質の良いものは乾物食品としても提供され，一部に根強いファンを持っている．火であぶって脂が浮きだす頃に二杯酢やポン酢で食す．食料難の時代には貴重なタンパク源でもあった．

　筆者は，明石市にある林崎漁協に1983年に就職したが，5月から6月はこのイカナゴの水揚げが続き，朝から晩まで漁港での重労働を経験した．疲れきるまで働いても，単価が安いためさほどの収入にはつながらない．楽しみと言えば，シーズン初めは鮮度の良いイカナゴを選んでおかずにすることだったが，十日もたてばにおいが鼻について飽きてしまった．代わって，コウイカ類やカワハギなどの混獲物をスタッフと分け合うのが関の山だった．

　折から，瀬戸内海では土木建築資材向けの海砂採取が続き，イカナゴは住処を奪われて激減してきた．これまでの大量漁獲が望めなくなると，船曳網漁は廃れざるを得ない．そこで，餌用に仕向けられてきたイカナゴを食用に向けられないかと模索を始めた．当時の漁協婦人部に相談すると，イカナゴは「くぎ煮」という漁村で伝えられてきた食べ方があるという．試してみると，案外おいしい．ただし，漁師のおかずと言うだけあって味付けが濃いもので，そのままでは市民の好みには合わないと感じた．

　そこで都会の料理教室で経験のある婦人部員と協力して味付けを工夫し，地域の一般消費者にも楽しんでもらえるように，イカナゴを生炊きにする家庭料理として普及を図り，手作り感を重視する季節料理として広めたところ，数年にして明石や神戸市の西部に広まっていった．消費者の心の中にある安心とつながりを求める気持ちと，かつ自分も参加して作り上げる達成感を掘り起こしたことが共感を呼んだ．また，それに加えて海の幸と情報をともに提供していくことで，手作りの温かみと物語を知り合いに届けるというコンセプトが受け

入れられて，すっかり郷土料理の一翼を担うものとなっていった．

　筆者はイカナゴのくぎ煮のほか，タチウオの刺身商材化や明石海苔を多用してもらう巻き寿司の恵方巻きの普及をはかり，漁協産品の市場への浸透と価格の維持を進めてきた．要点は，生産があってその上で消費への道を開くのではなく，消費者の関心や需要を掘り起こし，そのキャパシティに応じた生産体制を整え，資源維持と価格確保を図ることを心がけたものだ．そのとき，消費者の関心と水産業界への共感を持ってもらうために，海の生態系から漁業の関係性を説明し，調理加工のコツや歴史文化的な物語を商品に添え，食文化活動としての水産物提供を行ってきた．

　その後，京都精華大学で環境社会学の教授に採用されたが，水産物を環境と社会の関係性の中で提供していく地域産業の在り方提案が一定の評価を受けたものと思っている．そして，現在は下関市にある独立行政法人水産大学校で水産人の育成を図ることになったわけだが，筆者の視点は，漁業が社会に評価され，愛される存在になれば，やりがいのある仕事にできるというもので，そのために「ひと・もの・こと」の関係性を吟味して，その調和を図るところに活路があると考えるものだ．

　本稿では，水産物の自給率が低迷しているわが国の状況を検討し，問題提起をさせていただくが，その前提として筆者の考え方を紹介した．

3 ▶ 水産物の自給率低下について

　水産物の自給率は1964年の113％をピークに，2000年には53％まで低下し，かつての水産大国のイメージは見る影もないといわれる（第7章図7-7参照）．こうした自給率の低下を招いた原因を議論する時，「自給率」という言葉の響きから「自給する供給力に不足があるから，率が低い」と考えて，生産対象となる資源動向に対する漁獲の在り方，つまり乱獲状態や利用環境の変化などが議論されることが多い．その結果，資源の減少が生産量に響いているのだから，資源管理型の漁業を推し進めなければならないし，安定供給という消費者ニーズに即応した生産の工夫が必要だと，生産力重視の施策提案がなされることが多い．

　しかし，漁業現場でできる工夫や努力は，これまでも精いっぱい行われてきたし，いくら生産面の工夫を重ねても漁業経営は思わしくないという徒労感が広がっている．天然資源への依存度が高いから生産が不安定になるのだからと，養殖漁業への期待がもたれるが，日本の生産量の中での養殖漁業の寄与は

まだまだ小さい．激減したといわれる日本の漁獲量であっても，数字だけでみれば1960年代の水準に戻っているだけである．

1960年代から急増した日本の漁獲量は，沖合漁業から遠洋漁業へと世界の海をまたにかける生産態勢が築かれたことと，日本周辺が富栄養化してマイワシ資源が急増したことによるものといえる．このため，1977年の200カイリ問題から1982年の国連海洋法条約など海外漁場を思うがままに利用できなくなったことによる遠洋漁業の急速な縮小と，1980年代をピークとするマイワシ資源がその後急減していったことによる沖合漁業の縮小が，大幅な漁獲量の減少をもたらした．

その一方，水産物消費量のほうは高い水準を維持しており，遠洋漁業で漁獲されていた海外漁場の産品が輸入品として持ち込まれ，世界的な水産物への関心の向上から，商社を中心とする開発輸入も著しく増加していった．

それは，国内生産が売り手市場だった当時のまま，水揚げしてから売り先を考えるという体制を抜け出せていなかったのに対して，商社が主導する輸入品の方は，当然のことながらマーケティングを行い，市場づくりも図ったうえで持ち込まれたため，市場シェアは輸入品が主導権を握るものとなった．その差し引きの結果が水産物の自給率の低下をもたらしたものだ．

わが国の漁業が生産するものと輸入される水産物で，どのような違いがあるのだろうか．自由競争の時代だから，同質同等性が保証されれば価格競争にさらされ，安い方が買われて高い方は売れなくなる．それだけのことで，国産不振，輸入の急増につながったのだろうか．

わが国の水産政策は，長く生産に重点を置いて指導が図られてきた．売り手市場から買い手市場に情勢が変化した過程に追随できなかったことは，遅ればせながら水産基本計画の策定段階で指摘され，その対策が今になって進められようとしているが，旧態を抜け出すにはまだまだ至っていないようだ．

4 ▶ 流通面から見た自給の阻害要因

水産王国を誇り，輸出産業でもあった水産業が大きく自給率を落としていく過程に，日本の水産物消費に別の面からの変化があった．ダイエーをはじめとする流通業界からの「価格破壊」という働きかけであった．

それまでは，産地での生産物は産地市場に集荷されて第一段階の価格形成がなされ，それが各地の消費地市場に分荷されて流通し，そこで第二段階の価格形成がなされた．それが末端の魚屋や業務筋に仕入れられて小売価格が形成さ

れていった．その価格には，産地仲買人，仲卸業者，消費地仲買人，小売業者の各段階でマージンが付加され，産地価格のおよそ三倍になるという価格形成を関係者が受け入れてきた．

もちろん産地の漁業者にあっては，命がけで獲ってきた産物が，自分たちの手取りの何倍にもなって売られていることに「商人の悪どさ」を感じ取る向きもあったが，多種多様な水揚げ物を売りさばいてもらえるという恩恵も自覚していて，大きな問題にはならない慣行があった．

1960年代になってダイエーを先頭とする流通革命が価格破壊をもたらし，安い商品を大量に消費者のもとに提供し始めた．そのとき専門性の強かった水産物流通はすぐには追随しなかったものの，肉類などタンパク質食品のシェアが畜産物に流れる中で，水産物もまた「安定供給」を求められるようになった．

今日では「水産物の安定供給」は水産業界の使命として『水産白書』にも当然のことのように書かれているが，もともと水産物は不安定供給が自然なものだった．沿岸漁業の特質は，操業日数の50％で得られる漁獲量は漁期中の1割にも満たず，漁期の半分の水揚げに要する操業日数は，その80から90％に達する．そして，ほんの1割程度の日数に豊漁があって，期間中の漁獲量を達成するというきわめて偏った生産分布になっている．

そこで，安定供給を目指す方法としていくつかの方策がとられた．一つは，漁獲能力をアップさせる方法として漁船を大きくして，より遠くの漁場にまで進出して漁獲不足の穴を埋めようとする拡大生産の方法だ．次いで，囲い込んだ魚を天候や漁獲の豊凶にかかわらず計画的に出荷できる蓄養という貯留型生産で，これは餌を与えてさらに成長させる養殖漁業へと発展していったものだ．さらに，国内生産の不安定さを補うために海外から輸入して工面する方法が採用されてきた．

つまり，消費者への「安定供給」という使命感が，拡大生産から乱獲を呼び，養殖漁業の供給重視の経営姿勢が生産過剰による過当競争を呼び，海外から輸入することを当然の帰結として受け入れてきたそもそもの動機であったことが分かる．また，漁業者側にも，生産の不安定さを生活の不安定ととらえ，安定生産は生活の安定につながるという夢（幻想）をもたせて，漁業自身が崩壊に向かうことを気付かずにおく落とし穴を作ったといえるだろう．

5 ▶ 安定供給が生む廃棄食材

「価格破壊」の問題は，生産者サイドから流通サイドに価格決定の主導権が

移ったという意味で課題とされるが，もう一つ重要な問題をはらんでいる．日本における食べ残し廃棄食品の激増だ．消費者に安い商品を安定供給する．それが食品である場合，当然のこと腐敗など品質の低下を避けられない．安全な食品をいつでも好きな時に買い求められることを消費者ニーズとして前提にする以上，売れ残って期限切れとなる食品は廃棄を予定されるものとなる．逆に，消費者のニーズがあるのに商品を提供できない状況となる欠品は「安定供給」の破綻と考えられるから，廃棄を前提とした商品陳列が欠かせないという発想に至るわけだ．

こうして生じた食品の廃棄量は供給量の4分の1くらいあると推定されており，食品産業から廃棄されるものだけで年間1000万tを超えるといわれる．水産関係の廃棄食材がどれだけあるかデータを把握していないが，他の食品並みにあると想定すると，食品仕向け供給量の約800万tの4分の1の200万tは廃棄されていることになる．「安定供給」という錦の御旗が，実は大量の廃棄を前提とした過剰供給を求めており，国産自給量に匹敵する量の輸入が生じてきた背景にある．

水産物の価値は，生鮮刺身仕向け＞生鮮惣菜仕向け＞加工食品仕向け＞餌飼料仕向けという順に安くなり，それぞれ上位の需給状況が満たされれば下位の仕向けに振り向けられ，生産されたものがそれなりの価格を形成していたものだった．そこに上記のような「廃棄仕向け」が最下位に組み込まれるようになって，その割合が2割以上に上ってきているものと想定される．こうなると価格破壊どころではなく，価格の底が抜けた状態になっているといえるのではないだろうか．

その結果として，わが国の漁業生産は価格競争の中で，廃棄物生産という価格形成の足を引っ張る役割をも担わされてきて，経営が成り立たない生産体制に陥ってきたわけだ．

6 ▶ 食生活面での意識変化

水産物の自給を阻害しているものは，この他に消費者の食生活への意識の急激な変化も挙げられる．一般には，人間の食嗜好は慣習や経験の中でかなり保守的な性質があるといわれているが，日本では明治維新以来の脱亜入欧や第二次世界大戦後のアメリカによる占領など，食文化においても劇的な変化の洗礼を受けてきたこともあり，新しいものへの脱皮願望もあって食の変化を受容してきた．

近年では食においてもグローバル化が進み，世界中の食べものが経済性さえ折り合えば手に入れられるようになった．しかし，かつては食品の品質劣化の早さから広域流通に向かない水産物は文字通り「地産地消」するしかなかった．ある季節の地産品は，特定の種類が大量に獲れる片寄りがあって，食べきれない状況がよく起こった．また，獲れない時期も必ずあって，その時には加工保存品や他の地域からの供給を待ち望んだものだった．そこで，一つの魚種であっても，生鮮利用から簡易保存，本格保存，他の食品とのコラボレーションなど，創意工夫して無駄を出さずに食べきっていく努力がなされてきた．

　これらは地域ごとの伝統食として伝えられ，その風味が同郷意識を育てる意味も背負ってきた．しかし，農漁村共同体が解体され，都会への人口移動が進んでくると，こうした伝統的な食文化は世代交代とともに希薄化し，伝承のシステム自身も失われてきた．

　これは，地域社会ベースでも進行したが，個人のライフスタイルの中でも食にかける時間の減少となって，食文化への意識が低下するものとなった．その背景には，食品産業の技術革新や流通革命が進行し，「手間をかけずに」「家にある材料で」「子どもの好みを考える」という家庭の食卓づくりが一般化してきたことが挙げられる．つまり，買い置きできる材料で，半調理品も活用して，パターン化されたメニューが繰り返し利用される食卓が作られるようになった．

　その結果，季節の変化や地域の旬の楽しみなどという意識は，忙しさの中に脇に追いやられてしまうことになり，自然の生産力に依存する農水産物の供給リズムと合わなくなってしまった．そうしてスーパーマーケットの食品売り場が「安定供給」の場となり，人々は選択して消費しているのだが，目の付け所は価格と新鮮さなどの「お得感」に限られてくるようになった．マーケティングの上でショーケースに並べられる輸入品と，獲れたから流通してきた自給産品では，価格などお得感の演出に差が出て，消費者は導かれるままに自給消費から離れていくことになった．

7 ▶ 安全と安心の違い

　食品事件が起こるたびに，消費者は「安全と安心」を求める．マスメディアも声をそろえて事件を起こした企業などを糾弾し，安全と安心はただで与えられて当然だとばかりに訴え続けている．政策的にも安全と安心がスローガンに使われるから，人々も無批判に消費者の権利だと考えてしまう傾向がある．

ここで「安全」と「安心」に違いがあると言うと，戸惑う人が多い．当たり前の概念だから，意味の違いなど深く考えたことがないのだ．そこに落とし穴がある．

　「安全」は科学的に危険である程度や問題点が明らかになるもので，その定義は明確だ．しかし，「安心」のほうは心理的なものであり，「安全」とイコールではない．古いギャグで恐縮だが，「赤信号　皆で渡れば　怖くない」というフレーズがある．赤信号を渡ることは「安全」ではない．しかし，皆で渡るという心理的オブラートでくるむと「安心」してしまう，というものだ．

　昨今の消費者の事件に対する反応は，「安全」を求めて叫んではいるが，実のところ「安心」を求めているのではないだろうか．関係大臣や知事が「食べてみせる」というパフォーマンスをして「安全宣言」をいくら流しても風評被害は収まらない．また一方で，どう見ても眉唾物の健康食品やダイエット食品が口コミによって消費されている．

　このような情況を見ると，食品の安全問題を大騒ぎしても，本当のところどんな問題点があって，その解決のためには何をしなければならないかを，じっくりと考える消費者が少なくて，まわりの雰囲気に心理的に流される消費傾向が広がっていることがうかがえるのではないだろうか．これは，自らの食行動に自信が持てず，かといって学習しようという科学的な対応も面倒くさい．メディアが流す情報に流されやすい風潮が，「安全」と「安心」を同じイメージで語らせているのだと考えられる．

　この結果，古くからその地域の人々が経験の中で洗練し，安全な食を伝承してきた知恵を身に着けることなく，コマーシャリズムや商社などの販売戦略に乗せられて，企画商品化されやすくて安価なイメージの輸入食品を知らず知らずのうちに受け入れてしまう素地を作ってきたと言えるだろう．その証拠は，地域の食を伝承し，その住民に素材と利用文化を提供してきた魚屋さんや八百屋さんなどが町から姿を消してきていることに見て取ることができるだろう．

8 ▶「地産地消」の落とし穴

　長く売り手市場の感覚で水産物を供給してきた日本の水産サイドでは，1980年代以降「獲れない，売れない，儲からない」の三重苦に直面し，閉塞感に包まれた．それまでの時代は，獲るほうでは沿岸が獲れなければ沖合へ，沖合も獲れなくなれば遠洋へと漁場を拡大し，それでも安定供給ができないとわかると養殖漁業へと次々と拡大路線を続けてきた．しかし，200カイリ問題とオイ

ルショックに見舞われてからは，この拡大路線という手法では問題が改善しないことを思い知らされた．

また，売るほうでは水揚げされたものが産地市場に集荷され，仲買人の手を通して消費地市場や小売業者に分荷されていくといった教科書的な流通形態は，食料管理という社会的要請のもとで形成されてきたものでもあった．しかし，ものの豊かな時代を迎えると消費者サイドからはコスト高と指摘され，流通革新から価格破壊へと進む流通革命の中で，市場流通は残り物の処理という存在に陥っていった．これは，水産物に求められる要素の中で価格の安さばかりを優先する経営姿勢が多勢を占め，流通される水産物の安全を担保する目利き役をコストが高いとの理由で排除し，入荷した水産物を無駄なく利用していくといった「もったいない精神」も置き忘れていく結果となった．

こうした水産物流通ができあがっていった背景には，流通業界側からの収益性の向上という強い働きかけがあったわけだが，その変革がそれまでの売り手市場から買い手市場になっていくという危機感を水産サイドが十分に理解しておらず，容認してきたことも事態を深刻なものにしてきたといえるだろう．

水産側の役目は水揚げするまでであり，セリ市にかかった後は経済産業省や厚生労働省の役目だと縦割で見てきた面もあるだろう．こうして売り手市場であった時にはさほど支障のなかった水産物流通だが，買い手市場になるとそのコストは生産サイドにしわ寄せされることになり，「売れない」という事態はより深刻になっていった．

消費者の目に一番触れるスーパーや土産物店でみられるサバを取り上げると，その大半がノルウェー産であることが分かる．国産も何十万tか水揚げされているのだが，市場での存在感はきわめて低い．ノルウェー産のサバが生鮮食品や加工食品として地位を得ているのに対して，国産のサバは時々見かけるという程度だ．関西の祭りに欠かせないサバ寿司においても，国産物を使ったものは高級品に特化し，大衆的なサバ寿司にはノルウェー産のサバが使われている．さらに，ノルウェーのサバが脂をたっぷり含んでいてサバ寿司には重すぎることから，焼きサバ寿司という新分野が開かれ，あぶりものブームが寿司業界に広がるきっかけとなった．

これらのサバに見られることは，日本の水産業界がマーケティングもせずに，獲れたら出荷するという態度を改めていない現実である．一方のノルウェーは，日本市場をつぶさに視察し，マーケティングをしたうえで，そのシェア計算をもとに日本への輸出生産計画を立てている．つまり売り手が漫然と構えている日本のサバ市場に対して，計画的に消費マーケットを確保したうえで売り込

でくるノルウェーの違いが表れているのだ．

　こうしたマーケティングを欠く販売体制にあるにもかかわらず，水産サイドは相変わらず自分たちの中で問題解決を図ろうと「地産地消」を改善活動の目標にしているところが多い．各地の地産地消運動の高まりは，環境意識の高揚からフードマイレージが注目され，輸送燃料を少なくできる産地の近くで消費する意義が広く認められるようになったことが大きい．また，水産物の新鮮さへの要請から，近いことは良いことというイメージを持っていることも指摘できるだろう．

　しかし，地産なら地元で生産されるというそれだけで良いのだろうか．今日の生産地は，大消費地への販売に力を入れてきたことと，それによる産地間競争に打ち勝つため，売れる品物を集約的に送り出すことに主眼が置かれ，競争力のない産物にはあまり配慮が払われないという状況を生んでいる．その結果，一つの問題点として，産地で水揚げされたものが大消費地の市場に集荷され，地方の市場にはそこから舞い戻ってくる品物が並べられるという事態を呼んでいる．つまり，産地でありながら価格形成力のある消費地市場に買い負けしている現状があるわけだ．

　価格にこだわるあまり，水産物の地域ならではの利用の仕方や，食品としての安全性や信頼性といった価値観は置き忘れられ，画一化された規格化商品だけが顔を見せる状況を生み出している．このことが消費者の「安全・安心」対策にとって重要なのだが，そのことは物流の上では無視される傾向にある．また，市場外流通の増大に伴い，市場機能が売れ残り処理という嫌な役目ばかり押し付けられるようになって，市場関係者の憔悴は募っている．安い価格で素早く新鮮なものを送り出すという歯車になってしまうと，魚の目利きによって，安全でしかも仕向け先のニーズにも応えていくという市場関係者のプロ意識が薄れていくことになる．こうした背景があって，ウナギの産地偽装事件などが生じてきていると見ることもできるだろう．

　もう一つの問題点としては，地元で産する物を地元で消費してもらう取り組みは，漁港の朝市や地域の直販施設などで販売され始めた後，定着するにつれて地域の商業施設にもコーナーを設けられるようになって拡大してきた．しかし，「地産」であれば何でもよいのだろうか．先にも述べたように，生産サイドは大消費地向けの生産に特化してきており，それを地元に振り向けても新たな感動や共感は得られないのではないかと危惧される．大量流通向けに仕向けられる産品は，消費地の価格変動に耐えるため，その地域の季節感を超えて生産されようとしてきた．カツオやサンマが身近な海に姿を現す本当の旬の時期

では価格が安くなることから，川上の漁場に早く展開して先取りを争うようになってきている．そのため燃料消費もかさばれば，その魚種の本来の味とは異なる産品として市場に流れることになってきた．こうしたことは農産物より自然依存度の高い水産物では少ないことと思われてきたが，待って獲る漁業では経営安定は得られないと，補助金で増強した漁獲能力を先取りへと振り向けてきたことは経営努力として前向きにもとらえられてきた．

　旬を外れ，大消費地でも手に入る産物を「地産」として地元の消費者に喜んでもらえるだろうか．いや，大消費地でも輸入品との競合で売れ悩んでいるから，その展開先として地元市場にまとを移したその場しのぎにはなっていないだろうか．フィッシャーマンズワーフ形式の大規模な水産物販売施設では，こうした地域特性を反映しない商品が多く，地産地消と言われるものであっても，開店当初は賑わっても早晩衰退してしまっている．これは消費者にすぐに飽きられるからだ．ほんものの「地産」というイメージが消費者に受け入れられていないからだ．このように生産側の思い込みのみでは本当の意味で地消は育たない．

　この問題の解決になるのではないかと思われる事例として，農産物が中心ではあるが，宮城県岩出山に「あら伊達な道の駅」という施設がある．そこでは「地産地消」では地元の生産者の心は伝えられない．本物は「旬産旬味（しゅんさんしゅんみ）」にあるという．先取りや季節はずれではなく，その土地でまさに旬になるおいしい時期に，生産者がおいしいと感じるものを生産して出品する．そして，消費者も旬の味を求めてその地に集まってくる．旬に生産し，旬を味わう．こうした本物の関係を重視した取り組みだ．その成果は，その道の駅が東北地方でナンバーワンの実績を上げていることからもうかがえる．

　もう一つ例を挙げるとすれば，山口県防府市のある漁協支所から始まった漁協婦人部による直販の取り組みがある．木幡 孜（2001）に紹介されているが，漁協のセリ市で売れ残りがちな安値の雑魚を可能な範囲の高値で仕入れ（買参権を持つ），漁協施設の片隅に場所を設け，薄利で直接販売をするというものだ．それは収益事業というのではなく，婦人部の文化活動の一部として取り組まれたという．つまり雑魚を安く売るというだけでなく，自分たちが食べているものを消費者にも伝えたいという食文化の伝承の役目とともに「安心」をもたらすものであり，地元にとどまらず周辺地域にもファンを獲得するに至ったという．そのため売り上げは活動を維持するのに必要なだけの利幅を設定し，それでも余剰金ができたときには，婦人部厚生に使われた．

　えてして，こうした漁協直販の取り組みは，多くは価値の低い産物に付加価

値をつけるための加工を施し，損益分岐点を考えつつ取り組むものだが，いくら「安全」をうたってもなかなか消費者の共感が得られないケースが多い．それを乗り越える要素として，この婦人部では，意識してか気付かずになったものかは分からないが，あまり知られていない雑魚の旬をとらえて，同じものを生産者も消費者も一緒に食べるという共感の仕組みを織り込み，いわゆるブランド化に成功した事例だといえるだろう．

　これら，生産者が旬のうまいものと認識しているものを，競合産地の価格動向など関係なしに利用してもらえることを喜びとする活動が，消費者の共感を呼んでいるものと考えられる．まさに，「旬産旬味」が大切だという事例だろう．

9 ▶ 町中の魚屋さんが減った

　都会の町中に数多くあった魚屋さんが激減した．商店街や公設市場の衰退と並行してのことだが，魚売り場はスーパーの1コーナーに収まり，他の食品と一緒のレジで処理されるようになり，専門の店員が応接するところは著しく減ったという印象がある．これは流通革命のため，経営効率の悪い個人商店が競争に負けて衰退していったわけだが，ほんとうに社会的役割を終えたものだろうか．

　今なお営業を続けている魚屋さんを見ると，高齢世帯の割合が高く，昔ながらの暮らしぶりを維持している地区で消費者に支持されているか，営業店に業務用に魚を卸す仕事も併せて行っている．魚離れが指摘されてはいるが，刺身や寿司は子どもたちの人気メニューの上位に位置しており，ヘルシーさも手伝ってシーフードの人気は根強い．要するに，魚屋さんの減少は中年から若年層の消費家庭での需要が低くなってしまい，魚を食べるにしても外食が主になって，調理離れが起こっていることが原因と考えられる．

　また，相次ぐ食品事件が世間を騒がせている時代状況にあって，個人経営の魚屋さんにとって，魚の評判によって消費，つまり売り上げが左右されることは，経営リスクをより大きなものにしているといえるだろう．もちろん先の卸売市場の状況も，その地域で食べられてきた旬の魚が産地から届けられなくなって，ありきたりの品ぞろえにしかならない場合には，価格の安いスーパーなどに客が流れてしまうことになることも，個店としての特徴が出せなくなる要因になっている．つまり，魚屋さんが減ったことは，生産者が水揚げして後は流通まかせにしてきたことと，流通側は市場流通の非効率性を批判して流通

革命を起こし，価格破壊という消費者にとって安く提供することに集中してきたことが生産と消費の間をより遠くさせてしまったわけだ．そして，季節感などの地域で暮らすメリハリの文化性や経験的に安全であった関係性を担保する目利きの存在を衰退させ，結果的に安心を失うことになってきたと思われる．

人々は，安心を失うと不安から藁をもつかむ心境で情報を求め，マスメディアのコマーシャル情報に右往左往し，本来の食文化がもつ暮らしの安定性をさらに失っていくことが繰り返されてきたといえるだろう．その結果が，国産品は容易には手に入らず，安定して店頭に並ぶ輸入品の割合を増やしてきたものといえるだろう．魚屋さんを失ったことを気付かずにいた社会が，水産物の自給率を引き下げてきたと言ってもよいかもしれない．

10 ▶ まとめ

水産物の自給率の低下の背景を探り，要因をみてきたが，自給率をいくらかでも向上させていく方法にも触れておきたい．

本稿で述べてきたように，水産物の安定供給と流通の合理化，消費者ニーズに応えた低価格販売は，グローバルな水産市場を形成し，世界各国から日本に飽食ともいわれる食料供給を達成してきた．それは同時に大量の食品廃棄を生み，資源利用の在り方に警鐘が鳴らされるようになった．また，消費者は安さと便利さで手に入れた食生活に，心のよりどころのなさと不安を感じ続けることとなった．

そんな中で，人と人，人と水産物，人と自然，水産物と自然といった関係性をとらえなおし，水産物をたんに食料としてだけ見るのではない価値観の創造を試みる動きが出てきている．まだ流通量としては微々たるものではあるが，それを取り扱う人々の間に生み出された信頼や暮らしの豊かさは，今の日本にとって大切な価値ではないだろうか．

片やグローバル化の進む大規模流通に対して，それらはローカルな小さな規模の流通でしかなく，生産も消費の単位も小さなものである．しかし，昔から培われてきた食の営みを思い出すことは，経験に裏打ちされた安心と自信をもたらしてくれることは確かだろう．

水産に携わる者が，様々な場面で自信を取り戻すことが，閉塞感のあきらめムードを脱して，新たな活気につながるきっかけをもたらしてくれるのではないだろうか．

水産大学校に来て，若い学生たちと語り合う中で，水産の世界の広がりとつ

ながり，そして関係性を考えていくと，個々ばらばらに取り組まれてきた水産学が一つの文化世界を形作っていることが見えてきた．自信につなげるには時間はかかるだろうが，その道筋はあると考える．その一つとして，若い学生に魚屋さんや漁師さんへの聞き書きを進めたいと計画している．

林野庁などが進める「森の聞き書き甲子園」というプログラムがヒントになって，その海版を進めようというものだ．若い人が海や水産物にかかわった人の経験を聞くことで，伝えられてきた知恵に気づくことは第一だが，それ以上に，語ってくれた先輩たちが自分たちの取り組んできたことの価値を語ることによって再認識し，自信とアイデンティティーを取り戻すきっかけになるというものだ．

これも小さな取り組みからではあるが，大きく進路を外してしまったとき，焦るよりじっくりと舵を取りなおし，遠い先の目標を見据えてじっくり立て直していくことが航行の知恵だと，かつて老漁師に教えられたことを思いだす．

第4節　水産エコラベル：その役割と影響

1 ▶ 水産エコラベルとは何か

国連食糧農業機関（FAO）（2008）の『世界漁業・養殖業白書（2006）』によれば，世界の水産資源の75%はすでに過剰漁獲あるいは限界利用状態にあり，水産資源の現状はきわめて深刻である．現在の枯渇状態には，海洋環境の汚染なども影響しているが，最大の原因は，乱獲や密漁など無秩序かつ無責任な漁業活動の横行にある．本来，更新性の天然資源である水産資源は，自然の回復力の範囲の中で漁獲を行えば，将来にわたって利用できる資源であるにもかかわらず，世界の水産資源は枯渇寸前の状態に陥っている．

国境など人類の社会的な管理単位を超えて移動する水産資源は，分割して所有できないため管理が難しく，海洋は陸域に比べて広大で監視が難しい．そこで国連や経済協力開発機構（OECD）など国際的な協議の場では，既存の漁業管理制度の実効性をより高めることが重視されつつあり，地域漁業管理機関の設立など様々な取り組みが進められている．しかし，問題の本質的な解決のためには経済的側面に注目すべきである．というのも，乱獲・密漁漁業は資源管理の費用を負担していないため，適切な資源管理を行う漁業に比べて価格の点

で優位となるからである．厳格な資源管理制度が確立されて十分に機能したとしても，制度の網目をかいくぐり乱獲・密漁を行う社会経済的な動機はなくならないだろう．

そこで，資源管理型漁業に経済的な動機を与えることで市場から無責任な漁業を追放しようとする動きが，1990年代より世界的に活発化してきた．消費者やその一つ手前の小売・流通事業者が，適切な資源管理を行う漁業の漁獲物を違法な漁業の漁獲物と識別し，選択的な購買や調達を行えば，資源管理は漁獲物の新たな差別化の要因となりうる．そうすれば，生産者は合理的な判断として，資源管理に取り組むよう促されるだろう．この図式において重要なポイントとなるのが，持続可能な漁業の漁獲物であることをどう識別するか，である．一般市民である消費者や，漁業の現場から遠く離れた小売・流通事業者には，世界のあらゆる漁業について知識を持ち，一つ一つについて判断することは不可能である．本節で紹介する水産エコラベルとは，このような漁業の現場と消費者や事業者の購買時における情報格差を埋め，選択の手がかりとなる存在である．

そもそもエコラベルとは，生産段階での環境配慮の情報を商品に表示し，消費者の選択を推奨するツールである．1978年に始まった旧西ドイツのブルーエンジェルマークがその第1号である．日本では1989年に設立されたエコマーク制度が代表的存在であり，"ちきゅうにやさしい"のロゴでよく知られている．私たちの日常生活の中には他にも，コピー用紙やノートなどの紙製品に原料を表示する再生紙使用マーク，グリーンマーク，間伐材マークがあり，パソコンなどのオフィス機器で消費電力に着目したエネルギースター，エアコンや冷蔵庫で省エネ性能を表す統一省エネラベル，書籍や雑誌で水なし印刷を示すバタフライロゴや大豆インキ使用を示すソイシールなどを見ることができる．

工業製品ではそれぞれのラベルが担保する情報は，省エネ，省電力，省資源，CO_2削減などであるが，水産エコラベルはその水産物が持続可能な漁業を源とするかどうかという情報を担う．これにより消費者や事業者は，自分自身で世界中の漁業や水産物の知識を習得しなくとも，水産エコラベルを手がかりとして選択することで，日常生活の中で容易に，持続可能な漁業の後押しをすることができるという仕組みなのである．

水産エコラベルの制度的な特徴は，消費者の選択にもとづくボトムアップアプローチであることだ．これに比べ漁業管理制度の整備や実効性の向上とは，法令や規制の強化を伴うトップダウンアプローチであり，行きすぎると，経済

活動である水産業の発展を抑制する可能性がある．また海上で営まれる漁業活動に対して，監視などの管理の費用は大きくなりやすい．したがって規制の費用対効果の点からも，水産資源の持続的利用の達成を制度的解決のみに求めることは現実的ではない．そのため，ボトムアップで持続可能な漁業に経済的な動機を与え産業界全体の転換を促しつつ，悪質な違法漁業にはトップダウンにより歯止めをかけていくという組合せが重要な意味をもつのである．

　以上のような背景から水産エコラベルは現在，FAO や OECD などでも重視されており，国際協議を通じて，世界各国の政府や漁業者，流通事業者，消費者，環境 NGO や NPO など，水産業をとりまくあらゆる関連業界の関係者が，水産エコラベルとどう相対するかについて日々，検討し実践に取り組んでいる．しかしながら，これまで，日本の水産研究の場では，あまり水産エコラベルについて触れられてこなかった．そこで本節では，水産エコラベル制度の全体像を紹介し，今後の水産学研究の一助としたい．また筆者は民間の調査研究機関に所属しているが，京都府底曳網漁業連合会が 2008 年に代表的な水産エコラベルである MSC 漁業認証を取得した過程に携わるほか，ここ数年にわたって実業の中で水産エコラベルと対峙してきた．その経験を踏まえて，今後の日本の水産事業者や水産研究機関が取るべき方向性や世界的枠組みの中でなしうる貢献について考えてみたいと思う．

2 ▶ 水産エコラベルの誕生から拡大

　国際的な NPO である海洋管理協議会（Marine Stewardship Council: MSC）が運営する MSC 漁業認証制度は，現在のところ，世界で最も普及している水産エコラベルである．そこで，MSC 認証の誕生に遡って，現在までの水産エコラベルの発展について概観する．

2-1. 水産エコラベルの黎明

　1990 年代初頭に，FAO が世界の水産資源がきわめて深刻な状態にあると公表したことにより，世界でも有数の冷凍水産物商社であるユニリーバ社は，資源枯渇によって将来的な自社のビジネスが脅かされると考えた．そこで同社はこの問題を事業活動の根幹に関わるものと位置づけ，長期間にわたって持続可能な水産資源利用を達成するためにはどうすればよいかについて，国際的な環境 NGO である世界自然保護基金（World Wildlife Foundation: WWF）との協議を開始した．

WWFはそれまでに，水産物に先立って，林産物で同じような懸念をもち，森林管理協議会（Forest Stewardship Council: FSC）によるFSC森林認証制度の設立を経験していた．FSC森林認証制度は，林産物貿易と森林の違法伐採の問題を解決するために，適切に管理された林業に対して認証を与え，その林業を源とする林産物にFSCラベルを表示する権利を与える仕組みである．このような先行事例を踏まえて，両者は広く公開された基準として持続可能な漁業のための認証の基準を作成し，その基準に適合する漁業を認証し，認証された漁業の水産物にエコラベルを表示するという仕組みを構築することに合意した．その結果，1996年にユニリーバ社は自社の方針を「Unilever Fish Sustainability Initiative」としてとりまとめ，(1) 2005年までにすべての取扱水産物を持続可能な漁業に由来するものに切り替えること，(2) 持続可能な漁業のためのMSC認証制度をWWFと協働で設立することの2点を公約した．これがMSC設立の発端である．

2-2．MSCの誕生とMSC認証制度の成立

　1997年，WWFとユニリーバ社は公約どおりに共同でMSCを設立した．以降の歴史を追う前に，ひとまず，MSC漁業認証制度の概要についてみておきたい（図6-20）．

　MSC認証は適合性評価にもとづく第三者認証により行われる．そのためMSCは制度の設計と運営を役割とし，実際の認証審査は第三者である認証機関によって行われる．認証機関は，国際的な認証であるISOやHACCP（食品衛生上の危害を防止するための衛生管理システム）などの様々な規格に対する認証審査実務を業とする企業が中心である．またMSC認証は，漁業の持続可能性を認証する漁業管理認証と，加工流通過程でのトレーサビリティを認証するCOC認証という二つの認証を組み合わせることによってトレーサビリティを担保している．そのため，漁業管理認証を取得した漁業から得られた水産物であっても，COC認証を受けていない事業者が取り扱う場合にはMSCラベルを表示することができない．また，認証は無期限ではなく有効期限が定められており，認証を維持するためには毎年の年次監査と定められた期限ごとの更新審査が義務づけられている．

　漁業の持続可能性については様々な論点が存在するが，MSCでは漁業管理認証の規格である「持続可能な漁業のための原則と基準」において，資源・環境・社会の三つを原則として定めている．つまり，MSCが認める持続可能な漁業とは，①対象資源の持続可能性を考慮し，②非対象種の持続可能性や周辺

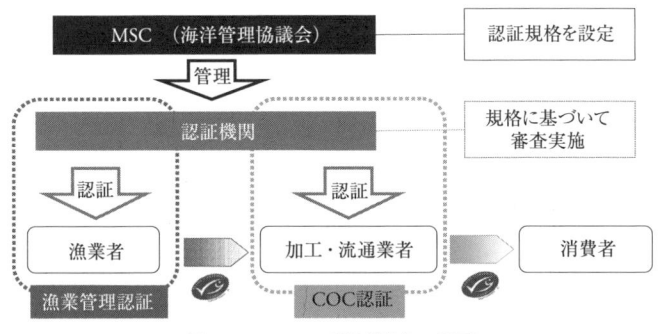

```
┌─────────────────────────────┐         ┌──────────────┐
│  MSC（海洋管理協議会）      │────────▶│ 認証規格を設定│
└─────────────────────────────┘         └──────────────┘
            ▼ 管理
┌─────────────────────────────┐         ┌──────────────┐
│         認証機関            │────────▶│規格に基づいて │
└─────────────────────────────┘         │  審査実施    │
     ▼ 認証        ▼ 認証              └──────────────┘
  ┌────────┐   ┌──────────────┐       ┌────────┐
  │ 漁業者 │──▶│加工・流通業者│──────▶│ 消費者 │
  └────────┘   └──────────────┘       └────────┘
  漁業管理認証     COC認証
```

図 6-20　MSC 認証制度の概要

生態系保全に配慮し，③漁業管理システムが機能し，関連法規を遵守して営まれる漁業なのである．したがって，環境破壊的な漁業や違法な漁業は，資源状態がよくとも認証を取得することができない．なお，本書出版時点では「原則と基準」の適用範囲は天然の水産動物（魚類，貝類，頭足類など）に限定されており，藻類の漁業や養殖漁業は適用範囲外である．

設立以降，MSC は以上のような制度設計の実用性を確認するため，米国アラスカ州のサーモン漁業をはじめとするいくつかの特定の漁業を対象として，認証プログラムの試験的な運用を行った．その結果を踏まえて認証制度全体の調整が行われたのち，2000 年には第一号の認証が発行された．オーストラリアのウェスタンオーストラリア水産業協会（Western Australian Fishing Industry Council）のロックロブスター（イセエビ類）漁業が第一号の認証取得者である．同時に同年，MSC は設立を支えた WWF とユニリーバ社から財政的に独立し，以後，独立した NPO として活動を続けている．

最初の認証発行からの 5 年間，認証を取得する漁業主体は徐々に増え，2005 年には 20 件の認証漁業が生まれていた．その中には米国アラスカ州のサーモン漁業やスケトウダラ漁業，ニュージーランドのホキ（タラ目）漁業，南アフリカのヘイク（タラ目）漁業など，国際市場志向型の大規模漁業も含まれていたため，MSC ラベルのついた製品が次第に各国の店頭で販売されるようになった．特にイギリスや北米の流通・小売事業者は，早々に MSC 認証制度の取り組みを歓迎した．中には MSC ラベル製品を顧客に推奨する事業者も現れた．

2-3. 生産者の反発とFAOガイドラインの成立

　MSC認証制度の成立とそれに対する消費者や事業者の歓迎は，流通チェーンの川下から川上の生産者に対する意志表示だった．つまり，消費者や事業者は，生産者自身が持続可能な漁業に取り組みそれを示すことを積極的に望んでいたのである．企業の社会貢献が重視される現代社会において，このような主張がなされるのはごく自然であり，逆に言えばMSC認証制度は社会的なニーズをうまく可視化したということができるだろう．

　一方，生産者側では，水産資源管理とは沿岸域の各国政府や国際的な管理機関が負うべき責任であり，一民間団体であるMSCによって漁業が"認証"されることに対して，強い反発があった．この背景には，MSCの認証審査が環境配慮を求めすぎるという生産者側の意識があった．海洋性の哺乳類や鳥類の混獲をめぐり，環境保護団体と数々の軋轢を繰り返してきた漁業界にとって，漁業に環境への保護を要求するMSC認証制度が，実質的に標準化することは受入れにくかったのも無理からぬことである．

　そのためMSCの設立以降，ノルウェーを初めとする北欧諸国では，FAOが水産エコラベル制度のガイドラインを作成し，すべての水産エコラベルはそのガイドラインに準拠すべきであると主張してきた．FAO水産委員会を中心に議論が進められた結果，2005年に「海面漁業により漁獲された魚類および水産物のためのエコラベリングガイドライン」が採択されることとなった．

　このガイドラインの目的は水産エコラベル制度の発達を促しつつ，エコラベル制度が備えるべき要件を国際的に標準化することにあった．つまり，ガイドラインの採択によって，水産エコラベルという仕組みの必要性と意義については合意がなされ，同時に，FAOなどの公的な機関自身は備えるべき要件の整理にとどまり，実際のエコラベルはそれぞれの民間団体が運営を行うという関係性が明示された．これは水産エコラベルが自由貿易体制の中で貿易障壁となることを防ぐ整理であった．

　なお，MSCをはじめ有力な水産エコラベルは，現在までにすべてこのガイドラインに準拠するよう仕組みを修正しており，国際的な標準性を担保している．

2-4. FAOガイドラインが定める水産エコラベルの要件とは

　先述したように，MSCでは持続可能な漁業を資源・環境・社会の三つの原則から規定した．それではFAOガイドラインは，水産エコラベルの最低限度の要件として，どのような内容を挙げているだろうか．図6-21にその要点を

管理システムに対する要求事項
漁業の持続性を高めるような管理システムが存在していること
管理システムは地域・国内・国際的な法や規制を遵守すること
対象となる資源に対する要求事項
認証対象となる水産資源が乱獲状態にないこと
将来の世代にわたって利用することができる状態にあること
長期変動を考慮に入れて維持されていること
生態系への配慮に対する要求事項
漁業活動によって,周囲の環境が深刻な影響を受けていないこと
不確実性を考慮に入れ,リスク管理のアプローチがとられていること

図6-21 エコラベルに対する最低限の要求事項

示す.

　FAOガイドラインの要求事項もMSCと同様に,漁業管理システム,認証を受けようとする資源,漁業が生態系に与える影響の三つの領域にわたっている.また制度設計の側面においても,第三者認証であること,COC認証規格を備えることなどが要求されており,ガイドラインの定める要求事項はMSC認証の実態と大きく乖離をきたすようなものではない.ガイドライン作成までにすでにMSC認証が一定の普及を遂げていたこと,またMSCが利害関係者としてFAOガイドライン策定時の会合に参加していたことなどがその背景にあるだろう.

　一方,採択時点においてMSC認証制度に含まれていない要素としては,小規模漁業への配慮がある.2005年までに,認証事例の経験から,すでに,MSC認証審査は対象資源や漁場環境について非常に詳細な情報を要求するため,科学的情報が十分に蓄積していない小規模漁業や発展途上国においては認証取得が難しいとする意見があった.FAOガイドラインでは,この点もふまえて十分な科学的知見の集積がない場合にも,リスク分析的な手法を用いることにより認証を行うような仕組みをもつべきとし,既存の制度と生産側の要望の調和を図ったものと考えられる.

2-5. ウォルマートショック

　FAOガイドラインの成立からほぼ1年後,MSC認証は大きな転換点を迎える.第一号の認証発行以降,2008年までにMSC認証の取得を目指して本審

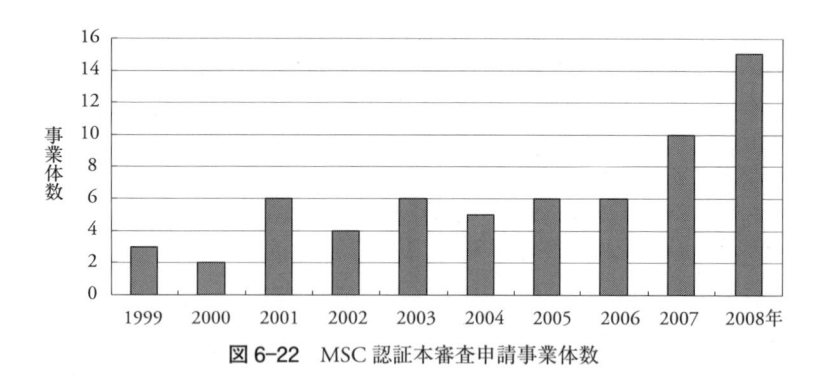

図 6-22 MSC 認証本審査申請事業体数

査を申請した事業体数の推移を図 6-22 に示す．

図からは 2006 年を境に，認証審査を申請する事業体数が増加していることが見てとれる．2008 年以降はさらに倍増している．

この急激な伸びは 2006 年 2 月に，アメリカに本社を置く世界最大の小売事業者であるウォルマート社が「今後，3～5 年以内に米国内の店舗で販売する天然の鮮魚と冷凍魚を，すべて MSC 漁業認証を取得したものへと切り替える」とする公約を発表したことによってもたらされた．この発表の影響は非常に大きく，同社の取引先であった多くの水産企業が追随する形で，自社が取り扱う水産物の供給源である漁業主体に対して，MSC 認証の取得を推奨するようになった．調達先だけではなく競合する小売事業者にとっても大きな刺激となり，続く数年ののちにイギリスのマークス・アンド・スペンサー社が同様の公約を発表したり，オランダでは小売業者協会が業界全体として切り替える方針を決定したり，日本のイオン株式会社が同社のプライベートブランドの基準の一角に MSC 認証を位置づけるなど，各国の小売事業者が MSC 認証制度を積極的に調達基準に位置づけるようになった．同年以降，MSC 認証を用いて持続可能な漁業とその漁獲物を支援する姿勢は，グローバルな流通・小売事業者にとって標準となったということができる．

ところでウォルマート社をはじめとする水産流通・小売事業者のエコラベルに対する積極的な関与だが，事業者自身が企業の社会的責任（Corporate Social Responsibility：CSR）という文脈で説明されることが多いため，一般的には CSR や社会貢献の方策と解釈されるようである．しかし，筆者がこれまで複数の事業者にインタビューを重ねてきた経験からは，大手事業者の水産エコラベルへの傾倒は，環境に配慮した（"グリーンな"）企業であるというイメージによって，市場や利害関係者に好ましい印象を与えることだけが目的ではなく，企業とし

てどこから商品を仕入れるかという物流の管理にとっても重要視されているように感じる．すでに述べたように MSC 認証では加工流通過程のための COC 認証を持っているため，認証の取得により物流経路全体を識別することができる．このようなトレーサビリティ（追跡可能性）の確保は食品安全上も重要な点であり，意図せざる手違いにより乱獲や密漁などの違法な漁業から仕入れてしまうリスクの回避につながる．さらには，持続可能な漁業につながる調達ルートを確保することは，乱獲による資源枯渇の影響の回避につながり，原料調達上のリスク管理にもつながる．長く将来にわたって仕入れつづけることができる漁業と関係をきずくことは，ユニリーバ社の活動の契機でもあった．

つまり，水産エコラベルは，単なる環境配慮のイメージのツールとしてではなく，仕入れ経路全体のマネジメントツールとしても意味をもつものである．

2-6．水産エコラベル並立時代の到来

水産エコラベルのパイオニアである MSC 認証制度は，ウォルマート社の関与を取り付けたことによりますます影響力を拡大し，FAO ガイドラインに対しても，いち早くガイドライン準拠となるよう修正を施すことで，引き続き第一人者としての位置を保持し続けた．しかし MSC 認証制度には問題がないわけではなかった．

MSC 認証制度についての主な苦情は，審査時に要求される科学的情報の膨大さに対するものである．筆者が経験した認証審査においても，対象種の生態，生活史，回遊経路などの定性的な情報とともに，回遊経路上の他地域における漁獲が個体群のバイオマスに及ぼす影響の評価など，きわめて多岐にわたる情報が必要であると共に，審査を受ける側はそれを審査員に提示する必要があった．その際の実感からすれば，日本の沿岸資源の場合，少なくとも水産庁による資源評価対象魚種であるか，それと同等程度の情報の蓄積がある魚種でなければ，MSC 認証審査において要求される情報を文書として収集することは難しいだろう．特に周辺の環境や生態系への影響については，混獲される種が絶滅危惧種でないことの明示や，混獲がその種の個体群に与える影響の評価が必要とされるなど，先進国である日本においても容易には収集が難しいようなデータが必要とされる．

実際，MSC ラベルのついた製品は点数を増やし続けたが，その多くは，州政府の全面的な支援を受けたアラスカのサケ漁業や，高度に企業化され資源管理上の情報取得が容易なアラスカのスケトウダラ漁業などが供給源であった．そのため，MSC 認証審査は大規模な漁業に有利で，途上国の漁業者や小規模

漁業者には不利であると指摘する声は多かった．

　また，要求される情報の膨大さは，別の点でも問題となる．認証審査の費用はその大半が審査員の人件費である．高度に科学的な情報を理解し判定できる人材はそれほど多くはなく，また漁業をとりまく生態系や環境が複雑になればなるほど，点検すべき資料類は増加する．そのため，審査員の作業工数が増え，結果として認証審査費用の増大を招く．MSC 認証制度に対しては審査費用が巨額であるという批判がなされやすいが，その原因は審査時に要求される水準の高さにあるのである．特に，従来から適切な資源管理を実施していた漁業者にとっては，認証取得は自身の活動を可視化するための費用でしかないため，巨額の費用を負担する意欲は大きくなかった．

　以上のような問題を踏まえ，MSC 認証制度が水産エコラベルの国際標準となることに懸念を示す漁業者は多かった．例えば，日本を含む 9 ヵ国の民間漁業団体により構成される国際水産団体連合（International Coalition of Fisheries Association: ICFA）では，2006 年の年次総会において，環境保護団体主導のエコラベルに反対し，いかなるエコラベルも FAO ガイドラインを遵守すべし，という決議を採択している．このような状況から，漁業界が水産エコラベルの取得や表示について，その意義を一定認めつつも，MSC の要求する水準が必要以上に環境配慮に偏重していると認識していることがわかる．

　このような生産者側のニーズに対応すべく，FAO ガイドラインに準拠することで正当性を担保しつつ，MSC 認証とは異なるスキームを用いたエコラベル制度が徐々に増えてきた．国際的に見て，現在，MSC に次ぐ地位を占めるエコラベルは Friend of the Sea（FOS）ラベルである．FOS ラベルはイタリアに本拠地を置く環境 NPO によって運営されており，MSC に比べて簡便な審査プロセスを持っている．MSC 認証を取得する漁業が，北海やアラスカ，ベーリング海などに多いのと対照的に，FOS ラベルの漁業認証は，スペイン，ポルトガルなどの南欧諸国やアフリカの漁業主体が取得している．加えて，FOS では MSC では保有していない養殖漁業のための認証規格も保有している点が特徴的である．

　南欧を中心に徐々に影響力を高め MSC のライバルとしての位置を築きつつある FOS であるが，日本の水産業界ではまだあまり広く認知されていない．日本国内ではむしろ，MSC のライバルとして，国内版の水産エコラベルを位置づけることが一般的なようである．2007 年に大日本水産会の主導により設立されたマリン・エコラベル・ジャパン（通称，MEL ジャパン）は，国内版の水産エコラベルであり，現在のところ認証の対象となる漁業を日本の漁業に限っ

表6-11 国内外水産業界紙見出しの掲載回数

	海外紙A	国内紙B	国内紙C
MSC	1,366	36	43
FOS	187	0	0
MEL	4	7	10

ている．これまでにすでに，日本海かにかご漁業や三河湾いかなご漁業などに対して認証が発行されたが，日本の漁業を日本の審査員が審査していることから，資料の翻訳が不要であること，また審査員が対象となる漁業についてあらかじめ一定の知識を保有している場合が多いことなどから，やはりMSCと比べて，比較的短期間で認証取得が可能である．このような国内版エコラベルの取り組みは，今後，他国にも広がるものと考えられる．

ライバルの出現を受け，MSCでも自らの認証プロセスの品質改善に取り組んでいる．具体的には，これまで特に批判が集中してきた審査期間の長さを短縮するための取り組みや，途上国など情報が十分ではない地域のためのリスク分析的なアプローチの開発などが進行中である．

以上から，現在，水産エコラベルは国際的なガイドラインに準拠した複数の制度が，並立する局面に入っているといえる．しかし，上述のMSC，FOS，MELジャパンの三つのエコラベルを対象として，2009年11月に，国内外の水産業界紙のウェブサイトからヘッドライン検索を行ったところ（表6-11），業界紙における報道件数では現在のところ，国内外のいずれにおいてもMSCの露出が高いことがわかった．また海外紙からMELジャパンへの注目がある一方で，国内紙ではFOSが取り上げられることはないことが示された．

消費者の購買力を資源管理型漁業の推進につなげるという水産エコラベルの本来の趣旨からすれば，水産エコラベル制度の成功には消費者や事業者の認知度を高めることが必須である．FOSやMELなどの後続する水産エコラベルは，今後，普及啓発活動や連携パートナーを増やすための活動などに取り組む必要があるだろう．

また消費者の観点からは，並立する水産エコラベルの違いを理解し，自分の意図する内容を担保するエコラベルを選択する必要がある．世界有数の環境団体であるグリーンピースでは2009年6月に，MSCとFOSを比較するレポートを発表し，どちらも持続可能な水産資源利用の達成には改良の余地があると結論付けた．今後も引き続き，環境団体を中心に，複数の制度を比較検討する研究は盛んに行われるだろう．

以上にみてきたように，第一号のMSC認証発行から10年の経過を経て，水産エコラベルは，水産物の貿易や流通の枠組みの中で確固たる地位を築いたということができる．北海周辺や北米の諸国とは違って，日本のスーパーマーケットでは多種多様な水産物が陳列・販売されており，その調達経路も多岐にわたる．したがって日本の特定のスーパーマーケットにおいて，数年のうちにすべての水産物が水産エコラベル取得製品に切り替わるということは現実的ではないだろう．しかしながら，世界的にみればそのような動きは確実に大きな潮流としてあり，水産物がグローバル商材である以上，好むと好まざるにかかわらず，日本の水産業界も水産エコラベルの世界的な動向の影響を受けつつ推移していくものと考えられる．

3 ▶ 養殖漁業における展開

前項では天然採捕型の海面漁業における認証制度の発足と展開についてみてきたが，養殖漁業についても同様に国際的な認証制度の確立に向けた大きな動きが現在進行中である．

養殖漁業の認証には，大別すると二つのアプローチがある．一つは食の安全・安心という視点からのアプローチである．このアプローチでは養殖場環境の品質を管理する方策として，HACCPやSQF認証などの既存の食品安全や食品の品質管理の認証制度を応用する取り組みと，既存の有機食品認証制度を応用する取り組みがある．どちらの取り組みでも，重点となるのは餌の由来と品質，病虫害防除のための化学物質の使用である．

一方，最近では食品安全にとどまらず，養殖漁業が環境に与える影響や養殖場の経営に関する社会・倫理的な影響をも含めて養殖漁業を認証し，持続可能な養殖漁業を普及させようとするアプローチがWWFにより主導されている．この取り組みは近い将来，養殖管理協議会（Aquaculture Stewardship Council: ASC）という名称で，MSCとよく似た認証制度として設立されることが確定している．そこで本稿では，このASCの動向について紹介したい．

ASCの発端は，エビ類養殖場をめぐる環境問題にある．WWFは1994年にエビ類養殖場における環境影響削減に向けた調査を実施し，養殖場環境を改善するためには利害関係者による対話（ダイアローグ）の取り組みが重要であると結論付けた．この結論を受け，同年より，生産者・事業者・行政部門を集めて「責任あるエビ類養殖のためのダイアローグ」がスタートした．このダイアローグは，以降，FAOや世界銀行などのパートナーを得て拡大され，協議結果は

2006年に「責任あるエビ類養殖のための国際原則」としてまとめられた.

　WWFはエビ類養殖をめぐるこの経験から,利害関係者と議論を重ねて原則を取りまとめるという手法の有用性を確信し,対象種の拡大を決めた.その結果,現在までに,12魚種を対象としてダイアローグが実施されている.さらにWWFは単に原則をとりまとめるだけではなく,それを基準として,環境や社会に配慮した養殖漁業を認証する制度の構築を計画している.この制度は,前述の通りAquaculture Stewardship Council（ASC）という名称で,2010年の設立が予定されている.認証の基準となる原則については,2009年にすでにテラピア類養殖と二枚貝養殖のための原則が策定されている.今後,2010年中にはさらに,パンガシウス（ナマズ目）,エビ類,サケ・マス類に対する原則が確定する予定である.

　このダイアローグの特徴は,広く利害関係者を集めていることと,透明で公平であることにある.持続可能な養殖の概念を達成するためには,環境保護と生産の二つの側面を調和させる必要がある.しかしとかく認証制度の確立に当たっては,環境保護団体と生産者団体との利害が対立しがちである.その対立を克服するためには相互理解が重要だが,ダイアローグという形で,場を共有し議論をともに進めるという手法は非常に有用と思われる.また,場をより有益なものにするため,ダイアローグの結果はウェブサイトなどを通じて公表されており,参加や意見の表明は広く一般に開かれている.しかしながら,ここでいう公開性とは,あくまでも自発的な参加者に対して門戸を閉ざしていないという意味であり,ダイアローグの主催者側が参加者を主体的に招聘しているわけではない.例えば世界の二枚貝養殖生産量は,中国,韓国,日本の順に大きいが,二枚貝に関するダイアローグの主要メンバーは,アメリカや欧州の研究者,事業者で占められている.この点について,原則策定プロセスにおいて主要な養殖漁業国からの情報提供を受けておらず,策定された原則は妥当性を欠く危険性がある,と批判をすることはたやすい.しかし,この原則策定のための対話や,設立後の認証制度の主体はあくまでも一民間団体であり,国連などの公的な機関が主体となっているわけではない.である以上,ウェブサイトを通じた情報発信や自由な参加の受付により,十分な公開性と透明性は担保されているといえる.もっとも,ウェブサイトを通じた情報発信とは,情報の受け手の主体的な探索を必要とし,また当然ながら情報発信は基本的に英語で行われているために,情報格差は必然的に存在する.このような格差のある中で,適応的なふるまいをすることが重要だろう.

　もちろん,FOSのように養殖漁業エコラベルはすでにいくつか存在するた

め，ASCの設立は既存の養殖エコラベル群に新たな制度が加わるだけに過ぎないと見ることもできる．しかしながら，森林のFSC認証から天然魚のMSC認証と，WWFが主導した各管理協議会による認証制度は，常に業界に大きなインパクトを与えており，WWFがこのような認証制度の構築とその権威付けに長けていることは考慮すべきである．MSCの歴史的な展開からも，国際的な認証制度には一定の先行者利益が存在しており，適切な認証基準と運営制度を構築し，MSCにおけるウォルマート社やFAOのような影響力のある関連事業体と連携できた認証制度が，その後の潮流をリードするという傾向が見られる．同時に認証の対象となる漁業についても，MSCの設立段階に試験的運用に協力したアラスカのサーモン漁業が，その後MSC製品の中核を成し，いち早くMSC製品市場を席巻したという事実がある．そのような観点からすれば，養殖漁業が基幹漁業の一角を成す日本においても，現段階から積極的な情報収集や関与を行うべきと推奨したい．

4 ▶ 今後の日本の水産学・水産業と水産エコラベル

4-1．日本の水産業界と水産エコラベル

前項までに述べてきたように，天然漁業と養殖漁業のいずれにおいても，今後，グローバルな水産物流通においては，持続可能な漁業の実践とそれを証明する水産エコラベルの取得が，漁獲物を差別化する要因として一層重視されるようになるだろう．このような風潮下で，日本の水産学および水産業関係者は次の二つの点に留意すべきと考えられる．

一つ目は水産物消費大国として，日本の事業者が水産エコラベルについてとるべき姿勢の検討と確立である．日本は世界でも有数の水産物輸入・消費国であり，日本市場における動向が世界の水産資源状態に与える影響が大きいことはよく知られている．国連海洋法批准国である以上，違法な漁業による漁獲物を国内市場から排除することは当然だが，単に違法な水産物を追放するだけではなく，積極的に資源や環境への配慮を行う漁業を推奨することには意義がある．そのための方策として，水産エコラベル製品の流通を推奨することは有効であると考えられる．

二つ目は漁業国としてのとるべき姿勢の検討と確立である．特に公海上では，競合する欧米の事業者が国際的な規制の強化の中で漁業を継続し続ける手段として，積極的にエコラベルの取得に取り組む傾向にある．日本の水産業界では，これまで関連法規の遵守を高いレベルで行ってきたため，コンプライア

ンス（法令順守）にもとづく漁業であることを第一義としており，追加的な費用負担を行ってまでエコラベルを取得することには懐疑的なようである．しかし，国際的な情勢としては確実に，エコラベル取得による正当性の表示が主流となると予測される．最終的にエコラベルを取得するかどうかはもちろん個々の事業者の判断だが，取得しない場合には少なくともその理由を合理的に説明できなくてはならないだろう．

　対して，日本の主権にもとづく漁業管理枠組み内で営まれる沿岸や沖合の漁業主体が，MSC認証を取得しようとする場合，ポイントとなるのが管理システムの存在である．従来，持続可能な資源利用とは対象資源の持続性の観点から論じられることが多かった．これに対しFAOガイドラインでは，生態系アプローチや順応的管理の考え方を取り入れ，対象となる資源（種）単体ではなく，生態系の相互作用や生息場所などの非生物環境にも一定の配慮が行われていることを要求している．日本においても水産庁による資源評価では，不確実性を考慮した予防原則的なアプローチで生物学的漁獲許容量（Allowable Biological Catch: ABC）が算定されており，資源評価対象魚種においては，MSC認証制度の要求するレベルにおいても資源や環境の持続性に関する資料をそろえることは難しくはない．また管理システムについても，漁業法を中心とする関連法規の中で，許可制度などの仕組みの中で管理を行うシステムは存在している．ところが，その存在する管理システムが，十分に機能していることを示す証拠の提示が難しいのである．特に，漁獲可能量（Total Allowable Catch: TAC）対象魚種については，算定されたABCからTACを決定する際のプロセスが不明瞭であるため，折角ABCが算定されTACによる数的管理が行われているにもかかわらず，管理システムの有効性に懸念が生じる可能性が高い．TAC決定プロセスについては，近年，水産資源学の研究者からも科学的妥当性に関して批判が大きいが，仮に妥当性に問題がないとするならば，プロセスを公開し広く一般の理解を得られるような説明をするなどの改善が必要なのではないだろうか．

　一方，複数の水産エコラベルが並立する時代を迎えて，日本国内では"オールジャパンの水産エコラベル"としてMELジャパンが設立された．前節に述べたように，MSCはすでに権威を勝ち得ているため，一定の先行者利益を確保している．そのような前提の下，新たにエコラベルを設立するからには，MSCの影響力を利用しつつ自身の影響力も拡大するという戦略か，MSCとは異なる基軸を打ち出し全く別のものとして活動するという戦略のいずれかをとるべきと考えるのだが，残念ながら現在のMELジャパンからは戦略性が見出

しにくい．筆者はこれまでの経験から，MSC認証の精緻な審査過程を高く評価しているが，一方ですべての水産エコラベルを表示したい漁業が，MSCの水準で審査を受ける必要はないとも考えており，MELジャパンが狙うように，対象漁業を日本漁業に限定することの意味はあると評価している．筆者の所感では，日本の沿岸漁業がもつ様々な特質が，MSC的な審査の観点とミスマッチを生じているように思われる．例えば，地域によって漁業協同組合や漁村といった共同体の内部で，社会的規範による相互統制が管理システムとして機能しているのだが，その理由や確実性を文書証拠として示すことは難しい．また，四季折々に多様な魚種を漁獲しその多くを流通させるという漁業実態は認証対象種を特定して評価するという種主眼的なMSCのアプローチにはなじみにくい．しかし，現状のMELジャパンの認証規格は，対象を日本漁業に限定しているものの，資源や環境の持続性の評価の観点でMSCと大きな違いを持っておらず，MSCになじまない漁業のための相補的な方策としては機能していない．

同じくMELジャパンでは，水産エコラベルのユーザーがあくまで消費者や小売事業者であることについても認識が薄いように思われる．MELジャパンのラベル製品は，現状，MSCに比べて認知度が低く，運営主体による情報公開の程度も低いため，広く市民の興味や関心を呼ぶことができていない．日本では消費者運動が，生活協同組合などの一部の小売事業者と共に歩んできた歴史があるため，消費者だけではなく小売事業者の認知が非常に重要である．多くの小売事業者は外国産の水産物も国産の水産物も等しく店舗で扱っており，顧客に対してMSCとMELジャパンを並べて説明する必要がある．そのような観点からMELジャパンを眺めると，MSCとわざわざ別の認証制度を立ち上げた理由や，そのメリットはどのようにユーザーに対して説明されるのだろうか，と不思議に思う．今後，MELジャパンを意味あるものとするためには，運営主体による啓発や普及に一層注力する必要があるのではないだろうか．

あるいは，MSCと認証審査の観点を大きく違えないのであれば，相互承認の可能性についても検討すべきと提案したい．有機食品の認証では，異なる認証規格を持つ団体間において，互いの基準の同等性を確認して相互承認を行う例がある．もしMELジャパンがMSCとの相互承認により，MSCラベルと同等あるいは部分的に同等といった位置づけができれば，消費者や小売事業者の理解と認知は飛躍的に高まり，同時に漁業者にとっても利益が増えるだろう．

4-2. 水産学研究者への期待

　最後に，水産エコラベル時代において，水産学研究者の果たすべき役割として3点を期待したい．

　一点目は，基礎的な水産諸科学の知見を蓄積する役割である．認証を取得するためには，対象となる魚種の生態に関する情報や過去の漁獲に関する情報が必要だが，これらは認証審査を受ける漁業者が自身で蓄積できるわけではない．時には非常に局所的な情報が必要となる．国の機関だけではなく，都道府県の試験研究機関や日本各地の大学における研究蓄積は改めて整理され，新たな光の下で見直されるべきである．筆者が京都府機船底曳網漁業連合会のMSC認証審査に携わった際，丹後半島の突端，経ヶ岬沖の底曳網漁場におけるベントス（底生生物）相のデータがどうしても必要になったというのだが，このデータは他のどこからでもなく，京都大学農学部附属舞鶴水産実験所（現京都大学フィールド科学教育研究センター舞鶴水産実験所）の研究蓄積から入手されたということがあった．大学だけではなく付属実験施設においても，ぜひ周辺環境の調査や研究とその継続を期待したい．

　二点目は，地域の漁業をよく知るプロフェッショナルとして，認証に積極的に関与することである．認証機関に審査チームの一員として加わることもあれば，認証を取得しようとする申請者に支援者として加わることもあるだろう．いずれにおいても，地域の漁業をよく理解した研究者の存在は，円滑な認証審査のために必須である．

　三点目は学生や市民などとりまく人々への普及啓発である．筆者は水産エコラベルに関連して消費者の意識調査などを行う機会があるが，そもそも水産資源が更新性の天然資源であり，適切な管理を行うことで将来にわたって持続可能な利用ができるということに関する理解が，社会全体に不足しているように感じている．水産資源枯渇は人為的な管理の失敗であり，その一端は市民一人一人の購買行動とつながっているという認識を広めていく必要があるのではないだろうか．日本ではMSC認証制度が先行したため，表示による選択肢の推奨といえば，水産エコラベルのような事業者の活動がまず思い浮かぶかもしれないが，北米やEU諸国では消費者団体が一般市民を対象として，乱獲に寄与しない「買ってもいいお魚ガイド（コンシューマーズ・ガイド）」を発表する取り組みが盛んに行われている．日本でもこのようなガイドの作成に取り組む環境団体が現れつつある．

　第三者認証による水産エコラベルとは，あくまでも手段の一つに過ぎない．今，水産業界に本当に求められているのは，漁業活動と水産物の持続可能性の

関係を表現し，消費者に説明する姿勢である．生産者および生産者を支える関連業界は，今後，エコラベルに限らず社会のこのようなニーズにどう応えていくかについて，検討し模索していくべき段階にあるといえるだろう．

コラム 16　イカナゴが地球温暖化を警告する？

イカナゴという魚をご存じだろうか．スズキ目イカナゴ科に属する細長い小魚で，「こうなご」とか「かますご」とも呼ばれる．関西では「くぎ煮」と呼ばれる佃煮の材料として，近年とみに人気が高まっている（図1）．日本各地の沿岸に生息する，一見なんの変哲もない魚であるが，じつはこのイカナゴはとても変わった習性をもっており，それゆえに人間活動の影響をきわめて大きく受けている，注目すべき魚なのである．

図1　関西の春の味覚「イカナゴのくぎ煮」（456頁参照）

一年の半分を寝て過ごす

日本には北海道から東北にかけて生息する「北方型」と，東北以南に生息する「南方型」の2タイプのイカナゴが存在するが，「南方型」のイカナゴは，夏場の約半年間を海底の砂に潜って休眠状態で過ごすのである．私たち研究者はこれを「冬眠」ならぬ「夏眠」と呼んでおり，もともと冷水性であった本種が，暖かい南の海に分布を広げるために身につけた習性だと考えている．分布のほぼ南限である瀬戸内海では，海水温が22℃前後になる6～7月に夏眠を開始し，代謝を下げてエネルギーの消耗をできるだけ抑えた状態で，餌も食べずに6ヵ月ほどを砂の中で過ごす．12月頃に海水温が13～14℃に低下すると，夏眠からさめてすぐに産卵を行う．イカナゴの卵は砂粒に粘着するタイプの卵であり，夏眠場所はすなわち産卵場所ともなっている．イカナゴが夏眠・産卵場所として利用できるのは，きわめて汚れが少なく，粒の大きさがそろった砂に限られており，瀬戸内海では明石海峡や備讃瀬戸など，流れの速い海峡の周辺に偏在している．

海底砂の採取で夏眠場所が激減

ところが，瀬戸内海の海砂は高度経済成長期以降，建設用材として大量に採取され続けてきた．兵庫県と徳島県では早くに海砂の採取が禁止されたため，明石海峡周辺の夏眠・産卵場所は以前の規模が維持されているが，それより西の瀬戸内海沿岸各県では禁止されていなかったため，備讃瀬戸以西の夏眠・産卵場は著しく損なわれ，イカナゴの生息数は激減してしまった．図2に，明石海峡周辺の夏眠・産卵場所を供給源とする大阪湾のイカナゴ漁獲量と，備讃瀬戸およびそれ以西を供給源とする備讃瀬戸の漁獲量の経年変化を示す．変動がありながらもほぼ横ばいの大阪湾に対して，備讃瀬戸の漁獲は大きく減少していることがわかる．海砂の採取がイカナゴをはじめ多くの魚介類に悪影響を与えることは以前から指

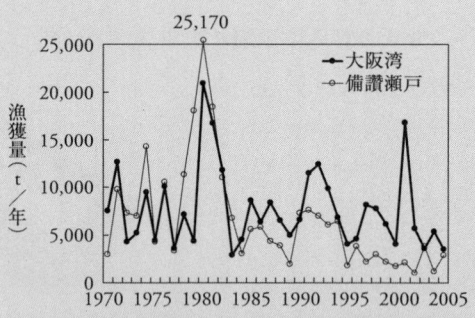

図2 大阪湾と備讃瀬戸における1970〜2005年のイカナゴ漁獲量推移

摘されていたものの，なかなか採取の禁止には至らず，ようやく瀬戸内海全域で採取が禁止されたのは2006年のことである．

地球温暖化とイカナゴ

本来の分布域より南方に進出し，夏を乗り切るために夏眠という特殊技能まで獲得したイカナゴであるが，やはり暑さには弱い．私たちの研究では，夏の高水温が翌年のイカナゴ発生量に悪影響を与えることがわかったし，愛知県水産試験場の柳橋茂昭さんたちの飼育実験によれば，夏眠中に水温が26℃を超えると，栄養不足の個体から死亡が始まるという．瀬戸内海で夏眠場所の砂中水温が測定された

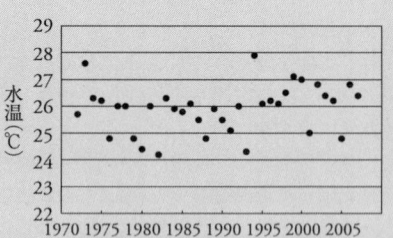

図3 明石海峡近傍の夏眠・産卵場所に近い海洋観測点における1972〜2007年の底層夏季最高水温（データは兵庫県水産技術センターによる）

例はないが，周囲の底層水温は暑い夏には26℃を超えることが少なくないので，現在でも彼らの生息限界ぎりぎりであることは間違いない．ところが，近年は最高水温の高い年が増加している（図3）．もし，気候変動政府間パネル（IPCC）が予測するような地球温暖化が進行すれば，おそらく近い将来にイカナゴは瀬戸内海から姿を消してしまうであろう．

イカナゴは私たち人間の活動にきわめて影響を受けやすい．その増減は，人間活動が生きものの生息環境に影響を与え，それが再び人間に返ってくることを端的に教えてくれているように思える．

（大阪府環境農林水産総合研究所水産技術センター　日下部敬之）

コラム 17　水族館で南極の生き物を飼う

　名古屋港水族館は,「南極への旅」という展示テーマを掲げている. 日本の海, 深海, 赤道の海, オーストラリアの水辺, そして南極の海と日本から南極大陸に向かう経路にある五つのエリアに生息する生物を順路に沿って展示している. その最後のコーナーで展示しているのが南極海の生物である.

　南極大陸の周囲にある南極海は, 太平洋, インド洋, 大西洋と接しており, 目に見える明確な境界はない. 南緯50〜60度付近に南の冷水と北の温水がぶつかり合う目に見えない境界線「南極極前線」があり, そこを境に水温, 塩分などが大きく変化するため, 多くの生物は南極極前線を越えて移動することはできない. そのため南極海には固有種が多い. 日常生活ではまず見かけることのない生物を扱うことができるのも水族館の仕事の醍醐味である.

　南極海は水温が一年を通じて−2〜2℃, 平均約0.5℃と低いながらも非常に安定している. そこに住む生物は, 温度変化に弱い狭温性である. したがって, 南極の生物を飼育する水槽設備は, 0℃近い低温を維持し続けなければならない. 0℃で生物を飼育する設備は, 前例がほとんど無く, 独自に開発しなければならなかった.

　0℃近い低水温では, 濾過槽で生化学的濾過を行うバクテリアの活性が著しく低いため飼育水の水質を安定させることはきわめて難しい. 試行錯誤の末, 飼育水の一部を約10℃に温めた独立した濾過循環系でバクテリアによる生物濾過を行い, 生物を飼育している循環系に戻す方法をとった. この方法で, 0℃の低温下で水質を安定させることができ, 南極の生物を長期間飼育することができるようになった.

　長期飼育が可能になると, 生物が産卵

図1　ダルマノト (*Notothenia coriiceps*) とその卵 (中) および稚魚 (下).

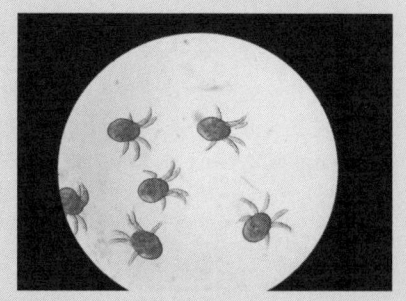

図2 ナンキョクオキアミ（左）とその幼生（右）

するようになった．南極の生物は温帯の生物に比べ孵化期間が著しく長いものが多い．ノトテニア亜目魚類のダルマノト（*Notothenia coriiceps*，口絵35，図1）は約5ヵ月，腹足類のナンキョクバイ（*Neobuccinum eatoni*）は18〜24ヵ月もの期間が孵化までにかかる．ナンキョクバイなどの南極海に住む底棲性の無脊椎動物の多くは直接発生で，孵化後の育成は成体とほぼ同様でさほど困難なことはない．しかし，魚類は孵化後の仔稚魚期が長く，ダルマノトでは着底するまでに1年以上かかる（図1下）．その間は餌や水流などに絶えず気を配らなければならず，なかなか一筋縄ではいかない．それでも，努力の甲斐あってか魚類2種，無脊椎動物3種の南極生物を繁殖させるのに成功した．

ナンキョクオキアミ（*Euphausia superba*）の繁殖に関しては，そう簡単にはいかなかった．水質の維持だけでは，繁殖には不十分であった．南極の年間の光周期を考慮した照明を調整して産卵させるまでに至った．しかし，産卵後親個体が斃死してしまう．卵も孵化しない．それまで，植物プランクトンを専食し，冬期は飢餓状態で過ごすとされていたナンキョクオキアミに，動物質の餌料を与え栄養強化を施し，冬期にもたっぷり餌を取れるようにした．その結果，産卵後の親個体の斃死はなくなり幼生の孵化育成にも成功した（図2）．既存の知識を鵜呑みにしていては，前に進むことはできないことを思い知らされた．

南極の生物の生態に関する知見は十分とは言えず，さらに冬期南極海が結氷し，野外調査が不可能な時期の情報がない．水族館での飼育，繁殖の成功は，展示に必要なだけではなく，野外調査では得られない情報を与えてくれた．水族館で南極海の生物の飼育に携わり，非常に貴重な経験が得られたと思っている．

〈名古屋港水族館　松田　乾〉

第7章

再生のカギを握る新たな統合学問の展開

　私たち日本人の勤勉さ，誠実さ，謙虚さ，他人への思いやり，こうした優れた資質によって，国土の上では小国の日本は世界第二の経済大国に成長し，物質的豊かさはこの間に著しく"発展"したにもかかわらず，この息苦しい閉塞感になぜ包み込まれてしまったのであろうか．それは，縦割社会が固定化してしまったからではないであろうか．残念なことに，本来自由に発想して縦横に歩むべき学問の世界も，あまりに専門分化し過ぎて，本来の自然や社会のつながりに関わりなく，個別に歩み続けてきた．自然は本来不可分につながっているにもかかわらず，人間の都合によって第一次産業の農業，林業，畜産業，漁業は全く連携することなく進められている．

　こうした事態に直面して，今後，科学はどのように歩めばよいのであろうか．本章では，この問題を打開しうる新たな統合学問の誕生を取り上げる．一つは，人々の生きる道を地域のつながりの再生に求め，それに資する学問の創生である．海洋国日本の南岸を南から北に流れる世界を代表する暖流，黒潮流域に根を下ろした地域文化を再発掘して，21世紀的な黒潮文化圏の誕生を目指す"黒潮圏総合科学"の誕生である．この学問は高知大学大学院黒潮圏科学研究科の誕生とともに生まれ，その創設を進められた深見公雄氏に概説いただく．他の一つは，わが国を代表する自然である森と海は本来不可分につながっ

ていることに焦点を当て，これまで森は森，海は海と全く別個に進められてきた研究教育を，森と海は約2万1000本の川で不可分につながっていることに根ざした海域と陸域を一体としてとらえる「森里海連環学」の誕生である．"つながりの価値観"の再生を目指したこの学問は，京都大学にフィールド科学教育研究センターが発足（2003年）するとともに誕生したものであり，その立ち上げに関わった田中　克が概説する．

　最近の自然科学者は，ともすれば一番大切な現場から離れ，一人研究室や実験室の中でパソコンや遺伝子を相手に"学問の世界"に埋没してしまいがちである．このような傾向に警鐘を鳴らし，現場の実態，すなわち自然の本来のつながりに根ざした縦割を打破する学問の誕生を切望されてきたカキ養殖業者畠山重篤氏の研究者へのメッセージも併せて紹介する．

第1節　黒潮流域圏総合科学の展開

1 ▶ はじめに

　高知県は，黒潮の影響を強く受けた豊かな自然環境を有しているたぐい稀な地域である．高知県の山地から河川の流域・沿岸部を通して沖合までの間には，森林・陸上生物・農作物・海洋生物・海水（海洋深層水）など多様かつ豊富な資源が存在する．これらの多くは黒潮がもたらす豊かな降水量と温暖な気候などによりもたらされる「黒潮の恵み」である（口絵23）．このような自然の恵みを有効かつ持続的に利用するためには，黒潮の影響を受ける山から海まで（黒潮流域圏）の生態系を熟知し，その資源と環境を総合的に研究する必要がある．

　高知大学ではこのような考えのもと，黒潮流域圏の森・川・里・海を一つのシステムととらえ，その環境や生態系を保全・維持しながら，その海洋資源や農林水産資源を持続的に享受する方策を考える「黒潮流域圏総合科学」を創成しようとした．

　本稿では，分野融合型で学際的な黒潮流域圏総合科学の考え方や高知大学で行われている具体的な研究内容と実施体制について述べたあと，21世紀に向けた資源の持続的有効利用と循環型社会の発展による自然と人間の共存・共生系の確立を実現するにはどうしたらいいのかについて考える．

2 ▶ 黒潮流域圏総合科学とは何か

　「黒潮流域圏総合科学」は，文部科学省の特別教育研究経費（研究推進）に平成18（2006）年度から20（2008）年度までの3カ年にわたって採択されたのを受けて，高知大学の大学院黒潮圏海洋科学研究科（当時，後述）と農学部を中心として実施されている新しい学問体系である．その目的は，高知県の山・川・里・海に由来する豊かな自然環境と生物資源，すなわち「黒潮がもたらす恵み」の再生産機構の解明と環境保全型食料生産システムの構築である．

　高知県の就農人口は2030年には現在の3分の1まで減少することが予想されている．産業基盤が一次産業に高いウェイトを有する高知県にとっては，就農人口の減少に歯止めを掛けることは喫緊の課題である．このことは高知県に限らず日本全体にも当てはまる問題であり，二次産業を活性化することによ

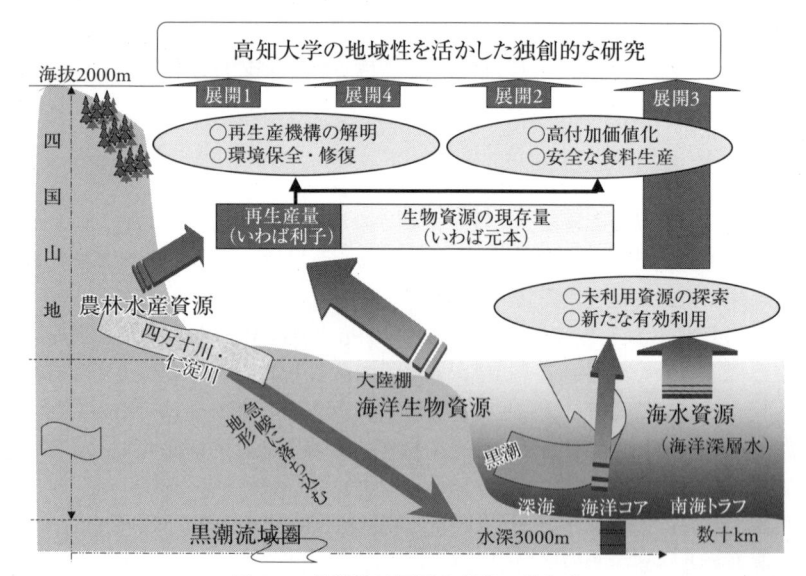

図 7-1 黒潮流域圏総合科学の考え方

森林から平野を通して海洋に至るまでの様々な資源を有効利用するために，展開1〜4の四つのテーマについて主に研究が進められている．そのうち生物資源については，現存量を"元本"，再生産の部分を"利子"と考え，利子部分を利用することで資源を持続的に有効利用しようとしている．

り，一次産業に活力を与え，就農に対するインセンティブを付与することはきわめて重要である．したがって，豊かな自然環境から海洋・農林・水産資源が享受されるメカニズムを科学的に解明し，環境に配慮したうえで自然の恵みである生物資源を持続的に利用することは，これからの地球環境を考えるときわめて意義深い研究テーマと考えられる．

高知県は，海抜2000mの山間部から水深3000mの南海トラフまでが，水平距離にしてわずか数十kmの範囲で見られ，森林・陸上生物・海洋生物・海洋深層水・海洋コアなど多様かつ豊富な資源が存在している（図7-1）．このため，黒潮の恵みを最大限受けることのできる高知県は，山・川・里・海を一つのシステムとしてとらえる研究には，最も適した地域の一つである．

高知大学では，生態系の解明とその環境保全・修復を専門とする研究者集団と，その環境が生み出す資源の高付加価値利用に特化した研究者が多数在籍しており，両者の連携が可能である．このような状況のもとで，高知大学は第二期中期目標・計画の前文である大学の基本的な目標の冒頭部分に，

高知大学は，人と環境が調和のとれた共生関係を保ちながら持続可能な社会の構築を志向する「環境・人類共生」(以下「環・人共生」)の精神に立脚し，地域を基盤とした総合大学として教育研究活動を展開する．教育では，普遍的で幅広い教養を持った専門職業人を養成する．研究では，南国土佐を中心とした東南アジアから日本にかけての黒潮の影響を受ける地域，すなわち黒潮流域圏の特性を活かした多様な学術研究を推進する．

と述べており，「黒潮流域圏総合科学」は本学の中心的な教育研究方針と一致するものである．

3 ▶ 黒潮圏海洋科学研究科の立ち上げと黒潮流域圏総合科学の実施体制

　高知大学大学院黒潮圏海洋科学研究科は，旧高知大学と旧高知医科大学の統合を契機に，2004年4月1日，両大学の人的資源を結集した独立研究科として誕生した．本研究科には高知大学にある五つの学部(人文・教育・理・医・農)のすべてから研究者が参加しており，従来の学部の壁を取り除き，様々な考え方を持った異なる専門分野の研究者が身近にいるという長所を最大限に生かした研究・教育組織である．なお高知大学は平成20(2008)年度から大学院を改組して一本化し，「総合人間自然科学研究科」に統合された．それに伴い，黒潮圏海洋科学研究科も黒潮圏総合科学専攻に改編された．

　本研究科は改組に伴い黒潮圏総合科学専攻となった今でも，地理的には黒潮圏諸国全体(図7-2)を，また地域的には高知県のような黒潮の影響を強く受けている土地の，沿岸部から河川の流域をさかのぼって山間部に至るまでを，大気を含めて一つのシステム(流域圏)としてとらえ，その「資源」・「環境・社会」および「医学・健康」を，自然科学のみならず社会科学や医学の面からも総合的・学際的に研究・教育することを目指している．

　黒潮流域圏総合科学は，旧黒潮海洋科学研究科のメンバーおよび農学部が中心となってはいるものの，医・人文・教育・理の各学部および海洋生物研究教育施設などと協力して実施されている．また学外組織として，京都大学フィールド科学教育研究センター・㈳水産総合研究センター・高知県水産試験場・同海洋深層水研究所・同工業技術センター，さらには黒潮の影響を受ける諸外国のいくつかの大学と共同研究を行っており，黒潮源流域に位置するフィリピンのビコール大学やフィリピン大学ディリマン校，黒潮流域の中ほどに位置する台湾の中山大学などと大学間国際交流協定が締結され，マレーシア・サラワク

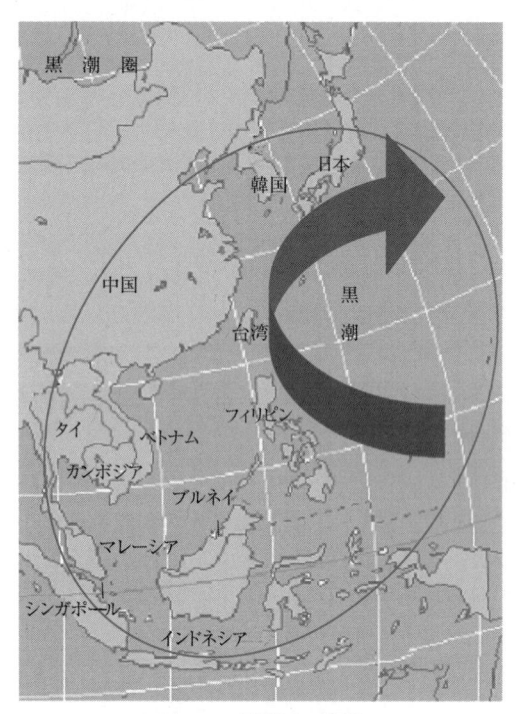

図 7-2　黒潮圏の定義
東南アジアから日本に至るまでの黒潮の影響を受ける地域を黒潮圏と称し，黒潮圏海洋科学研究科（現黒潮圏総合科学専攻）ではそのエリアの諸問題について研究している．

州森林局およびプトラ大学などを含めて，各大学などの研究者との交流がすでに頻繁に行われている．また，太平洋における黒潮と同様に，世界最大の海流の一つである大西洋のガルフストリームの流域に位置するキューバでもハバナ大学などと共同研究が実施されている．生物多様性の宝庫といわれ循環型社会の構築に向けて邁進している同国で，国外から持ち込まれた外来種（ナマズの一種）による生態系破壊が問題となっているが（コラム 10 参照），それをうまく駆除・利用することで人々の生活と生態系の両方を守る研究が行われている．

4 ▶ 黒潮流域圏総合科学の具体的研究内容

　黒潮流域圏総合科学では，主に以下の四つの課題について研究を推進してい

る（図 7-1）．

展開 1．黒潮圏における生物資源再生産機構の解明

　高知県の代表的な河川である四万十川（和ほか，2008）や仁淀川流域（深見ほか，2007）をモデルに，黒潮がもたらす温暖な気候と豊富な降水量が森林資源と農作物へ与える影響，森林から供給される豊かな栄養塩が河川における生物生産に果たす役割，豊富な栄養塩を含んだ河川水と貧栄養な黒潮が混じり合う沿岸および河口汽水域における生物群集の動態，黒潮が洗う島嶼周辺海域のサンゴや海藻・海草生態系における生物相互作用，などを解明している．こうして，黒潮の影響を受ける山から海までの流域圏の生態系を熟知し，その上で黒潮流域圏における生物資源の再生産機構を明らかにすることで，それらの資源を持続的に享受するための方策を考える（図 7-3）．

　これまでに実施された研究により以下のことが明らかになった．

　仁淀川流域において，降水・森林土壌からの湧水，および河川水中の栄養塩濃度について調べた結果，降水が森林土壌を通過することで多量の栄養塩が河川水に供給され，湧水中の窒素は降水中の約 4.5 倍，リンは 8.9 倍，ケイ素は 350 倍に増加し，森林土壌は河川水へのきわめて重要な栄養塩供給源であることが分かった（深見ほか，2007）．また，N：P：Si 比は 60：1：303 であり，仁淀川ではリンが相対的に少なくケイ素が豊富であることが分かった．河川水中の浮遊性微細藻類の現存量は，流速の遅い測点を除けば常に低かったのに対し，付着性微細藻類は，増殖速度は夏季に高かったものの現存量は夏季より冬季に増加する傾向が見られた．これらの結果から，森林土壌が供給する栄養塩は河川水中の付着性微細藻類の一次生産を支えており，その分布や増殖に大きく影響していることが分かってきた．また河川水中の栄養塩の平均約 16％が河川水中の浮遊性および付着性の微細藻類によって取り込まれていること，なお残存した 84％の栄養塩が河口域まで運搬され，沿岸汽水域の植物プランクトンによる一次生産やスジアオノリやコアマモなどの海藻・海草の生産に寄与していることが明らかとなった（深見，2007）．また高知県において重要な魚類資源の一つであるアユの仔稚魚は降海後も河川水の影響が及ぶ範囲に留まっており，生まれた河川に回帰する可能性が高いことが解明された．

　高知大学が京都大学および高知県と共同で開設した「横浪林海実験所」（図 7-4）前の入り江（図 7-5）を"演習海"として実験海面的に使用し，継続的な現場観察により，沿岸部の仔稚魚の再生産機構とサンゴ群集との相互作用の調査が開始された．その結果，最も多くみられるトノサマダイやミスジチョウチョウウオの稚魚は，全長 13mm の段階で主にスギノキミドリイシに出現し，成

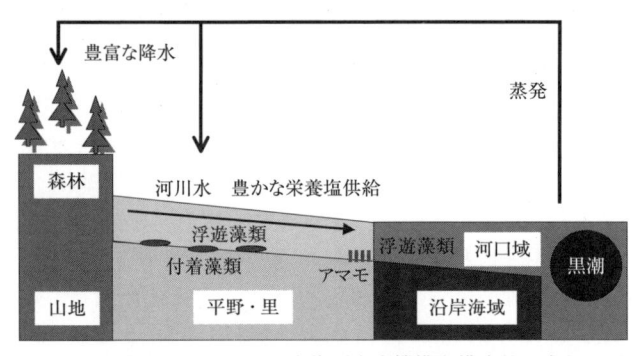

図 7-3　黒潮流域圏における生物再生産機構を模式的に表した図
黒潮による温暖な気候がもたらす豊富な降水を介して森林から供給された豊かな栄養塩が河川水中の微細藻類や河口域の海藻・海草類を育てながら，なお沿岸海域における植物プランクトンの基礎生産を支えている．

図 7-4　高知県横浪半島に，高知大学・京都大学・高知県の三者によって共同開設された「横浪林海実験所」の開所式典にて（左が筆者）．

図 7-5　「横浪林海実験所」からみた実験所前の海．海面下には豊かなサンゴ群落が広がっている．

長するに従ってエンタクミドリイシにも現われるなど，群生したサンゴは多くの魚類の生息場および摂食場として利用されていることが明らかとなった．またサンゴの白化・疾病には周辺海域の細菌類の影響，特に褐虫藻殺滅細菌の作用がきわめて重要であることが明らかとなった．

展開2．環境保全型食料生産システムの構築と付加価値の追求

　安全な食料資源は健全な環境からのみ得られるという考え方，すなわち「環食同源」という新しい言葉で表現される思想に基づき，自然環境を保全し健全な状態に保ちながら，安全かつ地域に特徴的な海洋あるいは農林水産資源を効率的・持続的に生産する環境保全型の食料生産システムの構築について探求している．

　モデルフィールドを設定し，環食同源をキーワードに土壌や水質の分析による環境モニタリングを行い，それらを「健康」に保つことによって，どのような成分の農作物や魚介類が得られるのかを調べている．これらの知見をもとに，循環型で安全な食料生産システムを試作し，その評価を進めている．さらに高知県で生産される農林水産資源から，健康の維持・増進に役立つような高い付加価値（機能）を持った食料や加工品を創成するために，その生産条件と機能解析とを進め，両者の関係を明らかにすると共に，その製造プロセスや加工技術の最適化を検討し，基礎データを集積することで製品の試作を進めている．

　このように環境に配慮した安全でかつ高い付加価値をもつ食料を効率的に生産するシステム（環境保全型食料生産システム）を確立することは，日本の食料自給を高めることにもなり，重要かつ緊急な研究テーマである．

　これまでの研究から以下のような成果が得られている．

　ノリ養殖時に大量に発生するものの商品価値のほとんど無い"色落ち海苔"の有効利用を目的として，色落ち海苔を添加したブリ用飼料を作製し，ブリ1年魚に給餌したところ，成長が損なわれることなく色揚げ・免疫賦活などの効果が認められた．また，オキアミ資源の持続的有効利用を念頭に，魚類養殖飼料中の魚粉を100%オキアミ加工品で代替し，ブリの成長を観察した結果，オキアミミールは，魚粉の代替として使用することができる可能性が示唆され，循環型資源の有効利用に道筋がつけられた．

　一方，海洋深層水を断続的に施用することにより，糖度9%以上の高糖度トマトの多段栽培に成功し，しかもミネラルと機能性アミノ酸（GABA，プロリン）濃度および抗酸化酵素活性が上昇することが実証された．また，山間地の谷川の水や海洋深層水の低温を利用した葉菜類の高付加価値化を検討し，ホウレンソウの根圏のみに1週間程度低温ストレスをかけることによって，糖・ビタミン・鉄の濃度が上昇し，人体に悪い硝酸およびシュウ酸の濃度が低下することが実証された．さらに，植物が本来有する同位体効果の特性を応用した農産物の産地判別法の開発を試み，カンキツ精油のモノテルペン炭化水素においてイ

オン強度のより高いベースピーク (m/z93) の同位体比測定法が開発された.

展開3. 新たな未利用資源の探索とその有効利用

　黒潮圏の陸上および海洋環境では，多様な生物群集が複雑な生物相互作用を保ちながら生息していることが予想され，それらの多くは化学物質を介したものであると考えられる．このため，森林・河川流域・河口沿岸域・沖合海域などにおける生物相互作用を調べ，その中から有用生物や新たな有用生理活性物質，ならびに有用遺伝子資源などを探索し，その有効性を解明することを目的に研究が進められている．また，高知県の資源として注目を集めており，高知大学においてすでに基礎的知見が蓄積されている海洋深層水の科学的特性を把握するとともに，資源としての新たな有効性や作用のメカニズムを明らかにしようとしている．

　その結果，現在までに得られた成果は以下のとおりである．

　海洋深層水を用いて陸上培養された海藻のハバノリから，マスト細胞の脱顆粒抑制活性や好酸球の脱顆粒を抑制する活性が見出された．また，海洋深層水を逆浸透膜で脱塩する過程で生じる濃縮深層水を利用した微細藻類 *Dunaliella salina* の大量培養技術が構築され，β-カロテンを効率よく生産し，かつそれを有用な機能性食品素材として利用する技術が開発された．さらに，海洋環境と生物，稀少生物，植物や圃場，発酵食品などを分離源として，新規な酵母や乳酸菌が単離され，発酵食品への利用法が検討された．

　農作物およびその廃棄物から様々な機能を持つ有用物質を検索したところ，ピーマンにフラボノイド配糖体が大量に含まれていることが見出され，その分離・精製技術に関して特許が取得された．さらにこれらが生物培養に対し促進効果があることが明らかにされ，安価なあるいは廃棄農作物に新しい付加価値を与えることができた．コシヒカリに早生遺伝子と短稈遺伝子を導入することで，良食味・極早生・短稈の水稲新品種"ヒカリッコ"の収量や食味あるいは倒伏抵抗性などの特性が調査された．

展開4. 豊かな資源を育む黒潮圏の環境保全と環境修復手法の開発

　黒潮圏の特異的で繊細な生態系が人為的インパクトによりどのように劣化するかを明らかにすることにより，それらを修復するために必要な方策と予防策が提言可能となり，これからの地球環境保全に大いに寄与できる．このため，黒潮圏の陸域から海洋までの様々な生態系を熟知し，その環境の保全・修復法について提言するために，以下のような研究が実施されている．

　マレーシア・サラワク州を例に森林生態系の保全と修復に関する共同研究が展開されている．現地の森林生態系の修復に必要な苗木の安定供給を目指し，

地域の優占種であるフタバガキ科樹種の開花・結実のメカニズムが気象変動と樹体内貯蔵養分量の関係から調査されるとともに，複層林における土壌と林木の成長の関係が解析されている．一方，黒潮流域圏を含む東南アジア諸国で問題になっている重金属・半金属などの有害物質による土壌環境汚染を植物を用いて浄化する（ファイトレメディエーション）ため，スズシロソウをモデル植物とした金属集積機構が明らかにされつつある．また，魚類養殖の盛んな高知県浦ノ内湾，および生活排水の流入する港湾の浦戸湾の底泥中の重金属含量の分析が行われ，浦ノ内湾では銅が，また浦戸湾では亜鉛濃度が高い傾向にあることが明らかとなった．

エビ養殖は東南アジア諸国で盛んに行われているが，その養殖池の環境悪化が問題となっている．そこで，エビ養殖池の環境モニタリングを行い，エビの生理状態が悪化するときの環境要因について調べたところ，植物プランクトン，特に渦鞭毛藻の夜光虫がエビ養殖池で発生するとエビの状態が悪化すること，エビ養殖池から夜光虫殺滅細菌を分離し，これらを接種して混合培養すると夜光虫の増殖が抑えられ，結果的にエビの生理状態が回復することが明らかとなった．

このような自然科学的な見地からのみならず，人間活動との関わり方の観点からも環境悪化や修復を論じるために，鹿児島県与論島におけるサンゴ礁生態系を例に，農業の施肥や畜産の排泄物処理などと沿岸環境との関連について調査が行われており，得られたデータの詳細な整理・分析により，環境劣化に対処する行政側の対策や政策のアプローチ方法とその必要条件などについて検討がなされてきている．

なおこれらの成果は，2008年12月13日に高知市の高新文化ホールで開催された高知大学特別研究プロジェクト公開シンポジウム「黒潮流域圏総合科学の創成」で報告された（図7-6）．その報告書（高知大学特別研究プロジェクト，2008）の中には，上記四つの展開に関する詳しい成果と公表論文などの全リストなどがとりまとめられている．

5 ▶「"黒潮の恵み"を科学する」ことの意義

これまで述べてきたように，黒潮流域圏総合科学の目的は，森の幸・里の幸・海の幸に代表される「黒潮の恵み」がなぜ得られるのか，その恵みを持続的に得るために我々は何をすればいいのかを科学的データをもとに明らかにすることである．

図7-6 2008年12月18日に開催された，黒潮流域圏総合科学の研究成果を発表するシンポジウムのポスター．

　では自然の幸の持続性とは何であろうか．森の幸・里の幸・海の幸の多くは生物資源である．生物資源が，石油や石炭のような非生物資源（物質資源）と決定的に異なる点は，再生産されるということである．鉱物資源のような物質資源は，何億年もの地質学的年代を経なければ再生されることはなく，したがって増えることはない．つまり，いかに省エネしようとも，資源の無駄使いをやめようとも，それは資源の消費速度が緩やかになるだけで，資源量が減少していくことには変わりなく，決してもとの量より増加することはない．それに比べて生物資源は，自然環境や生態系さえ健全であれば再生産されるため，もとの量より増加する．このことはきわめて重要で，生物資源を再生産量の範囲内で消費していれば，資源は減少しないことを意味している．これは例えば利息

の範囲でしかお金を使わない貯蓄のようなものと考えることができる．生物資源の現存量（資源量）はいわば"元本"であり，再生産量はいわば"利子"である（図7-1）．"利率"がすなわち再生産速度に相当する．私たちは通常，自分の預金残高が現在いくらあり，現在の利率は年何パーセントであり，したがって1年間にどれくらいの利子が生まれるかを簡単に計算することができる．しかしながら，自然環境に存在する生物資源の場合には，これを知ることはそう容易なことではない．元本すなわちその生物資源の現存量が今どれくらいあり，現在の利率，すなわち再生産速度がどの程度であり，だから1年間にどれくらい利子が生ずるのか，つまりどれくらいの資源を消費することが可能なのかを知ることは，詳細な現場観察に基づくデータの裏付けがなければ不可能である．現存量やその再生産速度は場所や生物の種類や環境条件によって大きく異なるであろう．しかしながら，我々人類はこれまで"利率"はおろか"元本"が今いくらあるかですらそれほど明確には知らずに，あるいは知ろうとしないままに，"利子"を食いつぶしてきた．その結果が，"元本"の減少，すなわち資源の枯渇につながってきたと考えることができる．黒潮流域圏総合科学はまさにこの点を明らかにすることが大きな目的の一つである．

6 ▶ 学際的研究の必要性

　学問の進歩に伴い，研究分野がどんどん細分化されていたために，私たちはしばしば狭い専門分野に凝り固まってしまっている．その結果，異なる専門分野の人々との交流がだんだん少なくなり，広い視野で物事を考えることが無くなって，いわゆる蛸壺状態に陥ってしまった．

　しかしながら，その専門分野では常識と考えられてきた概念が他の専門分野の研究者からみればきわめて特異的な考え方であるなど，異分野の人と議論することで初めて気づくことがしばしばある．その結果，いわゆる学際的とか異分野融合などと表現される研究の重要性が指摘されるようになってきた．一例を挙げると，環境問題は，自然科学のみならず，社会科学や人文科学，医学の分野まで必要とする，まさに様々な学問分野を融合して行われなければならない学問分野の一つであろう．また先ほど述べた，自然環境における生物再生産のメカニズムを明らかにするためには，様々な研究分野における研究者が協働で探究しなければ，決して明らかにはできないものであろう．また環境保全や修復，あるいは対策などは，ある側面ではいいことであっても，他の側面からみれば悪影響を及ぼしているなど，何か一方向だけで物事を見ていては，方向

を誤ってしまうという例は枚挙にいとまがない．

　森・川・里・海でいえば，これまで森林の専門家は山のみ，海洋生物の専門家は海のみで研究し，両方が一堂に集まって議論する機会はほとんど無かった．「森は海の恋人」のキャッチフレーズで知られるように（本章第3節参照），海の生態系の衰退は山に原因があるという指摘は，我々研究者がこれまで欠落させてきた異分野の融合がいかに大切であるかということを言い表している言葉である．黒潮流域圏総合科学はまさにこのことを意識して創成された新しい学問分野である．

　高知大学では，平成20（2008）年度から大学院を一本化し，従来の各学部の上に位置していた各修士課程（人文社会科学研究科・教育学研究科・理学研究科・医学系研究科・農学研究科）および博士課程（理学研究科・医学系研究科・黒潮圏海洋科学研究科）を「大学院総合人間自然科学研究科（修士課程・博士課程）」に統一した．この考え方は，上記のように学際的で文理統合型の教育研究をより実施しやすくしようというものである．まだ発足したばかりで，その成果は今後の教育研究を見ていかなければならないものの，スケールメリットを生かした大変ユニークなものとして注目されている．黒潮流域圏総合科学の実施のみならず，今後様々な分野での学際研究が行われることが期待される．

7 ▶ 最後に

　山・川・里・海を一つのシステムとしてとらえる研究は，現在多くの大学などで類似のものが提唱されている．しかしながら，その多くは未だに概念的・情緒的あるいは抽象的なものである．その中で本研究のように，具体的な科学的データを得た上で，しかも自然科学のみならず社会科学をも融合して推進されているプロジェクトはきわめて少なく，その意味からも特筆すべきものと考えられる．同じような考え方で発足した京都大学の「森里海連環学」とともに，高知大学における「黒潮流域圏総合科学」のような考え方の学問がこれから複数大学・研究機関の協働で発展し，大学間連携も含めた学際的な教育研究がこれからも展開されていくことを祈りたい．

第2節　沿岸漁業再生と森里海連環学

1 ▶ はじめに

　かつて113％にも達していたわが国の水産物自給率（重量ベース）は，最近では50〜60％にまで低落している．最高1300万t近くの漁獲量（当時世界第1位）は今では500万t台（現在第6位）と著しい減少が続いている（図7-7）．これには，1980年代後半には最大450万tも漁獲されていたマイワシが長期的大資源変動の衰退期に移行したことにも起因するが，それだけではなく，農産物と同様に国際価格競争のあおりを受けて輸入量が著しく増大したことや，200カイリ経済水域の設定による遠洋漁業の衰退，国際的水産資源争奪戦の激化，国民の食生活の変化による魚離れなど多数の要因が相乗的に絡み，今日の事態に至っている（第1章第1節参照）．しかし，それでも日本人の動物性タンパク質摂取量の40％は今も魚介類に依存し，国民の食の安心・安全ならびに健康志向の流れは，今後水産物需要を高める方向へ働くものと期待される．

　わが国の漁業生産に占める沿岸漁業は，遠洋漁業ならびに沖合漁業の著しい低下により相対的にその重要性を増し，地域それぞれの食文化とも深くかかわりり，顔が分かる漁師さんによって獲られたばかりの地のものを庶民の日々の食卓に供給する上できわめて重要な役割を果たしてきた．そして，沿岸漁業者自身が海の守り手でもあった．その沿岸漁業にもグローバル化の波が押し寄せ，きわめて厳しい状態に陥り，多くの地域でその漁獲量は右肩下がりの状態が続いている．それは，何よりも沿岸海洋環境の破壊や著しい劣化，赤潮や貧酸素水塊の恒常的発生（第4章第1節参照），とりわけその環境維持や生物生産の基礎を担っていた浅場の消滅の進行によるとの具体的証拠が得られつつある（第4章第2節参照）が，同時に資源管理策の立ち後れによる乱獲，当時は60万人を越えた漁業就労者が今では20万人にまで減少し，漁業後継者が激減状態にあることなどによると考えられる．しかし，筆者には，このような問題の一番の根元は，わが国の食料政策の無策のなせるわざによると思えるのである．

　ここでは，これら多くの難問を抱える沿岸漁業の衰退からの再生には何が必要かについて，典型的な事例として琵琶湖漁業と有明海漁業を取り上げ，新たな統合科学の創生による再生の道を考えてみたい．それらは，わが国の内水面ならびに沿岸海域における環境と漁業再生の"試金石"と位置づけられるからである．

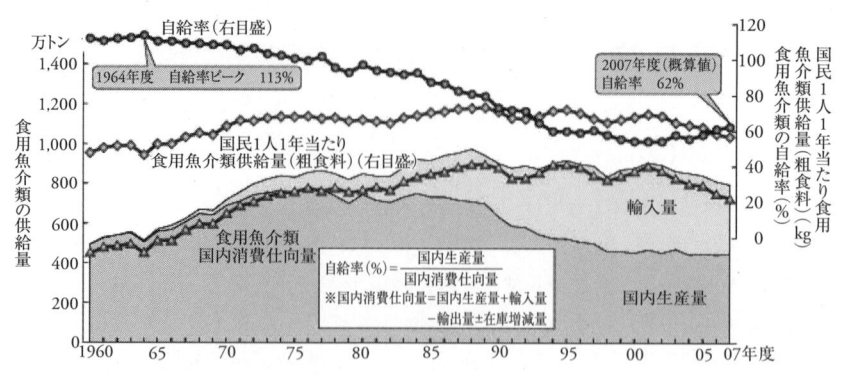

図 7-7 わが国における水産物漁獲量と自給率の経年変化（水産庁編，2009 より）

2 ▶ わが国の食料自給の今日的意味

　世界は 2008 年秋に突然未曾有の同時経済不況に陥り，未だ解決への確かな道筋が見えない状況が続いている．"金融工学"という"モンスター"的な近代科学の暴走によってマネー資本主義は崩壊したと言われている．私たちはこのことから一体何を学ぶべきであろうか．目の前の生活の利便性や物資的欲望を追い求め，市場原理のままに経済その他のグローバル化に身をゆだね，架空のマネーゲームに翻弄されてきた日本と世界の歩みを根本的に見直す必要性が痛感される．もはや，従来の延長線上での本質的な解決はあり得ないと思われるのである．同時にそれは 21 世紀の諸課題を越えて人類が健全に生き抜いていく上でパラダイムシフトの絶好の機会でもあると言える．

　世界同時経済不況の陰に隠れて問題の所在がかすみ気味ではあるが，一昨年はわが国が今後進むべき道を考える上で大変重大な世界的動きのあった年でもある．それは，世界の穀物メジャーによる食料の需給支配が大きく崩れ，食料として世界的にきわめて重要なトウモロコシをバイオエタノールに回す方が遥かに儲かるとの理由により一気にその方向に流れ，急激な食料不足をきたし，そのしわ寄せはアフリカなどの最貧国の人々，とりわけ子どもたちを直撃したのである．そして，わが国では輸入食品への毒物混入などの食の安全に関わる問題が相次いで発生した．安全で安心して食を確保することへの国民の関心は一気に高まった．顔の見える生産者から農水産物を得ることへの要望が急速に高まったと言える．ブリックス 4 国（ブラジル・ロシア・インド・中国）の著しい台頭に，世界の食料の需要・供給バランスを根本的に覆す状況が間近に迫っ

ていることを多くの国民が感じつつあるのではないであろうか．その典型的事例は世界各国が外国の穀倉地帯を買い上げそこで自国の食料を生産しようという"ランドラッシュ"がすさまじい勢いで進んでいることにみてとれる．

　世界は地球温暖化防止に躍起になっている．環境問題すなわち地球温暖化とみなされるほどの取り上げられ方である．それはともかく，この問題でもとりわけ先進国の責任は大きく，2009年のサミットでは2050年には二酸化炭素排出量80％削減案まで議論にのぼったほどである．このことと食料問題は決して別の問題ではないのである．フードマイレージという考えが出されているが，海外からの食料の輸入には生産現場から港や空港までの輸送，さらにわが国までの輸送などに多くの化石燃料エネルギーが使われているのである．また，21世紀の資源問題の焦点にもなっている水利用の側面から見ると，1kgの野菜の生産には1800リットルの，1kgの畜肉の生産にはそれより1桁多い水が消費されると試算されるほどである．わが国は世界中からお金に任せて大量の水を買いあさっていることになる．水に恵まれたわが国では，その重要性への国民の関心は決して高くない．そして，その30％にも及ぶ食料は食べ残されて廃棄されているのである．それは，過剰の炭素をわが国はどんどんため込み，物質循環のバランスを崩していることにもなる（畔田，2002）．今後も，食料自給を放棄し，そのことの今日的意味を解さないこのような愚かしい国に食料を自由に提供してくれる奇特な国はあるのであろうか．

3 ▶ 海から拓く食料自給への道

　上記のような国内的ならびに国際的動向を考慮すると，今こそ，わが国は食料自給率の向上を真剣に考える時にきていると強く感じられる．国の安全保障は軍備による防衛問題のみではないのである．近未来の社会では食料の安定的な確保はある意味ではそれ以上に切実な安全保障問題になることにもっと関心を払う必要があるのではないであろうか．

　わが国には山地が多く，狭い平野部を中心に1億2000万人以上の人々が住んでいる．今は有効に使われていない放棄された農耕地を余すところなく活用してもすべての農産物を自国でまかなうのは困難なことも事実である．この点については，西欧の畑作牧畜文明に対して，日本は古来アジアモンスーン地帯に発達した稲作漁撈文明に属する（安田，2009）ことを再認識し，同じ食文明の東南アジア各国と相互互恵の精神の下に，わが国の先進的な農業技術を提供し，研究・技術者の交流を通じて，集団的な食料安全保障体制を作ることが必

要と考えられる．

　一方，沿岸漁業の再生による水産物の自給率を回復させることはどうであろうか．2001年に策定された水産基本法に基づく水産基本計画（2002年策定）によると，2012年の水産物（食用魚介類）自給率は65％と定められている．しかし，これも二酸化炭素の排出目標の実現と同様であり，一向にその方向に向かう本質的な転換は見られない．水産物が農産物と本質的に異なる点は，自然が本来持つ豊かな生物生産力に依拠した自然産物を持続再生産的に確保できる点である．しかもそれは陸域から流入した炭素その他の過剰の物質を漁獲物として陸域に取り上げる物質循環上きわめて重要な過程なのである（乾，2002）．農産物の増産には土造りに時間を要するのに対して，漁業ではその漁獲の仕方さえ工夫すれば"獲りながら増やす"ことができるのである（松宮，2000）．とりわけ，一番身近な沿岸性魚介藻類は管理や増殖が可能な存在として，食料自給率向上の先陣を担いうると考えられる．

　食料自給も，これまでのアメリカの世界食料戦略によるグローバル化から脱却して，ローカルを重視した発想の下に考え直す必要があると思われる．地域循環型の生産と消費の在り方，すなわち地産地消を基本にした価値観やライフスタイルへの転換とも深く関わる問題と言える．地域の食文化の再生の問題でもある．今や，そのような地域の独自性，あるいは地域力を発揮して中央からではなく，地域から日本を変えて行こうとする動きが全国的に生まれており，地域から食料自給の道を切り開く条件は整い始めていると言える（第6章第3節参照）．

4 ▶ 琵琶湖に見る漁業の衰退と再生への道

　琵琶湖は，漁業調整規則上は内水面ではなく海区として位置づけられている．世界を代表する古代湖であり，そこには多くの固有種が存在し，古来人々はそれらを巧みに利用し，独特の魚食文化を発達させてきた．その代表的なものは琵琶湖固有種ニゴロブナを塩漬けにし，お腹の中にご飯を詰め込んで発酵させた"ふなずし"である（第6章第1節参照）．

4-1．琵琶湖漁業を取り巻く諸問題

　この大きな湖も多くの沿岸浅海域と同様に，高度経済成長期に開発の波に激しく洗われ，琵琶湖総合開発の名の下に湖岸域の生態系にとってきわめて重要な役割を果たしていた多くの内湖は埋め立てられ，陸域と湖の移行帯には立派

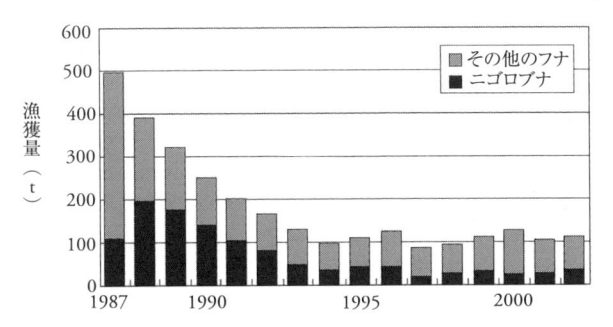

図7-8 琵琶湖におけるフナ類総漁獲量とニゴロブナ漁獲量の経年変化

な湖岸道路が形成されて，両者は分離され，そこに群生していたヨシ群落の大半は消失することとなった．20世紀後半に消失した琵琶湖のヨシ群落は70%前後にも達し，この割合は瀬戸内海における藻場（海藻・海草）の消失割合とほぼ同様である．琵琶湖の中心部分の水深は深いため，漁業が行われるのは沿岸域が中心である．そこでは人口の増加とともに生活排水による富栄養化が深刻化し，淡水赤潮の大規模な発生，南湖の底を埋め尽くす水草（外来性のオオカナダモなど）とその堆積によるヘドロ化などの深刻な問題が重なった．さらに，これらに追い打ちをかけたのが外来魚ブラックバスとブルーギルの大発生であり，近年ではさらにカワウの異常繁殖の深刻化が上積みされる事態に至っている．その結果，琵琶湖漁業の漁獲量は，フナ類の漁獲量に見られるように（図7-8），日本沿岸各地の漁獲量の減少と同様に，この20数年来顕著な減少に喘いでいる．

4-2. 資源再生へ向けたニゴロブナ仔稚魚生態調査

このような琵琶湖漁業の危機的状況を打開する一つの取り組みとして行われたのがニゴロブナ資源再生への試みである．本種は先に述べたように湖国近江を代表する伝統的食文化であるふなずしにはなくてはならない素材であり，本種の絶滅は食文化の消滅を意味するため，滋賀県が重点的に再生に乗り出したのである．従来からの知見より，本種の著しい減少はヨシ群落の消失と不可分に関連するとの仮説の下に現場調査が取り組まれた．しかし，精密な生態調査を進めようにも肝心のニゴロブナ資源が危機的状態にあり，生態調査に耐えられないほど個体数が減少していたのである．そこで，研究チームは人工的に孵化させた仔魚をモデルヨシ群落に放流する手法（実験生態学的手法）を用いて，ま

ず最も減耗の激しい初期生態の解明に取り組んだ．

　沖だし50m，幅150mのモデルヨシ群落を選定し，その中心部に孵化後2日と12日の仔魚を放流し，その後の広がり（移動）を追跡した結果，仔魚は沖側には移動せず，大多数はヨシ群落の奥部（岸寄り）に移動することが明らかになった．それは，餌生物（カイアシ類や枝角類（ミジンコ類））が奥部ほど高密度に分布することによる．驚くべきことに，ヨシ群落の奥部は水の入れ替わりがほとんどないために，光合成が止まる夜間には完全に無酸素状態になる極限環境なのである．そのような極限状態にいかに適応してニゴロブナ仔魚は生き残れるのかが実験的に調べられた結果，夜間には仔魚は水面に浮上し，空気中からわずかにとけ込む酸素を利用することにより，ヨシ群落という餌生物は多く，外敵生物はほとんどいない環境に適応して初期の減耗の激しい時期を凌いでいることが解明された．

4-3．ニゴロブナ資源増大作戦

　次に取り組まれたのは，ニゴロブナ仔稚魚のいろいろなサイズ（2mm間隔）ごとに耳石（魚にも耳（内耳）があり，その中に炭酸カルシウムでできた扁平な石がある）に特別な方法で標識を付けて，ヨシ群落，砂浜，沖の3ヵ所に放流した．そして，約4ヵ月後に体長8〜10cmほどに成長して沖合の資源に加入した当歳魚を底引き網で捕獲し，再捕された放流魚の生き残りを調べたところ，砂浜放流群や沖合放流群の再捕率は著しく低かったが，ヨシ群落放流群の再捕率はそれらより1桁も高く（図7-9），仔稚魚期の生き残りが良好で，ニゴロブナにとってヨシ群落は不可欠の成育場（稚魚の育つ場所）となっていることが実証された（藤原ほか，1997）．

　これらの結果やその他関連の知見をもとに滋賀県ではヨシ群落の保全や再生に関する条例が制定されるとともに，ニゴロブナ仔稚魚の大量種苗放流とヨシ群落再生という環境復元が同時的に取り組まれ，今では年間600〜700万尾の仔魚と100万尾規模の体長10cmサイズの当歳魚が毎年放流され，年間20t前後を低迷していたニゴロブナ資源は近年では緩やかではあるが確実に回復傾向に向かっている．漁獲されるニゴロブナに占める放流魚の割合はすでに50％を超え，遺伝的多様性の減退が懸念されたが，大量（数千尾）の親から種苗を育成しているため，今のところDNA分析の結果より遺伝的多様性は維持されていることが裏付けられている（藤原・田中，2008）．

　このような人工種苗放流と環境修復を同時的に進めるとともに，おそらくは稲作が本格的に始まった弥生時代以来続いていたと考えられる琵琶湖と水田の

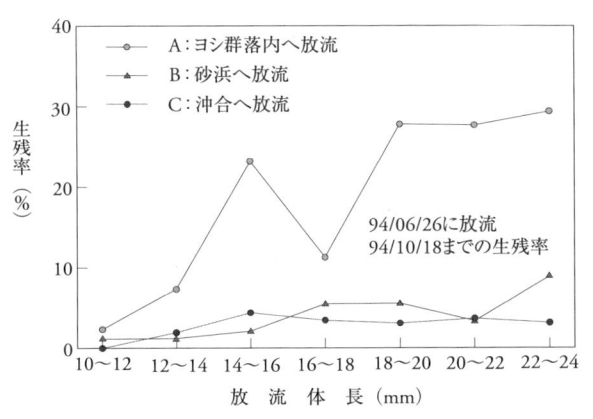

図 7-9 標識を付けたニゴロブナ放流仔稚魚の生残率に見られる放流場所の差（藤原ほか，1997）

密接なつながりに注目したユニークな取り組みが行われている．その一つは，田植え前の水田にニゴロブナの孵化仔魚を一反当たり 4 万尾放流し，水田に水が張られると大量に発生するミジンコ（乾燥に強い耐久卵として越冬）を餌に，仔魚は外敵がほとんどいない環境下で条件が良ければ生残率 50％という自然界では考えられないような高い率（自然界ではその少なくとも 100 分の 1 以下と推定される）で体長 2cm の稚魚まで成育すると，水門を開けて琵琶湖に放されるのである．そして，このことに協力した農家の環境意識は大きく変わり，可能な限り環境に負荷を掛けない農業に取り組むようになる．さらに，近年では圃場整備により琵琶湖と水田との間にできた段差を改善して産卵期のコイ・フナ・ナマズなどが水田に遡上して産卵し，孵化した仔魚は稚魚になるまでそこで育つ環境を整える工夫が行われ，一昔前の琵琶湖と水田のつながりの回復が進められている（図 7-10）．

これら一連の取り組みは，稚魚の成育場は陸域と湖岸水域との境界（エコトーン）に位置し，その移行帯こそ不可欠の再生産の場になっていることを示している．これらの移行帯は，縦割的行政区分では陸にも湖にも含まれず，その重要性が認識されないまま壊され続けてきたのである．これでは沿岸漁業が衰退せざるを得ないのである．現在の自然と社会の深刻な問題の解決には，"一昔前"を振り返って謙虚にこれまでの過度の物質的豊さのツケを考え直してみることが必要ではないであろうか．

図 7-10 水田の側溝に造られた魚道をのぼるナマズ（藤原公一氏提供）

5 ▶ 有明海に見る漁業の衰退と再生への道

　有明海はかつて漁業者からはいくら獲っても獲り尽くせないほど水産物が湧き出てくる"宝の海"と評されていた．ところが，諫早湾の閉め切り工事が始まった1980年代終わり頃から漁獲量の減少傾向は顕著となり，2000〜2001年冬に生じた養殖海苔の大不作が諫早湾の閉め切りの影響によるとする漁民の一大海上デモンストレーションがマスコミに大きく取り上げられ，有明海は全国的に一躍有名になった．その後，この有明海異変は深刻さを増し，1980年前後には13万t近くあった漁獲量は今では1万t台にまで減少して"瀕死の海"へと落ち込みつつある．とりわけアサリ漁獲量の落ち込みは著しい（図7-11）．そして，マスコミに大きく取り上げられることはなくなったが，諫早湾周辺ばかりでなく有明海の各地でこの間25名を超える漁業関係者が自殺に追い込まれるという悲劇が起きているのである．

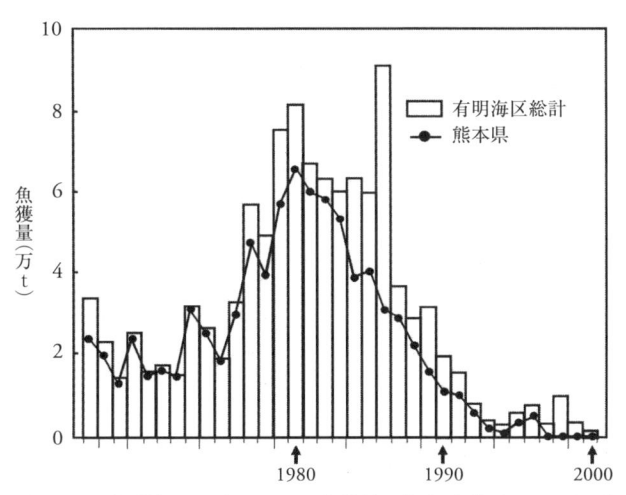

図 7-11 有明海におけるアサリ漁獲量の経年変化（日本海洋学会編，2005 を改変）

5-1．特異な環境が類い稀な生物生産を支えてきた有明海

　有明海は，わが国では最大の干満差（春季の大潮時には最大 6m）を有し，九州最大の筑後川をはじめ，多くの河川が流入する湾奥部には浅海域が大きく広がり，大潮干潮時には広大な干潟が発達する．また，有明海はわが国では他に類を見ない濁りに満ちた海として知られている．この濁りの実体は，大きな干満差によって引き起こされる激しい潮流により海底から蒔き上がる"浮泥"であり，有明海の高い生物生産を支える源と考えられてきた．その起源は，最大河川である筑後川が海水と初めて出会う河口から 10〜15km 上流付近において，河川水中に含まれる火山性の微細な粘土やシルト粒子が互いに凝集し（代田，1998），その周りに植物プランクトンの死骸や動物プランクトンの糞粒などの有機物が吸着し，さらに微生物や原生動物などが繁殖基質として利用することにより生成される，栄養価の高い有機懸濁物（専門的にはデトライタスとも呼ばれる）である．この浮泥が有明海の生物生産，特に底生生物の生産や栄養塩収支に重要な役割を果たしているのである．

　しかし，近年有明海を特徴づけるこれらの物理環境に"異変"が生じている．諫早湾が閉め切られた 1997 年以降，有明海湾奥部の流れ（特に底層）は弱まり，干満差は小さくなり，そして，透明度が高くなりつつあるのである．一般の内湾などではこの透明度の回復は海がきれいになった証拠として歓迎されるべき現象であるが，こと有明海に関しては，これは有明海らしさの消失の現れとし

て大いに問題となる．類い稀な高い生物生産性の源は濁りである．その海から濁りが消失し始めている．これらの物理環境の変化と関連して，これまできわめて高い生物生産性を保持するにもかかわらず，大規模な赤潮や貧酸素水塊が発生したことのなかった有明海で，近年ではこれらの発生が常態化しつつある（日本海洋学会編，2005）．

5-2. 有明海における漁業生産衰退の特徴

有明海湾奥部には広大な干潟や浅海域が広がり，アサリ，タイラギ，アゲマキ，マテガイ，ウミタケ，サルボウ，クマサルボウなど多数の貝類の好適な漁場となっていた．したがって，漁業生産量に占める貝類の割合は大きく主要な生産物であった．しかし，高度経済成長期に膨大な量の川砂が採取される（横山，2003）とともに，有明海に注ぐほとんどの川にダムや堰がいくつも設置された1970年代後半をピークに，貝類漁獲量は減少の一途を辿り，中でも熊本県を中心に大量に漁獲されていたアサリの生産量は激減した．有明海全域でかつては8万tも獲れていたのが，1990年代終わりには1000t台にまで激減したのである（図7-11）．近年の有明海異変により，生産金額で重要な位置を占めていたタイラギは底質のヘドロ化の進行によって壊滅状態に至っている．さらに，準特産種（後に説明）であるアゲマキやウミタケまでも激減している．これらの貝類は縣濁物食者であり，浅海域の浄化機能の担い手でもあり，その減少が赤潮や貧酸素水塊の発生を助長し，そのことがさらなる減産を生み出す負のスパイラル（第4章第2節参照）が生じ，有明海の劣化に拍車を掛けることになっている．

有明海の漁船漁業の主要な漁獲物であるスズキは，東京湾に代表される内湾域や内海域と同様に，多くの魚類が減少する中でほとんど唯一増加あるいは現状を維持し続ける稀な魚種であったが，本種も有明海では減少し始めているのである．スズキはわが国の沿岸生態系の中では食物連鎖の頂点に位置する魚種であり，その漁獲量が減少傾向に転じたことは，それを下支えしている低次生物生産にも異変が生じていることの現れと見られる．

このような著しい漁業生産の減少の原因については，すでに多くの成書（例えば，佐藤編，2000；日本海洋学会編，2005；宇野木，2006；田北・山口責任編集，2009 他）が出され，諫早湾閉め切りとの関連が様々な角度から指摘されている．筆者は海，特に沿岸浅海域の生命線は森と川と海のつながりにあるとの考えを提起しており（田中，2008），諫早湾閉め切りはこのつながりの最も乱暴な断絶に他ならず，河口域としての有明海に致命的な影響を与えていると考えて

いる.

5-3. 森里海連環を発想させた有明海：阿蘇山が特産稚魚を育む

　有明海が"宝の海"と称されるのには，もう一つの重要な理由がある．それはこの有明海には，日本ではこの海域だけにしか見られない特産種や準特産種（他海域からも生息が稀に報告されるが，主要な個体群は有明海に生息する種）が80種以上も生息している点である．すなわち，類い稀な生物多様性の宝庫なのである（佐藤編，2000）．魚類では，有明海と言えばすぐに思い浮かぶムツゴロウを筆頭に，サケのように産卵のために海から川に遡上するエツ，これとは対照的に産卵のために川から海に下ってくるヤマノカミ，終生淡水感潮域に生息するアリアケヒメシラウオなど，これまでに魚類では7種の特産種が知られている．

　筆者らのグループの研究では，有明海に生息するスズキは，今から1万年以上前の最終氷期において日本産のスズキと中国大陸産のタイリクスズキの間に生じた交雑集団であり（中山，2002），第8番目の特産魚と位置づけられることが確証されている（田中，2009）．なぜ，有明海にはこのように多くの特産あるいは準特産種が生息しているのであろうか．そして，それらの同種あるいはきわめて近縁な種の大半は中国大陸沿岸の河口干潟域に生息しているのである．これまでの定説では，最終氷期に今より海水面は最大150mも低下し，浅い東シナ海や黄海の大半は陸化し，中国大陸の海岸線は九州西方にまで迫り，黄河や揚子江は九州近海に流れ込み，一大河口域を形成していた．その時，大陸沿岸域に生息していた生物の一部は九州沿岸域にまで分布を広げたと考えられている．その後地球の温暖化により海水面は上昇して大陸の沿岸線は西方に移動したが，九州まで分布を広げた生物のある部分はそのまま居残り，故郷の環境とよく似た有明海に居続けたと考えられている（下山，2000）．つまり，特産種は大陸沿岸遺存種なのである．

　これらの特産種の大半は，有明海全域に生息しているわけではなく，ほとんどの種は湾奥部に集中して生息している．筆者らの研究グループがこれらの特産種の初期生活史を詳しく調べた結果，仔稚魚—特産カイアシ類（餌生物）—デトリタス（餌生物の餌資源）—粘土・シルト粒子—筑後川—阿蘇火山台地との一連のつながりが明らかになった（図7-12）．この一連のつながりの中にでてくるデトリタスは筑後川低塩分汽水域（塩分1から5程度：河口点から10〜15km上流）で生成されるのである．このことは有明海の特産種を支えているのは筑後川であり，そして類い稀な有明海の漁業生産の基盤もこの低塩分汽水域

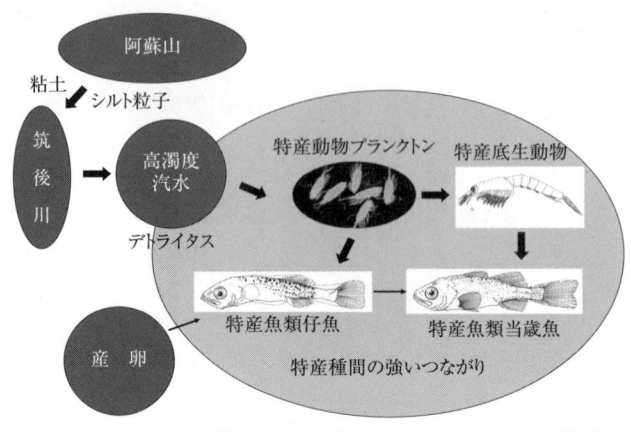

図 7-12 有明海奥部筑後川河口域に確認された「大陸沿岸遺存生態系」を示す模式図

に源を発すると言える．つまり，有明海特産種の保全と豊かな有明海漁業の盛衰は母なる川筑後川の存在と健全化にかかっていると言える．森川海のつながりが沿岸漁業の生命線と言えるゆえである．

6 ▶ 森里海連環の再生に基づく沿岸漁業の振興

これまで見てきたように，今日の沿岸漁業衰退の原因はきわめて多様であるが，その核心の一つは，沿岸漁業の対象となる多くの魚介藻類の生息環境の消失や劣悪化であり，とりわけ主要魚類の稚魚成育場の消失（破壊）や劣化が大きな問題と考えられる．これらの問題の中で，埋め立てによる成育場そのものの消失は言うにおよばないが，川砂の大量採取やダムの設置による砂の海への供給停止により，"白砂青松"として日本を代表する原風景の一つであった砂浜は全国各地で急速に消失しつつある事実にことの重大性が見られる．つまり，沿岸環境と陸域環境のつながり，とりわけ河川やその集水域としての森林域とのつながりを抜きにしては，沿岸域の再生，ひいては沿岸漁業の本格的な再生はあり得ないと考えられる．

19世紀末には80万tを超えた北海道のニシン漁が20世紀の半ばに壊滅したのは，海岸近くの魚付き林を含む森林の大規模な伐採による（図7-13）との考えの元に，北海道漁業組合連合会では故柳沼武彦氏が中心となって，その婦人部は"百年間に潰した森を百年かけて元に戻し，ニシン資源を回復させよ

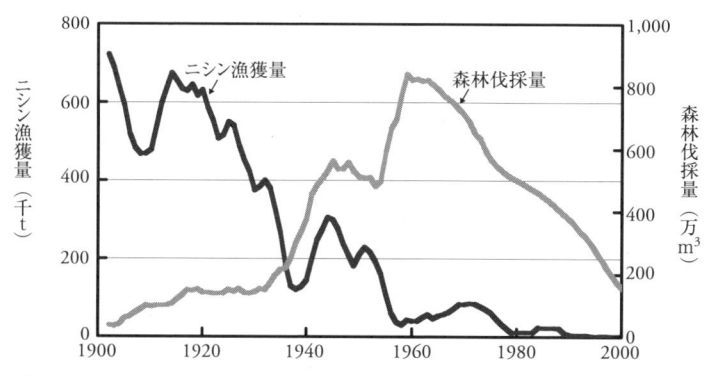

図 7-13　20世紀の100年間における北海道ニシン漁獲量と森林伐採量（国有林）の経年変化（竹内典之氏作成）

う"という合い言葉を掲げ，1980年代終わりから植林活動に取り組んでいる（柳沼，1992）．同様の漁師による植林活動をさらに有名にしたのは，人々の心を掴まえた魅力的なキャッチフレーズ"森は海の恋人"の下に，宮城県気仙沼湾に注ぐ大川源流域における植林活動である（本章第3節参照）．この活動では，植林ばかりでなく子どもたちの環境教育（海の体験学習）により大きなエネルギーが注がれ（今では体験者は1万人を超える），子から親へと環境意識は伝播して，最終的に地域の環境行政を動かし，流域の環境は画期的に復元され，カキやホタテガイの養殖の復活を実現させている（畠山，1994, 2006）．

　昨今，日本全体に覆い被さったこの閉塞感は一体どこからきているのであろうか．筆者にはその主要な原因の一つは，対象とする物事の総合性にかかわらず，その対応はすべて縦割の仕組みによって行われ，本質的な解決が皆先送りされ続けてきたことにあると感じられる．豊かな海は豊かな森によってもたらされる（最近ではその逆も成り立つと考えられている；図7-14）のに，それらに関わる行政の仕組みは，森は森，川は川，海は海と個別に細分化された部署が対応し，境界領域はことごとく置き去り，無視あるいは軽視され続けてきたのである．このことは，大変残念なことに，教育研究の分野においても同様であり，森や農耕地や海を扱う農学部においても，それらは完全に分離され，バラバラに扱われているのである．このような教育研究が行われ続けてきた大学を卒業した人材が社会の中枢を担うことを繰り返している限り，縦割の温床は解消されないと懸念されるのである．筆者も元大学人として責任の一端を担いできたことになるが，遅まきながらことの重大性に気付き，その解消への微力を尽くし始めたところである．

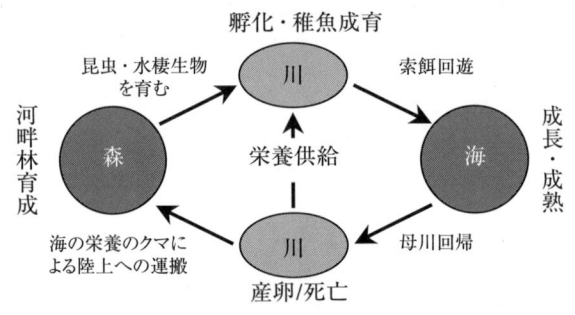

図7-14 サケが海の栄養を運び，森を育む：海で大きく育ち，母川に産卵回帰したサケがクマの捕食を通じて陸上に持ちあげられ河畔林を育む．

　海，とりわけ陸域の影響を直接受ける沿岸域において行われる沿岸漁業の再生を実現するためには，もはや海だけのことを考えていては本質的な解決の道は開かれないと考えられる．森が海を豊かにし，海も森を豊かにするという自然と人の営みの連環に依拠した再生への取り組みが不可欠なのである．逆に言えば，沿岸漁業の再生は，それらの自然環境と人々の価値観（心の環境）の変換を実現していく道でもあると言える．

7 ▶ 沿岸漁業再生への道

　これまで述べてきたことの具体的な解決への一歩になりうる取り組みを紹介しよう．豊かな森が豊かな海をもたらす科学的根拠は，広葉樹の森に形成された腐葉土層を通過した水は腐植物質の存在による還元環境下で二価の鉄とフルボ酸の結合した酸化されないフルボ酸鉄を生みだし，これは河川水や地下水を通じて河口域にもたらされることにある．そして，植物プランクトンが環境中の窒素やリンなどの栄養塩類を体内に取り入れる際に働く酵素の活性を高めるきわめて重要な役割をこの溶存鉄が担うのである．栄養塩類が豊富にあるにもかかわらず植物プランクトンの生産が低く抑えられている海域（HNLC 海域：第3章第1節参照）にはこの二価の鉄が不足しているのである．このことが，漁師が森に木を植える根拠となっている（松永，1993；畠山，1994）．また，海藻類が再生産する際に配偶子を形成するが，その形成にも鉄が不可欠であることが明らかにされている（Motomura and Sakai, 1981）．

　最近，さらに広大な空間スケールでこのことが実証された．オホーツク海は

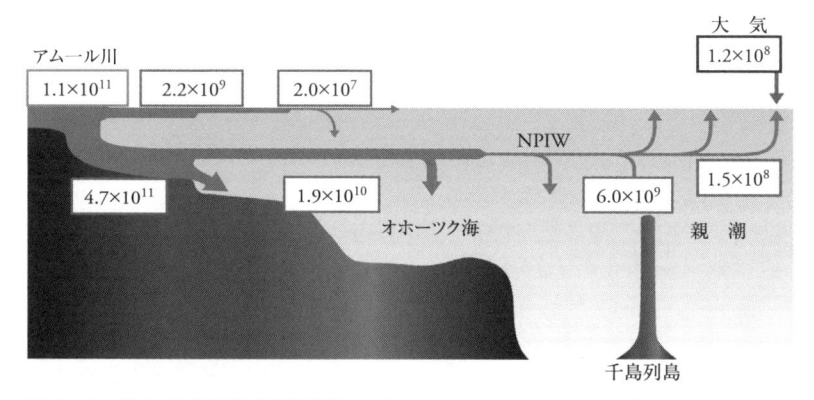

図 7-15 総合地球環境学研究所によるアムール・オホーツクプロジェクト—アムール川流域の森林と湿地帯から供給された溶存鉄のオホーツク海への輸送量 (g/年) 試算 (白岩, 2010). NPIW は北太平洋中層水.

世界的にもきわめて豊かな好漁場であるが，その秘密は世界の大河の一つであるアムール川の存在と流氷の発生にある．すなわち，アムール川流域の大森林域と河畔の広大な湿地帯からもたらされる溶存鉄が河口域に運ばれ，さらに流氷の発生によって生じる海流によりオホーツク海や親潮海域にまでもたらされ，植物プランクトンの大発生を生みだし，豊かな漁場の土台を築いているのである（図7-15；白岩，2010）．しかし，ここにも人間活動の容赦ない影響（森林の大量伐採や湿地の埋め立て）がしのびより，この地球生態システムの存続が危ぶまれている．

　皆伐された（丸裸にされた）森の再生には少なくとも数十年の時を要する．わが国では国内で使用する実に80％の木材が海外から輸入されているのである．その結果，戦後の拡大造林によって至るところに植林されたスギやヒノキの人工林は管理を放棄されたまま放置されている．このような単一針葉樹のみの人工林の下地には光が全く当たらず草木は育たず，表土は大雨の度に流され，腐葉土層は形成されないのである．これらの手入れを放置された人工林に適正な間伐を行い，生み出された間伐材を余すところなく地元で多面的に利用する道を生みだし，林業再生への道を切り開くことが強く求められている．それにより，下草や小灌木，さらには広葉樹が混じったより自然に近い森に変えることが沿岸域の再生にも不可欠なのである．沿岸漁業の再生と林業の再生は共通の問題なのである．そして，豊かな森から生み出される水はおいしいお米をもたらしてくれるのである．しかし，大きな問題はこのような林業再生による天然に近い森の再生には長い時間を要する点である．

図7-16 北海道増毛町地先において鉄鋼スラグと腐植物質混合物により再生したコンブの森（新日本製鉄株式会社提供）

　そこで考え出されたのが，鉄と腐葉土（実際には廃棄される古材を微生物などにより腐植させた物質）の混合物を，かつては海藻が海の森として群生していた"磯焼け"の海に投入し，藻場を再生する試みである．新日本製鉄株式会社と東京大学や北海道大学が共同して取り組み，北海道はじめ各地で，画期的な成果が得られつつある．最も先行的に行われた北海道日本海側の増毛町では，それまであらゆる方法を試みても藻場（コンブの群落）の再生が実現しなかった場所に，鉄鋼スラグと腐植物質の混合物が麻の袋に入れられて，海岸線近くの砂の中に埋設された．そこからは鉄が次第にしみ出し周辺に拡散していく様子が把握されている．そして，わずか半年後には磯焼けにより長く不毛の"砂漠"状態が続いていた磯にコンブの見事な森が復活したのである（図7-16）．その後の追跡調査により，コンブの太さや長さは年々増すとともに被覆面積も広がり，5年を経過しても，コンブの森は持続し続けている（山本ほか，2006）．

　このような試みは，今では全国10数か所を超える各地で，対象とする海藻も異なる場所を選んで行われ，ヒジキ・テングサ・ワカメなどの食用海藻類やホンダワラ類でも効果が認められている（篠上雄彦氏，私信）．しかし，これはあくまでも"ショック療法"の類であることを忘れてはならない．基本はあくまでも自然の仕組みとしての森—川—海のつながりの再生にある．ショック療

法あるいは対症療法の積み重ねのみでは，結局20世紀の二の舞いになることを肝に銘ずるべきである．

8 ▶ 食料問題と環境問題の同時的解決

　磯焼けによる不毛の磯に海藻が復活することは，そこを摂餌場・隠れ家・産卵場・稚魚成育場などにする多様な生物が棲みつき，ミニ生態系が形成され，甲殻類・貝類・軟体類・魚類など多様な生物の回復につながる（第3章第4節参照）．西日本ではイセエビ・アワビ・サザエ・ウニ・キジハタ・メバル・マダイ・アイナメ・メジナ・イシダイなどとともに，その周辺にはヒラメ・カレイ類なども生息することが可能となる．また，海藻群落はアオリイカやサヨリなど重要資源生物の産卵基質となるとともに，ホンダワラ類は流れ藻となってブリやイシダイをはじめ多くの稚魚に成育場を提供する（池原，2001）．海藻群落の再生は同時に環境問題やエネルギー問題にとっても積極的な解決策になる可能性を持つ．すなわち，海藻の繁茂は二酸化炭素の吸収を促進し，短期間に成育する海藻類はバイオエタノールや次世代型エネルギーとして期待が高まっている水素生成の素材にもなる．また，栄養価が高い海藻類は農業用の肥料や畜産業用の飼料にも代替される可能性もあり（第6章第2節参照），環境になるべく負荷を与えない農業の発展にも貢献しうる存在と言える．

　筆者が滞在しているマレーシアでは，ナマズ類の養殖が盛んである．ナマズ類は究極の雑食性であり，残飯や適当な草などでも養殖が可能である．また，イスラム圏の動物タンパク質にとって一番重要な畜産物は鳥であり，大量に出る鳥の残渣物（内臓その他）の魚類養殖への利用（フィッシュミールの代替）も試みられている．これまで個々バラバラに進められ，互いに足を引っ張り合ってきた農林水産業は，様々な工夫をすることによってそれぞれ相互に補てんし合い，連携した"総合第一次産業"の推進が強く望まれる（図7-17）．このことは食料自給の道を確かなものにするとともに，環境問題の同時的解決にもつながるのである．

　上記のような鉄を介した森と海の不可分のつながりのエッセンスを人為的に現場に補てんすることにより，沿岸生態系の再生をはじめ様々な効果をもたらす可能性が見えてくる．そして，今考えるべき大切なことは，沿岸漁業の再生だけにとらわれず，どのようにすればその地域の活性化が図られるか，どのようにすれば地域循環型の社会を作り直すことができるかを，関係者が英知を搾って順応管理的に試行錯誤することである．沿岸漁業の再生は，単にそれに

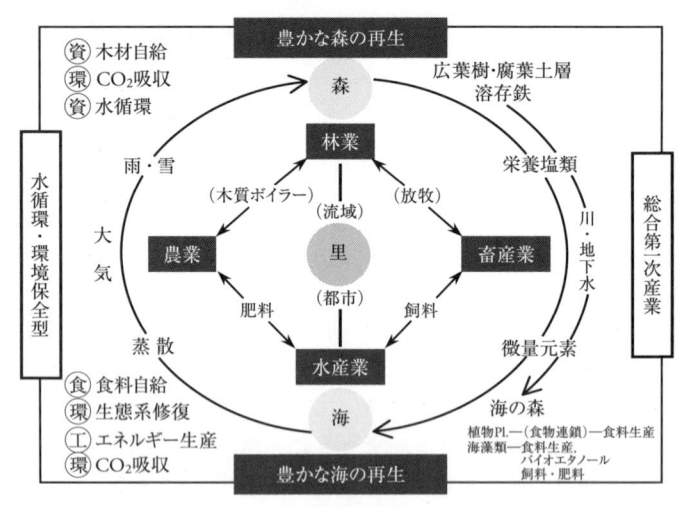

図 7-17 森里海連環から発想する循環型・環境保全型"総合第一次産業"を示す模式図

関わる漁業者や消費者の利益の向上につながるだけでなく，今，日本が直面している食料自給問題，エネルギー問題，環境問題，その他の同時的解決に結びつける真の地域再生そのものなのである．そのことを通じて，人々は互いの結びつきの重要性を思いだし，人々の環が生まれるのである．"自然の環から人の和"を掲げた NPO 法人「森は海の恋人」のような組織が全国的に生まれ，地域の特性に応じた多面的な活動が行われているのである．それらを支援する新しい学問が「森里海連環学」である（田中，2008）．

古来，日本人はねばり強く，勤勉に働き，小異を捨てて大同につく柔軟性をもち，困難に直面しても"災い転じて福となす"ことにより，様々な問題を克服してきた．今直面する問題も必ずそのように解決できるに違いない．そして，次世代や次々世代から借り受けた豊かな自然を取り戻し，贈り届けることの今日的意義を十分に考えたいものである．

9 ▶ 21 世紀型の統合学問：森里海連環学の展開

20 世紀後半からの科学の進展は目を見張るばかりであり，物質的な豊かさの向上や当面する様々な問題の解決に貢献してきた．しかし，それらは個別細分化された科学に根拠をおいたために，問題の表面的ないわば"モグラ叩き"

的解消に終始してきたように思われる．専門分化し過ぎたがゆえに，社会や自然を下支えしてきた縦横のつながりを著しく分断し続けたことに気付かず，今日の地球環境問題を引き起こすことになった．このことは，地球環境問題の本質的な解決には21世紀型と呼ぶべき新たな"統合科学"が必要なことを意味している．

しかし，今や研究の世界にも構造改革の嵐は容赦なく持ち込まれ，成果主義が蔓延する中で統合的科学の創生はますます困難になりつつある．なぜなら専門分化は水が高いところから低いところに流れるように自然に進むが，統合化はこれとは正反対に，山登りのように重い荷物を担いで一歩ずつ歩む大きなエネルギーを必要とする仕事だからである．短期間に成果（論文）を求められる今日の時代の流れに明らかに逆行する方向なのである．現実にわが国の今日の科学技術政策は次第に基礎としての科学より，目先の応用としての技術の創出に重点がシフトしつつある．今私たちが直面している地球的諸問題の全体像や本質は，大きなエネルギーを使って山の頂上に立って初めて見ることができるのであり，そのことを可能にする長期的で総合的な視点が欠落しているのである．

今，人類が直面している（他のすべての生物たちにとっては，否応なしに強制的に直面させられている）地球的諸課題はすべて総合的・多面的なものである．したがって，その解決には個別細分化された科学ではなく，より統合化された科学が必要不可欠と考えるのは自然なことと思われる．それには単に自然科学の範囲だけでなく，また社会科学や人文科学だけの範囲でもなく，両者，すなわち文理融合した学問が求められているのである．そのような方向性をもって2003年に京都大学に新たに生まれたのが森里海連環学である（京都大学フィールド科学教育研究センター編（山下　洋監修），2007；田中，2008）．

この学問は，自然の仕組みとしての森と川と海のつながりを解明し，それを基に自然のつながりを再生することを目標にしている．そのためには，単に自然科学的知見が整うだけでは不十分であり，その地域に住む人々がその気になり，研究者，地域住民（組織），行政，地場産業などが一丸となって自然のつながりと人のつながりをともに再生することが求められる．それゆえ，森川海ではなく森里海なのである．森と海のつながりを壊したのは"里"（広い意味で都会に住む人々も含めて）に住む人間であり，それを再生できるのもまた人間だと信じるからである．沿岸漁業の再生には，この森里海連環的考え方の普及やそれを促進する学問としての森里海連環学の進展が強く求められる．その核心は，人々の心の豊かさの復活にあると言える．単に自然を再生する実学として

だけではなく，人が人とつながり，人が自然とつながる哲学としてのこの学問の深化が求められる．それには，そのことを唱える自身の人間としての深みが求められるというきわめて難しい壁が立ちはだかっている．

10 ▶ おわりに

　ワーキングプアー・非正規雇用労働・ホームレス・過労死・3万人を超える自殺者・無差別殺人・いじめ・家庭内暴力・子ども同士の殺傷・介護福祉の悲劇・高齢者医療の劣悪化・貧困ビジネス……．世界第二の経済大国に日常的に起こる事件や事故の蔓延．一体この国はどうしてしまったのであろうか．マネーゲームに流れ，土や水から離れて，額に汗して働く人間の原点はどこに行ってしまったのであろうか．人々と自然との乖離が進行する日本のこれまでの歩みの帰結が，このような深刻な現状に深く関連していると感じているのは筆者一人であろうか．一次産業の復興はこの点からもきわめて重要なことと思われる．自然と触れあうこと，特に森に触れあうことはストレスの解消や確かな免疫力の向上につながることが，著名な研究者であり音楽家でもある日本人によって科学的に実証され，世界を驚かせ続けている（大橋，2003）．少子高齢化が進む中でかさむばかりの医療費の大幅な軽減にも深く関わる本質的な問題なのである．何よりも，人々が健康で暮らせる一番幸せな道を取り戻す道が示されているのである．

　このように考えると，沿岸漁業の再生は，単に漁民の生活の問題や食料自給の問題のみでなく，きわめて多面的な今日的意味を持つ重要な課題と考えられる．従来より，水産業や農林業の持つ多面的機能が指摘されてきた（乾，2002）が，これまではそれを支える科学に欠けていた．今まさにそれに応え得る科学が誕生したのである．そして，それらを裏付け，実現へと橋渡しをする優れた社会運動が展開されているのである．第二，第三の"森は海の恋人"が生まれてほしいものである．いや，多くの流域に確かに生まれつつあるのである（特別寄稿2参照）．そのような流域単位の創意工夫が全国的大連合という大きな本流になる時，多くの人々の共感を得て，日本の沿岸漁業の，そして日本そのものの復興に確かな手応えを与え，道が大きく開かれるに違いない．

第3節 カキ養殖漁師が切望する森から海までの一体科学

1 ▶ はじめに

　私は三陸気仙沼湾で，カキやホタテガイの養殖を生業とする一漁民である．
　1989年から，海の環境を守るには，その海に注ぐ川，そしてその流域の森林を守る必要があると感じ，湾に注ぐ川の上流域で広葉樹の植林運動を始めた．合い言葉は"森は海の恋人"である．このキャッチフレーズがよかったのか思わぬ反響が全国から寄せられた．それは漁民からだけではなく，一般市民の方々からも数多く寄せられたのである．森から沿岸の海までを一つの系として思考するということが新鮮に感じられたのだろう．
　しかし，カキの養殖をしている漁民にとって，そんなことは当たり前のことだ．全国的にカキの養殖場は，河口の汽水域に形成されているからである．雨や雪が降らなければカキの成長は悪く，身も太らない．山が荒れれば濁流が起きる．科学的な裏付けはなかったが，自然はつながっていることを感じていた．
　昭和40年代から気仙沼湾の環境が悪化し始め，渦鞭毛藻類プロロセントラム　ミカンスなどの赤潮生物が大発生した．原因は太平洋にある訳ではない．すべて陸側にあると予測した．
　そこで，気仙沼湾に注ぐ大川河口から上流域まで歩いてみて，事の重要性に初めて気付かされた．まず漁港である気仙沼港には，水産加工品原料の魚が水揚げされる．缶詰，干物，冷凍品，フカヒレなど多くの加工品が製造されている．しかし当時，廃水規制はゆるく，そのまま垂れ流されている状態だった．河口の石垣には魚油が付着し悪臭を放っていた．一般家庭から流される生活雑廃水もそのまま側溝から海に流されていた．中流域の水田地帯に行くと，水田に生物の影が少ない．子どもの頃見ていた水田とは別物だった．農家の方に問うと，農薬・除草剤などを使わない訳にはゆかないので仕方がないと話された．当時海苔の養殖もしていたので，雨が降ると網から海苔が姿を消すことがしばしばあった．一次生産者同志の話し合いが必要と感じることとなった．
　川がぐっと狭まっている渓谷にきた．河口から8km地点でもウミネコが飛んできていた．そこに大きな看板が出ているのである．「新月ダム建設絶対反対」と記されていた．それでなくても海の汚染が進んでいるというのに，ここを堰き止められたら大変なことになる．各地の漁場が，ダム建設，河口堰建設

で打撃を受けていることは知っていた．これは大変なことになると悪い予感がしてきた．

　気仙沼は宮城県と岩手県との県境である．中流域を過ぎると岩手県になる．森林に足を踏み入れると杉の一斉植林地帯が続いている．中学生の頃私も杉の植林に連れて行かれたことを思い出していた．植えてさえおけば将来必ず木は助けてくれる．お前たちの代に伐ることになるのだからちゃんと手入れするように．そんなことを言われたものだった．しかし，その後ほとんど手入れされていない山が多いのである．枝と枝が重なり山はまっ暗だ．下草も生えておらず，土がまる見えでパサパサしている．雨が降るとあっという間に泥水が流れてくるのは山が荒れていることも大きな原因なんだと，漁師が山に入って初めて感じたことである．

　わずか25kmの川の流域にこれだけ大きな問題を抱えている．その河口の海がカキの養殖漁場なのである．私は恐ろしさで身震いがしてきた．

　あれから20年．幸いなことに気仙沼湾は少しずつ昔の海に蘇りつつある．青い海を取り戻すため，どう作戦を立てどう行動してきたか．これは気仙沼湾大川流域で繰り広げられてきた漁師たちの活動の報告である．水産のこれからを思考する上で少しでも参考になればと記してみた．

2 ▶ 長良川河口堰建設反対運動の教訓

　水俣病，四日市ぜんそく，光化学スモッグなどいわゆる公害問題が大きく取り上げられ社会問題化した頃から，自然保護運動が活発化していた．多くの運動は原生林の伐採反対，ダム・河口堰建設反対，干潟の埋め立て反対など，行政が計画する公共事業への反対運動が目立った．

　その中で当時，連日紙面やテレビで大きく報道されていたのが長良川河口堰問題だった．一級河川でダムの無い最後の川を残せ，と開高　健，天野礼子といった著名人がカヌーイストを集め，デモを繰り広げていた．私も長良川を考えるシンポジウムにも出席し傍聴した．すると，長良川の象徴としての魚のサツキマスにスポットが当たっていた．サツキマスの往来に支障を来たすので反対するという論調が大きく取り上げられていた．

　これでは負ける，と漁師の勘で思った．伊勢湾で最も生産額が大きい水産物は海苔である．海苔を含め長良川の河川水が伊勢湾の生物生産とどう関わっているかというデータを持たなければ負けると思った．河川水が運ぶ養分が計測できれば，それをストップさせることによって減る生物生産量は計算できるは

ずである．海苔，アサリ，シジミ，アワビ，サザエ，そして魚の水揚げ量が予測できれば水揚げ金額もはじき出せる．

漁師は漁業権といって漁業で生活をする権利が法律で認められているから，河口堰建設によって海の生物生産が減れば，国は漁業補償を支払わなければならないのである．日本は，日本海と太平洋に二級河川を入れると，約２万１千の川が流れ込んでいる．その沿岸域の漁民にすべて漁業補償を支払うことになるとそれは天文学的数字になる．

河川が流入する汽水域まで視野に入れて河川の工事を計画することになると，全く新しい局面を迎えることになる．そのことを学んだのである．

3 ▶ 縦割行政と縦割学問

森から海までを一つの系と考え，その保全を具現化するにはどのようにすればいいのだろう．それまで水産サイドが行ってきたことは，せいぜい海岸のゴミ拾い，海底耕耘，セッケン運動などだろうか．

水産サイドが，川や農地，まして山にまで口を出すことはそれまでなかった．行政の仕組みが縦割になっているからである．しかも県境の気仙沼地方は川を遡るとすぐ岩手県になる．大川の河口は宮城県，上流は岩手県なのである．県境の壁は厚く，宮城県の水産サイドが岩手県の山に口を出す，そんなことは絶対にできませんよ．親しくしている水産サイドの県職員からそう笑われた．もちろん，米行政になんか口出しできませんよ，と釘も刺された．

町職員，市役所職員にも意見を聞いた．たしかに自然はつながっているから森から海までを同じレベルで考えるのは正論でしょう．でも今の縦割システムではそれぞれのセクションの権益がありますからそれを守らなければなりません．いや，守ることが公務員の役目と考えている人が多いですから発想以前の問題でしょう，という．ダム建設問題について問うと，それは県，市が決めたことですからそのことに口を挟むことはできません，ノーコメントです，と口をつぐむのだった．

ダム建設のセクションで話を聞いてみると，驚いたことに，ダム建設に関しての環境アセスメントは，河口から内側については行うが，海は管轄外だという見解なのである．

カキを養殖している漁師ならだれでも川の水が清浄でなければよいカキができないというのは常識だ．水産試験場の職員を送り出している大学の水産の研究，教育はどうなっているのだろうという疑問も湧いてきた．

水産行政にも疑問があった．とにかく人工採苗一辺倒だ．どこの浜にも人工採苗場がつくられ，種苗を生産して海に放流し，海を豊かにするという方針がずっと続いていたのである．

　実はその草分けは，私の家のすぐ前（舞根湾）にあった．（財団法人）かき研究所である．カキ博士として有名だった東北大学農学部教授故今井丈夫先生の夢でつくられた研究所だ．世界のカキを導入し人工採苗して，東北の沿岸で養殖し，地場産業を興す，という産学共同の理念に基づいた研究所だった．餌のプランクトンの培養から始まり，世界で初めての技術が次々に生まれた．やがて，カキからエゾアワビの人工採苗に移っていった．世界中から水産の学者が集まり，舞根湾はさながら国際村のような様相だった．

　私は父がカキ組合長をしていたこともあって，中学生の頃からかき研究所に入り浸り，貝類の産卵から餌の培養まで勉強させてもらった．今井先生は，『浅海完全養殖』という著書も書かれており，水槽の中で子どもから親まで育てるという考えも持っていた．カキ研究所で学んだ研究者は，各県の水産試験場に旅立ち，人工採苗の普及に力を発揮したのである．貝類の人工採苗の技術は，カキ研究所から生まれたといっても過言ではない．

　しかし今になって考えてみると，種苗生産技術は向上したのだが，稚貝，稚魚を放流する先の海の環境をどう整えるかという発想が弱かったと思われてならない．生物が育つ下地をどうつくるのかが重要なのである．

　ダム，河口堰の建設，干潟の埋め立てなどに水産の学者は見て見ぬふりだった．沿岸域の生物生産の下地は何かという研究は，全くといっていいほど手付かずだったのである．新月ダム建設問題でも，近くの大学の教授がやってきて，ダムと海は関係ない，という話をするような始末だった．

　御用学者の存在を私は初めて知ったのである．

　知り合いのある教授からこんな話も聞いた．今は学究の世界も，狭く深くという時代だ．私は土の研究一筋できたがわかったことはほんの少しに過ぎない．学者は論文を書いてナンボという世界だ．そんな中で，森から海までをトータル的に研究するなど，一生かかってもできるはずがない．時間と金がかかる研究など今はできないのだ．

　私はそこで決意した．行政マンも学者も当てにならない．知識も金も，力もない漁師だが，自分たちでできることをとにかくやってみよう．動き始めれば何かが起こってくれる．これが私の経験則だ．

図 7-18　水山養殖場における子どもたちの体験学習（NPO 法人森は海の恋人提供）

4 ▶ 山に翻った大漁旗

　1989 年 9 月，遥かに気仙沼湾を見渡す岩手県の室根山に，漁師のシンボルである大漁旗が翻っていた（口絵 16）．気仙沼湾でカキの養殖を生業としている漁師たちが一生懸命，ブナ，ナラ，クヌギなどの落葉広葉樹を植林しているのである．キャッチフレーズは"森は海の恋人"．海を仕事場にする漁師だけでなく，川の流域に暮らすすべての人々に，森川海は一つの系であることをまず知ってもらわなければならない（図 7-18）．そんな気持ちで始めたイベントだった．

　科学的な根拠はほとんどなかった．よくなぜもっと近くに植えなかったのですかと問われることがあるが，頂点を極めなければ流域全体に考えが広がらないからである．

　NHK，民放はじめ，各新聞社も隈なく回り，記者クラブで記者会見するなどプレスへの働きかけは十分にした．それまで字を書くことなどほとんどしていなかったのだが，パンフレットづくり，新聞広告の文面作成，校正など初体験の連続だった．お天気にも恵まれ，東京方面から応援にかけつけてくれる人もいた．初めから 200 人以上の人が参加してくれたのである．

午後からは，講演会も開き，今井丈夫先生の教え子であるカキ博士，石巻専修大学教授菅原義雄先生に「日本のカキ，三陸のカキ」と題して講演してもらった．会場からはみ出すほど人が集まり，私たち漁師が思っている以上に流域全体の人が同じ想いを持っていると知ったことは，何よりの励みとなった．

マスコミの報道はテレビ全6放送，新聞も全国版に載り，「山に翻った大漁旗」とはその時の新聞の見出しである．何より「森は海の恋人」というキャッチコピーが人々の心を捉えたのだった．

5 ▶ 鉄の科学が水産を救う

イベントとしては初打席満塁ホームランというところだろうか．しかしそれだけでは長続きしないことを熟知していた．科学的な根拠に欠けていたのである．とはいえ，動き始めれば何かが起こってくれる，その経験則がその通りになった．

北海道日本海側で顕著になっている磯焼けの原因は海だけでなく，森林の荒廃と関係していると解説している人をテレビで見たのだ．1990年のことだ．北海道大学水産学部松永勝彦教授だった．私は仲間とその晩夜行に乗り函館に向かった．松永教授から，気仙沼水産高校でも，水産試験場でも，かき研究所でも全く聴くことのなかったことを学んだ．

それは，生命体にとって鉄とは何か，ということだ．このことを理解するには化学の基礎が必要だった．幸いなことに気仙沼水産高校水産製造科出身の私はそれがあったおかげで松永先生の説明を深く理解することができた．

アメリカの海洋化学者ジョン・マーチンによって，HNLC (High Nutrient Low Chlorophyll：高栄養塩低クロロフィル，第3章第1節参照) 海域の謎が解明されたのも海水中の微量成分の分析技術があったからだ．大洋の鉄分濃度は，海水1リットル中10億分の1g，つまりナノグラムであることをマーチンは発見したのである．この分析はとても困難で，20年前これができる人は松永先生のほか日本ではもう一人だけということだった．

基本的な知識として，植物プランクトンは硝酸塩，リン酸塩を吸収する時，これを還元しなければならない．還元の実働部隊は還元酵素である．この還元酵素の触媒としての働きに貢献するのが二価鉄で，自然界では有機酸と結合したキレート鉄の形をしている．

キレート鉄は森林で形成されるのである．もう少し説明すると，腐葉土が分解される過程で，フミン酸，フルボ酸などの有機酸が形成される．フミン酸は

無酸素状態の鉄をイオン化させる．イオン化した鉄にフルボ酸が結合しキレート状になる．この形になると有酸素の川や海に出ても酸化されずそのまま植物に吸収されるのだそうである．

どこでも汽水域の植物プランクトンの発生が多いのはこのメカニズムがあるからだ．広島は太田川，宮城は北上川，カキの産地が河口域に形成されているのはキレート鉄が森から供給されているからなのである．

鉄の科学は地球の歴史と関係がある．地球に海ができた時，海水中に含まれていた成分は鉄がほとんどだった．地球の約3分の1が鉄なのである．当時は酸素がないのでイオンの形で溶けていた．やがて35億年前，海に光合成をする生物，シアノバクテリアが現れた．その酸素の放出によって鉄が酸化され，粒子となって沈下した．そうしてできたのが，鉄鉱石である．オーストラリアのハマースレー鉱山（口絵19）などが有名である．

私は一昨年，ハマースレー鉱山と世界遺産のシャーク湾を訪れた．生命体と鉄との関わりをこの眼で確かめたいと思ったからだ．ハマースレー鉱山には，縞状鉄鉱石という，光合成生物の出す酸素によって酸化し沈降した洪積層が何百メートルも積み重なっているのである．

シャーク湾の奥には，砂や泥に藍藻類の死骸などが堆積してできた岩石ストロマトライトが100km以上ゴロゴロ続いていて，よくみると酸素の泡を出している．周辺は赤い鉄の台地である（口絵20）．酸化によって海から鉄が取り除かれたことが確認できた．シャーク湾は深層水が湧昇している海でもある．窒素，リンが豊富なのだ．それと鉄との組合せで海草（アマモ）が茂っている．それを餌にして，なんとジュゴンが1万頭以上も棲息しているほどだ．一頭のジュゴンが1日に食べるアマモの量は50kgにもなる．シャーク湾全体では1日になんと500tものアマモがジュゴンによって食べられて無くなっている．にもかかわらずアマモが維持し続けているのは鉄の供給があるからなのである．

ここを訪れれば，生命と鉄との関わりがはっきりする．水産の学者はぜひ訪れるべきである．

1993年から足かけ2年にわたって，気仙沼湾の生物生産と大川との関係の調査が松永先生によってなされた．リアス式海岸の閉鎖海域である気仙沼湾は湾奥から川が注いでいるので調査がしやすいのだ．その結果，約20億円の水揚げの9割方は大川が運ぶ養分によって生産されるという研究成果が発表された．供給されている鉄分の7割方がフルボ酸鉄だった．

この成果をネイチャー誌に送ったそうだが，残念ながら掲載されなかった．

ローカルな話題と評価されたのではないかということだ.

　この発表は大川に計画されていた新月ダム建設問題に衝撃を与えた. 丁度その頃, 北海道日本海側を中心として広がっていた磯焼けの問題と重なり, 大論争となった. 水産サイドの研究者は食害説を主張した. 特にウニの食害が強調され, ウニ除去が今でも奨励されている始末だ. 松永先生は森林破壊による鉄分不足説を主張していたから学説が錯綜した.

　そこに目をつけたのがダムを促進しようとする行政だ. 御用学者に, 松永の鉄理論はでたらめであるというニュアンスのコメントを出させたり, 鉄理論は否定されたという報道をさせたりした.

　水産庁もそちらに大きく傾き続けている. 相変わらず, 生物の育つ下地をつくるということには素知らぬふりをして, 人工採苗の稚貝, 稚魚を放流し, コンクリートの魚礁を投入している.

　水産教育の中で, 鉄の科学はこうして20年遅れてしまった. 政治的な駆け引きはともかくとしても, サイエンスは不変である.

　近年になり, 工学系の学部, 鉄鋼会社, 在野の農民, 漁民により, 鉄を用いた環境の修復実験の成功例が多くなってきた. ウニがいる磯焼け地帯に, 鉄と有機酸の結合体を供給すると, 驚くほど海藻が復活してくるのである. また, バクテリアの活性にも鉄が大きく関わっているということも判明してきている.

　幸いなことに, 気仙沼湾に注ぐ大川に計画されていた新月ダム計画は, 公共事業の見直しがあった際, いち早く凍結され中止になった. 緊急性が無かったことと, 松永先生の調査研究の成果と認識している. 長良川河口堰, 筑後川河口堰, 諫早湾潮受堤防など, 河川水と汽水域の生物生産との関わりを示すデータがあれば局面は大きく変わったものと悔やまれてならない.

　幸いにして, 京都大学から, 森里海連環学という今までの概念からは想像もつかない学問が生まれた. 漁民の側からは待ちに待った学問である.

　これで孫に「お前はカキ養殖業を継いでも大丈夫だよ」と言える気がしている.

　京都大学の水産学に漁民は大いに期待している.

（編者注）畠山重篤氏は, 2004年より京都大学フィールド科学教育研究センター社会連携教授として, 全学共通教育の森里海連環学ならびに新入生向け少人数セミナー「森は海の恋人の故郷に学ぶ」を担当されている.

コラム 18　うざねはかせ

　けたたましい電話のベルで目が覚めた．京大会館の朝である．夕食の赤ワインが効いたのかぐっすり寝入ってしまっていたのだ．林学の竹内教授から朝食を一緒にとのお誘いであった．もう一人宿泊者があり同席となった．ドイツから来た林学者でシンポジウムに出席するという．

　今日の基調講演者ですと紹介された．「牡蠣養殖業」という肩書きの名刺を差し出すとドイツ人林学者は目を白黒させ○×□△ドクターか，と質問しているようである．そこで，はい，"うざねはかせ"でがす，と気仙語で冗談を言ってみた．するとウザネハカセってなんですか，ドイツ語の響きがしますが，と竹内教授が真顔で訊いてくる．ウザネは苦労の意味で，苦労ばっかりで梲の上がらない人間のことを指します，と答えると，私もそうですよと微笑まれた．ドイツ人学者に説明すると自分を指し，ウーザネンハーカセ，と言ったので大笑いになった．

　少し時間があるということで上賀茂試験地という演習林を案内してもらう．見たことのない多くの種類の大木が林立している．竹の子のようなとんがったものが突き出ているので問うと，気根といって地上に根を出して呼吸しているという．木の研究も面白そうである．見学者名簿の職業欄に漁業と記帳すると受付の人が怪訝な顔をしている．漁業者は初めてらしいのだ．林学と水産学がいかに遠い存在なのか知らされ，急に講演のことが心配になってきたのである．

　記念すべき京都大学フィールド科学教育研究センター創設シンポジウムの開会である．総長はじめきら星のごとく各学部の教授たちが並んでいる．学生の出席者も多く新しい学問への息吹が感じられた．

　田中　克初代センター長がまず挨拶に立ち地球的な環境問題，これらは多くの場合，地域にきわめて具体的な形で，かつ複合的，総合問題として現れる．これまでの細分化，あるいは専門分化された科学の限界を克服して次世代に豊かな自然を引き継ぐために，その前提として，人と自然の共存の在り方を提示しうる，インパクトある総合科学を目指したい，と力強く話された．

　司会の白山義久教授（海底の土中に棲むベントス研究の第一人者）が世界的な海洋学者のピンチヒッターに漁民を選出した理由を釈明している．

　出席者名簿を盗み読みすると，林学，農学，水産学，教育学，哲学，医学，なぜか数学，経済学，法学などごちゃまぜ集団である．学生は京大以外からも来ている．これはどんな人を基調講演者に選ぶか大変なわけである．

　白山教授がピンチヒッターをしきりに強調してくれているので多少は気が楽になってきた．まず，カキ生産者であることを自己紹介し，カキの漁場は全国，河川水が海に注ぐ汽水域であること，日本一の産地である広島湾は太田川が注ぐ典型的な汽水域であることを話すとうなずいている人が多い．

転じて，リアス式海岸の話をする．リアスとはスペイン語で「潮入り川」を意味する．リアスの語源はリオ（川）である．鯖街道でおなじみの若狭湾，アワビで有名な伊勢志摩は「御食つ国」と言われ，京都の朝廷に海の産物を供給する国であること，共通点はリアス式の海であることを話した．
　このギザギザの海岸は，語源が示すように元々川が削った谷底であり，後で海が浸入した．リアス式海岸の本家本元は，スペインの大西洋岸で，ポルトガルとの国境から北に千キロも続いている．ガリシア地方と呼ばれ，ガリシアの海で獲れないものはないと言われるほどヨーロッパでは有名な御食つ国なのである．
　この地は雨が多く林業が盛んで，スペインの木材の4割方を生産している．木材があり良湾に恵まれていれば造船業が盛んで，スペインが誇る無敵艦隊アルマダはここで生まれた．しかも，ガリシアの森はロブレ（ナラの類）という落葉広葉樹林である．森の養分が雨が降る度に川から海に供給され，植物プランクトンが増え，食物連鎖で魚貝類が豊富に生産される．リアス式の海は汽水域であることを強調した．地理，歴史，文化を絡ませ説明すると，理科的な事柄も楽しく理解してもらえることは経験済みであった．我々の知らない世界をこの漁師は知っている．しかも理系，文系と絡ませた手法を駆使している．学者たちのそんな視線を感じた．
　そこでまた話を変え，「森は海の恋人」というスローガンが生まれた経過を話した．気仙沼地方は短歌の盛んな風土がある．気仙沼湾に注ぐ大川中流域に熊谷武雄という歌人がいた．武雄の代表歌は，市内の宝鏡寺というお寺の歌碑に刻まれている．

　　手長野に木々はあれどもたらちねのははそのかげは拠るにしたしき

気仙沼の背景に手長山という山があり数多くの樹が生えているが，柞（ははそ）（ナラやクヌギの古語）の林に入るとお母さんの側にきたようで，心が休まるよなあ……，という意味である．つまり，昔の人は落葉広葉樹の森を自然界の母に準えていたのだ．武雄の孫に当たる龍子は，森と海との関わりをこう詠っている．

　　森は海を海は森を恋いながら悠久よりの愛紡ぎゆく

　この歌から森は海の恋人というスローガンが生まれたのである．歌の響きが大川流域に暮らす人々の心にも緑を増やす結果となり，みんなで森川海を大切にする機運が生まれた．こうして，赤潮にまみれた気仙沼湾は蘇ったのである．
　森川海の関わりが科学的に解明されたとしても，川の流域に暮らす人々の心に自然を大切にする気持ちが芽生えなければ自然は復活しない．文理融合の総合教育が必要だ．それは京都大学だからこそ可能ではないか，と締めくくった．田中センター長が近寄ってきてささやいてくれた．代打満塁ホームランでした……と．
　　　　　　（牡蠣の森を慕う会代表，NPO法人森は海の恋人代表　畠山重篤）

コラム 19　伊豆の海に潜り続けて

　魚が好きで，魚をもっと近くで見たいがために海に潜り始めて，早 30 年になる．舞鶴や越前，串本の海から始め，今はホームグランドとしている伊豆の大瀬崎に潜り続けて 20 年，毎週のように同じポイントに潜り続けているが，潜る度に見えるものが同じとは限らない．

　この海域で水中撮影された魚種は 600 種を超えるが（瀬能ほか，1997）（口絵1），周年観察される種は 3 分の 1 にも満たないと思われる．季節が来れば毎年見られる魚もいれば，一度しか見たことのない魚もいる．毎年，見られる魚は異なる．「年年歳歳花相似たり」という漢詩の一節があるが，「年年歳歳魚同じからず」と言うべきかもしれない．近年は，事あるごとに温暖化が囁かれているが，変化の激しい魚類相について高々 20 年潜っただけで，その変化を語ることは難しいと思う．

　観察結果がすべてデータ化できれば，そこから多くの考察が得られるはずであるが，魚類相のように複雑なものを定量データ化するのは難しい．怠慢な私にも唯一残せるのが写真である．定量的ではないし，標本のように見たいところが見られるわけではないが，それでも博物館などに登録することにより，データとしての意味を持つことになる．少なくとも，いつ，どこで，どんな種が見られたかという定性的なデータとなりうる．本当は，ただ魚の写真が撮りたいだけなのだが，少しでもデータ化されれば役に立つだろうと言い訳しつつ，水中写真を撮り続けてきたというのが正直なところかもしれない．

　それでも，これだけ一つの海域に潜っていれば，何か変化の兆しくらい見えてもよいはずである．南の海から無効分散してくる魚（図 1～4）の種類数や量を思い起こしてみても，残念ながら，温暖化により年々増えているという傾向は見られない．この 20 年を自分の写真で振り返ると，2002 年に最も多くの無効分散魚が見られ，2009 年は最も少ないと思えるくらい来遊種類数が乏しかった．むしろ気になるのは，定住種の一部が変化しているのではないかということである．自分が潜り続けているフィールドでは，ホウキハタ（図 5）が減り，内湾側に多かったオオモンハタ（図 6）に置き換わっているように感じられる．いわゆる外海と内湾の境目が変化していないだろうかと気になるところである．このような沿岸の魚類相の変化の原因は，ほんの少しの海岸地形の変化や河川水の影響の変化などいろいろと想像されるが，あくまで想像の域を出るものではない．それでも，伊豆周辺の固有種でわずかな個体数しか見られないシロオビハナダイ（口絵1e）は，この 20 年間絶えることなくこの海域に生息しており，海というものの懐の深さを感じてしまう．何はともあれ，邪念なく楽しみながら写真で記録し続けることが，私にできることだと思っている．

図1　きわめて稀に無効分散してくるキツネメネジリンボウ．沖縄に分布せず四国で発見された．

図2　稀に無効分散してくるサザナミヤッコ幼魚

図3　比較的普通に無効分散してくるタテジマヤッコ幼魚

図4　毎年必ず無効分散してくるツノダシ

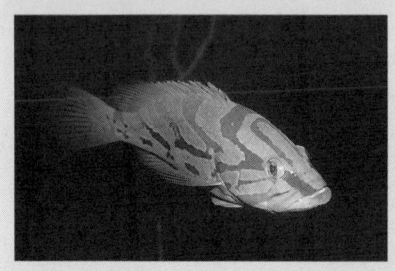

図5　最近個体数が減ったホウキハタ

図6　最近分布域が広がっているオオモンハタ

　食料に直接結びつく水産資源の問題は多くの研究機関で取り組まれ，まだまだ足りないとは言え，多くの情報が集められている．しかし，問題解決に行き詰まったとき，とんでもない所に解決のカギが落ちていることもままある．仕事にもならず，データにもならない魚を潜って見るという行為を，これからも愚直なまでに続けていければと思っている．

（御宿昭彦）

特別寄稿2
有明海の再生に挑む

　有明海は，かつては"獲っても獲っても"獲りつくせないほど豊かな海と漁師から評されるほど豊穣の海であった．それがこの約30年間に漁獲量は10分の1ほどに激減し，諫早湾周辺を中心に多くの自殺者を出すほどまでに困窮している．一体どうしてしまったのであろうか．

　この間の有明海漁獲量の激減の主役は，アサリの漁獲量の急激な減少である．1980年前後には有明海全体で8万tを超えた漁獲量が2000年には2000t以下に激減したのである．実に，40分の1と，かつての面影はない．この大半は砂質干潟の広がる熊本県において漁獲されていたのである．

　一方，世間に十分には知られていないが，このような有明海をもう一度かつての豊穣の海に戻したいと願う漁師をはじめ多くの人たちのたゆまぬ努力も続けられているのである．それは，海の豊かさを取り戻すためには水の浄化が決め手との共通の思いをもとにした多様な取り組みである．その代表例として，NPO法人天明水の会を取り上げ，インタビュー形式で取り組みの概要を紹介しよう．インタビューに答える人は，理事長浜辺誠司さんである．

100分の1のアサリ

　　　本日はよろしくお願いします．まずは最近の海の状況をお聞かせください．

浜辺　いきなり暗い話で申し訳ないが，海も漁民の暮らしもよくなかですね．

　　　それはまた何故ですか．今年はアサリが不漁とは聞いていましたが．

浜辺　そうです．アサリはほとんど獲れんし，採貝漁師はハマグリやオゴノリ漁に切り替え，その場をしのいでいます．当然，増えつつあったハマグリ

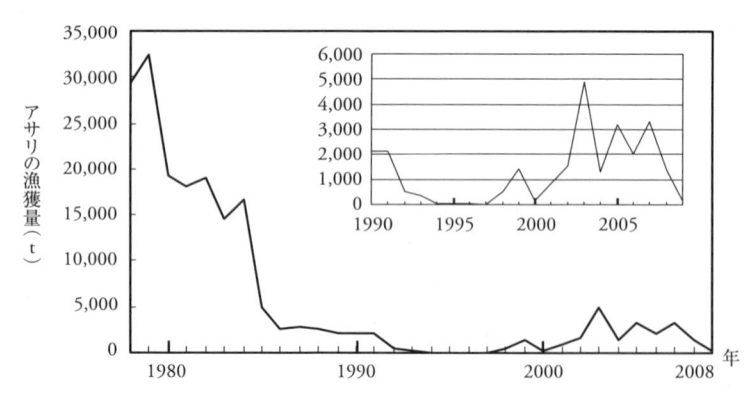

図1 有明の海から"アサリが消えた".熊本県緑川河口域におけるアサリ漁獲量の経年変化.右上に1990年以降の漁獲量を拡大して示した(資料提供：熊本県水産センター).

は激減し,明日が見えない状況にあります.

🐟 その理由は何なのでしょうか.確か数年前には,アサリが復活したと皆で祝杯を挙げましたよね.

浜辺 アサリは環境の変化に敏感だということでしょうね.平成2～3(1990～1991)年頃に話は戻りますが,海は今よりさらに悪い環境にありました.アサリの漁獲量がわずか12～13年で100分の1に激減し(図1),"アサリが消えた"と緑川下流では環境シンポジウムが開かれ,緑川流域住民への意識の変革が求められたんです.やがて流域の各地で住民が立ち上がり,水環境再生への運動が始まりました.天明水の会でもあらゆる手段を用いてそのことに挑戦してきました.上流では町が合併浄化槽設置の補助率をいっきに高め,自然保護団体はバスを貸し切り海の勉強へと子供たちを連れて来ました.中流では婦人会の手づくり石鹸,農協は低農薬を勧め,家庭ゴミ減量運動が各町で広がり第1回緑川一斉清掃には,いきなり1万人が集まりました.

🐟 そのしかけを天明水の会がやられたと聞いておりますが,1万人はすごいですね.

浜辺 驚くことに数年後,川エビが確認され,川魚が増えるとともに干潟にも生物が戻ってきたんです.そして10年が経ち,アサリも徐々に増え,数

年前には漁師さんの生活もほぼ安定し，例の祝宴となりました．

🖋　流域住民の動きが緑川流域の水環境を変えたんですね．

浜辺　嬉しかったですね．"人が動けば環境は変わる"．この言葉を実感した時でした．「川づくりのモデルだ」とマスコミが押しかけて来ました．

🖋　年間取材が20件近くありましたね．ところがこの2～3年，またおかしくなってきたんじゃないですか．

浜辺　残念ながらそうなんです．再びアサリは激減しました．干潟を調べてみるとイガイに占領され，アサリが棲める状態ではありません．昔から海が不作の年はアナアオサが多かと言われとりましたが，代わってオゴノリ（別名貧乏草）が数kmにもわたって繁茂し，まるでジュウタンを敷き詰めたようです．富栄養化の海の自然治癒力というんでしょうか，20年前にもこの現象はあり，漁師さんは今，したたかにこのオゴノリ漁で生計を立てています．これを周期説で片付けられると空しさだけが残ります．

汽水域は魚のゆりかご

🖋　私たちは今，浜辺さんのご自宅の前にある緑川堤防に腰をおろしています．足元には半分潮が引いた緑川（図2）があり，右手には雲仙普賢岳を望む有明海，背後には広々とした農地が続いています．ここにずっと暮らしてこられ，子どもの頃と比べられて緑川のどこが一番変わりましたか．

浜辺　それは水の濁りです．濁りは干潟の海の特徴ですが，ほら，目の前に桟橋杭があるでしょう，私が子どもの頃，杭を伝って底まで潜っていました．カキが付いた杭には小魚が棲み，2～3m下の川底までよく見えたものでした．正月には干潮時に若水を汲んでいました．今ではよっぽど凪が続いた小潮の時ですら透明度は50～60cm程度．川上で大雨でも降れば1週間～10日は濁りがとれません．

🖋　そう言えば10日ほど雨は降っていませんが，濁っていますね．濁りがとれないのはなぜですか．

浜辺　干潟の海である有明海の特徴は，満ち引きの時に潟の表面を波が掻き混ぜ濁りを発生させます．生じた濁りも流れが止まる満潮，干潮時には泥の比重が重いため沈殿し澄んできます．濁りが取れないのは潟の質が変わったんでしょう．上流からの砂の供給が絶たれたことでヘドロ化が進んでいますね．それに赤潮が出る頻度が多くなった気がします．

図 2 緑川河口風景．潮が満ち，はまぐり漁から帰路に着く老夫婦．踏まれて固くなった潟道も一歩はみ出ると腿まで埋まる．

🐟　目の前の干潟でもトビハゼが跳ねていますが，干潟の生物についてはいかがですか．

浜辺　20年前の河口で投網を打てば20匹のうち必ず1〜2匹は背骨が曲がった魚が取れよりました．汚染水が流れていたということでしょうね．

環境のバロメータといわれるシオマネキも，姿を消して今に至っています．ムツゴロウやカニなども一時姿を消し，生物のいない殺伐とした干潟が目前にありました．ヘドロ化すれば穴がつぶれて棲み難く，逃げ出さざるをえないのでしょう．しかし，その数年後から徐々に生物も増えて来ました．また河口一帯はモクズガニ（有名な上海ガニと近縁で，幼生は海ですごし，成長とともに川を遡る）やアユの産卵場で，秋になると上流から下ってきます．汽水域で産卵し，そして春にはまた上流をめざし遡上します．気になるのが春先にウナギの稚魚（シラス）を獲る待ち受け網（別名地獄網）に遡上前の鮎の稚魚が迷い込んで犠牲となっていることです．

許可されている漁法とはいえ，何千kmも旅して故郷にやっと辿り着いたウナギの稚魚や，5〜6cmに成長した若鮎にとっては迷惑な話です．川に魚が少ない一因がここにもあるようです．

↱　汽水域には魚の種類も多いと聞いておりますが，今の時期どんなのがいますか．

浜辺　趣味で投網漁をやるんですが，満潮時には沖のチヌ，コチ，ヒラメ，グチ，スズキ，コノシロ，干潮時には淡水に慣れた海の魚や時には川魚の鯉，テナガエビが獲れます．ハゼクチはこの周辺には多く，この冬には関西の釣り人が56cmの大物を釣り上げました．エツが多いのはヨシ原が川奥に広がっており，産卵の場所に適しているからでしょう．アリアケシラウオも数少なくなり，温暖化の影響なのか，この海をヒラやナルトビエイが謳歌しています．

水の会結成

↱　さて天明水の会の結成について伺います．会の結成は平成4年（1992）7月だそうですので，今年で18年目を迎えたということになりますね．まず，会を立ち上げられた理由と顔ぶれを教えてください．

浜辺　熊本でも平成の大合併と騒いでいますが，わずか人口1万人余りのわが故郷天明町も平成2年（1990）に熊本市に吸収合併されました．組織は大きくなりましたが，田舎特有の連帯感が薄らいで行くのを住民たちは感じていました．それまで，おんぶに抱っこ状態で町の助成金をあてにして活動を行ってきたそれぞれの地域活動グループには，助成金カットが意欲減少につながっていったようです．あわせて主幹産業である農水産業も，水質悪化によると思われる低迷が続いており，町全体に悲壮感が漂っていました．そんな折，飲み会の席で「この町をどうにかせにゃいかん」との提案に，その場にいた中年層が賛同の雄叫びを挙げました．鉄工所，百姓，漁師，公務員，電機屋，会社員，異業種の6名での船出でした．

↱　なるほど，飲み会から始まったんで今も飲む機会が多いんですね．その後の動きを知りたいですね．

浜辺　私から海の現状を話しました．周りにアサリ漁の人が多く，海の状況は手にとるように分かっておりました．全盛期には200〜250隻の出漁船が今ではわずか10隻たらず，出漁しても赤字と分かっていても漁師の悲し

い性でしょうか，漁の時間がくれば自然と足は港へ向く．刺し網漁には肝心の魚は獲れず紙おむつとビニール袋だけ．続いて農業者が発言しました．農業用水は汚れた都市排水を使用している．水質の悪いこの水からいい作物は採れません．基幹産業の農水産業は水が命，水質改善が必要です．その日の内に活動のテーマが"水の再生"に辿り着いたのは言うまでもありません．

🖋 なるほど，水に着目されたのですね．決まるのも早いが行動も早かったと聞いておりますが．

浜辺　緑川最下流ですので水質の低下は避けられませんが，声を上げないと汚濁は進んでいくと思い，まず緑川を遡上し原因を探ることとなりました．下流では砂利運搬船が海に届く前にわがもの顔で搾取し，砂は洗浄されて陸上へ，排水はそのまま川へ．下水施設が建設中の熊本市では生活廃水で泡の列，中流域では畜産業者のし尿施設の垂れ流し，農村地帯ではまだ農薬の規制が甘く魚影も乏しかった．下流特有の光景と思っていたコンクリート護岸は延々と上流まで続いていました．行き着いた山では異様な風景がありました．はげ山と化したその広大な山は，皆伐後の枝だけが散乱した状態．"荒れた山"そのままでした．あまりの光景に，しばらくは呆然と立ち尽くす仲間たち．「海をみれば山の状況が見える」と言った先人の言葉が頭をよぎります．この広く荒れた山々が海を壊した一つの要因なりと確信した瞬間です．あとで知ったのですが，昭和58年(1983)頃から住宅ブームに乗り森林が大量に伐採されたとのこと，海の疲弊の時期と重なっています．

活動森編

🖋 それから植林が始まる訳ですが，素人ばかりで大変だったでしょう．

浜辺　山の持ち主（九州営林局）は，独立採算制をとっており，木材の価格低迷から費用の掛かる伐採後の植林がままならず，不本意ながら荒れた山を造り続けていました．少々，出しゃ張りとは思いましたが言うてしまった．
「わしらに木を植えさせてくれんですか」

　まず，地拵え作業といって枯れ枝だらけの山を筋条に整理する．30数名で挑んだこの作業だけでも延べ100名を超えました．正直なところ，私にとっての2月は生活がかかった海苔摘みの最盛期，毎週日曜出動はえ

図3 緑川上流の山にたなびく大漁旗の下で進められた植林

らく堪えました．しかし現地では，営林局，営林署，そして林業家の人たちも毎回汗を流してくれました．山人の対応も温かかったです．心が通じた瞬間でした．

　植林当日．神事の後，緑川の恩恵を受ける5漁協の漁民150名，緑川流域住民，知人，山関係者など150名の計300名で木を植えました．大漁旗50本がたなびき（図3）漁民の森の誕生です．名付け親はもちろん天明水の会．裏話ですが，地拵え作業に参加できなかった会員のYさんが高額の苗木代を一時立て替えてくれました．

　漁民の森も全国に放送され大きな反響を呼びましたね．大変な作業なのに次年度も植林されましたね．何がそうさせるのですか．

浜辺　ええ，準備のつらさはありますが，植え終わったあとの充実感や団体，

組織との連携の面白みを感じ始めていました．この時，並行して緑川流域連絡会も立ち上げており，川の管理者，国土交通省からも多数の参加があり，これは行政の縦割社会を民間が媒体となり山川海を一つとする仕掛けでもありました．2年目は流域の子どもたちとの植林ですが，480名が集まりました．廃校の跡地とその周辺の植林に，ここの卒業生や元住民の方々も参加下さいました．横を流れる内大臣川をまたいで150匹のこいのぼりの谷渡りで盛り上がりました．

▶ 今年までの18年間にどれくらいの森ができたのでしょうか．印象に残っている森はありますか．

浜辺 総面積40.5haで7万5000本植えたことになります．やがて，水はつながっているとの意識が芽生え，緑川流域だけでなく県下各地に植林地が40ヵ所になりました．途中平成13（2001）年度から水産庁が漁民の森活動支援事業に動き出し，私たちも活動しやすくなりました．一番印象に残っている植林は県下七つの大学から学生350人が集まり，7haを植えたことです．彼らは植林を通して横の連携を図ろうと"絆の森"と名付けました．

その日はどしゃぶりの雨で，悪戦苦闘していた学生の姿が今でも目に浮かびます．面積が広く日曜ごとの植林には4週かかりました．

そして今年の正月に嬉しいニュースが飛び込んで来ました．当時小学校6年生だった子どもたちが植林した丸山の森で成人式を行ったとのことでした．木の伸びと共に人も成長しているんですね．

▶ 天明水の会の植林の特徴は，植林地周辺の人々を巻き込んでおられますがなぜでしょうか．

浜辺 木を植えたら後の管理も必要です．現地に近い学校が動けばPTAや地区住民の支援が発生します．特に林業家の多い上流では心から歓迎され，その後の管理も子どもと一緒に楽しまれています．自然のなかで汗をかき自らの手で木を植える．この木は自分と共に成長し，毎年，木の成長を確認しながら下草を刈る．その木はやがて大きくなり地球を育てる1本の大木になります．これこそ最高の教育ですよ．

▶ 森づくりの延長で炭も造っておられますね．竹炭へのこだわりは何でしょう．

浜辺 県の「森づくり税」を活用して間伐材を使った手造りの炭焼き小屋を作りました．もっぱら竹炭専門です．

図4 孟宗竹や使用済みの海苔支柱竹で竹炭作り

　炭を焼きだして3年経ちますが，木炭と竹炭の違いをよく尋ねられます．竹が表面積も広く火力も強いし，浄化能力も表面積が広い分竹炭が優ると思います．また，山での竹の繁殖力には恐怖感すら覚え，どうにかせにゃいかんと微力ながら年2回は孟宗竹を切ってます．最近は処理に困っている海苔支柱竹でも竹炭を作り（図4），さらに鉄粉と混合し鉄炭団子（考案者杉本幹生氏）で水質浄化の試験中です．乞う，ご期待．

活動海編

**　** さて，海での企画も多いですね．私も最初に海岸清掃に参加したときはゴミの山にビックリしました．

浜辺 植林に参加した学校をセットで海に案内するのですが，平均年間10校ほどが訪ねてこられます．船に乗せ，潮干狩りや刺し網漁体験，海の環境の話をしています．海に流れてくるゴミや汚水の話になると申し訳なさそ

図5　カヌーに乗りアメンボ目線で環境学習

うに聞いている山の子らは実に純朴です．子どもは時に大人の行動を鋭く指摘します．学習の最中に堤防からゴミを捨てる漁師をみて私に怒って質問します．当時，「ゴミは海に流すのが当たり前」と言う漁師さんが何人もいたのは確かです．

🐟　県下各地の川でカヌーによる環境学習も活発ですが，子どもにカヌーは好評のようですね．

浜辺　個人艇を含めると30艇になりました．多い時は年間25回の教室を開き720名もの参加があり，アメンボ目線で遊び感覚のカヌーは山より人気があるようです（図5）．大漁旗を掲げた漁船の伴走で，ロマンを秘めた有明海カヌー横断を4～5時間かけてやります．某年，有明海横断後，さらに干拓堤防建設中の諫早湾奥の本明川河口で，諫早と熊本の子ども，総勢150名の干潟交流会（口絵14）を開催しました．諫早の干潟は天明の干潟と比べ数倍の豊かさがあり一同びっくりです．そこに棲む干潟生物の多

いこと，湾内を伴走船が走ると魚の嵐．15匹ものボラが5隻に飛び込み，まるで養殖場．数年後，豊かなその海は干拓地と化しましたが，この干拓は国の判断の誤りだと思っています．当然ながら，有明海の流速は遅くなり，干満の差も小さくなり，ヘドロ化が進み潮汐表に誤差が生じています．

人が動けば環境は変わる

▱ 最後に，NPO法人として今後目指されるものはどこでしょう．

浜辺 まず鉄炭団子で河川，海の浄化を図ります．すでに海苔支柱竹を1年分蓄え試験を開始しておりますが，結果が出るのにしばらく時間が必要です．結果次第では発案者の杉本氏の指導を仰ぎ，本格的に取り組み，水質汚染で困っている人たちの手助けをしたいと考えています．

　次に，わが会の宿命といえる学校支援活動は今後も続けます．そのためには国や各種財団の事業にも挑戦していきたい．今年初めて修学旅行生144名の下草刈り体験を受け入れましたが，今後も企業，学校などで増えることが予想され，ビジネス事業として確立できたらと思っています．それから，森の成長に伴い山の整備が必要となって来ました．幸いに落葉樹などの雑木ばかりですので，間伐はほどほどに作業道の整備を進めます．漁民の森は県民にとっての癒しの森，レクリエーションの森，または森林学習の森などいろいろな活用ができます．会として最も嬉しいのが，今回，常勤の事務局員を雇えることになり，会員の負担軽減ができることです．会員は本業を持ちながら年間30回に及ぶ事業をこなし，私も含め少々疲れていました．事務局充実で今後余裕ある活動ができ，流域の整備を図ることで，次に，海の疲弊周期が来ても，十分耐えうる海を創りあげていきたいですね．

　自然の力は偉大ですが，あえて"人が動けば環境は変わる"を実践していきます．

（編者注）この一文をご一読いただいた方は，お気づきであろう．天明水の会の取り組みやその活動の地域社会に及ぼした影響には，宮城県気仙沼の「牡蠣の森を慕う会」の活動（第7章第3節およびコラム18参照）と多くの共通点がある．いわば，西の"森は海の恋人"運動と言っても過言ではない．もちろん，浜辺誠司さんと畠山重篤さんは"アイコンタクト"でわかりあえる間柄である．

終　章

　2009年の10大ニュースの一つには政権交代が挙げられるであろう．そして，新政権が2009年9月初めに，地球温暖化対策に関する取り組みについて2020年までに二酸化炭素排出量を1990年比で25％の削減を目指すと宣言した意味は大きい．このことについては諸外国からの評価も高いが，問題はこの目標をどのような手順で達成するかである．地球温暖化問題はいうまでもなく環境問題，エネルギー問題と直結しているだけでなく，食料問題とも関わっている．食料問題は人類の生存にとって過去，現在，未来いずれにおいても最も重要な事柄であるが，21世紀に入り一層緊迫した状況を呈しているといってよい．

　世界の飢餓人口は2009年末には10億人に達するであろうといわれているし，毎日2万5000人が餓死しているという．しかも，餓死者の大半が5歳未満の子どもである．このことには穀物価格の高騰が大きく関わっており，2008年には食料不足が原因の抗議行動や暴動が20ヵ国で発生している．

　わが国の食料事情はどうであろうか．食料自給率をカロリーベースでみると1960年代の74％から年々低下し，1998年からの10年間は多少の凸凹はあるがほぼ40％前後を推移しており，これは先進国の中で最下位である．また，穀物自給率は27％（重量ベース）であり，世界175の国・地域の中で125番目である．隣国の韓国もわが国とほぼ類似の状況にあり，アフリカ大陸への農業進出を目指しており，これは中国やインドも同様である．わが国もアフリカ諸国に対して農業技術の援助を実施しており，このこと自身は結構なことであるが，食料自給率の改善にすぐには結び付かない．食料自給率は国民の生存を保証する目安，また国の自立の度合いを示すものといわれる．食料の大半を外国からの輸入に頼らなければならない国は基盤が真に危うい．輸入相手国の干ばつなどの異常気象，人口増加などの社会状況，そして政情の変化などは食料の輸入に直接的に影響する．実際に農産物の輸出規制をする国が近年増加している．

　さらに，農産物，畜産物の多くを外国に依存しているということは，輸入相手国の農業用水を大量に消費していることになる．わが国は世界最大の穀物輸入国でもあるが，そのうちの大半を米国に依存している．米国の穀倉地帯であ

るグレートプレーンは中西部に位置するが，灌漑用水は広大なオガララ帯水層の地下水を汲み上げて利用している．ところがこのオガララ帯水層は化石地下水と呼ばれ，氷河期に閉じ込められたもので，石油と同じように1回限りのものである．近年，この帯水層の水位がところによっては過去30年間に12m，最大で30m低下しており，灌漑用水としての将来が危惧されている．このことはわが国にとって，余所事ではない．それでなくても21世紀は水戦争の時代といわれており，世界的にみると清浄な水がないために20秒に一人の割合で死者が出ているという．アフガニスタンで現地の人たちへの医療活動に心血を注いでおられる中村　哲医師の「百の診療所よりも一本の用水路を！」という叫びは心を打つし，現地の人たちおよび日本からのボランティアとともに自らもトラクターを操って，実際に1500本の井戸掘りと20数kmの用水路建設をされている活動は素晴らしい．世界的な水不足が深刻化している中でわが国は安全でおいしい水に恵まれているため，外国の水企業に狙われているともいわれている．

　また，海外から大量の食料を輸入するためには輸送のための距離や時間が長くなり，大量の食料を遠方から輸入する際，航空機，船舶，列車，トラックなどを用いて輸送することにより輸送中に排出される二酸化炭素も増加する．食料の輸入量に輸送距離を乗じてトン(t)・キロメートル(km)を算出したものがフードマイレージである．わが国の2001年の総量は約9000億t・kmで，この数字も計測が行われた6ヵ国(日，韓，米，英，独，仏)の中で最高値である．

　とにかく食料自給率を上昇させるためには国，生産者，消費者などが問題意識を共有し，それぞれの立場からのいろいろな取り組みを前進させなければならない．

　本書の中心テーマである「日本の水産」についてであるが，水産国日本の昔の面影はなく，まさにピンチに立たされている．かつては水産物の輸出国であったわが国の水産物の自給率(重量ベース)は50～60%まで落ち込み，水産物の輸入大国に陥ったのが現状である．何故そのようになったのかは本書で取り上げられているが，農業と同じく何らかの打開策を早急に打ち出さなければわが国の将来は暗い．第一次産業共通の問題であるが，高齢化と後継者不足は漁業でも深刻である．生活基盤が保障され，生きがいのある働き場であることが分かれば若者は還ってくるといわれているが，そのような状況が到来するにはまだ時間がかかると思われる．さらに，魚介類の国内消費量は1989年度の891万tをピークに以後低下し，07年度は725万tになった．1人当たりの摂取量も05年度までは魚介類の方が肉を上回っていたが，その後逆転した．魚離れ

が進行していることに対する対策も今後の重要課題である．その一方で海の幸，山の幸をふんだんに取り入れた日本食は諸外国からも注目されている．水産物は単にタンパク源としてだけでなく，魚介類に多く含まれる必須脂肪酸，多価不飽和脂肪酸（DHAやEPA）やタウリンなどが健康で長寿の社会の構築に大きな役割を果たしていると考えられており，また青魚に多く含まれている上述のDHAが母体から胎児へ，また母乳から乳児へ移行して子どもたちの心身の健全な発達に寄与しているといわれている．

　本書は水産および周辺の分野で活躍中の方々にそれぞれ最新の状況を執筆していただいた．"水産"という分野は非常に幅が広いためすべてを網羅することは不可能であるが，水生生物の資源，生理，生態，行動，利用，加工，増養殖，水産環境，海洋物理，水産行政まで実に多岐にわたる内容が本書に盛り込まれている．いずれもが21世紀の水産業の復興や発展を期しながら書かれており，読者が食料問題，漁業の問題などを考える際の一助となることを編者一同願っている．また，水の中の生き物の神秘にロマンを感じる方は多いと思うが，これまで秘密のベールに包まれていたことが少しずつ明らかにされようとしていることを本書から読み取っていただけるであろう．とはいっても，生き物の世界はまだまだ分からないことばかりであるからこそ，いっそうロマンを感じさせられるのである．

　最近，新聞や書物でGNH（Gross National Happiness：国民総幸福）という言葉を目にすることがある．これはヒマラヤの最貧国ブータンの21歳の国王が1976年に開催されたある国際会議の後の記者会見で述べたことである．「国にとって大切なのはGNP（国民総生産）よりGNHである．ペットボトルの水がよく売れる国はGNPが上がるが，自然破壊がなく川の水が飲める国はGNHが高い．塾で疲れた子どもたちより自然の中で遊べる子どもたちの方が幸福度は高い．GNHはブータンの最終的な目標である．ブータン国民の97％は「幸福」だと答えている．ブータンは環境，持続可能な開発，文化の保護などを国家運営の柱としている」と．まさに含蓄のある言葉である．

　食料問題，環境問題，エネルギー問題など現代社会が抱える問題は技術的な面からの解決に終始するだけでなく，豊かさとは何か，幸せとは何かを問い直すことも重要である．そして，それらの問題は根底においてすべて密接につながっているのである．つながりの視点，そしてそれに依拠した総合的な科学技術の進展こそが求められているのである．本書の根底にもそのような思いが流れていることを汲みとっていただければ幸いである．

編者を代表して　川合真一郎

あとがき

　健康志向の高まりなどを背景にして，水産物の需要は先進国を中心に世界的に増大しつつある．ところが，すでに，Lester R. Brown (1994) が「増加しつつある人口に食料を供給しなければならない有限の生態系のうちでも，漁場ほど突然に勢いを失ってしまったものはない」と述べているように，世界の多くの漁場は乱獲と環境破壊によって荒廃しつつある．かつて世界一の漁獲量を誇っていた日本の漁業も例外ではなく，水産物の自給率でみると，1970年代に100%を切ってからの低下は急速であり，1990年代後半以降は60%を割り込むことが多くなっている．

　わが国の食料全体の自給率が先進国最低にまで落ち込んでいることは周知の事実であり，国土の狭さを考えれば飼料穀類などの輸入は止むを得ないのかもしれないが，世界に冠たる好漁場に囲まれた日本が何時の間にか世界一の水産物輸入国になってしまっていることには気付かない人が多いのではなかろうか．しかし，世界同時経済不況に代表される激動時代に直面し，これからの日本にとって食料自給は軍備による安全保障以上に重要であるとの考えが，日本を代表する著名な建築家や社会科学者から鋭く指摘され始めている．

　本書を企画・編集した田中　克・川合真一郎・谷口順彦・坂田泰造の4氏は，京都大学農学部水産学科（現在は，資源生物科学科に改組されている）を1966年に卒業し，その後，今日まで水産学領域の第一線で研究に従事して来た人たちである．彼らの学生・院生時代の水産学科は，水産業の発展がますます期待された時代にあり，活気に満ち溢れていた．加えて，いわゆる大学紛争を経験している．大学紛争の評価は様々であるが，当時，一学科だけが京都から離れて舞鶴に設置されていた水産学科には，『大学紛争時代の舞鶴には，「水産学とは何か？」「科学の社会的貢献とは何か？」と根源的に問う水産学科構成員のダイナミズムと膨大なエネルギーがあった』（南，2007）と言われている．

　このような環境で水産学や水産業が直面する課題を共有しながら研究者としてスタートした彼らは，今や円熟期にさしかかっている．あたかもサケが母なる河へ産卵のために回帰するように，若い日の記憶に導かれ，その後も醸成してきた水産に対する思いを，食料自給率の向上を基軸にして纏めようとしたのが本書である．そして，水産関係の大学・研究機関など各分野で活躍している同学科の卒業生の，編者らの呼び掛けに応えた執筆協力によって，650ページにも上る本書の上梓に漕ぎ着けることができた．編者の思いと執筆者の努力が

融合して完成した本書は，21世紀の水産における問題点を解明し，水産こそ21世紀の主役との視点から問題解決の方向を示唆する，貴重なマイルストーンとなるに違いない．

　水産学も水産業も，自然と人間とが関わる広範な領域から構成されているだけに，本書は必ずしも水産の全ての領域をカバーしているわけではない．本書をきっかけにして，様々な視点から水産再生のための新しいマイルストーンを設定しようとする有志が輩出することを期待したい．

　本書の上梓にあたり，ここに，編者のご苦労を称えると共に，編者の意図に沿って執筆に協力された同窓の諸氏，卒業生以外で特別寄稿をお願いした浜辺誠司氏・畠山重篤氏・益田玲爾氏，貴重な写真を提供していただいた中尾勘悟氏・天谷次郎氏，㈳水産総合研究センターならびに㈶日本鯨類研究所に深甚の謝意を表したい．また，本書の刊行に積極的にご尽力いただいた京都大学学術出版会の鈴木哲也氏，ならびに50名近くの執筆者の多様な要望を調整しながらご苦労の多い編集作業を長期にわたり粘り強く進めていただいた福島祐子氏にお礼を申し述べると共に，文献整理・執筆者や卒業生との連絡などで編集や出版助成の仕事を支えて下さった京都大学大学院農学研究科海洋生物増殖分野の黒河七菜子氏に感謝の意を表したい．
　さらに，京都大学水産学科の多くの卒業生の皆さんをはじめ関連の多くの有志の方々が，本書の趣旨に賛同して出版助成の基金を寄せて下さったことを記し，深くお礼を申し上げたい．最後に，本書がより幅広い皆さんに読んでいただけるよう推薦文をお寄せいただいた尾池和夫氏，さかなクン，ならびに嘉田由紀子氏に深謝申し上げる．

2010年6月

遠藤　金次［京都大学水産学科同窓会（緑洋会）会長］

参照文献

Amano M, Yoshioka M (2003) Sperm whale diving behavior monitored using a suction-cup-attached TDR tag. *Mar. Ecol. Prog. Ser.*, 258: 291–295.

Anderson TR, Ducklow HW (2001) Microbial loop carbon cycling in ocean environments studies using a simple steady-state model. *Aquatic Microbial Ecology*, 26: 37–49.

Aoki K, Amano M, Yoshioka M, Mori K, Tokuda D, Miyazaki N (2007) Diel diving behavior of sperm whales off Japan. *Mar. Ecol. Prog. Ser.*, 349: 277–287.

青山裕晃，今尾和正，鈴木輝明（1996）「干潟域の水質浄化機能——一色干潟を例にして」『月刊海洋』28：178–188.

Apel JR (1987) *Principles of Ocean Physics. International Geophysics Series*, vol. 38., London: Academic Press.

新井章吾（1988）「磯根生物と住み場環境の安定性」『月刊海洋科学』20：355–362.

Aritaki M, Ohta K, Hotta Y, Tagawa M, Tanaka M (2004) Temperature effects on larval development and occurrence of metamorphosis-related morphological abnormalities in hatchery-reared spotted halibut *Verasper variegatus* juveniles. *Nippon Suisan Gakkaishi*, 70: 8–15.

浅野一郎（1977）『栽培漁業　漁政叢書12』日本水産資源保護協会.

Avise JC (2000) *Phylogeography: The History and Formation of Species*. Cambridge: Harvard University Press（西田　睦・武藤武人監訳『生物系統地理学—種の進化を探る』，東京大学出版会，2008）.

Azam F, Fenchel T, Field JG, Gray JS, Meyer-Reil LA, Thingstad F (1983) The ecological role of water-column microbes in the sea. *Mar. Ecol. Prog. Ser.*, 10: 257–263.

畔田正格（2002）「水産業における環境問題と技術開発の方向」『水産振興』419：1–58.

Azuma Y, Kumazawa Y, Miya M, Mabuchi K, Nishida M (2008) Mitogenomic evaluation of the historical biogeography of cichlids toward reliable dating of teleostean divergences. *BMC Evol. Biol.*, 8: 215. [doi: 10.1186/1471-2148-8-215]

Bailey KM, Houde ED (1989) Predation on eggs and larvae of marine fishes and the recruitment problem. *Adv. Mar. Biol.*, 25: 1–83.

Bartley DM, Born A, Immink A (2004) Stock enhancement and sea ranching in developing countries. In *Stock Enhancement and Sea Ranching: Developments, Pitfalls and Opportunities*, Leber KM et al. (eds.), 48–57, Oxford: Blackwell.

Bell JD, Leber KE, Blankenship HL, Loneragan NR, Masuda R (2008) A new era for restocking, stock enhancement and sea ranching of coastal fisheries resources. *Rev. Fish. Sci.*, 18: 1–9.

Böttger-Schnack R (1994) The microcopepod fauna in the Eastern Mediterranean and Arabian Seas: a comparison with the Red Sea. *Hydrobiologia*, 292/293: 271–282.

Bower JR, Miyahara K (2005) The diamond squid (*Thysanoteuthis rhombus*): A review of the fishery and recent research in Japan. *Fisheries Research*, 73: 1–11.

Boyd PW, Watson AJ, Law CS, Abraham ER, Trull T, Murdoch R, Bakker DCE, Bowie AR, Buesseler KO, Chang H, Charette M, Croot P, Downing K, Frew R, Gall M, Hadfield M, Hall J, Harvey M, Jameson G, LaRoche J, Liddicoat M, Ling R, Maldonado MT, McKay RM, Nodder S, Pickmere S, Pridmore R, Rintoul S, Safi K, Sutton P, Strzepek R, Tanneberger K, Turner S, Waite A, Zeldis J (2000) A mesoscale phytoplankton bloom in the polar Southern Ocean stimulated by iron fertilization. *Nature*, 407: 695–702.

Broecker WS (1987) The biggest chill. *Nat. Hist. Mag.*, 97: 74–82.

Brooks JL, Dodson SI (1965) Predation, body size, and composition of plankton. *Science*, 150: 28–35.

Brown LR (1994) *Reassessing the Earth's Population Carrying Capacity*, W. W. Norton（小島慶三訳『飢餓の世紀』，ダイヤモンド社，1995）．

Carson R (1962) *Silent Spring*, Boston: Houghton Mifflin（青樹梁一訳『沈黙の春―生と死の妙薬』，新潮社，1974）．

Chang P-H, Isobe A (2003) A numerical study on the Changjiang diluted water in the Yellow and East China Seas. *J. Geophys. Res.*, 108(C9), 3299, doi:10.1029/2002JC001749.

Chester R (2000) *Marine Geochemistry*, 2nd edition, Malden, Mass: Blackwell Science.

千原光雄編（1999）『藻類の多様性と系統』裳華房．

Chow S, Kurogi H, Mochioka N, Kaji S, Okazaki M, Tsukamoto K (2009) Discovery of mature freshwater eels in the open ocean. *Fish. Sci.*, 75: 257–259.

Clarke GL (1934) The diurnal migration of copepods in St. Georges Harbor, Bermuda. *Biol. Bull.*, 67: 456–460.

Clout M, Lowe S and IUCN Invasive Species Specialist Group (1996) Draft guidelines for the prevention of biodiversity loss due to biological invasion, IUCN.

Coale KH, Johnson KS, Fitzwater SE, Gordon RM, Tanner S, Chavez FP, Ferioli L, Sakamoto C, Rogers P, Millero F, Steinberg P, Nightingale P, Cooper D, Cochlan WP, Landry MR, Constantinou J, Rollwagen G, Trasvina A, Kudela R (1996) A massive phytoplankton bloom induced by an ecosystem-scale iron fertilization experiment in the equatorial Pacific Ocean. *Nature*, 383: 495–501.

Dagg MJ, Govoni JJ (1996) Is ichthyoplankton predation an important subtropical coastal source of copepod mortality in waters? *Mar. Freshw. Res.*, 47: 137–144.

Dale B, Edwards M, Reid PC (2006) Climate change and harmful algal blooms. In *Ecology of Harmful Algae* (Ecological Studies Vol 189), Granéli E, Turner JT (eds.), 367–378, Berlin, Heidelberg: Springer-Verlag.

談話会ニュース（2007）「大型クラゲ *Nemopilema nomurai* に関する研究の現状と方向性」『日本水産学会誌』73：965–968.

D'Apolito LM, Stancyk SE (1979) Population dynamics of *Euterpina acutifrons* (Copepoda: Harpacticoida) from North Inlet, South Carolina, with reference to dimorphic males. *Mar. Biol.*, 54: 251–260.

Darley WM (1982) *Algal Biology: A Physiological Approach*, Oxford: Blackwell Scientific Publications.

Dekker W, Casselman JM, Cairns DK, Tsukamoto K, Jellyman D, Lickers H (2003) Worldwide decline of eel resources necessitates immediate action: Québec Declaration of Concern. *Fisheries*, 28(12): 28-30.

ディウフ FAO 事務局長（2006）「第二の緑の革命を目指して」『世界の農林水産 -FAO ニュース-』2006 年冬号（通巻 805 号）．

Duce RA, Tindale NW (1991) Atmospheric transport of iron and its deposition in the ocean. *Limnol. Oceanogr.*, 36: 1715-1726.

Dugdale RC, Goefung JJ (1967) Uptake of new and regenerated forms of nitrogen in primary productivity. *Limnol. Oceanogr.*, 12: 196-206.

Edwards M, Richardson AJ (2004) Impact of climate change on marine pelagic phenology and trophic mismatch. *Nature*, 430: 881-884.

江口さやか，稲葉法子，白石有希，上野正博，益田玲爾，山下　洋，山本義和（2008）「京都府舞鶴湾内の重金属汚染実態調査―鉛汚染の現状把握を中心に」『神戸女学院大学論集』55(2)：118-131.

江口さやか，薄元志帆，山本沙織，芳村　碧，上野正博，益田玲爾，山下　洋，山本義和（2009a）「京都府舞鶴湾内の鉛を中心とした重金属汚染実態調査 2―二枚貝を用いた現地調査と移植試験」『神戸女学院大学論集』56(1)：153-164.

江口さやか，薄元志帆，山本沙織，芳村　碧，上野正博，益田玲爾，山下　洋，山本義和（2009b）「京都府舞鶴湾の鉛を中心とした重金属汚染実態調査 3―底泥調査と陸上土壌調査」『神戸女学院大学論集』56(1)：165-178.

江口さやか，薄元志帆，山本沙織，芳村　碧，上野正博，益田玲爾，山下　洋，山本義和（2010）「京都府舞鶴湾の一部地域における鉛汚染追跡調査―生物試料，底泥，土壌を用いた汚染評価法」『環境技術』39：238-245.

Eiane K, Aksnes DL, Ohman MD, Wood S, Martinussen MB (2002) Stage-specific mortality of *Calanus* spp. under different predation regimes. *Limnol. Oceanogr.*, 47: 636-645.

Essner JJ, Vogan KJ, Wagner MK, Tabin CJ, Yost HJ, Brueckner M (2002) Conserved function for embryonic nodal cilia. *Nature*, 418: 37-38.

Field CB, Behrenfeld MJ, Randerson JT, Falkowski P (1998) Primary production of the biosphere: Integrating terrestrial and oceanic components. *Science*, 281: 237-240.

FAO (1995)「水生遺伝資源の利用と保全について（FAO Fisheries Report No. 491 (1993), 谷口順彦訳）」『水産育種』22：83-102.

FAO (2001) *Report of the Twenty-Fourth Session of the Committee on Fisheries* (FAO Fisheries Report No. 655), paragraph 39, Rome: FAO.

FAO (2009) *The State of World Fisheries and Aquaculture 2008*, FAO Fisheries and Aquaculture Department.

Frankham R, Ballou JD, Briscoe DA (2002) *Introduction to Conservation Genetics*. Cambridge:

Cambridge University Press（西田　睦監訳『保全遺伝学入門』, 文一総合出版, 2007）.
Friedman M (2008) The evolutionary origin of flatfish asymmetry. *Nature*, 454: 209-212.
藤井建夫（1977）「くさやに関する研究-I. 新島および大島におけるくさや汁成分の比較」『日本水産学会誌』43：517-521.
藤井建夫（1980a）「くさやの保存性について」『日本水産学会誌』46：1137-1142.
藤井建夫（1980b）「式根島および神津島のくさや汁成分と微生物相」『日本水産学会誌』46：1241-1243.
藤井建夫（2001）『塩辛・くさや・かつお節—水産発酵食品の製法と旨み（改訂版）』恒星社厚生閣.
藤井建夫（2002）『魚の発酵食品』成山堂書店.
藤井建夫（2007）「伝統食品の現在」『日本の伝統食品事典』, 日本伝統食品研究会編, 1-7, 朝倉書店.
藤井建夫（2009）「日本伝統食品研究会の歩み」『伝統食品の研究』34：1-10.
藤井建夫, 酒井久夫（1984a）「しょっつるの化学成分と微生物相」『日本水産学会誌』50：1061-1066.
藤井建夫, 酒井久夫（1984b）「腐敗したしょっつるの化学成分と微生物相」『日本水産学会誌』50：1067-1070.
藤井建夫, 酒井久夫（1984c）「しょっつるの腐敗原因菌の検討」『日本水産学会誌』50：1593-1597.
藤井建夫, 鈴木健司, 杉原憲治, 奥積昌世（1991）「低塩いか塩辛における腐敗細菌および衛生細菌の消長」『東京水産大学研究報告』78：1-10.
Fujii T, Takaoka Y, Okuzumi M (1990) Occurrence and survival of indicator/pathogenic bacteria in *kusaya* gravy. *Lett. Appl. Microbiol.*, 11: 116-118.
Fujii T, Saito N, Ishitani T, Okuzumi M (1992) Presence of antibiotic-producing streptococci in squid sauce during shiokara fermentation. *Lett. Appl. Microbiol.*, 14：115-117.
藤井建夫, 新国佐幸, 飯田遥（1992）「市販しょっつるの化学成分と腐敗性」『日本食品工業学会誌』39；702-706.
藤井建夫, 松原まゆみ, 伊藤慶明, 奥積昌世（1994）「いか塩辛熟成中のアミノ酸生成における微生物の関与について」『日本水産学会誌』60：265-270.
藤井建夫, 西忠嗣, 奥積昌世（2008a）「ふなずしの化学成分と微生物相」『山脇学園短期大学紀要』46：90-103.
藤井建夫, 西忠嗣, 久田（鶴）真由美, 奥積昌世（2008b）「ふなずしの熟成過程における微生物フローラと化学成分の変化」『山脇学園短期大学紀要』46：104-120.
藤井徹生（2001）「この子, どこの子？—DNA分析で放流種苗のお里を調べる方法」『日本海区水産試験研究連絡ニュース』396：1-3.
藤田大介（2006）「これから何を考えるべきか」『海藻を食べる魚たち—生態から利用まで』, 藤田大介, 野田幹雄, 桑原久実編, 248-253, 成山堂書店.
藤田恒雄, 水野琢治, 根本芳春（1993）「福島県におけるヒラメ人工種苗の放流効果につ

いて」『栽培技研』22(1)：67-73.

藤原公一，臼杵崇広，根本守仁（1997）「ニゴロブナ資源を育む場としてのヨシ群落の重要性とその管理のあり方」『琵琶湖研究所所報』16：86-93.

藤原公一，田中 克（2008）「ニゴロブナ仔魚の驚異の生残戦略」『稚魚学——多様な生理生態を探る』，田中 克，田川正朋，中山耕至編，37-42，生物研究社.

藤原宗弘，山賀健一（2006）「離岸堤背後域に移植したアマモの7年間のモニタリング」『第1回瀬戸内海水産フォーラム成果集』，22-25，㊜水産総合研究センター瀬戸内海区水産研究所ほか.

深見公雄（2007）「2-4 生態系のバランスと人為的インパクト——環境保全の考え方とその問題点」『黒潮圏科学の魅力』，高橋正征，久保田 賢，飯國芳明編，92-101，ビオシティ.

深見公雄，玉置 寛，和 吾郎（2007）「高知県仁淀川における森林土壌からの栄養塩供給および微細藻類へのその影響」『黒潮圏科学』1：96-104.

福原 修（1986）「種苗の健全性」『マダイの資源培養技術（水産学シリーズ 59）』，田中 克，松宮義晴編，26-36，恒星社厚生閣.

Geider RJ, La Roche J (1994) The role of iron in phytoplankton photosynthesis, and the potential for iron-limitation of primary productivity in the sea. *Photosynthesis Research*, 39: 275-301.

Goldschmidt T（丸 武士訳）（1999）『ダーウィンの箱庭ヴィクトリア湖』草思社.

Gross MR, Coleman RM, McDowall RM (1988) Aquatic productivity and the evolution of diadromous fish migration. *Science*, 239: 1291-1293.

Hallegraeff GM (1993) A review of harmful algal blooms and their apparent global increase. *Phycologia*, 32: 79-99.

Hallegraeff GM (2003) Harmful algal blooms: a global overview. In *Manual on Harmful Marine Microalgae*, Hallegraeff GM, Anderson DM, Cembella AD (eds.), 25-49, Paris: UNESCO Publishing.

浜野喬士（2009）『エコ・テロリズム』洋泉社.

原口展子，村瀬 昇，水上 譲，野田幹雄，吉田吾郎，寺脇利信（2005）「山口県沿岸のホンダワラ類の生育適温と上限温度」『藻類』53：7-13.

Hashimoto H, Rebagliati M, Ahmad N, Muraoka O, Kurokawa T, Hibi M, Suzuki T (2004) The Cerberus/Dan-family protein Charon is a negative regulator of Nodal signaling during left-right patterning in zebrafish. *Development*, 131: 1741-1753.

Hashimoto H, Aritaki M, Uozumi K, Uji S, Kurokawa T, Suzuki T (2007) Embryogenesis and expression profiles of charon and nodal-pathway genes in sinistral (*Paralichthys olivaceus*) and dextral (*Verasper variegatus*) flounders. *Zool. Sci.*, 24: 137-146.

畠山重篤（1994）『森は海の恋人』北斗出版.
畠山重篤（2006）『森は海の恋人』，文春文庫，文藝春秋.
畠山重篤（2008）『鉄が地球温暖化を防ぐ』文藝春秋.
服部 寛（2001）「北極域の動物プランクトン——特にカイアシ類の生態」『月刊海洋』号外

27：86-95.
早川　淳, 山川　卓, 青木一郎 (2007)「アワビ類およびサザエ資源の長期変動とその要因」『水産海洋研究』71(2)：96-105.
林　清志 (1995)「富山湾産ホタルイカの資源生物学的研究」『富山県水産試験場研究報告』7：1-128.
林　清志 (2000)「ホタルイカの資源」『ホタルイカの素顔』, 奥谷喬司編著, 59-84, 東海大学出版会.
林崎健一, Carvalho MC, 小河久朗 (2009)「水圏の生産力測定・何が問題か？」『月刊海洋』41：225-229.
Hays GC (2003) A review of the adaptive significance and ecosystem consequences of zooplankton diel vertical migrations. *Hydrobiologia*, 503: 163-170.
Heinrich AK (1962) The life histories of plankton animals and seasonal cycles of plankton communities in the oceans. *J. Cons. Int. Explor. Mer*, 27: 15-24.
日野明徳 (2003)「種苗生産」『現代の水産学 (水産学シリーズ 100)』, 日本水産学会出版委員会編, 124-131, 恒星社厚生閣.
平本紀久雄 (1996)『イワシの自然誌』, 中公新書, 中央公論社.
廣瀬慶二 (2005)『うなぎを増やす (改訂)(ベルソーブックス 010)』成山堂書店.
広田仁志, 谷口道子, 岩崎健吾, 織田純夫, 木村晴保 (1995)「貧酸素水塊被害防止対策事業」『平成 5 年度高知県水産試験場事業報告』91：239-352.
Hirst AG, Kiørboe T (2002) Mortality of marine planktonic copepods: global rates and patterns. *Mar. Ecol. Prog. Ser.*, 230: 195-209.
Hong W, Zhang Q (2003) Review of captive bred species and fry production of marine fish in China. *Aquaculture*, 227: 305-318.
細谷和海 (2001)「日本産淡水魚の保護と外来魚」『水環境学会誌』24(2)：273-278.
細谷和海 (2006a)「ブラックバスはなぜ悪いのか」『ブラックバスを退治する』, 細谷和海, 高橋清孝編, 3-12, 恒星社厚生閣.
細谷和海 (2006b)「よみがえれ水辺の自然」『ブラックバスを退治する』, 細谷和海, 高橋清孝編, 133-144, 恒星社厚生閣.
Houde ED (2008) Emerging from Hjort's shadow. *J. Northw. Atl. Fish. Sci.*, 41: 53-70.
Hubbs CL, Miller RR (1942) Mass hybridization between two genera of cyprinid fishes in the Mohave desert, California. *Michigan Academy of Science Arts, and Letters*, 28: 343-378.
井田徹治 (2007)『ウナギ—地球環境を語る魚』, 岩波新書, 岩波書店.
池原宏二 (2001)「流れ藻につく稚魚たち」『稚魚の自然史』, 千田哲資, 南　卓志, 木下泉編, 222-238, 北海道大学刊行会.
今井一郎 (2000)「赤潮の発生—海からの警告」『遺伝』54：30-34.
今井一郎 (2008)「環境への負荷が少ない微生物を用いた赤潮防除策」『養殖』566：26-29.
Imai I, Yamaguchi M, Hori Y (2006) Eutrophication and occurrences of harmful algal blooms in the Seto Inland Sea, Japan. *Plankton Benthos Res.*, 1: 71-84.

今井丈夫監修，猪野　峻ほか編（1971）『浅海完全養殖―浅海養殖の進歩』恒星社厚生閣．

Inoue JG, Miya M, Tsukamoto K, Nishida M (2003) Basal actinopterygian relationships: a mitogenomic perspective on the phylogeny of the "ancient fish". *Mol. Phylogenet. Evol.*, 26: 110-120.

Inoue JG, Miya M, Tsukamoto K, Nishida M (2004) Mitogenomic evidence for the monophyly of elopomorph fishes (Teleostei) and the evolutionary origin of the leptocephalus larva. *Mol. Phylogenet. Evol.*, 32: 274-286.

Inoue JG, Miya M, Miller MJ, Sado T, Hanel R, Hatooka K, Aoyama J, Minegishi Y, Nishida M, Tsukamoto K (2010) Deep-ocean origin of the freshwater eels. *Biol. Lett.*, 6: 363-366.

乾　政秀（2002）「漁業・漁村の多面的機能」『水産振興』418：1-64．

Ishiguro N, Miya M, Nishida M (2003) Basal euteleostean relationships: A mitogenomic perspective on the phylogenetic reality of the "Protacanthopterygii". *Mol. Phylogenet. Evol.*, 27: 476-488.

Isobe A (2008) Recent advances in ocean-circulation research on the Yellow Sea and East China Sea shelves. *J. Oceanogr.*, 64: 569-584.

Itakura S, Yamaguchi M (2001) Germination characteristics of naturally occurring cysts of *Alexandrium tamarense* (Dinophyceae) in Hiroshima Bay, Inland Sea of Japan. *Phycologia*, 40: 263-267.

伊藤　隆（1960）「輪虫の海水培養と保存について」, *Rep. Fac. Fish., Mie Pref. Univ.,* 3(3)：708-740．

岩崎英雄（1976）『赤潮―その発生に関する諸問題』海洋出版．

Johnson GD, Paxton JR, Sutton TT, Satoh TP, Sado T, Nishida M, Miya M (2009) Deep-sea mystery solved: astonishing larval transformations and extreme sexual dimorphism unite three fish families. *Biol. Lett.*, 5: 235-239.

門田　元編（1987）『淡水赤潮』恒星社厚生閣．

帰山雅秀（2008）「生態系をベースとした水産資源増殖のあり方」『水産資源の増殖と保全』，北田修一，帰山雅秀，浜崎活幸，谷口順彦編著，1-21，成山堂書店．

Kahru M, Mitchell BG, Diaz A (2005) Using MODIS medium-resolution bands to monitor harmful algal blooms. *Proc. of SPIE*, Vol. 5885 (SPIE, Bellingham, WA), doi: 10.1117/12.615625.

金澤昭夫（1985）「微粒子飼料」『養魚飼料（水産学シリーズ54）』，米　康夫編，99-110，恒星社厚生閣．

韓国農林水産食品部（2009）『農林水産食品部　主要統計』，p. 587．

環境庁自然保護局，(財)海中公園センター（1994）『第4回自然環境保全基礎調査，海域生物環境調査報告書（干潟，藻場，サンゴ礁調査）　第2巻　藻場』．

環境省（2003）『改訂・日本の絶滅の恐れのある野生生物（レッドデータブック）―汽水・淡水魚類』，環境省自然環境局野生生物課編，自然環境研究センター．

菅野　尚，佐藤重勝（1980）「ホタテガイ増養殖の実態」『ホタテガイの増養殖と利用―増

養殖の体系化に向けて（水産学シリーズ31）』，日本水産学会編，11-25，恒星社厚生閣．

Kasahara M, Naruse K, Sasaki S, Nakatani Y et al. (2007) The medaka draft genome and insights into vertebrate genome evolution. *Nature*, 447: 714-719.

加藤　修（1988）「超音波式潮流計による残差流の測定」『西海区水産研究所研究報告』66：59-67.

Katoh O (1994) Structure of the Tsushima Current in the southwestern Japan Sea. *J. Oceanogr.*, 50: 317-338.

Katoh O, Teshima K, Kubota K, Tsukiyama K (1996a) Downstream transition of the Tsushima Current west of Kyushu in summer. *J. Oceanogr.*, 52: 93-108.

Katoh O, Teshima K, Abe O, Fujita H, Miyaji K, Morinaga K, Nakagawa N (1996b) Process of the Tsushima Current formation revealed by ADCP measurements in summer. *J. Oceanogr.*, 52: 491-507.

Katoh O, Morinaga K, Miyaji K, Teshima K (1996c) Branching and joining of the Tsushima Current around the Oki Islands. *J. Oceanogr.*, 52: 747-761.

Katoh O, Morinaga K, Nakagawa N (2000a) Current distributions in the southern East China Sea in summer. *J. Geophys. Res.*, 105: 8565-8573.

Katoh O, Morinaga K, Nakagawa N (2000b) Process of the Tsushima Current formation revealed by ADCP measurements. In *Proceedings of the International Symposium "What is the Current System in the East China and Yellow Seas?"*, 10-12, Res. Inst. Appl. Mech. Kyushu Univ.

加藤　修，白井　滋，木下貴裕，広瀬太郎，山田東也，渡邊達郎，斉藤真美（2008）「日本海西部におけるズワイガニ属幼生の分布」『水産海洋学会研究発表大会講演要旨集2008年度』，56.

Kawahara R, Miya M, Mabuchi K, Lavoué S, Inoue JG, Satoh TP, Kawaguchi A, Nishida M (2008) Interrelationships of the 11 gasterosteiform families (sticklebacks, pipefishes, and their relatives): a new perspective based on whole mitogenome sequences from 75 higher teleosts. *Mol. Phylogenet. Evol.*, 46: 224-236.

川合真一郎，山本義和（2004）『明日の環境と人間―地球をまもる科学の知恵（第3版）』化学同人．

河尻正博，佐々木正，影山佳之（1981）「下田市田牛地先における磯焼け現象とアワビ資源の変動」『静岡県水産試験場研究報告』15：19-30.

河村知彦（2007）「生態学的特性に基づいたアワビ類資源の管理と増殖」『月刊海洋』39(4)：240-247.

川那部浩哉，水野信彦，細谷和海（2002）『日本の淡水魚（改訂版）』山と渓谷社．

川崎　健（2009）『イワシと気候変動―漁業の未来を考える』岩波新書，岩波書店．

Kim GS (2008) Bioethanol from red algae. *Absrtact of the 2nd International Bioenergy Forum*. 24-45.

金　鶴均，裵　憲民，李　三根，鄭　昌洙（2002）「韓国沿岸における有害赤潮の発生と

防除対策」『有害・有毒藻類ブルームの予防と駆除（水産学シリーズ134)』，広石伸互，今井一郎，石丸　隆編，134-150，恒星社厚生閣．

近畿大学21世紀COEプログラム「クロマグロ等の魚類養殖産業支援型研究拠点」流通・経済グループ（2008)『養殖まぐろの流通・経済—フードシステム論による接近』近畿大学21世紀COEプログラム．

Kiørboe T, Sabatini M (1994) Reproductive and life cycle strategies in egg-carrying cyclopoid and free-spawning calanoid copepods. *J. Plankton Res.*, 16: 1353-1366.

桐山隆哉，藤井明彦，四井敏雄（2002）「長崎県下で広く認められたヒジキの生育阻害の原因」『水産増殖』50：295-300．

木曽英滋，堤　直人，渋谷正信，中川雅夫（2008）「海域施肥時のコンブ等の生育に関する実海域実験—転炉系製鋼スラグ等を用いた藻場造成技術開発（1)」『第20回海洋工学シンポジウム—日本の海洋ストラテジー—講演論文集』（CD-R)，日本海洋工学会・日本船舶海洋工学会．

北田修一（2001)『栽培漁業と統計モデル分析』共立出版．

Kitada, S, Kishino H (2006) Lessons learned from Japanese marine finfish stock enhancement programs. *Fisheries Research*, 80: 101-112.

北川えみ，北川忠生，能宗斉正，吉谷圭介，細谷和海（2005）「オオクチバスフロリダ半島産亜種由来遺伝子の池原貯水池における増加と他湖沼への拡散」『日本水産学会誌』71(2)：146-150．

北川忠生，沖田智明，伴野雄次，杉山俊介，岡崎登志夫，吉岡　基，柏木正章（2000）「奈良県池原貯水池から検出されたフロリダバス *Micropterus salmoides floridanus* 由来のミトコンドリアDNA」『日本水産学会誌』66(5)：805-811．

Kitagawa T, Kimura S, Nakata H, Yamada H, Nitta A, Sasai Y, Sasaki H (2009) Immature Pacific bluefin tuna, *Thunnus orientalis*, utilizes cold waters in the Subarctic Frontal Zone for trans-Pacific migration. *Env. Biol. Fishes*, 84: 193-196.

北口博隆，満谷　淳，長崎慶三（2003）「海洋微生物を利用した赤潮防除技術の開発に向けて」『月刊海洋』号外35：160-166．

北島　力（1985）「生物餌料」『養魚飼料（水産学シリーズ54)』，米　康夫編，75-88，恒星社厚生閣．

Klein Breteler WCM, Gonzalez SR (1988) Influence of temperature and food concentration on body size, weight and lipid content of two calanoid copepod species. *Hydrobiologia*, 167/168: 201-210.

Kobari T, Ikeda T (2001) Ontogenetic vertical migration and life cycle of *Neocalanus plumchrus* (Crustacea: Copepoda) in the Oyashio region, with notes on regional variations in body size. *J. Plankton Res.*, 23: 287-302.

木幡　孜（2001)『漁業崩壊—国産魚を切り捨てる飽食日本』まな出版企画．

Kobayashi T, Kimura B, Fujii T (1999) Decrease of toxicity during storage of fermented puffer fish ovaries in vitro. *J. Food Hyg. Soc. Japan*, 40: 178-182.

小林武志，木村　凡，藤井建夫（2003）「フグ卵巣ぬか漬けの微生物によるフグ毒分解の検討」『日本水産学会誌』69：782-786．

Kobayashi T, Kimura B, Fujii T (2004) Mechanism of the decrease of tetrodotoxin activity in the modified seawater medium. *J. Food Hyg. Soc. Japan*, 45: 76-80.

高知大学特別研究プロジェクト（2008）『公開シンポジウム「黒潮流域圏総合科学の創成」業績集』，高知大学．

高知県水産試験場（1980）「4．覆砂による底質改良」『昭和54年度水産庁委託水産業振興事業赤潮対策技術開発試験報告書』．

高知県水産試験場（1981）「4．覆砂による底質改良」『昭和55年度水産庁委託水産業振興事業赤潮対策技術開発試験報告書』．

高知県水産試験場（1988）「覆砂による底質改良（追跡調査）」『昭和57年度水産庁委託水産業振興事業赤潮対策技術開発試験報告書』．

高知県水産試験場（1993）『平成3年度バイオコロニー散布による底質改善試験報告書』．
高知県水産試験場（1994）『平成4年度バイオコロニー散布による底質改善試験報告書』．
高知県水産試験場（1995）『平成5年度バイオコロニー散布による底質改善試験報告書』．
国連食糧農業機関（FAO）（2008）『世界漁業・養殖業白書（2006）』．
国立天文台編（2009）『理科年表　第82冊（平成21年）』丸善．
今　攸（1980）「ズワイガニ *Chionoecetes opilio*（O. FABRICIUS）の生活史に関する研究」『新潟大学理学部付属佐渡臨海実験所特別報告』2：1-64．

Kon T, Yoshino T, Mukai T, Nishida M (2007) DNA sequences identify numerous cryptic species of the vertebrate: A lesson from the gobioid fish *Schindleria*. *Mol. Phylogenet. Evol.*, 44: 53-62.

興石裕一（1994）「九州西岸および日本海域におけるヒラメ」『魚類の初期減耗研究（水産学シリーズ98）』，田中　克・渡邊良朗編，134-148，恒星社厚生閣．

小谷祐一，小山晃弘，山口峰生，今井一郎（1998）「四国西部および九州沿岸海域における有毒渦鞭毛藻 *Alexandrium catenella* と *A. tamarense* のシストの分布」『水産海洋研究』62：104-111．

窪寺恒己（1995）「眠れるイカ資源」『イカの春秋』，奥谷喬司編著，189-196，成山堂書店．

Kudo T, Tanaka H, Watanabe Y, Naito Y, Otomo T, Miyazaki N (2007) Use of fish-borne camera to study chum salmon homing behavior in response to coastal features. *Aquat. Biol.*, 1: 85-90.

倉島　彰，横浜康継，有賀祐勝（1996）「褐藻アラメ・カジメの生理特性」『藻類』44：87-94．

喬　振国（2003）「中国における海洋漁業資源増殖・管理技術開発の現状と今後の方向」『海洋水産資源の培養に関する研究者協議会論文集V（日本語版）』，33-37，㈶海外漁業協力財団．

京都大学フィールド科学教育研究センター編（山下　洋監修）（2007）『森里海連環学』京都大学学術出版会．

Lalli CM, Parsons TR (關　文威監訳, 長沼　毅訳) (2005)『生物海洋学入門（第 2 版）』講談社サイエンティフィク.

Lancelot C, Billen G, Sournia A, Weisse T, Colijn F, Veldhuis M, Davies A, Wassman P (1987) *Phaeocystis* blooms and nutrient enrichment in the continental coastal zones of the North Sea. *Ambio*, 16: 38−46.

Landry MR (1983) The development of marine calanoid copepods with comment on the isochronal rule. *Limnol. Oceanogr.*, 28: 614−624.

Lavoué S, Miya M, Inoue JG, Saitoh K, Ishiguro NB, Nishida M (2005) Molecular systematics of the gonorynchiform fishes (Teleostei) based on whole mitogenome sequences: Implications for higher-level relationships within the Otocephala. *Mol. Phylogenet. Evol.*, 37: 165−177.

Lavoué S, Miya M, Saitoh K, Ishiguro NB, Nishida M (2007) Phylogenetic relationships among anchovies, sardines, herrings and their relatives (Clupeiformes), inferred from whole mitogenome sequences. *Mol. Phylogenet. Evol.*, 43: 1096−1105.

Lavoué S., Miya M, Poulsen JY, Møller PR, Nishida M (2008) Monophyly, phylogenetic position and inter-familial relationships of the Alepocephaliformes (Teleostei) based on whole mitogenome sequences. *Mol. Phylogenet. Evol.*, 47: 1111−1121.

Leber KM (2004) Marine stock enhancement in the USA: Status, trends and Needs. In *Stock Enhancement and Sea Ranching: Developments, Pitfalls and Opportunities*, Leber KM et al. (eds.), 11−24, Oxford: Blackwell.

Leber KM, Kitada S, Blankenship HL, Svåsand T (eds.) (2004) *Stock Enhancement and Sea Ranching: Developments, Pitfalls and Opportunities*, Oxford: Blackwell.

Liang D, Uye S (1997) Population dynamics and production of the planktonic copepods in a eutrophic inlet of the Inland Sea of Japan. IV. *Pseudodiaptomus marinus*, the egg-carrying calanoid. *Mar. Biol.*, 128: 415−421.

ラヴロック JE (星川　淳訳) (1997)『地球生命圏─ガイアの科学』工作舎.

馬渕浩司 (2009)「日本の磯魚群集の形成史：分子系統が語る浅海の交流史」『海洋の生命史─生命は海でどう進化したか』, 西田　睦編著, 359−375, 東海大学出版会.

Mabuchi K, Senou H, Suzuki T, Nishida M (2005) Discovery of an ancient lineage of *Cyprinus carpio* from Lake Biwa, central Japan, based on mtDNA sequence data, with reference to possible multiple origins of koi. *J. Fish Biol.*, 66: 1516−1528.

Mabuchi K, Miya M, Azuma Y, Nishida M (2007) Independent evolution of the specialized pharyngeal jaw apparatus in cichlid and labrid fishes. *BMC Evol. Biol.*, 7: 10. [doi: 10.1186/1471-2148-7-10]

Mabuchi K, Senou H, Nishida M (2008) Mitochondrial DNA analysis reveals cryptic large-scale invasion of non-native genotypes of common carp *Cyprinus caprio* in Japan. *Mol. Ecol.*, 17: 796−809.

前田広人, 程川和宏, 池田俊之, 西野伸幸, 佐々木溥 (2008)「即効性のある赤潮防除剤による駆除効果」『養殖』566：21-25.

Manca M, Vijverberg J, Polishchuk LV, Voronov DA (2008) Daphnia body size and population dynamics under predation by invertebrate and fish predators in Lago Maggiore: an approach based on contribution analysis. *J. Limnol.*, 67: 15−21.

Martin JH (1992). Iron as a limiting factor in oceanic productivity. In *Primary Productivity and Biogeochemical Cycles in the Sea*, Falkowski PG, Woodhead AD (eds.), 123−137, New York: Plenum Press.

Martin JH, Fitzwater SE (1988) Iron-deficiency limits phytoplankton growth in the north-east Pacific subarctic. *Nature*, 331: 341−343.

Martin JH, Gordon RM, Fitzwater S, Broenkow WW (1989) VERTEX: phytoplankton/iron studies in the Gulf of Alaska. *Deep-Sea Research*, 36: 649−680.

丸山　隆（2005）「内水面における遊漁の諸問題」『遊漁問題を問う』，日本水産学会水産増殖懇話会編，133−147，恒星社厚生閣．

丸山為蔵，藤井一則，木島利通，前田弘也（1987）『外国産新魚種の導入経過』水産庁研究部資源課．

益田玲爾（2006）『魚の心をさぐる（ベルソーブックス 026）』成山堂書店．

松宮義晴（2000）『魚をとりながら増やす（ベルソーブックス 001）』成山堂書店．

Matsumoto S, Kon T, Yamaguchi M, Takeshima H, Yamazaki Y, Mukai T, Kuriiwa K, Kohda M, Nishida M (2010) Cryptic diversification of the swamp eel *Monopterus albus* in East and Southeast Asia, with special reference to the Ryukyuan populations. *Ichthyol. Res.*, 57: 71−77.

松永勝彦（1993）『森が消えれば海も死ぬ—陸と海を結ぶ生態学』講談社．

松岡正信，三谷卓美（1989）「長崎港近海で採集されたマイワシ卵のふ化・飼育（予報）」『西海区水産研究所研究報告』67：15−22.

Mauchline J (1998) *The Biology of Calanoid Copepods. (Advances in Marine Biology* 33, Blaxter JHS, Southward AJ and Tyler PA (Series eds.)), San Diego: Academic Press.

May RC (1974) Larval mortality in marine fishes and critical period concept. In *The Early Life History of Fish*, Blaxter JHS (ed.), 3−19, Berlin; New York: Springer-Verlag.

Miller JM, Walters CJ (2004) Experimental ecological tests with stocked marine fish. In *Stock Enhancement and Sea Ranching: Developments, Pitfalls and Opportunities*, Leber KM et al. (eds.) 142−145, Oxford: Blackwell.

Miller PJO, Aoki K, Rendell LE, Amano M (2008) Stereotypical resting behaviour of the sperm whale. *Current Sci.*, 7: 15−28.

南　卓志（1994）「1. 研究の歴史」『魚類の初期減耗研究』，田中　克，渡辺良朗編，9−20，恒星社厚生閣．

南　卓志（2006）「日本海の漁業生物と資源の生産」『日本海学の新世紀 6　海の力』，蒲生俊敬，竹内　章編，187−195，角川書店．

南　卓志（2007）『緑洋会誌—水産学科創立 60 周年記念号』，ノクチルカ，No. 33：19.

Minas HJ, Minas M (1992) Net community production in high nutrient-low chlorophyll waters of the tropical and Antarctic oceans: grazing vs iron hypothesis. *Oceanolgia Acta*, 15: 145−

162.

Mitani Y, Watanabe Y, Sato K, Cameron MF, Naito Y (2004) Three-dimensional diving behavior of Weddell seals with respect to prey accessibility and abundance. *Mar. Ecol. Prog. Ser.*, 281: 275-281.

Miya M, Takeshima H, Endo H, Ishiguro N, Inoue JG, Mukai T, Satoh TP, Yamaguchi M, Kawaguchi A, Mabuchi K, Shirai SM, Nishida M (2003) Major patterns of higher teleostean phylogenies: a new perspective based on 100 complete mitochondrial DNA sequences. *Mol. Phylogenet. Evol.*, 26: 121-138.

Miya M, Satoh TP, Nishida M (2005) The phylogenetic position of toadfishes (order Batrachoidiformes) in the higher ray-finned fish as inferred from partitioned Bayesian analysis of 102 whole mitochondrial genomic sequences. *Biol. J. Linn. Soc.*, 85: 289-306.

宮原一隆,武田雷介 (2005)「兵庫県におけるソデイカ釣り漁法の変遷」『兵庫県立農林水産技術総合センター研究報告 (水産編)』37：25-29.

Miyahara K, Ota T, Kohno N, Ueta Y, Bower JR (2005) Catch fluctuations of the diamond squid *Thysanoteuthis rhombus* in the Sea of Japan and models to forecast CPUE based on analysis of environmental factors. *Fisheries Research*, 72: 71-79.

Miyahara K, Ota T, Goto T, Gorie S (2006) Age, growth and hatching season of the diamond squid *Thysanoteuthis rhombus* estimated from statolith analysis and catch data in the western Sea of Japan, *Fisheries Research*, 80: 211-220.

Miyahara K, Hirose N, Onitsuka G, Gorie S (2007) Catch distribution of diamond squid (*Thysanoteuthis rhombus*) off Hyogo Prefecture in the western Sea of Japan and its relationship with seawater temperature. *Bull. Japan. Soc. Fish. Oceanogr.*, 71: 106-111.

宮村和良 (2008)「大分県沿岸における赤潮対策と今後の取り組み」『養殖』566：17-20.

Moksness E (2004) Stock enhancement and sea ranching as a integrated part of coastal zone management in Norway. In *Stock Enhancement and Sea Ranching: Developments, Pitfalls and Opportunities*, Leber KM et al. (eds.), 3-10, Oxford: Blackwell.

門谷　茂 (1996)「瀬戸内海の環境と漁業とのかかわり」『瀬戸内海の生物資源と環境』, 岡市友利,小森星児,中西　弘編, 1-40, 恒星社厚生閣.

森口朗彦,高木儀昌,山本　潤,大村智宏,名波　淳,吉田吾郎,寺脇利信 (2006)「周防大島逗子ヶ浜地先におけるアマモ場の消長と「人工暗礁」構築への取り組み」『第1回瀬戸内海水産フォーラム成果集』,㈱瀬戸内海区水産研究所ほか編, 39-42.

森の"聞き書き甲子園"実行委員会事務局編 (2005)『森の名人ものがたり』清水弘文堂書店.

森下丈二 (2002)『なぜクジラは座礁するのか？―反捕鯨の悲劇』河出書房新社.

Morishita J (2006) Multiple analysis of the whaling issue: Understanding the dispute by a matrix. *Marine Policy*, 30: 802-808.

元田　茂 (1944)『海とプランクトン』河出書房.

Motomura T, Sakai Y (1981) Effect of chelated Iron in culture media on oogenesis in *Laminaria angustata. Bull. Japan. Soc. Sci. Fish.*, 47(12) : 1535-1540.

Moyle PB, Li HW, Barton BA (1986) The Frankenstein effect: impact of introduced fishes on native fishes in North America. In *Fish Culture in Fisheries Management*, Stroud RH (ed.), 415-426, Bethesda, Md: American Fisheries Society.

宗景志浩,安岡卓治,木村晴保(1993)「浦の内湾の窒素収支と富栄養化機構に関する研究」『海岸工学論文集』40：1086-1090.

村上幸二,織田純夫,広田仁志(1996)「貧酸素水塊被害防止対策事業」『平成6年度高知県水産試験場事業報告』92：218-245.

ムシカシントーンP(2002)「東京湾湾奥部で採集されたシマスズキ *Morone saxatilis*」『I. O. P. Diving News』13(3)：2-4.

Myers RA, Runge J (1983) Predictions of seasonal natural mortality rates in a copepod population using life history theory. *Mar. Ecol. Prog. Ser.*, 11: 189-194.

Nagai S, Lian C, Hamaguchi M, Matsuyama Y, Itakura S, Hogetsu T (2004) Development of microsatellite markers in the toxic dinoflagellate *Alexandrium tamarense* (Dinophyceae). *Mol. Ecol. Note*, 4: 83-85.

長井　敏,鈴木雅巳,浜口昌巳,松山幸彦,板倉　茂,練　春蘭,島田　宏,加賀新之助,山内洋幸,尊田佳子,西川哲也,金　昌勲,宝月岱造(2005)「有毒渦鞭毛藻 *Alexandrium tamarense* 個体群のマイクロサテライトマーカーによる多型解析」『DNA多型』13：130-134.

Nagai S, Nishitani G, Sakamoto S, Sugaya T, Lee CK, Kim CH, Itakura S, Yamaguchi M (2009) Genetic structuring and transfer of marine dinoflagellate *Cochlodinium polykrikoides* in Japanese and Korean coastal waters revealed by microsatellites. *Mol. Ecol.*, 18: 2337-2352.

永井達樹(2009)「サワラは大量！―本当に増えたのか？」『地球温暖化とさかな』,㈱水産総合研究センター編,87-96,成山堂書店.

永井達樹,小川泰樹(1996)「望ましい漁業」『瀬戸内海の生物資源と環境』,岡市友利,小森星児,中西　弘編,83-108,恒星社厚生閣.

長岡千津子,山本義和,江口さやか,宮崎信之(2004)「大阪湾における底質重金属濃度と底質環境との関係」『日本水産学会誌』70：159-167.

長崎慶三(2002)「殺藻ウイルスによる赤潮の駆除」『有害・有毒藻類ブルームの予防と駆除（水産学シリーズ134）』,広石伸互,今井一郎,石丸　隆編,54-62,恒星社厚生閣.

長崎慶三(2003)「新しい環境制御技術　赤潮防除研究の最前線―微生物の力で海を変える」『生命科学 バイオテクノロジーの最前線』,243-259,東京教育出版センター.

内海区水産研究所資源部(1967)「瀬戸内海域における藻場の現状」『瀬戸内海域における藻場の現状』,瀬戸内海水産開発協議会編,21-38.

Naito Y (2007) How can we observe the underwater feeding behavior of endothems? *Polar Sci.*, 1(2): 101-111.

Nakajima K, Taniguchi M (1997) A potent osmoregulant, dimethylsulfoniopropionate, in anaaosa,『甲子園大学紀要栄養学部編』No. 25 (A): 1-5.

中明幸広 (2009)「北海道におけるマツカワ栽培漁業の取り組み」『豊かな海』18：20-24.

中村　充，石川公敏編 (2009)『環境配慮・地域特性を生かした干潟造成法』恒星社厚生閣.

Nakamura Y, Turner JT (1997) Predation and respiration by the small cyclopoid calanoid *Oithona similis*: How important is feeding on ciliates and heterotrophic flagellates? *J. Plankton Res.*, 19: 1275-1288.

中西準子，小林憲弘，内藤　航 (2006)『鉛（詳細リスク評価書シリーズ9）』，NEDO 技術開発機構，産業技術総合研究所共編，丸善.

中山耕至 (2002)「有明海スズキの遺伝的集団構造」『スズキと生物多様性―水産資源生物学の新展開（水産学シリーズ 132）』，田中　克，松宮義晴編，123-133, 恒星社厚生閣.

成田美智子，吾妻行雄，荒川久幸 (2008)「海中林の形成に及ぼす環境の影響」『磯焼けの科学と環境修復（水産学シリーズ 160）』，谷口和也，吾妻行雄，嵯峨直恆編，34-48, 恒星社厚生閣.

ナッシュ RF（松野　弘訳）(1999)『自然の権利―環境倫理の文明史』筑摩書房.

Nehring S (1998) Establishment of thermophilic phytoplankton species in the North Sea: biological indicators of climate change? *ICES J. Mar. Sci.*, 55: 818-823.

ニューフード・クリエーション技術研究組合 (2005)「食品産業における次世代型発酵技術の開発」『平成 16 年度研究成果報告書』，81-91.

和　吾郎，木下　泉，深見公雄 (2008)「四万十川から供給される栄養塩が土佐湾西部沿岸海域の栄養塩分布と基礎生産の季節変化に及ぼす影響」『海の研究』17：357-369.

㈶日本鯨類研究所編 (1999)『鯨研通信 402 号』日本鯨類研究所.

日本海洋学会編 (2005)『有明海の生態系再生をめざして』恒星社厚生閣.

㈳日本水産資源保護協会編 (1972)『水産環境水質基準』㈳日本水産資源保護協会.

㈳日本水産資源保護協会編 (2006)『水産用水基準（2005 年版）』㈳日本水産資源保護協会.

㈶日本食肉消費総合センター編 (2008)『健康寿命と食生活　ヘルシーパートナー 17』㈶日本食肉消費総合センター.

西田　睦 (1987)「アユの地理的変異」『日本の淡水魚類―その分布，変異，種分化をめぐって』，水野信彦，後藤　晃編，146-155, 東海大学出版会.

西田　睦編著 (2009a)『海洋の生命史―生命は海でどう進化したか』東海大学出版会.

西田　睦 (2009b)「進化する海洋生命系」『海と生命―「海の生命観」を求めて』，塚本勝巳編著，89-96, 東海大学出版会.

西村昌彦，信濃晴雄 (1991)「スルメイカ塩辛の菌相特性に及ぼすトリメチルアミンオキシドの影響」『日本水産学会誌』57：1141-1145.

西内　耕，清本容子，岡村和麿 (2007)「東シナ海，日本海及び太平洋沿岸における大型クラゲの分布・回遊実態の解明（東シナ海）」『先端技術を活用した農林水産研究高度化事業大型クラゲの大量出現予測，漁業被害防除及び有効利用技術の開発（H16 〜

18) 平成18年度成果報告書』, 7-8, ㈱水産総合研究センター日本海区水産研究所.

野口大毅, 董　仕, 谷口順彦 (2003)「血縁度を用いたアユの両側回遊型および陸封型の個体判別」『水産増殖』51：219-224.

野口大毅, 谷口順彦 (2006)「サクラマス非血縁選択交配における遺伝的多様性保持に関するコンピューターシミュレーションによる評価」『水産育種』35：165-170.

農林水産省大臣官房統計部 (2009)『ポケット水産統計—平成20年度版』農林統計協会.

O'Connell CP, Raymond LP (1970) The effect of food density on survival and growth of early post yolk-sac larvae of the northern anchovy (*Engraulis mordax* Girard) in the laboratory. *J. Exp. Mar. Biol. Ecol.*, 5: 187-197.

オダム EP (三島次郎訳) (1995)『基礎生態学』培風館.

小川嘉彦 (1983)「対馬海峡から日本海へ流入する海水の水温・塩分の季節変化」『水産海洋研究会報』43：1-8.

大野正夫編 (2004)『有用海藻誌』内田老鶴圃.

Omori K (1997) Mature size determination in copepods. The adaptive significance of mature size in copepods: output or efficiency selection? *Ecol. Model.*, 99: 203-215.

小野塚春吉, 雨宮　敬, 水石和子, 小野恭司, 伊藤弘一 (2002)「貝類中の微量元素濃度」『東京都立衛生研究所年報』53：253-257.

大橋　力 (2003)『音と文明』岩波書店.

大分県農林水産研究センター (2008)『陸上養殖赤潮被害防止マニュアル』, p. 11.

大島泰雄 (1983)「つくる漁業の技術論」『最新版つくる漁業』, ㈶資源協会編著, 135-147, ㈶資源協会.

小沢千重子 (1986)「マフグ卵巣ぬか漬けの製造時における重曹の減毒効果」『日本水産学会誌』52：2177-2181.

Palmer AR (2004) Symmetry breaking and the evolution of development. *Science*, 306: 28-33.

Peperzak L (2003) Climate change and harmful algal blooms in the North Sea. *Acta Oecologica*, 24: S139-S144.

Pepin P, Penney R (2000) Feeding by a larval fish community: impact on zooplankton. *Mar. Ecol. Prog. Ser.*, 204: 199-212.

Phillips K (2006) Divers adapt as fatness varie. *J. Exp. Biol.*, 209: iii.

Poulsen JY, Møller PR, Lavoué S, Miya M, Knudsen SW, Nishida M (2009) Higher and lower-level relationships of the deep-sea fish order Alepocephaliformes (Teleostei: Otocephala) inferred from whole mitogenome sequences. *Biol. J. Linn. Soc.*, 98: 923-936.

プリマック RB, 小堀洋美 (1997)『保全生物学のすすめ』文一総合出版.

Rahel FJ (2002) Homogenization of freshwater faunas. *Ann. Rev. Ecol. Syst.*, 33: 291-315.

Reid PC, Edwards M, Hunt HG, Warner AJ (1998) Phytoplankton change in the North Atlantic. *Nature*, 391: 546.

Rodhouse PG (2005) World squid resources: Review of the state of world marine fishery resources. *FAO Fisheries Technical Paper*, T457: 175-187.

Ryman N, Laikre L (1991) Effects of supportive breeding on the genetically effective population size. *Cons. Biol.*, 5: 325-329.

Sakamoto KQ, Sato K, Ishizuka M, Watanuki Y, Takahashi A, Daunt F, Wanless S (2009) Can ethograms be automatically generated using body acceleration data from free-ranging birds? *PLoS ONE* 4(4): e5379.

桜井泰憲, 岸　道郎, 中島一歩 (2007)「地球規模海洋生態系変動研究 (GROBEC) —温暖化を軸とする海洋生物資源変動のシナリオ—スケトウダラ, スルメイカ」『月刊海洋』39：312-330.

Sasajima Y, Nakada S, Hirose N, Yoon J-H (2007) Structure of the subsurface counter current beneath the Tsushima Warm Current simulated by an ocean general circulation model. *J. Oceanogr.*, 63: 913-926.

佐々木洋, 石川　輝, 太田尚志, 服部　寛, 齊藤宏明, 遠藤宜成共編 (谷口　旭監修)(2008)『海洋プランクトン生態学』成山堂書店.

佐々木克之 (1998)「内湾および干潟における物質循環と生物生産 (26) 干潟・浅場の浄化機能の経済的評価」『海洋と生物』115.

佐々木高明 (2007)『照葉樹林文化とは何か』中央公論新社.

Sassa C, Konishi Y, Mori K (2006) Distribution of jack mackerel (*Trachurus japonicus*) larvae and juveniles in the East China Sea, with special reference to the larval transport by the Kuroshio Current. *Fish. Oceanogr.*, 15: 508-518.

Sassa C, Tsukamoto Y, Nishiuchi K, Konishi Y (2008) Spawning ground and larval transport processes of jack mackerel *Trachurus japonicus* in the shelf-break region of the southern East China Sea. *Cont. Shelf Res.*, 28: 2574-2583.

佐々千由紀, 塚本洋一, 木元克則, 西内　耕, 早瀬茂雄, 小西芳信 (2008)「マアジ仔稚魚の対馬暖流域, 太平洋側への配分割合と年変動」『海洋生物資源の変動要因の解明と高精度変動予測技術の開発』, 159-164, 農林水産省農林水産技術会議事務局.

Sato K, Mitani Y, Cameron MF, Siniff DB, Watanabe Y, Naito Y (2002) Deep foraging dives in relation to the energy depletion of Weddell seal (*Leptonychotes weddellii*) mothers during lactation. *Polar Biology*, 25: 696-702.

Sato K, Mitani Y, Kusagaya H, Naito Y (2003) Synchronous shallow dives by Weddell seal mother-pup pairs during lactation. *Mar. Mammal Sci.*, 19(2): 384-395.

佐藤正典編 (2000)『有明海の生きものたち』海游舎.

佐藤常雄, 木村　凡, 藤井建夫 (1995)「くさや汁中のヒスタミン量と細菌フローラ」『食品衛生学雑誌』36：490-494.

佐藤行人・西田　睦 (2009)「全ゲノム重複と魚類の進化」『魚類学雑誌』, 56：89-109.

Satomi M, Kimura B, Mizoi M, Sato T, Fujii T (1997) *Tetragenococcus muriaticus* sp. nov., a new moderately halophilic lactic acid bacterium isolated from fermented squid liver sauce. *Int. J. Syst. Bacteriol.*, 47: 832-836.

Satomi M, Kimura B, Hayashi M, Shouzen Y, Okuzumi M, Fujii T (1998) *Marinospirillum* gen.

nov., with description of *Marinospirillum megaterium* sp. nov., isolated from kusaya gravy, and transfer of *Oceanospirillum minutulum* to *Marinospirillum minutulum* comb. nov. *Int. J. Syst. Bacteriol.*, 48: 1341-1348.

Scholin CA, Doucette G, Jensen S, Roman B, Pargett D, Marin R III, Preston C, Jones W, Feldman J, Everlove C, Harris A, Avarado N, Massion E, Birch J, Greenfield D, Wheeler K, Vrijenhoek R, Mikulski C, Jones K (2009) Remote detection of marine microbes, small invertebrates, harmful algae and biotoxins using the Environmental Sample Processor (ESP). *Oceanogr.*, 22: 159-167.

Scholin CA, Hallegraeff GM, Anderson DM (1995) Molecular evolution of the *Alexandrium tamarense* "species complex" (Dinophyceae): dispersal in the North American and West Pacific regions. *Phycologia*, 34: 472-485.

清木　徹，駒井幸雄，小山武信，永淵　修，日野康良，村上和仁（1998）「瀬戸内海における汚濁負荷量と水質の変遷」『水環境学会誌』21：780-788.

Sekiguchi H (1975) Seasonal and ontogenetic vertical migrations in some common copepods in the northern region of the North Pacific. *Bull. Fac. Fish., Mie Univ.*, 2: 29-38.

㈱石油天然ガス・金属鉱物資源機構（2007）『鉱物資源マテリアル・フロー 2007』，9-13.

Senjyu T, Matsui S, Han I-S (2008) Hydrographic conditions in the Tsushima Strait revisited. *J. Oceanogr.*, 64: 171-183.

瀬能　宏，御宿昭彦，反田健児，野村智之，松沢陽士（1997）「魚類写真資料データベース（KPM-NR）に登録された水中写真に基づく伊豆半島大瀬崎産魚類目録」『神奈川自然誌資料』(18)：83-98.

Setiamarga DHE, Miya M, Yamanoue Y, Azuma Y, Inoue JG, Ishiguro NB, Mabuchi K, Nishida M (2009) Divergence time of the two regional medaka populations in Japan as a new time scale for comparative genomics of vertebrates. *Biol. Lett.*, 5: 812-816.

㈳瀬戸内海環境保全協会（2007）『平成 18 年度　瀬戸内海の環境保全　資料集』.

椎原久幸（1986）「鹿児島湾における放流の成果と問題点」『マダイの資源培養技術（水産学シリーズ59）』，田中　克，松宮義晴編，106-126，恒星社厚生閣.

清水　亘（1968）「新説三珍味」『日本大学農獣医学会誌』No. 16：46.

志水　寛（1984）「かまぼこの伝統技法」『伝統食品の研究』No. 1：3-12.

志水　寛（1994）「会設立にまつわる思い出」『伝統食品の研究』No. 14：12-14.

下山正一（2000）「有明海の地史と特産種の成立」『有明海の生きものたち』，佐藤正典編，37-48，海游舎.

篠田　章（2008）「ウナギレプトセファルスの齢と発育過程から推定した環境水温と分布水深」『月刊海洋』号外 48：16-23.

白岩孝行（2008）「巨大魚付き林の保全をめざして―アムール・オホーツクプロジェクト」『天地人（RIHN-China Newsletter）』4：4-5.

白岩孝行（2010）「オホーツク海・親潮の"巨大"魚附林としてのアムール川流域」『地理』54(12)：22-30.

代田昭彦（1998）『ニゴリの生成機構と生態的意義（総説）』海洋生物環境研究所．
宍道弘敏（2006）「鹿児島湾におけるマダイの栽培漁業と資源管理」『日本水産学会誌』72：454-458．
自然環境研究センター（2008）『日本の外来生物』，多紀保彦編，平凡社．
小路　淳（2009）『藻場とさかな―魚類生産学入門（ベルソーブックス 032）』成山堂書店．
Simidu U, Aiso K, Simidu W, Mochizuki A (1969) Studies of kusaya-Ⅱ. Microbiological examination of a kusaya brine. *Bull. Japan. Soc. Sci. Fish.*, 35: 109-115.
Smayda, TJ (1989) Primary production and the global epidemic of phytoplankton blooms in the sea: A linkage? In *Novel Phytoplankton Blooms: Causes and impacts of recurrent brown tides and other unusual blooms*, Cosper EM, Briceji VM, Carpenter EJ (eds.), 449-483, Berlin: Springer-Verlag.
宗林由樹（1998）「環境をめぐる視点（II）植物プランクトンは鉄の夢を見るか？」『環境保全』13：32-40．
Sournia A (1995) Red tide and toxic marine phytoplankton of the world ocean: an inquiry into biodiversity. In *Harmful Marine Algal Blooms*, Lassus P, Arzul G, Erard E, Gentien P, Marcaillou C (eds.), 103-113, Paris: Lavoisier Publishing.
Steidinger KA (1975) Basic factors influencing red tides. In *Proceedings of the First International Conference on Toxic Dinoflagellates*, LoCicero VR (ed.), 153-162, Wakefield: Mass. Sci. Tech. Found.
Stockner JG, Rydin E, Hyenstrand P (2000) Cultural oligotrophication: Causes and consequences for fisheries resources. *Fisheries*, 25: 7-14.
水産庁編（1963）『漁業白書』農林統計協会．
水産庁研究部編（1994）『日本の希少な野生水生生物に関する基礎資料』水産庁．
水産庁瀬戸内海区水産研究所編（2001）『瀬戸内海の漁獲量　1952〜1999 年の灘別魚種別漁獲統計』水産庁瀬戸内海区水産研究所．
水産庁編（2007）『磯焼け対策ガイドライン』水産庁．
水産庁編（2008）『平成 20 年度水産白書』農林統計協会．
水産庁編（2009）『平成 21 年版水産白書』農林統計協会．
水産総合研究センター編著（2009）『地球温暖化とさかな』成山堂書店．
Suzuki I, Naito Y, Folkow LP, Miyazaki N, Arnoldus SB (2009) Validation of a device for accurate timing of feeding events in marine animals. *Polar Biology*, 32: 667-671.
鈴木輝明（1998）『沿岸の環境圏』，平野敏行編，フジテクノシステム．
鈴木輝明（2006）「干潟域の物質循環と水質浄化機能」『地球環境』11：161-171．
鈴木輝明，武田和也，本田是人，石田基雄（2003）「三河湾における環境修復事業の現状と課題」『海洋と生物』146．
Suzuki T, Washio Y, Aritaki M, Fujinami Y, Shimizu D, Uji S, Hashimoto H (2009) Metamorphic *pitx2* expression in the left habenula correlated with lateralization of eye-sidedness in flounder. *Dev. Growth Differ.*, 51: 797-808.

Svåsand T, Kristiansen TS, Pedersen T, Salvanes AGVS, Engelsen R, Nævdal G and Nødtvedt M (2000) The enhancement of cod stocks. *Fish and Fiseheries*, 1: 173-205.

田島健司（1999）「不稔性アオサ量産実践事業」『平成9年度高知県水産試験場事業報告』95：120-140.

田島健司，織田純生（1998a）「不稔性アオサ量産実践事業」『平成8年度高知県水産試験場事業報告』94：213-221.

田島健司，織田純生（1998b）「養魚堆積物適正処理技術開発事業」『平成8年度高知県水産試験場事業報告』94：139-212.

Takada M, Tachihara K, Kon T, Yamamoto G, Iguchi K, Miya M, Nishida M (2010) Biogeography and evolution of the *Carassius auratus*-complex in East Asia. *BMC Evol. Biol.* 10: 7 [doi: 10.1186/1471-2148-10-7].

高木基裕，谷口順彦（1999）「DNA多型検出法マニュアル」『水産生物の遺伝的多様性の評価及び保存に関する技術マニュアル』，53-81，日本水産資源保護協会．

Takahashi A, Sato K, Naito Y, Donn MJ, Trathan PN, Croxall JP (2004) Penguin-mounted cameras glimpse underwater group behaviour. *Proc. Royal Soc. London B*, 271: S281-S282.

Takahashi H, Kimura B, Mori M, Fujii T (2002) Analysis of bacterial communities in kusaya gravy by denaturing gradient gel electrophoresis of PCR-amplified DNA fragments. *Japan. J. Food Microbiol.*, 19: 179-185.

高橋一暢（1988）「港湾海域における底質土中の微量金属元素の分布特性―京都府舞鶴湾について」『日本化学会誌』109(11)：1987-1902．

武田平八郎（1995）「珍味食品の市場性について」『全国珍味商工名鑑1995年版』192，日本食品新聞社．

滝口直之（2002）「神奈川県におけるアワビの資源状態と生態」『月刊海洋』34(7)：482-488．

Takikawa T, Yoon J-H (2005) Volume transport through the Tsushima Straits estimated from sea level difference. *J. Oceanogr.*, 61: 699-708.

田北　徹，山口敦子（責任編集）（2009）『干潟の海に生きる魚たち』東海大学出版会．

棚田教生（2006）「徳島県におけるマットを用いたアマモ場造成手法と回復事例」『第1回瀬戸内海水産フォーラム成果集』㈱瀬戸内海区水産研究所ほか，26-29．

田中秀樹（2008）「ウナギ人工種苗生産と資源保全への貢献」『月刊海洋』号外48：102-111．

田中秀樹，太田博巳，香川浩彦（2000）「ウナギの人工催熟技術と仔魚の飼育技術の開発に関する研究」『日本水産学会誌』66：623-626．

Tanaka H, Takagi Y, Naito Y (2000) Behavioural thermoregulation of chum salmon during homing migration in coastal waters. *J. Exp. Biol.*, 203: 1825-1836.

田中　克（2008）『森里海連環学への道』旬報社．

田中　克（2009）「河川の感潮域で育つ有明海の魚たち」『干潟の海に生きる魚たち』，田北　徹，山口敦子責任編集，189-206，東海大学出版会．

田中　克，田川正朋，中山耕至（2008）『稚魚学―多様な生理生態を探る』生物研究社．

田中　克，田川正朋，中山耕至（2009）『稚魚　生残と変態の生理生態学』京都大学学術出版会．

谷口和也（1998）『磯焼けを海中林へ―岩礁生態系の世界』裳華房．

谷口道子，織田純生（1995）「給餌養殖緊急対策事業（不稔性アオサによる環境浄化技術開発調査）」『平成5年度高知県水産試験場事業報告』91：215-238．

谷口道子，織田純生，村上幸二，広田仁志（1996）「養殖堆積物分解装置開発試験」『平成6年度高知県水産試験場事業報告』92：165-185．

谷口道子，織田純生（1996）「給餌養殖緊急対策事業（不稔性アオサによる環境浄化技術開発調査）」『平成6年度高知県水産試験場事業報告』92：186-217．

谷口道子，織田純生，村上幸二，広田仁志（1997）「養魚堆積物適正処理技術開発事業」『平成7年度高知県水産試験場事業報告』93：115-149．

谷口道子，広田仁志（1997）「不稔性アオサ量産実践事業」『平成7年度高知県水産試験場事業報告』93：150-170．

谷口順彦（1986）「種苗生産における遺伝学的諸問題」『マダイの資源培養技術』，日本水産学会監修（田中　克，松宮義晴編），恒星社厚生閣．

谷口順彦（1999）「魚介類の遺伝的多様性とその評価法」『海洋と生物』21：280-289．

谷口順彦（2007）「魚類集団の遺伝的多様性の保全と利用に関する研究」『日本水産学会誌』73：408-420．

谷口順彦（2009）「種苗放流事業において考えなければならない遺伝的多様性の問題」『豊かな海（全国豊かな海づくり推進協会機関誌）』17：31-37．

谷口順彦，高木基裕（1997）「DNA多型と魚類集団の多様性解析」『魚類のDNA』，青木宙，隆島史夫，平野哲也編，恒星社厚生閣．

谷口順彦，Perez-Enriquez R，松浦秀俊，山口光明（1998）「マイクロサテライトDNAマーカーによるマダイ放流用種苗における集団の有効な大きさ（Ne）と近交係数（F）の推定」『水産育種』26：63-72．

谷口順彦・池田　実（2009）『アユ学―アユの遺伝的多様性の利用と保全』築地書館．

Tegner MJ, Dayton PK (1987) El Niño effects on southern California kelp forest community. *Advances in ecological research*, 17: 243-279. 藤田大介訳「カリフォルニア南部の海中林群集に対するエルニーニョの影響」『富山県水産試験場』（1992年発行），1-45．

Terawaki T, Yoshida G, Yoshikawa K, Arai S, Murase N (2000) "Management-free techniques" for the restoration of *Sargassum* beds using subtidal concrete structures on sandy substratum along the coast of the western Seto Inland Sea. *Envi. Sci.*, 7: 165-175.

寺脇利信，吉川浩二，吉田吾郎，内村真之，新井章吾（2001）「広島湾における大型海藻類の水平・垂直分布様式」『瀬戸内水研報』3：73-81．

寺脇利信，新井章吾（2009）「山口県周防大島町伊保田地先の砂泥底に設置された階段型実験藻礁」『藻類』57：93-97．

Titelman J, Kiørboe T (2003) Motility of copepod nauplii and implications for food encounter.

Mar. Ecol. Prog. Ser., 247: 123-135.

Toda S, Abo K, Honjo T, Yamaguchi M, Mastuyama Y (1994) Effect of water exchange on the growth of the red-tide dinoflagellate *Gymnodinium nagasakiense* in an inlet of Gokasho Bay, Japan. *Bull. Natl. Res. Inst. Aquaculture*, Suppl. 1: 21-26.

外丸裕司，白井葉子，高尾祥丈，長崎慶三 (2007)「海水中のもっとも小さな生物因子——水圏ウイルスの生態学」『日本海水学会誌』61：307-316.

冨山　毅，渡邉昌人，安岡真司，根本芳春，島村信也，江部健一 (2004)「福島県における 1996〜2000 年のヒラメ放流効果」『福島県水産試験場研究報告』12：1-6.

Tsuda A, Takeda S, Saito H, Nishioka J, Nojiri Y, Kudo I, Kiyosawa H, Shiomoto A, Imai K, Ono T, Shimamoto A, Tsumune D, Yoshimura T, Aono T, Hinuma A, Kinugasa M, Suzuki K, Sohrin Y, Noiri Y, Tani H, Deguchi Y, Tsurushima N, Ogawa H, Fukami K, Kuma K, Saino T (2003) A Mesoscale Iron Enrichment in the Western Subarctic Pacific Induces a Large Centric Diatom Bloom. *Science*, 300: 958-961.

辻村明夫，谷口順彦 (1995)「生殖形質に見られた湖産および海産アユ間の遺伝的差異」『日本水産学会誌』61：165-169.

Tsujino M, Kamiyama T, Uchida T, Yamaguchi M, Itakura S (2002) Abundance and germination capability of resting cysts of *Alexandrium* spp. (Dinophyceae) from faecal pellets of macrobenthic organisms. *J. Exp. Mar. Biol. Ecol.*, 271: 1-7.

Tsukamoto K (1992) Discovery of the spawning area for Japanese eel. *Nature*, 356: 789-791.

塚本勝巳 (2008)「ニホンウナギの産卵場」『月刊海洋』号外 48：10-15.

Turner JT, Granéli D (1992) Zooplankton feeding ecology: grazing during enclosure studies of phytoplankton blooms from the west coast of Sweden. *J. Exp. Mar. Biol. Ecol.*, 157: 19-31.

Uchida M (1996) Formation of single cell detritus densely covered with bacteria during experimental degradation of *Laminaria japonica* thalli. *Fish. Sci.*, 62: 731-736.

内田基晴 (2002)「海藻の発酵について」『日本乳酸菌学会誌』13：92-113.

Uchida M, Nakata K, Maeda M (1997) Introduction of detrital food webs into an aquaculture system by supplying single cell algal detritus produced from *Laminaria japonica* as a hatchery diet for *Artemia* nauplii. *Aquaculture*, 154: 125-137.

Uchida M, Murata M (2002) Fermentative preparation of single cell detritus from seaweed, *Undaria pinnatifida*, suitable as replacement hatchery diet for unicellular algae. *Aquaculture*, 207: 345-357.

Uchida M, Murata M (2004) Isolation of a lactic acid bacterium and yeast consortium from a fermented material of *Ulva* spp. (Chlorophyta), *J. Appl. Microbiol.*, 97: 1297-1310.

Uchida M, Numaguchi K, Murata M (2004) Mass preparation of marine silage from *Undaria pinnatifida* and its dietary effect for young pearl oysters. *Fish. Sci.*, 70: 456-462.

Uchida T, Yamaguchi M, Matsuyama Y, Honjo T (1995) The red-tide dinoflagellate *Heterocapsa* sp. kills *Gyrodinium instriatum* by cell contact. *Mar. Ecol. Prog. Ser.*, 118: 301-303.

Uchida T, Toda S, Matsuyama Y, Yamaguchi M, Kotani Y, Honjo T (1999) Interactions between the red tide dinoflagellates *Heterocapsa circularisquama* and *Gymnodinium mikimotoi* in laboratory culture. *J. Exp. Mar. Biol. Ecol.*, 241: 285-299.

Uchima M (1979) Morphological observation of developmental stages in *Oithona brevicornis* (Copepoda, Cyclopoida). *Bull. Plankton Soc. Jap.*, 26: 59-76.

Ueda H (1981) Hatching time of *Acartia clausi* (Copepoda) eggs isolated from the seawater in Maizuru Bay. *Bull. Plankton Soc. Jap.*, 28: 13-17.

上田拓史（1986）「本邦沿岸内湾域において *Acartia clausi* として知られる橈脚類の分類学的見直しと地理的分布」『日本海洋学会誌』42：134-138.

Uki N (2006) Stock enhancement of the Japanese scallop *Patinopecten yessoensis* in Hokkaido. *Fisheries Research*, 80: 62-66.

浮田正夫（1996）「流入負荷を削減させるためには」『瀬戸内海の生物資源と環境』，岡市友利，小森星児，中西　弘編，144-158，恒星社厚生閣．

宇野木早苗（2006）『有明海の自然と再生』築地書館．

宇野木早苗，山本民次，清野聡子編（2008）『川と海――流域圏の科学』築地書館．

魚谷逸朗，斎藤　勉，平沼勝男，西川康夫（1990）「北西太平洋産クロマグロ *Thunnus thynnus* 仔魚の食性」『日本水産学会誌』56：713-717.

魚住雄二（2003）『マグロは絶滅危惧種か（ベルソーブックス 015）』成山堂書店．

浦和茂彦（2001）「さけ・ます類の耳石標識――技術と応用」『さけ・ます資源管理センターニュース』7：3-11.

Uye S (1980) Development of neritic copepods *Acartia clausi* and *A. steueri* II. Isochronal larval development at various temperatures. *Bull. Plankton Soc. Jap.*, 27: 11-18.

Uye, S. (2008) Blooms of the giant jellyfish *Nemopilema nomurai*: a threat to the fisheries sustainability of the East Asian Marginal Seas. *Plankton Benthos Res.*, 3(Suppl.): 125-131.

和田　実，中島美和子，前田広人（2002）「粘土散布による赤潮の駆除」『有害・有毒藻類ブルームの予防と駆除（水産学シリーズ 134）』，広石伸互，今井一郎，石丸　隆編，121-133，恒星社厚生閣．

Wall D (1971) Biological problems concerning fossilizable dinoflagellates. *Geoscience and Man*, 3: 1-15.

Wang Q, Zhuang Z, Deng J, Ye Y (2006) Stock enhancement and translocation of the shrimp *Penaeus chinensis* in China. *Fisheries Research*, 80: 67-79.

Watanabe K (1998) Parsimony analysis of the distribution pattern of Japanese primary freshwater fishes, and its application to the distribution of the bagrid catfishes. *Ichthyol. Res.*, 45: 259-270.

Watanabe K, Washio Y, Fujinami Y, Aritaki M, Uji S, Suzuki T, (2008) Adult-type pigment cells, which color the ocular sides of flounders at metamorphosis, localize as precursor cells at the proximal parts of the dorsal and anal fins in early larvae. *Dev. Growth Differ.*, 50: 731-741.

渡辺勝敏・高橋　洋編著（2009）『淡水魚類地理の自然史――多様性と分化をめぐって』北海道大学出版会．

渡邉昌人，藤田恒雄（2000）「1994年，1995年に発生したヒラメ卓越年級群」『福島県水産試験場研究報告』9：59-63．

渡辺　武（1983）「栄養価」『シオミズツボワムシ―生物学と大量培養（水産学シリーズ44）』，日本水産学会編，94-101，恒星社厚生閣．

Watanabe Y, Zenitani H, Kimura R (1995) Population decline of the Japanese sardine, *Sardinops melanostictus*, owing to recruitment failures. *Can. J. Fish. Aquat. Sci.*, 52: 1609-1616.

Watanabe Y, Mitani Y, Sato K, Cameron MF, Naito Y (2003) Dive depths of Weddell seals in relation to vertical prey distribution as estimated by image data. *Mar. Ecol. Prog. Ser.*, 252: 283-288.

Watanabe Y, Baranov EA, Sato K, Naito Y, Miyazaki N (2004) Foraging tactics of Baikal seals differ between day and night. *Mar. Ecol. Prog. Ser.*, 279: 283-289.

Watanabe Y, Bornemann H, Liebsch N, Plotz J, Sato K, Naito Y, Miyazaki N (2006a) Seal-mounted cameras detect invertebrate fauna on underside of Antarctic ice shelf. *Mar. Ecol. Prog. Ser.*, 309: 297-300.

Watanabe Y, Baranov EA, Sato K, NaitoY, Miyazaki N (2006b) Body density affects stroke patterns in Baikal seals. *J. Exp. Biol.*, 209: 3269-3280.

Watanabe Y, Wei Q, Yang D, Chen X, Du H, Yang J, Sato K, Naito Y, Miyazaki N (2008) Swimming behavior in relation to buoyancy in an open swimbladder fish, the Chinese sturgeon. *J. Zool.*, 275: 381-390.

Watanabe Y, Lydersen C, Sato K, Naito Y, Miyazaki N, Kovacs KM (2009) Diving behavior and swimming style of nursing bearded seal pups. *Mar. Ecol. Prog. Ser.*, 380: 287-294.

Watanuki Y, Takahashi A, Daunt F, Sato K, Miyazaki N, Wanless S (2007) Underwater images from bird-borne cameras provide clue to poor breeding success of Shags in 2005. *British Birds*, 100: 466-470.

Whittier TR, Kincaid TM (1999) Introduced fishes in northeastern USA lakes: Regional extent, dominance, and effect of native species richness. *Trans. Amer. Fish. Soc.,* 128: 769-783.

Williams R, Conway DVP, Hunt HG (1994) The role of copepods in the planktonic ecosystems of mixed and stratified waters of the European shelf seas. *Hydrobiologia*, 292/293: 521-530.

Wu Y-C, Kimura B, Fujii T (1999) Fate of selected food-borne pathogens during the fermentation of squid shiokara. *J. Food Hyg. Soc. Japan*, 40: 206-210.

矢部いつか，磯田　豊（2005）「隠岐海峡周辺海域における流れ場の季節変化」『海と空』80：163-174．

Yagi Y, Kinoshita I, Fujita S, Ueda H, Aoyoma D (2009) Comparison of the early life histories of two *Cynoglossus* species in the inner estuary of Ariake Bay, Japan. *Ichthyol. Res.*, 56: 363-371.

山田東也，加藤　修，渡邊達郎（2006）「隠岐～能登沿岸域の海流構造に及ぼす暖水渦の影響」『海の研究』15：249-265．

山田秀秋，渋野拓郎（2006）「サンゴ礁周辺海域におけるアイゴ類の生態」『海藻を食べる魚たち―生態から利用まで』藤田大介，野田幹雄，桑原久実編，99-114，成山堂書店．

山口峰生 (2003)「これからのプランクトン研究をどうするか―植物プランクトン研究の視点から」『日本プランクトン学会報』50：23-25.

山口峰生, 本城凡夫 (1989)「有害赤潮鞭毛藻 Gymnodinium nagasakiense の増殖におよぼす水温, 塩分および光強度の影響」『日本水産学会誌』55：2029-2036.

山口峰生, 今井一郎, 本城凡夫 (1991)「有害ラフィド藻 Chattonella antiqua と C. marina の増殖速度に及ぼす水温, 塩分および光強度の影響」『日本水産学会誌』57：1277-1284.

Yamaguchi M, Itakura S, Imai I, Ishida Y (1995) A rapid and precise technique for enumeration of resting cysts of *Alexandrium* spp. (Dinophyceae) in natural sediments. *Phycologia*, 34: 207-214.

山口峰生, 板倉　茂, 今井一郎 (1995)「広島湾海底泥における有毒渦鞭毛藻 *Alexandrium tamarense* および *Alexandrium catenella* シストの現存量と水平・鉛直分布」『日本水産学会誌』61：700-706.

Yamaguchi M, Itakura S, Nagasaki K, Matsuyama Y, Uchida T, Imai I (1997) Effects of temperature and salinity on the growth of the red tide flagellates *Heterocapsa circularisquama* (Dinophyceae) and *Chattonella verruculosa* (Raphidophyceae). *J. Plankton Res.*, 19: 1167-1174.

Yamaguchi M, Itakura S (1999) Nutrition and growth kinetics in nitrogen- or phosphorus-limited cultures of the noxious red tide dinoflagellate *Gymnodinium mikimotoi*. *Fish. Sci.*, 65: 367-373.

Yamaguchi M, Itakura S, Uchida T (2001) Nutrition and growth kinetics in nitrogen- or phosphorus-limited cultures of the 'novel red tide' dinoflagellate *Heterocapsa circularisquama* (Dinophyceae). *Phycologia*, 40: 313-318.

Yamaguchi M, Itakura S, Nagasaki K, Kotani Y (2002) Distribution and abundance of resting cysts of the toxic *Alexandrium* spp. in sediments of the western Seto Inland Sea, Japan. *Fish. Sci.*, 68: 1012-1019.

山口峰生, 板倉　茂, 長井　敏 (2008)「有害藻類ブルームの発生機構に関する近年の知見」『月刊海洋』40：368-375.

山本喜一郎 (1980)『ウナギの誕生―人工孵化への道』北海道大学図書刊行会.

山本光夫, 砂濱信之, 福嶋正巳, 沖田伸介, 堀家茂一, 木曾英滋, 渋谷正信, 定方正毅 (2006)「スラグと腐植物質による磯焼け回復技術に関する研究」『日本エネルギー学会誌』85：971-978.

Yamamoto T (2003) The Seto Inland Sea: eutrophic or oligotrophic? *Marine Pollution Bulletin*, 47: 37-42.

山本義和, 長岡千津子 (2005)「内湾の重金属のモニタリング」『三陸の海と生物』, 宮崎信之編, 179-195, サイエンティスト社.

山下　洋 (2005)「異体類の加入量変動」『海の生物資源』, 渡邊良朗編, 272-285, 東海大学出版会.

山下　洋，田中　克編（2008）『森川海のつながりと河口・沿岸域の生物生産（水産学シリーズ157）』恒星社厚生閣．

山崎浩司，北村史恵，猪上徳雄，信濃晴雄（1992）「イカ塩辛の菌相特性に及ぼすイカ肝臓の影響」『日本水産学会誌』58：1971-1976．

柳沼武彦（1992）「木を植えて魚を殖やす―ニシンはなぜ消えてしまったのか」『森と海とマチを結ぶ―林系と水系の環境論』，矢間秀次郎編，33-54，北斗出版．

柳　哲雄（2001）『海の科学―海洋学入門（第2版）』恒星社厚生閣．

柳瀬良助（1981）「磯焼けのおこる要因および回復しない要因（原因論）」『昭和55年度指定調査研究　海中構築物周辺の水産生物の資源生態に関する事前研究報告書（海藻関係）』，9-39，水産庁研究部研究課．

安田喜憲（2009）『稲作漁撈文明―長江文明から弥生文化へ』雄山閣．

安田喜憲（2010）『山は市場原理主義と闘っている』東洋経済新聞社．

横浜康継（2001）『海の森の物語』新潮社．

横山勝英（2003）「河川の土砂動態が沿岸域に及ぼす影響について―白川と筑後川の事例」『応用生態工学会第7回研究発表講演集』，248-252．

吉田吾郎，吉川浩二，新井章吾，寺脇利信（2006）「アカモク群落内に設置した実験基質上の海藻植生」『水産工学』42：267-273．

吉村　拓，桐山隆哉，清本節夫（2006）「変わりゆく九州西岸域の藻場」『海藻を食べる魚たち―生態から利用まで』藤田大介，野田幹雄，桑原久実編，33-51，成山堂書店．

吉永郁生（2002）「殺藻細菌による赤潮の駆除」『有害・有毒藻類ブルームの予防と駆除（水産学シリーズ134）』，広石伸互，今井一郎，石丸　隆編，63-80，恒星社厚生閣．

養松郁子，廣瀬太郎，白井　滋（2009）「水深2000mからの大移動―ベニズワイの生活史と漁場水深の関係」『日本海リサーチ＆トピックス』4：6-7．

Zaret TM, Suffern JS (1976) Vertical migration in zooplankton as a predator avoidance mechanism. *Limnol. Oceanogr.*, 21: 804-813.

㈶日本鯨類研究所（2005）南氷洋捕鯨に学ぶこと―南氷洋捕鯨開始100周年記念シンポジウム開催の記録，㈶日本鯨類研究所．

参照ウェブサイト （原稿執筆時の情報）

FAO（2004）「FAOSTAT」
　　http://faostat.fao.org/site/291/default.aspx
FAO（2009）「FishStat Plus − Universal software for fishery statistical time series」
　　http://www.fao.org/fishery/statistics/software/fishstat/en
福島県水産試験場「ヒラメの水揚げの推移」
　　http://www.pref.fukushima.jp/suisan-shiken/gyokyou/hirame/catch.htm
ICCAT（2008）「Report of the 2008 Atlantic Bluefin tuna stock assessment session」
　　http://www.iccat.int/Documents/Meetings/Docs/2008_BFT_STOCK_ASSESS_REP.pdf

ICCAT (2008)「Report of the standing committee of research and statistics (SCRS)」
　　http://www.iccat.int/Documents/Meetings/Docs/2008_SCRS_ENG.pdf
IWC (International Whaling Commission) a「Whale Information」
　　http://www.iwcoffice.org/conservation/whalemain.htm
IWC (International Whaling Commission) b「Future of the IWC」
　　http://www.iwcoffice.org/commission/future.htm
環境省（2007）「哺乳類，汽水・淡水魚類，昆虫類，貝類，植物Ⅰ及び植物Ⅱのレッドリストの見直しについて」
　　http://www.env.go.jp/press/press.php?serial=8648
経済産業省「自動車用鉛蓄電池のリサイクルについて」
　　http://www.meti.go.jp/committee/materials2/downloadfiles/g90324e10j.pdf
鯨ポータル・サイト　a「セントキッツ・ネーヴィス宣言」
　　http://www.e-kujira.or.jp/iwc/2006stkitts/58-16Rev.html
鯨ポータル・サイト　b「IWCアンカレッジ会議（日本代表団ステートメント）」
　　http://www.e-kujira.or.jp/iwc/2007anchorage/text/text_ext1.html
日本バイオロギング研究会
　　http://bre.soc.i.kyoto-u.ac.jp/bls/index.php
㈶日本鯨類研究所「JARPA/JARPAII査読制度のある学術誌に発表された論文」
　　http://www.ICRWhale.org/03-A-a-08a.htm
農林水産省「食料自給率の部屋」
　　http://www.maff.go.jp/j/zyukyu/index.html
農林水産省（2006）「バイオマス・ニッポン総合戦略」（閣議決定資料），p. 6.
　　http://www.maff.go.jp/j/biomass/pdf/h18_senryaku.pdf
ノルウェー気候汚染管理局（1997）「Klassifisering av miljøkvalitet i fjorder og kystfarvann」
　　http://www.klif.no/publikasjoner/vann/1467/ta1467.pdf
ノルウェー気候汚染管理局（2007）「Veileder for klassifisering av miljø kvalitet i fjorder og kystfarvann - Revisjon av klassifisering av metaller og organiske miljøgifter i vann og sedimenter」
　　http://www.klif.no/publikasjoner/2229/ta2229.pdf
㈱産業技術総合研究所「研究情報公開データベース 地球化学図」
　　http://riodb02.ibase.aist.go.jp/geochemmap/index.htm
総務省統計局「世界の統計2009　第2章　人口」
　　http://www.stat.go.jp/data/sekai/02.htm
Statistics Norway「ノルウェーデータ2010, 10. 産業」
　　http://www.ssb.no/english/subjects/00/minifakta_en/jp/
水産庁（2009）「平成20年度水産白書」
　　http://www.jfa.maff.go.jp/j/kikaku/wpaper/h20/index.html
水産庁・㈱水産総合研究センター（2009）「平成20年度国際漁業資源の現況」

http://kokushi.job.affrc.go.jp/

㈱水産総合研究センター（2009）「栽培漁業種苗生産，入手・放流実績」
http://ncse.fra.affrc.go.jp/00kenkyu/00index.html

TOPP (Tagging of Pacific Predators)
http://www.topp.org

うなぎネット
http://www.unagi.jp/

U.S. National Office for Harmful Algal Blooms
http://www.whoi.edu/redtide/

UTBLS (Bio-logging Science, The University of Tokyo)
http://cicplan.ori.u-tokyo.ac.jp/UTBLS/Home.html

用語解説

青潮
　富栄養化により大量発生したプランクトンが死滅し，海底に沈殿してバクテリアにより分解される過程で酸素が大量に消費されることにより形成された溶存酸素の極端に少ない青白い貧酸素水塊を指す．この水塊には硫酸還元菌によって産生された大量の硫化水素が含まれており，海域の底層から表層域に上昇した貧酸素水塊（硫化水素が酸化されて硫黄粒になり海水が白濁する）に巻き込まれた魚介類は，酸素欠乏で死滅する．

赤潮
　単種あるいは複数種の微細藻類（植物プランクトン）が大量に増殖して海面あるいは湖が着色する現象を指す．局所的・同時的に大量増殖した藻類細胞が産生する毒素により，また藻類細胞由来の有機物（デトライタス）が微生物によって分解されるときに溶存酸素が大量消費されて周辺の底層域が貧酸素化して魚介類が死滅し，沿岸域における魚類養殖に壊滅的打撃を与える．また有毒赤潮プランクトンにより毒化した貝類（貝毒）による食中毒や死亡事故などの甚大な被害を及ぼす．

アマモ場
　アマモは内湾や入り江の平坦な砂泥底に自生する雌雄同株で多年生の顕花植物であり，地下茎で繁殖してアマモ場を形成する．アマモ場は他の海藻の藻場と同様に水質浄化や水生生物の産卵，育成の場として重要な環境である．またアマモ葉体は動物に直接食われることは少なく，枯死した後デトライタスとなって腐食連鎖に寄与している．より内湾の泥分の高い場所にはコアマモが分布する．

アリル数（allele number）
　一つの遺伝子座に存在する複対立遺伝子（allele）の数のことである．マイクロサテライトDNA領域のように遺伝子機能がない領域にも複対立遺伝子様の変異があり，遺伝マーカーとして利用される．日本の育種学会では遺伝子機能のない領域に対して，アリルが使われている．ただし，英語ではDNA領域の遺伝子機能の有無に関わりなくalleleがそのまま使われている．

アルギン酸（alginic acid）
　主として褐藻類の細胞壁を構成しているウロン酸誘導体が鎖状に結合した粘質の複合多糖類であり，ゲル化剤や食物繊維として食品加工や医療用など多様な目的に利用されている．海藻にはカルシウムやマグネシウム塩として存在しているが，遊離のアルギン酸は水に不溶で，アルカリに可溶である．

アレルギー様食中毒

ヒスタミン histamine を高濃度に含む食品（赤身魚とその加工品など）を摂食した場合，30〜60分くらいで顔面が紅潮し，頭痛，蕁麻疹などの症状として現れることがある．ヒスタミン中毒ともいう．このヒスタミンは魚肉中の遊離ヒスチジンから，付着細菌のヒスチジン脱炭酸酵素作用によって生成されるものであり，一般にヒスタミン含量が 100mg/100g 以上の食品で発症するといわれている．免疫系の異常によって起こる食物アレルギーとは発症機構が異なる．

磯焼け

水温の異常，栄養塩類の不足，植食性動物の過剰な採食などにより，大形の海藻が消失し藻場がなくなる現象を指し，そこに生育する水産資源が減少して漁業に大きな打撃を与える．磯焼けした現場の岩礁の表面には石灰藻のみが付着して，白色の世界が広がり，海の砂漠化とも呼ばれる．藻場の消失原因としては埋め立て以外で最も多い．

異体類

体が左右非対称であり，両方の目が体の片側に位置するヒラメ，カレイ，ウシノシタ類の総称．これらの異体類も生まれた時には普通の魚と同じように体は左右相称であり，目も体の左右に位置するが，生後1から2ヵ月ほど経過すると不思議なことに，どちらかの目が体の反対側に移動してカレイ型に変態する．ほとんどの異体類では移動する目は左右どちらかに決まっているが，東南アジアからオーストラリア北部の熱帯域に生息するボウズガレイは移動する目が固定されていない．

一般衛生管理事項

最も科学的な衛生管理方式である HACCP（危害分析重要管理点監視方式）の導入に際して，あらかじめ準備しておく事項のことを指し，工場・設備の衛生管理や設備・機械などの保守点検，鼠族・昆虫の防除，排水・廃棄物・使用水の衛生管理，従事者の衛生管理・教育，食品の衛生的取り扱いなどの項目が含まれる．前提条件プログラムともいわれる．

遺伝子流動

種や地理的分集団間において，個体の移動や配偶子（卵子・種子や精子・花粉など）の拡散によって集団間の遺伝子交換が起こり遺伝子レベルの交流が生じること．これらの遺伝子の拡散や定着の過程を解析することは生物個体群の維持機構を明らかにする上で重要である．

遺伝的多様性

種内または集団内に様々な遺伝子の変異が存在すること，また，その度合を示す．遺伝的多様性が低くなると，その結果として個体および集団レベルでの適応度が低下する

可能性が想定され，絶滅に至る時間が確率的に短くなるため，保全に当たっては，考慮すべき項目の一つであると考えられている．遺伝的多様性は，生態系の多様性，種の多様性とともに，生物多様性条約で保全すべき重要な項目の一つとして挙げられている．

イリドウイルス（Iridovirus）
　正二十面体構造（カプソメアからなる）を有し，宿主の細胞内で増殖する2本鎖DNAウイルスの総称である．一般的にウイルス粒子を包むエンベロープ（外膜）を持たないが，エンベロープを有するものも見られる．魚類ウイルスとしてはリンホシスチス病ウイルスやVEN（ウイルス赤血球壊死症）ウイルスがある．

イントロン（intron）
　真核生物の遺伝子DNA上では遺伝情報が分断されて存在する場合が多い．遺伝情報を担っている部分をエクソンexonと呼び，その間に割り込んで遺伝情報とならないDNAの塩基配列をイントロンという．介在配列ともいう．

魚付き林
　海辺を縁取り，浅海域の魚類を育む存在として保全されてきた林を魚付き（保安）林と呼ぶ．その記録は紀元700年にもさかのぼると言われている．科学的にその根拠が解明されているとは言えないが，陸上からの土砂の流入を防ぐ，林に光が反射して魚類を集める，林で涵養された栄養塩や微量元素を豊富に含んだ水を供給する，などが主な効用と考えられている．

ADCP（Acoustic Doppler Current Profiler）
　装置から超音波を発信し，水中の浮遊物の反射を波動の変化「ドップラー効果」でとらえて流向・流速を計測する機器を指す．船舶を走らせながら測定が可能である．

ABC（AllowableまたはAcceptable Biological Catch：生物学的許容漁獲量）
　生物学的に資源に悪影響を与えない漁獲量の最大値であり，将来的にも資源の維持・回復などが可能な量として算出されたもの．

栄養塩
　一般的に生物が必要な塩類のことであるが，特に植物プランクトンの増殖に必須である溶存した無機態窒素（NH_3，NO_3），リン酸，ケイ酸塩などの無機化合物のことを指し，湖沼や海域でこれらの濃度が増加すると富栄養になる．

エコトーン（ecotone）
　エコトーンとは自然界における水辺や森林境界のように二つの異なった隣接地がつながった移行帯（推移帯）のことを指し，環境が段階的に変化するため様々な動植物が生育

しており生物多様性が高い.

エコラベル (eco-label)

生産段階で環境に配慮していることを商品に表示し，消費者の選択を推奨するマークのこと．水産エコラベルは水産資源の保護と生態系の保全に積極的に取り組んでいる漁業（生産・流通・加工を含む）を認証し，その製品にラベルを付ける制度である．消費者がこの製品を選ぶことにより，水産資源を持続的に利用する漁業を支援することになる.

エスチュアリー循環 (estuary circulation)

河川水が流入する内湾ではこれに伴う海水密度の差が生じ，上層では湾奥から湾口に，下層では湾口から湾奥に向かう流れが発達する．エスチュアリーは日本語では河口域とよぶ場合もあるが，一般的な河口域よりも範囲が広い（三河湾など).

エチゼンクラゲ

東シナ海，黄海，渤海から日本海にかけて分布する世界でも最大級のクラゲで，年により大量発生して漁網の破損や混獲された漁獲物の商品価値の低下などの漁業被害をもたらす．中国では食用にされている．わが国にはもう一種類の大型クラゲが有明海に分布し，このビゼンクラゲは古来食料として利用されてきた.

MSY (Maximum Sustainable Yield：最大持続生産量)

その資源にとっての現状の生物学的・非生物学的環境条件のもとで持続的に達成できる最大（あるいは高水準）の漁獲量と定義される.

追込み漁業

古くから行われているイルカなどの小型鯨類の漁獲は主として「突棒漁業」（手投げ銛を使用）と「追込み漁業」に分類される．追込み漁業は小型漁船と漁網で獲物の抜け道を塞ぎ，入り江や浜辺に追い込んで捕獲する．現在，日本では和歌山県（太地町）及び静岡県（伊東市富戸）などが「イルカ追込み漁業」による捕獲に許可を与えている.

カイアシ類 (コペポーダ：copepoda)

甲殻類のカイアシ亜綱に属する動物の総称であり，海洋・湖沼の浮遊生物，微小底生生物，寄生生物として優占している．浮遊性のカイアシ類は植物プランクトンによる光合成で生産された有機物を魚類など高次の捕食者に転送する上で重要である.

外来魚

人の営みにより他の水域から本来いなかった水域に持ち込まれた魚類のこと．外国から持ち込まれた国外外来魚と国内の他の水域から持ち込まれた国内外来魚に分けられる．外来魚が侵入するきっかけとして，移殖，放流，ペットの遺棄など意図的な導入や，バ

ラスト水や放流用種苗への混入，灌漑用水からの導水やダムからの放水による偶発的原因が挙げられる．ブラックバスのように自然生態系に大きな負荷を与える外来魚を侵略的外来魚と呼ぶ．

加速度法

データロガーで得られた動物の体の3軸の加速度（前後方向，左右方向，上下方向）のデータから，動物の体の角度，体の回転，尾鰭の動きなどを推定する手法．

加入量

漁獲開始年齢に達した若齢魚の資源量．通常は尾数で示される．魚類では加入量は年により著しく異なり，大きな資源変動をもたらすため，加入機構の解明が重要課題として研究が続けられている．

カルタヘナ議定書

地球サミットの生物多様性条約を受けて，コロンビアのカルタヘナ Cartagena で開催された第2回締約国会議で合意された議定書のこと．正式名称は「バイオセーフティに関するカルタヘナ議定書」と言われ，遺伝子組み換え生物など（LMO: Living Modified Organism）の国境を越える移動に関する手続きなどを定めている．

環食同源

安全な食料資源は健全な環境からのみ得られるという考え方．自然環境を保全し健全な状態に保ちながら，安全かつ地域に特徴的な海洋あるいは農林水産資源を効率的・持続的に生産する環境保全型食料生産システムの構築の基礎となるもの．

完全養殖

ヒラメやマダイのように，子どもから育てた親が飼育管理条件の中で成熟し，それから生まれた子どもを種苗にして養殖生産物を得るような，すべての生産過程を人為的管理下において行う養殖形態を指す．最近，世界的に話題に上るクロマグロやウナギの完全養殖は日本において世界で初めて実現し，従来天然稚魚に依存していた種苗を人工種苗に代替できれば天然資源の保全に貢献するものと，その高度化が切望されている．

管理目標

まぐろ類の国際管理では「管理目標」が設定される．漁獲量などを調整することで資源水準をその目標に維持するよう努力がはらわれる．まぐろ類では，MSYが得られるような資源水準が管理目標として用いられている場合が多い．資源水準が目標水準（MSY水準）を下回った場合は，「乱獲状態（overfished）」と呼ぶ．また，資源を乱獲状態に陥れるような「漁獲規模」にまで増大した漁獲の状態を「過剰漁獲（overfishing）」と呼ぶ．

基礎生産

微細藻類や大型海藻などの光合成生物が太陽エネルギーを利用して無機物（炭酸ガスや栄養塩）から有機物を生産し，食物連鎖を通じて高次生産を支えている．植物（藻類）が行う独立栄養の有機物生産を基礎生産または一次生産という．

揮発性塩基窒素

食品の腐敗の過程で生じる揮発性の含窒素塩基性化合物の総称を指し，アンモニア，ジメチルアミン，トリメチルアミンなどが含まれる．食品100g中に20〜30mgN以上になると腐敗が認められる．

漁獲可能量，許容漁獲量→ TAC

漁獲係数

漁獲死亡係数とも呼ばれる．漁獲を原因とする資源の減少率の大きさを表す係数．より一般的には，漁獲規模を示す指数の一種であり，資源に対する漁業圧力の大きさを表している．短期的には，漁獲規模（漁獲努力量）が2倍になるとこの係数も2倍になるような関係が存在する．

漁業権

1949年に制定された漁業法により，定置漁業権，区画漁業権，共同漁業権が定められている．これらは都道府県知事の免許を受けて成立する．定置漁業権は富山湾で寒ブリを捕獲する大敷網に代表される定置網類を操業する権利，区画漁業権は養殖漁業を営む権利，共同漁業権は一定の水面を共同に利用して行う漁業（漁業協同組合に対して許可）を営む権利を指す．

魚病

文字どおり魚の病気を指すが，通常養殖環境下で発生する魚類・甲殻類・貝類などの水産物の病気を総称する．特に，高密度で閉鎖環境下で行われる養殖現場では，ウイルス性，細菌性，寄生虫性など様々な病気が発生しやすく，その対策に多大な努力が払われている．（独）水産総合研究センターには魚病センターが設置され，全国的な魚病管理が行われている．

キレート鉄 (chelated iron)

キレートとはギリシャ語の chele " カニのはさみ " に由来する．1個の分子またはイオンの持つ2個以上の原子が金属原子（イオン）を挟むように配位してできた環状構造をキレート環と言う．鉄イオンに酸などが環状に付いたものをキレート鉄と呼ぶ．鉄はきわめて酸化しやすくすぐに沈殿するが，還元条件下でフルボ酸などが先に結合すると，水中に溶存して植物プランクトンが利用することが可能となる．

近交係数

ある個体の遺伝子座において共通の祖先の遺伝子をホモ（同祖接合）に保有する確率と定義される．近親交配において，近交係数（F）と集団の有効な大きさ（N_e）の間には $\Delta F = 1/2N_e$ の関係が成り立つ．

クッパー胞（Kupffer's vesicle）

魚類胚に固有な小胞状の組織で，卵発生中の体節期に形成され数時間で消失する．古くから発生のステージングに使われていたが，その機能は分かっていなかった．近年の発生研究により，Nodal経路を胚の左側に入力する左右非対称制御のスイッチとして機能していることが明らかにされた．

黒潮（流域）圏

世界最大の海流の一つである黒潮の影響を受ける地域のこと．地理的にはインドネシア，マレーシアなどの東南アジアからフィリピン，台湾を経て日本にかけての地域（黒潮S状帯）を包含して「黒潮圏」と称し，海域のみならず陸域を含めて「黒潮流域圏」と呼ぶ．

コアー法（core method）

調査対象とする現場から柱状（コアー状）に底泥試料を採取し，これをそのまま一定条件下に置き，底泥や底泥直上水中の物質変化・移動を調査する方法．

公海海山

公海に存在する北西太平洋天皇海山などの海山群には，キンメダイやクサカリツボダイなどの魚種の好漁場が存在し，各国の漁船が操業している．しかし，海山周辺の生態系は特殊であり，また脆弱性も指摘されている．このため国連において海山周辺水域における国際漁業管理の強化が決議され，現在，関係国によって新条約締結のための協議が続いている．

枯草菌

好気性グラム陽性の胞子形成細菌の1種で学名は *Bacillus subtilis* である．土壌中や空気中など比較的乾燥した環境に普遍的に分布しており，枯れ草からも分離されることから枯草菌と名付けられた．耐久性の内生胞子を形成するので高熱，薬剤，紫外線に抵抗性が高く，また有機物分解活性が顕著なので分解酵素製剤の生産や水質・底質浄化用の微生物製剤として利用されている．

固有種

世界中でそこだけにしか生息しない種．例えば，世界の古代湖である琵琶湖にはニゴロブナ・ビワコオオナマズ・ホンモロコなど多数の固有種が生息する．一方，有明海に

はムツゴロウやヤマノカミなど有明海においてのみ見られる種が生息しているが，それらは中国大陸沿岸域にも生息するため，固有種と区別して特産種と呼ばれている．

最大持続生産量→ MSY

殺藻ウイルス（algicidal virus）
　微細藻類に感染し死滅・増殖阻害を引き起こすウイルスの総称．30 種類以上のウイルスがすでに発見されている．宿主特異性がきわめて高く，一部の種類については宿主藻類との密接な生態学的関係性が報告されている．

殺藻細菌
　微細藻類を死滅させる活性を持つ細菌群の総称．直接的接触により溶藻を引き起こすタイプ（直接接触攻撃型）と，物質の放出を介して溶藻を起こすタイプ（溶藻物質生産型）に大別される．

シオミズツボワムシ
　学名が *Brachionus plicatilis* の輪形動物門輪虫綱の動物．属名の *Brachionus* は肢があるという意味で，環状で節構造のない肢を備えている．汽水池や沿岸域に分布し環境に対する適応範囲が広いため培養のための人為的管理が容易である．また雌のみによる単性生殖により指数関数的に増殖するので，魚類の仔魚をはじめ水生生物幼生の餌料生物として広く応用されている．

仔魚と稚魚
　魚類の多くは小さな卵を大量に産むことにより生き残りの確率を高める戦略を取る．この小卵多産の繁殖戦略を反映して生まれてきた子どもは発育が未熟な段階にあり，流れに任せたプランクトン生活（浮遊生活）を経過する．運よく生き残った個体には次第に諸器官が分化して，ほとんど透明だった体には色素が現れ，魚類を特徴づける鰭とともに脊椎動物の基本構造である脊椎が分化して，魚らしい形態に変化する．このような変化が生じるまでの親とは著しく異なった幼生段階を仔魚（larva）と呼び，その後のそれぞれの種と分かる特徴を備えた段階から稚魚（juvenile）と呼ぶ．この仔魚から稚魚への変化が顕著な場合には，魚類においても変態と呼ばれる．

資源評価
　水産資源は通常年により発生量が大きく変動し，その水準に応じて適正漁獲量を決める必要がある．その前提として対象資源がどのくらい存在するかを適正に評価することが不可欠となる．試験操業，産卵量，魚群探知機による推定など多様な方法があるが，いずれも一長一短があり，海の生物の資源評価は簡単なことではなく，乱獲を招きやすい．

シスト (cyst)

　主に動植物プランクトンが不適な環境を過ごすために形成する堅固な膜に包まれた耐久性の細胞．有害藻類ブルーム (HAB) のタネ (シードポピュレーション seed population：初期個体群) として重要である．

姉妹群

　すべての生物は，祖先種の種分化，すなわち，一つの祖先種が二つの子孫種に分岐することによって形成されてきた．哺乳類，脊椎動物といった高次分類群 (高次系統群) も，遠い過去にさかのぼればいずれも祖先種の二分岐に行き当たる．この二分岐によって生じる二つの子孫種または子孫分類群は姉妹群 (sister group) 関係にあると言い，それぞれ相手を姉妹群と呼ぶ．生物の系統関係とは，生物の姉妹群関係の総和であり，系統解析とは，生物の姉妹群関係を見出していくことであると言える．着目する生物の姉妹群，さらにその祖先種の姉妹群は何かを知ることにより，当該生物の進化過程を推察することができる．

集団の有効な大きさ (N_e)

　任意交配を行う理想的繁殖集団において，次の世代に遺伝子を供給した親の数を表す概念である．天然集団では，それぞれの親の貢献度 (次世代に残した子どもの数) や雌雄の個体数に違いがあるので，個体が次世代に配偶子を伝える確率を補正する．

絨毛性性腺刺激ホルモン

　子宮絨毛から分泌され性腺の成熟や生殖過程の調節を行うホルモンの一つ．ヒト絨毛性性腺刺激ホルモン (human Chorionic Gonadotropin: hCG) はホルモン製剤として市販されており，魚類の成熟促進にも有効である．

商業捕鯨モラトリアム

　モラトリアム moratorium はあることを暫定停止することを指す．例えば，日本海東北沿岸に生息するハタハタ資源が一時極端に減少し，このまま操業を続けると絶滅しかねないと判断した秋田県はハタハタ漁を3年間暫定停止し，資源の再生を実現した．国際捕鯨委員会 (IWC) は1982年総会において今後10年間商業捕鯨 (現在日本が南極海と北西太平洋において科学的データを集めるために実施している捕鯨は調査捕鯨と呼ばれ，商業捕鯨とは別扱いである) を暫定停止することを決めた．これを商業捕鯨モラトリアムという．

初期減耗

　回遊性魚類は通常数万から数百万粒の卵を産卵するが，孵化した仔稚魚の大多数は生まれてから数ヵ月以内に死んでしまう．初期減耗の原因としては物理環境の悪化，餌不足，病気，肉食性プランクトンによる捕食 (食害) などが挙げられる．

食料自給率

　食料自給率とは，その国の国内で消費される食料のうち国内の食料生産でどの程度まかなわれているかをパーセントで示した指標のことである．通常，総合食料自給率はカロリーベース（国民1人1日当たりの国内生産カロリー÷国民1人1日当たりの供給カロリー）で表し，品目別自給率は重量ベース（国内の生産量÷国内の消費量）で表す．両者とも生産額ベースを用いる場合もある．

人為催熟

　養殖対象となっている多くの魚類は，人工管理環境下においても水温や餌をはじめ適切な条件を整えることにより，自然に成熟して卵や精子を生み出す．しかし，ウナギのように，人工環境下では決して成熟することのない魚種も存在する．このような種では，成熟に関わるホルモンを適時に適量投与するなど種々の手法を駆使して，人為的に成熟を促すことを指す．また，本来の産卵期ではない時期に，必要に応じて成熟を誘導する場合も人為催熟と呼ぶことがある．

進化的保全単位

　集団の系統図において確認された単系統的グループで，一つ以上の遺伝マーカーにおいて遺伝子の置換が確認できる単系統的グループは進化の保全単位と認定される．同一種であっても異なる保全単位間の移植・放流は遺伝的攪乱と種の絶滅防止の視点から避けなければならない．

水質汚染

　経済発展に伴って産業廃棄物，自動車排気物，生活排水に含まれる有機物や重金属・人工化学物質で海洋，湖沼，河川，地下水が汚染されてきたが，このように人間活動によって引き起こされる水質悪化の状態を指す．下水処理や廃水処理によって有害物質の除去が行われているが完全なものではない．

ステロイドホルモン（steroid hormone）

　分子構造にステロイド骨格を持つホルモンの総称で，生殖腺や副腎においてコレステロールから合成される．分子構造から脂質に親和性があり，細胞膜を容易に通過して細胞核へ到達する．主としてアンドロゲン，エストロゲン，コルチコイドなどの性ホルモンが含まれる．

生活史

　生物，特に多くの動物は，生まれてから死ぬまでの間に，成長に伴い住む場所を変え，食べるものを変え，仲間とのつながりを変え，また，産卵に都合のよい場所に移動するなど，生活様式を変化させる．このような一生の間のそれぞれの種に固有の生活の歴史を呼ぶ．

生物学的許容漁獲量→ ABC

生物学的均一化
　侵略的外来魚の移植により固有な在来魚が絶滅し，結果として魚類相における地域性や個性を失うことを指す．閉鎖的水域ではしばしばよく似た種組成になる．池沼ではオオクチバス，ブルーギル，カダヤシ，コイ，小川ではニジマスやブラウントラウトからなる単純な魚類相に変わる種の交代が，世界的規模で起こっている．

生物資源再生産
　石油や石炭のような非生物資源では，消費すれば資源量は減少する一方であるのに対し，生物資源は再生産される（増加する）ため，その増加量の範囲内で消費する限り，資源量（現存量）は減少しない．その持続的な利用のためには，現存量と再生産速度を明らかにすることが不可欠となる．

生物多様性
　在来生物とそれを取り巻く環境の豊かさ．景観多様性，生態系多様性，種多様性，遺伝的多様性に細分され，それぞれが階層をなす．個々の多様性はいずれも風土的または進化的背景を持ち，外来生物や人工的に手を加えた生物（栽培品種や養殖品種）は生物多様性の要素と見なされない．自然保護や自然再生の大きな目標となる．

生物ポンプ
　基礎生産に由来する有機物の一部はデトライタスとなって沈降したり，それを捕食した動物プランクトンは鉛直移動することによって海域の表層から深層に輸送される．このように水圏の表層部から下層部へ炭素化合物が生物学的に輸送される過程をいう．

脊索
　動物の中軸的神経系を保護する構造物．脊椎動物では脳から体軸にそって延びる脊髄を保護するのは脊椎であるが，脊椎を持たない無脊椎動物の高等なグループでは脊索が分化している．脊椎動物の魚類でも個体発生初期の仔魚期には脊椎は未分化であり，この時期脊髄を保護するのは脊索であるが，稚魚への移行期に脊椎が分化してその役割を終える．

絶滅危惧種
　自然的または人為的要因により，個体数がはなはだしく減少しており，放置すればやがて絶滅すると考えられる生物集団．

全ゲノム重複
　ゲノム genome 全体が重複し，全遺伝子セットが 2 倍にコピーされる現象．脊椎動物の

祖先で2回の全ゲノム重複が起こったと推測されている．重複した遺伝子は，二つのうち一つが余分となるためどちらかが失われていくが，一部の遺伝子は新しい機能を獲得し存続することになる．これによって脊椎動物は複雑な体制を有するようになった可能性がある．魚類の主要グループである真骨類ではさらに1回多くの全ゲノム重複が起こったと考えられるが，これが魚類の繁栄と関係するかどうかは興味深い問題である．

第五種共同漁業権

河川や湖沼などの内水面において営む主な漁業．内水面を管理する漁業協同組合には，釣師から遊漁料を徴収する見返りに，遊漁規則や水産資源の保護増殖に関する義務が課せられている．保護増殖の一般的方法は種苗放流で，その行為が生物多様性保護の理念から外れると問題視されることがある．

耐容摂取量

化学物質についてヒトが感知できるほどの健康上のリスクを伴わずに一生涯の間に摂取し続けることができる物質の1日（週）摂取量が動物実験の結果に基づいて算出されている．しかし残留や相乗効果については不明な点が多い．

代理親魚技術

東京海洋大学の吉崎悟朗准教授のグループがサケ科魚類を用いて世界に先駆けて開発した技術．異種間の生殖細胞移植により，代理の親に異種由来の配偶子を生産させ，次世代個体を作出しようとするものである．この技術はニジマスやヤマメを使って開発されたが，より多くの魚種へ応用すること，さらには陸上循環水槽内での代理親魚技術の適応の実現は決して不可能ではないと考えられる．

TAC（Total Allowable Catch：漁獲可能量，許容漁獲量）制度

特定の魚種について，漁獲量の上限を定めることにより，わが国の排他的経済水域などの資源管理を行う制度．現在，サンマ，スケトウダラ，マアジ，マイワシ，サバ類，スルメイカ，ズワイガニの7種が対象となっている．TACは農林水産大臣が策定する海洋生物資源の保存及び管理に関する基本計画によって定められている．

単船型まき網漁船

カツオ，マグロやイワシ，サバなどの浮魚類の漁獲には，まき網漁法が用いられることが多い．通常，まき網漁法は網船，運搬船，灯船，探索船などの多数の船団で構成されることが多く，経費が大きいことが問題となっている．そこで，これらの機能を合わせ持つ一隻のまき網漁船の導入によるコスト削減が期待されている．

地域漁業管理条約

水産資源は，広く各国の経済水域や公海にまたがって分布するものが多く，また，各

国の漁船が同じ漁場を利用することも多い．このため，各水域，魚種などに着目した多くの国際漁業管理のための条約が締結され，それらに基づく国際漁業管理委員会において，科学的なデータを収集し，総漁獲量や各国別の割当量が決定されている．

地球サミット（Earth Summit）
　国連の場で環境問題が最初に取り上げられたのが1972年のスウェーデンのストックホルムで開催された国連人間環境会議であった．その後20年の準備期間を経て，1992年ブラジルのリオデジャネイロにおいて「環境と開発に関する国連会議」（UNCED）が開催された．この会議は，世界の各国の元首，首脳が参加する最高レベルの会議と位置づけられ，地球サミットと呼ばれた．地球サミットは，それまでの地球環境問題の取り組みが集約され，その後の取り組みの起点となった重要な会議であった．

稚魚→仔魚と稚魚

蓄養
　水産業における「養殖」とは稚魚から育てること，または卵から孵化させた完全養殖のことを指すが，「蓄養」という用語は天然の若魚や成魚を捕獲して来て人工の生け簀でエサを与えて育成する養殖に限定して用いる．近年，マグロ類の消費が多い日本に輸出するために地中海諸国，メキシコ，豪州では，外貨を稼ぐ目的でマグロの蓄養が盛んである．

池塘養殖
　中国では伝統的に内水面養殖が盛んでコイ科魚類（コクレン，ハクレン，ソウギョ，コイなど）を中心に約50種が養殖対象種となっている．淡水養殖の主たる生産の場所は池塘（池は天然の池，塘は人工の池）で，全体の72％の生産量をあげている．養殖場周辺には家鴨や豚が飼育されており，排泄物による施肥養殖や混合養殖など農業・畜産業・水産業の複合経営が行われている．

着底
　海や湖に住むヒラメ・カレイに代表される底魚類，エビ・カニ類，貝類，ウニ類など多くの生き物では，その成魚や成体は底について生活するが，彼らは生まれた直後からそのような底生生活を送るわけではない．生後しばらくは幼生プランクトンとして水中に浮かんで生活（浮遊生活）しているが，ある段階に到達すると，それぞれの種に特徴的な場所に沈下して底に着いた生活に移る．このような浮遊生活から底生生活への移行を着底と呼ぶ．

直接発生
　生物の個体発生（生まれてから死ぬまでの過程）様式には，卵発生中に諸器官の発達が進んで，孵化時には親と基本的な体の構造が同じレベルに達している場合と，諸器官が

未発達で親とは似ても似つかない形をした幼生として生後のある時期を過ごす場合がある．前者のような発生様式を直接発生，後者を間接発生と呼ぶ．魚類をはじめ多くの海の生物は小さな卵を沢山産む結果，間接発生を取ることになり，生き残った幼生はある時期に変態を経て親の基本構造を備えた段階に至る．魚類に見られる仔魚から稚魚への変態を経る発生様式は間接発生である．

対馬暖流

台湾暖流と黒潮分派などが合流して形成され，東シナ海から対馬海峡を通って日本海に流入する海流で，マアジ，ブリ，スルメイカなどの魚介類の生育・輸送に重要な役割を果たしている．

DIN →溶存態無機窒素

DNAバーコード国際プロジェクト（International Barcode of Life Project）

特定の遺伝子領域の短い塩基配列を「DNAバーコード」ととらえ，そのデータを蓄積することにより，生物種の同定を支援・促進しようという国際プロジェクト．動物では，ミトコンドリアDNA上にあるCOI遺伝子の約650塩基分が標準的なバーコード領域とされている．

デトライタス（detritus）

水圏の一次生産者である植物プランクトンや海藻類などが枯死したり，捕食者に食べられて分解排泄された物質が互いに凝集して粒状になり，その周りに微生物や原生動物などが吸着した懸濁態有機物を指す．植物プランクトンを出発点とする生食連鎖に対して，デトライタスを出発点とする食物連鎖は腐食連鎖と呼ばれる．深海に沈降するものはマリンスノー marine snow と呼ばれる．

テトロドトキシン（tetrodotoxin）

フグの内臓（肝臓や卵巣）に含まれるフグ毒（神経毒）を指し，半数致死量LD50は10μg/kgである．海洋細菌によって産生され食物連鎖を通じてフグ内臓に蓄積される．ヒトでは神経や骨格筋のナトリウムチャネル（sodium channel）が閉塞され神経伝達が阻害される．

通し回遊魚

多くの魚類は，海あるいは湖などの淡水域に限って生息するが，中には生活史のある段階において海域と淡水域とを往き来する種が存在する．サケのように川で生まれ海にくだり，産卵期には川に戻る魚種（遡河回遊魚）や，ウナギのように海で生まれ川で育ち，産卵のために海に帰る魚種（降河回遊魚）がその代表的なものである．これらをまとめて通し回遊魚という．

特定外来種

「特定外来生物による生態系等に係わる被害の防止に関する法律」により規制される最も警戒すべき外来生物．許可がなければ飼育はもちろんのこと，生息地からの移動（移殖），売買・輸入・譲渡もすることはできない．魚類ではオオクチバス，コクチバス，ブルーギル，チャネルキャットフィッシュ，カダヤシなどが含まれる．

トリメチルアミン（trimethylamine）

海産魚介類の体内に広く分布し，浸透圧濃度平衡に役立っていると考えられるトリメチルアミンオキシドから腐敗細菌によって還元されて生成する．海産魚介類の腐敗臭の原因物質の一つである．

流し網漁業

流し網とは網具の位置を錨などで固定せず浮き（ブイ）を付けて海洋の上層または中層に入れる浮流し網のことを指し，潮流，風力などによって網全体を流して使用する．表中層性のサケ・マス，ブリ，カツオ，サンマなど回遊してくる魚を網に絡ませて漁獲する．

鉛汚染

鉛はこれまでに塗料や水道管に使用されてきたが，近年，鉛蓄電池への使用が圧倒的に多くなっており，蓄電池の製造・廃棄過程における環境汚染（鉛汚染）が懸念されている．鉛は体内に入るとチオール基を有する種々の酵素の働きを阻害する．

西マリアナ海嶺

マリアナ諸島西方にある周囲の海底からの比高が3000mくらいの海底火山の山脈．近年，この周辺にウナギの産卵場が存在するとして関心を集めている．

ニッチ（niche）

生物の個体または個体群が生育している物理的および生物的環境においてその生物が占める位置および食物連鎖上の栄養段階や機能的役割（生態的地位）を指す．例えば海洋において植物プランクトンを捕食するマイワシとカタクチイワシは同じニッチを占めると言える．

乳酸発酵

乳酸菌のはたらきでグルコース（ブドウ糖）などの糖質成分が乳酸に変換される発酵を指す．乳酸発酵により得られる食品としては，味噌，醤油，ヨーグルトなどがあり，健康機能性を有する食材として，注目を浴びる機会が増えている．

Nodal 経路 (Nodal pathway)

シグナル分泌因子である *nodal* と *lefty*，核内転写因子である *pitx2* の三つの遺伝子で構成された発生の調節経路を指す．三つの遺伝子ともに間脳，心臓および腸原基の左側に発現し，器官の非対称性が一定方向に発生するように制御する．*nodal* が *lefty* と *pitx2* の発現を誘導し，*pitx2* が実際の左右制御の実行因子として機能する．

バイオレメディエーション (bioremediation)

主として細菌，真菌類や酵母などの微生物の代謝活性を利用して汚染された環境を修復・回復する技術のこと．現場の微生物を栄養剤などで活性化させるバイオスティムレーション biostimulation と有効微生物や酵素製剤を現場に散布するバイオオーギュメンテーション bioaugumentation がある．

バイオロギング (bio-logging)

バイオ（生き物）＋ロギング（記録をとる）を組み合わせた和製英語．内藤靖彦国立極地研究所名誉教授が考えた英語だが，今日では，世界中の研究者間で正式な学術用語として定着しつつある．「バイオロギング・サイエンス」は生物に装着したデータロガーによって行動と環境の情報を計測するシステム科学であり，「生物装着型行動・環境情報計測システム科学」と簡潔に述べる研究者もいる．

延縄漁業

延縄は1本の幹縄に多数の枝縄（延縄と呼ばれる）をつけ，枝縄の先端に釣り針をつけた漁具を指す．延縄を漁場に仕掛けた後，しばらく放置して再び回収して漁獲する．延縄を水面近くに張り，表層性のマグロやサケ・マスなどを対象とする浮延縄と，沈子とよばれる重りをつけて底近くに延縄を張り，底生性のタラやカレイ・ヒラメ，タイなどを狙う底延縄がある．

HACCP

食品の危害分析（Hazard Analysis: HA）と重要管理点（Critical Control Point: CCP）の監視を組み合わせた食品の製造・流通過程における衛生・品質管理方式のこと．この方式は国連の国連食糧農業機関（FAO）と世界保健機構（WHO）の合同機関である食品規格（Codex）委員会から発表され，各国にその採用を推奨している．

発酵→腐敗と発酵

ハビタット (habitat)

生物の個体や個体群が生息している場所のこと（生息場所，生活場所）．ハビタットの構成要素には非生物的要因と生物的要因が含まれる．

PCR 法

　PCR は Polymerase Chain Reaction（ポリメラーゼ連鎖反応）の略であり，目的とする DNA 領域をはさむ 2 種類のプライマー（primer：短い 1 本鎖 DNA）を用いて，特定の DNA 断片を（通常，小さなチューブ内で）大量に増幅する手法のこと．特定の DNA 断片が大量に得られると，その塩基配列の決定をはじめ，様々な分析が可能になる．PCR 法を基本にした新たな DNA 分析手法も種々出現している．例えば，DNA 断片が倍々と増えることを使って，何回かの増幅サイクルの後に産生された DNA 断片の量を測ることにより，最初の試料中にあった DNA 量を推定するリアルタイム PCR（定量的 PCR）などがある．

干潟

　海岸部に発達する砂泥質の潮間帯で潮汐による海水面の上下変動によって干出と水没を繰り返す地形である．潮汐作用や多様な生物・微生物群による水質浄化作用が知られている．

貧酸素水塊

　溶存酸素の少ない水塊（溶存酸素飽和度 30% 未満を目安）を指す．酸素消費を促進する有機物の供給は，陸域からの流入負荷増大による過剰な植物プランクトン生産よりも二枚貝類などの動物群による植物プランクトンに対する摂食圧の低下によるとする説が有力である．

フードマイレージ（food mileage）

　海外から大量の食料を輸入すると輸送のための距離や時間が長くなり，航空機，船舶，列車，トラックなどを用いて輸送することによって輸送中に排出される二酸化炭素も増加する．食料の輸入量（t）に輸送距離（km）を乗じて算出したものがフードマイレージであり，日本のフードマイレージは諸外国と比較して高い．

富栄養化

　海水（湖水）中の栄養塩濃度が増加して微細藻類の異常増殖を促進しやすい状態のことを指し，生態系の遷移過程で起こることもあるが，主として産業廃液，農畜産廃液や生活廃水などの人為的な環境汚染が原因である．

物質循環

　生態系の生物および非生物要素間を物質が物理化学的変化を伴いながら循環することを指す．主として植物が光合成によって無機物から有機物を合成し，有機物を動物および微生物が摂取・分解して再び無機物に変換する循環が注目される．

腐敗と発酵
　両者とも微生物の代謝活性によって有機物が嫌気的に分解される現象であるが，人間生活に有用な物質生産を伴う場合を発酵（アルコール発酵や乳酸発酵），食品などの品質が劣化する場合を腐敗として区別する．

浮遊適応
　動植物プランクトンの形態的特徴として水中での位置を保持するための適応が著しいことである．個体サイズが小さく相対的な表面積が大きいほか，繊毛，鞭毛，刺毛，突起などが発達し水の抵抗を大きくしている．また体内に油球やガスをもつものもある．

フルボ酸（fulvic acid）
　森林の腐葉土層中に多く含まれる有機酸の一種．特に，腐葉土層の還元的条件下で2価の鉄がフルボ酸と結合すると，土壌中から浸み出し，河川水などの酸化的条件下になっても酸化されることなく，河口域まで運ばれ植物プランクトンや海藻類の繁殖成長に不可欠の役割を果たしていることが明らかにされつつある．松永（1993）によってその重要性が指摘された．

分子系統解析
　生物の遺伝子であるDNA，あるいはそれが転写・翻訳されたRNAやタンパク質を分析・比較して，生物の系統類縁関係を解析することを指す．現在では，解析のための主要情報はDNAの塩基配列データである．DNA配列データの系統解析の理論やコンピュータプログラムも発展してきており，コンピュータそのものの発達とあいまって，最尤法やベイズ法など高度な数理統計手法の活用も現実的なものとなり，系統推定の精度も高くなっている．

分子時計
　DNAの塩基配列やこの情報を基に作られるタンパク質のアミノ酸配列など分子の変化の多くはランダムであるため，長い時間の間には，分子ごとにほぼ一定の速度で起こっているように見える．この現象を「分子時計」と呼び，配列の違いの程度から生物が分岐してからの時間を推測するのに使用することがある．ただし生物によって「速度」が異なることもあるため，最近では生物分岐の時間推定に単純な「分子時計」を用いるのではなく，生物によって速度が異なることを組み込んだ，より洗練された方法を用いるようになりつつある．

糞便汚染指標細菌
　食品や飲料水が衛生的な環境で作られ，またそれらが微生物学的に安全であることを知るために，ヒトや温血動物の腸内（糞便）にのみ生息していると考えられる大腸菌や腸球菌など特定の細菌を検出する方法が用いられるが，このような細菌群を糞便汚染指標

細菌または衛生指標細菌という．

ヘテロ接合体率
　卵や精子，またそれに相当する配偶子が2個融合し接合体を形成する生物において，違う型の配偶子が接合する状態をヘテロ接合体という．その比率は個体および集団の遺伝的多様性の保有度合を表す一つの指標としてよく採用される．

便宜置籍漁船
　漁業に関する国際規制を逃れる目的で漁船の船籍を漁業管理能力のない第三国に移し，国際規制の枠外で無秩序な操業を行っている漁船を指す．公海や200カイリ経済水域内を広範囲に回遊する魚類，特にまぐろ類を目的として操業している漁船で問題になっている．

変態ホルモン (metamorphic hormone)
　両生類や魚類の変態を促進するホルモン．甲状腺で合成分泌される甲状腺ホルモン，副腎皮質で合成されるコルチゾルが含まれる．魚類ではヒラメで初めて，甲状腺ホルモンが変態促進効果を示すことが証明されている．これらのホルモンがヒラメ・カレイ類の変態期に起こる $pitx2$ 再発現を誘導している可能性が考えられる．

ベントス (benthos)
　水圏にすむ生物のうち水底に生息する生物の総称．plankton（浮遊生物）に対してnecton（遊泳生物）とbenthos（底生生物）という用語が用いられる．ゴカイ類，イトミミズ類，貝類，エビ類など懸濁物食や堆積物食の動物が含まれる．

放流強度指数
　対象種の放流効果を明らかにする上で使用する指数の一つ．ある海域において水揚げされた全漁獲尾数（放流魚プラス天然魚）に占める放流魚尾数の割合を指す．個体数とともに重量ベースで計算することもある．

ポジティブリスト (positive list)
　医薬品などについて特定のものにかぎって使用を認めていくという考え方で許可されたものを登録した一覧．この制度では，養殖の際に使われた医薬品などが魚介類に残留している量が基準以下であるかどうかと，河川などから流れ出た農薬などに魚介類が汚染された量が基準以下であるかどうかということが問題となる．

保全遺伝学
　遺伝学，とくに集団遺伝学や進化遺伝学，あるいはゲノム遺伝学などを生物の保全に適用しようとする学問分野．保全生態学と並んで保全生物学を構成する比較的新しい学

問分野の一つで，生物資源の維持増殖や持続的利用，あるいは希少種や絶滅危惧種の保全をはかる上で重要である．遺伝的変異性の低下，近交弱勢あるいは異系交配弱勢などの遺伝的要因による進化可能性の低下や絶滅リスクの増大のメカニズムとその実態を究明し，それを防ぐことを目指す．

ボツリヌス中毒（botulism）

　嫌気性胞子形成細菌であるボツリヌス菌（学名：*Clostridium botulinum*）が産生する非常に猛毒の神経毒（ボツリヌス毒素）によって引き起こされる食中毒を指す．食中毒を起こすものにA，B，E，FおよびG型があるが，日本では"いずし"などによるE型食中毒が多い．

ボトルネック効果（bottleneck effect）

　ビン首（びんくび）効果とも言われる．生物集団の個体数が激減することにより遺伝的浮動が促進され，その子孫において遺伝子頻度が元とは顕著に異なるだけでなく，均一性の高くなる（遺伝的多様性の低くなる）現象を指す．これは，細いビンの首から少数のものを取り出すときには，元の割合から見ると特殊なものが得られる確率が高くなる，という原理から命名された．

マーカーアリル（marker allele）

　マイクロサテライトDNA領域などのようなタンパク質の合成に関わらない領域（非コード領域）があるが，対立遺伝子に相当する個体変異を含んでいる場合には，このような変異領域に対してマーカーアリルの呼称が充てられている．

マイクロサテライトDNA（microsatellite DNA）

　核DNAに存在する2〜数塩基単位の反復配列を含む非遺伝子領域で，個体間で繰り返し数の異なる型が多く，分析再現性も高いことから，遺伝的多様性の度合を調べるために有効な遺伝指標となる．また，高度の変異を含んでいるため，集団や個体識別に有用と考えられている．

マリンサイレージ（marine silage）

　畜産分野においては，草を乳酸発酵させてサイレージ（家畜用飼料）として利用しているが，水産分野には，このように植物性素材を発酵させて動物用飼料として利用する技術がない．そこで，海藻（藻類）の乳酸発酵産物の利用途の一つとして，水産動物用の飼料（マリンサイレージ）として利用することが考えられる．アオサなどの低未利用海藻をマリンサイレージ化して有効利用することが期待されている．

無効分散

　多くの海の生物は小さな卵や幼生を大量に生み出す．これらはほとんど遊泳力を持た

ないために，海流などに流され本来の生息場所から遠く離れ，そのまま死亡することになる．このような再生産に寄与しない"無駄死に"を呼ぶ．日本近海では，沖縄のサンゴ礁域などに生息する亜熱帯性魚類の仔稚魚が黒潮に乗って北上し，太平洋沿岸各地において夏の終わりまで生息するが，その後水温の低下により死滅する例は代表的な無効分散と言える．

藻場

海藻や海草など海産植物が沿岸域で群落を形成している場所のことを呼び，水質浄化や仔稚魚の育成に寄与している．ホンダワラ類やアラメ・カジメなどの大型褐藻類は岩礁域に藻場（ガラモ場・アラメ場）を，アマモなどの海産顕花植物は砂泥域に藻場（アマモ場）を形成する．

森里海連環学

2003年に京都大学に生まれた．陸域と海域を一体としてとらえ，両者の相互関係を統合的に把握し，その再生を目指す新たな学問．とりわけ，森林域と沿岸海域の自然科学的なつながりの機構とそれらに及ぼす人間活動の影響を科学的に明らかにすることを目的とし，その前提としてつながりの価値観の再生を目指す．

有害藻類ブルーム（Harmful Algal Blooms）

有害または有毒な微細藻類の増殖によって他生物の生存や人間の健康に悪影響を及ぼす現象で，有害赤潮や貝毒を総称したもの．HABと略される場合がある．

有効親魚数（N_e）

人工種苗生産において，実際に繁殖に関わった親の数をさす．特に，遺伝的多様性が求められる放流種苗の生産では重要な意味を持つ数字である．

溶存無機態窒素（DIN: Dissolved Inorganic Nitrogen）

生物由来の含窒素有機物（タンパク質や核酸）は水圏の微生物によって分解されて無機化し，アンモニア，亜硝酸，硝酸などになる．これらの窒素化合物は水中に無機イオンとして存在するので溶存無機態窒素と呼ばれる．このうち特にアンモニアや硝酸塩は栄養塩として藻類や微生物細胞に吸収・利用される．

レプトセファルス（leptocephalus）

ウナギ類の仔魚期の名称で，透明な柳の葉のような特徴的な形態をしているので葉形仔魚とも呼ばれる．ウナギのレプトセファルスは最大全長60mm程度に達し，シラスウナギと呼ばれる稚魚に変態する．また，孵化からレプトセファルスに達するまでの仔魚をプレレプトセファルス（前葉形仔魚）と呼ぶ．

ワシントン条約

希少な野生動植物の国際的な取引を規制する条約で，正式な名称は「絶滅のおそれのある野生動植物の種の国際取引に関する条約」(CITES: Convention on International Trade in Endangered Species of Wild Fauna and Flora) という．条約が採択された都市の名称をとってワシントン条約と呼ばれる．

索引

事項，生物名に分けて 50 音順に配列した．用語解説（583-604 頁）のある索引語は太字で示した．

事項索引

[あ行]

IATTC →全米熱帯まぐろ委員会
IOTC →インド洋まぐろ委員会
IQ 枠（輸入割当枠） 89
ICRW →国際捕鯨取締条約
ICCAT →大西洋まぐろ類保存国際委員会
IWC →国際捕鯨委員会
　IWC 科学委員会 67
IUU 漁業（違法，無報告，無規制漁業） 16, 39
青潮 94, 174
赤潮 94, 148, 178, 267, 283-287, 305
　赤潮予察 288-289
アマモ場 230, 235-243
アムール川 519
アラメ場 235-236, 238-239, 258
有明海 2-3, 162, 512-516, 537, 539, 546-547
アリル 281
　アリル数 109, 139
アルギン酸 445, 449
アルゴス送信器 359-360
アレルギー様食中毒 425
anti-symmetry（非対称状態） 376-378
EEZ →経済水域内
ESU →進化的保全単位
イカ釣り漁業 27
育種戦略 146
諫早湾 2-3, 512, 514, 537, 546
　諫早湾潮受堤防 532
磯荒れ 250
磯根資源 246, 281
イソメリズム 383-385

磯焼け 6-7, 177, 229, 520-521, 530, 532
一次生産（基礎生産） 267 →基礎生産
一代再捕型 101, 105, 114
一般衛生管理事項 428
一本釣り漁法 26
遺伝
　遺伝育種専門家会議 134
　遺伝マーカー 138
遺伝子
　遺伝子カスケード 375, 382
　遺伝子資源 500
　遺伝子プール 137
　遺伝子流動 138, 282
遺伝的
　遺伝的管理指針 145
　遺伝的管理単位 144
　遺伝的距離 138
　遺伝的多様性 128, 134-135, 139, 144, 163, 408, 510
　遺伝的類似度 142
イリドウイルス 354, 452-453
いるか漁業 53-54
インド洋まぐろ委員会（IOTC） 37
イントロン 395
ウイルス症 94-95
魚付き林 9, 516
ウナギの産卵場 116
浦ノ内湾 147-148
HAB →有害藻類ブルーム
HNLC（高栄養塩低クロロフィル）海域 7, 187, 194, 518, 530
ASC →養殖管理協議会
ALC（アリザリン・コンプレキソン蛍光試

605

薬）167
ADCP（Acoustic Doppler Current Profiler 流速計）214-216
ABC →生物学的漁獲許容量
栄養塩 177-178, 186-189, 197, 278, 497, 518
疫学調査 338
エコトーン 249, 511
エコラベル 25, 470
　エコラベリングガイドライン 474
餌 150, 201, 449 →飼料
　餌環境 59, 202-203
　餌資源 113
　餌生物 213
　餌の逸散率 158
　餌密度 203, 208
エスチュアリー 195, 297
　エスチュアリー循環 195, 197, 296, 309, 314
エストラジオール-17β 123
SPF（特定病原性菌フリー）種苗 93
エタノール（アルコール）発酵 445
エフィラ 225
FAO →国連食糧農業機関
　FAO ガイドライン 474-475, 483
FOS（Friend of the Sea）ラベル 478, 482
MSC（海洋管理協議会）471
　MSC 漁業認証制度 471-472, 478
MSY（最大持続生産量）37, 41, 58
エラムシ（症）96
エルニーニョ現象 251
沿岸漁業 21, 27, 505, 516, 518-519
　沿岸漁場整備開発法 100
遠洋漁業 34
追込み漁業 54
黄疸症 95
大型捕鯨業 57
オダム EP（人名）130
親潮海域 519

[か行]
ガイア仮説 130

海外
　海外基地操業 26
　海外まき網漁船 27
海産哺乳類保護法 60
海藻発酵 443, 446, 453, 455
貝毒 268, 275, 295
外部標識 103
回遊経路 120
海洋
　海洋管理協議会 → MSC
　海洋基本法 15, 28
　海洋深層水 493-494, 499-500
　海洋大循環 184
外来
　外来移入種 349
　外来魚 318, 320, 509
　外来種 318, 496
価格破壊 459-460
牡蠣の森を慕う会 547
過剰
　過剰漁獲 36, 37
　過剰生産 76
　過剰努力量 50
加速度法 371
カツオ一本釣り 26-27
カドミウム 332, 342-343
加入量 44-45, 47, 49, 101, 203-204
夏眠 487-488
カメラロガー 360-361
ガラモ場 230, 235-236, 238, 243
カルタヘナ議定書 129-130
カロリーベース 74, 88
眼球移動 375, 377, 384
環境
　環境汚染 94-95, 501
　環境階級区分 336
　環境修復 314, 500, 510, 532
　環境収容力 112, 160
　環境調和型漁業（増養殖）147, 150-151
　環境評価基準 332
　環境保全型 493, 499
　環境モニタリング 331

環食同源　499
完全養殖　34, 36, 93, 127, 528
管理
　管理単位（MU）　138
　管理目標　41, 137
気候変動　94
　気候変動政府間パネル　488
希少種　144, 162-163
汽水域　183, 497, 531-532, 539-541
寄生虫症　94-95
基礎生産（一次生産）　2, 7, 186-188, 190-198, 296
揮発性塩基窒素　431-432, 434
給餌養殖　97-98
休眠期細胞（シスト）　272
京都議定書　353
漁獲
　漁獲圧　128
　漁獲回収率　111
　漁獲可能量　→ TAC
　漁獲漁業　25
　漁獲係数　37, 41-42, 44, 47-49
　漁獲証明制度　43
　漁獲制限　104
　漁獲努力量　104, 234
漁業　14
　漁業管理　472, 483
　漁業経営　16, 27
　漁業権　17, 21, 108, 527
　漁業権魚種　327
　漁業就業者　14-15
　漁業生産　16, 25, 514
　『漁業白書』　14, 19
漁場環境改善　150-151
魚醤油　430-432
魚食文化　179, 350, 508
漁船漁業　26-27, 29, 514
魚病　95-96, 354-355
　魚病対策　95
魚粉　93
漁民の森　543-544, 547
魚油　93

許容漁獲量　→ TAC
キレート　167
　キレート鉄　7, 530-531
近交係数　136-137, 141
近親交配　136
近代捕鯨　55
くぎ煮　456-457, 487
くさや　422-426
クッパー胞　382-383
グライディング（滑降）　363
クリックス（超音波）　363
黒潮　262, 493-497
　黒潮（流域）圏　493, 495, 497-498, 501
　黒潮（流域）圏総合科学　491, 493-496, 501, 503-504
　黒潮文化圏　491
　黒潮分派　215
クロロフィル　187, 194, 299, 312
蛍光物質　103
経済水域内（EEZ）　33
鯨肉供給量　55
鯨類の乱獲　62
気仙沼　517, 525-527, 529, 531-532, 547
ゲノム
　ゲノムサイズ　395
　ゲノムDNA　389
嫌気性微生物　150
健康食品　30
懸濁態　150
　懸濁態窒素　153
　懸濁態有機窒素（有機物）　150, 197, 298
コア法　149
好塩細菌　432
公海海山　23
降河回遊　401
合計特殊産卵率　99
高変異性領域　139
小型捕鯨業　53
国際
　国際管理体制　33
　国際漁業管理機関　18
　国際捕鯨委員会（IWC）　24, 52, 57, 62-74

国際捕鯨取締条約（ICRW）　57, 62, 69
国連食糧農業機関（FAO）　62, 91, 469
コペポディド（コペポダイト）　205
コホート解析　109
固有種　489, 508, 535
混獲率　110
コンシューマーズ・ガイド　485

[さ行]

サーモン養殖　77-78
細菌症　95
最小存続可能個体数（MVP）　132
サイズ選択食　207
再生産期待型　101, 115
最大持続生産量　→ **MSY**
CITES　43　→ワシントン条約
栽培漁業　99-103, 162-164, 169-172, 174-179, 354
魚離れ　15, 505
サケマス流し網漁業　27
殺藻ウイルス　294
殺藻（殺滅）細菌　293, 498, 501
鯖街道　534
サメ卵　126
左右非対称性　374-375
サンクチュアリー　73
三珍　419
サンマ棒受け網漁業　27
産卵
　　産卵回遊　260
　　産卵場　118
　　産卵様式　211
　　産卵用雌親魚　123
シアノバクテリア　186
GNH（国民総幸福）　551
CO_2排出量　24　→二酸化炭素排出量
CCSBT　→ミナミマグロ保存委員会
シー・シェパード　51
シードポピュレーション　→初期個体群
塩辛　426-427
仔魚　82, 118, 124, 201-203, 212-213
仔稚魚　4, 162-163, 167, 490, 497, 510, 515

資源
　　資源回復　79-80, 114, 170, 175
　　資源管理　11, 30-31, 104, 179, 469-470, 474, 505
　　資源添加　103
　　資源評価　15-16, 36, 46, 65, 477, 483
　　資源変動　84, 223-224, 505
自己消化酵素　420, 426, 429, 431-432
市場流通　20, 29, 464-467
シスト　274-275
雌性ホルモン　123
耳石　103, 167, 510
持続型社会　349-350
持続的利用　24, 28, 52
シデロフォア　187
シナホリン　123
地場産業　523, 528
姉妹群　394, 397, 399, 402, 409
四万十川　497
シャーク湾　531
集団
　　集団構造　135, 144
　　集団の分化指数　139
　　集団の有効な大きさ（N_e）　132
　　自由放卵型　211
絨毛性性腺刺激ホルモン　123
種間競争　113
熟卵　123
受精卵　125
種苗
　　種苗数　104
　　種苗生産　80, 82, 120, 162
　　種苗添加　104
　　種苗放流　80, 100-101, 108, 163-164
循環型
　　循環型資源　499
　　循環型社会　493, 496
旬産旬味　466-467
準特産種　514-515
順応的管理　116, 483
松果体　382
商業捕鯨モラトリアム　24, 52, 57-60, 63, 66

上生体　382
初期
　初期減耗　99, 103, 203, 510
　初期個体群（シードポピュレーション）　272
　初期餌料　101, 125
食中毒菌　428
食品廃棄　468
植物プランクトン　7, 185-194, 269, 312, 518-519, 530-531
食文化（文明）　4, 179, 417, 505, 507-509
食物連鎖　2, 9, 11, 201, 514, 534
食料
　食料安全保障　52, 507
　食料自給率　1, 15, 20, 29, 79, 456, 508, 549
　しょっつる　430-432
　シラス　201, 415, 540
　シラス型　261, 415
　餌料　449 →餌
　　餌料添加効果　151
　　餌料転換効率　151
シロナガス単位制度（BWU）　58
人為催熟　123-124
進化的保全単位（ESU）　138
新管理方式 NMP　58
新興漁業国　29
人工
　人工授精法　125
　人工種苗　49-50, 81-82, 102, 116, 179, 510
　人工孵化　118, 123
symmetry　378
水温躍層　186, 190-191, 219
水銀　332, 343
水産
　水産育種　128
　水産エコラベル　469-471, 474, 477, 479-480, 482-485
　水産加工（品）　18, 420
　水産環境水基準　153
　水産基本計画　15-16, 508

水産基本法　508
水産資源保護法　355
『水産白書』　14
水産発酵食品　419-421, 438, 443
水産用水基準　153
水産物
　水産物自給率　ii, 12, 90, 505, 508
　水産物需要　15, 19, 505
　水産物流通　16, 464, 482
水質　283, 305
　水質汚染　169, 328, 547
　水質浄化　296-297, 307
水分含量　337
ステロイドホルモン（DHP）　123
ストロマトライト　531
すり身　350
成育場　2, 5-7, 174, 510-511, 516, 521
生活史　116, 120
生産の持続性　100
成熟誘起　123-124, 127
成長過程　118
生物学的漁獲許容量（**ABC**）　483
生物学的均一化　324, 326
生物資源再生産　497
生物生産　ii, 2, 184, 513, 531
生物多様性　129, 178, 265, 317, 327, 515
　生物多様性基本法案　130
　生物多様性条約　129, 265, 327
　生物多様性条約締約国会議　129
生物ポンプ　186, 193
生理の負荷率　158
世界自然保護基金（WWF）　471, 482
脊索　382
絶滅危惧種　131-132, 143, 317
瀬戸内海　177, 231-240, 260-261, 487-488
全ゲノム重複　409
全国豊かな海づくり大会　170
先住民生存捕鯨　65
選択育種　133
セントキッツ・ネーヴィス宣言　69-71
全米熱帯まぐろ委員会（IATTC）　37, 38
増殖速度　278

事項索引　609

増肉係数　158
増養殖漁業　85, 87, 98
ゾエア　223
遡河回遊　401-402

[た行]
大気汚染　328
第五種共同漁業権　327
大西洋まぐろ類保存国際委員会（ICCAT）　37, 40-43
堆積　155
　堆積態有機物　150
　堆積物捕捉装置　150, 156, 159
耐病性　96
耐容摂取量　338-339
大陸沿岸遺存種　515
代理親魚技術　96
大量種苗生産　81-82, 111, 128
台湾暖流　215, 221
TAC（漁獲可能量，許容漁獲量）　38, 40-43, 483
手網枢　382, 385-387
WCPFC　→中西部太平洋まぐろ委員会
WWF　→世界自然保護基金
樽流し立縄漁業　83
単船型まき網漁船　22
タンパク多型　135
地域漁業管理条約　24
地球
　地球温暖化　261, 265, 488, 507, 549
　地球環境問題　351, 353, 523
　地球サミット　129, 134, 352
稚魚　112, 118, 121, 164　→仔稚魚
筑後川　513, 515-516, 532
蓄養　34-36, 41-42, 47-50, 81, 154
地産地消　4-5, 261, 462-463, 465-466, 508
地中海クロマグロ　40-41, 46
窒素回収　158
池塘養殖　94, 98
地まき　108
　地まき放流　107
着底　162, 164, 490

中西部太平洋まぐろ委員会（WCPFC）　33, 37, 46
中層トロール　120
調査捕鯨　iii, 60, 65
潮汐
　潮汐エネルギー　150
　潮汐ダム　150
直接発生　490
地理的分集団　138
チリメンジャコ　261, 415
沈下式生け簀　95
『沈黙の春』　352
突棒漁業　54
つくり育てる漁業　18, 100
対馬暖流　172, 214, 217, 220
　対馬暖流域　83
DIN　→溶存無機態窒素
DHP　→ステロイドホルモン
DNA　17, 39, 52, 391
　DNAシーケンサー　392-393
　DNA多型　135
　DNAバーコード国際プロジェクト　408
　DNA標識　103
底生生物　→ベントス
directional asymmetry（一方向の非対称性）　376, 378
データロガー　360-361
鉄炭団子　545, 547
デトリタス（デトリタス）　6, 195, 197-198, 304, 513
テトロドトキシン　436-437
伝統食品　438, 441
天然
　天然採苗　108
　天然種苗　50, 179
天明水の会　537-538, 541, 543-544, 547
同化　148
投餌ロス　158
同祖接合性　141
導入種　318
動物性タンパク質　3, 15, 23, 87, 201
動物プランクトン　193, 200, 260, 304, 415-

416
通し回遊　401
　　通し回遊魚　402
土壌汚染　328, 341
特産種　515-516
特定外来種　320, 327
渡洋回遊　411-412
鳥インフルエンザ　76, 87, 93
トリメチルアミン　423, 432
トレーサビリティ　472, 477

[な行]
内分泌制御機構　124
流し網漁業　23, 27
鉛　330, 334
　　鉛汚染　328, 331-332, 336
　　　鉛中毒　338
南極海捕鯨　55
二酸化炭素排出量　75, 549　→ CO_2 排出量
西マリアナ海嶺　116, 118, 120
日周鉛直移動　210, 212, 279
ニッチ（生態的地位）　111
200カイリ（経済）水域　15, 18-19, 27, 36, 505
日本海　83, 214, 221, 226, 261, 411
日本型食生活　15
日本食ブーム　19
乳酸発酵　420, 445-446, 449, 453
仁淀川　497
糠漬け　436
粘土散布　291
脳下垂体　123
農水複合様式　98
ノカルジア症　95
Nodal 経路　375, 382-384
ノリ色落ち　269

[は行]
ハーデイ・ワインベルグの法則　137
バイオエタノール　8, 10, 455, 506, 521
バイオレメディエーション　347

バイオロギング　360
　　バイオロギングサイエンス　359, 373-374
廃棄食材　417, 460-461
排水処理技術　96
排卵　123
延（はえ）縄漁業　23, 26-27, 50
白点虫症　96
HACCP　25, 92, 472, 480
ハダムシ（症）　95
発育段階　111
白化　162
発酵　421-422
　　発酵食品　420, 442
ハビタット（habitat）　249, 371
ハマースレー鉱山　531
反捕鯨
　　反捕鯨国　24, 67-68
　　反捕鯨団体　51
PAV（クルマエビウイルス病）　107
BSE（牛海綿状脳症）　76, 87, 93
PCR法（ポリメラーゼ連鎖反応法）　392-393, 396
BWU　→シロナガス単位制度
非遺伝子領域　139, 141
干潟　164, 296-300, 305-308, 515, 539, 546
微細藻類　267, 272, 284-285
微生物ループ　193-194, 201
漂着ゴミ　21, 352
微量元素　97
琵琶湖　317, 320, 434, 508
　　琵琶湖固有種　115, 508
貧酸素　285
　　貧酸素化　296-297, 305, 308, 311, 313
　　貧酸素水塊（貧酸素水）　148, 197, 311, 355, 505, 514
フィロソーマ　262-264
フードマイレージ　98, 465, 507, 550
富栄養化　21, 148, 164, 282, 291, 509, 539
フェオフィチン　299, 312
プエルルス　262-263
孵化仔魚　82, 123, 125, 511
複合養殖　96

覆砂　149
副松果体　382-383
フグ毒　436-437
腐植物質　7, 282, 518, 520
付着性微細藻類　497
浮沈式生け簀　94
物質循環　231, 297, 304, 309, 507-508
ふなずし　433-436, 509
不稔性アオサ　150
腐敗　421-422
フミン酸　282, 530
浮遊
　浮遊性微細藻類　497
　浮遊適応　209
　浮遊幼生　223, 310
腐葉土　9, 518-520, 530
ブラックボックス　112
フランケンシュタイン効果　321-322
ブリックス（BRICs）　1, 506
フルボ酸　282, 518, 530-531
分子系統解析　398, 402, 409
分子時計　392
糞便汚染指標細菌　425
平均ヘテロ接合体率　139
平均有効アリル数　139
ヘテロ接合体率　132
便宜置籍漁船　16
変態ホルモン　384
ベントス（底生生物）　155-156, 274, 485
放流
　放流強度指数　106
　放流サイズ　112
　放流数　104-105
ポジティブリスト　39, 95
補償深度　187
保全遺伝学　409
母船式捕鯨業　56-57
ボツリヌス中毒　435-436
ボトルネック（効果）　109, 141
母浜回帰説　413
ポリプ　225

[ま行]
マーカーアリル　140　→アリル
マイクロサテライトDNA　139-140, 143, 280, 282
　マイクロサテライトDNA多型　139-140
　マイクロサテライトDNAマーカー　140, 142-143, 281
マイクロデータロガー　411-412
マイクロバブル　292
まき網漁船　26
マグロ延縄漁業　26-27
マクロベントス　297, 302, 304, 307
マグロロンダリング　39
マリン・エコラベル（MEL）・ジャパン　478-479, 483
マリンサイレージ　449, 451-452
マリンサイロ　452
三河湾　296, 299, 301, 307-308, 312-313
御食つ国　534
密度依存的　113
密漁　469
ミトコンドリア（mt）ゲノム　395-396
緑川　538-539, 542-543
ミナミマグロ保存委員会（CCSBT）　37
無眼側　109
無効分散　535
無酸素層　94
メイオベントス　200, 297, 302
メガロパ　223
メタ個体群構造　138
メンデル集団　137
藻礁　247
Monodの式　278
モノカルチャー化　75-76
藻場　5-6, 11, 21, 177, 228-229, 233
　藻場再生　229, 247, 249
森里海連環学　492, 504, 522-523, 532
森は海の恋人　i, 97, 517, 522, 524-525, 529-530, 534

[や行]
遊泳行動　212

有害藻類ブルーム（HAB） 268-269, 276, 279-280, 283
有機物汚染 148
有効親魚数（N_e） 144-146
湧昇流 184, 192
誘発産卵技術 125
養魚 93
　養魚堆積物 156, 159
　養魚用飼料 93
養殖 91, 96, 106
　養殖ガイドライン 158
　養殖管理協議会（ASC） 480
　養殖（漁）業 25, 179, 480-481
養成親魚 123
溶存鉄 519
溶存無機態窒素（DIN） 150, 159, 311
幼稚仔保育場 147
ヨシ群落 7, 509-510
余剰生産力 111-113

[ら行]
ラブロック J（人名） 130
乱獲 36, 43, 170, 469, 505
ランドラッシュ ii, 507
卵保有型 211
リアス式海岸 531, 534
リービッヒの最小律 276
陸上（循環）養殖 25, 96-97
リスク管理 135
両面有色 162
履歴管理 96
レジーム・シフト現象 115
レッドリスト 317, 406
レプトセファルス 120, 126
連鎖球菌症 95

[わ行]
ワクチン 95
ワシントン条約（CITES） 43, 128, 131, 179
　ワシントン条約締約国会議 122

生物名索引

[あ行]
アイゴ 253, 256, 258
アオウミガメ 413
アオサ 230, 446, 449, 452
アオノリ 151
アカウミガメ 413-414
アカガイ 107
アカモク 242, 244, 246-247
アカルチア 206
アゲマキ 514
アサリ iii, 2, 148, 154, 309, 316, 336, 512, 537-539, 541
アジ 90, 431
アデリーペンギン 369, 371
アトランティックサーモン 133
アナアオサ 151, 244, 539
アナゴ 166
アマゴ 171
アマノリ 151

アマモ 6, 195, 531
アメリカウナギ 118, 121
アユ 142, 144, 497, 540
アリアケシラウオ 541
アリアケヒメシラウオ 515
アルテミア 264, 416, 449
Alexandrium 273, 275
アワビ（類） 105-107, 147, 237, 246, 252, 256, 281, 521, 527
イカ（類） 27, 83-84, 90, 426, 432
イカナゴ 456-457, 487-488
イシダイ 80, 174, 521
イスズミ類 253
イセエビ 147, 262, 521
異体類 237, 375
イトヨ 142
イボダイ 416
イリドウイルス 354, 452-453
イルカ 55

イワシ　90, 436
イワシクジラ　58-59
ウエッデルアザラシ　364, 368
渦鞭毛藻（類）　189, 285, 501, 525
ウナギ　iii, 93, 116, 167, 179, 401-403, 540
ウニ（類）　105, 252, 521, 532
ウマヅラハギ　416
ウミタケ　514
エチゼンクラゲ　225-227, 416
エツ　515, 541
エビ（類）　148, 155, 480
円石藻類　189
オイスター　25
オイトナ　206, 213
黄色ブドウ球菌（*Staphylococcus aureus*）　428
オオクチバス　323-324, 326
オオモンハタ　535-536
オゴノリ　537, 539
オヒョウ　77
オワンクラゲ　415

[か行]

カイアシ類　190, 199, 201-202, 205, 207-208, 210-211, 510, 515　→コペポーダ
海藻類　91, 233, 243, 250-251
海藻（草）類　297, 302-304, 311
カキ　91, 97, 346, 443, 492, 517, 525-532
カサゴ　236
カサネカンザシ　156
ガザミ　105, 107
カタクチイワシ　261, 415, 431
カダヤシ　326
カツオ　27, 33
褐藻類　445, 447
カニ　148, 155
カラヌス　206, 213
カレイ（類）　25, 96, 237, 374
Karenia bidigitata　270
カワハギ　416
カンパチ　93, 142
カンモンハタ　142
キジハタ　521

キハダ　33
ギンザケ　90
ギンブナ　325-326
クジラ　12
クジラウオ科　400
クラゲ　107
クルマエビ　105-107, 169
クロダイ　80, 107, 174, 236-237
クロマグロ　iii, 12, 81-82, 102, 142, 144, 179, 260-261, 411-412
珪藻（類）　186, 189, 286, 294, 305
原棘鰭類　397, 399, 402
ゲンゴロウブナ　326
原始緑藻（類）　189, 190
コアマモ　497
コイ　406
紅藻類　445, 447
高度好塩細菌（*Halobacterium*）　432
コウライエビ　107
ゴカイ（類）　155, 311
コククジラ　59
コクレン　91
枯草菌（*Bacillus subtilis*）　149, 422
骨鰾類　397
コペポーダ　202, 415　→カイアシ類
ゴンドウクジラ　53
コンブ（類）　6, 91, 254, 453

[さ行]

サーモン　25, 77-78, 473
サーモントラウト　133
サクラマス　171
サケ　96, 106, 401
サザエ　281, 521, 527
サツキマス　526
ザトウクジラ　55, 59
サバ　77, 90, 464
サバヒー　91
サワラ　175, 228, 260
サンマ　27
シアノバクテリア　186-187, 189-190, 531
シオマネキ　540

シオミズツボワムシ　4, 82
シクリッド類（カワスズメ類）　320
シジミ　iii, 527
Chattonella　271, 276, 279, 285
シュードカラヌス　208
ジュゴン　6, 531
条鰭類　394, 398
シラスウナギ　118, 120
シロサケ　370, 372
シロナガスクジラ　57
ズキンアザラシ　371
スケソウダラ（スケトウダラ）　90, 473, 477
スジアオノリ　497
スズキ　142, 238, 514-515, 541
スピオ類　157
スルメイカ　84
ズワイガニ　83, 222-223, 227
正真骨類　397
ゼブラフィッシュ　386
セブンラインバブル　143
セミクジラ　55
線虫類　157
ソウギョ　91
ソコクジラウオ科　400
ソデイカ　83-84

[た行]
ターボット　96
大腸菌（群）　425, 426
太平洋ニシン　90
タイマイ　413
タイラギ　3, 514
タイリクバラタナゴ　320, 322, 326
タカラガイ　156
タラ　77-78
ダルマノト　489-490
腸炎ビブリオ　428
ツチクジラ　53
テラピア　91, 96, 133
テングサ　6, 520
トビハゼ　540
トラウト　96

トラフグ　90, 96

[な行]
ナイルパーチ　320
ナガスクジラ　58-59
ナマズ（類）　91-92, 521
ナルトビエイ　541
ナンキョクオキアミ　490
ニゴロブナ　7, 115, 421, 434, 508-511
ニシン　5, 7, 77-78, 90, 105, 175, 436, 516
ニタリクジラ　59
ニッポンバラタナゴ　322, 326
ニホンウナギ　116, 121
乳酸菌（*Lactobacillus*）　432-436, 446-449, 455
ノープリウス　202, 205-206, 210, 212-213
ノコギリモク　244, 246-247, 255-256
ノトイスズミ　253, 256, 258

[は行]
バイカルアザラシ　365-366, 369
ハクジラ　52, 59
ハクレン　91
ハス　320
ハゼクチ　541
ハゼ科　156
ハタハタ　105, 431
バチルス　ズブチルス　→枯草菌
バナメイ　93
ハバノリ　500
ハマグリ　2, 537
パラカラヌス　205, 212-213
パンガシアス　92
ヒゲクジラ　52, 59
ヒジキ　6, 520
ヒラマサ　93
ヒラメ　80, 104-107, 142, 148, 155, 164-167, 178-179, 234, 236-237, 260-261, 374-387, 521, 541
ヒラメ・カレイ類　25, 103, 374-375, 377, 379-380, 382, 384-387
ヒレナマズ　349-350

生物名索引　◀ 615

フウセイ　107
ブダイ　253, 256, 258
フナ　406-407
ブナ　529
不稔性アオサ　151
ブラックタイガー　91, 93
ブラックバス　320, 323, 509
フラットフィッシュ　25
ブリ　93, 179, 499
ブルーギル　320, 323, 326, 509
プレレプトセファルス　118, 120
Heterocapsa circularisquama　269, 277, 285, 294
Heterosigma akashiwo　294
ホウキハタ　535-536
ボウズガレイ　376-378, 380
ホシガレイ　162-163, 384-385
ホタテガイ　91, 97, 105-106, 517, 525
ホタルイカ　83
ホッキョククジラ　72
ホンダワラ類　6, 230, 238, 520

[ま行]
マアジ　221-222, 227, 415-416
マイワシ　14, 18, 115, 203-205, 416, 431, 505
マガキ　337
マグロ　25, 93
まぐろ・かつお類　30
マコガレイ　166
マコンブ　449
マサバ　415
マダイ　96, 105-109, 142, 169, 172-174, 179, 234, 236-237, 260-261, 452, 521
マツカワ　143, 175
マッコウクジラ　52, 55, 363, 367
ミンククジラ　53, 59
ムール貝　25
ムツゴロウ　515, 540
ムラサキイガイ　264, 336-340, 346
メイタガレイ　236
メコンオオナマズ　143
メダカ　325-326, 403-405
メナダ　107
メバチ　33
メバル　236-237, 242, 247, 521
モクズガニ　540

[や行]
夜光虫　272
ヤマノカミ　515
ヨーロッパウナギ　118, 122
ヨーロッパヒメウ　370-372
ヨーロッパロブスター　106
ヨシエビ　105

[ら行]
螺旋菌　424-425
ラフィド藻　285
リュウキュウアユ　143
リボンイワシ科　400
レッドドラム　106

[わ行]
ワカメ　6, 91, 449, 453, 520

編者紹介

田中　　克（たなか　まさる，第7章編集，はじめに・序章・第7章第2節執筆）

京都大学名誉教授，農学博士，マレーシアサバ大学持続農学部客員教授，財団法人国際高等研究所フェロー．
海産稚魚の生理生態学的研究から，2003年に新たな統合学問「森里海連環学」を提唱．
著書に『森里海連環学への道』（旬報社，2008），『稚魚　生残と変態の生理生態学』（共編　京都大学学術出版会，2009）など．

川合真一郎（かわい　しんいちろう，第5章・第6章編集，はじめに・終章執筆）

神戸女学院大学名誉教授，農学博士，現在，甲子園大学栄養学部教授，生態毒性学に関する研究に従事．
著書に『明日の環境と人間―地球をまもる科学の知恵（第3版）』（共著　化学同人，2004），『環境ホルモンと水生生物』（成山堂，2004）など．

谷口　順彦（たにぐち　のぶひこ，第1章・第2章編集，はじめに・第2章第4節執筆）

福山大学生命工学部教授，東北大学名誉教授，高知大学名誉教授，農学博士．
著書に『アユ学―アユの遺伝的多様性の利用と保全』（築地書館，2009），『水産資源の増殖と保全』（分担執筆　成山堂書店，2008）など．

坂田　泰造（さかた　たいぞう，第3章・第4章編集，はじめに・コラム11・12執筆）

鹿児島大学名誉教授，博士（農学）．
著書に『赤潮と微生物』（分担執筆　恒星社厚生閣，2005）など．

執筆者紹介（掲載順，2010年7月現在，編者は除く）

中前　　明（なかまえ　あきら，第1章第1節）

農林水産省顧問（国際捕鯨委員会日本政府代表），前独立行政法人水産総合研究センター理事長，前水産庁次長．
編著書に『水産海洋ハンドブック』（共編　生物研究社，2010）など．

魚住　雄二（うおずみ　ゆうじ，第1章第2節）

独立行政法人水産総合研究センター遠洋水産研究所所長，農学博士．
著書に『マグロは絶滅危惧種か』（成山堂，2003）など．

諸貫　秀樹（もろぬき　ひでき，第1章第3節前半）

水産庁増殖推進部漁場資源課生態系保全室課長補佐．

森下　丈二（もりした　じょうじ，第1章第3節後半）
水産庁資源管理部参事官．

上坂　裕子（かみさか　ゆうこ，コラム1）
ベルゲン大学生物学部研究員，農学博士．ノルウェー在住10年目．
仔稚魚の消化生理を組織学的に研究している．

郭　又晢（かく　うそく，コラム2）
慶尚大学校海洋生命科学科教授，農学博士．
研究分野は魚類の仔稚魚生理学及び水産資源の集団遺伝学．

田中　庸介（たなか　ようすけ，コラム3）
独立行政法人水産総合研究センター奄美栽培漁業センター技術開発員，農学博士．
研究分野は魚類仔稚魚の生態学．現在はクロマグロの初期生態に関する研究およびクロマグロの種苗生産技術開発に取り組んでいる．

宮原　一隆（みやはら　かずたか，コラム4）
兵庫県立農林水産技術総合センター水産技術センター主任研究員，博士（農学）．
著書に『新鮮イカ学』（分担執筆　東海大学出版会，2010）など．

青海　忠久（せいかい　ただひさ，第2章第1節）
福井県立大学海洋生物資源学部教授，農学博士．
著書に『稚魚の自然史―千変万化の魚類学』（分担執筆　北海道大学図書刊行会，2001）など．

輿石　裕一（こしいし　ゆういち，第2章第2節）
独立行政法人水産総合研究センター中央水産研究所　浅海増殖部部長．
著書に『干潟の海に生きる魚たち』（分担執筆　東海大学出版会，2009）など．

田中　秀樹（たなか　ひでき，第2章第3節）
独立行政法人水産総合研究センター養殖研究所　生産技術部繁殖研究グループ長，農学博士．
著書に *Eel Biology*（分担執筆　Springer-Verlag，2003）など．

谷口　道子（たにぐち　みちこ，第 2 章第 5 節）

元高知県海洋深層水研究所所長，農学博士．
著書に『海のミネラル学―生物との関わりと利用』（分担執筆　成山堂書店，2007）．

和田　敏裕（わだ　としひろ，コラム 5）

福島県水産試験場副主任研究員，農学博士．
カレイ科魚類（特に栽培漁業対象種）の生理生態研究に取り組んでいる．

中村　良成（なかむら　りょうせい，コラム 6・7）

神奈川県環境農政局水・緑部水産課水産企画グループ　グループリーダー．
同県水産試験場（現　水産技術センター）勤務時代にヒラメの放流技術開発を担当．

成子　隆英（なるこ　たかひで，特別寄稿 1）

水産庁増殖推進部部長．

吉川　毅（よしかわ　たけし，第 3 章第 1 節）

鹿児島大学水産学部准教授，博士（農学）．
著書に『海の環境微生物学』（分担執筆　恒星社厚生閣，2005）など．

上田　拓史（うえだ　ひろし　第 3 章第 2 節）

高知大学総合研究センター教授，博士（農学）
著書に『カイアシ類学入門―水中の小さな巨人たちの世界』（分担執筆　東海大学出版会，2005）など．

加藤　修（かとう　おさむ，第 3 章第 3 節）

独立行政法人水産総合研究センター日本海区水産研究所　日本海海洋環境部部長，農学博士．
対馬暖流の構造と変動特性及び対馬暖流によって輸送される生物の分布などに関する研究に従事．

吉田　吾郎（よしだ　ごろう，第 3 章第 4 節）

独立行政法人水産総合研究センター瀬戸内海区水産研究所主任研究員，農学博士．
著書に『地球温暖化とさかな』（分担執筆　成山堂，2010）など．

八谷　光介（やつや　こうすけ，第 3 章第 4 節）

独立行政法人水産総合研究センター西海区水産研究所研究員，地球環境学博士．
著書に『磯焼け対策シリーズ②③』（分担執筆　成山堂，2008）など．

小路　　淳（しょうじ　じゅん，コラム 8）

広島大学瀬戸内圏フィールド科学教育研究センター准教授，農学博士．
著書に『藻場とさかな―魚類生産学入門』（成山堂書店，2009）など．

松田　浩一（まつだ　ひろかず，コラム 9）

三重県水産研究所主幹，農学博士．
著書に『イセエビをつくる』（成山堂書店，2010）など．

山口　峰生（やまぐち　みねお，第 4 章第 1 節前半）

独立行政法人水産総合研究センター瀬戸内海区水産研究所　赤潮環境部赤潮生物研究室室長，農学博士．
著書に『海の環境微生物学』（分担執筆　恒星社厚生閣，2005）など．

長崎　慶三（ながさき　けいぞう，第 4 章第 1 節後半）

独立行政法人水産総合研究センター瀬戸内海区水産研究所　赤潮環境部赤潮制御研究室室長，農学博士．
著書に『21 世紀生命科学バイオテクノロジー最前線』（分担執筆　東京教育情報センター，2003）など．

鈴木　輝明（すずき　てるあき，第 4 章第 2 節）

名城大学大学院総合学術研究科特任教授，農学博士．
著書に『環境配慮・地域特性を生かした干潟造成法』（分担執筆　恒星社厚生閣，2007）など．

細谷　和海（ほそや　かずみ，第 4 章第 3 節）

近畿大学大学院農学研究科教授，農学博士．
著書に『ブラックバスを退治する―シナイモツゴ郷の会からのメッセージ』（共編　恒星社厚生閣，2006）など．

山本　義和（やまもと　よしかず，第 4 章第 4 節）

神戸女学院大学名誉教授，農学博士．
著書に『明日の環境と人間―地球をまもる科学の知恵（第 3 版）』（共著　化学同人，2004）など．

江口さやか（えぐち　さやか，第 4 章第 4 節）

神戸女学院大学人間科学部環境・バイオサイエンス学科嘱託教学職員，博士（人間科学）．博士学位論文（2010 年）『水環境への汚染物質負荷の低減および監視を目的としたモニタリング手法に関する研究―エストロゲン様物質と重金属類を対象物質として』．

山岡　耕作（やまおか　こうさく，コラム 10）

高知大学教育研究部総合科学系黒潮圏科学部門教授　農学博士．
「黒潮圏科学」の創出に努力中．

宮崎　信之（みやざき　のぶゆき，第 5 章第 1 節）

東京大学名誉教授，農学博士．
著書に，『恐るべき海洋汚染―有害物質に蝕まれる海の哺乳類』（合同出版，1992），『バイカル湖―古代湖のフィールドサイエンス』（共編　東京大学出版会，1994），『三陸の海と生物―フィールドサイエンスの新しい展開』（編著　サイエンティスト社，2005）など．

鈴木　徹（すずき　とおる，第 5 章第 2 節）

東北大学大学院農学研究科教授，農学博士．
研究分野は異体類を中心とした海産魚類，およびゼブラフィッシュなどのモデル生物を使った魚類発生学．

西田　睦（にしだ　むつみ，第 5 章第 3 節）

東京大学大気海洋研究所教授・所長，農学博士．
著書に『海洋の生命史―生命は海でどのように進化したか』（編著　東海大学出版会，2009）など，監訳書に『生物系統地理学―種の進化を探る』（J・C・エイビス著，東京大学出版会，2008）など．

北川　貴士（きたがわ　たかし，コラム 13）

東京大学大学院新領域創成科学研究科 / 大気海洋研究所助教，博士（農学）．
著書に『海の環境 100 の危機』（分担執筆　東京書籍，2006）など．

松沢　慶将（まつざわ　よしまさ，コラム 14）

神戸市立須磨海浜水族園主任研究員，日本ウミガメ協議会理事，農学博士．
著書に *Loggerhead Sea Turtles*（分担執筆　Smithsonian Books, 2003），『サステナビリティと経営学―共生社会を実現する環境経営』（分担執筆　ミネルヴァ書房，2009）．

益田　玲爾（ますだ　れいじ，コラム 15）
京都大学フィールド科学教育研究センター舞鶴水産実験所准教授，農学博士．
著書に『魚の心をさぐる―魚の心理と行動』（成山堂書店，2006）など．

藤井　建夫（ふじい　たてお，第 6 章第 1 節）
東京海洋大学名誉教授，農学博士，東京家政大学特任教授・生活科学研究所所長．
著書に『魚の発酵食品』（成山堂書店，2000），『食品衛生学第二版』（分担執筆　恒星社厚生閣，2007）など．

内田　基晴（うちだ　もとはる，第 6 章第 2 節）
独立行政法人水産総合研究センター瀬戸内海区水産研究所　栽培資源部資源増殖研究室室長，農学博士．
主な研究分野は，海藻の乳酸発酵技術と海水サプリメントの開発．

鷲尾　圭司（わしお　けいじ，第 6 章第 3 節）
独立行政法人水産大学校理事長，京都精華大学非常勤講師．
著書に『明石海峡魚景色』（長征社，1989）など．

田村　典江（たむら　のりえ，第 6 章第 4 節）
株式会社アミタ持続可能経済研究所，主任研究員．農学博士．
著書に『コモンズ研究のフロンティア―山野海川の共的世界』（分担執筆　東京大学出版会，2008）．

日下部敬之（くさかべ　たかゆき，コラム 16）
大阪府環境農林水産総合研究所水産技術センター主任研究員，博士（農学）．
著書に『チリモン博物誌』（分担執筆　幻戯書房，2009）など．

松田　乾（まつだ　つよし，コラム 17）
財団法人名古屋みなと振興財団　名古屋港水族館　飼育展示部飼育展示第一課深海・南極担当係長．

深見　公雄（ふかみ　きみお，第 7 章第 1 節）
高知大学理事（教育担当）・副学長，農学博士，
専門は海洋微生物生態学，海洋環境保全学．海の微生物の役割やそれを利用した環境保全，悪化した環境の修復と改善などを研究している．

畠山　重篤（はたけやま　しげあつ，第7章第3節・コラム18）

カキ養殖業，牡蠣の森を慕う会代表，NPO法人森は海の恋人代表，京都大学フィールド科学教育研究センター社会連携教授．
著書に『森は海の恋人』，『リアスの海辺から』（ともに文春文庫）など．

御宿　昭彦（みしく　あきひこ，コラム19）

静岡県水産技術研究所伊豆分場勤務．
在学中「ダイビングクラブ京大マリンスノー」を創部し，現在も伊豆などの海に潜り続ける．

浜辺　誠司（はまべ　せいじ，特別寄稿2）

海苔養殖業（三代目），NPO法人天明水の会理事長．
有明海再生をライフワークとする熱血漁師．

水産の21世紀――海から拓く食料自給
　　　　　　©M. Tanaka, S. Kawai, N. Taniguchi, T. Sakata 2010

2010年8月30日　初版第一刷発行

編　者	田　中　　　克
	川　合　真一郎
	谷　口　順　彦
	坂　田　泰　造
発行人	檜　山　爲次郎
発行所	京都大学学術出版会

京都市左京区吉田近衛町69番地
京都大学吉田南構内(〒606-8315)
電　話　(075) 761-6182
FAX　(075) 761-6190
URL　http://www.kyoto-up.or.jp
振　替　01000-8-64677

ISBN978-4-87698-957-7　　印刷・製本　㈱クイックス
　　　　　　　　　　　　　　装幀　鷺草デザイン事務所
Printed in Japan　　　　　　定価はカバーに表示してあります